基本常数

普朗克常量：$\hbar = 1.05457\times10^{-34}\,\mathrm{J\cdot s}$

光速：$c = 2.99792\times10^{8}\,\mathrm{m/s}$

电子质量：$m_{\mathrm{e}} = 9.10938\times10^{-31}\,\mathrm{kg}$

质子质量：$m_{\mathrm{p}} = 1.67262\times10^{-27}\,\mathrm{kg}$

质子电荷：$e = 1.60218\times10^{-19}\,\mathrm{C}$

电子电荷：$-e = -1.60218\times10^{-19}\,\mathrm{C}$

真空介电常数：$\varepsilon_0 = 8.85419\times10^{-12}\,\mathrm{C^2/(J\cdot m)}$

玻尔兹曼常数：$k_{\mathrm{B}} = 1.38065\times10^{-23}\,\mathrm{J/K}$

氢原子常数

精细结构常数：$\alpha = \dfrac{e^2}{4\pi\varepsilon_0\hbar c} = 1/137.036$

玻尔半径：$a = \dfrac{4\pi\varepsilon_0\hbar^2}{m_{\mathrm{e}}e^2} = \dfrac{\hbar}{\alpha m_{\mathrm{e}}c} = 5.29177\times10^{-11}\,\mathrm{m}$

玻尔能量：$E_n = \dfrac{m_{\mathrm{e}}e^4}{2(4\pi\varepsilon_0)^2\hbar^2n^2} = \dfrac{E_1}{n^2}$ （$n=1, 2, 3, \cdots$）

结合能：$-E_1 = \dfrac{\hbar^2}{2m_{\mathrm{e}}a^2} = \dfrac{\alpha^2m_{\mathrm{e}}c^2}{2} = 13.6057\,\mathrm{eV}$

基态：$\psi_0 = \dfrac{1}{\sqrt{\pi a^3}}\mathrm{e}^{-r/a}$

里德伯公式：$\dfrac{1}{\lambda} = R\left(\dfrac{1}{n_{\mathrm{f}}^2} - \dfrac{1}{n_{\mathrm{i}}^2}\right)$

里德伯常数：$R = -\dfrac{E_1}{2\pi\hbar c} = 1.09737\times10^{7}/\mathrm{m}$

时代教育·国外高校优秀教材精选

格里菲斯系列

量子力学概论

（翻译版　原书第3版）

［美］ 大卫·J. 格里菲斯（David J. Griffiths）
达雷尔·F. 施勒特（Darrell F. Schroeter） 著

贾　瑜　译

机 械 工 业 出 版 社

本书译自 David J. Griffiths 和 Darrell F. Schroeter 教授所著《量子力学概论》（第 3 版），包含了我国大学量子力学课程最主要的内容。本书强调量子力学的实验基础和基本概念，讲解直接从薛定谔方程开始；同时力图体现现代物理内容，把问题扩展到多个前沿的研究领域，如统计物理、固体物理、粒子物理等。在写法上，作者从务实的角度出发，着重于交互式的写作，采用对话式的语言，叙述简明，文笔流畅，力图改变量子力学难于理解、难于接受的教学状况。

本书为高等学校物理学或相关专业量子力学课程的基础教材，也可供有关专业教师、科研人员等参考。

图书在版编目（CIP）数据

量子力学概论：翻译版：原书第 3 版/（美）大卫·J. 格里菲斯（David J. Griffiths），（美）达雷尔·F. 施勒特（Darrell F. Schroeter）著；贾瑜译. —北京：机械工业出版社，2023. 1（2025. 1 重印）
（时代教育. 国外高校优秀教材精选）
书名原文：Introduction to Quantum Mechanics, 3rd Edition
格里菲斯系列
ISBN 978-7-111-71766-9

Ⅰ. ①量… Ⅱ. ①大…②达…③贾… Ⅲ. ①量子力学-高等学校-教材 Ⅳ. ①O413. 1

中国版本图书馆 CIP 数据核字（2022）第 185198 号

机械工业出版社（北京市百万庄大街 22 号 邮政编码 100037）
策划编辑：李永联　　责任编辑：张金奎
责任校对：张晓蓉　梁　静　　责任印制：常天培
北京科信印刷有限公司印刷
2025 年 1 月第 1 版第 4 次印刷
184mm×260mm · 29 印张 · 2 插页 · 719 千字
标准书号：ISBN 978-7-111-71766-9
定价：148. 00 元

电话服务	网络服务
客服电话：010-88361066	机　工　官　网：www. cmpbook. com
010-88379833	机　工　官　博：weibo. com/cmp1952
010-68326294	金　　书　　网：www. golden-book. com
封底无防伪标均为盗版	机工教育服务网：www. cmpedu. com

原书第 3 版修改和增加的内容包括：

√新增加一章关于对称性和守恒定律的内容.

√补充了一些新的问题和例子.

√改进了一些叙述和解释.

√增加了一些利用计算机求解的数值问题.

√增加了一些在固体物理的新应用.

√对含时势内容做了进一步的梳理.

作者简介：

David J. Griffiths：1964 年和 1970 年分别获得哈佛大学学士和博士学位。毕业后先后在罕布什尔学院、曼荷莲学院、三一学院执教，1978 年加入里德学院至今。2001—2002 年在马萨诸塞大学、阿默斯特学院、曼荷莲学院、斯密斯学院和罕布什尔学院做访问教授。2007 年春季在斯坦福大学讲授电动力学。尽管格里菲斯教授的博士论文是基本粒子理论，但他主要的科研方向是电动力学和量子力学。共发表了 50 多篇的研究论文，出版 4 部著作，分别是：《电动力学概论》（第 4 版，剑桥大学出版社，2013）、《粒子物理概论》（第 2 版，Wiley-VCH 出版社，2008）、《量子力学概论》（第 3 版，剑桥大学出版社，2018）、《二十世纪物理学革命》（剑桥大学出版社，2013）。

Darrell F. Schroeter：凝聚态物理理论学家，1995 年在里德学院取得学士学位，2002 年在斯坦福大学获得博士学位，为美国国家自然科学基金博士后研究员。施勒特先后在斯沃斯摩尔学院、西方学院从事物理教学工作，2007 年加盟里德学院。由于他指导本科生开展理论研究的出色成就，2011 年获得 KITP-Anacapa 学者称号。

译者的话

格里菲斯教授所著《量子力学概论》是一本适合本科生学习的量子力学教材。第1版、第2版分别于1994年、2005年由美国培生出版集团出版。英文版的《量子力学概论》出版以来，一直是美国和欧洲许多一流理工科大学，包括麻省理工学院、斯坦福大学、加州大学洛杉矶分校等高校物理系学生的教材和指定教学用书，在欧美被认为是最合适、最现代的教材之一。现在的第3版为格里菲斯教授和施勒特教授两人合著，改由英国剑桥大学出版社于2018年出版。在第2版出版后，我国机械工业出版社积极引进英文版，并组织翻译出版中文版，出版以后深受国内广大读者的欢迎，多次重印。

量子力学一直是物理系多数学生认为最难学的课程。如果教材内容过繁，往往让学生摸不着头脑，陷入繁杂的公式推导，无法理解其含义；如果过简，也容易让学生感到空无一物，很难把所学的知识应用到具体的问题上去。格里菲斯教授在这方面做出了很好的尝试，不仅如此，他做到了不但使量子力学的内容简明扼要，条理分明，而且把量子力学的知识拓展到物理学分支的各个方面，甚至可以和现在的学术前沿研究接轨。总结起来，该书有以下的特点：

（1）立足于“量子力学入门水平”。该书包含了大学量子力学最主要的内容，分两部分：第Ⅰ部分讲述基本理论，其中也含有相关的应用举例；第Ⅱ部分讲述基本应用，介绍研究工作中需要的一些近似方法、势散射理论和量子物理实验基础。这样的处理不仅便于具有各种不同培养目标的各类学校灵活选择讲授内容（例如只讲授基本理论，或另外讲授部分或全部基本应用部分），也不破坏量子力学作为一门学科课程应当具有的基本完整性。

（2）打破常规，敢于抛开量子力学发展历史的负担。作者避免了很多量子力学发展史和实验现象的介绍（事实上，学生在开始学习时很难把量子力学的一些实验现象较好地联系起来，过多地介绍实验结果也就可能带给学生更多的疑惑），讲解直接从薛定谔方程开始，力图改变量子力学难于理解、难于接受的教学状况。该书注重量子力学的基本思想和基本方法的讲授，而不是把量子力学引入烦琐的理论推导，而内容又涉及各个研究领域，非一般的量子力学教材所能及，这在量子力学教学现代化方面的确是很成功的尝试。

（3）不仅仅局限于知识的讲授，而是让读者真正从大量具体问题中体会量子力学的精髓。针对量子力学不易理解的特点，该书先从简单的概率论和微分方程入手，通过穿插对一些经典问题的讨论，让学生能迅速对一些简单的量子力学问题“上手”，而不仅仅是望着深奥的知识兴叹。

（4）充分体现现代物理内容。该书在讲述量子力学的同时，把问题扩展到多个前沿的研究领域，如统计物理、固体物理、天体物理、粒子物理等。在物理学各个分支中常用的部分既有精辟的叙述，又有实际举例。

（5）作者通过把一些知识移到课外习题的方式来压缩正文内容，使学生可以通过自学来掌握量子力学相当大的一部分内容，使得该书主线清晰，内容简练。为此，作者在练习题选择上特别下功夫。例题与习题对数学的要求并不高。习题分为容易、中等和较难三个层次，可供不同基础的学生选择，对一些较难的题目还附有提示。同时，作者在使用计算机进行量子力学数值模拟教学上面也下了很大功夫，设计了不少新颖的题目。特别值得指出的是，书中许多例题和习题都属于原创，大部分素材来源于科研文献，拉近了所学知识和科研的距离。

此外，作者从务实的角度出发，着重于交互式的写作，用第一人称‘I’以对话式的语言进行叙述，简明扼要，文笔流畅，使人耳目一新。他山之石、可以攻玉，译者认为这本书非常适合我国大学生在学习量子力学中参考使用，翻译出版《量子力学概论》将会对我国量子力学教学水平的提高起到积极的作用。原书第 2 版由贾瑜、胡行、李玉晓翻译，最后由贾瑜、胡行两位同志对全书进行了多次统稿。出版后承蒙读者指出一些错误。为了使整体翻译风格一致，本次由贾瑜一人重译。在重译的过程中，除“几率”一词外，所有名词术语按照我国出版的《物理学名词》（第 3 版 ，科学出版社，2019）翻译，同时针对书中的内容增加了一些译者注。由于时间紧迫，加之译者水平有限，难免存在不妥之处，敬请广大读者批评指正。

该书从翻译策划到最后完稿，机械工业出版社李永联编审、张金奎副编审给了很大的帮助和支持。译者特别感谢中国科学技术大学张振宇教授一直的关心和指导，当时张老师在美国橡树岭国家实验室，2003 年我在他那里访问时看到该书并推荐出版社引进。多年来张振宇教授一直在科研和教学上给予诸多指导。译者感谢金国钧教授、刘觉平教授等的关心。译者十分感谢中国科学技术大学的张鹏飞教授，他认真、仔细地审阅了本书的译稿，指出了一些错误，并润色了译文，使本书的质量得以进一步提高。在该书的翻译过程中得到杜祖亮教授、单崇新教授、赵维娟教授、胡行教授、张伟风教授的帮助，感谢项会雯博士提供的很多帮助。在原书第 2 版的翻译过程中也得到郑州大学诸多老师的帮助，在此不一一列举。

译　者

2022 年春节

前言

与牛顿力学、麦克斯韦电动力学或者爱因斯坦相对论不同，量子力学不是由个别人建立的（或者是明确地归结于某个人）。量子力学在令人振奋但又悲壮的发展初期留下的那些瘢痕直到现还保留着。对于它的基本原理是什么、如何去教、它到底“意味”着什么，至今没有形成普遍、一致的共识。任何一个有能力的物理学家可以“谈论”量子力学，但是我们告诉自己关于我们正在做什么的故事就像《天方夜谭》（*Scheherazade*）传说一样千变万化，几乎是难以置信的。玻尔曾说过，“如果你没有被量子力学搞迷惑，则你根本就没有真正地理解它”。费曼评述道，“我想我可以有把握地说没有人明白量子力学”。

本书的目的是教你如何学习量子力学。除了在第 1 章中一些必备的基础知识外，更深的准哲学问题将留在书末。我们不相信一个人在对量子力学是干什么的有一个透彻的理解之前，他可以明智地讨论量子力学的意义。但是，如果你急不可待，在学习过第 1 章后可立即阅读跋。

量子理论不仅概念丰富，在技术上处理起来也十分困难。量子力学的实际问题能够严格求解的非常少，更多的是课本上人为编的一些题目，因此发展处理实际问题的特殊技术十分必要。相应地，本书分为两部分[⊖]：第 Ⅰ 部分涵盖了基本理论，第 Ⅱ 部分汇集了近似方法，同时配以直观的、有启发性的应用示例。尽管在逻辑上保持两部分的独立是重要的，但在学习时也不一定按照目前的次序。例如，有些教师可能希望在学习第 2 章之后能开始接触定态微扰理论的学习。

本书供大学三年级或四年级学生一学期或一学年的课程之用。一学期的课程应主要集中在第 Ⅰ 部分的学习；一学年的课程在第 Ⅱ 部分之外还可以学习一些补充材料。读者必须具备线性代数（总结在附录之中）、复数、微积分的基础知识，若能熟悉一些傅里叶变换和狄拉克 δ 函数的知识则更有帮助。当然，基本经典力学基础是必要的，一些电动力学的知识也会很有帮助。在通常情况下，你的物理和数学知识越多，学习起来就越容易，获得的知识就越多。但量子力学不是以前理论自然平滑过渡的产物。相反，它代表着对经典观念的一种急剧的革命性变革，唤起一种全新的、和直觉完全相反的思考自然世界的方法，这也正是使它成为一个如此有魅力的学科的原因所在。

初看起来，本书留给你的印象是可怕的数学，我们会用到勒让德多项式、厄米多项式、拉盖尔多项式、球谐函数、贝塞尔函数、诺伊曼函数、汉克尔函数、艾里函数，甚至是黎曼 ζ 函数——更不用说傅里叶变换、希尔伯特空间、厄米算符、CG（Clebsch-Gordan）系数，所有这些东西都是必要的吗？也许是不必要的，但是物理学像木匠活一样：使用正确的工具使工作简易，减少困难，学习量子力学而没有适当的数学工具就像让学生用螺丝刀去挖地基

⊖ 这种结构受 David Park 的经典教材的启发，*Introduction to Quantum Theory*，第 3 版，麦格劳-希尔（McGraw-Hill）出版公司，纽约（1992）。

一样——它纵然是可能的，但着实痛苦。(另一方面，教师在讲授课程时感到每一个复杂课程都必须使用完善的数学工具，这样学习就会变得枯燥乏味，而且会使教学重点偏移。我本人的经验是把铁铲交给学生，告诉他们自己去开始挖掘。开始时也许他们手上会磨起水泡(遇到困难)，但是我一直认为这种方式是最有效、最激励的。) 不管怎样，我可以向你保证本书没有涉及很深的数学，如果你遇到不熟悉的数学知识，并且对我们给出的解释觉得不充分，务必请教他人，或钻研它。关于数学方法有很多优秀的书籍——我特别推荐玛丽·博厄斯（Mary Boas）的 *Mathematical Methods in the Physical Sciences*㊀，第 3 版，Wiley 出版社，纽约（2006）；或者乔治·阿夫肯（George Arfken）和汉斯-玖根·韦伯（Hans-Jurgen Weber）的 *Mathematical Methods for Physicists*，第 7 版，美国学术出版社，奥兰多（2013）。但是无论如何，不要让数学——对我们来说它仅是工具——把物理变得模糊。

一些读者已经注意到，与通常的教科书相比，本书中例题较少，并且一些重要的内容放在了习题中，这绝非偶然。我不认为可以通过不做大量的习题而学懂量子力学。如果时间允许，教师理应在课堂上讨论尽可能多的例题。但是学生们应当意识到这不是一个任何人都有直观感觉的课题——这里你们正在开发的是一个全新的肌体，根本就没有运动的替代物。马克·西蒙（Mark Semon）建议我对习题给出一个“米其林（Michelin）导引”，用不同数目的星号标出其重要性和难度。这的确是一个好主意（尽管这样，像一个米其林餐厅的质量一样，一个习题的重要性部分是取决于口味)，我将采取下面的分级方案：

*　　每个读者都应该研究的基本问题。

* *　　有点难度或次要的问题。

* * *　　极有挑战性的问题，可能花费 1 小时以上的时间来解决。

(没有星号的意味着快餐：好的，如果你饿了，这可以解决你的问题，但是营养不太丰富。) 大多数标“*”的习题出现在相关一节的后面，而大多数标“* * *”的习题出现在相关章的后面。如果解题过程中需要使用计算机，我们在题前页面空白处标注一个鼠标。

在准备第 3 版时，我们试图尽可能地保持第 1 版和第 2 版的特色和意图。尽管新版现在有两个作者，我们仍延续使用单人称我（“I”）向读者介绍，这样会感到更加亲密，毕竟是每次仅我们当中一个人来讲授（文中“我们”指读者你自己和作者我本人，我们一起工作)。施勒特的参与带来了一个固体物理学家的新视角，他主要负责新增的一章内容——对称性的编写。我们增加了一些习题，澄清了许多解释，重新修订了跋。但我们决定不让这本书变厚，正是出于这样一个原因，我们删除了绝热近似一章（这一章中重要的观点已经整合在第 11 章中)，删除了第 5 章中统计物理的相关内容（这部分属于热物理)。毫无疑问，如果教师感觉一些其他内容合适，欢迎他将认为合适的素材包含在课程内，但我们仅是让教材包含本课程最为核心的内容。

许多同事的建议和评论使我受益匪浅，他们阅读了初稿，指出前两版中的不足之处(或错误)，提出在一些叙述上的改进，提供有趣的习题。我们对如下同事表示特别感谢：P. K. Aravind（伍斯特理工学院)、Greg Benesh（贝勒学院)、James Bernhard（普吉桑德大学)、Burt Brody（巴德学院)、Ash Carter（德鲁大学)、Edward Chang（麻省大学)、Peter Collings（斯沃斯莫尔学院)、Richard Crandall（里德学院)、Jeff Dunham（明德学院)、Greg

㊀ 中译本《自然科学及工程中的数学方法》，机械工业出版社。——编辑注

Elliott（普吉桑德大学）、John Essick（里德学院）、Gregg Franklin（卡内基梅隆大学）、Joel Franklin（里德学院）、Henry Greenside（杜克大学）、Paul Haines（达特茅斯学院）、J. R. Huddle（商船学院）、Larry Hunter（阿默斯特学院）、David Kaplan（华盛顿学院）、Don Koks（阿德莱德大学）、Peter Leung（波特兰州立大学）、Tony Liss（伊利诺伊学院）、Jeffry Mallow（芝加哥洛约拉大学）、James McTavish（利物浦大学）、James Nearing（迈阿密大学）、Dick Palas、Johnny Powell（里德学院）、Krishna Rajagopal（麻省理工学院）、Brian Raue（佛罗里达国际大学）、Robert Reynolds（里德学院）、Keith Riles（密歇根大学）、Klaus Schmidt-Rohr（布兰迪斯大学）、Kenny Scott（伦敦大学）、Dan Schroeder（韦伯州立大学）、Mark Semon（贝茨学院）、Herschel Snodgrass（路易克拉克大学）、John Taylor（科罗拉多大学）、Stavros Theodor-akis（塞浦路斯学院）、A. S. Tremsin（伯克利学院）、Dan Velleman（阿默斯特学院）、Nicholas Wheeler（里德学院）、Scott Willenbrock（伊利诺伊学院）、William Wootters（威廉姆斯学院）和 Jens Zorn（密歇根大学）。

目录

第Ⅱ部分 应 用

第 I 部分
理 论

第1章 波函数

1.1 薛定谔方程

设想一质量为 m 的粒子受力为 $F(x,t)$，约束在 x 轴方向运动（见图 1.1）．经典力学中需要求解的问题是确定任意时刻粒子的位置：$x(t)$．一旦你知道了它，就可以得到粒子的速度（$v=\mathrm{d}x/\mathrm{d}t$）、动量（$p=mv$）、动能（$T=(1/2)mv^2$），或者感兴趣的其他任何动力学变量．如何确定 $x(t)$？我们应用牛顿第二定律：$F=ma$（对保守体系——我们仅考虑一种体系，幸运的是它也是在微观尺度存在的唯一体系——力表示为势能函数的导数，[1] $F=-\partial V/\partial x$，牛顿第二定律可写为 $m\mathrm{d}^2x/\mathrm{d}t^2=-\partial V/\partial x$）．这个方程加上适当的初始条件（一般是指在 $t=0$ 时刻的位置和速度大小）就可以确定 $x(t)$．

量子力学中求解上面的问题则完全不同．这里需要求解的是粒子的**波函数**（**wave function**）$\Psi(x,t)$，且这一波函数是通过求解**薛定谔方程**（**Schrödinger equation**）得到：

$$\boxed{i\hbar\frac{\partial\Psi}{\partial t}=-\frac{\hbar^2}{2m}\frac{\partial^2\Psi}{\partial x^2}+V\Psi.} \tag{1.1}$$

这里 i 是-1 的平方根，$\hbar$ 是**普朗克**（**Planck**）**常量**——或者是它原始常数（h）除以 2π：

$$\hbar=\frac{h}{2\pi}=1.054573\times10^{-34}\mathrm{J\cdot s}. \tag{1.2}$$

从逻辑上讲，薛定谔方程所起的作用等同于牛顿第二定律：同在经典力学中由牛顿定律确定以后任意时刻的 $x(t)$ 一样，量子力学利用所给定的适当初始条件（一般来说是 $\Psi(x,0)$），通过求解薛定谔方程得到以后任意时刻的波函数 $\Psi(x,t)$．[2]

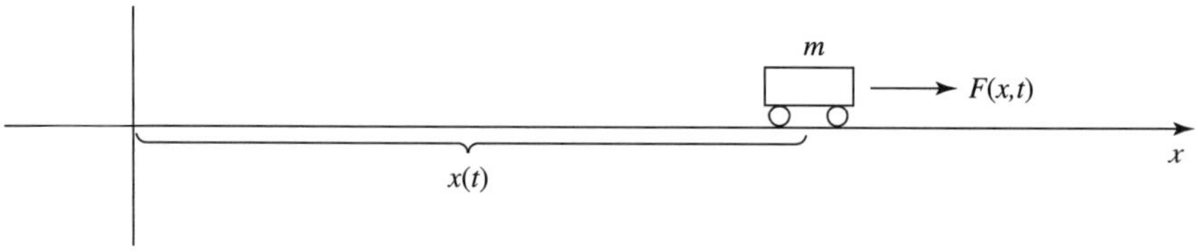

图 1.1 （粒子）在受到给定力的作用下做一维约束运动．

1.2 统计诠释

但是，这个“波函数”到底是什么？一旦得到它，你可以用它来做什么？毕竟，就其本质而言，一个粒子是局域在一个点上，而波函数（顾名思义）则是分布在空间中的（对

[1] 磁力是一个例外，但是现在我们无须担心它们．另外，在本书中假设运动是非相对论的（$v\ll c$）．

[2] 对薛定谔方程起源的有趣的第一手资料，可参看 Felix Bloch 于 1976 年 12 月在 *Physics Today* 发表的论文．

给定任何时刻 t，它是空间 x 的一个函数）. 这样的一个波函数如何来表示一个粒子的状态呢？玻恩（Born）关于波函数的**统计诠释**（**statistical interpretation**）给出了答案，它指出 $|\Psi(x,t)|^2$ 是在 t 时刻发现粒子位于 x 处位置的几率大小——或者，确切地讲，[3]

$$\boxed{\int_a^b |\Psi(x,t)|^2 \mathrm{d}x = \left\{\begin{matrix}\text{在 } t \text{ 时刻发现粒子位于}\\ a \text{ 和 } b \text{ 之间的几率.}\end{matrix}\right\}} \tag{1.3}$$

几率大小是 $|\Psi|^2$ 的图形中由 a 到 b 之间所包围的面积. 对于图 1.2 所给的波函数，你将更有可能在 A 点附近区域内发现粒子，因为此处 $|\Psi|^2$ 值比较大；相对而言，在 B 点附近发现粒子的可能性就很小.

波函数的统计诠释在量子力学中引入了一种**不确定性**（**indeterminacy**）概念，即便是你根据这个理论知道了一个粒子的一切（即：它的波函数），你仍无法在实验中通过对它的一次简单位置测量来准确地确定实验结果——所有量子力学所能提供的只是一些可能结果的统计信息. 这种不确定性曾极度困惑了一些物理学家和哲学家们. 同样，人们不禁要问：这种不确定性是事物的本质，还是理论自身的缺陷？

假定我确实测量了这个粒子的位置，并且我发现它就在 C 点.[4] **问题**：在我进行测量的前一时刻这个粒子的位置在哪里？对这个问题存在三种貌似有理的答案，它们分别代表三种主要的思想学派对量子不确定性的看法.

1. **现实主义学派观点：粒子是在 C 点.** 听起来这像是一个很合理的答案，这也是爱因斯坦（Einstein）所持的观点. 但需要注意的是，如果这是真实的，那么这就意味着量子力学是一个不完备的理论：如果粒子在测量前一直位于 C 点，而量子力学本身是没有能力告诉我们这一点的. 对现实主义学派而言，不确定性不属于自然的本性，而是我们自己无知的反映. 如同德埃斯帕纳特（d'Espagnat）指出，“粒子的位置从来就不是不可确定的，而仅是试验者不知道而已.”[5] 显然，Ψ 不是故事的全部——需要提供某些附加的信息（称为**隐变量**，**hidden variable**）才可能对粒子进行完整的描述.
2. **正统学派观点：粒子哪儿也不在.** 是测量的作用强迫粒子“位于某处”（尽管我们无法知道为什么以及如何粒子决定位于 C 点的）. **乔丹**（**Jordan**）更加明确指出：“观测本身不仅扰动了被观测量，而且还产生了它……我们强迫（粒子）出现在特定的位置.”[6] 这种观点（称为**哥本哈根学派**解释，**Copenhagen interpretation**）源于玻尔（Bohr）和其追随者. 这是被物理学家们最广泛接受的观点. 但需要注意的是，假如这种观点是正确的，测量的作用将变得非常独特——对其争论了将近一个世纪，但很少有进展.
3. **不可知论学派观点：拒绝回答这个问题.** 这个回答并不是像听起来那样糊涂愚蠢——首先，在一次测量前去判断一个粒子的状态有什么意义？知道你判断是否正确的唯一途径是进行一个精确的测量，在这种情况下，你所得到的结果不再是“测量前”的. 去担心一些本质

---

[3] 波函数本身是复数，但是 $|\Psi|^2=\Psi^*\Psi$（Ψ^* 是 Ψ 的复共轭）是一个非负实数，就像一个几率必须是正的实数那样.

[4] 当然，任何测量仪器的精度都是有限的，这里是说在仪器所允许偏差范围内在 C 点附近发现粒子.

[5] Bernard d' Espagnat，“量子理论与现实”（*Scientific American*，1979 年 11 月，第 165 页）.

[6] 引自 Mermin N. David 一篇很好的文章，“没人看时月亮存在吗？”（*Physics Today*，1985 年 4 月，第 38 页）.

上就是无法检测的事情是形而上学的（在这个词的贬义意义上）. **泡利（Pauli）** 曾说过："和讨论一个针尖上能坐多少天使的远古问题一样，我们无须为某些自己根本无法知道的事情绞尽脑汁。"[7] 数十年来，大多数物理学家采取这种回避的姿态. 他们向你兜售正统学派的观点，但是如果你坚持，他们又会退回到不可知论的观点，终止对话.

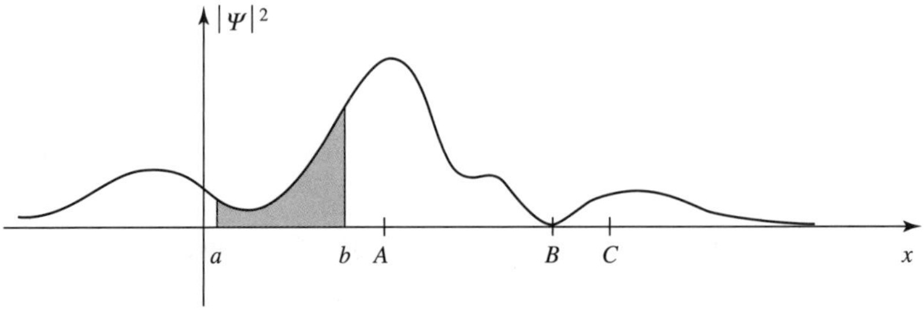

图 1.2 一个典型的波函数. 阴影区域表示发现粒子处于 a 和 b 之间的几率. 在 A 附近最有可能发现粒子，而在 B 附近最没有可能发现粒子.

所有的这三种观点（现实主义学派、正统学派、不可知论学派）相当时期内都有自己坚定的支持者. 但是，1964 年约翰 · 贝尔（John Bell）的研究震惊了物理学界，他证明粒子在测量前有没有一个确定的位置会在观测上导致不同的结果. 贝尔的发现实际上排除了不可知论作为一种可能的观点，并且把判断正统观点和现实主义观点谁是正确的变成一个实验问题. 我将在本书结尾中回到这个问题上来，到那时你们所学习的知识可使你们更好地理解贝尔的论述. 至于现在，只需要说实验已经决定性地证实了正统观点就足够了：[8] 粒子在测量之前并没有精确的位置，就像池塘上的涟漪一样；是测量的过程销定了一个具体数值，从而在某种意义上，产生了受波函数施加的统计权重限制的特定结果.

如果我在第一次测量之后立即进行第二次测量，会得到什么结果？我是否能得到粒子还是在 C 点？还是每次测量都得到一个完全不同的新数值？在这个问题上所有人都持完全一致的观点：一个重复实验（对同一粒子）将获得同样的结果. 的确，如果紧接着的第二次测量不能证实粒子在 C 点，它将很难证明在第一次测量时粒子确实出现在 C 点. 正统观点是如何解释第二次测量结果粒子一定会是在 C 点？事实是第一次测量彻底地改变了波函数，所以这时它变成在 C 的一个尖锐峰（见图 1.3）. 我们称这是由于测量而产生的波函数**坍缩（collapses）**，在 C 点生成针状波形（由于波函数遵从薛定谔方程，这个波函数将很快弥散开来，所以第二次测量要立即进行）. 所以，存在两个完全不同的物理过程："正常" 类，波函数按薛定谔方程 "从容不迫" 地演化；"测量" 类，由于测量，波函数会变得突然和不连续坍缩.[9]

---

[7] 引自 Mermin（脚注 6），第 40 页。

[8] 这种说法有点过激：存在合理可行的非局部隐变量理论（特别是大卫 · 博姆（David Bohm）的理论），以及其他形式（如**多世界（many worlds）**解释），它们不完全适合我的 3 个类别中的任何一个. 但我认为，至少从教育学的角度来看，在现阶段采用一个清晰自洽的框架是明智的. 其余的以后再说.

[9] 测量在量子力学中的作用是如此重要和奇妙，以至于你会很想知道测量究竟是由什么组成的？在微观（量子）体系和宏观（经典）测量仪器之间必须存在相互作用么（像玻尔坚持的那样）？或者是用留下一个永久的 "记录" 来刻画（像海森伯（Heisenberg）宣称的那样）？或者它卷入了一个有意识 "观测者" 的干涉（像魏格纳（Wigner）建议的那样）？后面，我会将会重提这个棘手的话题；现在，让我们采取一个朴素的看法：一个测量就是一个科学家在实验室用尺子、秒表、盖革（Geiger）计数器等所做的那样一类事情.

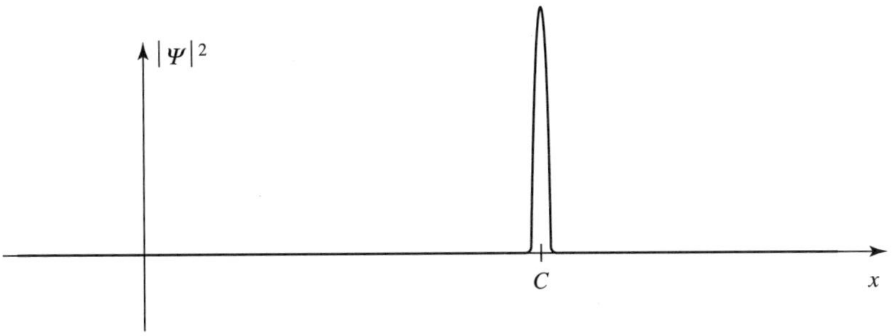

图 1.3　波函数的坍缩：一次测量中发现粒子在 C 点后立即绘制的 $|\Psi|^2$ 图.

例题 1.1

电子干涉（Electron Interference）. 我确信粒子具有波的特性（例如电子），波函数记作 Ψ. 在实验室里如何来证明这一点？

波现象的明显特征是干涉：两列波相位相同，干涉加强；相位相反，干涉相消. 1801 年著名的杨氏双缝实验证实了光的波动性，一单色光通过狭缝在远处的屏幕上形成干涉"条纹". 如果用电子做本质上相同的实验，得到同样的图案，则可以证明电子具有波动性.[10]

现在假定降低电子束的强度，直至在任何特定时间间隔中只有一个电子通过仪器. 按照统计诠释，每个电子都会在屏幕上生成一个亮点. 量子力学不能够精确预言亮点的具体位置，它所能告诉的是对于给定一个具体电子打到屏幕上某一位置的几率大小. 但如果我们有足够的耐心，每次通过一个电子，观察成千上万的电子打到屏幕上，屏幕上亮点的集聚结果就显示出经典的双缝干涉图样（见图 1.4）.[11]

当然，如果你关闭一个狭缝，或者设法去探测每个电子通过的是哪一个狭缝，干涉图样将会消失；这时通过（狭缝）的粒子波函数和前面的完全不同（第一种情况属于薛定谔方程的边界条件发生了改变，第二种情况对应于波函数测量引起坍缩）. 但两个狭缝都打开，电子飞行过程中不受到干扰，每个电子和自己本身发生干涉；它不是通过两个狭缝中的某一个，而是同时通过两个狭缝；如同水波撞击有两个开孔的栈桥一样，自己和自己发生干涉. 一旦你认同粒子遵从波动方程的概念，这就没有什么神秘的了. 令人惊讶的事情是（干涉）图案中亮点一个一个的集聚. 对任何经典的波动理论，图样应该会变得光滑和连续，随时间的推移亮点变得更亮. 量子过程像乔治·修拉的点彩画：[12] 一幅图画是通过所有单个点的累积贡献中呈现出来.[13]

---

[10] 因为电子的波长通常很小，所以狭缝必须非常靠近. 从历史上看，这首先是由戴维森和革末在 1925 年利用晶体中的原子层作为"狭缝"实现的. 有关有趣的说明，请参见 R. K. Gehrenbeck, *Physics Today*, 1978 年 1 月，第 34 页.

[11] 参见 Tonomura 等，*Am. J. of Phys.* **57**，第 2 期（1989），第 117-120 页. 相关很有趣的视频可以链接：www.hitachi.com/rd/portal/highlight/quantum/doubleslit/. 这个实验现在已经可以用更大质量的粒子完成，包括使用巴基球，参见 M. Arndt 等，*Nature* **40**，680（1999）. 顺便提及，这个实验也可以利用光来完成，减少入射光的密度，使一次让一个光子通过，可以得到一个点一个点聚集的光的干涉图案. 参见 R. S. Aspden, M. J. Padgett, G. C. Spalding, *Am. J. of Phys.* **84**，671（2016）.

[12] 乔治·修拉（Georges Seurat，1859—1891）：生于巴黎，印象主义画派画家，点彩派创始人. 修拉的画作风格相当与众不同，他的画充满了细腻缤纷的小点，当你靠近看，每一个点都充满着理性的笔触，与梵高的狂野，还有塞尚的色块都大为不同. ——译者注.

[13] 我认为，重要的是要将任何波理论都适用的干涉和衍射等性质与测量过程中独特的量子力学特征区分开来，这些特征来自于统计诠释.

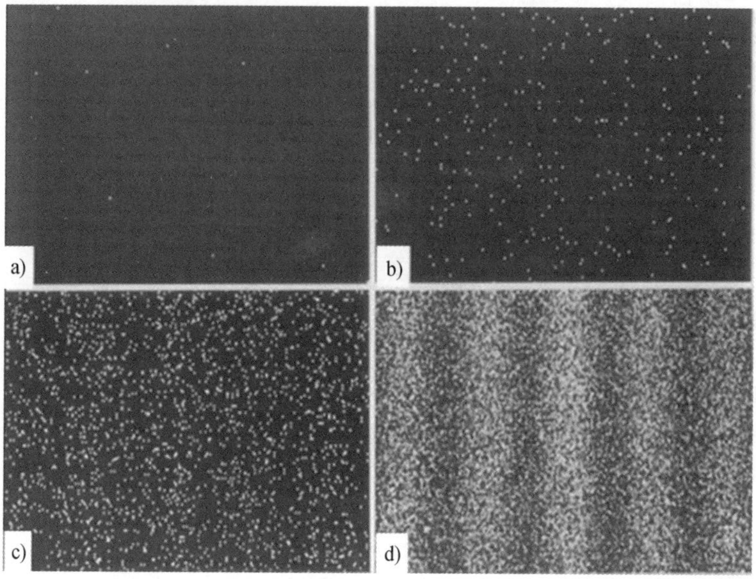

图 1.4 不同数目电子的干涉图案：a）8个电子 b）270个电子 c）2000个电子 d）160000个电子.
转引图片由日本日立株式会社的中央研究实验室提供

1.3 几率

1.3.1 离散变量

因为统计诠释，几率在量子力学中起着核心作用，所以现在我偏离主题简短讨论一下几率理论. 我将通过一个简单的例子，主要介绍一些术语和概念.

假定一个房间中有14个人，他们的年龄如下：

14岁 1人，
15岁 1人，
16岁 3人，
22岁 2人，
24岁 2人，
25岁 5人.

如果用 $N(j)$ 表示年龄为 j 的人数，则

$N(14)=1,$
$N(15)=1,$
$N(16)=3,$
$N(22)=2,$
$N(24)=2,$
$N(25)=5.$

而其余 $N(j)$，例如 $N(17)$ 为零. 房间里的总人数为

$$N=\sum_{j=0}^{\infty} N(j). \tag{1.4}$$

（当然，在本例子中，$N=14$.）图 1.5 是以上数据的直方图. 关于此分布，读者可能会提出下面的问题.

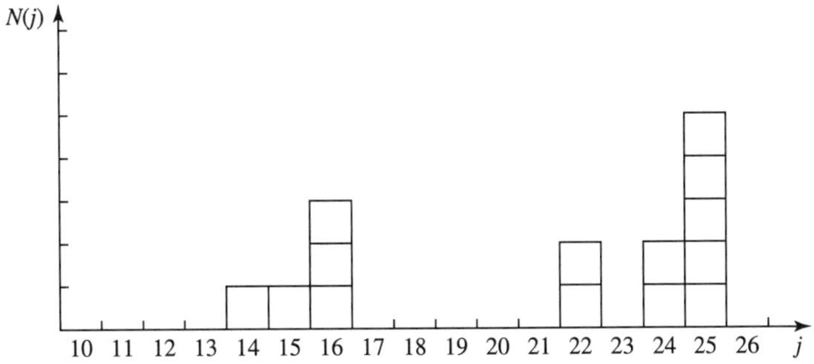

图 1.5　1.3.1 节中人数随年龄分布的直方图，纵坐标 $N(j)$ 为人数，横坐标 j 为年龄.

问题 1. 如果从这个群体中随机挑选一个人，这个人年龄为 15 岁的**几率**是多少？

答案： 1/14. 因为有 14 个可能的选择，所以每 14 个人中就有一个机会；所有选择的可能性都是一样的，其中只有一个人符合这个特定的年龄. 设 $P(j)$ 是挑选出年龄为 j 的几率，则 $P(14)=1/14$，$P(15)=1/14$，$P(16)=3/14$，⋯. 一般有，

$$P(j)=\frac{N(j)}{N}. \tag{1.5}$$

注意到挑选出年龄为 14 或 15 岁的几率为其各自的几率之和（本题中，为 1/7）. 特别是，如果不限定挑选出人的年龄，则所有的几率之和为 1，即

$$\sum_{j=0}^{\infty} P(j)=1. \tag{1.6}$$

问题 2. 最可几（most probable）年龄是多少？

答案： 显然为 25 岁. 有 5 个人都是这个年龄，而其他的年龄分布，至多只有 3 人有一样的年龄. 最可几 j 是使 $P(j)$ 取最大值时的 j 值.

问题 3. 中值（median）年龄是多大？

答案： 23 岁. 有 7 人的年龄比 23 岁小，7 人的年龄比 23 岁大.（普遍地，中值 j 是指比该值大的几率和比该值小的几率相等.）

问题 4. 平均（average or mean）年龄是多大？

答案：

$$\frac{14+15+3\times16+2\times22+2\times24+5\times25}{14}=\frac{294}{14}=21.$$

普遍地，j 的平均值（我们将记作 $\langle j\rangle$）是

$$\langle j\rangle=\frac{\sum jN(j)}{N}=\sum_{j=0}^{\infty} jP(j). \tag{1.7}$$

注意： 可能没有任何人的年龄是平均年龄或中值年龄——本例中没有人年龄是 21 岁或 23 岁. 在量子力学中平均值通常是令人感兴趣的物理量；在这个意义上它被称为**期望值（expectation value）**. 这个叫法是容易产生误解的，因为它暗含着如果你只进行一次测量，这是你最有可能得到的结果（其实最可能得到的应该是最可几值，而不是平均值）——不过

我还是保留这个称呼.

问题5. 年龄平方的平均是多少?

答案： 你会得到 $14^2=196$，几率为 1/14；或者 $15^2=225$，几率为 1/14；或者 $16^2=256$，几率为 3/14，等等. 因此，年龄平方的平均值为

$$\langle j^2\rangle = \sum_0^\infty j^2 P(j). \tag{1.8}$$

普遍地，j 的某些函数的平均值是

$$\boxed{\langle f(j)\rangle = \sum_0^\infty f(j)P(j).} \tag{1.9}$$

式（1.6）、式（1.7）、式（1.8）是式（1.9）的特殊形式. 注意：一般情况下，平方的平均 $\langle j^2\rangle$ 不等于平均的平方 $\langle j\rangle^2$. 例如，房间里仅有两个婴儿，年龄分别为 1 岁和 3 岁，则 $\langle j^2\rangle=5$，而 $\langle j\rangle^2=4$.

在图 1.6 所示的两个直方图中，即便它们有着同样的中值、平均值、最可几值和同等数目的元素，它们仍然有着明显的不同：第一个是非常集中地位于平均值附近的地方，而第二个则是很宽很平.（第一个可能代表的是一个大城市中学校班级里学生年龄分布，而第二个可能代表偏远地区学校里仅有一个教室的学生年龄分布.）我们需要一个能够描述一个分布相对于其平均值"弥散"程度的量度. 做到这一点，最直接的方法是计算出每一个分布值相对平均值的偏差是多少，即

$$\Delta j = j - \langle j\rangle, \tag{1.10}$$

然后计算 Δj 的平均值. 当然，这样做的问题在于你得到的结果为零：

$$\langle \Delta j\rangle = \sum (j-\langle j\rangle)P(j) = \sum jP(j) - \langle j\rangle \sum P(j) = \langle j\rangle - \langle j\rangle = 0.$$

（注释：$\langle j\rangle$ 是一个常数，在对每项求和中是不变的，所以可以提到求和号外.）你也许认为对 Δj 的绝对值求平均可以避开这种恼人的问题，但是求绝对值存在符号问题且不方便使用. 所以，在求平均值前可以先平方来解决符号问题：

$$\sigma^2 \equiv \langle (\Delta j)^2\rangle. \tag{1.11}$$

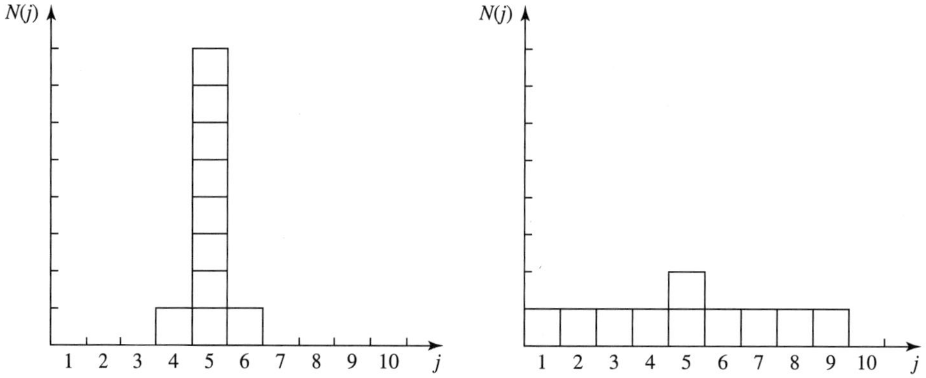

图 1.6 具有同样的中值、平均值、最可几值，但是不同的标准方差的两个直方图.

这个量称为分布的**方差（variance）**；σ（对平均值的偏差平方的平均的平方根！）称为**标准差（standard deviation）**，σ 是关于对 $\langle j\rangle$ 弥散的惯用量度.

关于方差有一个很有用的定理：

$$\sigma^2=\langle(\Delta j)^2\rangle=\sum(\Delta j)^2P(j)=\sum(j-\langle j\rangle)^2P(j)=\sum(j^2-2j\langle j\rangle+\langle j\rangle^2)P(j)$$
$$=\sum j^2P(j)-2\langle j\rangle\sum jP(j)+\langle j\rangle^2\sum P(j)$$
$$=\langle j^2\rangle-2\langle j\rangle\langle j\rangle+\langle j\rangle^2=\langle j^2\rangle-\langle j\rangle^2.$$

取平方根，标准差本身可以写作

$$\sigma=\sqrt{\langle j^2\rangle-\langle j\rangle^2}. \tag{1.12}$$

实际上，相比于直接利用式（1.11），这是得到 σ 的最简捷方法：仅需简单计算 $\langle j^2\rangle$ 和 $\langle j\rangle^2$，二者相减，然后开平方根. 顺便提及，前面曾提醒，在一般情况下 $\langle j^2\rangle$ 是不等于 $\langle j\rangle^2$ 的. 显然，由于 σ^2 是非负值的（从定义式（1.11）得到），式（1.12）意味着

$$\langle j^2\rangle\geqslant\langle j\rangle^2, \tag{1.13}$$

等号仅当 $\sigma=0$ 时才成立，也就是说仅对没有弥散的分布（每一个分布有相同的值）成立.

1.3.2　连续变量

迄今为止，假设我们处理的都是离散变量. 也就是说，变量的值是一些确定的孤立值（上面例子中，j 是一个整数，原因是以年为单位给出年龄）. 但上述结果可以非常简单地推广到连续分布情况. 如果在大街上随机挑选一个人，他的年龄精确到 16 岁 4 小时 27 分 3.333…秒的几率是零. 有意义的说法是他的年龄位于某个时间间隔内——比方说，在 16 和 17 岁之间的几率大小. 若间隔足够小，则该几率与间隔的长度成正比. 例如，她的年龄在 16 岁到 16 岁加两天的几率大概是 16 岁到 16 岁加一天的几率的两倍.（除非我假定在 16 年前的同一天有大量婴儿出生，在这种情况下要应用这个规则，我们选择的时间间隔太长了. 如果大量婴儿出生的状况维持六小时，为准确起见，时间间隔应该选为 1 秒或更短. 严格来说，我们讲的间隔是无限小.）这样，

$$\{一个个体(随机选择的)处在\ x\ 和(x+\mathrm{d}x)之间的几率\}=\rho(x)\,\mathrm{d}x. \tag{1.14}$$

比例系数 $\rho(x)$ 常被不严格地称为“得到值为 x 的几率”，但是这是一种草率的语言；一个更好的术语是几率密度. x 位于 a 和 b（有限间隔）之间的几率由几率密度 $\rho(x)$ 的积分给出：

$$P_{ab}=\int_a^b\rho(x)\,\mathrm{d}x, \tag{1.15}$$

很明显，对于离散分布我们推导的一些规则现在可以改写为

$$\int_{-\infty}^{\infty}\rho(x)\,\mathrm{d}x=1, \tag{1.16}$$

$$\langle x\rangle=\int_{-\infty}^{\infty}x\rho(x)\,\mathrm{d}x, \tag{1.17}$$

$$\langle f(x)\rangle=\int_{-\infty}^{\infty}f(x)\rho(x)\,\mathrm{d}x, \tag{1.18}$$

$$\sigma^2\equiv\langle(\Delta x)^2\rangle=\langle x^2\rangle-\langle x\rangle^2. \tag{1.19}$$

例题 1.2　假设从高度为 h 的悬崖上释放一小石块. 当石块下落时，我以随机的时间间隔拍摄了 100 万张照片. 对每一张照片我测量石块已经下落的距离. 问：所测量的这些距离的平均值是多少？也就是说，下落距离的时间平均值是多少？[14]

---

[14] 统计学家可能会抱怨我们混淆了有限样本（本例中为 100 万）的平均和“真正”的平均（对整个的连续区间）. 对实验学家这是个棘手的问题，特别是当样本的尺度很小时，但是这里我仅考虑的是“真正”的平均，所用样本的平均是一个很好的近似.

解： 石块由静止开始下落，下落过程中逐渐加速；在靠近悬崖顶端处石块运动所花费的时间较多，所以平均距离一定比 $h/2$ 小. 忽略空气阻力，t 时刻下落距离 x 为

$$x(t)=\frac{1}{2}gt^2.$$

速度为 $\mathrm{d}x/\mathrm{d}t=gt$，总下降时间为 $T=\sqrt{2h/g}$. 在时间间隔 t 到 $t+\mathrm{d}t$ 拍照的几率是 $\mathrm{d}t/T$，所以所拍照片中一个照片处于 x 到 $x+\mathrm{d}x$ 间隔内的几率是

$$\frac{\mathrm{d}t}{T}=\frac{\mathrm{d}x}{gt}\sqrt{\frac{g}{2h}}=\frac{1}{2\sqrt{hx}}\mathrm{d}x.$$

因此几率密度（式（1.14））是

$$\rho(x)=\frac{1}{2\sqrt{hx}}\quad(0\leqslant x\leqslant h),$$

（当然，超出这个区间范围，其几率密度是零.）

我们可以用式（1.16）检验这个结果：

$$\int_0^h\frac{1}{2\sqrt{hx}}\mathrm{d}x=\frac{1}{2\sqrt{h}}(2x^{1/2})\Big|_0^h=1.$$

平均距离是（式（1.17））

$$\langle x\rangle=\int_0^h x\frac{1}{2\sqrt{hx}}\mathrm{d}x=\frac{1}{2\sqrt{h}}\left(\frac{2}{3}x^{3/2}\right)\Big|_0^h=\frac{h}{3},$$

如所预期的那样，比 $h/2$ 小.

图 1.7 给出 $\rho(x)$ 的分布图形. 注意到尽管几率密度在某些点处可以是无限大，几率本身（ρ 的积分值）一定是有限的（事实上，是小于或等于 1）.

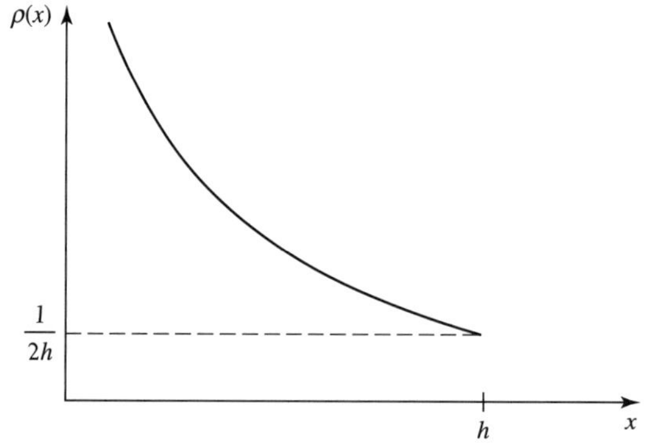

图 1.7 例题 1.2 中的几率密度：$\rho(x)=1/(2\sqrt{hx})$.

[*] **习题 1.1** 对 1.3.1 节中所给出的年龄分布：

（a）计算 $\langle j^2\rangle$ 和 $\langle j\rangle^2$.

（b）对每一个 j 求出其 Δj，利用式（1.11）计算标准差.

（c）利用（a）和（b）所得结果验证式（1.12）.

习题 1.2

(a) 求出例题 1.2 中所给分布的标准方差.

(b) 随机选择一张拍摄的照片，其下落距离 x 比平均值多出一个标准差的几率是多少？

** 习题 1.3* 考虑 **高斯（Gaussian）** 分布

$$\rho(x)=Ae^{-\lambda(x-a)^2}$$

其中 A、a 和 λ 是正的实数.（你所需要的积分公式可以在本书后环衬查阅.）

(a) 利用式（1.16）确定 A.

(b) 求出 $\langle x\rangle$、$\langle x^2\rangle$ 和 σ.

(c) 画出 $\rho(x)$ 的草图.

1.4 归一化

现在回到波函数的统计诠释（式（1.3））问题上来，统计诠释指出 $|\Psi(x,t)|^2$ 是在 t 时刻发现粒子在 x 位置处的几率密度. 这样（由式（1.16））$|\Psi|^2$ 对所有 x 的积分必须等于 1（粒子一定出现在空间某处）:

$$\boxed{\int_{-\infty}^{\infty}|\Psi(x,t)|^2\mathrm{d}x = 1.} \tag{1.20}$$

不满足这一点，波函数的统计诠释将毫无意义.

可是，这个要求可能会给你带来困惑：毕竟，我们假设波函数是由薛定谔方程所决定的——所以在没有验证两者是否一致之前不能对 Ψ 强加上额外的条件. 考虑式（1.1）会发现如果 $\Psi(x,t)$ 是式（1.1）的一个解，那么 $A\Psi(x,t)$ 也是，这里 A 是一个任意的（复）常数. 那么，我们必须做的是选取这个待定的乘法因子，以确保式（1.20）成立. 这个过程称为波函数的**归一化（normalizing）**. 对某些薛定谔方程的解，它的积分值会是无限大，在这种情况下没有乘法因子可以使积分为 1. 对平庸解 $\Psi=0$ 也存在同样问题. 这样不能归一化（**non-normalizable**）的解是不能描述粒子运动的，必须舍弃. 物理上可实现的态都对应着薛定谔方程的解是**平方可积（square-integrable）**的.[15]

但是，假定在 $t=0$ 时刻把波函数归一化了. 我们如何能知道当 Ψ 随时间演化时它能保持归一化?（你不能让 A 变成时间的函数来保持波函数的归一化，那样的话它就不再是薛定谔方程的解了.）幸运的是，薛定谔方程具有一个不同寻常的特性，它能自动保持波函数的归一化——没有这个关键的性质薛定谔方程将会同统计诠释不相容，整个理论将会崩溃.

上述特性十分重要，这里最好做一停留对此给出一个详细的证明. 首先有，

---

[15] 显然，当 $|x|\to\infty$，$\Psi(x,t)$ 必须比 $1/\sqrt{x}$ 更快趋于零. 顺便提及，归一化仅能确定 A 的模，仍有一个相因子不能确定. 不过，将会看到，这个相因子不存在任何物理上的影响.

$$\frac{\mathrm{d}}{\mathrm{d}t}\int_{-\infty}^{\infty}|\Psi(x,t)|^2\mathrm{d}x=\int_{-\infty}^{\infty}\frac{\partial}{\partial t}|\Psi(x,t)|^2\mathrm{d}x. \tag{1.21}$$

（注意这个积分仅是时间 t 的函数，所以我在左边表示式用了全导数（$\mathrm{d}/\mathrm{d}t$），而被积函数既是空间 x 的函数也是时间 t 的函数，所以在右边表示式中用了偏导数（$\partial/\partial t$）.）由求导规则得

$$\frac{\partial}{\partial t}|\Psi|^2=\frac{\partial}{\partial t}(\Psi^*\Psi)=\Psi^*\frac{\partial\Psi}{\partial t}+\frac{\partial\Psi^*}{\partial t}\Psi. \tag{1.22}$$

薛定谔方程变为

$$\frac{\partial\Psi}{\partial t}=\frac{\mathrm{i}\hbar}{2m}\frac{\partial^2\Psi}{\partial x^2}-\frac{\mathrm{i}}{\hbar}V\Psi, \tag{1.23}$$

及其共轭式（取式（1.23）的复共轭）

$$\frac{\partial\Psi^*}{\partial t}=-\frac{\mathrm{i}\hbar}{2m}\frac{\partial^2\Psi^*}{\partial x^2}+\frac{\mathrm{i}}{\hbar}V\Psi^*, \tag{1.24}$$

所以

$$\frac{\partial}{\partial t}|\Psi|^2=\frac{\mathrm{i}\hbar}{2m}\left(\Psi^*\frac{\partial^2\Psi}{\partial x^2}-\frac{\partial^2\Psi^*}{\partial x^2}\Psi\right)=\frac{\partial}{\partial x}\left[\frac{\mathrm{i}\hbar}{2m}\left(\Psi^*\frac{\partial\Psi}{\partial x}-\frac{\partial\Psi^*}{\partial x}\Psi\right)\right]. \tag{1.25}$$

现在式（1.21）的积分可以直接给出：

$$\frac{\mathrm{d}}{\mathrm{d}t}\int_{-\infty}^{\infty}|\Psi(x,t)|^2\mathrm{d}x=\frac{\mathrm{i}\hbar}{2m}\left(\Psi^*\frac{\partial\Psi}{\partial x}-\frac{\partial\Psi^*}{\partial x}\Psi\right)\Bigg|_{-\infty}^{\infty}. \tag{1.26}$$

但是，当 x 趋于（±）无限大时，$\Psi(x,t)$ 必须趋于零，否则波函数是不能够归一化的.[16] 这样有

$$\frac{\mathrm{d}}{\mathrm{d}t}\int_{-\infty}^{\infty}|\Psi(x,t)|^2\mathrm{d}x=0, \tag{1.27}$$

因此积分是一个常数（不依赖时间）；如果 Ψ 在 $t=0$ 时是归一化的，它在以后所有时刻都保持归一化. 证毕.

习题 1.4 在 $t=0$ 时刻粒子的波函数为

$$\Psi(x,0)=\begin{cases}A\dfrac{x}{a}, & 0\leqslant x\leqslant a;\\ A\dfrac{(b-x)}{(b-a)}, & a\leqslant x\leqslant b;\\ 0, & \text{其他地方}.\end{cases}$$

式中，A、a 和 b 是正的常数.

(a) 归一化 Ψ（即求出用 a 和 b 表示出 A 的值）.

(b) 以 x 为函数变量，画出 $\Psi(x,0)$ 的草图.

(c) 在 $t=0$ 时刻，最有可能发现粒子的位置在哪里？

(d) 在 a 左边发现粒子几率是多少？考虑 $b=a$ 和 $b=2a$ 两种极限情况来验证你的结论.

(e) x 的期望值是多少？

---

[16] 数学家们可以给出一些奇特的反例，但是物理中没有这样的情况；对我们来讲波函数和其各阶导数在无限远处总是趋于零的.

* **习题 1.5**　考虑波函数

$$\Psi(x,t)=A\mathrm{e}^{-\lambda|x|}\mathrm{e}^{-\mathrm{i}\omega t},$$

式中，A、λ 和 ω 是正的实数.（在第 2 章中，我们将会看到对什么样的势（V）会有满足薛定谔方程的这种波函数.）

（a）归一化 Ψ.

（b）求出 x 和 x^2 的期望值.

（c）求出 x 的标准差. 画出 $|\Psi|^2$ 以 x 为函数的草图，并在图上标出点（$\langle x\rangle+\sigma$）和（$\langle x\rangle-\sigma$），解释在何种意义上 σ 代表 x 的“弥散”. 在这个区域之外发现粒子的几率是多少?

1.5　动量

处于 Ψ 态的粒子，其 x 的期望值是

$$\boxed{\langle x\rangle=\int_{-\infty}^{\infty}x|\Psi(x,t)|^2\mathrm{d}x.}\tag{1.28}$$

这个式子的确切含义是什么呢？显然这不是指，如果你反复测量一个粒子的位置，$\int x|\Psi|^2\mathrm{d}x$ 是你所得到结果的平均值. 相反地，第一次测量（其结果是不确定的）将使波函数坍缩至实际测量值处的一个尖峰，随后的测量（如果他们测量得比较迅速）都将得到同样的结果. 相反，$\langle x\rangle$是对所有处在 Ψ 态的粒子测量的平均值，这意味着你要么有某种方法能够在进行测量后可以使粒子恢复到原来的状态，要么你准备一个**系综（ensemble）**，其中每个粒子都处在相同的状态 Ψ，然后测量每个粒子的位置，$\langle x\rangle$是所有测量结果的平均值. 我们想象在书架上放一排瓶子，每个瓶子中包含一个处在 Ψ 态（相对瓶子的中心）的粒子，每一个瓶子旁站着有一个研究生，手中都拿着一把尺子，一声令下他们同时测量自己旁边瓶子中粒子的位置. 我们把得到的测量结果画一个直方图，它应该和 $|\Psi|^2$ 一致；计算其平均值，它应该和$\langle x\rangle$符合.（当然，由于仅采用了有限个样本，我们不能指望结果完全一致，但是当用的瓶子越多时，结果就符合得越好.）简而言之，**期望值是对一个相同系统的系综测量的平均值，而不是对同一个系统重复测量的平均值.**

当系统随时间演化时，$\langle x\rangle$将发生变化（因为 Ψ 是依赖时间的），我们对它运动变化快慢感兴趣. 参考式（1.25）和式（1.28），可以看到[17]

$$\frac{\mathrm{d}\langle x\rangle}{\mathrm{d}t}=\int x\frac{\partial}{\partial t}|\Psi|^2\mathrm{d}x=\frac{\mathrm{i}\hbar}{2m}\int x\frac{\partial}{\partial x}\left(\Psi^*\frac{\partial\Psi}{\partial x}-\frac{\partial\Psi^*}{\partial x}\Psi\right)\mathrm{d}x\,.\tag{1.29}$$

利用分部积分公式，上式可以简化为[18]

---

[17] 简单起见，略去了积分的上下限（$\pm\infty$）.

[18] 由求导规则

$$\frac{\mathrm{d}}{\mathrm{d}x}(fg)=f\frac{\mathrm{d}g}{\mathrm{d}x}+\frac{\mathrm{d}f}{\mathrm{d}x}g\,,$$

有

$$\int_a^b f\frac{\mathrm{d}g}{\mathrm{d}x}\mathrm{d}x=-\int_a^b\frac{\mathrm{d}f}{\mathrm{d}x}g\mathrm{d}x+fg\Big|_a^b.$$

所以，在积分号下，你可以把对一个函数的求导改为对另一个函数的求导——其代价是一个负号和边界项的出现。

$$\frac{d\langle x\rangle}{dt}=-\frac{i\hbar}{2m}\int\left(\Psi^{*}\frac{\partial\Psi}{\partial x}-\frac{\partial\Psi^{*}}{\partial x}\Psi\right)dx \tag{1.30}$$

（我们利用了$\partial x/\partial x=1$的事实，由于在正负无限大处Ψ趋于零，舍弃边界项）. 对第二项再进行一次分部积分，有

$$\frac{d\langle x\rangle}{dt}=-\frac{i\hbar}{m}\int\Psi^{*}\frac{\partial\Psi}{\partial x}dx . \tag{1.31}$$

如何看待这个结果呢？注意我们讨论的是x期望值的“速度”，它同粒子的速度不是一回事. 到目前为止，我们所知道的一切都无法使我们计算出粒子的速度. 在量子力学中速度的含义是不清楚的：如果粒子没有一个确定的位置（相对于在测量之前），那么它也不会有一个确切定义的速度. 唯一能做的是求得得到一个特定值的几率是多少. 对于一个给定的Ψ，我们将在第3章中看到如何来构造速度的几率密度. 目前而言，**假设速度的期望值等于位置期望值对时间的导数就足够了：**

$$\langle v\rangle=\frac{d\langle x\rangle}{dt}. \tag{1.32}$$

式（1.31）告诉我们如何用Ψ来计算$\langle v\rangle$.

实际上，我们更习惯使用的是**动量**（**momentum**；$p=mv$），而不是速度：

$$\boxed{\langle p\rangle=m\frac{d\langle x\rangle}{dt}=-i\hbar\int\left(\Psi^{*}\frac{\partial\Psi}{\partial x}\right)dx.} \tag{1.33}$$

让我们把$\langle x\rangle$和$\langle p\rangle$表示成更有启发意义的形式：

$$\langle x\rangle=\int\Psi^{*}(x)\Psi dx, \tag{1.34}$$

$$\langle p\rangle=\int\Psi^{*}\left(-i\hbar\frac{\partial}{\partial x}\right)\Psi dx. \tag{1.35}$$

我们说**算符**（**operator**）[19] x“表示”位置，算符$-i\hbar(\partial/\partial x)$“表示”动量. 在计算期望值时，我们将对应的算符“三明治式”地夹心在Ψ^{*}和Ψ之间，然后求积分.

这很有意思，但其他物理量怎么办呢？事实上，所有经典力学量都可以表示为坐标和动量的函数. 例如，动能是

$$T=\frac{1}{2}mv^{2}=\frac{p^{2}}{2m},$$

角动量是

$$\boldsymbol{L}=\boldsymbol{r}\times m\boldsymbol{v}=\boldsymbol{r}\times\boldsymbol{p}.$$

（当然，一维运动情况下不存在角动量.）要计算任何物理量$Q(x,p)$的期望值，我们简单地用$-i\hbar(\partial/\partial x)$取代每一个$p$，再把得到的算符放在$\Psi^{*}$和$\Psi$之间，然后求积分.

$$\boxed{\langle Q,(x,p)\rangle=\int\Psi^{*}Q\left(x,-i\hbar\frac{\partial}{\partial x}\right)\Psi dx.} \tag{1.36}$$

例如，动能期望值是

[19] “算符”是对后面的函数执行某些操作的指令，它接收一个函数，然后输出另一个函数. 位置算符告诉你乘以；动量算符告诉你对微分（并将结果乘以$-i\hbar$）.

$$\langle T\rangle=-\frac{\hbar^2}{2m}\int\Psi^*\frac{\partial^2\Psi}{\partial x^2}\mathrm{d}x. \tag{1.37}$$

对于处在状态 Ψ 的粒子，式（1.36）是计算任何动力学量的期望值的方法；式（1.34）和式（1.35）为其特殊情况．基于玻恩统计诠释，并试图说明式（1.36）的合理性，这种表示对我们来讲是一种全新的方法（和经典力学相比），在我们重回这个话题（第 3 章）和把它建立在一个牢固的理论基础上之前，先进行一些练习也不失为一个好想法．同时，我们不妨把它作为一个公理.

习题 1.6　为什么你不可以直接对式（1.29）的中间一步进行分部积分——转化为对 x 的时间导数，利用$\partial x/\partial t=0$ 得到 $\mathrm{d}\langle x\rangle/\mathrm{d}t=0$ 的结论？

习题 1.7　计算 $\mathrm{d}\langle p\rangle/\mathrm{d}t$．**答案**：

$$\frac{\mathrm{d}\langle p\rangle}{\mathrm{d}t}=\langle -\frac{\partial V}{\partial x}\rangle. \tag{1.38}$$

这是**埃伦菲斯特定理（Ehrenfest theorem）**的一个实例，这个定理告诉**我们期望值遵从经典定律**.[20]

习题 1.8　假定在势能项中增加了一个常数 V_0（这里常数的意思是它不依赖 x 和 t）．在经典力学中这不改变任何结论，但在量子力学中是什么样的情况？证明波函数将多一个含时的相因子：$\exp(-\mathrm{i}V_0t/\hbar)$．它对动力学变量的期望值有何影响？

1.6　不确定原理

假设你握住一根长绳的一端，通过有节奏地上下摆动而产生一列波（见图 1.8）．如果有人问你："精确来讲波在哪里？"你可能会认为此人有点不合时宜：精确来讲波不在任何地方——它分布在 50ft 或更长的范围．另一方面，如果他问其波长是多少，你可以给他一个合理的答案：大约是 6ft．与此相反，如果你突然抖动一下绳子（见图 1.9），可以得到一个沿绳子传播的相对很窄的凸峰．对于这种情况，第一个问题（精确来讲波在那里）就有意义了，但是第二个问题（波长是多少？）就有点不合时宜——它甚至没有一个明确的周期，所以你如何能赋予它一个波长？当然，你也可以画出介于两者之间的情况，波是可以很好地定域在一定范围内的，波长也很明确．但是这里不可避免地存在一个取舍：波的位置越精确，波长也就越不精确，反之亦然.[21] **傅里叶（Fourier）**分析中的一个定理可以给出这种情况的一个严格证明，不过目前我仅涉及定性讨论.

上面的讨论当然适合任何波动现象，特别是对量子力学的波函数．粒子的动量和 Ψ 波

[20] 一些作者把这个名词限在下面一对方程里，$\langle p\rangle=m\mathrm{d}\langle x\rangle/\mathrm{d}t$ 和$\langle-\partial V/\partial x\rangle=\mathrm{d}\langle p\rangle/\mathrm{d}t$.

[21] 这就是为什么一个短笛演奏者必须准确按键，而一个重低音贝斯演奏者则可以带普通手套．对一个短笛，64 分音符含有许多完整的周期，频率（我们现在是谈论时间的范畴，而不是空间）是明确定义的；而对一个贝斯，具有一个很低的音域，64 分音符仅含有少量周期，你所听到的仅是一个没有很清晰音调的节奏"咚咚咚".

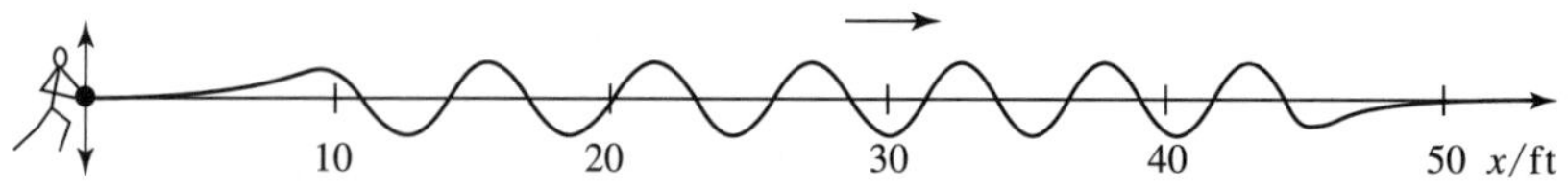

图 1.8 具有（完全）确定的波长，但位置无法确定的波.

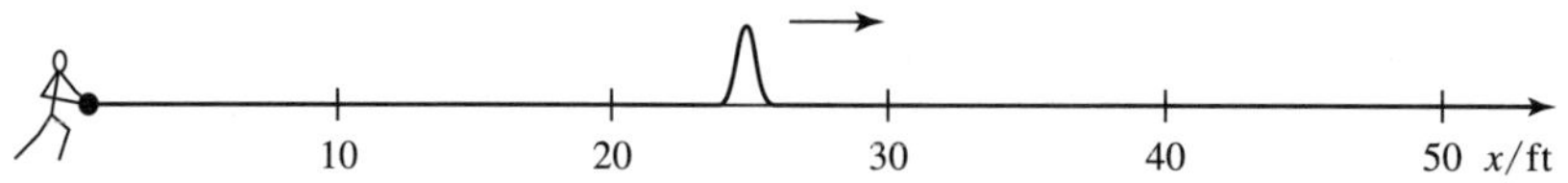

图 1.9 具有（完全）确定位置，但波长无法确定的波.

长的联系由**德布罗意公式（de Broglie formula）**给出：[22]

$$p=\frac{h}{\lambda}=\frac{2\pi\hbar}{\lambda}. \tag{1.39}$$

这样，波长的弥散就对应动量的弥散．对我们通常的观测有：粒子的位置确定得越精确，它的动量就越不精确．定量地有

$$\boxed{\sigma_x\sigma_p\geqslant\frac{\hbar}{2},} \tag{1.40}$$

式中，σ_x 是位置 x 的标准差；σ_p 是动量 p 的标准差．这就是著名的**海森伯不确定原理（Heisenberg uncertainty principle）**.（我们将在第 3 章中给出它的证明，但是我想现在就提及它，读者可以在第 2 章的例题中验证它.）

应确切理解不确定原理的意义：如同位置测量一样，对动量测量也是同样的答案——这里“弥散”是指这样一个事实，即对全同体系的测量而不会产生同样结果．设想如果你可以构造一个态，对其位置的重复测量的值都非常接近（通过使 Ψ 成为一个局域的波包）；但你要付出的代价是：对这个状态进行动量的测量的结果将是非常弥散的．或者你也可以构造一个态，对其动量的测量的结果是确定的（使 Ψ 为一个很长的正弦波）；但这样的话，位置的测量结果是非常弥散的．当然，如果你心情非常不好，你也可以构造一个态，对其而言坐标和动量都不是确定的．式（1.40）是一个不等式，对 σ_x 和 σ_p 的上限并无限制——可通过使 Ψ 为一个很长的、没有周期性的、具有很多高低起伏的曲线来获得大的 σ_x 和 σ_p.

* **习题 1.9** 质量为 m 的粒子，其波函数是

$$\Psi(x,t)=A\mathrm{e}^{-a[(mx^2/\hbar)+it]},$$

式中，A 和 a 为正的实数.

（a）求出 A.

（b）对什么样的势能函数 $V(x)$，这个 Ψ 满足薛定谔方程.

（c）计算 x、x^2、p 和 p^2 的期望值.

（d）求出 σ_x 和 σ_p，它们的乘积满足不确定原理吗？

---

[22] 我们将在适当的时候解释这个公式．许多作者把德布罗意公式作为公理，由此他们导出动量和算符 $-i\hbar(\partial/\partial x)$ 的对应．虽然在概念上这比较清楚，但会引起数学上复杂性，我们还是把这种复杂性留到以后.

本章补充习题

习题 1.10　考虑 π 的十进制展开的前面 25 位数（3，1，4，1，5，9，…）

（a）如果你随机从这套数字中选取一个，得到 10 个数字（0~9）中每一个的几率是多少？

（b）最可几的数字是那一个？中值数字是哪一个？平均值是多少？

（c）给出这个分布的标准差.

习题 1.11　（本题是例题 1.2 的推广）假设一个能量为 E、质量为 m 的粒子位于势阱 $V(x)$ 中，粒子沿 a、b 两个经典转折点往返无摩擦滑动（见图 1.10）. 从经典上来讲，发现粒子处在 $\mathrm{d}x$ 范围内的几率等于粒子在 $\mathrm{d}x$ 间隔内运动的时间和粒子从 a 运动到 b 所需时间 T 的比：

$$\rho(x)\,\mathrm{d}x=\frac{\mathrm{d}t}{T}=\frac{(\mathrm{d}t/\mathrm{d}x)\,\mathrm{d}x}{T}=\frac{1}{v(x)T}\mathrm{d}x, \tag{1.41}$$

这里 $v(x)$ 是速度，且

$$T=\int_0^T \mathrm{d}t=\int_a^b \frac{1}{v(x)}\mathrm{d}x. \tag{1.42}$$

因此

$$\rho(x)=\frac{1}{v(x)T}. \tag{1.43}$$

这大概是与 $|\Psi|^2$ 最接近的经典类比.[23]

（a）利用能量守恒把 $v(x)$ 用 E 和 $V(x)$ 表示出来.

（b）求出简谐振子势能为 $V(x)=kx^2/2$ 的 $\rho(x)$. 画出 $\rho(x)$，并验证它是严格归一化的.

（c）在（b）中，对于经典谐振子情况，求出 $\langle x\rangle$、$\langle x^2\rangle$ 和 σ_x.

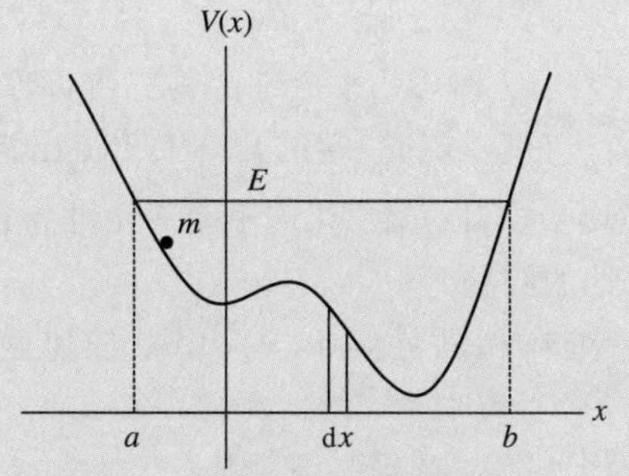

图 1.10　一个势阱中的经典粒子.

****习题 1.12**　对习题 1.11（b）中的经典谐振子，若感兴趣的是动量的分布（$p=mv$），则

[23] 如果你愿意，不要随机拍摄一个系统的照片，而是拍摄一组这样的系统的照片，所有这些系统都具有相同的能量，但具有随机的起始位置，并同时拍摄它们. 分析是一样的，但这种解释更接近于不确定性量子概念.

（a）求出经典几率分布 $\rho(p)$.（注意 p 的取值范围是 $-\sqrt{2mE}$ 到 $+\sqrt{2mE}$.）

（b）计算 $\langle p\rangle$、$\langle p^2\rangle$ 和 σ_p.

（c）对于该系统，经典的不确定乘积 $\sigma_x\sigma_p$ 是多少？注意：一般来说，只要 $E\to 0$，这个乘积值就可以足够小. 但是在第 2 章将会看到，在量子力学中，简谐振子的能量不会小于 $\hbar\omega/2$，这里 $\omega=\sqrt{k/m}$ 是经典频率. 在这种情况下，你对乘积 $\sigma_x\sigma_p$ 有什么看法？

习题 1.13　用下面的"数值实验"检验习题 1.11（b）的结果，在 t 时刻谐振子的位置是

$$x(t)=A\cos\omega t. \tag{1.44}$$

你也可以取 $\omega=1$（设置时间标度）和 $A=1$（设置长度标度）. 取 10000 个随机时间点画出 x 值图，并和 $\rho(x)$ 做比较.

提示：使用 Mathematica，首先定义

```
X[t_]:=Cos[t]
```

然后构造一个位置的表格

```
snapshots=Table[x[πRandomReal[j]],{j,10000}]
```

最后，做所得数据的柱状图：

```
Histogram[snapshots,100,"PDF",PlotRange→{0,2}]
```

与此同时，作密度函数 $\rho(x)$ 图，使用 Show，将两个叠加起来比较.

习题 1.14　设 $P_{ab}(t)$ 是在 t 时刻发现粒子处在区间（$a<x<b$）内的几率.

（a）证明：

$$\frac{\mathrm{d}P_{ab}}{\mathrm{d}t}=J(a,t)-J(b,t),$$

其中，

$$J(x,t)\equiv\frac{\mathrm{i}\hbar}{2m}\left(\Psi\frac{\partial\Psi^*}{\partial x}-\Psi^*\frac{\partial\Psi}{\partial x}\right).$$

问 $J(x,t)$ 的单位是什么？注释：J 称为几率流，因为它告诉你"流"过 x 点几率的速率. 若 $P_{ab}(t)$ 随时间增加，则流进该区域的一端的几率大于流出端.

（b）求出习题 1.9 中波函数的几率流.（这不是一个非常简单的例子，恐怕在以后的课程中我们会遇到更多实质性的问题.）

习题 1.15　证明：对（处在相同势场 $V(x)$ 中）任何两个同时满足薛定谔方程的（归一化）解 Ψ_1 和 Ψ_2 有

$$\frac{\mathrm{d}}{\mathrm{d}t}\int_{-\infty}^{\infty}\Psi_1^*\Psi_2\,\mathrm{d}x=0.$$

习题 1.16　（$t=0$ 时刻）粒子运动由下面波函数描述：

$$\Psi(x,0)=\begin{cases}A(a^2-x^2), & -a\leqslant x\leqslant a;\\ 0, & \text{其他地方}.\end{cases}$$

（a）确定归一化常数 A.

（b）x 的期望值是多少？

（c）p 的期望值是多少？（注意：不能通过 $\langle p\rangle=m\mathrm{d}\langle x\rangle/\mathrm{d}t$ 来得到它，为什么？）

（d）求出 x^2 的期望值.

（e）求出 p^2 的期望值.

（f）求出 x 的不确定度（即 σ_x）.

（g）求出 p 的不确定度（即 σ_p）.

（h）验证所得到的结果和不确定原理一致.

习题 1.17　假设描述一个不稳定的粒子，它以“寿命”τ 自发衰变. 在这种情况下，整个空间发现粒子的几率不再是常数，而是（比如说）按指数衰减：

$$P(t)\equiv\int_{-\infty}^{\infty}|\Psi(x,t)|^2\mathrm{d}x=\mathrm{e}^{-t/\tau}.$$

粗略地实现这一结果的方法如下. 在式（1.24）中，我们默认假设 V（势能）是实数. 这当然是合理的，但是它导致了式（1.27）隐含着“几率守恒”. 如果在 V 中添加一个虚数部分：

$$V=V_0-\mathrm{i}\Gamma,$$

将会怎么样？式中，V_0 是真实的势能；Γ 是一个实的常数.

（a）证明（取代式（1.27））存在关系

$$\frac{\mathrm{d}P}{\mathrm{d}t}=-\frac{2\Gamma}{\hbar}P.$$

（b）求出 $P(t)$，并用 Γ 表示出粒子的寿命.

习题 1.18　粗略地讲，当粒子的德布罗意波长（h/p）比体系的特征长度（d）大时，就要涉及量子力学. 在温度 $T(\mathrm{K})$ 下粒子处于热平衡时，其平均动能是

$$\frac{p^2}{2m}=\frac{3}{2}k_{\mathrm{B}}T$$

（k_{B} 是**玻尔兹曼常数，Boltzmann constant**），所以对应的德布罗意波长为

$$\lambda=\frac{h}{\sqrt{3mk_{\mathrm{B}}T}}. \tag{1.45}$$

这个问题的目的是确定哪些系统必须用量子力学来处理，哪些系统可以有把握地用经典方法来描述.

（a）固体. 典型固体的晶格间距大约是 $d=0.3\mathrm{nm}$. 找出固体中自由电子[24]的量子力学温度. 固体量子力学中的原子核温度低于多少（以硅为例）？原则上固体中的自由电子总是量子力学的，但原子核通常不是量子力学的. 对液体也有同样的结果（原子之间的间隔和固体差不多），但是 4K 以下的氦是个例外.

（b）气体. 压强为 p 的理想气体中原子的量子力学温度是多少？提示：利用理想气体定律（$pV=Nk_{\mathrm{B}}T$）导出原子之间的间距.

答案：$T<(1/k_{\mathrm{B}})(h^2/3m)^{3/5}p^{2/5}$. 显然（为了使气体显示量子行为）我们希望 m 应当尽可能地小，而 p 尽可能地大. 对氦来讲，把一个大气压下的数据代入上式. 问遥远宇宙中的氢（温度大约 3K，原子间距大约 1cm）需要用量子力学处理吗？（假设它是氢原子，不是氢分子.）

---

[24] 在固体中内壳层的电子是附属某一个原子核的，对它们而言涉及的尺度是原子的半径. 但是外壳层的电子是不附属某一个原子核的，对它们而言涉及的尺度是晶格间距. 本题是指外壳层的电子.

第2章 定态薛定谔方程

2.1 定态

在第 1 章中我们对波函数进行了很多讨论，包括用它如何计算所感兴趣的各种物理量. 从逻辑上讲，现在是时候停一下让我们去面对前面的一个问题：起初是如何得到 $\Psi(x,t)$ 的？我们需要求解对一个特定的势[1] $V(x,t)$ 的薛定谔方程

$$i\hbar\frac{\partial\Psi}{\partial t}=-\frac{\hbar^2}{2m}\frac{\partial^2\Psi}{\partial x^2}+V\Psi, \tag{2.1}$$

在本章（以及在本书的绝大部分章节）中，假定 V 和时间 t 无关. 在这种情况下，薛定谔方程可以通过**分离变量法（separation of variables）**求解（这是物理学家求解任何偏微分方程的首选），所寻求的方程解具有乘积形式：

$$\Psi(x,t)=\psi(x)\varphi(t), \tag{2.2}$$

这里 ψ（小写）仅是与 x 有关的函数，φ 是与 t 有关的函数. 从表面上看，这是一个不合理的限制，除了一个很小的解集，不能指望利用这种方法可以得到所有方程的解. 但别泄气，因为这种方法得到的解是非常有意义. 此外（与典型分离变量的情况一样），我们最终可以利用所得到的分立解通过叠加构造出最一般的通解.

对分离变量解，求导有

$$\frac{\partial\Psi}{\partial t}=\psi\frac{d\varphi}{dt},\quad \frac{\partial^2\Psi}{\partial x^2}=\frac{d^2\psi}{dx^2}\varphi$$

将式（2.2）代入薛定谔方程得

$$i\hbar\psi\frac{d\varphi}{dt}=-\frac{\hbar^2}{2m}\frac{d^2\psi}{dx^2}\varphi+V\psi\varphi.$$

两边同时除以 $\psi\varphi$：

$$i\hbar\frac{1}{\varphi}\frac{d\varphi}{dt}=-\frac{\hbar^2}{2m}\frac{1}{\psi}\frac{d^2\psi}{dx^2}+V. \tag{2.3}$$

现在，左边仅是 t 的函数，而右边仅是 x 的函数.[2] 这样方程成立的唯一可能就是等式两边都等于同一个常数；否则，通过改变时间 t，能够使左边式子发生变化，而右边不变，这样方程两边就不再相等.（这是一个很微妙但至关重要的论点，如果你对这一点不明白，一定要停下来把它想明白.）把这个待定的分离常数称为 E，下面你很快就会明白用 E 表示的原因. 所以

---

[1] 这里称“势能函数”有时有点烦琐，所以大家就称 V 为“势”，即便这种叫法有时会和电势混淆，电势实际上是指单位电荷的势能大小.

[2] 注意：当 V 既是 x 的函数也是 t 的函数时，这个结论将不再成立.

$$i\hbar\frac{1}{\varphi}\frac{d\varphi}{dt}=E,$$

或者

$$\frac{d\varphi}{dt}=-\frac{iE}{\hbar}\varphi \tag{2.4}$$

和

$$-\frac{\hbar^2}{2m}\frac{1}{\psi}\frac{d^2\psi}{dx^2}+V=E,$$

或者

$$\boxed{-\frac{\hbar^2}{2m}\frac{d^2\psi}{dx^2}+V\psi=E\psi.} \tag{2.5}$$

分离变量把一个偏微分方程变成了两个常微分方程（式（2.4）和式（2.5））. 它们中第一个方程（式（2.4））很容易求解（只需两边同时乘以 dt，然后积分就可以了），它的一般解是 $C\exp(-iEt/\hbar)$，但也可以把常数 C 合并到 ψ 里（因为我们所感兴趣的是乘积 $\psi\varphi$）. 这样有[3]

$$\varphi(t)=e^{-iEt/\hbar}. \tag{2.6}$$

第二个方程（式（2.5））称为**定态薛定谔方程**（**time-independent Schrödinger equation**）；如果 $V(x)$ 不给出具体的形式，我们将无法继续求解.

本章剩下的内容主要集中在求解几个具有简单形式势函数的定态薛定谔方程. 但在这之前你也许会问：我为什么如此强调分离变量法呢？毕竟，大多数的含时薛定谔方程的解并不是 $\psi(x)\varphi(t)$ 这种形式. 有三个理由，其中两个是从物理本身而言的，另一个是数学上的要求.

1. 它们是**定态**（**stationary states**）. 尽管波函数本身

$$\Psi(x,t)=\psi(x)e^{-iEt/\hbar}, \tag{2.7}$$

很明显与时间有关；但几率密度

$$|\Psi(x,t)|^2=\Psi^*\Psi=\psi^*e^{+iEt/\hbar}\psi e^{-iEt/\hbar}=|\psi(x)|^2, \tag{2.8}$$

却不依赖于时间——指数上时间因子相互抵消[4]. 在计算任何动力学变量的期望值时，也是同样的情况；式（1.36）变为

$$\langle Q(x,p)\rangle=\int\psi^*Q\left(x,-i\hbar\frac{d}{dx}\right)\psi dx. \tag{2.9}$$

任何一个期望值都是和时间无关的常数. 我们不妨把 $\varphi(t)$ 都去掉，简单地用 ψ 来代替 Ψ.（的确，通常都称 ψ 为“波函数”，但是这是不严格的说法，可能引起误解；重要的是要记住真正的波函数总是包含含时的“摆动因子”.）特别是，当 $\langle x\rangle$ 是常数时，

---

[3] 使用欧拉方程，

$$e^{i\theta}=\cos\theta+i\sin\theta$$

同样，可以写成

$$\varphi(t)=\cos(Et/\hbar)+i\sin(Et/\hbar)$$

实部和虚部按照正弦曲线振荡. 卡尔顿学院的 Mike Casper 戏称 φ 为“摆动因子”——它是量子力学中含时的特征.

[4] 对归一化的解，E 必须为实数（见习题 2.1（a））.

因此 $\langle p\rangle=0$（式（1.33））. 在该定态下，什么事情也没有发生.

2. 它们是具有确定总能量的态. 在经典力学中，总能量（动能加势能）称为**哈密顿量（Hamiltonian）**：

$$H(x,p)=\frac{p^2}{2m}+V(x). \tag{2.10}$$

相应的哈密顿算符可以通过典型的替换规则 $p\to-i\hbar(\partial/\partial x)$ 得到，[5] 有

$$\hat{H}=-\frac{\hbar^2}{2m}\frac{\partial^2}{\partial x^2}+V(x). \tag{2.11}$$

这样定态薛定谔方程（式（2.5））可以写为

$$\hat{H}\psi=E\psi. \tag{2.12}$$

总能量的期望值是

$$\langle H\rangle=\int\psi^*\hat{H}\psi\mathrm{d}x=E\int|\psi|^2\mathrm{d}x=E\int|\Psi|^2\mathrm{d}x=E. \tag{2.13}$$

（注意：波函数 Ψ 的归一化蕴含了 ψ 也是归一化的.）此外，

$$\hat{H}^2\psi=\hat{H}(\hat{H}\psi)=\hat{H}(E\psi)=E(\hat{H}\psi)=E^2\psi,$$

所以

$$\langle H^2\rangle=\int\psi^*\hat{H}^2\psi\mathrm{d}x=E^2\int|\psi|^2\mathrm{d}x=E^2.$$

因此 H 的标准差是

$$\sigma_H^2=\langle H^2\rangle-\langle H\rangle^2=E^2-E^2=0. \tag{2.14}$$

但是，如果 $\sigma=0$，那么对于每个样本都有同样的值（分布没有弥散）. 结论是：分离变量解有这样一种性质，每次对总能量测量结果的值都是确定的 E.（这也是为什么把分离常数用 E 标记的原因.）

3. 通解是分离变量解的**线性组合（linear combination）**. 我们将会讨论到，定态薛定谔方程（式（2.5））给出一个无限的解集（$\psi_1(x)$，$\psi_2(x)$，$\psi_3(x)$，…，记作 $\{\psi_n(x)\}$），每一个解都有相应的分离变量常数（E_1，E_2，E_3，…），记做 $\{E_n\}$；对应每个**能量允许值（allowed energy）**有不同的波函数：

$$\Psi_1(x,t)=\psi_1(x)e^{-iE_1t/\hbar},\Psi_2(x,t)=\psi_2(x)e^{-iE_2t/\hbar},\cdots,$$

（含时）薛定谔方程有这样一个特性，方程不同解的线性组合[6] 仍然是其本身的一个解（你可以自己验证这一点）. 一旦得到分离变量解，我们便可以立即构造一个通解，其形式为

$$\Psi(x,t)=\sum_{n=1}^{\infty}c_n\psi_n(x)e^{-iE_nt/\hbar}. \tag{2.15}$$

通常是（含时的）薛定谔方程的每一个解都能写成这种形式，而余下的事情就是简单找出方程满足初始条件的适当常数（c_1，c_2，c_3，…）. 在下面一节中，你将看到这一切是如何在实际求解过程中实现的，并且在第3章中我们将用更加优雅的语言描述。但

[5] 当产生混淆时，我将在算符头部加一个“帽子”(^)，以区分它所代表的力学变量.

[6] 函数 $f_1(z)$，$f_2(z)$，…线性组合的表示式为

$$f(z)=c_1f_1(z)+c_2f_2(z)+\cdots,$$

这里 c_1，c_2，…（也可能是复数）是常数.

主要的一点是：一旦解出了定态薛定谔方程（这是必不可少的）分离变量解，就可以从中得到含时薛定谔方程的通解，这在原则上是简单明了的.

前面几页中我介绍了很多内容，现在让我换个角度总结一下．一般问题是：给定一个势（不含时的）$V(x)$ 和初始波函数 $\Psi(x,0)$，你的任务是求出以后任何时刻 t 的波函数 $\Psi(x,t)$．也就是必须求解含时的薛定谔方程（式（2.1））．我们的方法是首先求解定态薛定谔方程（式（2.5））．一般来说，我们会得到一个无限解集（$\psi_1(x),\psi_2(x),\psi_3(x),\cdots$），其中每个解都对应相应的能量值（$E_1$，$E_2$，$E_3$，…）．为了求出 $\Psi(x,0)$，写出这些解的线性组合：

$$\Psi(x,0)=\sum_{n=1}^{\infty}c_n\psi_n(x); \tag{2.16}$$

奇妙的是，你总能选择出合适的常数 $\{c_n\}$，使之满足给定的初始状态.[7] 要得到 $\Psi(x,t)$，只需再对其每一项简单加上刻画时间依赖特征的含时指数因子，$\exp(-iE_nt/\hbar)$：[8]

$$\boxed{\Psi(x,t)=\sum_{n=1}^{\infty}c_n\psi_n(x)e^{-iE_nt/\hbar}=\sum_{n=1}^{\infty}c_n\Psi_n(x,t).} \tag{2.17}$$

由于分离变量解本身也是定态，

$$\Psi_n(x,t)=\psi_n(x)e^{-iE_nt/\hbar}, \tag{2.18}$$

从这个意义上讲，所有的几率和力学量期望值都与时间无关．但需要强调的是，一般解（式（2.17））并不具备这个性质，因为不同的定态具有不同的能量值，而且在计算 $|\Psi|^2$ 时，波函数含时指数因子也不能相互抵消.

例题 2.1　假设粒子的初态刚好为两个定态的线性组合：

$$\Psi(x,0)=c_1\psi_1(x)+c_2\psi_2(x).$$

（为简便起见，我将假设常数 c_n 和态 $\psi_n(x)$ 都是实数.）那么在以后的任意时刻的波函数 $\Psi(x,t)$ 是什么？求出几率密度并描述其运动.

解：第一问很简单：

$$\Psi(x,t)=c_1\psi_1(x)e^{-iE_1t/\hbar}+c_2\psi_2(x)e^{-iE_2t/\hbar},$$

这里的 E_1、E_2 是和波函数 ψ_1、ψ_2 相对应的能量值．因此

$$\begin{aligned}|\Psi(x,t)|^2&=(c_1\psi_1e^{iE_1t/\hbar}+c_2\psi_2e^{iE_2t/\hbar})(c_1\psi_1e^{-iE_1t/\hbar}+c_2\psi_2e^{-iE_2t/\hbar})\\&=c_1^2\psi_1^2+c_2^2\psi_2^2+2c_1c_2\psi_1\psi_2\cos[(E_2-E_1)t/\hbar].\end{aligned}$$

几率密度以角频率 $(E_2-E_1)/\hbar$ 按照正弦函数形式振荡；当然这肯定不是定态．但需注意的是：只有（具有不同能量的）定态的线性组合才产生这种运动.[9]

你可能很想知道这些系数在物理上代表什么意义．下面我将告诉你答案，但对它的解释

---

[7] 原则上，任何归一化的波函数都是可开玩笑的对象，甚至不需要是连续的．实际上，如何使粒子进入那种状态是另一个问题，而且（奇怪的是）我们很少有机会问这个问题.

[8] 如果这是你第一次遇到分离变量的方法，你可能会失望，因为这个解是无穷级数的形式．有时候求级数之和，或求解含时薛定谔方程时可以不需要分离变量．例如，习题 2.49、2.50 和 2.51．但这些情况极为罕见.

[9] 这个结果可以通过 Paul Falstad 的一个小程序很好地演示出来．见 www.falstad.com/qm1d/.

需要学习到第 3 章才行.

$$\boxed{|c_n|^2 \quad \text{进行一次测量能量大小为 } E_n \text{ 的几率.}} \tag{2.19}$$

一次有效的测量总能够得到一个“允许”的值（允许值即由此得名），$|c_n|^2$ 是得到特定能量值 E_n 的几率.[10] 当然，对所有这些几率的求和等于 1，即

$$\boxed{\sum_{n=1}^{\infty}|c_n|^2 = 1,} \tag{2.20}$$

而且，能量的期望值为

$$\boxed{\langle H\rangle = \sum_{n=1}^{\infty}|c_n|^2 E_n.} \tag{2.21}$$

在一些具体的例子中，我们很快就会看到这是如何实现的. 最后要注意一点，由于常数 $|c_n|^2$ 与时间无关，得到一个特定能量值的几率也是如此；更不用说 H 的期望值了. 这些都是**能量守恒（energy conservation）**定律在量子力学中的表现.

* **习题 2.1** 证明下列三个定理：

(a) 对归一化的解，其分离变量常数 E 必为实数. 提示：把 E（式（2.7）中）写成 $E_0+\mathrm{i}\Gamma$ 的形式（E_0 和 Γ 都是实数），然后证明对任何时间 t，如果式（1.20）都成立，则 Γ 必定为零.

(b) 定态波函数 $\psi(x)$ 总可以取作实数（不像 $\Psi(x,t)$ 一定是复数）. 这并不是说任何定态薛定谔方程的解一定是实数；而是说，如果你没有得到实数解，总可以通过这些解（具有相同能量）的线性组合得到一个实数解. 所以，你总可以说薛定谔方程的解可以取作实数. 提示：对于一个给定的能量 E，如果 $\psi(x)$ 满足式（2.5），那么 $\psi(x)$ 的共轭复数也满足；这样它们的线性组合 $\psi+\psi^*$ 和 $\mathrm{i}(\psi-\psi^*)$ 为实数解，它们同样也满足式（2.5）.

(c) 如果 $V(x)$ 是**偶函数（even function）**（即 $V(-x)=V(x)$），那么 $\psi(x)$ 总可以取偶函数或者奇函数. 提示：对于给定的能量 E，如果 $\psi(x)$ 满足式（2.5），那么 $\psi(-x)$ 也一定满足，所以它们的奇函数和偶函数的组合 $\psi(x)\pm\psi(-x)$ 也满足.

* **习题 2.2** 证明对于定态薛定谔方程的每一个归一化解，E 必须大于 $V(x)$ 的最小值. 在经典力学中，这句话对应的是什么？提示：把式（2.5）重写为

$$\frac{\mathrm{d}^2\psi}{\mathrm{d}x^2}=\frac{2m}{\hbar^2}[V(x)-E]\psi;$$

如果 $E<V_{\min}$，那么 ψ 和它的二阶导数有相同的符号，论证该波函数是不可归一化的.

[10] 一些人会告诉你 $|c_n|^2$ 是“粒子处在第 n 个定态的几率大小”，但这是糟糕的说法：粒子处在 Ψ 态，不是在 Ψ_n 态，无论如何，在实验室里你无法“发现一个粒子处在一个特定的状态”. 你测量的是你所能观测到的东西，所得到的是一个数值，而不是波函数.

2.2 无限深方势阱

假设

$$V(x)=\begin{cases}0, & 0\leqslant x\leqslant a;\\ \infty, & 其他地方.\end{cases} \tag{2.22}$$

(见图 2.1). 粒子在这样的势场中运动，除了在两个端点（$x=0$，$x=a$）以外都是自由的，在端点处存在无穷大的力阻止它逃逸势阱. 最经典的模型就是小车在光滑的空气轨道上做水平运动，运动至两端处与墙壁发生完全弹性碰撞，使得小车不停地往返运动.（当然，这个势阱是人为构造的，但需要重视它. 尽管它很简单，或者更确切地说，正是由于简单才使它成了以后讨论的很多原理的佐证模型. 我们以后还会经常提到它.）[11]

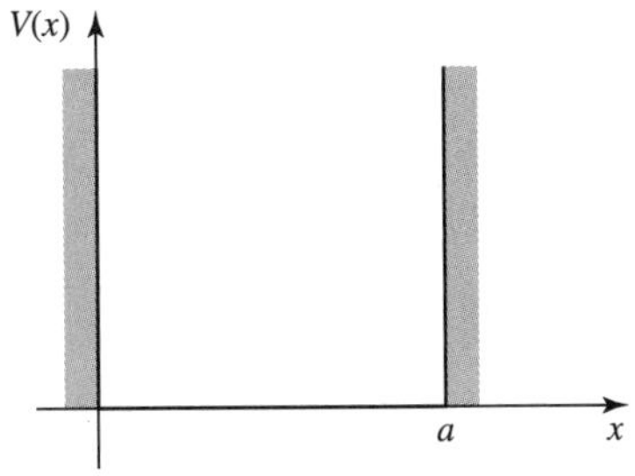

图 2.1　一维无限深方势阱（式（2.22））.

在势阱以外，$\psi(x)=0$（在那里发现粒子的几率为零）. 在势阱内，$V=0$，定态薛定谔方程（式（2.5））为

$$-\frac{\hbar^2}{2m}\frac{\mathrm{d}^2\psi}{\mathrm{d}x^2}=E\psi, \tag{2.23}$$

或者

$$\frac{\mathrm{d}^2\psi}{\mathrm{d}x^2}=-k^2\psi,\quad 其中\quad k\equiv\frac{\sqrt{2mE}}{\hbar}. \tag{2.24}$$

(写成这个的形式的前提是已经默认了 $E\geqslant 0$ 的假定；从习题 2.2 中已经知道 $E<0$ 是没意义的.）式（2.24）是**经典谐振子（simple harmonic oscillator）**的运动方程；其通解是

$$\psi(x)=A\sin kx+B\cos kx, \tag{2.25}$$

这里 A 和 B 是任意常数. 通常由所求问题的**边界条件（boundary condition）**来确定. $\psi(x)$ 的边界条件是什么？一般来说，ψ 和 $\mathrm{d}\psi/\mathrm{d}x$ 都是连续的，[12] 但是，在势函数为无穷大的地方，

[11] 通常来讲，一维无限深势阱是一个简单的理论模型，在实际的量子力学体系中，过去很难找到相应的具体物理应用. 但在目前的凝聚态物理研究中，已有很多情况可以通过该模型来解释. 典型的例子是所谓的“电子生长”模型. 电子生长是金属原子在衬底上沉积的厚度仅为几个原子层时，量子尺寸效应对薄膜的稳定性起到重要的作用，具体而言，当金属原子层的厚度是金属薄膜中电子的费米波长的半整数倍时，薄膜表现出十分强的稳定性；而当金属原子层的厚度不是金属中电子的费米波长的半整数倍时，薄膜则不稳定. 具体参见，Z. Y. Zhang, Qian Niu, and Chih-Kang Shih, *Phys. Rev. Lett.* **80**, 5381 (1998); Michael C. Tringides, M. Jalochowski, E. T. Bauer, *Physics Today*, **60**, 50-54 (2007). ——译者注

[12] 没错，$\psi(x)$ 必须是 x 的连续函数，尽管 $\psi(x,t)$ 可以不是.

只有第一个边界条件适用.（我将在2.5节中证明这些边界条件，并且讨论在 $V=\infty$ 时的例外情况. 现在我希望你们接受这一点.）

$\psi(x)$ 的连续性要求

$$\psi(0)=\psi(a)=0, \tag{2.26}$$

以保证势阱内外方程的解连续. 这告诉我们 A 和 B 的什么信息呢？由

$$\psi(0)=A\sin 0+B\cos 0=B,$$

所以 $B=0$，因此

$$\psi(x)=A\sin kx. \tag{2.27}$$

这样 $\psi(a)=A\sin ka$，要么 $A=0$（这样会得到平庸且不可归一化的解 $\psi(x)=0$），或者 $\sin ka=0$，这就意味着

$$ka=0,\pm\pi,\pm 2\pi,\pm 3\pi,\cdots \tag{2.28}$$

但 $k=0$ 没有意义（它意味着 $\psi(x)=0$）；因为 $\sin(-\theta)=-\sin\theta$，负的 k 值并不给出新的解，可以把负号合并到 A 中. 所以，精确解为

$$k_n=\frac{n\pi}{a},\quad n=1,2,3,\cdots \tag{2.29}$$

令人惊奇的是，在 $x=a$ 处的边界条件并不能确定常数 A 的值，却确定了常数 k 的值. 因此，能量 E 的可能值是

$$\boxed{E_n=\frac{\hbar^2k_n^2}{2m}=\frac{n^2\pi^2\hbar^2}{2ma^2}.} \tag{2.30}$$

与经典情况截然不同的是，无限深方阱中的量子粒子不再是随意取任意能量，它只能取其中的一些特殊的允许值.[13]我们归一化 ψ 求出 A:[14]

$$\int_0^a |A|^2\sin^2(kx)\,\mathrm{d}x=|A|^2\frac{a}{2}=1,\text{所以}|A|^2=\frac{2}{a}.$$

这仅仅决定 A 的模的大小，但最简单的方法是取其正的实根：$A=\sqrt{2/a}$（A 的相位没有物理意义）. 这样，无限深方势阱内的解是

$$\boxed{\psi_n(x)=\sqrt{\frac{2}{a}}\sin\left(\frac{n\pi}{a}x\right).} \tag{2.31}$$

如前所述，定态薛定谔方程的解是一个无限的解集（每个正整数 n 对应一个解）. 图2.2中给出其解的前三个波函数. 它们看起来像位于一个长度为 a 的弦上的驻波. 波函数 ψ_1 具有最低的能量，称为**基态**（**ground state**），其他状态的能量正比于 n^2，称为**激发态**（**excited states**）. 总结一下，函数 $\psi_n(x)$ 具有如下有趣和重要的性质：

1. 波函数 $\psi_n(x)$ 相对于无限深势阱的中心是奇偶交替的：ψ_1 是偶函数，ψ_2 是奇函数，ψ_3 是偶函数，依次类推.[15]

---

[13] 注意：能量量子化的出现是定态薛定谔方程解的边界条件的一个非常技术要求的结果.

[14] 实际上是 $\Psi(x,t)$ 必须归一，但由式（2.7）可以得出仅需要 $\psi(x)$ 归一.

[15] 为了使对称性更明显，有些作者把势阱的中心放在原点位置（势阱从 $-a$ 到 $+a$）. 这时余弦是偶函数，正弦是奇函数. 参见习题2.36.

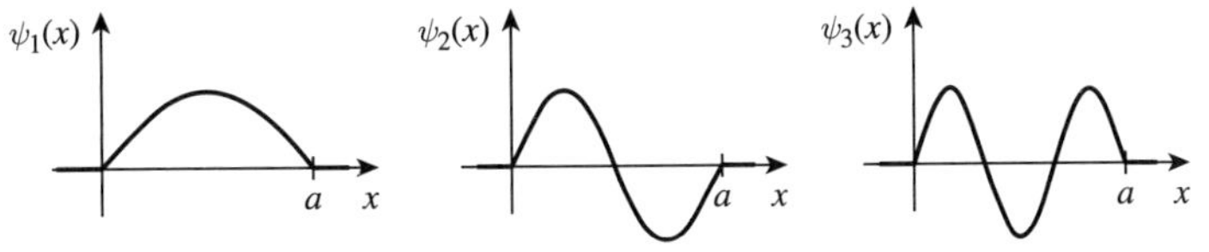

图 2.2　一维无限深方势阱的前 3 个定态（式（2.31））.

2. 随着能量的增加，相继状态的**节点数**（**node**，与 x 轴交点）逐次增 1；ψ_1 没有节点（两端的节点不计），ψ_2 有一个节点，ψ_3 有两个节点，依次类推.

3. 它们是相互**正交的**（**orthogonal**），也就是说当 $m \neq n$ 时，[16]

$$\int \psi_m^*(x)\psi_n(x)\,\mathrm{d}x = 0. \tag{2.32}$$

证明：

$$\begin{aligned}\int \psi_m^*(x)\psi_n(x)\,\mathrm{d}x &= \frac{2}{a}\int_0^a \sin\left(\frac{m\pi}{a}x\right)\sin\left(\frac{n\pi}{a}x\right)\mathrm{d}x \\ &= \frac{1}{a}\int_0^a \left[\cos\left(\frac{m-n}{a}\pi x\right) - \cos\left(\frac{m+n}{a}\pi x\right)\right]\mathrm{d}x \\ &= \left\{\frac{1}{(m-n)\pi}\sin\left(\frac{m-n}{a}\pi x\right) - \frac{1}{(m+n)\pi}\sin\left(\frac{m+n}{a}\pi x\right)\right\}\Bigg|_0^a \\ &= \frac{1}{\pi}\left\{\frac{\sin[(m-n)\pi]}{(m-n)} - \frac{\sin[(m+n)\pi]}{(m+n)}\right\} = 0.\end{aligned}$$

注意上述证明对 $m=n$ 不成立.（你能找出它不成立的问题所在吗?）在这种情况下，归一性是指积分应该等于 1. 事实上，我们可以把正交性和归一性合并成一个式子

$$\boxed{\int \psi_m^*(x)\psi_n(x)\,\mathrm{d}x = \delta_{mn}.} \tag{2.33}$$

这里的 δ_{mn}（称为**克罗内克符号**，**Kronecker delta**，δ 符号）定义为

$$\delta_{mn} = \begin{cases} 0, & \text{如果 } m \neq n, \\ 1, & \text{如果 } m = n. \end{cases} \tag{2.34}$$

我们说所有的 ψ 都是**正交归一的**（**orthonormal**）.

4. 它们是**完备的**（**complete**），也就是说其他对任意函数 $f(x)$，都可以用它们的线性组合来表示：

$$f(x) = \sum_{n=1}^{\infty} c_n \psi_n(x) = \sqrt{\frac{2}{a}}\sum_{n=1}^{\infty} c_n \sin\left(\frac{n\pi}{a}x\right). \tag{2.35}$$

在这里我不打算去证明 $\sqrt{2/a}\sin(n\pi x/a)$ 的完备性. 如果学过高等微积分的话，其实不难看出式（2.35）就是 $f(x)$ 的**傅里叶展开式**（**Fourier series**）；事实上，任何函数

[16] 在目前情况下，ψ 是实数，所以 ψ_m 的复共轭号（*）是没有必要的. 但是为了以后的方便，需要养成使用复共轭号的好习惯.

$f(x)$ 都可以用这种方法展开，有时候称之为**狄利克雷定理**（**Dirichlet's theorem**）.[17]

对于给定的$f(x)$，其展开系数 c_n 可以用称之为**傅里叶技巧**（**Fourier's trick**）的方法得到，也完美地利用了$\{\psi_n\}$的正交性：在式（2.35）两端同时乘以 ψ_m^*，然后积分：

$$\int \psi_m^*(x) f(x)\,\mathrm{d}x = \sum_{n=1}^{\infty} c_n \int \psi_m^*(x)\psi_n(x)\,\mathrm{d}x = \sum_{n=1}^{\infty} c_n \delta_{mn} = c_m. \tag{2.36}$$

（留意上面是如何利用**克罗内克** δ 符号把除了 $n=m$ 以外的项消除的.）于是，$f(x)$ 展开式中的第 n 项的待定系数为[18]

$$\boxed{c_n = \int \psi_n^*(x) f(x)\,\mathrm{d}x.} \tag{2.37}$$

上述四个性质非常有用，且它们不单单是一维无限深方势阱所特有. 只要势函数本身具有对称性，第一个性质就成立；无论势函数是什么形状，第二个性质都是普适的.[19]波函数的正交归一性也是十分普遍的——我将在第3章中给出具体的证明. 波函数的完备性对我们可能遇到的所有势场都是成立的，但要去证明这一点确实棘手又费力；恐怕大多数物理学家们只是简单地假定其是完备的，并希望如此.

一维无限深方势阱的定态解是（式（2.18））

$$\Psi_n(x,t) = \sqrt{\frac{2}{a}} \sin\left(\frac{n\pi}{a}x\right) \mathrm{e}^{-\mathrm{i}(n^2\pi^2\hbar/2ma^2)t}. \tag{2.38}$$

我曾讲过（式（2.17））含时薛定谔方程的最一般的解是其定态解的线性组合：

$$\Psi(x,t) = \sum_{n=1}^{\infty} c_n \sqrt{\frac{2}{a}} \sin\left(\frac{n\pi}{a}x\right) \mathrm{e}^{-\mathrm{i}(n^2\pi^2\hbar/2ma^2)t}. \tag{2.39}$$

（如果你对它怀疑，请务必验证它！）下面留给我需要论证的是：可以通过选择适当的系数 c_n 使之能拟合任何指定的初始波函数 $\Psi(x,0)$：

$$\Psi(x,0) = \sum_{n=1}^{\infty} c_n \psi_n(x).$$

ψ 的完备性（对现在的情况由狄利克雷定理证实）保证了我总能用这种形式表示 $\Psi(x,0)$，它们的正交归一性允许我们通过傅里叶技巧确定待定系数：

$$c_n = \sqrt{\frac{2}{a}} \int_0^a \sin\left(\frac{n\pi}{a}x\right) \Psi(x,0)\,\mathrm{d}x. \tag{2.40}$$

也就是说，对于给定的一个初始波函数 $\Psi(x,0)$，首先可以利用式（2.40）求出展开式的系数 c_n，然后代入式（2.39）得到 $\Psi(x,t)$. 有了该波函数，就可以利用第1章所学的方法来计算感兴趣的任何力学量. 上面步骤对任何势函数都是一样的，所不同的是 ψ 的函数形式的变化和所允许的能量值满足的方程不同.

---

[17] 例如，参见 Mary Boas 所著 *Mathematical Methods in the Physical Sciences*，第3版（纽约：John Wiley，2006）第356页；$f(x)$ 甚至可以是含有有限个不连续的数.

[18] 这里无论是使用 m 或者 n 是作为“哑指标”都一样（当然，方程两边必须保持一致）；不管你使用哪个字母来表示，它都是指“任何正整数”.

[19] 习题2.45探讨了这一特性. 进一步的讨论参见，John L. Powell 和 Bernd Crasemann，*Quantum Mechanics*（Addison Wesley，Reading，MA，1961），第5~7章.

例题 2.2　一维无限深方势阱中粒子的初态波函数是

$$\Psi(x,0)=Ax(a-x),\quad 0\leqslant x\leqslant a,$$

A 是常数，如图 2.3 所示．设在势阱以外 $\Psi=0$．求 $\Psi(x,t)$．

解：首先通过归一化波函数 $\Psi(x,0)$ 求出 A：

$$1=\int_0^a|\Psi(x,0)|^2\mathrm{d}x=|A|^2\int_0^a x^2(a-x)^2\mathrm{d}x=|A|^2\frac{a^5}{30},$$

所以

$$A=\sqrt{\frac{30}{a^5}}.$$

第 n 项的系数（式（2.40））是

$$\begin{aligned}
c_n&=\sqrt{\frac{2}{a}}\int_0^a\sin\left(\frac{n\pi}{a}x\right)\sqrt{\frac{30}{a^5}}x(a-x)\mathrm{d}x\\
&=\frac{2\sqrt{15}}{a^3}\left[a\int_0^a x\sin\left(\frac{n\pi}{a}x\right)\mathrm{d}x-\int_0^a x^2\sin\left(\frac{n\pi}{a}x\right)\mathrm{d}x\right]\\
&=\frac{2\sqrt{15}}{a^3}\left\{a\left[\left(\frac{a}{n\pi}\right)^2\sin\left(\frac{n\pi}{a}x\right)-\frac{ax}{n\pi}\cos\left(\frac{n\pi}{a}x\right)\right]\Bigg|_0^a-\right.\\
&\quad\left.\left[2\left(\frac{a}{n\pi}\right)^2 x\sin\left(\frac{n\pi}{a}x\right)-\frac{(n\pi x/a)^2-2}{(n\pi/a)^3}\cos\left(\frac{n\pi}{a}x\right)\right]\Bigg|_0^a\right\}\\
&=\frac{2\sqrt{15}}{a^3}\left[-\frac{a^3}{n\pi}\cos(n\pi)+a^3\frac{(n\pi)^2-2}{(n\pi)^3}\cos(n\pi)+a^3\frac{2}{(n\pi)^3}\cos(0)\right]\\
&=\frac{4\sqrt{15}}{(n\pi)^3}[\cos(0)-\cos(n\pi)]\\
&=\begin{cases}0, & \text{如果 } n \text{ 为偶数；}\\ 8\sqrt{15}/(n\pi)^3, & \text{如果 } n \text{ 为奇数．}\end{cases}
\end{aligned}$$

这样（式（2.39））为

$$\Psi(x,t)=\sqrt{\frac{30}{a}}\left(\frac{2}{\pi}\right)^3\sum_{n=1,3,5,\cdots}\frac{1}{n^3}\sin\left(\frac{n\pi}{a}x\right)\mathrm{e}^{-\mathrm{i}n^2\pi^2\hbar t/2ma^2}.$$

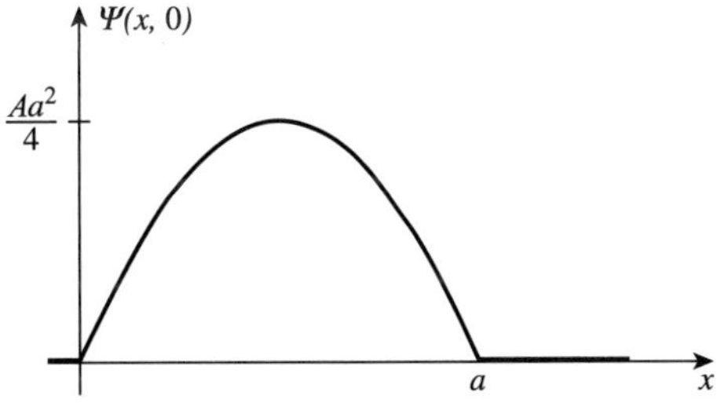

图 2.3　例题 2.2 中的初态波函数．

例题 2.3 对于例题2.2中的波函数，验证其满足式（2.20）. 如果测量此状态下粒子的能量，最可能的值是多少？能量的期望值是多少？

解：初始波函数（见图2.3）与基态 ψ_1（见图2.2）非常相似. 这意味着 $|c_1|^2$ 是主要的，[20] 事实上

$$|c_1|^2=\left(\frac{8\sqrt{15}}{\pi^3}\right)^2=0.998555\cdots.$$

其余的系数弥补与1的差额：[21]

$$\sum_{n=1}^{\infty}|c_n|^2=\left(\frac{8\sqrt{15}}{\pi^3}\right)^2\sum_{n=1,3,5,\cdots}^{\infty}\frac{1}{n^6}=1.$$

能量测量的最可能的值是 $E_1=\pi^2\hbar^2/2ma^2$——在所有测量中，有超过99.8%的测量都是这个值. 能量的期望值是（式（2.21））

$$\langle H\rangle=\sum_{n=1,3,5,\cdots}^{\infty}\left(\frac{8\sqrt{15}}{n^3\pi^3}\right)^2\frac{n^2\pi^2\hbar^2}{2ma^2}=\frac{480\hbar^2}{\pi^4ma^2}\sum_{n=1,3,5,\cdots}^{\infty}\frac{1}{n^4}=\frac{5\hbar^2}{ma^2}.$$

正如所预期一样，它很接近于 E_1（5代替了 $\pi^2/2\approx4.935$）——比它稍微大一点，这是由于激发态的混入造成的.

当然，式（2.20）在例题2.3中得到正确验证也绝非偶然. 事实上，这是遵循 Ψ 的归一性（c_n 不依赖时间，所以我们只证明 $t=0$ 的情况；如果你对此还担忧的话，可以很容易把证明推广到任意 t.）：

$$\begin{aligned}1&=\int|\Psi(x,0)|^2\mathrm{d}x=\int\left(\sum_{m=1}^{\infty}c_m\psi_m(x)\right)^*\left(\sum_{n=1}^{\infty}c_n\psi_n(x)\right)\mathrm{d}x\\&=\sum_{m=1}^{\infty}\sum_{n=1}^{\infty}c_m^*c_n\int\psi_m^*(x)\psi_n(x)\mathrm{d}x\\&=\sum_{m=1}^{\infty}\sum_{n=1}^{\infty}c_m^*c_n\delta_{mn}=\sum_{n=1}^{\infty}|c_n|^2.\end{aligned}$$

（仍然是克罗内克符号 δ 从对 m 求和的项中挑选出 $m=n$ 的项.）同样，能量的期望值（式（2.21））也可以直接验证：定态薛定谔方程（式（2.12））为

$$\hat{H}\psi_n=E_n\psi_n, \tag{2.41}$$

所以

$$\begin{aligned}\langle H\rangle&=\int\Psi^*\hat{H}\Psi\mathrm{d}x=\int\left(\sum c_m\psi_m\right)^*H\left(\sum c_n\psi_n\right)\mathrm{d}x\\&=\sum\sum c_m^*c_nE_n\int\psi_m^*\psi_n\mathrm{d}x=\sum|c_n|^2E_n.\end{aligned}$$

---

[20] 粗略地讲，c_n 告诉你了在 ψ 中包含 ψ_n 的数量.

[21] 在数学手册“Riemann Zeta 函数”或“倒数幂次方之和”条目下，你可以查到级数

$$\frac{1}{1^6}+\frac{1}{3^6}+\frac{1}{5^6}+\cdots=\frac{\pi^6}{960}$$

和

$$\frac{1}{1^4}+\frac{1}{3^4}+\frac{1}{5^4}+\cdots=\frac{\pi^4}{96}.$$

习题 2.3　对一维无限深方势阱来说，证明在 $E=0$ 或 $E<0$ 的情况下（定态）薛定谔方程不存在可接受的（物理）解.（这是在习题 2.2 中所讨论的一般定理的一个特殊情况，但这次你要直接求解薛定谔方程，并证明其无法满足边界条件.）

* **习题 2.4**　对一维无限深势阱中的第 n 个定态，计算 $\langle x\rangle$、$\langle x^2\rangle$、$\langle p\rangle$、$\langle p^2\rangle$、σ_x 和 σ_p 的值. 验证不确定原理是成立的. 指出哪个状态最接近不确定原理的极限？

* **习题 2.5**　一维无限深方势阱中粒子初始波函数由前两个定态波函数叠加而成：

$$\Psi(x,0)=A[\psi_1(x)+\psi_2(x)].$$

（a）归一化 $\Psi(x,0)$（即求出 A. 如果利用 ψ_1 和 ψ_2 的正交归一性会使计算变得很简单. 请记住，你可以认为在 $t=0$ 时波函数 Ψ 是归一化的，那么在以后时间也是归一化的——如对此有疑问，在做完（b）后验证一下.）

（b）求 $\Psi(x,t)$ 和 $|\Psi(x,t)|^2$. 像例题 2.1 一样，把后者用时间正弦函数表示. 为简化结果起见，令 $\omega\equiv\pi^2\hbar/2ma^2$.

（c）计算 $\langle x\rangle$ 的值. 注意结果是随时间振荡的. 振荡的角频率是多少？振幅是多少？（如果你得到的振幅大于 $a/2$，计算一定有错.）

（d）计算 $\langle p\rangle$ 的值.（正如彼得 · 洛所讲："当然要做，约翰尼！"）[22]

（e）如果你对粒子的能量进行测量，可能得到的值是什么？所得每个值的几率是多少？求出 H 的期望值. 并与 E_1 和 E_2 做比较.

习题 2.6　虽然波函数的整体相位常数都没有任何物理意义（在计算一个可观测量时可以将此抵消掉），但是在式（2.17）中系数的相对相位却起作用. 例如，假定改变习题 2.5 中的 ψ_1 和 ψ_2 的相对相位为

$$\Psi(x,0)=A[\psi_1(x)+e^{i\phi}\psi_2(x)],$$

其中 ϕ 是一些常数. 求解 $\Psi(x,t)$、$|\Psi(x,t)|^2$ 和 $\langle x\rangle$，并与前面（上题）的结果做比较. 研究当 $\phi=\pi/2$ 和 $\phi=\pi$ 时的特殊情况.（对该问题的一个图示，可在脚注 9 所给出的网页中找到.）

* **习题 2.7**　一维无限深势阱中的粒子初始波函数是

$$\Psi(x,0)=\begin{cases}Ax, & 0\leqslant x\leqslant a/2,\\ A(a-x), & a/2\leqslant x\leqslant a.\end{cases}$$

[22] 彼得 · 洛（Peter Lorre，1904 年 6 月 26 日—1964 年 3 月 23 日），出生于斯洛伐克. 著名演员、编剧、导演. 在银幕上，彼得 · 洛习惯以反面杀手形象亮相，卓别林曾把他称为"世界上最好的演员". 主演过《擒凶记》《卡萨布兰卡》《皇家赌场》等. ——译者注.

(a) 画出 $\Psi(x,0)$ 的草图，然后求出常数 A.

(b) 求出 $\Psi(x,t)$.

(c) 对粒子能量进行测量，得到结果为 E_1 的几率是多少？

(d) 利用式 (2.21)，求出能量的期望值.[23]

习题 2.8 处在一维无限深（宽度为 a）方势阱中质量为 m 的粒子，其初态为

$$\Psi(x,0)=\begin{cases}A, & 0\leqslant x\leqslant a/2;\\ 0, & a/2\leqslant x\leqslant a.\end{cases}$$

对于某一常数 A，势阱左半边的区域中（$t=0$ 时）每一点发现粒子的可能性相同.（在以后的时刻 t）对能量进行测量得到数值为 $\pi^2\hbar^2/2ma^2$ 的几率是多少？

习题 2.9 对例题 2.2 中的波函数，用公式：

$$\langle H\rangle=\int\Psi(x,0)^*\hat{H}\Psi(x,0)\,\mathrm{d}x$$

求在 $t=0$ 时刻 H 的期望值. 同在例题 2.3 中用式（2.21）求出的结果做比较. **注意：** 因为 $\langle H\rangle$ 是不依赖时间的，所以用 $t=0$ 求解也不失其一般性.

2.3 谐振子

经典谐振子模型描述为质量 m 的物体挂在劲度系数为 k 的弹簧上. 其运动由**胡克定律**（**Hooke's Law**）决定：

$$F=-kx=m\frac{\mathrm{d}^2x}{\mathrm{d}t^2}$$

（忽略摩擦力.）它的解是

$$x(t)=A\sin\omega t+B\cos\omega t,$$

其中

$$\omega\equiv\sqrt{\frac{k}{m}} \tag{2.42}$$

是谐振子频率（也称角频率）. 势能为

$$V(x)=\frac{1}{2}kx^2, \tag{2.43}$$

其图形是抛物线形状.

当然，不存在理想的谐振子——如果你拉弹簧使其伸长得太多，它就会被拉断，且在远

[23] 请记住：只要初始波函数是归一化的，原则上对初始波函数的形状没有限制. 特别是，$\Psi(x,0)$ 不必有一个连续的导数. 不过，在这种情况下，如果你试图用 $\int\Psi(x,t)^*\hat{H}\Psi(x,t)\,\mathrm{d}x$ 计算 $\langle H\rangle$ 时，会遇到技术上的困难，因为 $\Psi(x,0)$ 的二次导数定义不清. 在处理类似习题 2.9 时没有问题是因为不连续发生在端点，此处的波函数为零. 在习题 2.39 中，你将看到如何处理类似习题 2.7 的情况.

未达到破坏点之前胡克定律就不再成立．但在实际情况中，任何势能在其极小值附近都可以用抛物线近似（见图 2.4）．形式上，如果将 $V(x)$ 在其极小值附近做泰勒展开：

$$V(x)=V(x_0)+V'(x_0)(x-x_0)+\frac{1}{2}V''(x_0)(x-x_0)^2+\cdots,$$

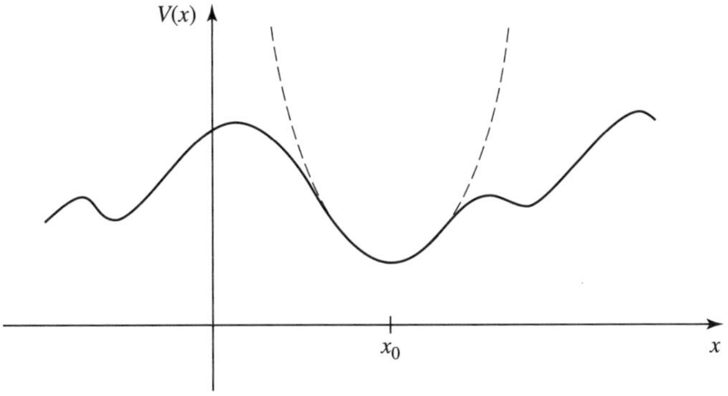

图 2.4　在局部极小值附近，对任意势做抛物线近似（虚线）．

减去 $V(x_0)$（你可以为所欲为地给 $V(x)$ 加上一个常数，因为这不改变力的大小），由于 $V'(x_0)=0$（因为 x_0 是极小值），忽略高次项（只要 $(x-x_0)$ 很小就可以忽略），得到

$$V(x)\approx\frac{1}{2}V''(x_0)(x-x_0)^2,$$

这正是描述（对于 x_0 点）谐振子的势，其有效劲度系数为 $k=V''(x_0)$．事实上，对于任何振动来说，只要其振幅足够小，都可以近似看作简谐振动；[24] 这就是谐振子为什么如此重要的原因．

量子问题是要求解下面势能函数的薛定谔方程：

$$V(x)=\frac{1}{2}m\omega^2x^2 \tag{2.44}$$

（利用式（2.42），表达式中通常用经典频率代替劲度系数．）如我们所知，只需解定态薛定谔方程就足够了：

$$-\frac{\hbar^2}{2m}\frac{d^2\psi}{dx^2}+\frac{1}{2}m\omega^2x^2\psi\cdots=E\psi. \tag{2.45}$$

在求解此方程的文献中，你会发现有两种完全不同的处理方法．第一种方法是用**幂级数法**（**power series method**）“蛮力”地直接求解微分方程，它的优点是这种方法在对求解其他一些势函数的薛定谔方程时都适用（事实上，我们将在第 4 章中用它去处理氢原子）．第二种方法是一个巧妙的代数方法，使用所谓的阶梯算符（**ladder operators**）．我们首先介绍代数方法，因为它更快捷更简便（而且很有趣）；[25] 如果你现在想越过这部分直接学习幂级数法也是可行的，但你需要计划在以后某个阶段再回头学习这部分内容．

---

[24] 注意到既然假定 x_0 是极小点，所以 $V''(x_0)\geqslant0$．仅有在 $V''(x_0)=0$ 的极少情况下振动不能平滑地被简谐振动近似．

[25] 我们在讨论角动量理论中将会遇到同样的方法（第 4 章），这种技术在**超对称量子力学**（supersymmetric quantum mechanism）中可推广到一类广泛的势（习题 3.47；同样可以参见，Richard W. Robinett, *Quantum Mechanics*, Oxford University Press，纽约，1997，第 14.4 节）．

2.3.1 代数法

现在，将式（2.45）重新写成一个更具启发性的形式：

$$\frac{1}{2m}[\hat{p}^2+(m\omega x)^2]\psi=E\psi, \tag{2.46}$$

式中，$\hat{p}\equiv -i\hbar d/dx$ 为动量算符.[26] 求解方程的基本的思想是分解哈密顿算符：

$$\hat{H}=\frac{1}{2m}[\hat{p}^2+(m\omega x)^2]. \tag{2.47}$$

如果这些仅是数字，事情就很容易了：

$$u^2+v^2=(iu+v)(-iu+v)$$

然而，现在的情况远远没有那么简单，因为 $\hat{p}$ 和 x 都是算符；并且在一般情况下算符是不**对易的**（**commute**）（如同很快我们就会明白这一点，$x\hat{p}$ 和 $\hat{p}x$ 是不一样的——尽管现在你自己想停下来把它琢磨透），不过，这确实促使我们考察下列量：

$$\hat{a}_{\pm}\equiv\frac{1}{\sqrt{2\hbar m\omega}}(\mp i\hat{p}+m\omega x) \tag{2.48}$$

（式子前面的因子是为了使最后的结果更简洁.）

那么，$\hat{a}_-\hat{a}_+$乘积是什么呢？

$$\begin{aligned}\hat{a}_-\hat{a}_+&=\frac{1}{2\hbar m\omega}(i\hat{p}+m\omega x)(-i\hat{p}+m\omega x)\\&=\frac{1}{2\hbar m\omega}[\hat{p}^2+(m\omega x)^2-im\omega(x\hat{p}-\hat{p}x)].\end{aligned}$$

如所预期的那样，含有包含（$x\hat{p}-\hat{p}x$）的额外项. 把它称为 x 与 $\hat{p}$ 的**对易子**（**commutator**），这是衡量它们不对易程度的一个量度. 一般情况下，算符 $\hat{A}$ 和 $\hat{B}$ 的对易子（用一个方括号表示）是

$$[\hat{A},\hat{B}]=\hat{A}\hat{B}-\hat{B}\hat{A}. \tag{2.49}$$

利用对易符号来表示，

$$\hat{a}_-\hat{a}_+=\frac{1}{2\hbar m\omega}[\hat{p}^2+(m\omega x)^2]-\frac{i}{2\hbar}[x,\hat{p}]. \tag{2.50}$$

我们需要计算出 x 和 $\hat{p}$ 对易子. 请注意：一般来说，算符是众所周知的难以对付. 除非你把它作用在一个检验函数 $f(x)$ 上，否则你一定会犯错误. 运算结束后你可以把检验函数去掉，只留下关于算符的方程. 在目前的例子中，有

$$\begin{aligned}[x,\hat{p}]f(x)&=\left[x(-i\hbar)\frac{d}{dx}(f)-(-i\hbar)\frac{d}{dx}(xf)\right]=-i\hbar\left(x\frac{df}{dx}-x\frac{df}{dx}-f\right)\\&=i\hbar f(x).\end{aligned} \tag{2.51}$$

去掉检验函数，我们得出所要结果，

$$\boxed{[x,\hat{p}]=i\hbar.} \tag{2.52}$$

---

[26] 如果你喜欢，也可以在 x 上面加上帽子“$\hat{x}$”，但由于 $\hat{x}=x$，我们通常还是去掉它.

这个迷人且无处不在的公式就是所谓的**正则对易关系（canonical commutation relation）**.[27]

利用对易关系，式（2.50）写为

$$\hat{a}_-\hat{a}_+=\frac{1}{\hbar\omega}\hat{H}+\frac{1}{2},\tag{2.53}$$

或

$$\hat{H}=\hbar\omega\left(\hat{a}_-\hat{a}_+-\frac{1}{2}\right).\tag{2.54}$$

显然，哈密顿的分解还不够完美——在右边还有一个额外的 $-1/2$ 项. 特别注意的是，这里 $\hat{a}_+$和 $\hat{a}_-$次序非常重要；同理，如果 a_+在左边，则有

$$\hat{a}_+\hat{a}_-=\frac{1}{\hbar\omega}\hat{H}-\frac{1}{2}.\tag{2.55}$$

特别有

$$[\hat{a}_-,\hat{a}_+]=1\tag{2.56}$$

同时，哈密顿量可以等价地写成

$$\hat{H}=\hbar\omega\left(\hat{a}_+\hat{a}_-+\frac{1}{2}\right).\tag{2.57}$$

利用 $\hat{a}_\pm$，谐振子的薛定谔方程[28] 可写为如下形式：

$$\hbar\omega\left(\hat{a}_\pm\hat{a}_\mp\pm\frac{1}{2}\right)\psi=E\psi.\tag{2.58}$$

（类似这样带有±的复合方程，要么都取上面的符号，要么都取下面的符号.）

现在，关键的步骤来了：我断言，

> 如果 ψ 满足本征能量为 E 的薛定谔方程（即 $\hat{H}\psi=E\psi$），
> 则 $\hat{a}_+\psi$ 满足能量为 $(E+\hbar\omega)$ 的薛定谔方程：$\hat{H}(\hat{a}_+\psi)=(E+\hbar\omega)(\hat{a}_+\psi)$.

证明：

$$\begin{aligned}\hat{H}(\hat{a}_+\psi)&=\hbar\omega\left(\hat{a}_+\hat{a}_-+\frac{1}{2}\right)(\hat{a}_+\psi)=\hbar\omega\left(\hat{a}_+\hat{a}_-\hat{a}_++\frac{1}{2}\hat{a}_+\right)\psi\\&=\hbar\omega\hat{a}_+\left(\hat{a}_-\hat{a}_++\frac{1}{2}\right)\psi=\hat{a}_+\left[\hbar\omega\left(\hat{a}_+\hat{a}_-+1+\frac{1}{2}\right)\psi\right]\\&=\hat{a}_+(\hat{H}+\hbar\omega)\psi=\hat{a}_+(E+\hbar\omega)\psi=(E+\hbar\omega)(\hat{a}_+\psi).\end{aligned}$$

证毕.（在上式第 2 行中，我利用式（2.56）将 $\hat{a}_-\hat{a}_+$用 $\hat{a}_+\hat{a}_-+1$ 来替换. 注意到虽然 $\hat{a}_+$与 $\hat{a}_-$的次序很重要，$\hat{a}_\pm$与任何常数的次序——比如 $\hbar$、ω、E 等——却没有关系；算符和任何常数都是对易的.）

由此类推，$\hat{a}_-\psi$ 是能量为（$E-\hbar\omega$）的解：

---

[27] 在更深的意义上，量子力学的所有神奇都可以追溯到坐标和动量的不对易这个事实. 确实也有作者把正则对易关系作为量子理论的公理，并用它导出 $\hat{p}=-i\hbar d/dx$.

[28] 我对总写“定态薛定谔方程”感到疲倦，所以当书中所指内容是清晰不会引起混淆时，我仅使用“薛定谔方程”一词.

$$\hat{H}(\hat{a}_-\psi)=\hbar\omega\left(\hat{a}_-\hat{a}_+-\frac{1}{2}\right)(\hat{a}_-\psi)=\hbar\omega\hat{a}_-(\hat{a}_+\hat{a}_--\frac{1}{2})\psi$$
$$=\hat{a}_-\left[\hbar\omega(\hat{a}_-\hat{a}_+-1-\frac{1}{2})\psi\right]=\hat{a}_-(\hat{H}-\hbar\omega)\psi=\hat{a}_-(E-\hbar\omega)\psi$$
$$=(E-\hbar\omega)(\hat{a}_-\psi).$$

这便是一种生成新解的极好方法，如果我们得到方程的一个解，就可以通过升降能量得到其他的解．我们把 $\hat{a}_\pm$ 称作**升降算符（ladder operators）**，因为它们能够使我们升降能级；$\hat{a}_+$ 是**升算符（raising operator）**，$\hat{a}_-$ 是**降算符（lowering operator）**．图 2.5 说明了这样的能态“梯子”．

但请考虑一下，如果我反复应用降算符作用在一个状态上，那又会怎样呢？显然，我最终会得到一个能量小于零的状态，而（根据习题 2.2 中的一般定理）这根本是不存在的！所以在某个时候这种方法肯定是失效的．为什么会出现这种情况？我们知道 $\hat{a}_-\psi$ 是薛定谔方程的一个新解，但**这并不能保证它是归一化的**——它可能是零或者它的平方积分是无穷大．事实上它正是前者：阶梯有一个“最低横档”（称为 ψ_0）使得

$$\hat{a}_-\psi_0=0. \tag{2.59}$$

可以利用式（2.59）来确定 $\psi_0(x)$：

$$\frac{1}{\sqrt{2\hbar m\omega}}\left(\hbar\frac{\mathrm{d}}{\mathrm{d}x}+m\omega x\right)\psi_0=0,$$

或者

$$\frac{\mathrm{d}\psi_0}{\mathrm{d}x}=-\frac{m\omega}{\hbar}x\psi_0.$$

很容易求解这个微分方程：

$$\int\frac{\mathrm{d}\psi_0}{\psi_0}=-\frac{m\omega}{\hbar}\int x\mathrm{d}x\Rightarrow\ln\psi_0=-\frac{m\omega}{2\hbar}x^2+\text{常数},$$

所以

$$\psi_0(x)=A\mathrm{e}^{-\frac{m\omega}{2\hbar}x^2}.$$

现在对它进行归一化：

$$1=|A|^2\int_{-\infty}^{\infty}\mathrm{e}^{-m\omega x^2/\hbar}\mathrm{d}x=|A|^2\sqrt{\frac{\pi\hbar}{m\omega}},$$

由 $|A|^2=\sqrt{m\omega/\pi\hbar}$，因此有

$$\boxed{\psi_0(x)=\left(\frac{m\omega}{\pi\hbar}\right)^{1/4}\mathrm{e}^{-\frac{m\omega}{2\hbar}x^2}.} \tag{2.60}$$

把波函数（2.60）代回薛定谔方程以确定相应的能量本征值（以式（2.58）的形式），$\hbar\omega\left(\hat{a}_+\hat{a}_-+\frac{1}{2}\right)\psi_0=E_0\psi_0$，利用 $\hat{a}_-\psi_0=0$，有

$$E_0=\frac{1}{2}\hbar\omega. \tag{2.61}$$

现在我们安全地站在梯子横档的最底部（量子谐振子的基态），从而可以反复应用升算

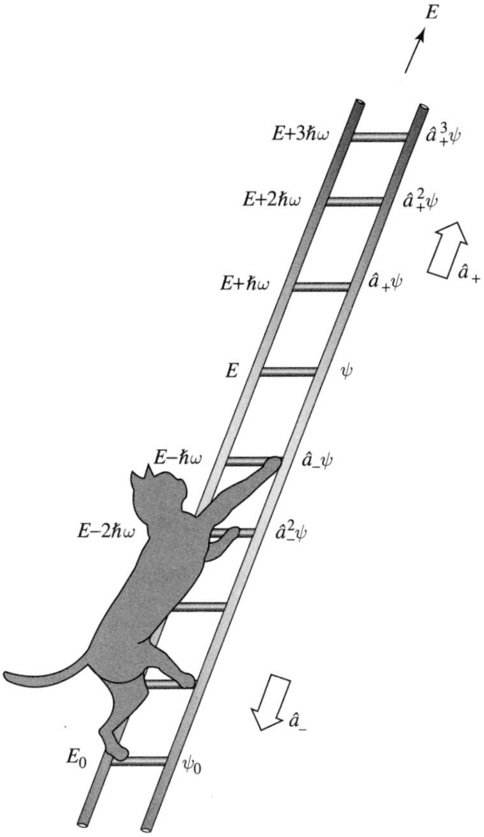

图 2.5　谐振子的能态“梯子”.

符生成激发态,[29] 每升一阶，能量都增加 $\hbar\omega$：

$$\boxed{\psi_n(x)=A_n(\hat{a}_+)^n\psi_0(x),E_n=\left(n+\frac{1}{2}\right)\hbar\omega,} \tag{2.62}$$

式中，A_n 是归一化常数. 通过反复将升算符作用于 ψ_0，原则上能够构造出谐振子所有的定态[30]. 同时，不用另外计算，就可以确定能量的允许值.

例 2.4　求谐振子的第一激发态.

解： 利用式（2.62）得

$$\psi_1(x)=A_1\hat{a}_+\psi_0=\frac{A_1}{\sqrt{2\hbar m\omega}}\left(-\hbar\frac{\mathrm{d}}{\mathrm{d}x}+m\omega x\right)\left(\frac{m\omega}{\pi\hbar}\right)^{1/4}\mathrm{e}^{-\frac{m\omega}{2\hbar}x^2}$$

$$=A_1\left(\frac{m\omega}{\pi\hbar}\right)^{1/4}\sqrt{\frac{2m\omega}{\hbar}}x\mathrm{e}^{-\frac{m\omega}{2\hbar}x^2}. \tag{2.63}$$

---

[29] 与以往不同，由于某些原因对谐振子问题习惯上从 0 开始标记态，而不是从 1 开始. 当然，式（2.17）求和的下限也要相应改变.

[30] 注意由这种方法可以得到所有的归一化解. 如果还有另外的某些解，我们可以由第二个阶梯通过反复应用升降算符生成它们. 但是这个新的梯子的最低阶应当满足式（2.59），这必定导致式（2.60）的解，新的梯子的最低横档与原来是一样的，所以两个梯子是等同的.

可以直接“手算”对它进行归一化：

$$\int|\psi_1|^2\mathrm{d}x=|A_1|^2\sqrt{\frac{m\omega}{\pi\hbar}}\left(\frac{2m\omega}{\hbar}\right)\int_{-\infty}^{\infty}x^2\mathrm{e}^{-\frac{m\omega}{\hbar}x^2}\mathrm{d}x=|A_1|^2,$$

恰好，$A_1=1$.

这里我不想用这种方法来计算 ψ_{50}（那需要应用升算符 50 次!），但请别介意：原则上式（2.62）可以做到这一点——除了归一化常数外.

你甚至可以用代数的方法得到归一化常数，不过需要使用一些巧妙的方法，请留心关注. 我们知道 $\hat{a}_\pm\psi_n$ 是正比于 $\psi_{n\pm1}$ 的，

$$\hat{a}_+\psi_n=c_n\psi_{n+1},\quad \hat{a}_-\psi_n=d_n\psi_{n-1},\tag{2.64}$$

但是比例因子 c_n 和 d_n 是多少？首先注意到对于“任何”[31] 函数 $f(x)$ 和 $g(x)$，

$$\int_{-\infty}^{\infty}f^*(\hat{a}_\pm g)\mathrm{d}x=\int_{-\infty}^{\infty}(\hat{a}_\mp f)^*g\mathrm{d}x.\tag{2.65}$$

用线性代数的语言，$\hat{a}_\mp$ 是 $\hat{a}_\pm$ 的**厄米共轭算符（hermitian conjugate）**或者**伴算符（adjoint）**.

证明：

$$\int_{-\infty}^{\infty}f^*(\hat{a}_\pm g)\mathrm{d}x=\frac{1}{\sqrt{2\hbar m\omega}}\int_{-\infty}^{\infty}f^*\left(\mp\hbar\frac{\mathrm{d}}{\mathrm{d}x}+m\omega x\right)g\mathrm{d}x,$$

使用分部积分，将 $\int f^*(\mathrm{d}g/\mathrm{d}x)\mathrm{d}x$ 转变为 $-\int(\mathrm{d}f/\mathrm{d}x)^*g\mathrm{d}x$（由脚注 31 所述原因，边界项为零），所以

$$\int_{-\infty}^{\infty}f^*(\hat{a}_\pm g)\mathrm{d}x=\frac{1}{\sqrt{2\hbar m\omega}}\int_{-\infty}^{\infty}\left[\left(\pm\hbar\frac{\mathrm{d}}{\mathrm{d}x}+m\omega x\right)f\right]^*g\mathrm{d}x=\int_{-\infty}^{\infty}(\hat{a}_\mp f)^*g\mathrm{d}x.$$

证毕.

特别地，有

$$\int_{-\infty}^{\infty}(\hat{a}_\pm\psi_n)^*(\hat{a}_\pm\psi_n)\mathrm{d}x=\int_{-\infty}^{\infty}(\hat{a}_\mp\hat{a}_\pm\psi_n)^*\psi_n\mathrm{d}x.$$

但是（由式（2.58）和式（2.62））

$$\hat{a}_+\hat{a}_-\psi_n=n\psi_n,\quad \hat{a}_-\hat{a}_+\psi_n=(n+1)\psi_n,\tag{2.66}$$

所以

$$\int_{-\infty}^{\infty}(\hat{a}_+\psi_n)^*(\hat{a}_+\psi_n)\mathrm{d}x=|c_n|^2\int_{-\infty}^{\infty}|\psi_{n+1}|^2\mathrm{d}x=(n+1)\int_{-\infty}^{\infty}|\psi_n|^2\mathrm{d}x,$$

$$\int_{-\infty}^{\infty}(\hat{a}_-\psi_n)^*(\hat{a}_-\psi_n)\mathrm{d}x=|d_n|^2\int_{-\infty}^{\infty}|\psi_{n-1}|^2\mathrm{d}x=n\int_{-\infty}^{\infty}|\psi_n|^2\mathrm{d}x.$$

但由于 ψ_n 和 $\psi_{n\pm1}$ 是归一化的，应当满足 $|c_n|^2=n+1$，$|d_n|^2=n$，因此[32]

[31] 当然，它的积分必须存在，这意味着在 $\pm\infty$ 处 $f(x)$ 和 $g(x)$ 必须趋于零.

[32] 当然，可以将 c_n 和 d_n 乘一个相因子，这是 ψ_n 的不同定义. 但这样的选择保证波函数为实.

$$\boxed{\hat{a}_+\psi_n=\sqrt{n+1}\,\psi_{n+1},\quad \hat{a}_-\psi_n=\sqrt{n}\,\psi_{n-1}} \tag{2.67}$$

如此有

$$\psi_1=\hat{a}_+\psi_0,\quad \psi_2=\frac{1}{\sqrt{2}}\hat{a}_+\psi_1=\frac{1}{\sqrt{2}}(\hat{a}_+)^2\psi_0,$$

$$\psi_3=\frac{1}{\sqrt{3}}\hat{a}_+\psi_2=\frac{1}{\sqrt{3\times2}}(\hat{a}_+)^3\psi_0,\quad \psi_4=\frac{1}{\sqrt{4}}\hat{a}_+\psi_3=\frac{1}{\sqrt{4\times3\times2}}(\hat{a}_+)^4\psi_0,$$

依此类推. 显然有

$$\boxed{\psi_n=\frac{1}{\sqrt{n!}}(\hat{a}_+)^n\psi_0,} \tag{2.68}$$

这也就是说式（2.62）中的归一化因子是：$A_n=1/\sqrt{n!}$（特别地，$A_1=1$，验证了例题 2.4 的结果.）

和无限深方势阱情况一样，谐振子的所有定态解都是相互正交的：

$$\int_{-\infty}^{\infty}\psi_m^*\psi_n\,\mathrm{d}x=\delta_{mn}. \tag{2.69}$$

两次利用式（2.66）及式（2.65）就可以证明上述公式——首先移动 a_+然后再移动 a_-：

$$\begin{aligned}\int_{-\infty}^{\infty}\psi_m^*(\hat{a}_+\hat{a}_-)\psi_n\,\mathrm{d}x&=n\int_{-\infty}^{\infty}\psi_m^*\psi_n\,\mathrm{d}x\\&=\int_{-\infty}^{\infty}(\hat{a}_-\psi_m)^*(\hat{a}_-\psi_n)\,\mathrm{d}x=\int_{-\infty}^{\infty}(\hat{a}_+\hat{a}_-\psi_m)^*\psi_n\,\mathrm{d}x\\&=m\int_{-\infty}^{\infty}\psi_m^*\psi_n\,\mathrm{d}x.\end{aligned}$$

除非在 $m=n$ 时，$\int_{-\infty}^{\infty}\psi_m^*\psi_n\,\mathrm{d}x$ 不为零；否则 $\int_{-\infty}^{\infty}\psi_m^*\psi_n\,\mathrm{d}x$ 必须为零. 正交性意味着，当我们将 $\Psi(x,0)$ 按定态解的线性组合展开时（式（2.16）），同样可以用傅里叶技巧（式（2.37））去确定展开系数 c_n. 同往常一样，$|c_n|^2$ 是对能量进行测量得到 E_n 的几率.

例题 2.5　求谐振子第 n 状态势能的期望值.

解：

$$\langle V\rangle=\left\langle\frac{1}{2}m\omega^2x^2\right\rangle=\frac{1}{2}m\omega^2\int_{-\infty}^{\infty}\psi_n^*x^2\psi_n\,\mathrm{d}x.$$

计算这类积分有个非常简洁的办法（有关 x 和 $\hat{p}$ 的幂次的），根据定义（式（2.48））利用升降算符来表示 x 和 $\hat{p}$：

$$\boxed{x=\sqrt{\frac{\hbar}{2m\omega}}(\hat{a}_++\hat{a}_-);\quad \hat{p}=\mathrm{i}\sqrt{\frac{\hbar m\omega}{2}}(\hat{a}_+-\hat{a}_-)} \tag{2.70}$$

本题中，所感兴趣的是 x^2：

$$x^2=\frac{\hbar}{2m\omega}[(\hat{a}_+)^2+(\hat{a}_+\hat{a}_-)+(\hat{a}_-\hat{a}_+)+(\hat{a}_-)^2].$$

所以

$$\langle V\rangle=\frac{\hbar\omega}{4}\int_{-\infty}^{\infty}\psi_n^*\,[(\hat{a}_+)^2+(\hat{a}_+\hat{a}_-)+(\hat{a}_-\hat{a}_+)+(\hat{a}_-)^2]\,\psi_n\,\mathrm{d}x.$$

但是，$(\hat{a}_+)^2\psi_n$（除了归一化常数外）等于 ψ_{n+2}，它和 ψ_n 正交；同样 $(\hat{a}_-)^2\psi_n$ 正比于 ψ_{n-2}. 所以这些项都被去除掉，可以利用式（2.66）计算余下的两项：

$$\langle V\rangle=\frac{\hbar\omega}{4}(n+n+1)=\frac{1}{2}\hbar\omega\left(n+\frac{1}{2}\right).$$

碰巧的是，势能的期望值正好是总能量的一半（另一半当然是动能），这是线性谐振子的一个特征，我们在后面还会讨论到这一点（习题 3.37）.

*** 习题 2.10**

（a）构造出 $\psi_2(x)$.

（b）画出 ψ_0、ψ_1 和 ψ_2 的草图.

（c）通过直接积分，检验 ψ_0、ψ_1 和 ψ_2 的正交性. 提示：如果你利用函数的奇偶性，则仅需做一个积分.

*** 习题 2.11**

（a）通过直接积分，计算 ψ_0（式（2.60））和 ψ_1（式（2.63））态的 $\langle x\rangle$、$\langle p\rangle$、$\langle x^2\rangle$ 及 $\langle p^2\rangle$. 注意：在今后涉及谐振子的问题中，如果你引入变量 $\xi\equiv\sqrt{m\omega/\hbar}\,x$ 和常数 $\alpha\equiv(m\omega/\pi\hbar)^{1/4}$，可以把问题简化.

（b）通过这些状态来验证不确定原理.

（c）计算这些状态的 $\langle T\rangle$（平均动能）和 $\langle V\rangle$（平均势能）.（无须再做积分）你预期它们的和会是什么？

*** 习题 2.12** 利用例题 2.5 中的方法，计算谐振子第 n 个状态的 $\langle x\rangle$、$\langle p\rangle$、$\langle x^2\rangle$、$\langle p^2\rangle$ 及 $\langle T\rangle$. 验证它们满足不确定原理.

习题 2.13 处于谐振子势场中粒子的初始状态为

$$\Psi(x,0)=A[3\psi_0(x)+4\psi_1(x)].$$

（a）求出 A.

（b）给出 $\Psi(x,t)$ 和 $|\Psi(x,t)|^2$. 如果得到的 $|\Psi(x,t)|^2$ 是经典振荡的频率，也不要太兴奋；如果我指定的是 $\psi_2(x)$ 而不是 $\psi_1(x)$，会是什么情况呢？[33]

（c）计算 $\langle x\rangle$ 和 $\langle p\rangle$. 对此波函数验证埃伦菲斯特定理（式（1.38））成立.

（d）如果你对该粒子的能量进行测量，可能有哪些值？各自出现的几率是多少？

---

[33] 然而，$\langle x\rangle$ 确实是经典振荡的频率——见习题 3.40.

2.3.2 解析法

现在重新回到谐振子的薛定谔方程

$$-\frac{\hbar^2}{2m}\frac{\mathrm{d}^2\psi}{\mathrm{d}x^2}+\frac{1}{2}m\omega^2x^2\psi=E\psi, \tag{2.71}$$

并用幂级数的方法直接去求解. 如果我们引入无量纲的变量

$$\xi\equiv\sqrt{\frac{m\omega}{\hbar}}x, \tag{2.72}$$

公式会变得更清晰，引入 ξ，薛定谔方程可以写为

$$\frac{\mathrm{d}^2\psi}{\mathrm{d}\xi^2}=(\xi^2-K)\psi, \tag{2.73}$$

式中，K 是能量，其单位为 $(1/2)\hbar\omega$：

$$K\equiv\frac{2E}{\hbar\omega}. \tag{2.74}$$

我们的问题是求解式（2.73），并在此过程中得到 K 的可能值（从而得到 E 的值）.

首先，注意到对于很大的 ξ（也就是说，很大的 x），相比 K 而言，ξ^2 项起决定作用. 所以，在此区间内

$$\frac{\mathrm{d}^2\psi}{\mathrm{d}\xi^2}\approx\xi^2\psi, \tag{2.75}$$

其近似解为（去验证它!）

$$\psi(\xi)\approx A\mathrm{e}^{-\xi^2/2}+B\mathrm{e}^{+\xi^2/2}. \tag{2.76}$$

含 B 的项是不能归一化的（当 $|x|\to\infty$ 时，它趋于无限大）；所以满足物理意义的解有如下渐近形式：

$$\psi(\xi)\to(\ )\mathrm{e}^{-\xi^2/2},\quad \text{当 } \xi \text{ 很大时}. \tag{2.77}$$

这意味着如果我们“剥离”

$$\psi(\xi)=h(\xi)\mathrm{e}^{-\xi^2/2} \tag{2.78}$$

中的指数部分，期望剩余的函数 $h(\xi)$ 会有比 $\psi(\xi)$ 本身更简单的函数形式.[34] 对式（2.78）求导，

$$\frac{\mathrm{d}\psi}{\mathrm{d}\xi}=\left(\frac{\mathrm{d}h}{\mathrm{d}\xi}-\xi h\right)\mathrm{e}^{-\xi^2/2},$$

以及

$$\frac{\mathrm{d}^2\psi}{\mathrm{d}\xi^2}=\left(\frac{\mathrm{d}^2h}{\mathrm{d}\xi^2}-2\xi\frac{\mathrm{d}h}{\mathrm{d}\xi}+(\xi^2-1)h\right)\mathrm{e}^{-\xi^2/2},$$

薛定谔方程（式（2.73））变为

$$\frac{\mathrm{d}^2h}{\mathrm{d}\xi^2}-2\xi\frac{\mathrm{d}h}{\mathrm{d}\xi}+(K-1)h=0. \tag{2.79}$$

---

[34] 注意：这里尽管我们在写出式（2.78）时利用了某些近似结果，但其后的过程是严格的. 利用剥离渐进行为的方法是用幂级数方法解微分方程标准的第一步——例如，参见 Boas（脚注 17），第 12 章.

我们寻求式（2.79）的 ξ 幂级数解[35]

$$h(\xi)=a_0+a_1\xi+a_2\xi^2+\cdots=\sum_{j=0}^{\infty}a_j\xi^j. \tag{2.80}$$

对这个级数逐项求导，有

$$\frac{\mathrm{d}h}{\mathrm{d}\xi}=a_1+2a_2\xi+3a_3\xi^2+\cdots=\sum_{j=0}^{\infty}ja_j\xi^{j-1},$$

及

$$\frac{\mathrm{d}^2h}{\mathrm{d}\xi^2}=2a_2+2\times3a_3\xi+3\times4a_4\xi^2+\cdots=\sum_{j=0}^{\infty}(j+1)(j+2)a_{j+2}\xi^j.$$

把这些结果代入式（2.79），可以得到

$$\sum_{j=0}^{\infty}[(j+1)(j+2)a_{j+2}-2ja_j+(K-1)a_j]\xi^j=0. \tag{2.81}$$

由此可见，（由幂级数展开的唯一性[36]）对每一个 ξ 幂次前的系数必须为零，即

$$(j+1)(j+2)a_{j+2}-2ja_j+(K-1)a_j=0,$$

因此

$$a_{j+2}=\frac{(2j+1-K)}{(j+1)(j+2)}a_j. \tag{2.82}$$

这个**递推公式**（**recursion formula**）完全等价于薛定谔方程．从 a_0 开始，它能给出所有的偶数项的系数：

$$a_2=\frac{(1-K)}{2}a_0,a_4=\frac{(5-K)}{12}a_2=\frac{(5-K)(1-K)}{24}a_0,\cdots,$$

从 a_1 开始，它能够给出所有的奇数项的系数：

$$a_3=\frac{(3-K)}{6}a_1,a_5=\frac{(7-K)}{20}a_3=\frac{(7-K)(3-K)}{120}a_1,\cdots,$$

把完整的解写作

$$h(\xi)=h_{偶}(\xi)+h_{奇}(\xi), \tag{2.83}$$

其中

$$h_{偶}(\xi)\equiv a_0+a_2\xi^2+a_4\xi^4+\cdots$$

是建立在 a_0 之上的 ξ 的偶函数；

$$h_{奇}(\xi)\equiv a_1\xi+a_3\xi^3+a_5\xi^5+\cdots$$

是建立在 a_1 之上的 ξ 的奇函数．所以式（2.82）以两个任意常数（a_0 和 a_1）确定了 $h(\xi)$——这正是我们求解一个二阶微分方程所期待的．

然而，由此得到的所有解并非都是可归一化的．对于非常大的 j，递推公式变为（近似地）

---

[35] 按照泰勒定理，任何合理的无奇异行为的函数都可以展开为幂级数，所以式（2.80）不失普遍性．关于应用这种方法的条件，参见 Boas（脚注 17）或 George B. Arfken 和 Hans-Jurgen Weber，*Mathematical Methods for Physicists*，第7版，Academic Press，奥兰多（2013），第 7.5 节．

[36] 例如，参见 Arfken（脚注 35），1.2 节．

$$a_{j+2} \approx \frac{2}{j} a_j,$$

其（近似）解为

$$a_j \approx \frac{C}{(j/2)!},$$

对一些常数 C，这将导致（对很大的 ξ，高次幂项起主要作用）

$$h(\xi) = C \sum \frac{1}{(j/2)!} \xi^j \approx C \sum \frac{1}{j!} \xi^{2j} \approx C e^{\xi^2}.$$

现在，如果 h 的行为像 $\exp(\xi^2)$，那么 ψ（想起 ψ 了？——这才是我们要计算的）的行为就应该是 $\exp(\xi^2/2)$（见式（2.78）），这种渐近行为不是我们所想要的.[37] 这里仅有一种方法可以摆脱这种发散行为：对于归一化的解，级数必须在某处中断. 这里必须存在某个“最高的” j（记它为 n），使得递推公式出现 $a_{n+2}=0$（这样可以截断 $h_{偶}$ 的级数序列或者 $h_{奇}$ 的级数序列. 没有截断的级数从一开始就必须为零：如果 n 是偶数，则设 $a_1=0$；如果 n 是奇数，则设 $a_0=0$.）所以对物理上可接受的解，式（2.82）要求

$$K = 2n+1,$$

其中，n 为正的整数，也就是说能量必须是（参见式（2.74））

$$E_n = \left(n+\frac{1}{2}\right)\hbar\omega, \quad n=0,1,2,\cdots \tag{2.84}$$

这样，通过一种完全不同的方法，我们再次得到式（2.62）中利用代数法所给出的重要的量子化条件.

能量量子化源于用幂级数求解薛定谔方程的技术细节，这乍看起来令人十分惊讶，但是，让我们从另一个角度来看这个问题. 当然，式（2.71）对于任何能量 E 都是有解的（事实上，对每个能量 E 值，都有两个线性独立的解）. 但在 x 很大时，绝大多数的解呈指数发散，因此不能够归一化. 例如，设想使用比其中一个能量允许值略小的 E（比如说 $0.49\hbar\omega$），画出这个解（见图 2.6a）. 现在，再使 E 略大一点（比如说 $0.51\hbar\omega$），其“尾部”向另外一个方向（向下）趋于无限大（见图 2.6b）. 若你从 0.49 到 0.51 之间以极小的间隔调节参数，当刚好通过 0.5 时，图像倒转——只有这种情况下，方程的解才不是指数渐进增长的，但它在物理上是不可接受的.[38]

对允许的 K 值，递推公式为

$$a_{j+2} = \frac{-2(n-j)}{(j+1)(j+2)} a_j. \tag{2.85}$$

若 $n=0$，级数仅有一项（必须选择 $a_1=0$ 去掉 $h_{奇}$ 所有项，在式（2.85）中令 $j=0$ 使得 $a_2=0$）：

$$h_0(\xi) = a_0,$$

---

[37] 对式（2.82）仍然包含这些不当的解不必惊讶；这个递推关系等价于薛定谔方程，所以它把式（2.76）给出的两类渐进形式都包括在内.

[38] 在计算机上来做这件事是可能的，在“实验上”发现允许的能量. 你可以称它为摇摆狗尾方法（wag the dog）：当尾巴摇摆时，你知道刚好经过一个允许值. 计算科学家称之为打靶法.（Nicholas Giordano，*Computation Physics*，Prentice Hall，Upper Saddle River，NJ（1997），第 10.2 节）. 参见习题 2.55~2.57.

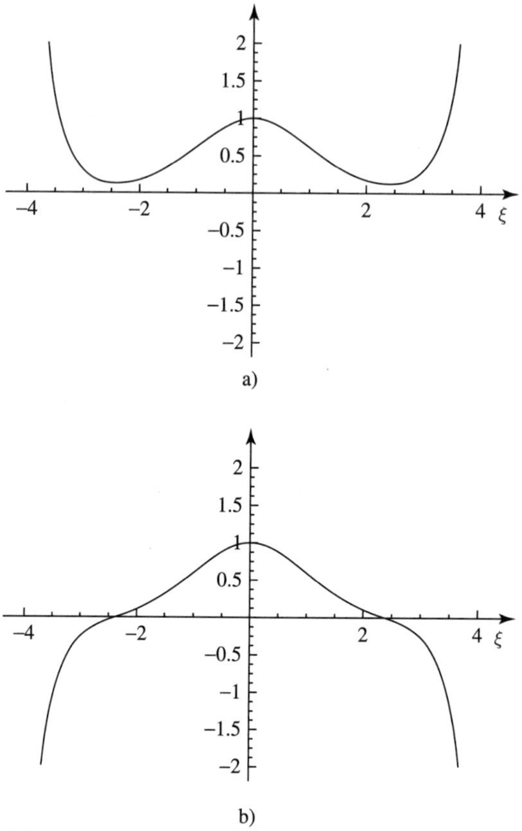

图 2.6 能量为 a）$E=0.49\hbar\omega$，b）$E=0.51\hbar\omega$ 时薛定谔方程的解的图像.

因此

$$\psi_0(\xi)=a_0\mathrm{e}^{-\xi^2/2}$$

（除了归一化外，这正是式（2.60）所给出的结果.）

对 $n=1$，取 $a_0=0$,[39]在式（2.85）中取 $j=1$ 使得 $a_3=0$，所以

$$h_1(\xi)=a_1\xi,$$

因此

$$\psi_1(\xi)=a_1\xi\mathrm{e}^{-\xi^2/2},$$

（这与式（2.63）一致.）

对 $n=2$，$j=0$ 给出 $a_2=-2a_0$，$j=2$ 给出 $a_4=0$，所以有

$$h_2(\xi)=a_0(1-2\xi^2),$$

及

$$\psi_2(\xi)=a_0(1-2\xi^2)\mathrm{e}^{-\xi^2/2},$$

如此类推.（与习题 2.10 比较，这个最后的结果是用代数方法得到的.）

一般而言，$h_n(\xi)$ 是最高幂次为 n 的 ξ 多项式，如果 n 是偶数，那么多项式中仅含有偶

---

[39] 注意对每个 n 值所对应的一系列 a_j 是完全不同的.

次幂项；如果 n 是奇数，那么多项式中仅含有奇次幂项. 除了最前面的因子（a_0 或 a_1）它们称为**厄米多项式（Hermite polynomials）** $H_n(\xi)$.[40] 表 2.1 中给出前面几个厄米多项式的具体表达式. 依照惯例，这里已选择了一个乘积因子以保证 ξ 最高幂次的系数是 2^n. 这样，归一化的[41] 谐振子定态是

$$\psi_n(x)=\left(\frac{m\omega}{\pi\hbar}\right)^{1/4}\frac{1}{\sqrt{2^n n!}}H_n(\xi)\mathrm{e}^{-\xi^2/2}. \tag{2.86}$$

当然，它们和利用代数法得到的结果（见式（2.68））是完全一样的.

表 2.1　$H_n(\xi)$ 的前几个厄米多项式

$H_0=1$,
$H_1=2\xi$,
$H_2=4\xi^2-2$,
$H_3=8\xi^3-12\xi$,
$H_4=16\xi^4-48\xi^2+12$,
$H_5=32\xi^5-160\xi^3+120\xi$.

在图 2.7a 中，我画出了前几个 n 值的波函数 $\psi_n(x)$. 量子谐振子与它相应的经典振子截然不同——不仅能量是量子化的，其位置分布也有异乎寻常的特点. 例如，在经典理论许可的范围以外的地方（也就是说，坐标 x 大于所讨论能量的经典振幅）发现粒子的几率不再为零（见习题 2.14）；对所有的奇数态在中心位置发现粒子的几率为零. 只有在 n 较大的情况下，才开始出现一些与经典情况类似的地方. 在图 2.7b 中，我把经典的位置分布和量子分布（$n=60$）叠放在一起；如果你将其峰谷平滑，会发现两者符合得非常好.

习题 2.14　对于处在谐振子基态的粒子，在经典理论所允许范围之外发现粒子的几率是多少（精确到小数点后三位数）？

提示：在经典情况下，谐振子的能量为 $E=(1/2)ka^2=(1/2)m\omega^2a^2$，其中 a 是振幅. 所以具有能量 E 的谐振子的"经典允许范围"是从$-\sqrt{2E/m\omega^2}$到$\sqrt{2E/m\omega^2}$. 参考数学手册中"正态分布"或"误差函数"的数值积分，或者使用计算机进行数值计算.

习题 2.15　利用递归公式（式（2.85））计算 $H_5(\xi)$ 和 $H_6(\xi)$. 按照惯例选择适当常数使 ξ 最高幂次的系数是 2^n.

****习题 2.16**　在下面问题中，我们探讨关于厄米多项式的一些非常有用定理（不加证明）.

（a）**罗德里格斯（Rodrigues formula）**公式为

---

[40] 在数学文献中厄米多项式已经有很深入的研究，有很多工具和技巧利用它们. 在习题 2.16 中涉及一些.

[41] 我在这里将不给出推导归一化常数；如果你对如何得出它们有兴趣，可参看，例如，Leonard Schiff，*Quantum Mechanics*，第 3 版，McGraw-Hill，纽约（1968），第 13 节.

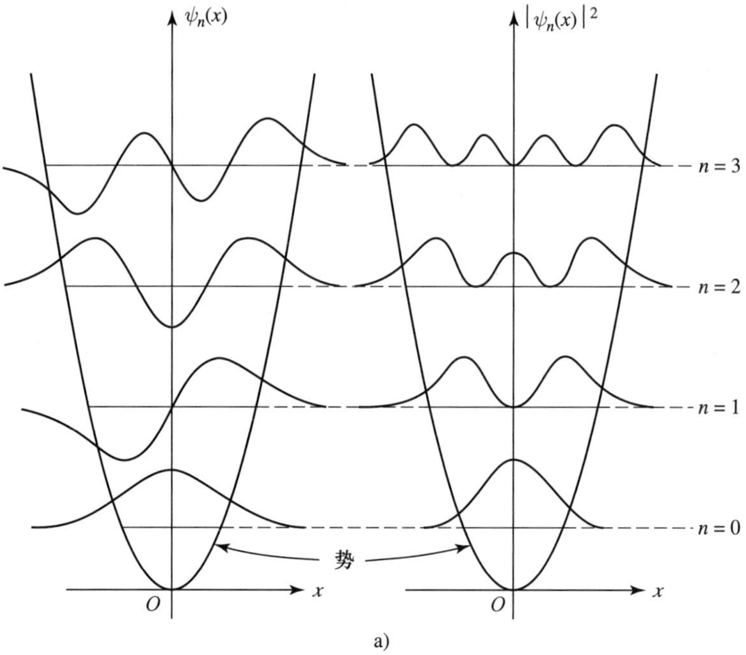

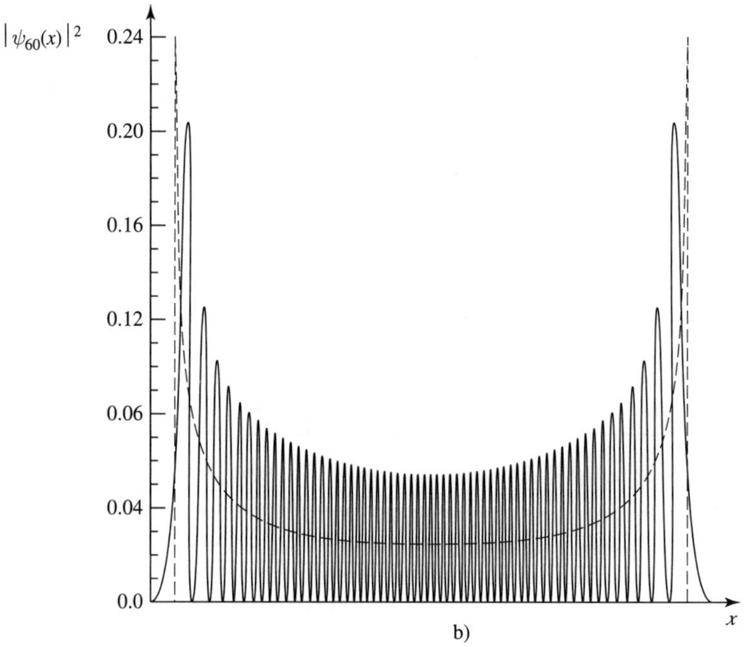

图 2.7 a）谐振子的前 4 个定态；b）$|\psi_{60}|^2$ 的图形，叠加在上面的虚线为经典几率分布情况.

$$H_n(\xi)=(-1)^n e^{\xi^2}\left(\frac{d}{d\xi}\right)^n e^{-\xi^2}. \tag{2.87}$$

利用该式推导出 H_3 和 H_4.

（b）利用前两个厄米多项式 H_{n-1} 和 H_n 表示 H_{n+1} 的递推关系：

$$H_{n+1}(\xi)=2\xi H_n(\xi)-2nH_{n-1}(\xi). \tag{2.88}$$

利用该式和（a）中的结果，求出 H_5 和 H_6.

（c）如果你对一个 n 阶多项式求导，可以得到 $n-1$ 阶的多项式. 事实上，对厄米多项式有

$$\frac{\mathrm{d}H_n}{\mathrm{d}\xi}=2nH_{n-1}(\xi). \tag{2.89}$$

通过对 H_5 和 H_6 求导检验式（2.89）成立.

（d）$H_n(\xi)$ 是**母函数（generating function）**$\exp(-z^2+2z\xi)$ 对 z 求 n 次导数后，再取 $z=0$ 时的值；换言之，它是母函数泰勒展开式中 $z^n/n!$ 项的系数：

$$\mathrm{e}^{-z^2+2z\xi}=\sum_{n=0}^{\infty}\frac{z^n}{n!}H_n(\xi). \tag{2.90}$$

利用这个公式求 H_1、H_2 和 H_3.

2.4　自由粒子

接下来我们转向讨论在所有的势场中看起来应当是最简单的情况：自由粒子（处处 $V(x)=0$）. 在经典力学中，这意味着粒子匀速运动，但在量子力学中，这个问题会变得相当微妙. 定态薛定谔方程为

$$-\frac{\hbar^2}{2m}\frac{\mathrm{d}^2\psi}{\mathrm{d}x^2}=E\psi, \tag{2.91}$$

或者

$$\frac{\mathrm{d}^2\psi}{\mathrm{d}x^2}=-k^2\psi,\qquad 其中\qquad k\equiv\frac{\sqrt{2mE}}{\hbar} \tag{2.92}$$

目前为止，它与无限深方势阱内部的情况是相同的（式（2.24）），势阱内势能也是零. 然而，由于下面将看到的原因，我更喜欢用指数形式（代替正弦和余弦函数）来表示其一般解：

$$\psi(x)=A\mathrm{e}^{\mathrm{i}kx}+B\mathrm{e}^{-\mathrm{i}kx}. \tag{2.93}$$

与无限深方势阱不同，现在没有边界条件去限制 k 的取值（E 的取值），自由粒子可以具有任何（正的）能量值. 加上标准的时间依赖因子 $\exp(-\mathrm{i}Et/\hbar)$，

$$\Psi(x,t)=A\mathrm{e}^{\mathrm{i}k\left(x-\frac{\hbar k}{2m}t\right)}+B\mathrm{e}^{-\mathrm{i}k\left(x+\frac{\hbar k}{2m}t\right)}. \tag{2.94}$$

我们知道，任何依赖变量 x 和 t 的函数的特定组合（$x\pm vt$）（对某个常数 v）都代表具有固定波形且沿 $\mp x$ 方向以速度 v 传播的一列波. 波形上一个固定点（例如，最高点或最低点）对应着宗量的一个固定值，使得变量 x 和 t 满足

$$x\pm vt=常数,\quad 或者\quad x=\mp vt+常数$$

既然波形上的每点都以同样的速度运动，波的形状在传播过程不发生改变. 因此式（2.94）右边的第一项代表一列向右传播的波，而第二项代表一列向左传播的波（具有相同的能量）. 顺便提及，由于这两列波的差别仅在于 k 前面的正负号不同，我们把式（2.94）可以写成

$$\Psi_k(x,t)=A\mathrm{e}^{\mathrm{i}\left(kx-\frac{\hbar k^2}{2m}t\right)},\tag{2.95}$$

令 k 为负值，以包含波向左传播的情况：

$$k\equiv\pm\frac{\sqrt{2mE}}{\hbar},\quad\begin{cases}k>0\Rightarrow\text{向右传播},\\ k<0\Rightarrow\text{向左传播}.\end{cases}\tag{2.96}$$

显然，自由粒子的“定态”是不停地传播着的波．其波长为 $\lambda=2\pi/|k|$，按照德布罗意公式（式（1.39））它们具有动量

$$p=\hbar k.\tag{2.97}$$

这些波的速度（t 前面的系数除以 x 前面的系数）是

$$v_{\text{量子}}=\frac{\hbar|k|}{2m}=\sqrt{\frac{E}{2m}}.\tag{2.98}$$

另一方面，能量为 $E=(1/2)mv^2$（纯动能，因为势能 $V=0$）的自由粒子的经典速度是

$$v_{\text{经典}}=\sqrt{\frac{2E}{m}}=2v_{\text{量子}}.\tag{2.99}$$

这里表面看来，粒子在量子状态下波函数的传播速度只是它相应的经典速度的一半！我们马上会回来讨论这个佯谬——这里还有个需要我们面对且更为紧迫的问题：**这个波函数是无法归一化的．**因为

$$\int_{-\infty}^{\infty}\Psi_k^*\,\Psi_k\mathrm{d}x=|A|^2\int_{-\infty}^{\infty}\mathrm{d}x=|A|^2(\infty).\tag{2.100}$$

对自由粒子而言，分离变量解并不代表物理上可实现的状态．自由粒子不能存在于定态上；或者，换句话说，**世界上不存在一个自由粒子具有确定的能量．**

但这并不意味着分离变量解对我们没有任何用途．因为它们扮演一个完全独立于物理释义的数学角色．含时薛定谔方程的一般解仍旧是分离变量解的线性叠加（此时对连续变量 k，用积分取代了对分立指标 n 的求和）：

$$\boxed{\Psi(x,t)=\frac{1}{\sqrt{2\pi}}\int_{-\infty}^{\infty}\phi(k)\,\mathrm{e}^{\mathrm{i}\left(kx-\frac{\hbar k^2}{2m}t\right)}\,\mathrm{d}k.}\tag{2.101}$$

（为了方便引入因子 $1/\sqrt{2\pi}$，在式（2.17）中，c_n 现在所起的作用是组合 $(1/\sqrt{2\pi})\phi(k)\mathrm{d}k$.）现在这个波函数是可以归一化的（对适当的 $\phi(k)$）．但是必须是 k 限制在一个范围内，同样能量和速度也有一个相应的范围．我们称这样的波为**波包（wave packet）**.[42]

对一般的量子力学问题，给出 $\Psi(x,0)$，去求解 $\Psi(x,t)$．对自由粒子具有式（2.101）的形式解，唯一的问题是如何确定能够和初始波函数匹配的 $\phi(k)$：

$$\Psi(x,0)=\frac{1}{\sqrt{2\pi}}\int_{-\infty}^{\infty}\phi(k)\,\mathrm{e}^{\mathrm{i}kx}\mathrm{d}k.\tag{2.102}$$

这是一个傅里叶变换中的经典问题；其答案由**普朗克尔定理（Plancherel's theorem）**给出（见习题 2.19）：

---

[42] 正弦波扩展到无限远，它们是不可归一化的．但是这种波的叠加会产生干涉，从而使得可以局域化和归一化．

$$\boxed{f(x)=\frac{1}{\sqrt{2\pi}}\int_{-\infty}^{\infty}F(k)e^{ikx}\mathrm{d}k \Leftrightarrow F(k)=\frac{1}{\sqrt{2\pi}}\int_{-\infty}^{\infty}f(x)e^{-ikx}\mathrm{d}x.} \tag{2.103}$$

$F(k)$ 称为 $f(x)$ 的**傅里叶变换**（**Fourier transform**）；$f(x)$ 称为 $F(k)$ 的**傅里叶逆变换**（**inverse Fourier transform**）（两者唯一的差别是指数的正负号不同）.[43] 当然，对所允许的函数需要加上某些约束条件：也就是其积分必须存在.[44] 就我们的目的而言，这是由于 $\Psi(x,0)$ 本身是归一化的物理要求所保证的. 因此，自由粒子一般问题的解是式（2.101），且

$$\boxed{\phi(k)=\frac{1}{\sqrt{2\pi}}\int_{-\infty}^{\infty}\Psi(x,0)e^{-ikx}\mathrm{d}x.} \tag{2.104}$$

例题 2.6　一自由粒子初始时刻位于 $-a<x<a$ 区间内，在 $t=0$ 时刻释放：

$$\Psi(x,0)=\begin{cases}A, & -a<x<a;\\ 0, & \text{其余地方}.\end{cases}$$

式中，A 和 a 都是正的实数. 求 $\Psi(x,t)$.

解：首先我们需要对 $\Psi(x,0)$ 归一化：

$$1=\int_{-\infty}^{\infty}|\Psi(x,0)|^2\mathrm{d}x=|A|^2\int_{-a}^{a}\mathrm{d}x=2a|A|^2\Rightarrow A=\frac{1}{\sqrt{2a}}.$$

接下来，利用式（2.104）计算 $\phi(k)$：

$$\phi(k)=\frac{1}{\sqrt{2\pi}}\frac{1}{\sqrt{2a}}\int_{-a}^{a}e^{-ikx}\mathrm{d}x=\frac{1}{2\sqrt{\pi a}}\left.\frac{e^{-ikx}}{-ik}\right|_{-a}^{a}$$

$$=\frac{1}{k\sqrt{\pi a}}\left(\frac{e^{ika}-e^{-ika}}{2i}\right)=\frac{1}{\sqrt{\pi a}}\frac{\sin ka}{k}.$$

最后，把 $\phi(k)$ 代回式（2.101）中：

$$\Psi(x,t)=\frac{1}{\pi\sqrt{2a}}\int_{-\infty}^{\infty}\frac{\sin ka}{k}e^{i\left(kx-\frac{\hbar k^2}{2m}t\right)}\mathrm{d}k. \tag{2.105}$$

遗憾的是，这个积分不能用初等函数来求解，当然，它可以通过数值积分求解（见图 2.8）.（事实上，$\Psi(x,t)$ 的积分只有在很少情况下可以严格求解；习题 2.21 给出一个特别漂亮的例子.）

如图 2.9 所示为 $\Psi(x,0)$ 和 $\phi(k)$ 对应的函数曲线. 注意到：对于较小的 a，$\Psi(x,0)$ 很窄（指 x），$\phi(k)$ 变得很平坦；对于较大的 a，反之亦然. 由式（2.97），k 和动量相关，因此这就是不确定原理的一个证明：要么位置可以确定，要么动量可以确定，但两者不能够同时确定.

[43] 也有人定义傅里叶变换不含因子 $1/\sqrt{2\pi}$，那么，其逆傅里叶变换就变为 $f(x)=(1/2\pi)\int_{-\infty}^{\infty}F(k)e^{ikx}\mathrm{d}k$，破坏了公式的对称性.

[44] 对 $f(x)$ 施加的充分必要条件是积分 $\int_{-\infty}^{\infty}|f(x)|^2\mathrm{d}x$ 值是有限的.（在这种情况下，$\int_{-\infty}^{\infty}|F(k)|^2\mathrm{d}x$ 也是有限的，事实上两个积分是相等的. 人们称此为普朗克尔定理，而式（1.102）没有名称）参见 Arfken 和 Weber（脚注 35），第 20.4 节.

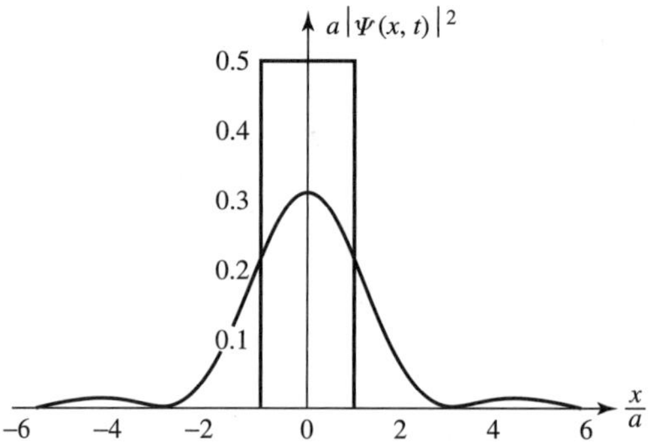

图 2.8 $|\Psi(x,t)|^2$（式（2.105））在 $t=0$（矩形）和 $t=ma^2/\hbar$（曲线）时的图形.

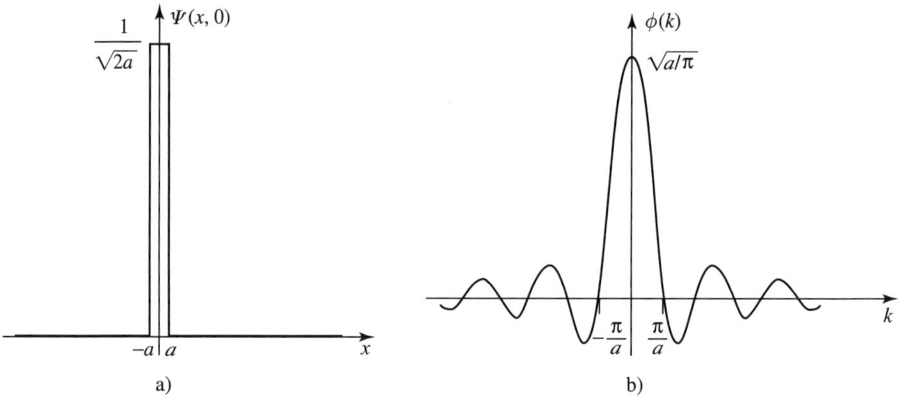

图 2.9 a）$\Psi(x,0)$ 的图形；b）$\phi(k)$ 的图形.

现在回过头来讨论前面提到的佯谬：事实上，表面上分离变量解 $\Psi_k(x,t)$ 所表示的粒子是以一个“错误”的速度传播. 严格地讲，只要我们认识到 Ψ_k 不是一个物理上可实现的状态，这样的问题就不会存在了. 不过，探讨自由粒子波函数（式（2.101））中粒子的速度包含有什么样的信息是很有趣的. 基本思想是：一个波包是正弦函数的叠加，其振幅由 ϕ 来调制（见图 2.10）；它是一个内部包含有“波纹”的“包络线”. 波函数中对应的粒子速度不是某一个波纹的速度（即所谓的**相速度，phase velocity**），而是包络线的速度（**群速度，group velocity**）——这个速度，取决于波包的本质，可以大于、等于或者小于其组成波包的波纹的速度. 对于绳子上的波，其群速度等于相速度. 对于水波，当你向水塘扔进一块石头，其群速度是相速度的一半（如果你留意其中一个波纹，会发现它在后部生成，向前运动越过波群，在前面消失，而波群则以个别波纹的一半速度传播）. 下面要证明的是量子力学中自由粒子波函数的群速是相速的两倍——正好等于经典粒子的速度.

现在的问题是确定一般形式波包的群速.

$$\Psi(x,t)=\frac{1}{\sqrt{2\pi}}\int_{-\infty}^{\infty}\phi(k)\,\mathrm{e}^{\mathrm{i}(kx-\omega t)}\,\mathrm{d}k \tag{2.106}$$

对我们所讨论的情况，$\omega=(\hbar k^2/2m)$；但是考虑的是适合任何情况下的波包，而不管其**色散关系（dispersion relation）**（ω 和 k 的函数关系）如何. 让我们假定 $\phi(k)$ 在某些特殊的 k_0

点是狭窄峰.（对于一个 k 值的宽峰分布也同样是可以的，但是这样的波包的波形会变化得很快——因为波包中不同的组分以不同的速度运动——所以，具有明确速度定义的“群”这整个概念就会失去意义.）既然除了在 k_0 附近以外其他点的积分可以忽略，我们可以对该点做 $\omega(k)$ 函数的泰勒展开，并仅保留到一次项：

$$\omega(k) \approx \omega_0 + \omega_0'(k-k_0),$$

式中，ω_0'是 ω 对 k 的导数在 k_0 点的数值大小.

做变量替换：令 $s \equiv k-k_0$（使积分区间的中心位于 k_0 点），有

$$\begin{aligned}\Psi(x,t) &\approx \frac{1}{\sqrt{2\pi}}\int_{-\infty}^{+\infty}\phi(k_0+s)\mathrm{e}^{\mathrm{i}[(k_0+s)x-(\omega_0+\omega_0's)t]}\mathrm{d}s \\ &= \frac{1}{\sqrt{2\pi}}\mathrm{e}^{\mathrm{i}(k_0x-\omega_0t)}\int_{-\infty}^{+\infty}\phi(k_0+s)\mathrm{e}^{\mathrm{i}s(x-\omega_0't)}\mathrm{d}s \qquad (2.107)\end{aligned}$$

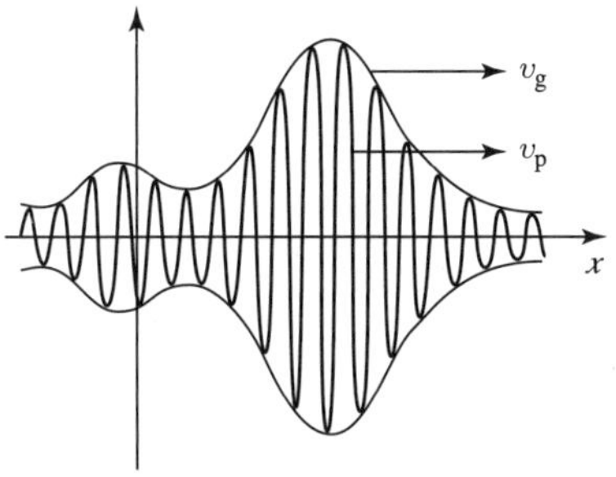

图 2.10　一个波包. 其“包络线”以群速传播；“波纹”以相速传播.

式中，前面项是正弦波（波纹），其传播速度为 ω_0/k_0，它受到后面积分项（波包）的调制；积分项是 $x-\omega_0't$ 的函数，因此其传播速度是 ω_0'. 这样相速为

$$v_{相速} = \frac{\omega}{k}, \qquad (2.108)$$

群速是

$$v_{群速} = \frac{\mathrm{d}\omega}{\mathrm{d}k}. \qquad (2.109)$$

（两者都在 $k=k_0$ 取值.）

在所讨论的情况中，$\omega=(\hbar k^2/2m)$，所以 $\omega/k=(\hbar k/2m)$，而 $\mathrm{d}\omega/\mathrm{d}k=(\hbar k/m)$，正好是 2 倍的关系. 这证实了波包的群速与经典粒子速度相匹配：

$$v_{经典} = v_{群速} = 2v_{相速}. \qquad (2.110)$$

习题 2.17　证明 $(A\mathrm{e}^{\mathrm{i}kx}+B\mathrm{e}^{-\mathrm{i}kx})$ 和 $(C\cos kx+D\sin kx)$ 为 x 的同一函数的等价表示形式，并用 A 和 B 将 C 和 D 表示出来，以及用 C 和 D 表示出 A 和 B. **注释：** 在量子力学中，当 $V=0$ 时，用指数形式代表一个行波来讨论自由粒子时最为方便；而正弦和余弦对应于驻波，自然它们出现在讨论无限深方势阱问题中.

习题 2.18　求出自由粒子波函数式（2.95）的几率流 J（习题 1.14），几率流向哪个方向流动？

****习题 2.19** 本题从在一个有限区间的普通傅里叶级数理论出发，引导你"证明"普朗克尔定理，并允许将有限区间扩展到无限大.

（a）狄利克莱定理表述为位于区间 $[-a, a]$ 的"任何"函数 $f(x)$ 都可以展开成傅里叶级数：

$$f(x)=\sum_{n=0}^{\infty}\left[a_n\sin\left(\frac{n\pi x}{a}\right)+b_n\cos\left(\frac{n\pi x}{a}\right)\right].$$

证明上式可以等价写为

$$f(x)=\sum_{n=-\infty}^{\infty}c_n e^{in\pi x/a}.$$

把 c_n 用 a_n 和 b_n 表示出来.

（b）证明（通过适当修改傅里叶变换技巧）

$$c_n=\frac{1}{2a}\int_{-a}^{a}f(x)e^{-in\pi x/a}dx.$$

（c）引入新变量 $k=(n\pi/a)$ 和 $F(k)=\sqrt{2/\pi}\,ac_n$ 取代 n 和 c_n. 证明（a）和（b）变为

$$f(x)=\frac{1}{\sqrt{2\pi}}\sum_{n=-\infty}^{\infty}F(k)e^{ikx}\Delta k;\quad F(k)=\frac{1}{\sqrt{2\pi}}\int_{-a}^{a}f(x)e^{-ikx}dx,$$

其中 Δk 是 n 变化到 $n+1$ 时 k 的增量.

（d）取 $a\to\infty$ 时的极限得到普朗克尔定理. **注释：**鉴于它们完全不同的起源，很惊奇（也很有趣）这两个公式——一个是以 $f(x)$ 表示的 $F(k)$，另一个是以 $F(k)$ 表示的 $f(x)$——在 $a\to\infty$ 时有一个相似的结构形式.

习题 2.20 自由粒子的初始波函数为

$$\Psi(x,0)=Ae^{-a|x|},$$

其中 A 和 a 是正的实常数.

（a）归一化 $\Psi(x,0)$.

（b）求出 $\phi(k)$.

（c）以积分形式写出 $\Psi(x,t)$.

（d）讨论极限情况（a 很大和 a 很小）.

***习题 2.21** **高斯波包.** 自由粒子的初始波函数为

$$\Psi(x,0)=Ae^{-ax^2},$$

其中 A 和 a 是常数（a 是正实数）.

（a）归一化 $\Psi(x,0)$.

（b）求出 $\Psi(x,t)$. **提示：**积分式

$$\int_{-\infty}^{\infty}e^{-(ax^2+bx)}dx$$

可以通过“配平方”的方法处理；令 $y\equiv\sqrt{a}[x+(b/2a)]$，并注意到 $(ax^2+bx)=y^2-(b^2/4a)$.

答案：

$$\Psi(x,t)=\left(\frac{2a}{\pi}\right)^{1/4}\frac{1}{\gamma}\mathrm{e}^{-ax^2/\gamma^2}, \text{这里 } \gamma\equiv\sqrt{1+(2\mathrm{i}\hbar at/m)} \tag{2.111}$$

(c) 求出 $|\Psi(x,t)|^2$，用下面的量表示出你的结果：

$$\omega\equiv\sqrt{\frac{a}{1+(2\hbar at/m)^2}}.$$

画出 $t=0$ 时和 t 很大时的 $|\Psi|^2$ 草图（作为 x 的函数）. 定性来讲，当时间增加时，$|\Psi|^2$ 有什么变化?

(d) 求出 $\langle x\rangle$、$\langle p\rangle$、$\langle x^2\rangle$、$\langle p^2\rangle$、σ_x 和 σ_p. **部分答案：** $\langle p^2\rangle=a\hbar^2$，但是要得到这个简单结果需要做一些代数运算.

(e) 不确定原理成立吗? 系统在什么时间 t 最接近不确定原理的极限?

2.5 δ 函数势

2.5.1 束缚态和散射态

我们已经接触到了定态薛定谔方程的两类不同的解：对无限深方势阱和谐振子两种情况它们的解是可归一化的，其解由分立的指标 n 标记；对自由粒子情况它们是不可归一化的，其解用一个连续的变量 k 标记. 前者本身代表物理上可实现的状态，而后者则不是。但是，在两种情况下含时薛定谔方程的一般解都是定态解的线性叠加——对第一类情况这种叠加是采取求和的形式（对 n），而对第二类情况这种叠加则是一个积分（对 k）. 这种差别的物理意义是什么?

在经典力学中，不含时的一维势场可以导致两种迥然不同的运动情况. 如果 $V(x)$ 的两边都高于粒子的总能（E）（见图 2.11a)，则粒子的运动被“限制”在势阱内——它在两个**拐点（turning points）**之间往返运动，但是它不能逃逸.（当然，除非你给它提供额外的能量源，比如马达，但我们不讨论这种情况.）我们称之为**束缚态（bound state）**. 另一方面，如果 E 在一边（或两边）大于 $V(x)$，则从“无限远”过来的粒子在势场的影响下减速或加速，然后折回到无限远处（见图 2.11b).（它不能被囚禁在势场中，除非存在某种机制引起能量的耗散，比如说摩擦；同样，我们也不讨论这样的情况.）我们称这种情况为一个**散射态（scattering state）**. 某些势场仅允许束缚态（例如谐振子)；某些势场仅允许散射态（例如一个逐渐升高而不下降的斜坡形的势场)；依据粒子能量的大小，还有一些势场两者则都允许.

薛定谔方程的两类解恰好对应着束缚态和散射态. 因为**隧穿现象（tunneling）**，我们将很快讨论）允许粒子“泄漏”通过任何有限势垒，这种区别在量子领域更为明显. 因此唯一重要的是无限远处的势（见图 2.11c)：

$$\begin{cases}E<[V(-\infty)\text{和 }V(\infty)]\Rightarrow\text{束缚态},\\ E>[V(-\infty)\text{或 }V(\infty)]\Rightarrow\text{散射态}\end{cases} \tag{2.112}$$

自然界中大多数的势场在无限远处趋于零，在这种情况下，上面的判据变得更为简化：

$$\begin{cases} E<0 \Rightarrow \text{束缚态}, \\ E>0 \Rightarrow \text{散射态} \end{cases} \tag{2.113}$$

由于无限深方势阱和谐振子势在 $x \to \pm\infty$ 时都趋于无限大，它们仅存在束缚态；由于自由粒子的势处处为零，它仅存在散射态.[45] 在本节（及下节内容）我们将探讨两类态都能够允许存在的势场.

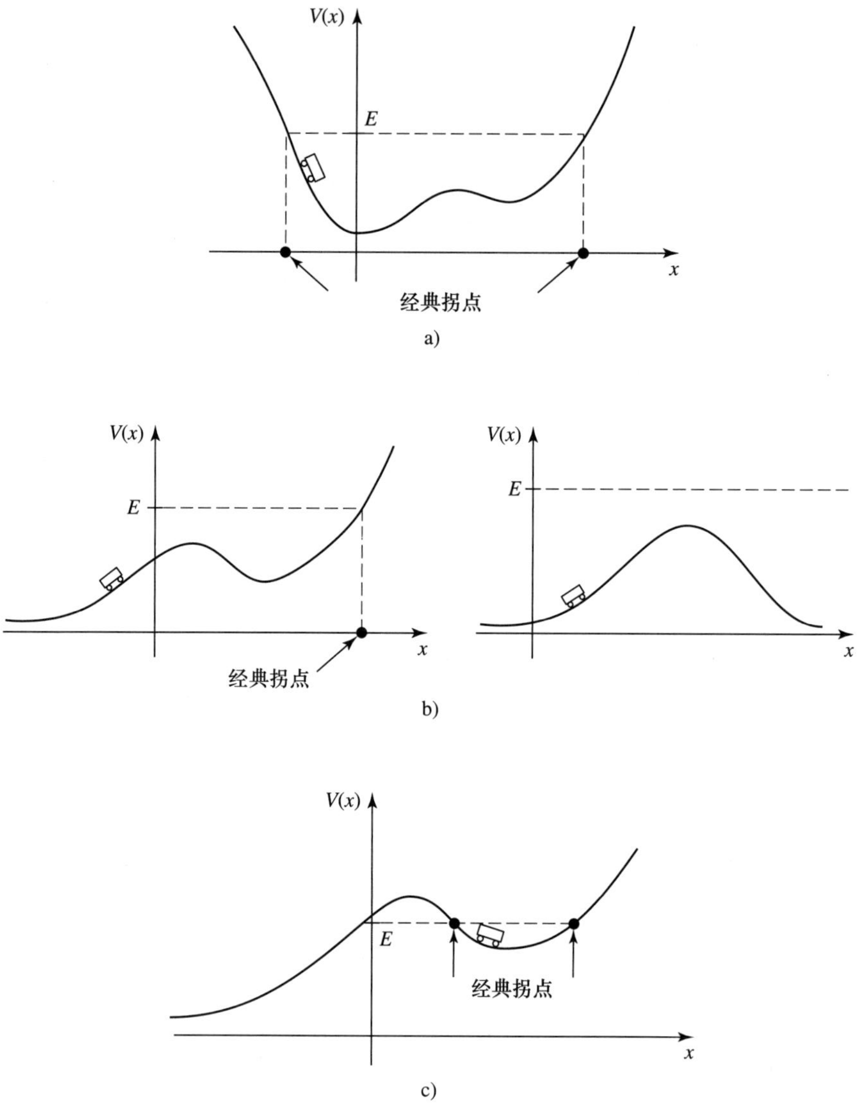

图 2.11　a）束缚态；b）散射态；c）一个经典的束缚态，但却是量子的散射态.

[45] 如果细心观察，你也许已经注意到，由于不可归一化，要求 $E>V_{\min}$ 的一般定理对散射态不适用. 如果有疑问，可尝试对自由粒子求解 $E\leqslant 0$ 的薛定谔方程，你会发现即便是这些解的线性叠加也不能被归一化. 正能量解自身构成一个完备集.

2.5.2　δ 函数势阱

狄拉克 δ 函数（Dirac delta function）是在原点处一个无限高、无限窄的尖峰，其下面面积是 1（见图 2.12）：

$$\delta(x) \equiv \left\{\begin{matrix} 0, & 如果\ x \neq 0 \\ \infty, & 如果\ x = 0 \end{matrix}\right\}, \qquad 且 \int_{-\infty}^{\infty} \delta(x)\,dx = 1. \tag{2.114}$$

严格来讲，它根本就不是一个函数，因为它在 $x=0$ 不是有限的（数学家称它为**广义函数（generalized function）**或**分布函数（distribution）**）.[46] 无论如何，它在理论物理中非常有用.（例如，电动力学中点电荷的电荷密度就是一个 δ 函数.）注意到 $\delta(x-a)$ 是在点 a 面积为 1 的一个尖峰. 如果把 $\delta(x-a)$ 乘以一个普通函数 $f(x)$，这与乘以 $f(a)$ 结果是一样的，

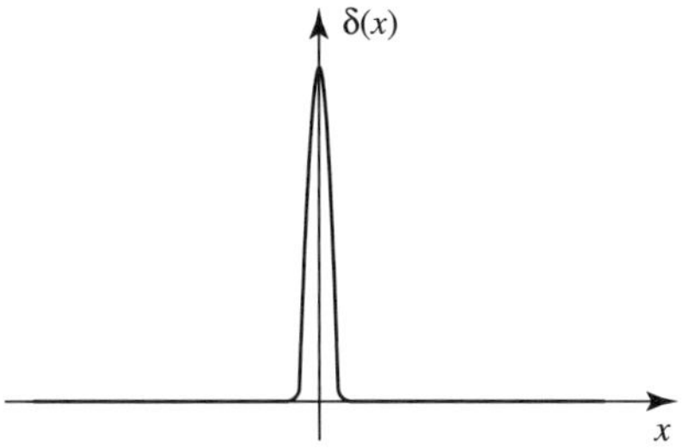

图 2.12　δ 函数（式（2.114））.

$$f(x)\delta(x-a)=f(a)\delta(x-a), \tag{2.115}$$

因为除了点 a 外，其乘积处处为零. 特别地，有

$$\int_{-\infty}^{\infty} f(x)\delta(x-a)\,dx = f(a)\int_{-\infty}^{\infty}\delta(x-a)\,dx = f(a). \tag{2.116}$$

这是 δ 函数最重要的性质：它在积分号下"挑选出" $f(x)$ 在 a 点的数值.（当然，不必从 $-\infty$ 到 $+\infty$ 进行积分；重要的是积分区域要包含 a 点，所以对任何 $\varepsilon>0$，从 $a-\varepsilon$ 到 $a+\varepsilon$ 进行积分就可以了.）

考虑具有下列形式的势函数：

$$V(x) = -\alpha\delta(x), \tag{2.117}$$

式中，α 为某个正的常数.[47] 诚然，这是一个人为的势（如同无限深方势阱一样），但是它十分简单便于处理，可以以最少的数学来阐明基本理论. δ 函数势阱的薛定谔方程为

$$-\frac{\hbar^2}{2m}\frac{d^2\psi}{dx^2} - \alpha\delta(x)\psi = E\psi, \tag{2.118}$$

由它可以求解得到束缚态（$E<0$）和散射态（$E>0$）.

首先讨论束缚态，在 $x<0$ 区域，$V(x)=0$，所以

$$\frac{d^2\psi}{dx^2} = -\frac{2mE}{\hbar^2}\psi = \kappa^2\psi, \tag{2.119}$$

式中

---

[46] δ 函数可以认为是一个序列函数的极限，比如高度不断增加、宽度不断减小的矩形（或三角形）.

[47] δ 函数本身具有量纲 1/长度（见式（2.111）），所以 α 的量纲为能量×长度.

$$\kappa \equiv \frac{\sqrt{-2mE}}{\hbar}. \tag{2.120}$$

（假设 E 为负值，所以 κ 是正的实数.）式（2.119）的一般解是

$$\psi(x) = A\mathrm{e}^{-\kappa x} + B\mathrm{e}^{\kappa x}, \tag{2.121}$$

但在 $x \to -\infty$ 时，式（2.121）第 1 项发散，所以我们必须令 $A=0$：

$$\psi(x) = B\mathrm{e}^{\kappa x}, \quad x<0. \tag{2.122}$$

在 $x>0$ 区域，$V(x)$ 同样为零，一般解的形式是 $F\mathrm{e}^{-\kappa x}+G\mathrm{e}^{\kappa x}$；不过此时第 2 项变得发散（当 $x \to +\infty$ 时），所以

$$\psi(x) = F\mathrm{e}^{-\kappa x}, \quad x>0. \tag{2.123}$$

剩下的是利用在 $x=0$ 时的适当边界条件把两个函数接合在一起. 我引用前面已经讲过的 ψ 应满足的标准边界条件：

$$\boxed{\begin{cases} 1.\ \psi & \text{总是连续的；} \\ 2.\ \mathrm{d}\psi/\mathrm{d}x & \text{除了势是无穷大点外是连续的.} \end{cases}} \tag{2.124}$$

在这种情况下，第一个边界条件告诉我们 $F=B$，所以

$$\psi(x) = \begin{cases} B\mathrm{e}^{\kappa x}, & x \leqslant 0, \\ B\mathrm{e}^{-\kappa x}, & x \geqslant 0; \end{cases} \tag{2.125}$$

图 2.13 画出了 $\psi(x)$ 的形状. 第二个边界条件没有意义；V 在连接点为无穷大是一种例外情况（同无限深方势阱一样），从图中可以清楚看出函数在 $x=0$ 处有一个扭折. 此外，到目前为止，δ 函数还没有出现在我们讨论的问题中. 显然 ψ 的导数在 $x=0$ 点不连续是由 δ 函数决定的. 我将讨论 δ 函数是如何作用的，作为一个副产物我们将明白通常情况下为什么 $\mathrm{d}\psi/\mathrm{d}x$ 是连续的.

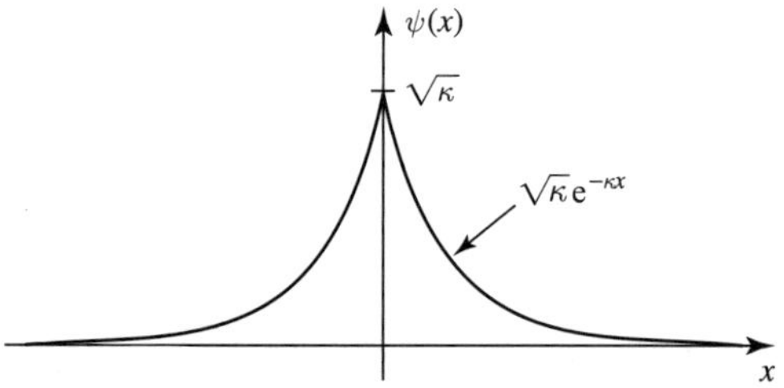

图 2.13 δ 函数势的束缚态波函数（式（2.125）).

其思想是先对薛定谔方程从 $-\varepsilon$ 到 ε 进行积分，然后取 $\varepsilon \to 0$ 时的极限：

$$-\frac{\hbar^2}{2m}\int_{-\varepsilon}^{\varepsilon}\frac{\mathrm{d}^2\psi}{\mathrm{d}x^2}\mathrm{d}x + \int_{-\varepsilon}^{\varepsilon}V(x)\psi(x)\,\mathrm{d}x = E\int_{-\varepsilon}^{\varepsilon}\psi(x)\,\mathrm{d}x. \tag{2.126}$$

第一个积分就是 $\mathrm{d}\psi/\mathrm{d}x$，并在两个端点处取值；最后一个积分在 $\varepsilon \to 0$ 极限下为零，因为它等于一个有限高而宽度为零的长条的面积. 因此

$$\Delta\left(\frac{\mathrm{d}\psi}{\mathrm{d}x}\right) \equiv \lim_{\varepsilon\to 0}\left(\left.\frac{\partial\psi}{\partial x}\right|_{+\varepsilon} - \left.\frac{\partial\psi}{\partial x}\right|_{-\varepsilon}\right) = \frac{2m}{\hbar^2}\lim_{\varepsilon\to 0}\int_{-\varepsilon}^{+\varepsilon}V(x)\psi(x)\,\mathrm{d}x. \tag{2.127}$$

一般情况下，式（2.127）右边的极限也是零，这就是在通常情况下 $\mathrm{d}\psi/\mathrm{d}x$ 连续的原因. 但是，当 $V(x)$ 在边界上的值是无穷大时，该结论就不再成立. 特别是，如果 $V(x)=-\alpha\delta(x)$，

式（2.116）给出

$$\Delta\left(\frac{\mathrm{d}\psi}{\mathrm{d}x}\right)=-\frac{2m\alpha}{\hbar^2}\psi(0). \tag{2.128}$$

就目前所讨论的情况（式（2.125）），

$$\begin{cases}\mathrm{d}\psi/\mathrm{d}x=-B\kappa \mathrm{e}^{-\kappa x}(x>0),\text{所以 } \mathrm{d}\psi/\mathrm{d}x\,|_+=-B\kappa,\\ \mathrm{d}\psi/\mathrm{d}x=+B\kappa \mathrm{e}^{+\kappa x}(x<0),\text{所以 } \mathrm{d}\psi/\mathrm{d}x\,|_-=+B\kappa.\end{cases}$$

因此 $\Delta(\mathrm{d}\psi/\mathrm{d}x)=-2B\kappa$，且 $\psi(0)=B$，式（2.128）给出

$$\kappa=\frac{m\alpha}{\hbar^2}, \tag{2.129}$$

所以能量的允许值（式（2.120））为

$$E=-\frac{\hbar^2\kappa^2}{2m}=-\frac{m\alpha^2}{2\hbar^2}. \tag{2.130}$$

最后，对 ψ 归一化：

$$\int_{-\infty}^{\infty}|\psi(x)|^2\mathrm{d}x=2|B|^2\int_0^{\infty}\mathrm{e}^{-2\kappa x}\mathrm{d}x=\frac{|B|^2}{\kappa}=1,$$

（取正的实根）有

$$B=\sqrt{\kappa}=\frac{\sqrt{m\alpha}}{\hbar}. \tag{2.131}$$

显然，对 δ 函数势阱而言，无论势阱的“强度”α 大小如何，它只有一个束缚态：

$$\boxed{\psi(x)=\frac{\sqrt{m\alpha}}{\hbar}\mathrm{e}^{-m\alpha|x|/\hbar^2};\quad E=-\frac{m\alpha^2}{2\hbar^2}.} \tag{2.132}$$

对 $E>0$ 的散射态会是如何呢？对于 $x<0$ 时的薛定谔方程为

$$\frac{\mathrm{d}^2\psi}{\mathrm{d}x^2}=-\frac{2mE}{\hbar^2}\psi=-k^2\psi,$$

其中

$$k\equiv\frac{\sqrt{2mE}}{\hbar} \tag{2.133}$$

为正实数. 方程的一般解是

$$\psi(x)=A\mathrm{e}^{\mathrm{i}kx}+B\mathrm{e}^{-\mathrm{i}kx}, \tag{2.134}$$

因为它们都不发散，这一次式（2.134）中任何一项都不能丢掉. 类似地，对 $x>0$，

$$\psi(x)=F\mathrm{e}^{\mathrm{i}kx}+G\mathrm{e}^{-\mathrm{i}kx}. \tag{2.135}$$

$\psi(x)$ 在 $x=0$ 处的连续性要求

$$F+G=A+B. \tag{2.136}$$

其导数为

$$\begin{cases}\mathrm{d}\psi/\mathrm{d}x=\mathrm{i}k(F\mathrm{e}^{\mathrm{i}kx}-G\mathrm{e}^{-\mathrm{i}kx})\quad(x>0),\quad\text{所以}\quad \mathrm{d}\psi/\mathrm{d}x\,|_+=\mathrm{i}k(F-G),\\ \mathrm{d}\psi/\mathrm{d}x=\mathrm{i}k(A\mathrm{e}^{\mathrm{i}kx}-B\mathrm{e}^{-\mathrm{i}kx})\quad(x<0),\quad\text{所以}\quad \mathrm{d}\psi/\mathrm{d}x\,|_-=\mathrm{i}k(A-B),\end{cases}$$

所以，$\Delta(\mathrm{d}\psi/\mathrm{d}x)=\mathrm{i}k(F-G-A+B)$. 同时有，$\psi(0)=(A+B)$. 所以，第 2 个边界条件表示为

（式（2.128））

$$ik(F-G-A+B)=-\frac{2m\alpha}{\hbar^2}(A+B),\tag{2.137}$$

或者，更为简洁，

$$F-G=A(1+2i\beta)-B(1-2i\beta),\quad 其中\ \beta\equiv\frac{m\alpha}{\hbar^2 k}.\tag{2.138}$$

加上两个边界条件后，得到含有4个未知数（A、B、F 和 G）的两个方程——如果把 k 也算进来，共有5个未知数. 归一化也于事无补——这不是一个可归一化的态. 也许我们最好暂停一下，再来分析一下这些常数的物理意义. 回顾一下，$\exp(ikx)$（和含时因子 $\exp(-iEt/\hbar)$ 结合在一起时）是一个向右传播的波，而 $\exp(-ikx)$ 是向左传播的波. 由此得出结论，A（在式（2.134）中）是从左边传播过来的波的振幅大小，B 是返回到左边的波的振幅大小，F（式（2.135））是向右边传播的波的振幅大小，G 是从右边过来的波的振幅大小（见图2.14）. 在典型的散射实验中，粒子的入射是来自一个方向——假定是从左边入射. 在这种情况下，从右边传播过来的波的振幅是零：

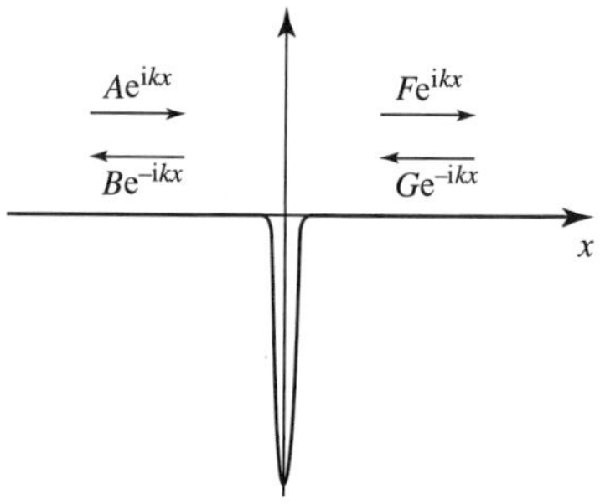

图 2.14 δ函数势阱的散射.

$$G=0\quad（对从左边入射）;\tag{2.139}$$

A 是**入射波（incident wave）**的振幅，B 是**反射波（reflected wave）**的振幅，F 是**透射波（transmitted wave）**的振幅. 求解式（2.136）和式（2.138）得到 B 和 F 为

$$B=\frac{i\beta}{1-i\beta}A,\quad F=\frac{1}{1-i\beta}A.\tag{2.140}$$

（如果你要研究从右边入射情况，令 $A=0$；那么 G 是入射波振幅，F 是反射波振幅，B 是透射波振幅.）

既然在给定区域发现粒子的几率大小是 $|\psi|^2$，所以入射粒子被反射回来的相对几率[48]是

$$R\equiv\frac{|B|^2}{|A|^2}=\frac{\beta^2}{1+\beta^2}.\tag{2.141}$$

R 称为**反射系数（reflection coefficient）**.（如果是一束粒子，它表示在入射粒子中能被反射回来的粒子所占的比例.）同样，粒子向右继续穿过的几率是**透射系数（transmission coeffi-**

[48] 这不是一个可归一化的波函数，所以发现一个粒子处在一个特定区域的绝对几率无法定义；不过，入射波同反射波的几率之比却是有意义的. 下一节会给出更多讨论.

cient) [49]

$$T \equiv \frac{|F|^2}{|A|^2} = \frac{1}{1+\beta^2}. \tag{2.142}$$

当然，这两个几率之和为 1，即

$$R+T=1. \tag{2.143}$$

注意到 R 和 T 都是 β 的函数，从而也是 E（式（2.133）和式（2.138））的函数：

$$\boxed{R = \frac{1}{1+(2\hbar^2 E/m\alpha^2)}, \quad T = \frac{1}{1+(m\alpha^2/2\hbar^2 E)}.} \tag{2.144}$$

可以看出，能量越高，透射几率就越大（这当然是合理的）.

这些结果很简洁，但我们不能完全忽视一个棘手的原则问题：这些散射波函数是不可归一化的，所以它们不代表实际的可能粒子状态. 我们知道解决这个问题的方法：构造定态解的可归一化的线性组合，正如我们处理自由粒子那样——真正的实物粒子是由产生的波包所表示的. 虽然原理上很简单，但实际上这是一件麻烦的事情，在这一点上，最好把问题交给计算机解决.[50] 同时，由于这里不涉及一定范围的能量就不可能产生可归一化的自由粒子波函数，R 和 T 应解释为能量 E 附近的粒子的近似反射和透射几率.

顺便提及，你可能会感到奇怪，我们怎么能够来分析一个典型的含时问题（粒子进入，被势所散射，然后运动到无穷远）. 归根结底，ψ（在式（2.134）和式（2.135）中）只是一个复的、不依赖时间的正弦函数，在两个方向上都扩展（振幅为常数）到无限远. 然而，对这个波函数加上适当的边界条件，我们能够确定粒子（由一个局域的波包表示）被势垒反射或透射势垒的几率大小. 我认为，在这背后的数学奇迹是这样的一个事实：通过将状态的线性组合扩展到所有空间，并且具有基本上微不足道的时间依赖性，我们可以构造集中在一个（移动的）点上的波函数，且它在时间上有相当复杂的行为（见习题 2.42）.

我们已经理解了相关方程，下面来简单看一下 δ 函数势垒情况（见图 2.15）. 在形式上，所要做的就是改变 α 前面的符号. 当然，这会导致束缚态不存在（见习题 2.2）. 另一方面，仅和 α^2 有关的反射和透射系数是不改变的. 说来奇怪，粒子越过势垒和它通过势阱的几率是一样的！当然，一般来说，经典粒子无论其能量有多大都是无法越过一个无限高势垒的. 事实上，经典散射问题相当枯燥无味：如果 $E>V_{max}$，则有 $T=1$，$R=0$——粒子肯定越过势垒；如果 $E<V_{max}$，则有 $T=0$，$R=1$——它爬上山坡直到能量殆尽，然后沿原路返回. 量子散射问题的内容要丰富得很多：即便是在 $E<V_{max}$ 的情况下，粒子也有越过势垒的几率. 我们称该现象为**隧穿（tunneling）**；它使许多现代电子学技术成为可能的基础——更不用说在电子显微镜方面的进展. 反过来也一样，即使 $E>V_{max}$，也存在粒子被反射回来的几率——尽管如此，我也不建议你驱车驶下悬崖来指望量子力学能够拯救你（见习题 2.35）.

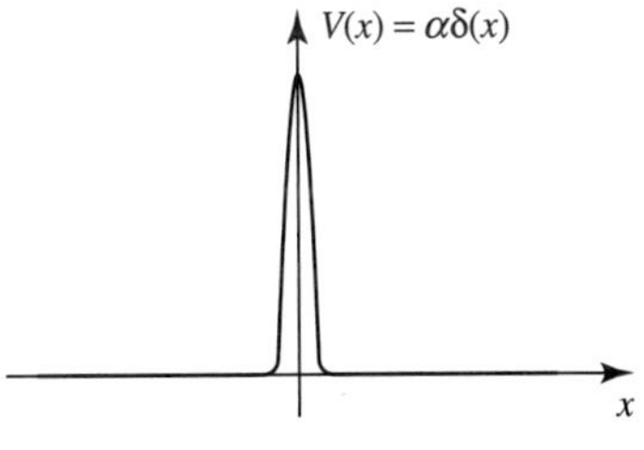

图 2.15　δ 函数势垒.

[49] 注意到势阱两边粒子的速度是一样的. 习题 2.34 讨论其一般情况.

[50] 有很多非常好的用于分析一维波包散射的程序，例如在 PhET 互动式仿真模拟中的“量子隧穿和波包”，科罗拉多大学波德分校，http：//phet. colorado. edu.

* **习题 2.22**　计算下列积分：

(a) $\int_{-3}^{+1}(x^3-3x^2+2x-1)\delta(x+2)\,\mathrm{d}x$.

(b) $\int_{0}^{\infty}[\cos(3x)+2]\delta(x-\pi)\,\mathrm{d}x$.

(c) $\int_{-1}^{+1}\exp(|x|+3)\delta(x-2)\,\mathrm{d}x$.

习题 2.23　δ函数以积分符号表示，对任何（一般）函数 $f(x)$，如果

$$\int_{-\infty}^{+\infty} f(x)D_1(x)\,\mathrm{d}x=\int_{-\infty}^{\infty} f(x)D_2(x)\,\mathrm{d}x,$$

则涉及δ函数的两个表示式 $D_1(x)$ 和 $D_2(x)$ 相等.

(a) 证明

$$\delta(cx)=\frac{1}{|c|}\delta(x), \tag{2.145}$$

式中，c 是实常数.（一定要检验 c 是负的情况.）

(b) 设 $\theta(x)$ 是**阶跃函数（step function）**：

$$\theta(x)\equiv\begin{cases}1, & \text{如果 } x>0;\\ 0, & \text{如果 } x<0.\end{cases} \tag{2.146}$$

（在极少数情况下，我们定义 $\theta(0)$ 为 1/2.）证明 $\mathrm{d}\theta/\mathrm{d}x=\delta(x)$.

** **习题 2.24**　对式（2.132）中的波函数验证不确定原理. **提示**：因为 ψ 的导数在 $x=0$ 处存在阶梯不连续，计算 $\langle p^2\rangle$ 时可能很费事. 你可以利用习题 2.23（b）的结果. **部分答案**：$\langle p^2\rangle=(m\alpha/\hbar)^2$.

习题 2.25　验证δ函数势阱的束缚态（式（2.132））和散射态（式（2.134）和式（2.135））正交.

* **习题 2.26**　$\delta(x)$ 的傅里叶变换是什么？利用普朗克尔定理，证明

$$\delta(x)=\frac{1}{2\pi}\int_{-\infty}^{\infty}\mathrm{e}^{ikx}\,\mathrm{d}k. \tag{2.147}$$

评注：这个公式会使任何值得尊敬的数学家都感到格外头疼. 虽然这个积分明显是在 $x=0$ 处为无限大，由于被积函数一直振荡，当 $x\neq0$ 时它并不收敛（0或其他值）. 有一些方法可以修补这个问题（例如，可以从 $-L$ 到 L 进行积分，并把式（2.147）理解为有限积分的平均值，然后令 $L\to\infty$）. 问题的根源在于δ函数不满足普朗克尔定理所要求的平方可积性（见脚注 44）. 尽管如此，如果细心对待，式（2.147）将是极其有用的.

****习题 2.27**　考虑双 δ 函数势

$$V(x)=-\alpha[\delta(x+a)+\delta(x-a)],$$

其中 α 和 a 都是正常数.

(a) 画出这个势的草图.

(b) 存在有多少个束缚态? 当 $\alpha=\hbar^2/ma$ 和 $\alpha=\hbar^2/4ma$ 时, 求出允许的能级, 并画出波函数的草图.

(c) 在 $a\to 0$ 和 $a\to\infty$ 的极限情况下, 求束缚态能量的大小 (固定 α)? 与单 δ 函数势阱的结果做比较, 解释你答案合理性的原因.

****习题 2.28**　对于习题 2.27 中的势, 求出其透射系数.

2.6　有限深方势阱

作为最后一个例子, 考虑有限深方势阱:

$$V(x)=\begin{cases}-V_0, & -a\leqslant x\leqslant a;\\ 0, & |x|>a.\end{cases} \tag{2.148}$$

其中, V_0 是正常数, 如图 2.16 所示. 和 δ 函数势阱一样, 这个势既允许存在束缚态 ($E<0$) 也存在散射态 ($E>0$). 现在讨论束缚态.

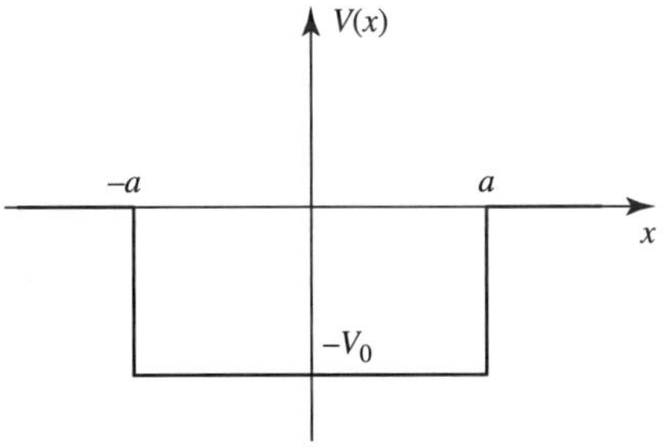

图 2.16　有限深方势阱 (式 (2.148)).

在 $x<-a$ 区域, 势为零, 所以薛定谔方程为

$$-\frac{\hbar^2}{2m}\frac{d^2\psi}{dx^2}=E\psi,\quad 或 \quad \frac{d^2\psi}{dx^2}=\kappa^2\psi,$$

其中

$$\kappa\equiv\frac{\sqrt{-2mE}}{\hbar} \tag{2.149}$$

为正实数. 其通解是 $\psi(x)=A\exp(-\kappa x)+B\exp(\kappa x)$, 但当 $x\to-\infty$ 时, 解的第一项趋于无穷大, 所以具有物理意义的解是

$$\psi(x)=Be^{\kappa x}\quad (x<-a). \tag{2.150}$$

在 $-a<x<a$ 区域, $V(x)=-V_0$, 薛定谔方程为

$$-\frac{\hbar^2}{2m}\frac{\mathrm{d}^2\psi}{\mathrm{d}x^2}-V_0\psi=E\psi, \quad 或 \quad \frac{\mathrm{d}^2\psi}{\mathrm{d}x^2}=-l^2\psi,$$

其中

$$l\equiv\frac{\sqrt{2m(E+V_0)}}{\hbar}. \tag{2.151}$$

尽管 E 是负数，但对于束缚态，由前述定理 $E>V_{\min}$（习题 2.2），它必定大于 $-V_0$；因此，l 是一个正的实数. 通解是[51]

$$\psi(x)=C\sin(lx)+D\cos(lx) \quad (-a<x<a). \tag{2.152}$$

式中，C 和 D 是任意常数. 最后，在 $x>a$ 区域，势再次变为零；其通解是 $\psi(x)=F\exp(-\kappa x)+G\exp(\kappa x)$，但是当 $x\to\infty$ 时，第二项趋于无穷大，所以只剩下

$$\psi(x)=Fe^{-\kappa x} \quad (x>a). \tag{1.153}$$

接下来是加上边界条件：ψ 和 $\mathrm{d}\psi/\mathrm{d}x$ 在 $-a$ 和 a 处连续. 不过注意到势是一个偶函数，这样我们可以节省一点时间，不失一般性，假设其解要么是奇函数要么是偶函数（习题 2.1（c））. 这样做的好处是仅需要在一侧加上边界条件即可（比如说，在 $+a$ 处）；由于 $\psi(-x)=\pm\psi(x)$，另一侧则自动满足边界条件. 仅讨论偶函数解，自己可在习题 2.29 讨论奇函数解. 由于余弦是偶函数（正弦是奇函数），所以我希望的解的形式为

$$\psi(x)=\begin{cases}Fe^{-\kappa x}, & x>a;\\ D\cos(lx), & 0<x<a;\\ \psi(-x), & x<0.\end{cases} \tag{2.154}$$

波函数 $\psi(x)$ 在 $x=a$ 处的连续性要求

$$Fe^{-\kappa x}=D\cos(la), \tag{2.155}$$

由 $\mathrm{d}\psi/\mathrm{d}x$ 连续性要求

$$-\kappa Fe^{-\kappa x}=-lD\sin(la). \tag{2.156}$$

式（2.156）除以式（2.155），得到

$$\kappa=l\tan(la). \tag{2.157}$$

由于 κ 和 l 都是 E 的函数，这是一个求解能量允许值的公式. 要求出 E，首先采用一些简洁的记号：令

$$z\equiv la, \quad 以及 \quad z_0\equiv\frac{a}{\hbar}\sqrt{2mV_0}. \tag{2.158}$$

由式（2.149）和式（2.151），有 $(\kappa^2+l^2)=2mV_0/\hbar^2$，所以 $ka=\sqrt{z_0{}^2-z^2}$，而式（2.157）可写为

$$\tan z=\sqrt{(z_0/z)^2-1}. \tag{2.159}$$

这是一个 z（也是 E）关于 z_0 的函数的超越方程（z_0 描述势阱尺寸“大小”）. 它可以用计算机进行数值求解，或者也可以用作图法求解，在同一坐标纸中画出 $\tan z$ 和 $\sqrt{(z_0/z)^2-1}$ 曲线，找到它们的相交点（见图 2.17）. 下面的两种极限情况特别有趣：

---

[51] 如果你愿意，你也可以把解写作指数形式（$C'e^{ilx}+D'e^{-ilx}$）. 这导致最终结果是一样的，但是由于势的对称性，我们知道解要么是偶的，要么是奇的，正弦/余弦的表示形式允许我们从一开始就利用它.

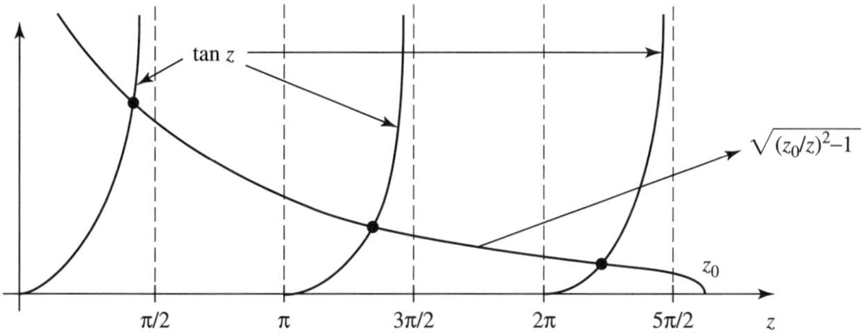

图 2.17　式（2.159）中 $z_0=8$ 时（偶态）的图解.

1. 宽、深势阱. 如果 z_0 非常大（将曲线$\sqrt{(z_0/z)^2-1}$在图中向上提升，z_0 向右滑动），相交点在略低于 $z_n=n\pi/2$ 处，n 为奇数；所以有（式（2.158）和式（2.151））

$$E_n+V_0\approx\frac{n^2\pi^2\hbar^2}{2m(2a)^2}\quad(n=1,3,5,\cdots)\tag{2.160}$$

但 $E+V_0$ 是高于势阱底以上的能量值，式（2.160）右边正好是势阱宽度为 $2a$ 的无限深方势阱的能级（见式（2.30））——或者更确切地说是它们中的一半，因为这里的 n 仅为奇数.（当然，如你将在习题 2.29 中发现的那样，另外一半来自于奇函数.）因此，当 $x\to\infty$ 时，有限深势阱变为无限深势阱；但是，对任何有限的 V_0 值，仅存在有限数目束缚态.

2. 浅、窄势阱. 随着 z_0 值的降低，束缚态越来越少，直到最后当 $z_0<\pi/2$ 时，仅剩下一个束缚态. 然而，有趣的是无论阱变得多么“弱”，总是至少存在一个束缚态.

如果你感兴趣的话（习题 2.30），你可以对 ψ（式（2.154））进行归一化，但现在我要转向讨论散射态（$E>0$）. 在势阱左边，$V(x)=0$，有

$$\psi(x)=Ae^{ikx}+Be^{-ikx}\quad(x<-a)\tag{2.161}$$

其中（照例）

$$k=\frac{\sqrt{2mE}}{\hbar}.\tag{2.162}$$

在势阱内，$V(x)=-V_0$，

$$\psi(x)=C\sin(lx)+D\cos(lx)\quad(-a<x<a),\tag{2.163}$$

同以前一样

$$l\equiv\frac{\sqrt{2m(E+V_0)}}{\hbar}.\tag{2.164}$$

在势阱右边，假设在此区域内没有入射波. 有

$$\psi(x)=Fe^{ikx}.\tag{2.165}$$

这里 A 是入射波振幅；B 是反射波振幅；F 是透射波振幅.[52]

存在四个边界条件：$\psi(x)$ 在 $x=-a$ 处连续，应满足

$$Ae^{-ika}+Be^{ika}=-C\sin(la)+D\cos(la),\tag{2.166}$$

[52] 就像在处理束缚态时的情况一样，我们可以使用奇函数或偶函数，但由于波仅从其中一侧入射，散射问题本质上是不对称的，在此用指数函数（代表行波）更自然一些.

$d\psi(x)/dx$ 在 $x=-a$ 处连续，应满足

$$ik[Ae^{-ika}-Be^{ika}]=l[C\cos(la)+D\sin(la)], \tag{2.167}$$

$\psi(x)$ 在 $x=+a$ 处连续，应满足

$$C\sin(la)+D\cos(la)=Fe^{ika}, \tag{2.168}$$

$d\psi(x)/dx$ 在 $x=+a$ 处连续，应满足

$$l[C\cos(la)-D\sin(la)]=ikFe^{ika}. \tag{2.169}$$

可以利用其中的两个方程消去 C 和 D，再利用剩余的两个方程求解得到 B 和 F（见习题 2.32）：

$$B=i\frac{\sin(2la)}{2kl}(l^2-k^2)F, \tag{2.170}$$

$$F=\frac{e^{-2ika}A}{\cos(2la)-i\dfrac{(k^2+l^2)}{2kl}\sin(2la)}. \tag{2.171}$$

用原始变量表示透射系数（$T=|F|^2/|A|^2$），得到

$$T^{-1}=1+\frac{V_0^2}{4E(E+V_0)}\sin^2\left(\frac{2a}{\hbar}\sqrt{2m(E+V_0)}\right). \tag{2.172}$$

注意：当式（2.172）中的正弦函数为零时，即有 $T=1$（势阱变成“透明”的）. 这表明，当满足

$$\frac{2a}{\hbar}\sqrt{2m(E_n+V_0)}=n\pi \tag{2.173}$$

时，其中 n 为任意整数，完全透射的能量为

$$E_n+V_0=\frac{n^2\pi^2\hbar^2}{2m(2a)^2}, \tag{2.174}$$

这恰好是**无限深方势阱**所允许的能量. 在图 2.18 中画出了 T 作为能量的函数.[53]

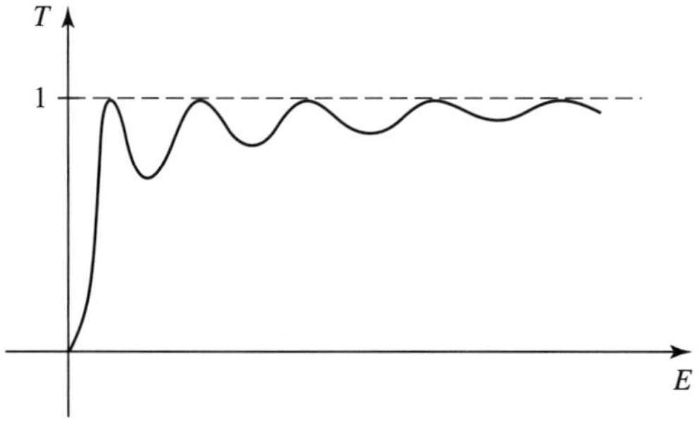

图 2.18 透射系数和能量的函数关系（式（2.172））.

***习题 2.29** 分析有限深方势阱的奇束缚态的波函数. 推导出允许能级所满足的超越方程，并用作图法求解. 检查两种极限情况. 是否总是至少存在一个奇束缚态？

---

[53] 这个引人注目的现象在量子力学建立之前就已经在实验室中观察到，称为 **Ramsauer-Townsend 效应**，详细阐述可参看 Richard W. Robinettsuo，*Quantum Mechanics*，Oxford University Press，1997，第 12.4.1 节.

习题 2.30　对式（2.154）中的 $\psi(x)$ 归一化，确定常数 D 和 F.

习题 2.31　狄拉克 δ 函数可看作一个高度趋于无限、宽度趋于零、面积为 1 的矩形的极限情况．证明在 $z_0 \to 0$ 情况下，δ 势阱（式（2.117））是个“弱”势（即便是在无限深的情况下）．把它看作有限深方势阱的一种极限情况，确定 δ 势阱的束缚态能级．验证你的结果与式（2.132）一致．同时证明在取适当极限情况下，式（2.172）将还原为式（2.144）.

习题 2.32　推导出式（2.170）和式（2.171）．提示：使用式（2.168）和式（2.169），根据 F 求解 C 和 D：

$$C=\left[\sin(la)+\mathrm{i}\frac{k}{l}\cos(la)\right]\mathrm{e}^{ika}F;\quad D=\left[\cos(la)-\mathrm{i}\frac{k}{l}\sin(la)\right]\mathrm{e}^{ika}F.$$

然后将它们代入式（2.166）和式（2.167）中．求出透射系数，并验证式（2.172）.

****习题 2.33**　求出矩形势垒的透射系数（与式（2.148）相似，只不过在 $-a<x<a$ 区域内 $V(x)=+V_0>0$）．分别按照 $E<V_0$、$E=V_0$ 和 $E>V_0$ 三种情况来讨论．（注意，在这三种情况下，势垒区域内的波函数是不同的．）**部分答案**：对于 $E<V_0$，[54]

$$T^{-1}=1+\frac{V_0^2}{4E(V_0-E)}\sinh^2\left(\frac{2a}{\hbar}\sqrt{2m(V_0-E)}\right).$$

***习题 2.34**　考虑“阶梯”势：[55]

$$V(x)=\begin{cases}0, & x\leqslant 0;\\ V_0, & x>0.\end{cases}$$

（a）对于 $E<V_0$ 的情况，计算反射系数，并讨论所得结果.

（b）计算 $E>V_0$ 时的反射系数.

（c）对于右侧势垒没有归零的势，透射系数不是简单地等于 $|F|^2/|A|^2$（A 是入射波振幅，F 是透射波振幅），这是由于透射波以不同的波速传播．证明对于 $E>V_0$，

$$T=\sqrt{\frac{E-V_0}{E}}\frac{|F|^2}{|A|^2},\tag{2.175}$$

提示：你可以利用式（2.99）计算，或者更简洁但缺乏直观——利用几率流来算（习题 2.18）．对于 $E<V_0$，T 又是多少？

（d）对 $E>V_0$ 情况，求出“阶梯”势的透射系数，并验证 $T+R=1$.

---

[54] 这是一个隧道效应的很好例子——经典上粒子将会被弹回.

[55] 参阅 C. O. Dib 和 O. Orellana, *Eur. J. Phys.* **38**, 045403（2017）有很有趣的评注.

习题 2.35 质量为 m、动能 $E>0$ 的粒子靠近一骤降至 V_0 的突变势（见图 2.19）.[56]

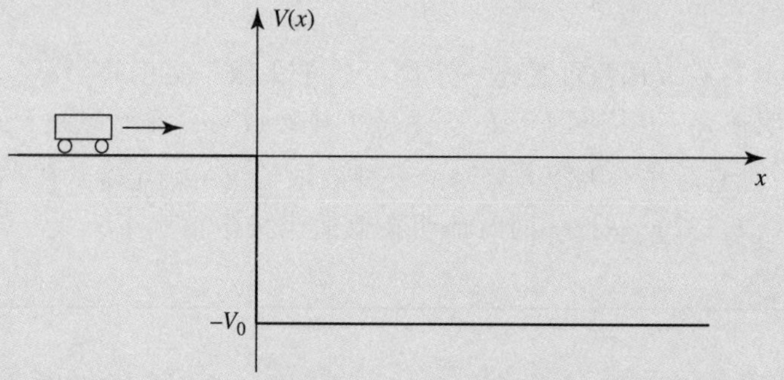

图 2.19 从一个“悬崖”边的散射（习题 2.35）.

（a）如果 $E=V_0/3$，粒子被“反弹”回来的几率是多大？**提示：**与习题 2.34 相似，只不过阶梯由向上变为向下.

（b）我画这个图的目的是让你想象有一辆靠近一个悬崖的汽车，很明显汽车从悬崖边缘被弹回来的几率要比（a）中的结果小很多—— 除非你是兔八哥.[57]解释为什么这个势不能正确地表示一个悬崖.**提示：**在图 2.19 中，当通过 $x=0$ 点时，汽车势能不连续地降到 $-V_0$；这与汽车坠落的实际情况相符吗？

（c）当一个自由的中子进入原子核时，它将遇到势能的突变，势能从外面的 $V_0=0$ 到原子核内部大约 -12MeV（兆电子伏特）.假设裂变产生一个中子，其动能为 4MeV，轰击上述的原子核.中子被吸收的几率是多大？由此能否触发新的裂变？**提示：**你可以先像（a）中计算出反射几率大小；然后用 $T=1-R$ 求出穿透表面的几率大小.

本章补充习题

习题 2.36 对于“中心”无限深方势阱：$V(x)=0(-a<x<a)$，$V(x)=\infty$（其他地方），利用适当边界条件，求解定态薛定谔方程.验证你所求得的能量允许值与式（2.30）一致，证明你所得到的 ψ 可以通过对式（2.28）做 $x\to(x+a)/2$ 变换而得到（并进行归一化）.画出前三个解的草图并与图 2.2 进行对比.注意势阱的宽度现在变为 $2a$.

习题 2.37 处于无限深方势阱（式（2.22））中粒子初始波函数为

$$\psi(x,0)=A\sin^3(\pi x/a)\quad(0\leqslant x\leqslant a).$$

求出 A 和 $\psi(x,t)$，并计算作为时间的函数 $\langle x\rangle$.能量的期望值是多少？**提示：**$\sin^n\theta$ 和 $\cos^n\theta$ 可以通过重复利用三角公式化简为 $\sin(m\theta)$ 和 $\cos(m\theta)(m=0,1,2,\cdots,n)$ 的线性组合.

---

[56] 进一步的讨论可参考 P. L. Garrido 等，*Am. J. Phys.* **79**，1218（2011）.

[57] Bugs Bunny：《兔八哥》是美国华纳兄弟公司 1930 年开始发行的第一部著名系列动画片，这部系列动画片分别以不同的角色各自表演一段有趣的狂欢故事，其中兔八哥是动画片中一个机智的兔子形象.——译者注

习题 2. 38

(a) 证明：无限势阱中粒子的波函数经历一个量子**恢复时间**（**revival time**）$T=4ma^2/\pi\hbar$ 后，恢复到初始形式．即：对于任何态（不仅仅限于定态），$\psi(x,T)=\psi(x,0)$.

(b) 能量为 E 的粒子在势阱壁之间往返碰撞，其经典恢复时间是多少？

(c) 在什么样的能量下，两种恢复时间相等？[58]

习题 2. 39　在习题 2.7（d）中，通过对式（2.21）中各项的求和可以得到能量的期望值，但是我曾提醒你（脚注 23）不要用“老式的方法”，$\langle H\rangle=\int\psi(x,0)^*\hat{H}\psi(x,0)\mathrm{d}x$，由于 $\psi(x,0)$ 一阶导数的不连续性，会使得二阶导数产生问题．实际中，你可以用分部积分法来做，但狄拉克 δ 函数提供了更为简洁的方法来处理这些反常问题.

(a) 计算 $\psi(x,0)$ 一阶导数（习题 2.7），计算结果用式（2.146）中定义的阶跃函数 $\theta(x-a/2)$ 来表示.

(b) 利用习题 2.23（b）得到的结果，将 $\psi(x,0)$ 的二阶导数用 δ 函数形式表示出来.

(c) 求积分 $\int\psi(x,0)^*\hat{H}\psi(x,0)\mathrm{d}x$，并检验其结果与前面得到结果相一致.

****习题 2. 40**　处在谐振子势（式（2.43））中质量为 m 的粒子从初态开始运动：

$$\psi(x,0)=A\left(1-2\sqrt{\frac{m\omega}{\hbar}}x\right)^2\mathrm{e}^{-\frac{m\omega}{2\hbar}x^2},$$

其中 A 为某常数.

(a) 根据谐振子的定态，确定 A 和该状态的各展开系数 c_n.

(b) 测量粒子的能量，能得到哪些结果？对应的几率是多少？能量的期望值是多少？

(c) 经过一段时间 T 后的波函数是

$$\psi(x,T)=B\left(1+2\sqrt{\frac{m\omega}{\hbar}}x\right)^2\mathrm{e}^{-\frac{m\omega}{2\hbar}x^2},$$

B 为某个常数．T 最小的可能值是多少？

习题 2. 41　求半谐振子势所允许的能级：

$$V(x)=\begin{cases}(1/2)m\omega^2x^2, & x>0;\\ \infty, & x<0.\end{cases}$$

（例如，这种情况表示了一个只能被拉伸而不能被压缩的弹簧.）**提示**：本题需要仔细思考，而具体计算很少.

****习题 2. 42**　在习题 2.21 中，已经对自由粒子静态高斯波包进行了分析．现在来对传播中的高斯波包求解同样问题，其初始波函数为

$$\psi(x,0)=A\mathrm{e}^{-ax^2}\mathrm{e}^{ilx},$$

其中 l 是一个实的常数．（**建议**：从 $\phi(k)$ 求 $\psi(x,t)$ 的过程中，在做积分前先做变量替换 $u\equiv k-l$.）**部分答案**：

---

[58] 事实上经典和量子的恢复时间之间不存在明显的关系（量子恢复时间甚至不依赖于能量），这是一个奇异的悖论；参看 Daniel Styer, *Am. J. Phys.* **69**, 56（2001）.

$$\Psi(x,t)=\left(\frac{2a}{\pi}\right)^{1/4}\frac{1}{\gamma}\mathrm{e}^{-a(x-\hbar lt/m)^2/\gamma^2}\mathrm{e}^{il(x-\hbar lt/2m)}.$$

和前面一样，这里 $\gamma\equiv\sqrt{1+2ia\hbar t/m}$. 注意到 $\psi(x,t)$ 具有一个高斯“波包”调制一列正弦行波结构. 波包的速度是多少？行波传播的速度是多少？

** **习题 2.43** 在原点对称的无限深方势阱的中间存在一 δ 函数势垒，

$$V(x)=\begin{cases}\alpha\delta(x), & -a<x<a;\\ \infty, & |x|\geqslant a.\end{cases}$$

求解定态薛定谔方程. 分别处理波函数为偶和奇情况. 没必要花时间去归一化这些波函数. 求出能量的允许值（必要时可用作图法）. 与没有 δ 函数存在时的情况相比，相应的能级有何不同？解释为什么奇函数解不受 δ 函数的影响. 讨论 $\alpha\to0$ 和 $\alpha\to\infty$ 两种极限情况.

习题 2.44 如果两个（或更多）定态薛定谔方程的不同解具有同一个能量 E,[59] 这些态称为是**简并**的（**degenerate**）. 例如，自由粒子态是双重简并的——一个解代表向右运动，另一个解代表向左运动. 但我们从未遇到过可归一化的简并解，这并非偶然. 证明如下定理：**一维情况下**（$-\infty<x<+\infty$），[60] **不存在简并束缚态**. 提示：假设存在两个解 ψ_1 和 ψ_2，具有同样的能量，ψ_2 乘上 ψ_1 满足的薛定谔方程，ψ_1 乘上 ψ_2 满足的薛定谔方程，然后两式相减，证明（$\psi_2\mathrm{d}\psi_1/\mathrm{d}x-\psi_1\mathrm{d}\psi_2/\mathrm{d}x$）是个常数. 利用归一化解在 $\pm\infty$ 应满足 $\psi\to0$ 的事实，证明这个常数事实上为零. 从而得出结论 ψ_2 是 ψ_1 乘以一个常数因子，因此两个解是相同的.

习题 2.45 证明一维势中定态的节点数目总是随能量的增加而增加.[61] 对于给定的势 $V(x)$，考虑定态薛定谔方程的两个解（实数归一化的解，ψ_n 和 ψ_m），能量满足 $E_n>E_m$.

（a）证明

$$\frac{\mathrm{d}}{\mathrm{d}x}\left(\frac{\mathrm{d}\psi_m}{\mathrm{d}x}\psi_n-\psi_m\frac{\mathrm{d}\psi_n}{\mathrm{d}x}\right)=\frac{2m}{\hbar^2}(E_n-E_m)\psi_m\psi_n$$

（b）设 x_1 和 x_2 是波函数 $\psi_m(x)$ 的邻近的两个节点. 证明

$$\psi'_m(x_2)\psi_n(x_2)-\psi'_m(x_1)\psi_n(x_1)=\frac{2m}{\hbar^2}(E_n-E_m)\int_{x_1}^{x_2}\psi_m\psi_n\mathrm{d}x.$$

（c）如果 $\psi_n(x)$ 在 x_1 和 x_2 之间不存在节点，那么在此区间内都有相同的符号. 证明（b）导致矛盾. 因此，在 $\psi_m(x)$ 的每对节点之间，$\psi_n(x)$ 至少有一个节点，且节点的数量随能量的增加而增加.

---

[59] 如果两个解的差别是一个常数乘子（因此，一旦归一化后，它们的差别仅是一个相因子 $\mathrm{e}^{i\phi}$），它们代表着同一个物理状态，在这个意义上，它们不是不同的解. 严格来说，我说的“不同”是意味着“线性独立”.

[60] 我们将在第4章和第6章中看到，在高维情况下简并是很常见的. 假定势并非是被 $V\to\infty$ 的区域分割成一些孤立部分（如果不是这样，例如，两个孤立的无限深方势阱，就会产生简并束缚态），粒子不在这一个势阱中就在另一个势阱中.

[61] 参见 M. Moriconi, *Am. J. Phys.* **75**, 284（2007）.

习题 2.46　假设质量为 m 的小珠子绕周长为 L 的圆环做无摩擦滑动.（这与自由粒子相似，只不过 $\psi(x+L)=\psi(x)$.）求出它的定态（并适当归一化）和相应的能量允许值. 注意到对于每个能级 E_n（只有一个例外）都有两个相互独立的解，分别对应顺时针和逆时针运动情况，记为 $\psi_n^+(x)$ 和 $\psi_n^-(x)$. 根据习题 2.44 中的定理，你如何解释此种简并性(为什么在此种情况下定理会不成立)?

****习题 2.47**　注意：这是一个严格的定性问题——不允许做任何计算！考虑“双方势阱”势（见图 2.20）. 假设阱深 V_0 和阱宽 a 都固定，且足够大使得可以存在几个束缚态.

（a）对（ⅰ）$b=0$、（ⅱ）$b\approx a$ 和（ⅲ）$b\gg a$ 三种情况，画出基态波函数 ψ_1 和第一激发态波函数 ψ_2 的草图.

（b）定性描述当 b 从 0 变化到 ∞ 时，ψ_1 和 ψ_2 相对应的能级（E_1，E_2）的变化趋势，在同一图中画出 $E_1(b)$ 和 $E_2(b)$.

（c）双阱模型是基本的一维模型，用来描述双原子分子中电子所受到的势场作用(两个势阱代表两个原子核的吸引力). 如果两核被看作是自由移动的，它们将遵循最小能量分布. 根据你在（b）中得到的结论，电子更趋向使两个核靠在一起，还是使其分离?(当然两个核之间存在排斥力，不过这是另外一个问题.)

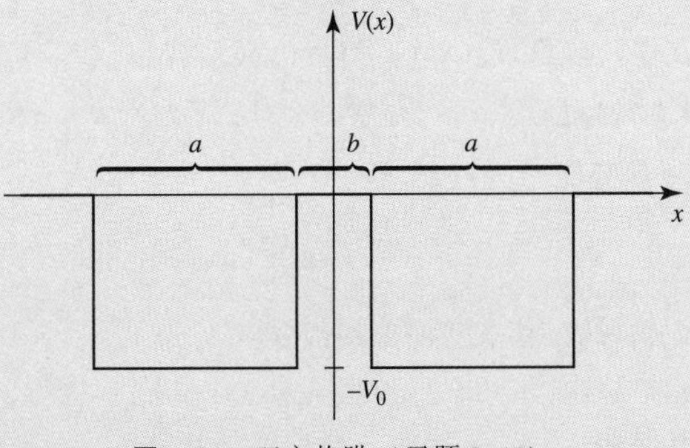

图 2.20　双方势阱（习题 2.47).

习题 2.48　处在势场中质量为 m 的粒子，

$$V(x)=\begin{cases}\infty, & x<0;\\ -32\hbar^2/ma^2, & 0\leqslant x\leqslant a;\\ 0, & x>a.\end{cases}$$

（a）存在多少个束缚态?

（b）对最高能级束缚态，粒子在阱外（$x>a$）被发现的几率是多少? 答案：0.542，即便是它被“束缚”在势阱内，它在势阱外被观察到的可能性比势阱内还要大!

*****习题 2.49**

（a）证明

$$\Psi(x,t)=\left(\frac{m\omega}{\pi\hbar}\right)^{1/4}\exp\left[-\frac{m\omega}{2\hbar}\left(x^2+\frac{x_0^2}{2}(1+\mathrm{e}^{-2\mathrm{i}\omega t})+\frac{\mathrm{i}\hbar t}{m}-2x_0x\mathrm{e}^{-\mathrm{i}\omega t}\right)\right]$$

满足谐振子势的含时薛定谔方程（式（2.44））．这里 x_0 是具有长度量纲的任意实数．[62]

（b）求出 $|\Psi(x,t)|^2$，并描述波包的运动．

（c）计算 $\langle x\rangle$ 和 $\langle p\rangle$，并检验它们满足埃伦菲斯特定律（式（1.38））．

****习题 2.50**　考虑运动的 δ 函数势阱：

$$V(x,t)=-\alpha\delta(x-vt),$$

其中，v（常数）是势阱的运动速度．

（a）证明含时薛定谔方程可以有严格解[63]

$$\Psi(x,t)=\frac{\sqrt{m\alpha}}{\hbar}\mathrm{e}^{-m\alpha|x-vt|/\hbar^2}\mathrm{e}^{-\mathrm{i}[(E+(1/2)mv^2)t-mvx]/\hbar},$$

其中，$E=-m\alpha^2/2\hbar^2$ 是静止的 δ 函数的束缚态能．**提示**：用习题 2.23（b）所得结果，把此解代入并验证．

（b）求此状态下哈密顿量的期望值，并讨论所得结果．

习题 2.51　自由下落．证明

$$\Psi(x,t)=\Psi_0\left(x+\frac{1}{2}gt^2,t\right)\exp\left[-\mathrm{i}\frac{mgt}{\hbar}\left(x+\frac{1}{6}gt^2\right)\right] \tag{2.176}$$

满足粒子在引力场

$$V(x)=mgx \tag{2.177}$$

中的含时定态薛定谔方程，这里 $\Psi_0(x,t)$ 为自由高斯波包（式（2.111））．求作为时间的函数 $\langle x\rangle$，并对结果进行讨论．[64]

*****习题 2.52**　考虑势能

$$V(x)=-\frac{\hbar^2a^2}{m}\mathrm{sech}^2(ax),$$

其中，a 是正常数，而“sech”代表双曲正割函数．

（a）画图将该势表示出来．

（b）验证该势存在基态

$$\psi_0(x)=A\mathrm{sech}(ax),$$

并求出基态能量．归一化 ψ_0，并画图表示．

（c）证明：对于任意正的能量 E，函数

$$\psi_k(x)=A\left(\frac{\mathrm{i}k-a\tanh(ax)}{\mathrm{i}k+a}\right)\mathrm{e}^{\mathrm{i}kx}$$

（一般情况下，$k\equiv\sqrt{2mE}/\hbar$）都满足薛定谔方程．由于当 $z\to-\infty$ 时，$\tanh z\to-1$，

$$\psi_k(x)\approx A\mathrm{e}^{\mathrm{i}kx}\quad(x\text{ 为大的负数}).$$

---

[62] 这是一个少有的对含时薛定谔方程能够有严格形式解的例子，它是薛定谔自己在 1926 年发现的．在习题 6.30 中讨论了获得它的办法．对它的讨论和相关进一步的问题参见，W. van Dijk 等，*Am. J. Phys.* **82**，955（2014）．

[63] 具体推导过程见习题 6.35．

[64] 富有启发的讨论可以参见 M. Nauenberg，*Am. J. Phys.* **84**，879（2016）．

所以，这表示从左边入射且没有伴生反射波的波（即不存在 $\exp(-ikx)$ 项）. 对正的较大 x 值，$\psi_k(x)$ 的渐近形式是什么？对于这个势，R 和 T 是多少？**注释**：这是**无反射势**（**reflectionless potential**）的一个著名例子——每一个入射的粒子，不论其能量大小，都能穿越势垒.[65]

习题 2.53　散射矩阵. 散射理论能够以显而易见的方式推广到任意的定域势（见图 2.21）. 在左边（区域Ⅰ），$V(x)=0$，所以

$$\psi(x)=A\mathrm{e}^{ikx}+B\mathrm{e}^{-ikx},\quad \text{其中 } k\equiv\frac{\sqrt{2mE}}{\hbar}. \tag{2.178}$$

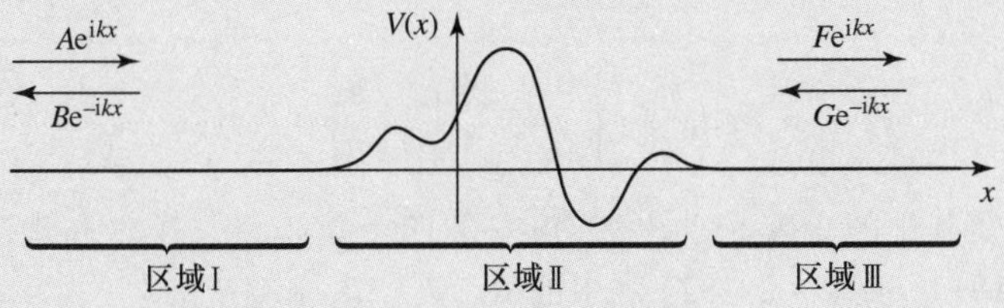

图 2.21　任意局域势的散射（除了区域Ⅱ外，$V(x)=0$）（习题 2.53）.

在右边（区域Ⅲ），$V(x)$ 同样为 0，所以

$$\psi(x)=F\mathrm{e}^{ikx}+G\mathrm{e}^{-ikx} \tag{2.179}$$

在中间（区域Ⅱ），当然，在指定具体势之前我无法告诉你 ψ 是什么，但由于薛定谔方程是一个线性二阶微分方程，通解一定具有如下形式：

$$\psi(x)=Cf(x)+Dg(x),$$

其中 $f(x)$ 和 $g(x)$ 是两个线性独立的特解.[66] 存在有 4 个边界条件（区域Ⅰ和区域Ⅱ交汇处两个，区域Ⅱ和区域Ⅲ交汇处两个）. 利用其中的两个方程可以消去 C 和 D，其他两个用来求出用 A 和 G 表示的 B 和 F：

$$B=S_{11}A+S_{12}G,\quad F=S_{21}A+S_{22}G.$$

四个依赖于 k（从而也依赖于 E）的系数 S_{ij} 组成一个 2×2 矩阵 $\mathbf{S}$，称为**散射矩阵**（**sact-tering matrix**）（简写为 $\mathbf{S}$-矩阵）. $\mathbf{S}$-矩阵告诉你如何以入射振幅（A 和 G）来表示出射振幅（B 和 F）：

$$\begin{pmatrix}B\\F\end{pmatrix}=\begin{pmatrix}S_{11}&S_{12}\\S_{21}&S_{22}\end{pmatrix}\begin{pmatrix}A\\G\end{pmatrix}. \tag{2.180}$$

从左边散射的特定情况下，$G=0$，因此，反射和透射系数为

$$R_l=\left.\frac{|B|^2}{|A|^2}\right|_{G=0}=|S_{11}|^2,\quad T_l=\left.\frac{|F|^2}{|A|^2}\right|_{G=0}=|S_{21}|^2. \tag{2.181}$$

从右边散射的情况，$A=0$，有

---

[65] 参见 R. E. Crandall 和 B. R. Litt，*Annals of Physics* **146**，458（1983）.

[66] 参见任意关于微分方程的书籍——例如，J. L. Van Iwaarden，*Ordinary Differential Equations with Numerical Techniques*，Harcourt Brace Jovanovich，San Diego，1985，第 3 章.

$$R_r=\left.\frac{|F|^2}{|G|^2}\right|_{A=0}=|S_{22}|^2,\quad T_r=\left.\frac{|B|^2}{|G|^2}\right|_{A=0}=|S_{12}|^2. \tag{2.182}$$

（a）构造由 δ 函数势阱（式（2.117））散射的 **S**-矩阵.

（b）构造有限深方势阱（式（2.148））的 **S**-矩阵. **提示**：如果你仔细分析题目的对称性，无须重新计算.

*****习题 2.54 传递矩阵（the transfer matrix）**.[67] **S**-矩阵（习题 2.53）给出了出射振幅（B 和 F）与入射振幅（A 和 G）的关系——式（2.180）. 为了某些目的利用**传递矩阵 M** 是很方便的，它可以给出势右侧波的振幅（F 和 G）同左侧波的振幅（A 和 B）之间的关系：

$$\begin{pmatrix}F\\G\end{pmatrix}=\begin{pmatrix}M_{11}&M_{12}\\M_{21}&M_{22}\end{pmatrix}\begin{pmatrix}A\\B\end{pmatrix}. \tag{2.183}$$

（a）利用 **S**-矩阵中的矩阵元求出 **M**-矩阵的四个矩阵元，反之亦然. 用 **M**-的矩阵元表示出（式（2.181）和式（2.182））中的 R_l、T_l、R_r 和 T_r.

（b）假设有一个势是由两个孤立部分组成的（见图 2.22），证明该势的 **M**-矩阵是由两个孤立部分势的 **M**-矩阵的乘积：

$$\mathbf{M}=\mathbf{M}_2\mathbf{M}_1. \tag{2.184}$$

（显然这个结论可以推广到含有任意多个部分势的情况，这说明了 **M**-矩阵的有用性.）

（c）对于在点 a 处的 δ 函数散射势，构造 **M**-矩阵：

$$V(x)=-\alpha\delta(x-a).$$

（d）利用（b）中的方法，求双 δ 函数散射的 **M** 矩阵：

$$V(x)=-\alpha[\delta(x+a)+\delta(x-a)],$$

对这个势的透射系数是什么？

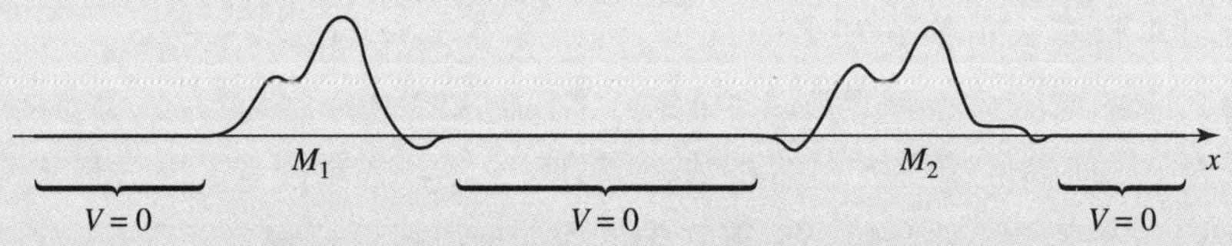

图 2.22 含有两个孤立部分的势（习题 2.54）.

** **习题 2.55** 利用“摇摆狗尾”方法，求出谐振子的基态能级，并保留 5 位有效数字. 也就是说，用数值法求解方程（2.73），通过不断改变 K 值，直到 ξ 很大时，能得到一个趋于零的波函数. 在 Mathematic 中，适当的输入程序语句为：

```
Plot[
  Evaluate[
    u[x]/.
      NDsolve[
        {[u″]-(x^2-K) * u[x]==0,u[0]==1,u′[0]==0},
```

[67] 关于传递矩阵这种方法的应用可以参见，例如 D. J. Griffiths，C. A. Steinke，*Am. J. Phys.* **69**，137（2001）或者 S. Das，*Am. J. Phys.* **83**，590（2015）.

```
        u[x],{x,0,b}
        ]
      ],
      {x,a,b},PlotRange→{c,d}
    ]
```

（这里（a，b）是图中水平方向取值范围，（c，d）是竖直方向的取值范围——起始值分别是：$a=0$，$b=10$，$c=-10$，$d=10$.）我们知道正确解满足 $K=2n+1$，所以可以从“猜测的值” $K=0.9$ 开始．注意观察波函数“尾部”的变化行为．再尝试 $K=1.1$，注意“尾部”的快速翻转．正确解就位于这两个值之间的某处．通过调整使两端的 K 值差越来越小，使波函数尾部归零．这样做的时候，你也可以调整 a、b、c 和 d 的值，使零点出现在交叉点．

习题 2.56　利用习题 2.55 中的“摇摆狗”方法求出谐振子的前 3 个激发态的能级（保留五位有效数字）．对第一（和第三）激发态需要设定 $u[0]==0$，$u'[0]==1$.

习题 2.57　利用“摇摆狗”方法求出无限深方势阱中的前 4 个能级（保留五位有效数字）．提示：参看习题 2.55，对微分方程做适当改变．本题需要寻找的条件是 $u(1)=0$.

习题 2.58　在单价金属固体中，每个原子的一个电子在固体中自由运动．是什么把固体结合一起的？为何他们不散落成一堆单独的原子？显然是聚集结构的能量一定比每个孤立原子的总能量小．本题目给出关于金属结合的一个粗略但具有启发性的解释．

（a）把孤立金属原子看成是其一个电子处在宽度为 a 的无限深方势阱中的基态（见图 2.23a），估计 N 个孤立原子的能量．

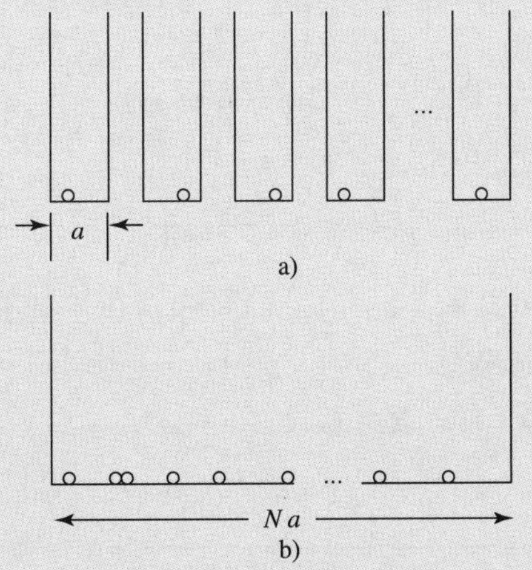

图 2.23　a）N 个电子分别在宽度为 a 单独的势阱中；
b）N 个电子在宽度为 Na 的一个势阱中．

（b）当这些原子聚集一起形成金属，可以看作是 N 个电子位于宽度为 Na 的无限深方势阱中运动（见图 2.23b）．由于泡利不相容原理（将在第 5 章讨论），每个允许的能级只能有一个电子（如果考虑自旋，为两个电子；先忽略自旋）．这样一个系统的最低能量是多少（见图 2.23b）？

（c）上述两种情况下的能量差就是金属的**内聚能**（**cohesive energy**）——也就是把金

属撕裂成孤立原子所需要的能量．在 N 很大的极限情况下，求出每个原子的内聚能．

（d）金属中典型原子间的距离是几个埃（比如，$a\approx 4\text{Å}$），在此模型中每个原子的内聚能的数值是多少（测量值在 2~4eV 的范围内）？

*** **习题 2.59 "弹跳球".**[68]假设

$$V(x)=\begin{cases} mgx, & x>0; \\ \infty, & x\leqslant 0. \end{cases} \tag{2.185}$$

（a）求解该势的定态薛定谔方程．**提示**：首先把方程转换成无量纲形式：

$$-y''(z)+zy(z)=\varepsilon y(z), \tag{2.186}$$

通过令 $z\equiv ax$ 和 $y(z)\equiv\left(1/\sqrt{a}\right)\psi(x)$（$\sqrt{a}$ 使得若 $\psi(x)$ 对于 x 是归一化的，则 $y(z)$ 对于 z 也是归一化的）．常数 a 和 ε 的值是多少？事实上，也可以令 $a\to 1$——这等同于方便选择一个长度单位．求出方程的一般解（Mathematica 中的 **DSolve** 指令可以实现）．当然，结果是两个（可能是不熟悉的）波函数的线性组合．在 $-15<z<5$ 区间内，画出两个波函数．其中的一个波函数在 z 较大时明显地不趋于零（更确切地说，它不可以归一化），因此，舍弃它．ε 的允许值（也是 E 的允许值）由条件 $\psi(0)=0$ 确定．数值计算基态能量 ε_1 和第 10 个能级 ε_{10}（Mathematica 中的 **FindRoot** 指令可以实现）．给出其相应的归一化因子．在 $0\leqslant z<16$ 区间内，画出 $\psi_1(x)$ 和 $\psi_{10}(x)$．仅仅作为检验，确定 $\psi_1(x)$ 和 $\psi_{10}(x)$ 是正交的．

（b）对于这两个状态，求出其不确定度 σ_x 和 σ_p，并验证符合不确定原理．

（c）球位于高度 x 位置的 $\mathrm{d}x$ 区间内，发现该球的几率是 $\rho_Q(x)\mathrm{d}x=|\psi(x)|^2\mathrm{d}x$．最接近的经典类比是弹性球在高度 x 位置处 $\mathrm{d}x$ 区间所经历时间的分数（见习题 1.11）．证明其为

$$\rho_C(x)\mathrm{d}x=\frac{mg}{2\sqrt{E(E-mgx)}}\mathrm{d}x, \tag{2.187}$$

或者，以我们的单位中（$a=1$），

$$\rho_C(x)=\frac{1}{2\sqrt{\varepsilon(\varepsilon-x)}}. \tag{2.188}$$

在 $0\leqslant x\leqslant 12.5$ 区间内，画出态 $\psi_{10}(x)$ 的 $\rho_Q(x)$ 和 $\rho_C(x)$ 的叠加图形（Mathematica 中的 **Show** 命令），并讨论你的结果．

*** **习题 2.60** $1/x^2$ **势**．假设

$$V(x)=\begin{cases} -\alpha/x^2, & x>0; \\ \infty, & x\leqslant 0. \end{cases} \tag{2.189}$$

这里 α 是具有适当量纲的正常数．我们希望找到其束缚态——求解能量为负值的（$E<0$）定态薛定谔方程：

$$-\frac{\hbar^2}{2m}\frac{\mathrm{d}^2\psi}{\mathrm{d}x^2}-\frac{\alpha}{x^2}\psi=E\psi. \tag{2.190}$$

（a）讨论基态能量 E_0：从量纲的角度证明，不可能存在 E_0 的公式——无法（从可以利用的常数 m、$\hbar$ 和 α）来构造一个具有能量单位的物理量．

---

[68] 这个题目是由 Nicholas Wheeler 建议的．

（b）简便起见，式（2.190）重写为

$$\frac{\mathrm{d}^2\psi}{\mathrm{d}x^2}+\frac{\beta}{x^2}\psi=k^2\psi,\quad 这里\ \beta\equiv\frac{2m\alpha}{\hbar^2},\quad k\equiv\frac{\sqrt{-2mE}}{\hbar}. \tag{2.191}$$

证明：如果 $\psi(x)$ 满足上述方程，能量为 E，那么，对任意的正数 λ，$\psi(\lambda x)$ 也一样满足，且能量为 $E'=\lambda^2E$.（这是个灾难：如果真的存在解，那么也就存在对任何负能量都成立一个解．与我们遇到过的方势阱、谐振子和所有的其他势阱不一样，不存在离散的许可状态——且没有基态．一个没有最低的能量允许值的基态的系统——将是极其不稳定，级联式的能级下降，在下落时释放无限的能量．它也许可以解决我们的能源问题，但在这个过程中我们都将被灼伤．）好的，也许根本就没有解……

（c）证明（利用计算机来解决其余部分）

$$\psi_k(x)=A\sqrt{x}\,\mathrm{K}_{ig}(\kappa x) \tag{2.192}$$

满足式（2.191）（这里 K_{ig} 是 ig 阶修正的贝塞耳函数，且 $g\equiv\sqrt{\beta-1/4}$）．对 $g=4$，画出该波函数（图中你不妨令 $\kappa=1$，这只是设置长度的标度）．注意当 $x\to0$ 和 $x\to\infty$ 时，ψ_k 趋近零．所以它是可归一化的：确定 A 的值．[69]前述的节点数等于能量较低的状态数这一旧规则会变得如何？无论能量大小（即 κ 的大小），这个函数有无限个节点．我想这是一致的，因为对任意的 E，都存在无限多的比其能量更低的态．

（d）这个势函数几乎混淆了我们所期望的一切．问题是这个势在 $x\to0$ 时，变化得太剧烈．如果你把这个"砖墙"移动一点，

$$V(x)=\begin{cases}-\alpha/x^2, & x>\varepsilon>0;\\ \infty, & x\leqslant\varepsilon.\end{cases} \tag{2.193}$$

突然之间它就变得正常了．对于 $g=4$ 和 $\varepsilon=1$，在 $x=0$ 至 $x=6$ 范围内画出基态波函数（你首先需要确定合适的 κ 值），注意我们引入了具有长度的量纲的新参数（ε），因此，在（a）中的争论不在讨论范围之内．证明：对无量纲量变量 β 的一些函数 f，基态能具有形式

$$E_0=-\frac{\alpha}{\varepsilon^2}f(\beta). \tag{2.194}$$

*** **习题 2.61**　获得势阱能级允许值的一种数值方法是，通过变量 x 的离散化把薛定谔方程变成**矩阵**方程．在等间距的点 $\{x_j\}$ 中划分出相关间隔，$x_{j+1}-x_j\equiv\Delta x$，令 $\psi_j\equiv\psi(x_j)$（同样，$V_j\equiv V(x_j)$）．那么

$$\frac{\mathrm{d}\psi}{\mathrm{d}x}\approx\frac{\psi_{j+1}-\psi_j}{\Delta x},\ \frac{\mathrm{d}^2\psi}{\mathrm{d}x^2}\approx\frac{(\psi_{j+1}-\psi_j)-(\psi_j-\psi_{j-1})}{(\Delta x)^2}=\frac{\psi_{j+1}-2\psi_j+\psi_{j-1}}{(\Delta x)^2}. \tag{2.195}$$

（随着 Δx 的减少，这种近似将逐步改善．）离散的薛定谔方程是

$$-\frac{\hbar^2}{2m}\left(\frac{\psi_{j+1}-2\psi_j+\psi_{j-1}}{(\Delta x)^2}\right)+V_j\psi_j=E\psi_j, \tag{2.196}$$

或者

$$-\lambda\psi_{j+1}+(2\lambda+V_j)\psi_j-\lambda\psi_{j-1}=E\psi_j,\ 这里\ \lambda\equiv\frac{\hbar^2}{2m(\Delta x)^2}. \tag{2.197}$$

---

[69] 只要 g 是实数——也就是说，在 $\beta>1/4$ 的条件下，$\psi_k(x)$ 就是可归一化的．要对这一奇怪的问题做更多了解，可以参见 A. M. Essin 和 D. J. Griffiths，*Am. J. Phys.* **74**，109（2006），以及所引的参考文献．

矩阵形式

$$\boldsymbol{H\Psi}=E\boldsymbol{\Psi} \tag{2.198}$$

这里（令 $v_j \equiv V_j/\lambda$）

$$\boldsymbol{H}\equiv\begin{pmatrix}\ddots & & & & & \\ & -1 & (2+v_{j-1}) & -1 & 0 & 0 \\ & 0 & -1 & (2+v_j) & -1 & 0 \\ & 0 & 0 & -1 & (2+v_{j+1}) & -1 \\ & & & & & \ddots\end{pmatrix} \tag{2.199}$$

及

$$\boldsymbol{\Psi}\equiv\begin{pmatrix}\vdots \\ \psi_{j-1} \\ \psi_j \\ \psi_{j+1} \\ \vdots\end{pmatrix}. \tag{2.200}$$

（下面将会看到，$\boldsymbol{H}$ 的左上角和右下角是什么依赖于边界条件.）很明显，能量允许值是矩阵 $\boldsymbol{H}$ 的本征值（或者说，$\Delta x\rightarrow 0$ 的极限）.[70]

将这种方法应用于无限深方势阱. 把（$0\leqslant x\leqslant a$）区间分成 $N+1$ 个相等的部分（所以 $\Delta x=a/(N+1)$），令 $x_0\equiv 0$ 和 $x_{N+1}\equiv a$. 边界条件 $\psi_0=\psi_{N+1}=0$，有

$$\boldsymbol{\Psi}\equiv\begin{pmatrix}\psi_1 \\ \cdot \\ \cdot \\ \cdot \\ \psi_N\end{pmatrix} \tag{2.201}$$

（a）对 $N=1$，$N=2$ 和 $N=3$，构造 $\boldsymbol{H}$ 的 $N\times N$ 矩阵.（对于特殊情况 $j=1$ 和 $j=N$，确保能够正确地表示出式（2.197）.）

（b）对这 3 种情况，“手动”求出 $\boldsymbol{H}$ 的本征值，并与精确的能级允许值（式（2.30））作比较.

（c）对 $N=10$ 和 $N=100$，利用计算机数值求解出最低的 5 个能级本征值（Mathematica 中 **Eigenvalues 软件包**可以处理这个问题），并与精确解比较.

（d）画出（“手动”）$N=1$，$N=2$ 和 $N=3$ 时的本征矢，用计算机（**Eigenvectors 软件包**）画出 $N=10$ 和 $N=100$ 时的前 3 个本征矢.

** **习题 2.62** 假设无限深方势阱的底部不是平坦的（$V(x)=0$），而是

$$V(x)=500V_0\sin\left(\frac{\pi x}{a}\right),\quad \text{这里 } V_0\equiv\frac{\hbar^2}{2ma^2}.$$

[70] 进一步的讨论参见 Joel Franklin, *Computational Methods for Physics*, Cambridge University Press，英国剑桥，2013，第 10.4.2 节.

使用习题 2.61 中的数值方法求出其前 3 个能量允许值，并画出其相应的波函数（取 $N=100$）.

习题 2.63　玻尔兹曼方程[71]

$$P(n)=\frac{1}{Z}e^{-\beta E_n},\quad Z\equiv\sum_n e^{-\beta E_n},\quad \beta\equiv\frac{1}{k_B T}. \tag{2.202}$$

给出系统在温度为 T 时，处在状态 n（能量为 E_n）的几率（k_B 是玻尔兹曼常量）. **注释：**这里的几率指的是随机热分布，与量子的不确定没有任何关系. 只有在能量 E_n 量子化情况下，该问题才涉及量子力学.

（a）证明系统能量的热平均可以表示为

$$\overline{E}=\sum_n E_n P(n)=-\frac{\partial}{\partial\beta}\ln(Z). \tag{2.203}$$

（b）对于简单的量子谐振子，指标 n 就是量子数，且 $E_n=(n+1/2)\hbar\omega$. 证明在这种情况下，**配分函数（partition function）**Z 为

$$Z=\frac{e^{-\beta\hbar\omega/2}}{1-e^{-\beta\hbar\omega}}. \tag{2.204}$$

你需要对一个几何级数序列求和. 顺便提及，对于经典谐振子，可以证明 $Z_{经典}=2\pi/(\omega\beta)$.

（c）利用（a）和（b）的结果，证明：对于量子谐振子

$$\overline{E}=\left(\frac{\hbar\omega}{2}\right)\frac{1+e^{-\beta\hbar\omega}}{1-e^{-\beta\hbar\omega}}. \tag{2.205}$$

对经典谐振子，同样的推理可以得到 $\overline{E}_{经典}=1/\beta=k_B T$.

（d）由 N 个原子组成的晶体可以看成 $3N$ 个振子的集合（每个原子和其周围沿 x、y 和 z 方向的 6 个最近邻原子由弹簧连接，两端的原子共用这些弹簧）. 因而晶体的（每个原子）**热容（heat capacity）**是

$$C=3\frac{\partial\overline{E}}{\partial T}. \tag{2.206}$$

证明（在此模型下）

$$C=3k_B\left(\frac{\theta_E}{T}\right)^2\frac{e^{\theta_E/T}}{(e^{\theta_E/T}-1)^2}, \tag{2.207}$$

这里 $\theta_E\equiv\hbar\omega/k_B$ 是所谓的**爱因斯坦温度（Einstein temperature）**. 利用 $\overline{E}$ 的经典表示式，同样的推理可以得到 $C_{经典}=3k_B$，它和温度无关.

（e）画出 C/k_B-T/θ_E 草图. 你的结果看起来和图 2.24 中的金刚石的数据相似，和经典预言的结果完全不同.

---

[71] 例如，参见 Daniel V. Schroeder, *An Introduction to Thermal Physics*, Pearson, Boston（2000 年），第 6.1 节.（中译本《热物理学导论》，机械工业出版社，2022. ——编辑注）

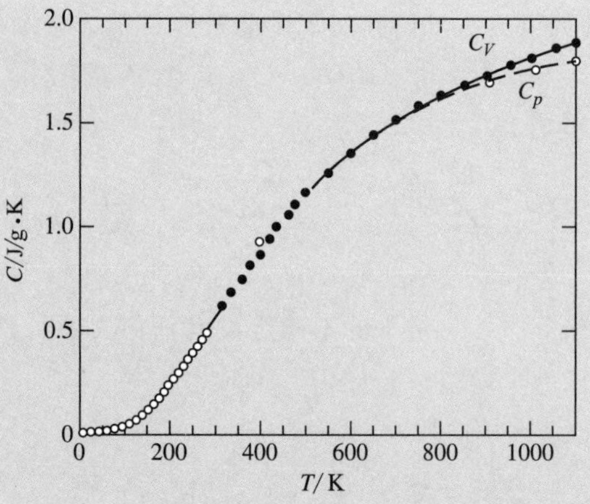

图 2.24 金刚石的比热（习题 2.63），取自 *Semiconductor on NSM*（http：//www. ioffe. rssi. ru/SVA/NSM/Semicond/）.

习题 2.64 勒让德微分方程（Legendre's differential equation）为

$$(1-x^2)\frac{d^2f}{dx^2}-2x\frac{df}{dx}+l(l+1)f=0, \tag{2.208}$$

这里 l 是一些（非负）实数.

（a）假定存在一个幂级数解

$$f(x)=\sum_{n=0}^{\infty}a_nx^n,$$

给出常数 a_n 的递推关系式.

（b）论证除非这个级数被截断（只有当 l 是整数时才会发生），方程的解在 $x=1$ 时将会发散.

（c）当 l 是一个整数时，两个线性独立解中的一个级数序列会被截断（依据 l 的奇偶不同，要么 $f_{偶}$，要么 $f_{奇}$），这些解称为**勒让德多项式（Legendre polynomials）**$\mathrm{P}_l(x)$. 根据递推关系求出 $\mathrm{P}_0(x)$、$\mathrm{P}_1(x)$、$\mathrm{P}_2(x)$ 和 $\mathrm{P}_3(x)$. 答案用 a_0 或者 a_1 表示[72].

[72] 按照惯例，取勒让德多项式归一化使得 $P_l(1)=1$. 注意，对不同 l 值的多项式非零系数将取不同的值.

第3章　形式理论

3.1　希尔伯特空间

在前两章中，我们蹒跚而行地研究了简单量子体系的一些有趣特性. 其中有些是特定形式势的“非本质的”特征（例如，谐振子的能级间隔是均匀分布的），但另外一些则是更为一般性的，对它们做一个彻底证明是很合时宜的（例如，不确定原理和定态正交性）. 本章的目的是在一个更高形式上重新塑造理论，并牢记这一点. 在某种程度上，本章没有太多的新内容，相反，基本思想是对我们在特定例子中已发现的规律做出连贯的解释.

量子理论是建立在两个概念的基础上的：波函数和算符. 体系的**状态**（**state**）用它的波函数来表示，可观察量（observables）用算符来表示. 数学上，波函数满足抽象**矢量**（**vectors**）的定义条件，算符作为**线性变换**（**linear transformations**）作用于矢量之上. 因此，量子力学的自然语言是**线性代数**（**linear algebra**）.[1]

但是，我估计它并不是你们已所熟悉的线性代数的形式. 在 N 维空间中，矢量 $|\alpha\rangle$ 可以非常简单地用它的 N 个组元——特定的一组正交归一基 $\{a_n\}$ 来表示：

$$|\alpha\rangle \to \boldsymbol{a}=\begin{pmatrix} a_1 \\ a_2 \\ \vdots \\ a_N \end{pmatrix} \tag{3.1}$$

两个矢量的**内积**（**inner product**）（三维空间标量积的推广）$\langle\alpha|\beta\rangle$ 是一个复数：

$$\langle\alpha|\beta\rangle = a_1^* b_1 + a_2^* b_2 + \cdots a_N^* b_N. \tag{3.2}$$

线性变换 T 用**矩阵**（**matrices**）（对应特定的基矢）表示，通过标准的矩阵运算作用于矢量上（得到新的矢量）：

$$|\beta\rangle = \hat{T}|\alpha\rangle \to \boldsymbol{b} = \mathsf{T}\boldsymbol{a} = \begin{pmatrix} t_{11} & t_{12} & \cdots & t_{1N} \\ t_{21} & t_{22} & \cdots & t_{2N} \\ \vdots & \vdots & \vdots & \vdots \\ t_{N1} & t_{N2} & \cdots & t_{NN} \end{pmatrix}\begin{pmatrix} a_1 \\ a_2 \\ \vdots \\ a_N \end{pmatrix}. \tag{3.3}$$

但在量子力学中，我们遇到的“矢量”是（绝大多数情况下）波函数，且它们存在于无穷维空间中. 对于它们，用 N 个组元/矩阵的记法不便处理，而且，在有限维情况下通用的矩阵运算在这里可能会存在问题.（其深层次的原因是，尽管式（3.2）中的**有限**求和总是存在的，但对于无限求和或积分可能不收敛，在这种情况下内积将不存在，那么涉及内积的任何结论都即刻靠不住.）因此，即使对大多数的术语和符号比较熟悉，仍要十分谨慎对待.

[1] 如果你没有学习过线性代数，那么应该在继续学习之前先参看一下附录.

所有 x 的函数的集合构成了一个矢量空间，但对我们讨论的问题来说，它确实太大了．为了表示一个可能的物理状态，波函数 $\boldsymbol{\Psi}$ 必须是归一化的：

$$\int |\boldsymbol{\Psi}|^2 \mathrm{d}x = 1.$$

在一个特定区间内[2]，所有的**平方可积（square-integrable）**函数的集合，

$$f(x) \quad 满足 \quad \int_a^b |f(x)|^2 \mathrm{d}x < \infty, \tag{3.4}$$

构成一个（非常小）矢量空间（参见习题 3.1（a））．数学家称之为 $L^2(a,b)$；而物理学家称它为"**希尔伯特（Hilbert space）**空间"．[3] 因此，在量子力学中，

$$\boxed{\text{波函数存在于希尔伯特空间中.}} \tag{3.5}$$

两个函数 $f(x)$ 和 $g(x)$ 的**内积（inner product）**定义如下：

$$\boxed{\langle f|g\rangle \equiv \int_a^b f(x)^* g(x) \mathrm{d}x.} \tag{3.6}$$

如果 f 和 g 都是平方可积的（也就是说，两者都在希尔伯特空间中），它们的内积是肯定存在的（式（3.6）中的积分收敛于一个有限数值）．[4] 这点可以从**施瓦茨不等式（Schwarz inequality）**给出：[5]

$$\left|\int_a^b f(x)^* g(x) \mathrm{d}x\right| \leqslant \sqrt{\int_a^b |f(x)|^2 \mathrm{d}x \int_a^b |g(x)|^2 \mathrm{d}x}. \tag{3.7}$$

你可以验证一下式（3.6）的定义满足内积所有条件（习题 3.1（b））．特别注意到

$$\langle g|f\rangle = \langle f|g\rangle^*. \tag{3.8}$$

此外，$f(x)$ 与**本身**的内积，

$$\langle f|f\rangle = \int_a^b |f(x)|^2 \mathrm{d}x, \tag{3.9}$$

它是一个非负实数，仅当 $f(x)=0$ 时为零．[6]

---

[2] 对于我们来讲，积分区间（a 和 b）通常总是 $\pm\infty$，不过，我们不妨暂时把事情说得更笼统一些．

[3] 严格地讲，一个希尔伯特空间是一个完备的内积空间，平方可积函数的集合只是希尔伯特空间的一个例子——的确，每一个有限维矢量空间是一个平庸的希尔伯特空间．但是，既然 L^2 空间是量子力学的舞台，这就是物理学家讲"希尔伯特空间"时的通常含义．顺便说一下，"完备"一词在这里的意思是希尔伯特空间中任何函数的柯西序列收敛于一个同样在希尔伯特空间中的函数；这个空间没有"孔洞"，就像所有的实数的集合没有孔洞一样．（与此相比，例如，所有多项式的空间，像所有有理数的集合一样，的确是有孔洞的．）空间的完备性同一组函数的完备性（遗憾的是用了同一词）没有任何关系．这组函数的完备性是指任何函数都可以表示为这组函数的线性组合．对希尔伯特空间简单易懂的介绍可以参见 Daniel T. Gillespie, *A Quantum Mechanics Primer*（International Textbook Company，伦敦，1970）第 2.3、2.4 节．

[4] 在第 2 章中，有时我们不得不使用一些没有归一化的函数．这些函数位于希尔伯特空间之外．我们不得不将特别小心地对待它们．目前，我暂时假设所遇到的函数都在希尔伯特空间内．

[5] 对其的证明可参阅 Frigyes Riesz 和 Bela Sz. -Nagy, *Functional Analysis*（Dover, Mineola NY, 1990），第 21 节．在一个有限维的矢量空间中，很容易证明施瓦茨不等式，$|\langle\alpha|\beta\rangle|^2 \leqslant \langle\alpha|\alpha\rangle\langle\beta|\beta\rangle$（见习题 A.5）．但这个证明过程假设了内积的存在，准确地说这点正是我们现在试图建立的．

[6] 一个函数除了几个孤立的点之外，处处是零，那会是怎样？尽管函数本身不为零，但它的积分式（3.9）仍然是零．如果对这一点感到困惑，你应该是学数学的．物理学中这种病态函数并不会出现，但无论如何，在希尔伯特空间中，如果两个函数差的绝对值平方的积分为零，我们称这两个函数是等价的．严格地讲，希尔伯特空间中的矢量代表函数的**等价类（equivalence classes）**．

如果函数与自身的内积为 1，我们称之为该函数是**归一化的**（**normalized**）；如果两个函数的内积为 0，那么这两个函数是**正交的**（**orthogonal**）；如果一组函数 $\{f_n\}$ 既是归一的也彼此相互正交，称它们为**正交归一**（**orthonormal**）：

$$\langle f_m | f_n \rangle = \delta_{mn}. \tag{3.10}$$

最后，如果存在一个函数集，其他任何函数（希尔伯特空间中）都可以表示为该函数集的线性叠加，那么称该函数集是**完备的**：

$$f(x) = \sum_{n=1}^{\infty} c_n f_n(x). \tag{3.11}$$

不妨自己验证一下，如果函数 $\{f_n(x)\}$ 是正交归一的，式（3.11）中的常数可以由傅里叶变换得到：

$$c_n = \langle f_n | f \rangle, \tag{3.12}$$

当然，在第 2 章中我已经事先提到这个术语（无限深方势阱（式（2.31））的定态在 $(0, a)$ 区间构成了正交归一完备集；谐振子（式（2.68）或式（2.86））的定态在 $(-\infty, \infty)$ 区间构成了正交归一完备集）.

习题 3.1

（a）证明全体平方可积函数集构成一个矢量空间（参考 A.1 节中的定义）. **提示**：要点是证明两个平方可积函数之和也是平方可积的，利用式（3.7）. 全体可归一化的函数集构成矢量空间吗？

（b）证明式（3.6）中的积分满足内积条件（A.2 节）.

*** 习题 3.2**

（a）对 v 范围取什么时，在 $(0,1)$ 区间内的函数 $f(x)=x^v$ 在希尔伯特空间中？假设 v 是实数，但不必是正数.

（b）对于 $v=1/2$ 的特定情况，$f(x)$ 还在希尔伯特空间吗？$xf(x)$ 呢？$(\mathrm{d}/\mathrm{d}x)f(x)$ 呢？

3.2 可观测量

3.2.1 厄米算符

可观测量 $Q(x, p)$ 的期望值可以非常简洁地用内积符号表示出来：[7]

$$\langle Q \rangle = \int \Psi^* \hat{Q} \Psi \mathrm{d}x = \langle \Psi | \hat{Q} \Psi \rangle. \tag{3.13}$$

现在，一次测量的结果应该是实数，更确切地说，它是多次测量值的平均值：

---

[7] 记住 $\hat{Q}$ 是算符，它是由在 Q 中通过替代 $p \to \hat{p} \equiv (\hbar/\mathrm{i})\mathrm{d}/\mathrm{d}x$ 构造的. 这些算符是线性的，即对任意函数 f 和 g 及任意复数 a 和 b，有

$$\hat{Q}[af(x)+bg(x)] = a\hat{Q}f(x)+b\hat{Q}g(x).$$

它们构成了空间中全部函数的线性变换（A.3 节）. 可是，它们有时也会把希尔伯特空间内的函数变换到空间之外（见习题 3.2（b）），在此种情况下，算符的域也许要受到限制.

$$\langle Q\rangle=\langle Q\rangle^{*}. \tag{3.14}$$

但一个内积的复共轭是颠倒两个函数乘积顺序（式（3.8）），因此

$$\langle\Psi|\hat{Q}\Psi\rangle=\langle\hat{Q}\Psi|\Psi\rangle, \tag{3.15}$$

对任意波函数 Ψ 式（3.15）都成立．因此，表示可观测量的算符具有下面非常特殊的性质：

$$\langle f|\hat{Q}f\rangle=\langle\hat{Q}f|f\rangle \quad \text{对任何 } f(x) \text{ 成立}. \tag{3.16}$$

该算符称为**厄米（hermitian）算符**.[8]

事实上，大多数书籍都要求表面上更严格的条件：

$$\langle f|\hat{Q}g\rangle=\langle\hat{Q}f|g\rangle \quad \text{对任意 } f(x) \text{ 和 } g(x) \text{ 成立}. \tag{3.17}$$

事实证明，尽管表面上看来不同，但这完全等同于我的定义（式（3.16）），正如你将在习题3.3中证明的那样．因此，这两种形式无论哪一个都可以随意使用．本质是厄米算符既可以作用于内积中的第一项也可以作用于第二项，其结果一样，由于厄米算符的期望值是实数，它们很自然出现在量子力学中：

$$\boxed{\text{可观测量由厄米算符表示.}} \tag{3.18}$$

让我们来验证这一点．例如，动量算符是厄米算符吗？

$$\langle f|\hat{p}g\rangle=\int_{-\infty}^{\infty}f^{*}(-\mathrm{i}\hbar)\frac{\mathrm{d}g}{\mathrm{d}x}\mathrm{d}x=-\mathrm{i}\hbar f^{*}g\Big|_{-\infty}^{\infty}+\int_{-\infty}^{\infty}\left(-\mathrm{i}\hbar\frac{\mathrm{d}f}{\mathrm{d}x}\right)^{*}g\mathrm{d}x=\langle\hat{p}f|g\rangle, \tag{3.19}$$

所以动量算符是厄米的。当然，我利用了分部积分，出于惯常的原因，并去掉了边界项：如果 $f(x)$ 和 $g(x)$ 都是平方可积的，它们在 $\pm\infty$ 必定趋于零.[9] 注意到 i 的复共轭是如何从分部积分中补偿一个负号的——也就是算符 d/dx（没有 i）不是厄米的，它不能表示可能的可观测量.

算符 $\hat{Q}$ 的**厄米共轭算符（hermitian conjugate）**（或者**伴算符，adjoint**）是 $\hat{Q}^{\dagger}$，满足

$$\langle f|\hat{Q}g\rangle=\langle\hat{Q}^{\dagger}f|g\rangle \quad (\text{对所有的 } f \text{ 和 } g). \tag{3.20}$$

那么，厄米算符等同于它的厄米共轭：$\hat{Q}=\hat{Q}^{\dagger}$.

***习题 3.3** 证明如果对于所有的 h（希尔伯特空间中）都有 $\langle h|\hat{Q}h\rangle=\langle\hat{Q}h|h\rangle$，则对于所有的 f 和 g 也有 $\langle f|\hat{Q}g\rangle=\langle\hat{Q}f|g\rangle$（也就是，两种"厄米算符"的定义是等价的——式（3.16）和式（3.17）．提示：先令 $h=f+g$，然后再令 $h=f+\mathrm{i}g$.

习题 3.4

（a）证明两个厄米算符之和仍是厄米算符.

（b）假设 $\hat{Q}$ 是厄米的，且 α 为复数．α 在什么条件下 $\alpha\hat{Q}$ 也是厄米的？

（c）在什么条件下两个厄米算符的积也是厄米算符？

（d）证明位置算符（$\hat{x}=x$）和哈密顿算符（$\hat{H}=-(\hbar^2/2m)\mathrm{d}^2/\mathrm{d}x^2+V(x)$）是厄米算符.

---

[8] 在一个有限维的空间，厄米算符用厄米矩阵表示．厄米矩阵等于其厄米共轭：$\mathbf{T}=\mathbf{T}^{\dagger}=\tilde{\mathbf{T}}^{*}$．假如你对此不熟悉，请参阅附录.

[9] 正如我第1章中提到的，存在平方可积的极端函数，但在无限远处并不为0．然而，在物理学中并不存这样的函数．如果你担心这一点，我们可以简单限制算符的域，把它们排除在外．在有限区间中，你要特别小心边界项，一个算符在（$-\infty$，$+\infty$）区间是厄米算符，在（0，∞）或（$-\pi$，$+\pi$）区间上并非一定是厄米算符．（若你对无限深方势阱存在质疑，最安全的是认为这些波函数位于无限长直线上——它们只不过是恰巧在（0，a）之外等于零.）参看习题3.48.

习题 3.5

(a) 求出 x、i 和 $\mathrm{d}/\mathrm{d}x$ 的厄米共轭算符.

(b) 证明 $(\hat{Q}\hat{R})^\dagger=\hat{R}^\dagger\hat{Q}^\dagger$（注意颠倒顺序），$(\hat{Q}+\hat{R})^\dagger=\hat{Q}^\dagger+\hat{R}^\dagger$，以及对复数 c 有 $(c\hat{Q})^\dagger=c^*\hat{Q}^\dagger$.

(c) 构建 a_+的厄米共轭算符（式 (2.48)）.

3.2.2　定态

一般而言，当你在一组全同体系组成系综中对一可观测量 Q 进行测量时，每个体系都处于相同的状态 Ψ，你每次测量会得到不同的结果——这就是量子力学的不确定性. 问题：是否能够制备一个状态使得每一次对 Q 测量都能一定得到同样的值（记作 q）？换句话说，这样的状态称为可观测量 Q 的一个**定态**（**determinate state**）.（实际上，我们已经了解一个例子：哈密顿量的定态是确定值态；对处于定态 Ψ_n 的粒子的能量进行测量，一定是得到相应的“允许的”能量 E_n.）

在定态下，Q 的标准差应该是零，也就是：

$$\sigma^2=\langle(Q-\langle Q\rangle)^2\rangle=\langle\Psi|(\hat{Q}-q)^2\Psi\rangle=\langle(\hat{Q}-q)\Psi|(\hat{Q}-q)\Psi\rangle=0. \tag{3.21}$$

（当然，如果每次测量都得到 q，它们的平均值也是 q：$\langle Q\rangle=q$. 我利用了 $\hat{Q}$ 以及 $\hat{Q}-q$ 是厄米算符的事实，把内积中的 $\hat{Q}-q$ 作用在左侧项上.）由于和其自身内积为零的唯一矢量是 0，所以

$$\hat{Q}\Psi=q\Psi. \tag{3.22}$$

这就是算符 $\hat{Q}$ 的**本征值方程**（**eigenvalue equation**）；Ψ 是 $\hat{Q}$ 的**本征函数**（**eigenfunction**），q 是相应的本征值. 因此

$$\boxed{Q\text{ 的确定值态是 }\hat{Q}\text{ 的本征函数.}} \tag{3.23}$$

在该态上对 Q 进行测量一定能够得到本征值 q.[10]

注意到本征值是一个数（既不是算符也不是函数）. 任何本征函数乘以一常数，仍然是具有相同本征值的本征函数. 零不能称作为本征函数（我们从定义中把它排除——否则任何一个数都是它的本征值，因为对任意的线性算符 $\hat{Q}$ 和所有的 q，都有 $\hat{Q}0=q0=0$）. 但是，0 作为本征值是不存在任何问题的. 算符所有本征值的集合称为该算符的**谱**（**spectrum**）. 有时候两个（或者更多）线性独立的本征函数具有相同的本征值；在这种情况下称为谱的**简并**（**degenerate**）.（如果你做了习题 2.44 或者 2.46，你已经遇到过像能量本征态简并的情况了.）

例如，总能量具有确定值的状态是哈密顿算符的本征函数：

$$\hat{H}\psi=E\psi, \tag{3.24}$$

这恰恰就是定态薛定谔方程. 在这个意义上，我们用字母 E 表示本征值，小写字母 ψ 表示本征函数（如果你乐意的话，你可以加上摆动因子 $\exp(-\mathrm{i}Et/\hbar)$ 得到 Ψ，它仍然是 H 的本征函数）.

---

[10] 当然，我所讨论是合格的测量——实际的测量总有可能出现失误，导致错误结果，但这与量子力学无关.

例题 3.1 考虑算符

$$Q \equiv \mathrm{i}\frac{\mathrm{d}}{\mathrm{d}\phi}, \tag{3.25}$$

其中 ϕ 是通常的二维极坐标.（如果我们要研究圆环上珠子等这类背景的问题，可能会遇到这个算符，见习题 2.46.）$\hat{Q}$ 是厄米算符吗？求出它的本征函数和本征值.

解： 这里我们在 $0 \leqslant \phi \leqslant 2\pi$ 有限区域内求解函数 $f(\phi)$，且具有如下性质：

$$f(\phi+2\pi)=f(\phi), \tag{3.26}$$

由于 ϕ 和 $\phi+2\pi$ 是描述同一物理意义上的点. 用分部积分，

$$\langle f|\hat{Q}g\rangle = \int_0^{2\pi} f^*\left(\mathrm{i}\frac{\mathrm{d}g}{\mathrm{d}\phi}\right)\mathrm{d}\phi = \mathrm{i}f^* g\Big|_0^{2\pi} - \int_0^{2\pi}\mathrm{i}\left(\frac{\mathrm{d}f^*}{\mathrm{d}\phi}\right)g\mathrm{d}\phi = \langle\hat{Q}f|g\rangle,$$

所以 $\hat{Q}$ 是厄米算符（由于式（3.26）的原因，边界项消失）.

本征方程

$$\mathrm{i}\frac{\mathrm{d}}{\mathrm{d}\phi}f(\phi)=qf(\phi), \tag{3.27}$$

具有一般解

$$f(\phi)=A\mathrm{e}^{-\mathrm{i}q\phi}. \tag{3.28}$$

式（3.26）限定了 q 的可能值：

$$\mathrm{e}^{-\mathrm{i}q2\pi}=1 \Rightarrow q=0,\pm1,\pm2,\cdots \tag{3.29}$$

算符的谱是一系列的所有整数值，且是非简并的.

习题 3.6 考虑算符 $\hat{Q}=\mathrm{d}^2/\mathrm{d}\phi^2$，其中 ϕ 是极坐标中的方位角（同例题 3.1），且函数同样遵从式（3.26）. $\hat{Q}$ 是厄米算符吗？求出它的本征函数和本征值. $\hat{Q}$ 的谱是什么？这个谱是简并的吗？

3.3 厄米算符的本征函数

现在，我们把注意力集中在厄米算符的本征函数上（从物理角度：可观测量的确定值态）. 它们可分成两类情况：如果谱是**离散（discrete）**的（即，本征值是分离的），则本征函数位于希尔伯特空间中并且构成物理上可实现的态；如果谱是**连续（continuous）**的（即，本征值填满整个范围），那么本征函数是不可归一化的，并且它们无法代表可能的波函数（尽管它们的线性组合——这必定涉及本征值的一个分布——可能是可归一化的）. 某些算符仅有离散谱（例如谐振子的哈密顿），某些仅有连续谱（例如自由粒子的哈密顿），还有一些既有离散谱部分也有连续谱部分（例如有限深方势阱中的哈密顿）. 离散谱情况比较容易处理，因为相关的内积一定存在——实际上，这和有限维理论相似（厄米矩阵的本征矢量）. 我将先介绍离散谱，然后再讨论连续谱情况.

3.3.1 离散谱

数学上，厄米算符的可归一化本征函数具有两个重要性质：

定理 1：它们的本征值是实数.

证明：设

$$\hat{Q}f=qf,$$

（即，$f(x)$ 是 $\hat{Q}$ 的本征函数，本征值为 q），并且[11]

$$\langle f|\hat{Q}f\rangle=\langle\hat{Q}f|f\rangle,$$

（$\hat{Q}$ 是厄米算符）. 有

$$q\langle f|f\rangle=q^*\langle f|f\rangle.$$

（q 是一个**数**，所以它可以移出积分符号以外，并且因为内积的左侧是右侧函数的复共轭（式（3.6）），所以在右边 q 也同样移出.）但是 $\langle f|f\rangle$ 不能为 0（$f(x)=0$ 不是合理的本征函数），所以 $q=q^*$，因此 q 是实数. 证毕.

这个结果令人欣慰的：如果你在一个确定的状态下测量粒子的一个观测量，至少会得到一个实数.

定理 2：属于不同本征值的本征函数是正交的.

证明：设

$$\hat{Q}f=qf,\quad \hat{Q}g=q'g.$$

其中 $\hat{Q}$ 是厄米算符. 则有 $\langle f|\hat{Q}g\rangle=\langle\hat{Q}f|g\rangle$，所以

$$q'\langle f|g\rangle=q^*\langle f|g\rangle.$$

（再一次，由于本征函数位于希尔伯特空间内，所以内积是存在的.）但是 q 是实数（由定理 1），所以，如果 $q'\neq q$，那么必然有 $\langle f|g\rangle=0$. 证毕.

这就是无限深方势阱的定态，或者谐振子的定态，都是正交的原因——它们是哈密顿量具有不同本征值的本征函数. 但这一性质并不单单是它们所特有的，甚至仅是哈密顿量所特有——对任何可观测量的定态都是如此.

遗憾的是，定理 2 没有涉及任何关于简并态（$q'=q$）的问题. 不过，如果两个（或者更多）本征函数具有相同的本征值，它们的任何线性组合仍是具有同样本征值的本征函数（习题 3.7），而且，在每一个简并的子空间中，可以利用**格拉姆-施密特正交化步骤**（**Gram-Schmidt orthogonalization procedure**）（习题 A.4）构建相互正交的本征函数. 这在原则上总是可以做到的，（谢天谢地）但几乎没有必要明确的这样做. 所以，即使存在简并情况，本征函数依然可以选择彼此正交，并且我们假定已是如此. 依据基函数的正交归一性，这就允许我们使用相应的傅里叶技巧.

在一个有限维的矢量空间中，厄米矩阵的本征矢量具有第三个基本性质：它们贯穿整个空间（任何一个矢量都可以用它们的线性组合来表示）. 遗憾的是，其证明不能推广到无限维的空间. 但是这个性质本身对量子力学内在的自洽性是必需的，所以（遵从**狄拉克**[12]）我

---

[11] 在这里假定本征函数是在希尔伯特空间内——否则，内积可能根本就不存在.

[12] P. A. M. 狄拉克，*The principles of Quantum Mechanics*，Qxford University Press，纽约（1958）.（中译本《狄拉克量子力学原理》，机械工业出版社，2018. ——编辑注）

们将它作为一个公理（或者，更确切地说，可以看作是加在可观测量厄米算符上的一个限制条件）：

> **公理：可观测量算符的本征函数是完备的：（在希尔伯特空间中的）任何函数都可以用它们的线性组合来表示.**[13]

习题 3.7

（a）假设$f(x)$ 和 $g(x)$ 是算符 $\hat{Q}$ 的两个具有相同本征值 q 的本征函数. 证明任何 f 和 g 的线性组合也是 $\hat{Q}$ 的本征函数，且本征值为 q.

（b）验证$f(x)=\exp(x)$ 与 $g(x)=\exp(-x)$ 是算符 $\mathrm{d}^2/\mathrm{d}x^2$ 具有相同本征值的两个本征函数.

由 f 和 g 的线性组合构造两个波函数，使在（-1，1）范围内它们是正交的.

习题 3.8

（a）验证例题 3.1 中厄米算符的本征值是实数. 证明具有不同本征值的本征函数正交.

（b）对习题 3.6 中的算符做同样的验证.

3.3.2 连续谱

如果厄米算符的谱是连续的，其本征函数是不可归一化的；由于内积可能不存在，定理1 和 2 的证明就不再成立. 尽管如此，在某种意义上前面三个基本的性质（实数性、正交性、完备性）依然成立. 我想最好能通过具体的例子来处理这个问题.

例题 3.2 在$-\infty<x<\infty$ 的区间内，求动量算符的本征值与本征函数.

解： 设 $f_p(x)$ 是本征函数，p 是本征值：

$$-\mathrm{i}\hbar\frac{\mathrm{d}}{\mathrm{d}x}f_p(x)=pf_p(x). \tag{3.30}$$

一般解是

$$f_p(x)=A\mathrm{e}^{\mathrm{i}px/\hbar}.$$

对于任何（复数）p 值，它都不是平方可积的——动量算符在希尔伯特空间内没有本征函数.

然而，如果限定在实数本征值的情况下，的确可以得到人为的“正交归一性”. 参看习题 2.23（a）和 2.26，

$$\int_{-\infty}^{\infty}f_{p'}^{*}(x)f_p(x)\,\mathrm{d}x=|A|^2\int_{-\infty}^{\infty}\mathrm{e}^{\mathrm{i}(p-p')x/\hbar}\mathrm{d}x=|A|^2 2\pi\hbar\delta(p-p'). \tag{3.31}$$

---

[13] 在一些特殊的情况下完备性是可以证明的（例如，我们知道由于**狄利克莱**定理，无限深方势阱的定态是完备的）. 把一个在有些情况下可以证明的东西叫作“公理”似乎有些不恰当，但是我不知道怎么来更好地处理它.

如果取 $A=1/\sqrt{2\pi\hbar}$，有

$$f_p(x)=\frac{1}{\sqrt{2\pi\hbar}}e^{ipx/\hbar},\tag{3.32}$$

那么

$$\langle f_{p'}|f_p\rangle=\delta(p-p'),\tag{3.33}$$

这让人想起真正的正交归一性（式（3.10））——现在的求和指标变成一个连续的变量，并且克罗内克 δ 符号变为狄拉克 δ 符号，但在其他方面看起来是一样的. 我把式（3.33）称为**狄拉克正交归一性**.

最重要的是，其本征函数（有实数本征值）是完备的，不过是其和由一个积分代替（式（3.11）中的）：任何（平方可积的）函数 $f(x)$ 都可以写成下列形式：

$$f(x)=\int_{-\infty}^{\infty}c(p)f_p(x)\,dp=\frac{1}{\sqrt{2\pi\hbar}}\int_{-\infty}^{\infty}c(p)e^{ipx/\hbar}dp.\tag{3.34}$$

和往常一样，展开系数（现在是个函数，$c(p)$）可以通过傅里叶变换得到：

$$\langle f_{p'}|f\rangle=\int_{-\infty}^{\infty}c(p)\langle f_{p'}|f_p\rangle dp=\int_{-\infty}^{\infty}c(p)\delta(p-p')\,dp=c(p').\tag{3.35}$$

或者，你也可以由普朗克尔定理（式（2.103））得到它们，事实上，（式（3.34））展开式不是别的，正是傅里叶变换.

动量本征函数（式（3.32））为正弦曲线，其波长为

$$\lambda=\frac{2\pi\hbar}{p}.\tag{3.36}$$

正是我承诺在适当的时候证明的旧的德布罗意公式（式（1.39））. 其结果要比德布罗意设想的有些微妙，因为现在我们已经知道实际上并不存在具有确定动量的粒子. 不过，我们可以构造一个动量范围很窄的归一化波包，德布罗意关系就是适用于这样一个对象.

我们如何理解例题 3.2 呢？尽管 $\hat{p}$ 的本征函数都不存在于希尔伯特空间中，但其中有一部分（具有实本征值的部分）位于希尔伯特空间的“郊区”附近，且具有准归一化的性质. 它们并不代表可能的物理状态，但它们仍然非常有用（正如我们在对一维散射的研究中所看到的那样）.[14]

例题 3.3　求位置算符的本征函数与本征值.

解：设位置算符本征函数为 $g_y(x)$，本征值为 y：

$$\hat{x}g_y(x)=xg_y(x)=yg_y(x).\tag{3.37}$$

[14] 本征函数的本征值如果不是实数会如何？这不仅仅是不可归一化的问题——它们实际上在 ±∞ 处趋于无限大. 我所讲的位于希尔伯特空间“郊区”的函数（有时，整个中心城区称为“装备希尔伯特空间”；例如，参见 Leslie Ballentine，*Quantum Mechanics：A Modern Development*，World Scientific，1998）具有如下的性质：尽管它们没有与自身的（有限的）内积，但它们与希尔伯特空间中所有成员的内积是存在的. 但这对 $\hat{p}$ 具有非实数本征值的本征函数不成立. 特别是，我证明对希尔伯特空间中的函数而言，动量算符是厄米算符，但是，证明是基于去掉了边界项（在式（3.19）中）. 如果 g 是 $\hat{p}$ 具有实数本征值的本征函数，边界项仍然为零（只要 f 在希尔伯特空间内），但如果本征值具有虚数部分，就非如此. 在这个意义上，任何复数都是算符 $\hat{p}$ 的本征值，但是只有实数才是厄米算符 $\hat{p}$ 的本征值——其余的在厄米算符 $\hat{p}$ 的空间之外.

这里（对应于任何给定的本征函数）y 是一个定值，但 x 是一个连续变量. x 的哪个函数具有这样的性质，即 x 乘以该函数与常数 y 乘以该函数结果相同？明显地，除在 $x=y$ 点以外，它必须是 0. 实际上，它本身就是狄拉克 δ 函数：

$$g_y(x)=A\delta(x-y).$$

这次本征值必须是实数；本征函数不是平方可积的，但再说一次，它们满足狄拉克正交归一性：

$$\int_{-\infty}^{\infty} g_{y'}^*(x)g_y(x)\,\mathrm{d}x=|A|^2\int_{-\infty}^{\infty}\delta(x-y')\delta(x-y)\,\mathrm{d}x=|A|^2\delta(y-y'). \quad (3.38)$$

如果取 $A=1$，有

$$g_y(x)=\delta(x-y), \quad (3.39)$$

这样

$$\langle g_{y'}|g_y\rangle=\delta(y-y'). \quad (3.40)$$

这些本征函数也是完备的：

$$f(x)=\int_{-\infty}^{\infty}c(y)g_y(x)\,\mathrm{d}y=\int_{-\infty}^{\infty}c(y)\delta(x-y)\,\mathrm{d}y, \quad (3.41)$$

且

$$c(y)=f(y). \quad (3.42)$$

（细节问题：要是你坚持的话，本题你也可以通过傅里叶变换得到同样结果.）

如果厄米算符的谱是连续的（所以，在上面例子中本征值用连续变量标记——p 或者是 y；一般来说，在接下来的内容中用 z），本征函数是不可归一化的，它们不位于希尔伯特空间内，且不表示可能的物理状态；无论如何，实数本征值的本征函数满足狄拉克正交归一性，并且是完备的（由求和变为积分）. 幸运的是，这正是我们真正所需要的.

习题 3.9

(a) 列举一个第 2 章中哈密顿量（谐振子除外），它仅有离散谱.

(b) 列举一个第 2 章中的哈密顿量（自由粒子除外），它仅有连续谱.

(c) 列举一个第 2 章中的哈密顿量（有限深方势阱除外），它既有离散谱又有连续谱.

习题 3.10 无限深方势阱的基态是动量的本征函数吗？如果是的话，它的动量是多少？如果不是，给出理由？（进一步的讨论参见习题 3.34.）

3.4 广义统计诠释

在第 1 章中，我讲述了如何计算粒子在某一特定位置被发现的几率，以及如何确定任何可观测量的期望值. 在第 2 章中，学习了如何求出能量测量的可能值及其几率. 我现在来阐述**广义统计诠释（generalized statistical interpretation）**，这一概念包含了上述所有内容，而且可使我们求出任何物理量测量的可能结果以及相应的几率. 它和薛定谔方程（告诉我们波函数如何随时间演化的）一起构成了量子力学的基础.

广义统计诠释：如果你对处于 $\Psi(x,\ t)$ 状态粒子的可观测量 $Q(x,\ p)$ 进行测量，那么，你一定得到会厄米算符 $\hat{Q}(x,-i\hbar d/dx)$ 的本征值中的某一个.[15] 如果 $\hat{Q}$ 的谱是离散的，得到与本征函数 $f_n(x)$（正交归一）相应的本征值 q_n 的几率是

$$|c_n|^2,\quad 其中\quad c_n=\langle f_n|\Psi\rangle. \tag{3.43}$$

如果是连续谱，且具有实数本征值 $q(z)$ 和（狄拉克——正交归一的）本征函数 $f_z(x)$，则在 dz 范围内，得到结果几率是

$$|c(z)|^2 dz,\quad 其中\quad c(z)=\langle f_z|\Psi\rangle. \tag{3.44}$$

测量之后，波函数“坍缩”于相应的本征态.[16]

统计解释与我们在经典物理学中遇到的任何东西都截然不同. 这些不同的观点有助于使其变得可信：可观测量算符的本征函数是完备的，所以波函数可以写成它们的线性组合：

$$\Psi(x,t)=\sum_n c_n(t)f_n(x). \tag{3.45}$$

（简单起见，我假设谱是离散的；也很容易将它推广到连续谱的情况.）由于本征函数是正交归一的，展开系数由傅里叶变换得出：[17]

$$c_n(t)=\langle f_n|\Psi\rangle=\int f_n(x)^*\Psi(x,t)\,dx. \tag{3.46}$$

定性地讲，c_n 告诉我们“Ψ 中包含有多少 f_n”，考虑到每次测量一定得到算符 $\hat{Q}$ 的一个本征值，所以，得到特定本征值 q_n 的几率取决于 Ψ 中“包含的 f_n 量的大小”似乎是合理的. 但由于几率是由波函数的绝对值平方决定的，因此精确的测量实际上是 $|c_n|^2$. 这才是广义统计诠释的精髓所在.[18]

当然，总的几率（对所有的几率求和）必须是 1：

$$\sum_n |c_n|^2=1, \tag{3.47}$$

果不其然，这源于波函数的归一化：

$$\begin{aligned}1&=\langle\Psi|\Psi\rangle=\left\langle\left(\sum_{n'}c_{n'}f_{n'}\right)\middle|\left(\sum_n c_nf_n\right)\right\rangle=\sum_{n'}\sum_n c_{n'}^*c_n\langle f_{n'}|f_n\rangle\\&=\sum_{n'}\sum_n c_{n'}^*c_n\delta_{n'n}=\sum_n c_n^*c_n=\sum_n|c_n|^2.\end{aligned} \tag{3.48}$$

类似地，Q 的期望值应该是所有可能的本征值与相应几率乘积之和：

---

[15] 你可能已经注意到，如果 $Q(x,\ p)$ 包含 xp 的乘积，这种说法有点模棱两可. 由于算符 $\hat{x}$ 和 $\hat{p}$ 不对易（式(2.52)）——当然，对经典变量 x 和 p 肯定是对易的——我们不清楚应该写成 $\hat{x}\hat{p}$ 还是 $\hat{p}\hat{x}$（也许是两者的线性组合）. 幸运的是，这种变量很少涉及，但一旦遇到这种情况，其他的一些因素必须考虑来解决这个歧义.

[16] 在连续谱的情况下，坍缩是朝向测量值的一个狭窄的范围，它取决于测量设备的精密程度.

[17] 注意时间依赖性体现在展开系数中——此处我们没有讨论这个问题；为了明确这一点我把系数写成 $c_n(t)$. 对在特殊情况下的哈密顿量（$\hat{Q}=\hat{H}$），如果势能是不含时的，每个系数的绝对值实际上是个常数，如同我们在 2.1 节的讨论.

[18] 再说一下，我小心地避开十分普遍的论述“$|c_n|^2$ 是粒子处于 f_n 态的概率”. 这毫无意义. 粒子是处于态 Ψ. 而 $|c_n|^2$ 是对 $\hat{Q}$ 进行测量得到值为 q 的几率. 这种测量会使态向本征函数 f_n 坍缩. 所以一种正确说法应该是“$|c_n|^2$ 是处于 Ψ 态的粒子在对 $\hat{Q}$ 值进行测量后将处于态 f_n 态的几率.”……但是这是完全不同的论述.

$$\langle Q\rangle=\sum_{n} q_{n}\left|c_{n}\right|^{2}. \tag{3.49}$$

的确

$$\langle Q\rangle=\langle\Psi|\hat{Q} \Psi\rangle=\left\langle\left(\sum_{n'} c_{n'} f_{n'}\right) \middle| \left(\hat{Q} \sum_{n} c_{n} f_{n}\right)\right\rangle, \tag{3.50}$$

但 $\hat{Q} f_{n}=q_{n} f_{n}$，所以

$$\langle Q\rangle=\sum_{n'} \sum_{n} c_{n'}^{*} c_{n} q_{n}\langle f_{n'} | f_{n}\rangle=\sum_{n'} \sum_{n} c_{n'}^{*} c_{n} q_{n} \delta_{n'n}=\sum_{n} q_{n}\left|c_{n}\right|^{2}. \tag{3.51}$$

至少到目前为止，一切看起来都是一致的.

那么，我们能用这种语言对位置测量的原始统计解释重新论述吗？当然可以——这有点多余，但值得去核实. 对处于 Ψ 态粒子的位置 x 进行测量，其结果一定是坐标算符的一个本征值. 在例题 3.3 中，我们发现每个实数 y 都是 x 的一个本征值，相应的本征函数是 $g_y(x)=\delta(x-y)$. 显然有

$$c(y)=\langle g_{y} | \Psi\rangle=\int_{-\infty}^{\infty} \delta(x-y) \Psi(x, t) \mathrm{d} x=\Psi(y, t), \tag{3.52}$$

所以，得到结果处在 $\mathrm{d}y$ 范围内的几率是 $|\Psi(y,t)|^2\mathrm{d}y$，这也正是最初的统计诠释.

动量又如何呢？在例题 3.2 中，动量算符的本征函数是 $f_p(x)=(1/\sqrt{2\pi\hbar})\exp(ipx/\hbar)$，所以

$$c(p)=\langle f_{p} | \Psi\rangle=\frac{1}{\sqrt{2 \pi \hbar}} \int_{-\infty}^{\infty} \mathrm{e}^{-\mathrm{i} p x / \hbar} \Psi(x, t) \mathrm{d} x. \tag{3.53}$$

这是非常重要的一个物理量，我们赋给它一个特殊的名字和记号：**动量空间波函数（momentum space wave function）**，$\Phi(p,t)$. 它本质上就是**坐标空间（position space）**波函数 $\Psi(x,t)$ 的傅里叶变换——根据**普朗克尔**定理，后者又称傅里叶变换的逆变换：

$$\Phi(p, t)=\frac{1}{\sqrt{2 \pi \hbar}} \int_{-\infty}^{\infty} \mathrm{e}^{-\mathrm{i} p x / \hbar} \Psi(x, t) \mathrm{d} x ; \tag{3.54}$$

$$\Psi(x, t)=\frac{1}{\sqrt{2 \pi \hbar}} \int_{-\infty}^{\infty} \mathrm{e}^{\mathrm{i} p x / \hbar} \Phi(p, t) \mathrm{d} p. \tag{3.55}$$

按照广义统计诠释，对动量进行测量得到结果在 $\mathrm{d}p$ 范围内的几率是

$$|\Phi(p, t)|^{2} \mathrm{d} p. \tag{3.56}$$

例题 3.4　质量 m 的粒子束缚在 δ 函数势阱 $V(x)=-\alpha\delta(x)$ 中，对动量进行测量得到其结果比 $p_0=m\alpha/\hbar$ 大的几率是多少？

解：（位置空间）波函数是（式（2.132））

$$\Psi(x, t)=\frac{\sqrt{m \alpha}}{\hbar} \mathrm{e}^{-m \alpha|x| / \hbar^{2}} \mathrm{e}^{-\mathrm{i} E t / \hbar},$$

式中，$E=-m\alpha^2/2\hbar^2$. 因此，动量空间的波函数是

$$\Phi(p, t)=\frac{1}{\sqrt{2 \pi \hbar}} \frac{\sqrt{m \alpha}}{\hbar} \mathrm{e}^{-\mathrm{i} E t / \hbar} \int_{-\infty}^{\infty} \mathrm{e}^{-\mathrm{i} p x / \hbar} \mathrm{e}^{-m \alpha|x| / \hbar^{2}} \mathrm{d} x=\sqrt{\frac{2}{\pi}} \frac{p_{0}^{3 / 2} \mathrm{e}^{-\mathrm{i} E t / \hbar}}{p^{2}+p_{0}^{2}}$$

（查阅积分表求积分.）所以，需要求解的几率大小为

$$\frac{2}{\pi} p_{0}^{3} \int_{p_{0}}^{\infty} \frac{1}{\left(p^{2}+p_{0}^{2}\right)^{2}} \mathrm{d} p=\frac{1}{\pi}\left[\frac{p p_{0}}{p^{2}+p_{0}^{2}}+\arctan \left(\frac{p}{p_{0}}\right)\right]\Bigg|_{p_{0}}^{\infty}=\frac{1}{4}-\frac{1}{2 \pi}=0.0908$$

（再次查阅积分表求积分.）

习题 3.11　对处于谐振子基态的粒子，求出其动量空间波函数 $\Phi(p,t)$. 对该粒子的动量进行测量，得到其结果处在经典范围（具有相同能量）以外的几率是多大（精确到两位数）？**提示**：数值计算部分可查阅数学手册中“正态分布”或“误差函数”，或使用 Mathematica 软件.

习题 3.12　由式（2.101）引入的函数 $\phi(k)$ 求出自由粒子的 $\Phi(p,t)$. 证明：对于自由粒子，$|\Phi(p,t)|^2$ 和时间无关. **评注**：对于自由粒子而言，$|\Phi(p,t)|^2$ 和时间无关是该系统动量守恒的一个表现.

* **习题 3.13**　证明

$$\langle x\rangle=\int\Phi^*\left(\mathrm{i}\hbar\frac{\partial}{\partial p}\right)\Phi\mathrm{d}p. \tag{3.57}$$

提示：注意到 $x\exp(\mathrm{i}px/\hbar)=-\mathrm{i}\hbar(\partial/\partial p)\exp(\mathrm{i}px/\hbar)$，并利用式（2.147）. 则在动量空间中，位置算符是 $\mathrm{i}\hbar\partial/\partial p$. 更为普遍地有

$$\langle Q(x,p,t)\rangle=\begin{cases}\displaystyle\int\Psi^*\hat{Q}\left(x,-\mathrm{i}\hbar\frac{\partial}{\partial x},t\right)\Psi\mathrm{d}x, & \text{在位置空间；}\\ \displaystyle\int\Phi^*\hat{Q}\left(\mathrm{i}\hbar\frac{\partial}{\partial p},p,t\right)\Phi\mathrm{d}p, & \text{在动量空间.}\end{cases} \tag{3.58}$$

原则上，你们可以像在位置空间一样在动量空间做所有的计算（虽然不总是那么容易）.

3.5　不确定原理

在前面 1.6 节中，我已经介绍过不确定原理（以 $\sigma_x\sigma_p\geqslant\hbar/2$ 的形式），而且你们也多次在做习题中验证过它. 但至此还没有真正证明过它. 在本节中，我将证明更一般形式的不确定原理，并探讨它的一些其他形式. 这个论点很漂亮，但相当抽象，所以请细心体会.

3.5.1　广义不确定原理的证明

对任意的可观测量 A 有（式（3.21））：

$$\sigma_A^2=\langle(\hat{A}-\langle A\rangle)\Psi|(\hat{A}-\langle A\rangle)\Psi\rangle=\langle f|f\rangle,$$

式中，$f\equiv(\hat{A}-\langle A\rangle)\Psi$. 同样，对另一任意的可观测量 B 有

$$\sigma_B^2=\langle g|g\rangle,\quad \text{其中}\quad g\equiv(\hat{B}-\langle B\rangle)\Psi.$$

因此（引用**施瓦茨**不等式，式（3.7））有

$$\sigma_A^2\sigma_B^2=\langle f|f\rangle\langle g|g\rangle\geqslant|\langle f|g\rangle|^2. \tag{3.59}$$

由于对任一复数 z，

$$|z|^2=[\mathrm{Re}(z)]^2+[\mathrm{Im}(z)]^2\geqslant[\mathrm{Im}(z)]^2=\left[\frac{1}{2\mathrm{i}}(z-z^*)\right]^2, \tag{3.60}$$

因此，令 $z=\langle f|g\rangle$，

$$\sigma_A^2\sigma_B^2\geqslant\left(\frac{1}{2\mathrm{i}}[\langle f|g\rangle-\langle g|f\rangle]\right)^2. \tag{3.61}$$

但是（在第一行运用 $(\hat{A}-\langle A\rangle)$ 的厄米性）

$$\begin{aligned}\langle f|g\rangle &= \langle(\hat{A}-\langle A\rangle)\Psi|(\hat{B}-\langle B\rangle)\Psi\rangle = \langle\Psi|(\hat{A}-\langle A\rangle)(\hat{B}-\langle B\rangle)\Psi\rangle \\ &= \langle\Psi|(\hat{A}\hat{B}-\hat{A}\langle B\rangle-\hat{B}\langle A\rangle+\langle A\rangle\langle B\rangle)\Psi\rangle \\ &= \langle\Psi|\hat{A}\hat{B}\Psi\rangle-\langle B\rangle\langle\Psi|\hat{A}\Psi\rangle-\langle A\rangle\langle\Psi|\hat{B}\Psi\rangle+\langle A\rangle\langle B\rangle\langle\Psi|\Psi\rangle \\ &= \langle\hat{A}\hat{B}\rangle-\langle B\rangle\langle A\rangle-\langle A\rangle\langle B\rangle+\langle A\rangle\langle B\rangle \\ &= \langle\hat{A}\hat{B}\rangle-\langle A\rangle\langle B\rangle.\end{aligned}$$

（请记住，$\langle A\rangle$ 和 $\langle B\rangle$ 不是算符，而是具体数值，所以你可以按任何顺序书写.）

类似有

$$\langle g|f\rangle = \langle\hat{B}\hat{A}\rangle-\langle A\rangle\langle B\rangle,$$

因此

$$\langle f|g\rangle-\langle g|f\rangle = \langle\hat{A}\hat{B}\rangle-\langle\hat{B}\hat{A}\rangle = \langle[\hat{A},\hat{B}]\rangle,$$

式中

$$[\hat{A},\hat{B}] \equiv \hat{A}\hat{B}-\hat{B}\hat{A}$$

是两个算符的对易式（式（2.49））. 结论是

$$\boxed{\sigma_A^2\sigma_B^2 \geqslant \left(\frac{1}{2\mathrm{i}}\langle[\hat{A},\hat{B}]\rangle\right)^2.} \tag{3.62}$$

这就是（广义的）**不确定原理（uncertainty principle）**.（你或许会认为复数 i 使得这个式子无意义——等式的右边不是负值吗？其实不然，因为两个厄米算符的对易式本身具有 i 因子，因此两者相互抵消掉；[19] 括号中的数值为实数，它的平方是正数.）

举个例子，假设第一个可观测量是位置（$\hat{A}=x$），第二个可观测量是动量（$\hat{B}=-\mathrm{i}\hbar\mathrm{d}/\mathrm{d}x$）. 在第 2 章，我们曾给出其对易式（式（2.52））：

$$[\hat{x},\hat{p}] = \mathrm{i}\hbar.$$

所以

$$\sigma_x^2\sigma_p^2 \geqslant \left(\frac{1}{2\mathrm{i}}\mathrm{i}\hbar\right)^2 = \left(\frac{\hbar}{2}\right)^2,$$

或者，由于标准差本质上就是正值，

$$\sigma_x\sigma_p \geqslant \frac{\hbar}{2}. \tag{3.63}$$

这就是最初的海森伯不确定原理，但现在看来它只不过是一个更普遍定理的应用而已.

事实上，对每一对可观测量，如果其算符不对易，都将存在一个“不确定原理”——我们称它们为**不相容可观测量（incompatible observables）**. 不相容可观测量没有共同的本征函数——至少，它们不可能有共同本征函数的完备集（参见习题 3.16）. 相比之下，相容（可对易）的可观测量却可以有共同的本征函数完备集（也就是说，对两个可观测量都是确定的状态）.[20] 例如，对氢原子来说（我们将在第 4 章涉及），其哈密顿量、角动量以及角动量 z 方向分量是互相相容的可观测量，因此我们可以构造三者共同的本征函数，并以它们各

---

[19] 更确切地说，两个厄米算符的对易式本身是个反厄米算符（$\hat{Q}^\dagger=-\hat{Q}$），且它的期望值是虚数（习题 3.32）.

[20] 这对应着这样一个事实，非对易的矩阵不能同时对角化（即它们不能被同一个相似变换变为对角矩阵），而对易的厄米矩阵可以同时被对角化. 参见 A.5 节.

自的本征值来标记. 然而不存在既是位置但又是动量的本征函数；这两个算符是不相容的.

需要注意的是，不确定原理并不是量子力学中的一个额外假定，它是统计诠释的结果. 你或许感到奇怪，这在实验室是如何实施的呢——为什么就不能同时确定（比方说）粒子的位置和动量呢？当然你可以测量粒子的位置，但是测量行为使波函数坍缩为一个尖峰，这样在傅里叶展开中必然带来一个很宽范围的波长（动量）分布. 如果此时你对粒子动量进行测量，这个状态将坍缩成一个有确定波长的长正弦波——但这时的粒子已经不再位于你第一次测量时的位置.[21] 那么，因此，问题在于第二次测量会使第一次测量的结果过时. 只有当波函数同时是两个可测量量的本征态时，才可能在不破坏粒子状态的情况下进行第二次测量（这种情况下，第二次坍缩不改变任何状态）. 但一般来说，这只有在两个可观测量是相容的情况下才有可能.

***习题 3.14**

（a）证明下列对易关系等式：

$$[\hat{A}+\hat{B},\hat{C}]=[\hat{A},\hat{C}]+[\hat{B},\hat{C}], \tag{3.64}$$

$$[\hat{A}\hat{B},\hat{C}]=\hat{A}[\hat{B},\hat{C}]+[\hat{A},\hat{C}]\hat{B}. \tag{3.65}$$

（b）证明

$$[x^n,\hat{p}]=\mathrm{i}\hbar n x^{n-1}.$$

（c）对可以进行泰勒级数展开的任意函数 $f(x)$，更普遍地证明

$$[f(x),\hat{p}]=\mathrm{i}\hbar\frac{\mathrm{d}f}{\mathrm{d}x}. \tag{3.66}$$

（d）对简谐振子，证明

$$[\hat{H},\hat{a}_\pm]=\pm\hbar\omega\hat{a}_\pm. \tag{3.67}$$

提示：利用式（2.54）.

***习题 3.15**　对于位置（$A=x$）的不确定性和能量（$B=p^2/2m+V$）的不确定性，证明著名的“（你的雅号）不确定原理”：

$$\sigma_x\sigma_H\geqslant\frac{\hbar}{2m}|\langle p\rangle|.$$

对于定态，它告诉不了你多少——为什么不能？

习题 3.16　证明两个非对易算符不能拥有完备的共同本征函数集. 提示：证明如果 $\hat{P}$ 和 $\hat{Q}$ 拥有完备的共同本征函数集，则对于希尔伯特空间的任意函数有 $[\hat{P},\hat{Q}]f=0$.

[21] 玻尔和海森伯曾努力通过对 x 的测量破坏先前已经存在的 p 值来探索其机制. 问题的关键在于想要确定一个粒子的位置就必须用某种东西对它作用——比方说，用光照射. 但是你无法控制这些光子传递给粒子的动量. 现在你知道位置了，却没有办法再知道动量. 他和爱因斯坦著名的争论中包含了许多风趣的例子，详细展示了实验约束如何影响不确定原理. 一个深有启发的论述，参见 P. A. Schilpp 主编、玻尔写的 *Albert Einstein*：*Philosopher-Scientist*，Open Court 出版公司，Peru，伊利诺伊（1970）. 最近，玻尔/海森伯的解释引起质疑，一个精辟的讨论可以参见 G. Brumfiel，*Nature News*，https：//doi. org/10. 1038/nature. 2012. 11394.

3.5.2 最小不确定波包

我们曾两次遇到波函数达到位置-动量不确定原理限制的极限（$\sigma_x\sigma_p=\hbar/2$）的情况：谐振子基态（习题2.11）和自由粒子的高斯波包（习题2.21）．它们提出了一个有趣的问题：最普遍最小的不确定性波包是什么？回顾对不确定原理的证明，我们注意到在两个地方出现了不等式：式（3.59）和式（3.60）．假定我们要求它们都是等式，看看从中能告诉我们哪些有关 Ψ 的信息.

对于一些复数 c（见习题A.5），当一个函数是另一个函数的倍数时：$g(x)=cf(x)$，两个函数的施瓦茨不等式变为等式．与此同时，舍弃式（3.60）中的实数部分 z，这等同于如果 $\mathrm{Re}(z)=0$，即 $\mathrm{Re}\langle f|g\rangle=\mathrm{Re}(c\langle f|f\rangle)=0$. 这样，$\langle f|f\rangle$ 肯定是实数，这就意味着常数 c 必须是纯虚数——我们将它表示为 $\mathrm{i}a$. 因此，最小不确定性的充分必要条件是

$$g(x)=\mathrm{i}af(x),\quad a\text{ 是实数}. \tag{3.68}$$

对于位置-动量不确定原理来说，这个判据变为

$$\left(-\mathrm{i}\hbar\frac{\mathrm{d}}{\mathrm{d}x}-\langle p\rangle\right)\Psi=\mathrm{i}a(x-\langle x\rangle)\Psi, \tag{3.69}$$

这是一个以 x 作为变量的函数 Ψ 的微分方程．其通解（参见习题3.17）是

$$\Psi(x)=A\mathrm{e}^{-a(x-\langle x\rangle)^2/2\hbar}\mathrm{e}^{\mathrm{i}\langle p\rangle x/\hbar}. \tag{3.70}$$

显然，最小不确定波包是一个高斯波包，我们前面遇到的两个例子都是高斯波包.[22]

习题 3.17 求式（3.69）的解 $\Psi(x)$．注意：$\langle x\rangle$ 和 $\langle p\rangle$ 都是常数（和 x 无关）.

3.5.3 能量-时间不确定原理

位置-动量不确定原理通常写成如下形式：

$$\Delta x\Delta p\geqslant\frac{\hbar}{2}; \tag{3.71}$$

对确定体系进行重复测量结果的标准方差为 Δx，这里 Δx（x 的不确定度）是一个不严谨的标记（粗略的语言）.[23] 式（3.71）经常与下面的**能量-时间不确定原理（energy-time uncertainty principle）**伴随出现：

$$\Delta t\Delta E\geqslant\frac{\hbar}{2}. \tag{3.72}$$

的确，在狭义相对论的情况下，能量-时间不确定原理的形式可以被认为是位置-动量不确定原理形式的一个推论，因为 x 和 t（或者说 ct）合在一起为坐标-时间空间的四矢量，而 p 和 E（或者说 E/c）一起为能量-动量空间的四矢量．所以在相对论理论中，式（3.72）必然是伴随式（3.71）．但现在我们不是在讨论相对论量子力学．薛定谔方程显然是非相对论的：式中赋予 x 和 t 完全不同的地位（在同一个微分方程中，t 是一阶导数，而 x 是二阶导数），并且式（3.71）显然不隐含式（3.72）．现在目的是推导出能量-时间不确定原理，并

---

[22] 注意这里只有 Ψ 对 x 依赖才是有关的——"常数" A、a、$\langle x\rangle$ 和 $\langle p\rangle$ 可能都是时间的函数，这种情况下 Ψ 可能会演变而偏离最小形式．我所能断言的是如果在某个时刻波函数是 x 的高斯函数，则（在这个时刻）不确定之积是最小的.

[23] 不确定原理的许多偶然应用实际上（通常是无意中）基于完全不同的、有时是相当不合理的"不确定度"度量．参见 Jan Hilgevoord, *Am. J. Phys.* **70**, 983 (2002).

且通过推导的过程使你明白，这的确是完全不同的另外一件事情，而它与位置-动量不确定原理表面上的相似确实是一种误导.

毕竟，位置、动量和能量都是系统的动力学变量——体系在任何给定时刻的可观测特性. 但时间本身并不是动力学变量（在非相对论理论中，任何情况下都不是）：你不可能像测量位置或者能量一样去测量粒子的“时间”. 时间是一个独立变量，动力学量是它的函数. 特别是，能量-时间不确定原理中的 Δt 不是一组时间测量值的标准偏差. 粗略地讲（下面我将对此做出更精确的解释），正是**体系发生实质性的变化经历的时间.**

作为一个衡量体系变化快慢的量度，我们来计算某一可观测量 $Q(x,p,t)$ 的期望值对时间的导数：

$$\frac{\mathrm{d}}{\mathrm{d}t}\langle Q\rangle=\frac{\mathrm{d}}{\mathrm{d}t}\langle\Psi|\hat{Q}\Psi\rangle=\left\langle\frac{\partial\Psi}{\partial t}\middle|\hat{Q}\Psi\right\rangle+\left\langle\Psi\middle|\frac{\partial\hat{Q}}{\partial t}\Psi\right\rangle+\left\langle\Psi\middle|\hat{Q}\frac{\partial\Psi}{\partial t}\right\rangle.$$

由薛定谔方程

$$\mathrm{i}\hbar\frac{\partial\Psi}{\partial t}=\hat{H}\Psi,$$

$H=p^2/2m+V$ 是哈密顿量. 所以

$$\frac{\mathrm{d}}{\mathrm{d}t}\langle Q\rangle=-\frac{1}{\mathrm{i}\hbar}\langle\hat{H}\Psi|\hat{Q}\Psi\rangle+\frac{1}{\mathrm{i}\hbar}\langle\Psi|\hat{Q}\hat{H}\Psi\rangle+\left\langle\frac{\partial\hat{Q}}{\partial t}\right\rangle.$$

但 $\hat{H}$ 是厄米算符，$\langle\hat{H}\Psi|\hat{Q}\Psi\rangle=\langle\Psi|\hat{H}\hat{Q}\Psi\rangle$，所以有

$$\boxed{\frac{\mathrm{d}}{\mathrm{d}t}\langle Q\rangle=\frac{\mathrm{i}}{\hbar}\langle[\hat{H},\hat{Q}]\rangle+\left\langle\frac{\partial\hat{Q}}{\partial t}\right\rangle.}\tag{3.73}$$

这本身就是一个十分有趣而且很有用的结果（参见习题 3.18 和 3.37）. 尽管它确实配得上有个名字，但还没有. 我将称式（3.73）为**广义埃伦菲斯特定理（generalized Ehrenfest theorem）**. 在算符不明显含时的典型情况下，[24] 式（3.73）结果告诉我们，算符期望值的变化率由该算符与哈密顿量的对易式确定. 特别是，如果 $\hat{Q}$ 与 $\hat{H}$ 对易，则 $\langle Q\rangle$ 是常量；在这个意义上 Q 是一个**守恒量**.

现在，我们假设在广义不确定原理中式（3.62）令 $A=H$ 和 $B=Q$，并且假设 Q 不显含时间：

$$\sigma_H^2\sigma_Q^2\geqslant\left(\frac{1}{2\mathrm{i}}\langle[\hat{H},\hat{Q}]\rangle\right)^2=\left(\frac{1}{2\mathrm{i}}\frac{\hbar}{\mathrm{i}}\frac{\mathrm{d}\langle Q\rangle}{\mathrm{d}t}\right)^2=\left(\frac{\hbar}{2}\right)^2\left(\frac{\mathrm{d}\langle Q\rangle}{\mathrm{d}t}\right)^2.$$

或者，更简单地，

$$\sigma_H\sigma_Q\geqslant\frac{\hbar}{2}\left|\frac{\mathrm{d}\langle Q\rangle}{\mathrm{d}t}\right|.\tag{3.74}$$

定义 $\Delta E\equiv\sigma_H$ 及

$$\Delta t\equiv\frac{\sigma_Q}{|\mathrm{d}\langle Q\rangle/\mathrm{d}t|},\tag{3.75}$$

则有

---

[24] 显含时间 t 的算符非常少见，因此几乎多数情况是 $\partial\hat{Q}/\partial t=0$. 作为显含时间算符的一个例子，考虑一个弹簧的劲度系数是变化的谐振子的势能（也许温度在上升，所以弹簧变得更灵活）：$Q=(1/2)m[\omega(t)]^2x^2$.

$$\Delta E\Delta t \geqslant \frac{\hbar}{2}, \tag{3.76}$$

这就是能量-时间的不确定原理. 但应注意到这里 Δt 的含义：由于

$$\sigma_Q = \left|\frac{\mathrm{d}\langle Q\rangle}{\mathrm{d}t}\right|\Delta t,$$

Δt 表示 Q 的期望值大小变化为一个标准差时所需的时间的多少.[25] 特别是，Δt 完全依赖于你想要观察的那个可观测量（Q）——对于一个可观测量的变化可能很快，而对于另一个则很慢. 但是，如果 ΔE 很小的话，则所有可观测量的变化速率一定是非常平缓的；或者，换个方式来叙述，如果任一可观测量变化很快的话，能量的“不确定”必定很大.

例题 3.5 在定态的极端情况下，能量是唯一确定的，所有期望值都是恒定的、不随时间变化（$\Delta E=0\Rightarrow\Delta t=\infty$）. 事实上，我们在以前已注意到这一点（参见式（2.9））. 要使期望值变化，至少需要两个定态的线性叠加——比如：

$$\psi(x,t)=a\psi_1(x)\mathrm{e}^{-\mathrm{i}E_1t/\hbar}+b\psi_2(x)\mathrm{e}^{-\mathrm{i}E_2t/\hbar}.$$

如果 a、b、ψ_1 和 ψ_2 是实数，

$$|\psi(x,t)|^2=a^2(\psi_1(x))^2+b^2(\psi_2(x))^2+2ab\psi_1(x)\psi_2(x)\cos\left(\frac{E_2-E_1}{\hbar}t\right).$$

振荡的周期是 $\tau=2\pi\hbar/(E_2-E_1)$. 粗略地讲，$\Delta E=E_2-E_1$，$\Delta t=\tau$（精确计算参见习题 3.20），因此

$$\Delta E\Delta t=2\pi\hbar,$$

确实这个值 $\geqslant\hbar/2$.

例题 3.6 设 Δt 是自由粒子波包经过某一特定点需要的时间（见图 3.1）. 定性地有（精确求解参见习题 3.21），$\Delta t=\Delta x/v=m\Delta x/p$，但是 $E=p^2/2m$，所以 $\Delta E=p\Delta p/m$. 因此，

$$\Delta E\Delta t=\frac{p\Delta p}{m}\frac{m\Delta x}{p}=\Delta x\Delta p,$$

由位置-动量不确定原理得 $\Delta E\Delta t\geqslant\hbar/2$.

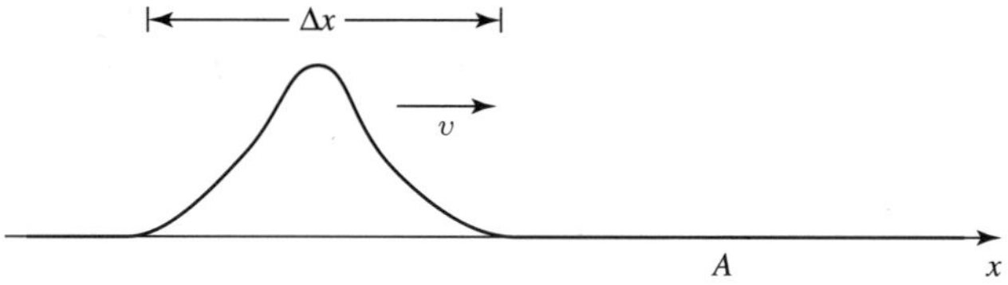

图 3.1 自由粒子的波包趋近于点 A（例题 3.6.）

例题 3.7 Δ 粒子在自发蜕变之前大约能够生存 10^{-23}s. 假如你对其所有的质量测量结果作一个直方分布图，将得到一个中心位于 1232MeV/c^2 的铃铛形曲线，宽度大约是 120MeV/c^2（见图 3.2）. 那么，为什么静止能量（mc^2）有时大于 1232MeV，有时又小于

[25] 有时称这为能量-时间不确定原理的“曼德尔斯塔姆-塔姆（Mandelstam-Tamm）”公式. 对其他方法的一个评述，参见 Paul Busch, *Found. Phys.* **20**, 1 (1990).

1232MeV 呢？难道这是实验误差造成的？显然不是，因为我们如果认为 Δt 是粒子的寿命（当然是用于来衡量“体系需要多长时间才能发生明显变化”的一个度量），

$$\Delta E\Delta t=\left(\frac{120}{2}\text{MeV}\right)(10^{-23}\text{s}) = 6\times10^{-22}\text{MeV}\cdot\text{s},$$

而 $\hbar/2=3\times10^{-22}$ MeV · s. 因此，质量 m 的离散分布大约是不确定原理所允许的最小值——如此短暂寿命的粒子其质量不可能有一个很明确的定义.[26]

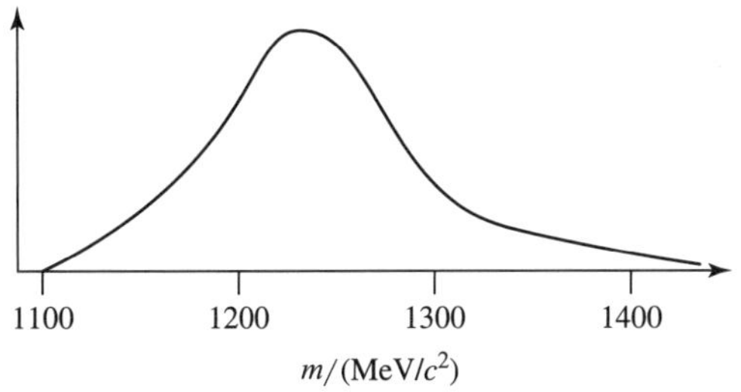

图 3.2　Δ 粒子质量的测量图（例题 3.7）.

注意上面这些例子中赋予 Δt 的各种不同的含义：在例题 3.5 中它表示一个振动的周期；在例题 3.6 中它表示粒子通过某点的所需要的时间；在例题 3.7 中它表示不稳定粒子的寿命大小. 然而，在任何情况下，Δt 都是表示系统经历“显著地”变化所需的时间.

人们常说，不确定原理意味着在量子力学中能量不严格守恒——就是说你可以“借出”能量 ΔE，只要在 $\Delta t\approx\hbar/(2\Delta E)$ 时间内可以“返还”的话；对守恒破坏越大，它所经历的时间周期越短. 现在有很多关于能量-时间不确定原理的标准读物，但是本书不属于它们中的一个. 量子力学没有任何地方允许违反能量定律守恒，当然，在推导式（3.76）的过程中，也没有允许违背能量守恒. 但不确定原理是如此强大坚实：它可以被误用而不会导致严重的错误结果，因而很多物理学家习惯于草率地应用它.

* **习题 3.18**　在下列特殊情况中应用式（3.73）：（a）$Q=1$;；（b）$Q=H$；（c）$Q=x$；（d）$Q=p$. 对每种情况，特别是参考式（1.27）、式（1.33）、式（1.38）和能量守恒（式（2.21）后的注释），对你的结果进行讨论.

习题 3.19　用式（3.73）（或者习题 3.18（c）和（d））证明：

（a）对于描述自由粒子（$V(x)=0$）的任意归一化波包，$\langle x\rangle$ 以恒定速度运动（这是牛顿第一定律的量子类似物）. **注释**：虽然采用习题 2.42 中的高斯波包来证明，但结论是普适的.

（b）对于任意粒子处于谐振子（$V(x)=\frac{1}{2}m\omega^2x^2$）势场中的波包，$\langle x\rangle$ 以经典频率振动. **注释**：虽然采用习题 2.49 中的高斯波包来证明，但结论是普适的.

[26] 事实上，例题 3.7 有点不切合实际. 你无法用一个跑表来测量 10^{-23}s 的时间，在实际中这类短寿命粒子是根据不确定原理作为前提，通过质量曲线的宽度推导出的. 然而，尽管在逻辑上是颠倒的，这一点还是合理的. 此外，假设 Δ 和质子大小（$\sim10^{-15}$m）差不多，那么，10^{-23}s 大约是光通过这个粒子所需的时间，很难想象物体还有比这短的寿命存在.

习题 3.20 对习题 2.5 中的波函数和可观测量 x，通过精确计算 σ_H、σ_x 和 $\mathrm{d}\langle x\rangle/\mathrm{d}t$ 来验证能量-时间不确定原理.

习题 3.21 对习题 2.42 中的自由粒子波包和可观测量 x，通过精确计算 σ_H、σ_x 和 $\mathrm{d}\langle x\rangle/\mathrm{d}t$ 来验证能量-时间不确定原理.

习题 3.22 证明当所涉及的可观测量为 x 时，能量-时间不确定原理还原为在习题 3.15 证明的不确定原理.

3.6 矢量和算符

3.6.1 希尔伯特空间的基矢

设想二维空间的一个普通矢量 $\boldsymbol{A}$（见图 3.3a）. 如何描述这一矢量呢？你可以告诉他们“它是一英寸长，相对于纸面内，从笔直向上顺时针指向 20°角方向.”但这确实很不方便. 最好方法就是建立直角坐标系，x 和 y，并且明确指定矢量 $\boldsymbol{A}$ 的分量：$\boldsymbol{A}_x=\hat{i}\cdot\boldsymbol{A}$，$\boldsymbol{A}_y=\hat{j}\cdot\boldsymbol{A}$（见图 3.3b）. 当然，你的姐妹也许会建立另外一种坐标系，x'和 y'，并且她将给出不同坐标分量大小：$A_x'=\hat{i}'\cdot\boldsymbol{A}$，$A_y'=\hat{j}'\cdot\boldsymbol{A}$（见图 3.3c）……但是它仍然是同一矢量——我们仅是用两个不同的**基组（bases）**（$\{\hat{i},\hat{j}\}$ 和 $\{\hat{i}',\hat{j}'\}$）来表示而已. 矢量本身存在于“空间某个地方空”，与任何人（任意）选择的坐标系无关.

量子力学中体系的状态也是如此. 它由“希尔伯特空间”中的一个矢量来描述，$|\mathcal{S}(t)\rangle$，且我们可以用任何数目的不同基矢来表示它. 波函数 $\Psi(x,t)$ 实际上是$|\mathcal{S}(t)\rangle$在坐标本征函数为基上展开的 x“分量”：

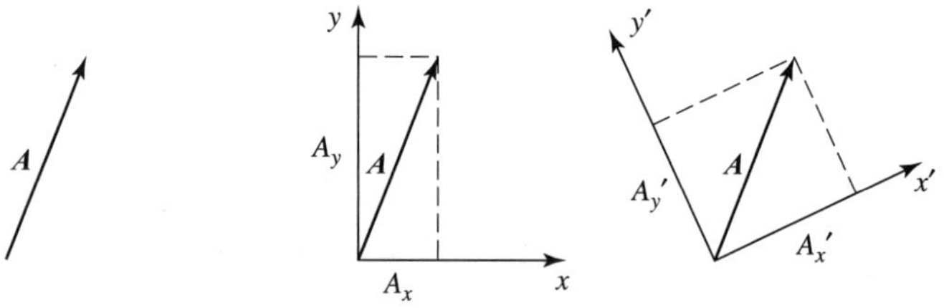

图 3.3 a）矢量 A；b）A 在 xy 坐标系中的分量；c）A 在 $x'y'$坐标系中的分量.

$$\boxed{\Psi(x,t)=\langle x\,|\,\mathcal{S}(t)\rangle,} \tag{3.77}$$

（类同于 $\hat{i}\cdot\boldsymbol{A}$）$|x\rangle$是本征值为 x 的算符 x 的本征函数）[27]，动量空间波函数 $\boldsymbol{\Phi}(p,t)$ 是$\mathcal{S}(t)\rangle$以动量本征函数为基进行展开时的 p 分量：

---

[27] 我不想称它为 g_x（式（3.39）），因为它是使用位置基矢来表示的形式，这里的核心是让我们从任何特定的基矢中解脱出来. 事实上，当我第一次是用 x 的平方可积函数来定义希尔伯特空间时，这已经限制太多了，将我们约定在一个特定的表象（位置基）. 我现在把它看作一个抽象的矢量空间，它的矢量可以用任何你喜欢的基来表示.

$$\boldsymbol{\Phi}(p,t)=\langle p|\mathcal{S}(t)\rangle, \tag{3.78}$$

（基矢量$|p\rangle$是算符 $\hat{p}$ 的本征函数，本征值为 p.）[28] 或者我们也可以把$|\mathcal{S}(t)\rangle$用能量本征函数的基展开（简单起见，我们假设谱是离散的）：

$$c_n(t)=\langle n|\mathcal{S}(t)\rangle, \tag{3.79}$$

（这里，基矢量$|n\rangle$代表 $\hat{H}$ 的第 n 个本征函数——式（3.46）.）但是，波函数 $\boldsymbol{\Psi}$ 与 $\boldsymbol{\Phi}$，以及系数的集合$\{c_n\}$，所有这些所表示的都是同一个状态，包含完全一样的信息——它们仅仅是描述同一矢量的三种不同的方式：

$$\begin{aligned}|\mathcal{S}(t)\rangle\to\int\Psi(y,t)\delta(x-y)\mathrm{d}y&=\int\Phi(p,t)\frac{1}{\sqrt{2\pi\hbar}}\mathrm{e}^{\mathrm{i}px/\hbar}\mathrm{d}p\\&=\sum c_n\mathrm{e}^{-\mathrm{i}E_nt/\hbar}\psi_n(x).\end{aligned} \tag{3.80}$$

算符（代表可观测量）是希尔伯特空间的一种线性变换——它们把一个矢量变换成另一个矢量：

$$|\beta\rangle=\hat{Q}|\alpha\rangle. \tag{3.81}$$

对某一组正交基$\{|e_n\rangle\}$，[29] 矢量由它们的分量来表示，

$$|\alpha\rangle=\sum_n a_n|e_n\rangle,\quad|\beta\rangle=\sum_n b_n|e_n\rangle,\quad a_n=\langle e_n|\alpha\rangle,\quad b_n=\langle e_n|\beta\rangle, \tag{3.82}$$

正如矢量的表示一样，算符（对某个特殊的基）是用它们的**矩阵元（matrix elements）**来表示：[30]

$$\langle e_m|\hat{Q}|e_n\rangle\equiv Q_{mn}. \tag{3.83}$$

采用这种形式，式（3.81）可表述为

$$\sum_n b_n|e_n\rangle=\sum_n a_n\hat{Q}|e_n\rangle, \tag{3.84}$$

或者，和$|e_m\rangle$取内积，

$$\sum_n b_n\langle e_m|e_n\rangle=\sum_n a_n\langle e_m|\hat{Q}|e_n\rangle, \tag{3.85}$$

因此（由于$\langle e_m|e_n\rangle=\delta_{mn}$）

$$b_m=\sum_n Q_{mn}a_n. \tag{3.86}$$

因此，算符 $\hat{Q}$ 的矩阵元告诉你分量是如何变换的.[31]

稍后我们将会遇到仅允许有限个（N）线性独立状态的体系．在这种情况下$|\mathcal{S}(t)\rangle$处于一个 N 维的矢量空间；（对给定的基）它的分量可以为表示一个（N 行）列矩阵，算符具有（$N\times N$）阶矩阵的形式．这些都是最简单的量子体系——不存在无限维矢量空间中相关复杂情况．最简单的是双态系统，我们将在下面的例子中讨论它.

---

[28] 在位置空间它应该为 f_p（式（3.32））.

[29] 我假定基组是离散的；否则的话 n 应是一个连续指标，求和被积分取代.

[30] 当然，这个术语是源自有限维情况，但现在的“矩阵”通常可以有无限多个（甚至可以是不可数的）矩阵元.

[31] 按照一般的矩阵乘法规则，式（3.86）的矩阵表示是 $\boldsymbol{b}=\boldsymbol{Qa}$（矢量表示为列）——参见式（A.42）.

例题 3.8 假定体系仅有两个线性独立的状态：[32]

$$|1\rangle=\begin{pmatrix}1\\0\end{pmatrix}\quad 和 \quad |2\rangle=\begin{pmatrix}0\\1\end{pmatrix}.$$

最普遍的状态是归一化的线性叠加：

$$|\mathcal{S}\rangle=a|1\rangle+b|2\rangle=\begin{pmatrix}a\\b\end{pmatrix},\quad 并且有\ |a|^2+|b|^2=1.$$

哈密顿量可以表示为一个（厄米）矩阵（式（3.83））；假定它的具体形式是

$$\boldsymbol{H}=\begin{pmatrix}h & g\\g & h\end{pmatrix},$$

这里 g 和 h 都是实常数．如果体系的初始态是 $|1\rangle$（在 $t=0$ 时刻），在 t 时刻的状态是什么？

解： 含时薛定谔方程为[33]

$$\mathrm{i}\hbar\frac{\mathrm{d}}{\mathrm{d}t}|\mathcal{S}(t)\rangle=\hat{H}|\mathcal{S}(t)\rangle. \tag{3.87}$$

通常，我们先求解定态薛定谔方程：

$$\hat{H}|s\rangle=E|s\rangle; \tag{3.88}$$

换句话说，我们求 $\hat{H}$ 的本征矢量和本征值．特征方程确定其本征值：

$$\det\begin{pmatrix}h-E & g\\g & h-E\end{pmatrix}=(h-E)^2-g^2=0\Rightarrow h-E=\mp g\Rightarrow E_{\pm}=h\pm g.$$

显然，能量的允许值是 $(h+g)$ 和 $(h-g)$．为了确定本征矢量，我们写出

$$\begin{pmatrix}h & g\\g & h\end{pmatrix}\begin{pmatrix}\alpha\\\beta\end{pmatrix}=(h\pm g)\begin{pmatrix}\alpha\\\beta\end{pmatrix}\Rightarrow h\alpha+g\beta=(h\pm g)\alpha\Rightarrow\beta=\pm\alpha,$$

因此，归一化本征矢量是

$$|s_{\pm}\rangle=\frac{1}{\sqrt{2}}\begin{pmatrix}1\\\pm1\end{pmatrix}.$$

接下来，我们把初态展开为哈密顿量的本征矢量的线性组合：

$$|\mathcal{S}(0)\rangle=\begin{pmatrix}1\\0\end{pmatrix}=\frac{1}{\sqrt{2}}(|s_+\rangle+|s_-\rangle).$$

最后，我们把标准的含时摇摆因子 $\exp(-\mathrm{i}E_nt/\hbar)$ 考虑进去：

$$\begin{aligned}|\mathcal{S}(t)\rangle&=\frac{1}{\sqrt{2}}\left[\mathrm{e}^{-\mathrm{i}(h+g)t/\hbar}|s_+\rangle+\mathrm{e}^{-\mathrm{i}(h-g)t/\hbar}|s_-\rangle\right]\\&=\frac{1}{2}\mathrm{e}^{-\mathrm{i}ht/\hbar}\left[\mathrm{e}^{-\mathrm{i}gt/\hbar}\begin{pmatrix}1\\1\end{pmatrix}+\mathrm{e}^{\mathrm{i}gt/\hbar}\begin{pmatrix}1\\-1\end{pmatrix}\right]\end{aligned}$$

---

[32] 严格地讲，这里的“等号”的含义为“由…表示”，如果我们采取这个惯用的不正式的符号，也不会引起任何混淆。

[33] 回到第1章，我们从薛定谔方程开始，求解位置空间中的波函数；这里我们把它推广到希尔伯特空间的状态矢量．

$$=\frac{1}{2}e^{-iht/\hbar}\begin{pmatrix}e^{-igt/\hbar}+e^{igt/\hbar}\\e^{-igt/\hbar}-e^{igt/\hbar}\end{pmatrix}=e^{-iht/\hbar}\begin{pmatrix}\cos(gt/\hbar)\\-i\sin(gt/\hbar)\end{pmatrix}.$$

假如你怀疑这个结果，务必要检验一下：它满足含时薛定谔方程（式（3.87））吗？当 $t=0$ 时，它和初态匹配吗？[34]

正如同一矢量在不同的基中表示时看起来不同，算符也是如此.（或者在离散的情况，矩阵表示.）我们已经遇到了一个特别好的例子.

$$\hat{x}(\text{位置算符})\to\begin{cases}x & (\text{在坐标空间}),\\ i\hbar\partial/\partial p & (\text{在动量空间});\end{cases}$$

$$\hat{p}(\text{动量算符})\to\begin{cases}-i\hbar\partial/\partial x & (\text{在坐标空间}),\\ p & (\text{在动量空间}).\end{cases}$$

（"坐标空间"就是坐标的基矢，动量空间就是动量的基矢.）如果有人问你：量子力学中表示位置的算符 $\hat{x}$ 是什么？你可以回答"就是 x 本身". 但对"$i\hbar\partial/\partial p$"也是同样正确的回答，且最好的回答是"相应于什么样的基矢？"

我常讲"体系的状态是由它的波函数 $\Psi(x, t)$ 来表示，这是真的，在同样的意义上，一般的三维矢量是由它的三个分量表示的；但事实上，应该补充加上"在坐标基中". 毕竟，体系的状态是希尔伯特空间中的一个矢量，$|\mathcal{S}(t)\rangle$；它不涉及任何特定的基. 它和 $\Psi(x, t)$ 的关系由式（3.77）给出：$\Psi(x,t)=\langle x|\mathcal{S}(t)\rangle$. 话虽如此，实际中大部分问题都是在坐标空间中讨论的，所以把波函数称为"体系的状态"，这样做并无大碍.

3.6.2　狄拉克记号

狄拉克提议把内积括号记号 $\langle\alpha|\beta\rangle$ 分成两个部分，分别称为**左矢（bra）** $\langle\alpha|$ 和**右矢（ket）** $|\beta\rangle$（我不清楚中间的称作什么）. 后者是一个矢量，但前者究竟是什么呢？当它作用一个矢量（在它的右边）时，它产生一个数（复数）——内积，在这个意义上，它是矢量的一个线性函数.（当一个算符作用在一个矢量上，给出另一个矢量；当左矢和一个矢量结合在一起时，给出一个数.）在函数空间里，左矢可以认为是一个积分操作：

$$\langle f|=\int f^*[\cdots]\,dx,$$

这里，任何左矢所结合的和右矢所表示的函数将被填入省略号里. 在有限维矢量空间里，右矢被表示成列矩阵（相应于某个基的分量）：

$$|\alpha\rangle=\begin{pmatrix}a_1\\a_2\\\vdots\\a_n\end{pmatrix}, \tag{3.89}$$

左矢表示成行矩阵：

---

[34] 这只是**中微子振荡（neutrino oscillations）**的一个粗略模型（除个别的以外）. 在这种情况下 $|1\rangle$ 表示电子中微子，$|2\rangle$ 表示 μ 中微子；如果哈密顿算符的非对角矩阵元（g）包含有非零，那么，在时间的演化中，电子中微子将会变成 μ 中微子（反之亦然）.

$$\langle\beta| = (b_1^* \; b_2^* \cdots b_n^*), \tag{3.90}$$

且$\langle\beta|\alpha\rangle = b_1^* a_1 + b_2^* a_2 + \cdots + b_n^* a_n$为矩阵的乘积．所有的左矢集合构成了另外一个矢量空间，即所谓的**对偶空间**（**dual space**）．

把左矢作为一个独立整体的处理方法提供了一个有力而且简洁的工具和记号．举例来说，假如$|\alpha\rangle$是一个归一化矢量，算符

$$\hat{P} \equiv |\alpha\rangle\langle\alpha| \tag{3.91}$$

将会从其他的任意矢量中挑选出"沿$|\alpha\rangle$方向"的部分：

$$\hat{P}|\beta\rangle = \langle\alpha|\beta\rangle|\alpha\rangle;$$

我们称它为投影到由$|\alpha\rangle$张开的一维子空间上的**投影算符**（**projection operator**）．如果$\{|e_n\rangle\}$是一离散的正交归一基，

$$\langle e_m|e_n\rangle = \delta_{mn}, \tag{3.92}$$

则有

$$\boxed{\sum_n |e_n\rangle\langle e_n| = 1} \tag{3.93}$$

（称**恒等算符**）．如果我们把该算符作用在任意矢量$|\alpha\rangle$上，得到$|\alpha\rangle$以$\{|e_n\rangle\}$为基的展开式：

$$\sum_n (\langle e_n|\alpha\rangle)|e_n\rangle = |\alpha\rangle. \tag{3.94}$$

类似地，假如$\{|e_z\rangle\}$是一组狄拉克正交归一的连续基，

$$\langle e_z|e_{z'}\rangle = \delta(z-z'), \tag{3.95}$$

那么

$$\boxed{\int |e_z\rangle\langle e_z|\mathrm{d}z = 1.} \tag{3.96}$$

式（3.93）和式（3.96）是表示**完备性**最整洁的方式．

严格地讲，左矢和右矢的内部是一个名称（在$|\cdots\rangle$和$\langle\cdots|$中的省略号），即所讨论问题矢量的名字："α"或者"n"，或人的名字"爱丽丝"或者"鲍勃"．它没有内在的数学属性．当然，选择一个能让人联想到的名字是很有帮助的，例如，如果你在平方可积函数的L^2空间中讨论问题，那么也就很自然地用它所表示的函数来命名每个矢量：$|f\rangle$．例如，我们可以写出厄米算符的定义，就像在式（3.17）中所做的那样：

$$\langle f|\hat{Q}f\rangle = \langle\hat{Q}f|f\rangle.$$

严格地说，在狄拉克记号中，这种表示是毫无意义的：这里f是一个名称，算符作用在矢量上，而不是作用在名称上．上式左侧正确的书写应该是

$$\langle f|\hat{Q}|f\rangle,$$

但我们该如何看待右侧（$\langle\hat{Q}f|f\rangle$）呢？$\langle\hat{Q}f|$的意思是"左矢$\hat{Q}|f\rangle$的对偶"，但它应该叫什么名称？我想我们可以说

$$\langle(\text{矢量 }\hat{Q}|f\rangle\text{的名称})|,$$

但这是一个又长又拗口的词．但是，由于我们选择了以它所代表的函数的名称来命名每个矢

量，且我们也清楚 $\hat{Q}$ 是如何作用于函数（而不是名称）f 的，实际上这变成[35]

$$\langle \hat{Q}f|,$$

所以一切都可以了.[36]

一个算符作用于希尔伯特空间的一个矢量上得到另一个矢量：

$$\hat{Q}|\alpha\rangle=|\beta\rangle. \tag{3.97}$$

很明显，两个算符之和的定义是

$$(\hat{Q}+\hat{R})|\alpha\rangle=\hat{Q}|\alpha\rangle+\hat{R}|\alpha\rangle, \tag{3.98}$$

两个算符的乘积是

$$\hat{Q}\hat{R}|\alpha\rangle=\hat{Q}(\hat{R}|\alpha\rangle) \tag{3.99}$$

（首先让 $\hat{R}$ 作用于 $|\alpha\rangle$，再让 $\hat{Q}$ 作用在前面得到的结果上——当然，要特别注意它们的顺序.）偶尔我们也会遇到算符是个函数形式. 它们通常由幂级数展开式来定义：

$$e^{\hat{Q}}\equiv 1+\hat{Q}+\frac{1}{2}\hat{Q}^2+\frac{1}{3!}\hat{Q}^3+\cdots \tag{3.100}$$

$$\frac{1}{1-\hat{Q}}\equiv 1+\hat{Q}+\hat{Q}^2+\hat{Q}^3+\hat{Q}^4+\cdots \tag{3.101}$$

$$\ln(1+\hat{Q})\equiv \hat{Q}-\frac{1}{2}\hat{Q}^2+\frac{1}{3}\hat{Q}^3-\frac{1}{4}\hat{Q}^4+\cdots \tag{3.102}$$

等. 在上述式子的右边，只含有求和和乘积项，我们已经知道如何处理它们.

习题 3.23　证明投影算符**等幂**（**idempotent**）：$\hat{P}^2=\hat{P}$. 求 $\hat{P}$ 的本征值，并描述其本征矢量.

习题 3.24　证明：若 $\hat{Q}$ 是厄米算符，则在任意正交基内所表示的矩阵元满足 $Q_{mn}=Q_{nm}^*$. 也就是说，相应的矩阵等于其厄米共轭.

习题 3.25　两能级系统的哈密顿量为

$$\hat{H}=\varepsilon(|1\rangle\langle 1|-|2\rangle\langle 2|+|1\rangle\langle 2|+|2\rangle\langle 1|),$$

这里，$|1\rangle$、$|2\rangle$ 是正交归一基，ε 为一个具有能量量纲的数值. 求出其本征值和本征矢（用 $|1\rangle$ 和 $|2\rangle$ 的线性叠加表示）. 用这组基来表示 $\hat{H}$ 的矩阵 $\mathbf{H}$ 是什么？

习题 3.26　考虑由正交归一基 $|1\rangle$、$|2\rangle$、$|3\rangle$ 构成的三维矢量空间. 右矢 $|\alpha\rangle$ 和 $|\beta\rangle$ 分别为

$$|\alpha\rangle=\mathrm{i}|1\rangle-2|2\rangle-\mathrm{i}|3\rangle,\ |\beta\rangle=\mathrm{i}|1\rangle+2|3\rangle.$$

（a）构造出 $\langle\alpha|$ 和 $\langle\beta|$（以对偶基 $\langle 1|$、$\langle 2|$、$\langle 3|$ 来表示）.

---

[35] 根据式（3.20），注意到 $\langle\hat{Q}f|=\langle f|\hat{Q}^\dagger$.

[36] 像 δ 函数一样，狄拉克记号是很漂亮、有用、可靠的. 你可以妄用它（每个人都这样），而且不会产生不良影响. 但偶尔你应该停下来问问自己这些符号到底是什么意思.

（b）求出$\langle\alpha|\beta\rangle$和$\langle\beta|\alpha\rangle$，并证实$\langle\beta|\alpha\rangle=\langle\alpha|\beta\rangle^*$.

（c）在这组基中，求出算符$\hat{A}\equiv|\alpha\rangle\langle\beta|$的所有9个矩阵元，并写出矩阵$\mathbf{A}$. 它是厄米矩阵吗？

习题3.27 令算符$\hat{Q}$是具有一组完备的正交归一本征矢：

$$\hat{Q}|e_n\rangle=q_n|e_n\rangle \quad (n=1,2,3,\cdots).$$

（a）证明$\hat{Q}$可以写成它的**谱分解**（**spectral decomposition**）形式：

$$\hat{Q}=\sum_n q_n|e_n\rangle\langle e_n|. \tag{3.103}$$

提示：算符是通过它对所有可能矢量的作用来表征的，因此对于任意矢量$|\alpha\rangle$来说，你需要证明

$$\hat{Q}|\alpha\rangle=\left\{\sum_n q_n|e_n\rangle\langle e_n|\right\}|\alpha\rangle.$$

（b）定义$\hat{Q}$函数的另一种方法是通过谱分解：

$$f(\hat{Q})=\sum_n f(q_n)|e_n\rangle\langle e_n|. \tag{3.104}$$

证明：对于$e^{\hat{Q}}$的情况，这等同于式（3.100）.

习题3.28 令$\hat{D}=d/dx$（导数算符）. 求：

（a）$(\sin\hat{D})x^5$.

（b）$\left(\frac{1}{1-\hat{D}/2}\right)\cos x$.

****习题3.29** 考虑两个相互不对易算符$\hat{A}$和$\hat{B}$（$\hat{C}=[\hat{A},\hat{B}]$），但它们都与它们的对易式对易$[\hat{A},\hat{C}]=[\hat{B},\hat{C}]=0$（例如$\hat{x}$和$\hat{p}$）.

（a）证明

$$[\hat{A}^n,\hat{B}]=n\hat{A}^{n-1}\hat{C}.$$

提示：利用式（3.65），对n采用归纳法来证明.

（b）证明

$$[e^{\lambda\hat{A}},\hat{B}]=\lambda e^{\lambda\hat{A}}\hat{C},$$

其中λ为任意复数. **提示**：把$e^{\lambda\hat{A}}$展开为幂级数.

（c）推导**贝克-坎贝尔-豪斯多夫公式**（**Baker-Campbell-Hausdorff formula**）：[37]

$$e^{\hat{A}+\hat{B}}=e^{\hat{A}}e^{\hat{B}}e^{-\hat{C}/2}.$$

---

[37] 这是一个更一般的公式的特例，适用于$\hat{A}$和$\hat{B}$都不与$\hat{C}$对易的情况，例如，参见Eugen Merzbacher，*Quantum Mechanics*，第3版，Wiley，纽约（1998），第40页.

提示：定义函数

$$\hat{f}(\lambda)=e^{\lambda(\hat{A}+\hat{B})},\quad \hat{g}(\lambda)=e^{\lambda\hat{A}}e^{\lambda\hat{B}}e^{-\lambda^2\hat{C}/2}.$$

注意：当 $\lambda=0$ 时，这两个函数相等. 证明它们满足同样的微分方程：$\frac{d\hat{f}}{d\lambda}=(\hat{A}+\hat{B})\hat{f}$ 和 $\frac{d\hat{g}}{d\lambda}=(\hat{A}+\hat{B})\hat{g}$. 因此，对所有的 λ，这两个函数本身是相等的.[38]

3.6.3　狄拉克记号中的基矢变换

狄拉克记法的优点是它使我们讨论问题不必局限在某一特定基上，同时使得基之间的变换十分方便. 回想一下，恒等式算符可以写成在一组完备状态上的投影（式（3.93）和式（3.96））；特别有趣的是位置本征态 $|x\rangle$、动量本征态 $|p\rangle$ 和能量本征态（我们假设它们是离散的）$|n\rangle$：

$$1=\int dx\,|x\rangle\langle x|,$$

$$1=\int dp\,|p\rangle\langle p|,$$

$$1=\sum|n\rangle\langle n|. \tag{3.106}$$

将这些恒等式分别作用在态矢量 $|\mathcal{S}(t)\rangle$ 上，得到

$$|\mathcal{S}(t)\rangle=\int dx\,|x\rangle\langle x|\mathcal{S}(t)\rangle\equiv\int\Psi(x,t)\,|x\rangle\,dx,$$

$$|\mathcal{S}(t)\rangle=\int dp\,|p\rangle\langle p|\mathcal{S}(t)\rangle\equiv\int\Phi(p,t)\,|p\rangle\,dp,$$

$$|\mathcal{S}(t)\rangle=\sum_n|n\rangle\langle n|\mathcal{S}(t)\rangle\equiv\sum c_n(t)\,|n\rangle. \tag{3.107}$$

在这里，我们将位置空间、动量空间和“能量空间”波函数（式（3.77）~式（3.79））视为在各自基矢中 $|\mathcal{S}(t)\rangle$ 的分量.

例题 3.9　推导从位置空间到动量空间波函数的变换.（当然，我们已经知道答案了，但我想给你们展示如何利用狄拉克符号来计算的.）

解：通过给定的 $\Psi(x,t)=\langle x|\mathcal{S}(t)\rangle$ 来求出 $\Phi(p,t)=\langle p|\mathcal{S}(t)\rangle$. 我们可以通过插入一个恒等算符的表示式将两者联系起来：

$$\begin{aligned}\Phi(p,t)&=\langle p|\mathcal{S}(t)\rangle\\&=\langle p|\left(\int dx\,|x\rangle\langle x|\right)|\mathcal{S}(t)\rangle\\&=\int\langle p|x\rangle\langle x|\mathcal{S}(t)\rangle\,dx\\&=\int\langle p|x\rangle\,\Psi(x,t)\,dx.\end{aligned} \tag{3.108}$$

---

[38] 只要严格遵循其顺序，乘积规则对算符微分运算也成立：

$$\frac{d}{d\lambda}[\hat{A}(\lambda)\hat{B}(\lambda)]=\hat{A}'(\lambda)\hat{B}(\lambda)+\hat{A}(\lambda)\hat{B}'(\lambda). \tag{3.105}$$

现在，$\langle x|p\rangle$是在坐标表象下动量的本征态（本征值为p），也就是式（3.32）中的$f_p(x)$，所以

$$\langle p|x\rangle=\langle x|p\rangle^*=[f_p(x)]^*=\frac{1}{\sqrt{2\pi\hbar}}\mathrm{e}^{-\mathrm{i}px/\hbar}.$$

将上式代入式（3.108）得到

$$\Phi(p,t)=\int\frac{1}{\sqrt{2\pi\hbar}}\mathrm{e}^{-\mathrm{i}px/\hbar}\Psi(x,t)\,\mathrm{d}x,$$

即式（3.54）.

正如波函数在不同的基中有不同的形式一样，算符也是如此. 在坐标基中，位置算符是

$$\hat{x}\to x;$$

或者，在动量基中，

$$\hat{x}\to \mathrm{i}\hbar\frac{\partial}{\partial p},$$

然而，狄拉克记号允许我们把箭头去掉，而保持不变. 算符作用在左矢上，通过取与一个适当的基矢量的内积，其运算的结果可以用任何基表示. 也就是

$$\langle x|\hat{x}|\mathcal{S}(t)\rangle=\text{在 }x\text{ 基中位置算符的作用}=x\Psi(x,t),\tag{3.109}$$

或者

$$\langle p|\hat{x}|\mathcal{S}(t)\rangle=\text{在 }p\text{ 基中位置算符的作用}=\mathrm{i}\hbar\frac{\partial\Phi}{\partial p}.\tag{3.110}$$

在这种表示法中，算符在不同基矢之间的变换非常简单，如下例所示.

例题 3.10　通过在左侧插入恒等式的方法，求出动量基中的位置算符（式(3.110)）.

解：

$$\langle p|\hat{x}|\mathcal{S}(t)\rangle=\langle p|\hat{x}\int\mathrm{d}x\,|x\rangle\langle x||\mathcal{S}(t)\rangle$$

$$=\int\langle p|x|x\rangle\langle x|\mathcal{S}(t)\rangle\,\mathrm{d}x,$$

这里，我利用了$|x\rangle$是$\hat{x}$的本征态这一事实（$\hat{x}|x\rangle=x|x\rangle$）. x可以从内积中提取出来（只是一个数字）且

$$\langle p|\hat{x}|\mathcal{S}(t)\rangle=\int x\langle p|x\rangle\Psi(x,t)\,\mathrm{d}x$$

$$=\int x\frac{\mathrm{e}^{-\mathrm{i}px/\hbar}}{\sqrt{2\pi\hbar}}\Psi(x,t)\,\mathrm{d}x$$

$$=\mathrm{i}\hbar\frac{\partial}{\partial p}\int\frac{\mathrm{e}^{-\mathrm{i}px/\hbar}}{\sqrt{2\pi\hbar}}\Psi(x,t)\,\mathrm{d}x.$$

最后，我们将积分视为$\Phi(p,t)$（式（3.54））.

习题 3.30　利用例题 3.9 中的方法推导出位置空间到能量空间波函数（$c_n(t)$）的变换．假设能谱是不连续的，势能不显含时间．

本章补充习题

习题 3.31　**勒让德多项式（Legendre polynomials）**．用格拉姆-施密特方法（习题 A.4）在区间 $-1 \leqslant x \leqslant 1$ 内对函数 1、x、x^2、x^3 进行正交归一化．你可能会认出这些结果——（除了归一化外）它们是勒让德多项式（习题 2.64 和表 4.1）．[39]

习题 3.32　**反厄米算符**等于其负的厄米共轭：

$$\hat{Q}^{\dagger} = -\hat{Q}. \tag{3.111}$$

（a）证明反厄米算符的期望值是虚数．

（b）证明反厄米算符的本征值是虚数．

（c）证明属于反厄米算符不同本征值的本征矢是正交的．

（d）证明两个厄米算符的对易式是反厄米的．那么两个反厄米算符的对易式呢？

（e）证明任一算符 $\hat{Q}$ 都可以表示为一个厄米算符 $\hat{A}$ 和一个反厄米算符 $\hat{B}$ 之和，用 $\hat{Q}$ 和它的伴算符 $\hat{Q}^{\dagger}$ 表出 $\hat{A}$ 和 $\hat{B}$.

习题 3.33　**相继测量（Sequential measurements）**．算符 $\hat{A}$ 表示可观测量 A，它的两个归一化本征态是 ψ_1 和 ψ_2，相应本征值分别为 a_1 和 a_2．算符 $\hat{B}$ 表示可观测量 B，它的两个归一化本征态是 ϕ_1 和 ϕ_2，相应本征值分别为 b_1 和 b_2．两组本征态之间有关系：

$$\psi_1 = (3\phi_1 + 4\phi_2)/5, \quad \psi_2 = (4\phi_1 - 3\phi_2)/5.$$

（a）对可观测量 A 进行测量，结果为 a_1．那么在测量后（瞬时）体系处在什么态？

（b）现在如果再对 B 进行测量，可能的结果是什么？出现的几率是多少？

（c）恰好在测量 B 后，再次测量 A．那么结果为 a_1 的几率是多少？（请注意，如果我告诉你 B 测量的结果，答案将非常不同．）

*** **习题 3.34**

（a）对无限深方势阱中第 n 个定态，求动量空间波函数 $\Phi_n(p,t)$．

（b）求几率密度 $|\Phi_n(p,t)|^2$．对于 $n=1$，$n=2$，$n=5$ 和 $n=10$，画出几率密度函数．在 n 很大时，p 的最概然值是多少？这是你所预期的吗？[40] 将你的结果与习题 3.10 做比较．

（c）利用 $\Phi_n(p,t)$ 计算 p^2 处在第 n 个状态的期望值．将你的结果与习题 2.4 做比较．

习题 3.35　考虑波函数

---

[39] 勒让德那时不知道选择什么是最方便的；他选择整体因子使得在 $x=1$ 时他的所有函数为 1，因此，我们仍然用他这个不适当的选择．

[40] 参见 F. L. Markley, *Am. J. Phys.* **40**, 1545（1972）.

$$\psi(x,0)=\begin{cases}\dfrac{1}{\sqrt{2n\lambda}}e^{i2\pi x/\lambda}, & -n\lambda<x<n\lambda;\\ 0, & \text{其他地方}.\end{cases}$$

这里 n 是某个正整数. 在区间 $-n\lambda<x<n\lambda$ 上，它是纯正弦函数（波长为 λ），但由于振荡没有伸展到无限远处，它的动量仍然有一个分布范围. 求出动量空间的波函数 $\Phi(p,0)$，画出 $|\psi(x,0)|^2$ 和 $|\Phi(p,0)|^2$，求出峰宽 w_x 和 w_p（主峰两边零点之间的距离）. 注意在当 $n\to\infty$ 时，每一个峰宽是如何变化的. 利用 w_x 和 w_p 估算 Δx 和 Δp，验证不确定原理是否满足. **提示**：如果尝试计算 σ_p，你将会感到很意外. 你能够分析问题的原因所在吗？

习题 3.36 假设：

$$\psi(x,0)=\frac{A}{x^2+a^2}\quad(-\infty<x<\infty)$$

式中，A 和 a 是常数.

（a）通过对 $\psi(x,0)$ 归一化确定 A 的值.

（b）求出 $\langle x\rangle$、$\langle x^2\rangle$ 和 σ_x（在 $t=0$ 时刻）.

（c）求出动量空间的波函数 $\Phi(p,0)$，并验证它是归一化的.

（d）用 $\Phi(p,0)$ 来计算 $\langle p\rangle$、$\langle p^2\rangle$ 和 σ_p（在 $t=0$ 时刻）.

（e）对该状态验证海森伯不确定原理.

***习题 3.37 位力定理（Virial theorem）**. 利用式（3.73）证明

$$\frac{d}{dt}\langle xp\rangle=2\langle T\rangle-\left\langle x\frac{\partial V}{\partial x}\right\rangle,\tag{3.112}$$

式中，T 是动能（$H=T+V$）. 对于定态，式（3.112）的左边为0（为什么？）. 所以有

$$2\langle T\rangle=\left\langle x\frac{dV}{dx}\right\rangle.\tag{3.113}$$

这称之为位力定理. 利用它证明谐振子的定态有 $\langle T\rangle=\langle V\rangle$，并验证这是否与习题 2.11 和习题 2.12 中所得到的结果一致.

习题 3.38 在能量-时间不确定性原理一个有趣的形式中，[41] $\Delta t=\tau/\pi$，这里 τ 是 $\psi(x,t)$ 演变为与 $\psi(x,0)$ 相正交的状态所需要的时间. 利用对某个（任意的）势场中的两个（正交归一的）定态波函数的线性组合：$\psi(x,0)=(1/\sqrt{2})[\psi_1(x)+\psi_2(x)]$，来验证这个结论.

****习题 3.39** 以谐振子（正交归一的）定态为基（式（2.68）），求出矩阵元 $\langle n|x|n'\rangle$ 和 $\langle n|p|n'\rangle$. 你已经在习题 2.12 里计算过矩阵对角元（$n=n'$）；用同样方法计算更一般的情况. 构造出相应的（无限）矩阵，$\boldsymbol{X}$ 和 $\boldsymbol{P}$. 证明：在该基中，$(1/2m)\boldsymbol{P}^2+(m\omega^2/2)\boldsymbol{X}^2=\boldsymbol{H}$ 是对角矩阵. 它的对角矩阵元是你所预期的吗？**部分答案**：

---

[41] 对其证明可以参见 L. Vaidman，*Am. J. Phys.* **60**，182（1992）.

$$\langle n|x|n'\rangle=\sqrt{\frac{\hbar}{2m\omega}}(\sqrt{n'}\delta_{n,n'-1}+\sqrt{n}\delta_{n',n-1}).\tag{3.114}$$

****习题 3.40**　谐振子势中粒子波函数一般可写为

$$\Psi(x,t)=\sum_n c_n\psi_n(x)\mathrm{e}^{-\mathrm{i}E_nt/\hbar}.$$

证明位置期望值为

$$\langle x\rangle=C\cos(\omega t-\phi),$$

其中，实常数 C 和 ϕ 由下式给出：

$$C\mathrm{e}^{-\mathrm{i}\phi}=\left(\sqrt{\frac{2\hbar}{m\omega}}\right)\sum_{n=0}^{\infty}\sqrt{n+1}\,c_{n+1}^{*}c_n.$$

所以，谐振子的位置期望值以经典频率 ω 振动（正如埃伦菲斯特定理预期的那样；见习题 3.19（b））. 提示：利用式（3.114）. 作为一个例子，找出习题 2.40 中波函数的 C 和 ϕ 的值.

习题 3.41　谐振子处于这样的态，当对其能量进行测量时，所得结果是 $(1/2)\hbar\omega$ 或 $(3/2)\hbar\omega$ 的几率相等. 在这种状态下，$\langle p\rangle$ 最大的可能值是多少？假设在 $t=0$ 时刻该值为最大，$\Psi(x,t)$ 是什么？

*****习题 3.42　谐振子的相干态（Coherent states of the harmonic oscillator）**. 在谐振子定态中（式（2.68）），仅当 $n=0$ 时的状态符合不确定原理的极限（$\sigma_x\sigma_p=\hbar/2$）；如同你在习题 2.12 得到的那样，在一般情况下有 $\sigma_x\sigma_p=(2n+1)\hbar/2$. 但是，某些线性叠加（所谓的相干态）也会取不确定度乘积的最小值. 它们是降算符的本征函数：[42]

$$a_-|\alpha\rangle=\alpha|\alpha\rangle.$$

（这里，本征值 α 可以是任何复数.）

（a）对态 $|\alpha\rangle$ 计算 $\langle x\rangle$、$\langle x^2\rangle$、$\langle p\rangle$ 和 $\langle p^2\rangle$. 提示：利用例题 2.5 中的方法，要注意的是 a_+ 是 a_- 的厄米共轭算符. 不要假定 α 是实数.

（b）求出 σ_x 和 σ_p；证明 $\sigma_x\sigma_p=\hbar/2$.

（c）像任何其他的波函数一样，相干态可以利用能量本征态做展开：

$$|\alpha\rangle=\sum_{n=0}^{\infty}c_n|n\rangle.$$

证明展开系数是

$$c_n=\frac{\alpha^n}{\sqrt{n!}}c_0.$$

（d）通过归一化 $|\alpha\rangle$ 确定 c_0. 答案：$\exp(-|\alpha|^2/2)$.

（e）现在，引入时间因子：

$$|n\rangle\to\mathrm{e}^{-\mathrm{i}E_nt/\hbar}|n\rangle,$$

证明 $|\alpha(t)\rangle$ 仍然是 a_- 的本征态，但本征值是随时间变化的：

[42] 升算符没有可归一化的本征函数.

$$\alpha(t)=\mathrm{e}^{-\mathrm{i}\omega t}\alpha.$$

因此一个相干态将维持相干，并继续取不确定度乘积的最小值.

(f) 基于 (a) (b) 和 (e) 中得到的结果，求出作为时间函数的$\langle x\rangle$和 σ_x. 如果把复数 α 写成如下形式将会大有帮助：

$$\alpha=C\sqrt{\frac{m\omega}{2\hbar}}\mathrm{e}^{\mathrm{i}\phi},$$

其中 C 和 ϕ 是实数. 注释：在某种意义上，相干态的行为是准经典的.

(g) 基态 ($|n=0\rangle$) 本身是相干态吗？如果是，它的本征值是什么？

习题 3.43 扩展的不确定原理.[43] 广义不确定原理（式 (3.62)）指出

$$\sigma_A^2\sigma_B^2\geqslant\frac{1}{4}\langle C\rangle^2,$$

其中 $\hat{C}\equiv-\mathrm{i}[\hat{A},\ \hat{B}]$.

(a) 证明它可以拓展为

$$\sigma_A^2\sigma_B^2\geqslant\frac{1}{4}(\langle C\rangle^2+\langle D\rangle^2),\tag{3.115}$$

其中 $\hat{D}\equiv\hat{A}\hat{B}+\hat{B}\hat{A}-2\langle A\rangle\langle B\rangle$. **提示**：保留式 (3.60) 中的实部项 $\mathrm{Re}(z)$.

(b) 当 $B=A$ 时，验证式 (3.115)（在这种情况下，标准的不确定原理是平庸的，因为 $\hat{C}=0$；遗憾的是，扩展的不确定原理也没什么帮助）.

习题 3.44 某三能级体系哈密顿量的矩阵形式表示为

$$\boldsymbol{H}=\begin{pmatrix}a&0&b\\0&c&0\\b&0&a\end{pmatrix},$$

其中 a、b 和 c 都是实数.

(a) 如果体系的初始态是

$$|\mathcal{S}(0)\rangle=\begin{pmatrix}0\\1\\0\end{pmatrix},$$

求 $|\mathcal{S}(t)\rangle$.

(b) 如果初始态是

$$|\mathcal{S}(0)\rangle=\begin{pmatrix}1\\0\\0\end{pmatrix},$$

求 $|\mathcal{S}(t)\rangle$.

习题 3.45 求以谐振子能量的本征态作为基矢展开的位置算符. 也就是，按照 $c_{\mathrm{n}}(t)=\langle n|\mathcal{S}(t)\rangle$ 表示出

---

[43] 一个有趣的评注及参考文献，参见 R. R. Puri，*Phys. Rev. A* **49**，2178（1994）.

$$\langle n|\hat{x}|\mathcal{S}(t)\rangle,$$

提示：利用式（3.114）.

习题 3.46　某个三能级体系哈密顿量的矩阵形式表示为

$$\boldsymbol{H}=\hbar\omega\begin{pmatrix}1&0&0\\0&2&0\\0&0&2\end{pmatrix},$$

另外的两个可观测量 A 和 B 的矩阵表示为

$$\boldsymbol{A}=\lambda\begin{pmatrix}0&1&0\\1&0&0\\0&0&2\end{pmatrix},\quad \boldsymbol{B}=\mu\begin{pmatrix}2&0&0\\0&0&1\\0&1&0\end{pmatrix},$$

式中，ω、λ 和 μ 都是正实数.

（a）求出 $\boldsymbol{H}$、$\boldsymbol{A}$ 和 $\boldsymbol{B}$ 的本征值和归一化的本征函数.

（b）假设体系初始态为一般的状态

$$|\mathcal{S}(0)\rangle=\begin{pmatrix}c_1\\c_2\\c_3\end{pmatrix},$$

其中 $|c_1|^2+|c_2|^2+|c_3|^2=1$，求（在 $t=0$ 时刻）$\boldsymbol{H}$、$\boldsymbol{A}$ 和 $\boldsymbol{B}$ 的期望值.

（c）$|\mathcal{S}(t)\rangle$是什么？如果你（在 t 时刻）测量该态的能量，可能会获得什么样的值，几率分别是多少？对可观测量 $\boldsymbol{A}$ 和 $\boldsymbol{B}$，回答同样的问题.

****习题 3.47　超对称性（supersymmetry）**. 考虑两个算符

$$\hat{A}=\mathrm{i}\frac{\hat{p}}{\sqrt{2m}}+W(x)\quad 和 \quad \hat{A}^{\dagger}=-\mathrm{i}\frac{\hat{p}}{\sqrt{2m}}+W(x),\tag{3.116}$$

$W(x)$ 为某个函数. 通过对两个算符按照不同次序相乘，可以构建两个哈密顿量：

$$\hat{H}_1=\hat{A}^{\dagger}\hat{A}=\frac{\hat{p}^2}{2m}+V_1(x)\quad 和 \quad \hat{H}_2=\hat{A}\hat{A}^{\dagger}=\frac{\hat{p}^2}{2m}+V_2(x);\tag{3.117}$$

V_1 和 V_2 称为**超对称伴势（supersymmetric partner potentials）**. $\hat{H}_1$ 和 $\hat{H}_2$ 的能量和本征态以有趣的方式联系在一起.[44]

（a）用**超势** $W(x)$（**superpotential**）表出势 $V_1(x)$ 和 $V_2(x)$.

（b）证明：如果 $\psi_n^{(1)}$ 是 $\hat{H}_1$ 的本征态，其本征值为 $E_n^{(1)}$，那么 $\hat{A}\psi_n^{(1)}$ 是 $\hat{H}_2$ 的本征态，且本征值也为 $E_n^{(1)}$. 同样证明，如果 $\psi_n^{(2)}$ 是 $\hat{H}_2$ 的本征态，其本征值为 $E_n^{(2)}$，那么$\hat{A}^{\dagger}\psi_n^{(2)}$ 是 $\hat{H}_1$ 的本征态，且本征值也为 $E_n^{(2)}$. 因此，这两个哈密顿量有着完全相同的能谱.

（c）通常情况下，通过选择 $W(x)$ 使 $\hat{H}_1$ 的基态满足

---

[44] 见 Fred Cooper，Avinash Khare 和 Uday Sukhatme，*Supersymmetry in Quantum Mechanics*，World Scientific，新加坡，2001.

$$\hat{A}\psi_0^{(1)}(x)=0, \tag{3.118}$$

同时 $E_0^{(1)}=0$. 利用这些条件，用基态波函数 $\psi_0^{(1)}(x)$ 表示出超势 $W(x)$.（实际上，$\hat{A}$ 使 $\psi_0^{(1)}(x)$ 湮灭本身就意味着 $\hat{H}_2$ 的本征态要比 $\hat{H}_1$ 少一个，缺少的本征值为 $E_0^{(1)}$.）

（d）考虑狄拉克 δ 函数势阱：

$$V_1(x)=\frac{m\alpha^2}{2\hbar^2}-\alpha\delta(x), \tag{3.119}$$

（常数项$\frac{m\alpha^2}{2\hbar^2}$包含在内，因此 $E_0^{(1)}=0$.）它只有一个束缚态（式（2.132））

$$\psi_0^{(1)}(x)=\frac{\sqrt{m\alpha}}{\hbar}\exp\left[-\frac{m\alpha}{\hbar^2}|x|\right]. \tag{3.120}$$

利用（a）和（c）部分的结果以及习题2.23（b），求出超势 $W(x)$ 和伴势 $V_2(x)$. 你可能会认识这个伴势，显然它没有束缚态. 这两个系统之间的超对称性解释了一个事实，即它们的反射系数和透射系数是相同的（见2.5.2节的最后一段）.

****习题3.48**　算符不仅可以由其作用定义（对它作用的矢量进行操作），也可以由域来定义（算符作用的矢量集合）. 在有限维矢量空间中，域就是整个空间，我们不必担心它. 但是，对希尔伯特空间中的大多数算符，域是受限制的. 特别地，在 $\hat{Q}$ 的域中，只允许函数 $\hat{Q}f(x)$ 留在希尔伯特空间中.（正如你在习题3.2中发现的那样，导数运算符可以将一个函数作用后使之离开 L^2 空间.）厄米算符的作用与它自伴算符的作用是一样的（习题3.5）.[45] 但实际上要表示可观测量要求有更多的东西：$\hat{Q}$ 和 $\hat{Q}^\dagger$ 的域必须是相同的. 这种算符称**自伴算符（self-adjoint）**.[46]

（a）在有限区间 $0\leqslant x\leqslant a$ 内，考虑动量算符，$\hat{p}=-i\hbar d/dx$. 考虑到无限深方势阱，域可以定义为函数集 $f(x)$，且 $f(0)=f(a)=0$（不言而喻，$f(x)$ 和 $\hat{p}f(x)$ 都在 $L^2(0,a)$ 中）. 证明 $\hat{p}$ 是厄米的：$\langle g|\hat{p}f\rangle=\langle\hat{p}^\dagger g|f\rangle$ 和 $\hat{p}^\dagger=\hat{p}$. 它是自伴算符吗？**提示：**只要 $f(0)=f(a)=0$，$g(0)$ 或 $g(a)$ 没有限制——$\hat{p}^\dagger$ 的域要比 $\hat{p}$ 的域大很多.[47]

（b）假设对于某些固定的复数 λ，我们扩展 $\hat{p}$ 的域以包含形式 $f(a)=\lambda f(0)$ 的所有形式的函数. 必须对 $\hat{p}^\dagger$ 做什么样的限制条件才能使得 $\hat{p}$ 是厄米的？λ 取什么值时，$\hat{p}$ 是自伴算符？**评注：**严格地讲，有限区间内没有动量算符——或者更确切地说，有无限多，没有方法去确定哪一个是“正确的”.（在习题3.34中，我们是通过处理无限空间来避免这个问题的.）

[45] 数学家称他们为“对称”算符.

[46] 因为这种区别很少出现，物理学家更倾向于不加区别地使用“厄米”一词；严格来说，我们都应该说“自伴的”，不管是作用还是域都有 $\hat{Q}=Q^\dagger$.

[47] $\hat{Q}$ 的域是我们规定的；它决定了$\hat{Q}^\dagger$ 的域.

（c）对于半无限区域 $0 \leqslant x \leqslant \infty$，情况又会如何？在这种情况下，动量自伴算符存在吗？[48]

**** 习题 3.49**

（a）在动量空间中，写出自由粒子的含时薛定谔方程，并求解．答案 $\exp(-\mathrm{i}p^2t/2m\hbar)\Phi(p,0)$．

（b）求运动的高斯波包（习题 2.42）$\Phi(p,0)$，并构造 $\Phi(p,t)$．给出 $|\Phi(p,t)|^2$，注意到它是不依赖于时间的．

（c）通过计算包含 Φ 的适当积分计算 $\langle p\rangle$ 和 $\langle p^2\rangle$，将答案和习题 2.42 的结果做比较．

（d）证明 $\langle H\rangle = \langle p\rangle^2/2m + \langle H\rangle_0$（这里，脚标“0”表示高斯定态），并讨论这个结果．

---

[48] 冯·诺依曼介绍了产生厄米算符自伴扩张系统，或者，在某些情况下证明它们可能不存在．有关通俗的介绍可以参见 G. Bonneau，J. Faraut 和 B. Valent，*Am. J. Phys.* **69**，322（2001）；有关有趣的应用可以参见 M. T. Ahari，G. Ortiz 和 B. Seradjeh，*Am. J. Phys.* **84**，858（2016）．

第4章 三维空间中的量子力学

4.1 薛定谔方程

薛定谔方程很简单就可以推广到三维情况．薛定谔方程为

$$\mathrm{i}\hbar\frac{\partial\Psi}{\partial t}=\hat{H}\Psi; \tag{4.1}$$

哈密顿算符 $\hat{H}$ 由经典能量得出：

$$\frac{1}{2}mv^2+V=\frac{1}{2m}(p_x^2+p_y^2+p_z^2)+V.$$

按照标准的处理方法（现在把它应用于 y、z，如同应用于 x）：

$$p_x\to-\mathrm{i}\hbar\frac{\partial}{\partial x},\ p_y\to-\mathrm{i}\hbar\frac{\partial}{\partial y},\ p_z\to-\mathrm{i}\hbar\frac{\partial}{\partial z}, \tag{4.2}$$

或者

$$\boxed{\boldsymbol{p}\to-\mathrm{i}\hbar\,\nabla.} \tag{4.3}$$

这样

$$\boxed{\mathrm{i}\hbar\frac{\partial\Psi}{\partial t}=-\frac{\hbar^2}{2m}\nabla^2\Psi+V\Psi,} \tag{4.4}$$

其中

$$\nabla^2\equiv\frac{\partial^2}{\partial x^2}+\frac{\partial^2}{\partial y^2}+\frac{\partial^2}{\partial z^2}, \tag{4.5}$$

是直角坐标系中的**拉普拉斯算符（Laplacian）**．

现在，势能 V 和波函数 Ψ 是 $\boldsymbol{r}=\boldsymbol{r}(x,y,z)$ 和 t 的函数．在无穷小体积元 $\mathrm{d}^3\boldsymbol{r}=\mathrm{d}x\mathrm{d}y\mathrm{d}z$ 内发现粒子的几率为 $|\Psi(\boldsymbol{r},t)|^2\mathrm{d}^3\boldsymbol{r}$，归一化条件是

$$\int|\Psi|^2\mathrm{d}^3\boldsymbol{r}=1, \tag{4.6}$$

式中，积分遍布整个空间．如果 V 不显含时间，将有一组完备的定态解

$$\Psi_n(\boldsymbol{r},t)=\psi_n(\boldsymbol{r})\mathrm{e}^{-\mathrm{i}E_nt/\hbar}, \tag{4.7}$$

其中空间波函数 ψ_n 满足定态薛定谔方程：

$$\boxed{-\frac{\hbar^2}{2m}\nabla^2\psi+V\psi=E\psi,} \tag{4.8}$$

（含时）薛定谔方程的一般解是

$$\Psi(\boldsymbol{r},t)=\sum c_n\psi_n(\boldsymbol{r})\mathrm{e}^{-\mathrm{i}E_nt/\hbar}, \tag{4.9}$$

和通常一样，式中常数 c_n 由初始波函数 $\Psi(\boldsymbol{r},0)$ 确定．（如果势允许存在连续态，那么式

(4.9) 中的求和变为积分.)

* **习题 4.1**

(a) 求出算符 $\boldsymbol{r}$ 和 $\boldsymbol{p}$ 的各分量之间的**正则对易关系**(**canonical commutation relations**): $[x,y]$, $[x,p_y]$, $[x,p_x]$, $[p_y,p_z]$ 等. **答案**:

$$[r_i,p_j]=-[p_i,r_j]=\mathrm{i}\hbar\delta_{ij},\quad [r_i,r_j]=[p_i,p_j]=0, \tag{4.10}$$

这里的指标分别代表 x、y、z, $r_x=x$, $r_y=y$, $r_z=z$.

(b) 证明: 在三维情况下的**埃伦菲斯特定理**(**Ehrenfest theorem**):

$$\frac{\mathrm{d}}{\mathrm{d}t}\langle\boldsymbol{r}\rangle=\frac{1}{m}\langle\boldsymbol{p}\rangle,\qquad \frac{\mathrm{d}}{\mathrm{d}t}\langle\boldsymbol{p}\rangle=\langle-\nabla V\rangle. \tag{4.11}$$

(当然, 上面的每个式子都代表三个方程——每个分量一个.) **提示**: 首先验证"广义的"埃伦菲斯特定理在三维情况下成立, 即式 (3.73).

(c) 阐述三维情况下的**海森伯不确定原理**(**Heisenberg's uncertainty principle**). **答案**:

$$\sigma_x\sigma_{p_x}\geqslant\hbar/2,\quad \sigma_y\sigma_{p_y}\geqslant\hbar/2,\quad \sigma_z\sigma_{p_z}\geqslant\hbar/2, \tag{4.12}$$

但对 $\sigma_x\sigma_{p_y}$ 等却没有任何限制.

* **习题 4.2** 在直角坐标系中, 利用分离变量法求解三维无限深方势阱(箱子里的一个粒子):

$$V(x,y,z)=\begin{cases}0, & 0<x,y,z<a;\\ \infty, & \text{其他地方}.\end{cases}$$

(a) 求出定态波函数及相应的能级.

(b) 按能量增加的顺序标记不同的能量 E_1, E_2, E_3, …. 求出 E_1、E_2、E_3、E_4、E_5 和 E_6. 确定它们的简并度(即具有相同能量状态的数目). **注释**: 在一维情况下简并不会发生(参见习题 2.44), 但在三维情况下, 简并是很常见的.

(c) E_{14} 的简并度是多少, 为什么这种情况很有趣?

4.1.1 球坐标

我们遇到的大多数应用都将涉及**中心势**(**central potentials**), 其中 V 仅是到原点距离的函数, 即 $V(\boldsymbol{r})\to V(r)$. 在这种情况下, 很自然地要采用**球坐标系**(**spherical coordinates**), (r,θ,ϕ) (参见图 4.1). 在球坐标系下, 拉普拉斯算符的形式为[1]

$$\nabla^2=\frac{1}{r^2}\frac{\partial}{\partial r}\left(r^2\frac{\partial}{\partial r}\right)+\frac{1}{r^2\sin\theta}\frac{\partial}{\partial\theta}\left(\sin\theta\frac{\partial}{\partial\theta}\right)+\frac{1}{r^2\sin^2\theta}\left(\frac{\partial^2}{\partial\phi^2}\right). \tag{4.13}$$

在球坐标系中, 定态薛定谔方程可写为

[1] 原则上, 可以通过直角坐标系的表达式(式(4-5))通过变量变换得到. 不过有更有效的方法得到它, 例如, 参见 M. Boas, *Mathe matical Methods in physical Sciences*, 第 3 版, Wiley, 纽约 (2006), 第 10 章, 第 9 节. (中译本《自然科学及工程中的数学方法》, 机械工业出版社, 2022. ——编辑注)

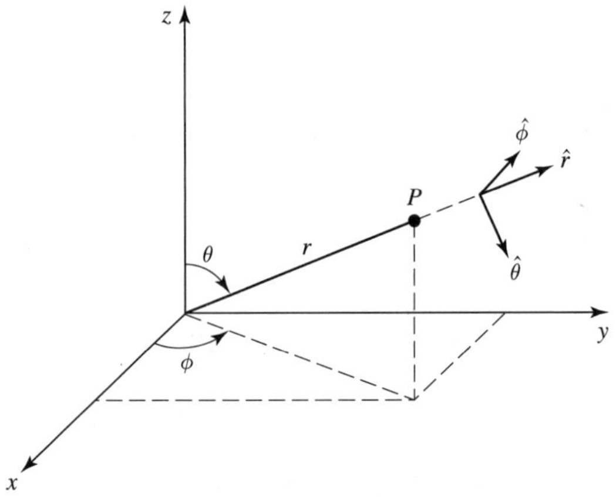

图 4.1 球坐标系：半径 r、极角 θ、方位角 ϕ.

$$-\frac{\hbar^2}{2m}\left[\frac{1}{r^2}\frac{\partial}{\partial r}\left(r^2\frac{\partial\psi}{\partial r}\right)+\frac{1}{r^2\sin\theta}\frac{\partial}{\partial\theta}\left(\sin\theta\frac{\partial\psi}{\partial\theta}\right)+\frac{1}{r^2\sin^2\theta}\left(\frac{\partial^2\psi}{\partial\phi^2}\right)\right]+V\psi=E\psi. \tag{4.14}$$

我们首先寻找可分解为乘积的函数的解（r 的函数乘以 θ 和 ϕ 的函数）：

$$\psi(r,\theta,\phi)=R(r)\mathrm{Y}(\theta,\phi). \tag{4.15}$$

把式（4.15）代入式（4.14），得到

$$-\frac{\hbar^2}{2m}\left[\frac{\mathrm{Y}}{r^2}\frac{\mathrm{d}}{\mathrm{d}r}\left(r^2\frac{\mathrm{d}R}{\mathrm{d}r}\right)+\frac{R}{r^2\sin\theta}\frac{\partial}{\partial\theta}\left(\sin\theta\frac{\partial\mathrm{Y}}{\partial\theta}\right)+\frac{R}{r^2\sin^2\theta}\left(\frac{\partial^2\mathrm{Y}}{\partial\phi^2}\right)\right]+VR\mathrm{Y}=ER\mathrm{Y}.$$

两边同时除以 $R\mathrm{Y}$ 并乘以 $-2mr^2/\hbar^2$：

$$\left\{\frac{1}{R}\frac{\mathrm{d}}{\mathrm{d}r}\left(r^2\frac{\mathrm{d}R}{\mathrm{d}r}\right)-\frac{2mr^2}{\hbar^2}[V(r)-E]\right\}+\frac{1}{\mathrm{Y}}\left\{\frac{1}{\sin\theta}\frac{\partial}{\partial\theta}\left(\sin\theta\frac{\partial\mathrm{Y}}{\partial\theta}\right)+\frac{1}{\sin^2\theta}\frac{\partial^2\mathrm{Y}}{\partial\phi^2}\right\}=0.$$

上式第一个花括号里的项仅与 r 有关，而剩余的仅与 θ 和 ϕ 有关；因此，每项必须为一个常数. 以后我们将会讨论到，[2] 我将把这个“分离常数”写作 $\ell(\ell+1)$：

$$\frac{1}{R}\frac{\mathrm{d}}{\mathrm{d}r}\left(r^2\frac{\mathrm{d}R}{\mathrm{d}r}\right)-\frac{2mr^2}{\hbar^2}[V(r)-E]=\ell(\ell+1); \tag{4.16}$$

$$\frac{1}{\mathrm{Y}}\left\{\frac{1}{\sin\theta}\frac{\partial}{\partial\theta}\left(\sin\theta\frac{\partial\mathrm{Y}}{\partial\theta}\right)+\frac{1}{\sin^2\theta}\frac{\partial^2\mathrm{Y}}{\partial\phi^2}\right\}=-\ell(\ell+1). \tag{4.17}$$

习题 4.3

（a）假设波函数 $\psi(r,\theta,\phi)=A\mathrm{e}^{-r/a}$，$A$ 和 a 都为常数. 求能量 E 和势场 $V(r)$，当 $r\to\infty$ 时，$V(r)\to 0$.

（b）设 $V(0)=0$，对波函数 $\psi(r,\theta,\phi)=A\mathrm{e}^{-r^2/a^2}$，重复上述计算.

4.1.2 角方程

式（4.17）确定了波函数 ψ 对 θ 与 ϕ 的依赖关系，两边乘以 $\mathrm{Y}\sin^2\theta$ 得

---

[2] 注意，这里不失一般性，在这个阶段 ℓ 可以是任何复数. 实际上，稍后我们会发现，ℓ 必须是一个整数，这正是预期的结果；我用一种现在看起来很奇怪的方式来表示分离常数.

$$\sin\theta\frac{\partial}{\partial\theta}\left(\sin\theta\frac{\partial Y}{\partial\theta}\right)+\frac{\partial^2 Y}{\partial\phi^2}=-\ell(\ell+1)\sin^2\theta Y. \tag{4.18}$$

你可能很熟悉该方程——经典电动力学中，在对拉普拉斯方程求解过程中出现过．和通常一样，将其分离变量：

$$Y(\theta,\phi)=\Theta(\theta)\Phi(\phi). \tag{4.19}$$

将式（4.19）代入式（4.18），并除以 $\Theta\Phi$，

$$\left\{\frac{1}{\Theta}\left[\sin\theta\frac{d}{d\theta}\left(\sin\theta\frac{d\Theta}{d\theta}\right)\right]+\ell(\ell+1)\sin^2\theta\right\}+\frac{1}{\Phi}\frac{d^2\Phi}{d\phi^2}=0.$$

第一项仅是 θ 的函数，第二项仅是 ϕ 的函数，所以上式每一项必须等于一个常数．这一次，[3] 我称它为分离常数 m^2：

$$\frac{1}{\Theta}\left[\sin\theta\frac{d}{d\theta}\left(\sin\theta\frac{d\Theta}{d\theta}\right)\right]+\ell(\ell+1)\sin^2\theta=m^2; \tag{4.20}$$

$$\frac{1}{\Phi}\frac{d^2\Phi}{d\phi^2}=-m^2. \tag{4.21}$$

关于 ϕ 的方程的解非常简单：

$$\frac{d^2\Phi}{d\phi^2}=-m^2\Phi \Rightarrow \Phi(\phi)=e^{im\phi}. \tag{4.22}$$

实际上，方程有两组解：$\exp(im\phi)$ 和 $\exp(-im\phi)$；但若 m 取负值时，后者也自然而然地包括进去了．前面还应该有个常数因子，但是它可以被吸收到 Θ 中去．顺便说一下，在电动力学中，我们可以用正弦和余弦形式来表示方位角函数（Φ），而不是采用指数形式，因为电势是实数．但是，波函数没有这样的限制，且用指数更容易处理．现在，当 ϕ 变化 2π 时，我们将返回到空间中的同一点（见图 4.1）；因此，这很自然要求[4]

$$\Phi(\phi+2\pi)=\Phi(\phi). \tag{4.23}$$

换句话说，$\exp[im(\phi+2\pi)]=\exp(im\phi)$，或 $\exp(2\pi im)=1$．这就要求 m 必须为整数：

$$m=0,\pm1,\pm2,\cdots. \tag{4.24}$$

关于 θ 的方程可能你不太熟悉：

$$\sin\theta\frac{d}{d\theta}\left(\sin\theta\frac{d\Theta}{d\theta}\right)+[\ell(\ell+1)\sin^2\theta-m^2]\Theta=0. \tag{4.25}$$

它的解是

$$\Theta(\theta)=AP_\ell^m(\cos\theta), \tag{4.26}$$

---

[3] 同样，这里没有失去一般性，因为在这个阶段，m 可以是任何复数；不过，过一会儿，我们会发现 m 实际上必须是整数．注意：字母 m 现在起双重作用，作为质量和分离常数．由于这两种用法都是标准用法，因此无法避免这种混淆．一些作者现在用 M 或 μ 来表示质量，但我不喜欢在中间过程中改变符号，我认为只要你意识到这个问题，就不会出现混淆．

[4] 这比看上去更简单，毕竟概率密度（$|\Phi|^2$）是单值的，与 m 无关．在第 4.3 节中，我们将通过一个完全不同且更具说服力的论点获得关于 m 的条件．

式中，P_ℓ^m 是**缔合勒让德函数（associated Legendre function）**，其定义是[5]

$$P_\ell^m(x) \equiv (-1)^m (1-x^2)^{m/2} \left(\frac{d}{dx}\right)^m P_\ell(x), \tag{4.27}$$

这里 $P_\ell(x)$ 是 ℓ 阶**勒让德多项式**，可由**罗德里格斯公式（Rodrigues formula）**定义：

$$P_\ell(x) \equiv \frac{1}{2^\ell \ell!}\left(\frac{d}{dx}\right)^\ell (x^2-1)^\ell. \tag{4.28}$$

例如，

$$P_0(x)=1, \quad P_1(x)=\frac{1}{2}\frac{d}{dx}(x^2-1)=x,$$

$$P_2(x)=\frac{1}{4\times 2}\left(\frac{d}{dx}\right)^2 (x^2-1)^2=\frac{1}{2}(3x^2-1),$$

等. 表 4.1 中列出了前几个勒让德多项式. 顾名思义，$P_\ell(x)$ 是一个 x 的（最高幂次为 ℓ）多项式，根据 ℓ 的奇偶性分别为奇函数或偶函数. 但 $P_\ell^m(x)$ 一般不是多项式[6]——如果 m 是奇数，那么它有因子 $\sqrt{1-x^2}$：

表 4.1　前几个勒让德多项式，$P_\ell(x)$

a）函数形式　b）图形

$P_0=1$

$P_1=x$

$P_2=\frac{1}{2}(3x^2-1)$

$P_3=\frac{1}{2}(5x^3-3x)$

$P_4=\frac{1}{8}(35x^4-30x^2+3)$

$P_5=\frac{1}{8}(63x^5-70x^3+15x)$

a)

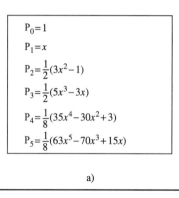

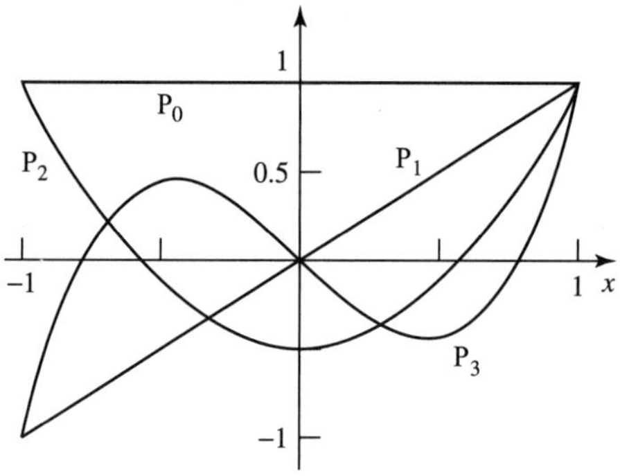

b)

$$P_2^0(x)=\frac{1}{2}(3x^2-1), \quad P_2^1(x)=-(1-x^2)^{1/2}\frac{d}{dx}\left[\frac{1}{2}(3x^2-1)\right]=-3x\sqrt{1-x^2},$$

$$P_2^2=(1-x^2)\left(\frac{d}{dx}\right)^2\left[\frac{1}{2}(3x^2-1)\right]=3(1-x^2),$$

等等.（另一方面，我们所需要的是 $P_\ell^m(\cos\theta)$，由于 $\sqrt{1-\cos\theta^2}=\sin\theta$，所以，$P_\ell^m(\cos\theta)$ 总是一个 $\cos\theta$ 的多项式，且如果 m 是奇数，则乘以 $\sin\theta$. 表 4.2 列出了一些 $\cos\theta$ 的缔合勒让德函数.）

---

[5] 一些书籍（包括本书的早期版本）在定义 P_ℓ^m 时不包含因子 $(-1)^m$. 式（4.27）假设 $m\geqslant 0$；对于负值，我们定义

$$P_\ell^{-m}(x)=(-1)^m\frac{(\ell-m)!}{(\ell+m)!}P_\ell^m(x).$$

有些书（包括这本书的早期版本）定义 $P_\ell^{-m}=P_\ell^m$. 我现在采用的是 Mathematica 使用的更标准的规定.

[6] 然而，一些作者（混淆地）称之为“缔合勒让德多项式”.

表 4.2　P_ℓ^m（$\cos\theta$）一些缔合勒让德函数

a）函数形式　b）$r=|\mathrm{P}_\ell^m(\cos\theta)|$的图形（在这些图中，$r$ 表示函数在 θ 方向上的大小；每个图都应是绕 z 轴旋转）

$\mathrm{P}_0^0=1$	$\mathrm{P}_2^0=\frac{1}{2}(3\cos^2\theta-1)$
$\mathrm{P}_1^1=-\sin\theta$	$\mathrm{P}_3^3=-15\sin\theta(1-\cos^2\theta)$
$\mathrm{P}_1^0=\cos\theta$	$\mathrm{P}_3^2=15\sin^2\theta\cos\theta$
$\mathrm{P}_2^2=3\sin^2\theta$	$\mathrm{P}_3^1=-\frac{3}{2}\sin\theta(5\cos^2\theta-1)$
$\mathrm{P}_2^1=-3\sin\theta\cos\theta$	$\mathrm{P}_3^0=\frac{1}{2}(5\cos^3\theta-3\cos\theta)$

a)

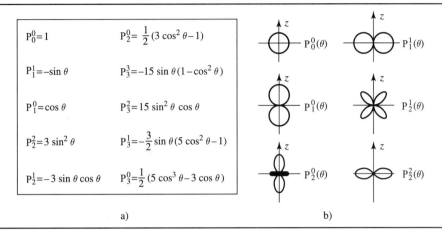

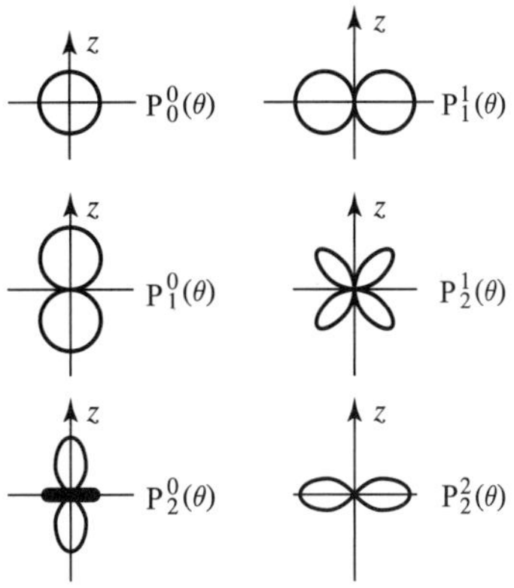

b)

注意，只有 ℓ 必须是非负整数，罗德里格斯公式才有意义；此外，如果 $m>\ell$，那么式（4.27）表示 $\mathrm{P}_\ell^m=0$. 对于任何给定的 ℓ，则 m 有（$2\ell+1$）个可能取值：

$$\ell=0,1,2,\cdots;\quad m=-\ell,-\ell+1,\cdots,-1,0,1,\cdots,\ell-1,\ell. \tag{4.29}$$

但请等一等！式（4.25）是一个二阶微分方程：对于 ℓ 和 m 随便哪一组值，它都应该有两个线性独立的解. 另外的一些解在哪里呢？答案是：当然，方程的数学解确是存在的，但在物理上是不可接受的，因为在 $\theta=0$ 和/或 $\theta=\pi$ 时方程解发散（见习题 4.5）.

现在，球坐标系中的体积元是[7]

$$\mathrm{d}^3\boldsymbol{r}=r^2\sin\theta\mathrm{d}r\mathrm{d}\theta\mathrm{d}\phi=r^2\mathrm{d}r\mathrm{d}\Omega,\ \text{这里}\ \mathrm{d}\Omega\equiv\sin\theta\mathrm{d}\theta\mathrm{d}\phi, \tag{4.30}$$

所以归一化条件变为（式（4.6））：

$$\int|\psi|^2r^2\sin\theta\mathrm{d}r\mathrm{d}\theta d\phi=\int|R|^2r^2\mathrm{d}r\int|\mathrm{Y}|^2\mathrm{d}\Omega=1.$$

对 R 和 Y 分别进行归一化是比较方便：

$$\int_0^\infty|R|^2r^2\mathrm{d}r=1,\quad\int_0^{2\pi}\int_0^\pi|\mathrm{Y}|^2\sin\theta\mathrm{d}\theta\mathrm{d}\phi=1. \tag{4.31}$$

归一化的角向波函数[8]称为**球谐函数（spherical harmonics）**：

$$\boxed{\mathrm{Y}_\ell^m(\theta,\phi)=\sqrt{\frac{(2\ell+1)}{4\pi}\frac{(\ell-m)!}{(\ell+m)!}}\mathrm{e}^{im\phi}\mathrm{P}_\ell^m(\cos\theta),} \tag{4.32}$$

我们后面将证明，它们是自动正交的：

$$\int_0^{2\pi}\int_0^\pi[\mathrm{Y}_\ell^m(\theta,\phi)]^*[\mathrm{Y}_{\ell'}^{m'}(\theta,\phi)]\sin\theta\mathrm{d}\theta\mathrm{d}\phi=\delta_{\ell\ell'}\delta_{mm'}, \tag{4.33}$$

---

[7] 例如，参见 Boas（脚注 1），第 5 章，第 4 节.

[8] 在习题 4.63 中，将推导出归一化因子.

表 4.3 列出了前几个球谐函数.

表 4.3 Y_ℓ^m (cosθ) 的前几个球谐函数

$Y_0^0=\left(\frac{1}{4\pi}\right)^{1/2}$	$Y_2^{\pm2}=\left(\frac{15}{32\pi}\right)^{1/2}\sin^2\theta e^{\pm 2i\phi}$
$Y_1^0=\left(\frac{3}{4\pi}\right)^{1/2}\cos\theta$	$Y_3^0=\left(\frac{7}{16\pi}\right)^{1/2}(5\cos^3\theta-3\cos\theta)$
$Y_1^{\pm1}=\mp\left(\frac{3}{8\pi}\right)^{1/2}\sin\theta e^{\pm i\phi}$	$Y_3^{\pm1}=\mp\left(\frac{21}{64\pi}\right)^{1/2}\sin\theta(5\cos^2\theta-1)e^{\pm i\phi}$
$Y_2^0=\left(\frac{5}{16\pi}\right)^{1/2}(3\cos^2\theta-1)$	$Y_3^{\pm2}=\left(\frac{105}{32\pi}\right)^{1/2}\sin^2\theta\cos\theta e^{\pm 2i\phi}$
$Y_2^{\pm1}=\mp\left(\frac{15}{8\pi}\right)^{1/2}\sin\theta\cos\theta e^{\pm i\phi}$	$Y_3^{\pm3}=\mp\left(\frac{35}{64\pi}\right)^{1/2}\sin^3\theta e^{\pm 3i\phi}$

* **习题 4.4** 利用式（4.27）、式（4.28）、式（4.32）来构建 Y_0^0 和 Y_2^1，验证正交归一性.

习题 4.5 证明：对 $\ell=m=0$,

$$\Theta(\theta)=A\ln[\tan(\theta/2)]$$

满足 θ 的方程（式（4.25））. 这是不可接受的“第 2 个解”，请问错误出在哪里？

习题 4.6 利用式（4.32）和脚注 5 证明：$Y_\ell^{-m}=(-1)^m(Y_\ell^m)^*$.

* **习题 4.7** 利用式（4.32），求 $Y_l^l(\theta,\phi)$ 和 $Y_3^2(\theta,\phi)$.（可以从表 4.2 中得到 P_3^2，但是你必须从式（4.27）和式（4.28）中算出 P_ℓ^ℓ.）对于适当的 ℓ 和 m 值，验证它们满足角方程（式（4.18））.

** **习题 4.8** 从罗德里格斯公式出发，推导勒让德多项式的正交归一化条件：

$$\int_{-1}^{1}P_\ell(x)P_{\ell'}\mathrm{d}x=\left(\frac{2}{2\ell+1}\right)\delta_{\ell\ell'}. \tag{4.34}$$

提示：利用分部积分.

4.1.3 径向方程

注意对于所有球对称势，波函数的角向部分 $Y(\theta,\phi)$ 都是相同的；势 $V(r)$ 的具体形式仅影响波函数的径向部分 $R(r)$，它由式（4.16）决定：

$$\frac{\mathrm{d}}{\mathrm{d}r}\left(r^2\frac{\mathrm{d}R}{\mathrm{d}r}\right)-\frac{2mr^2}{\hbar^2}[V(r)-E]R=\ell(\ell+1)R. \tag{4.35}$$

通过变量代换可以简化方程：令

$$u(r)\equiv rR(r), \tag{4.36}$$

则有 $R=u/r$，$\mathrm{d}R/\mathrm{d}r=[r(\mathrm{d}u/\mathrm{d}r)-u]/r^2$，$(\mathrm{d}/\mathrm{d}r)[r^2(\mathrm{d}R/\mathrm{d}r)]=r\mathrm{d}^2u/\mathrm{d}r^2$，可得

$$\boxed{-\frac{\hbar^2}{2m}\frac{\mathrm{d}^2u}{\mathrm{d}r^2}+\left[V+\frac{\hbar^2}{2m}\frac{\ell(\ell+1)}{r^2}\right]u=Eu.} \tag{4.37}$$

这就是**径向方程（radial equation）**；[9] 除了**有效势（effective potential）**以外，在形式上它与一维薛定谔方程（式（2.5））一样.

$$V_{\mathrm{eff}}=V+\frac{\hbar^2}{2m}\frac{\ell(\ell+1)}{r^2}, \tag{4.38}$$

有效势包含一个额外的项，即所谓的**离心项（centrifugal term）**，$(\hbar^2/2m)[\ell(\ell+1)/r^2]$. 它倾向于将粒子向外抛出（远离原点），就像经典力学中的（赝）离心力一样. 同时，归一化条件变为（式（4.31））

$$\int_0^{\infty}|u|^2\mathrm{d}r=1. \tag{4.39}$$

在势的具体形式没有给定之前，我们只能讨论到这里.

例题 4.1　对于无限深球势阱，

$$V(r)=\begin{cases}0, & r\leqslant a;\\ \infty, & r>a.\end{cases} \tag{4.40}$$

求其波函数和能量允许值.

解：在势阱外波函数为零；在势阱内，径向方程为

$$\frac{\mathrm{d}^2u}{\mathrm{d}r^2}=\left[\frac{\ell(\ell+1)}{r^2}-k^2\right]u, \tag{4.41}$$

这里

$$k\equiv\frac{\sqrt{2mE}}{\hbar}, \tag{4.42}$$

现在的问题是：在边界条件 $u(a)=0$ 的情况下求解方程式（4.41）. 在 $\ell=0$ 情况下比较简单：

$$\frac{\mathrm{d}^2u}{\mathrm{d}r^2}=-k^2u\Rightarrow u(r)=A\sin(kr)+B\cos(kr).$$

请记住，实际径向波函数是 $R(r)=u(r)/r$，当 $r\to0$ 时，$[\cos(kr)]/r$ 趋于无穷大. 因此，[10] $B=0$. 边界条件要求 $\sin(ka)=0$，因此，$ka=N\pi$，其中 N 是整数. 所以能量允许值为

$$E_{N0}=\frac{N^2\pi^2\hbar^2}{2ma^2}\quad(N=1,2,3,\cdots). \tag{4.43}$$

---

[9] 显然这里的 m 是质量——分离常数 m 不出现在径向方程中.

[10] 实际上我们要求的是波函数是归一化的，而不是有限的；$R(r)\sim1/r$ 在原点是可归一化的（由于在式（4.31）中的 r^2）. 对 $u(0)=0$ 一个更令人信服的讨论，参见 R. Shankar，*Principles of Quantum Mechanics*，Plenum，纽约（1994），第 342 页. 进一步讨论见 F. A. B. Coutinho 和 M. Amaku，*Eur. J. Phys.* **30**，1015（2009）.

（这和一维无限深方势阱的情况是一样的（式（2.30.））归一化 $u(r)$ 得到 $A=\sqrt{2/a}$：

$$u_{N0}=\sqrt{\frac{2}{a}}\sin\left(\frac{N\pi r}{a}\right). \tag{4.44}$$

注意到径向波函数有 $N-1$ 个节点（如果你愿意，或者说有 N 个波瓣）.

对任意整数 ℓ，式（4.41）的一般解并不常见：

$$u(r)=Ar\mathrm{j}_{\ell}(kr)+Br\mathrm{n}_{\ell}(kr), \tag{4.45}$$

式中，$\mathrm{j}_{\ell}(x)$ 是 ℓ 阶**球贝塞尔函数**（**spherical Bessel function**）；$\mathrm{n}_{\ell}(x)$ 是 ℓ 阶**球诺伊曼函数**（**spherical Neumann function**）. 它们的定义如下：

$$\mathrm{j}_{\ell}(x)\equiv(-x)^{\ell}\left(\frac{1}{x}\frac{\mathrm{d}}{\mathrm{d}x}\right)^{\ell}\frac{\sin x}{x};\quad \mathrm{n}_{\ell}(x)\equiv-(-x)^{\ell}\left(\frac{1}{x}\frac{\mathrm{d}}{\mathrm{d}x}\right)^{\ell}\frac{\cos x}{x}. \tag{4.46}$$

例如，

$$\mathrm{j}_0(x)=\frac{\sin x}{x};\quad \mathrm{n}_0(x)=-\frac{\cos x}{x};$$

$$\mathrm{j}_1(x)=(-x)\frac{1}{x}\frac{\mathrm{d}}{\mathrm{d}x}\left(\frac{\sin x}{x}\right)=\frac{\sin x}{x^2}-\frac{\cos x}{x};$$

$$\mathrm{j}_2(x)=(-x)^2\left(\frac{1}{x}\frac{\mathrm{d}}{\mathrm{d}x}\right)^2\frac{\sin x}{x}=x^2\left(\frac{1}{x}\frac{\mathrm{d}}{\mathrm{d}x}\right)\frac{x\cos x-\sin x}{x^3}$$

$$=\frac{3\sin x-3x\cos x-x^2\sin x}{x^3};$$

等等. 在表 4.4 中列出了前几个球贝塞尔函数和球诺伊曼函数的形式. 对于 x 较小时（这时 $\sin x=x-x^3/3!+x^5/5!-\cdots$，$\cos x=1-x^2/2+x^4/4!-\cdots$），

$$\mathrm{j}_0(x)\approx1;\quad \mathrm{n}_0(x)\approx-\frac{1}{x};\quad \mathrm{j}_1(x)\approx\frac{x}{3};\quad \mathrm{j}_2(x)\approx\frac{x^2}{15};$$

等. 注意贝塞尔函数在原点是有限的，但诺伊曼函数在原点是发散的. 相应地，$B=0$，因此

$$R(r)=A\mathrm{j}_{\ell}(kr). \tag{4.47}$$

加上边界条件 $R(a)=0$. 显然 k 必须满足

$$\mathrm{j}_{\ell}(ka)=0; \tag{4.48}$$

也就是说，ka 是 ℓ 阶球面贝塞尔函数的零点. 现在，贝塞尔函数是振荡的（见图 4.2）；每个函数都有无限多个零点. 但是，（对我们来说很遗憾）它们并不位于很合规的位置点上（比如 π 的倍数）；它们必须通过数值计算得到.[11] 然而，边界条件要求

$$k=\frac{1}{a}\beta_{N\ell}, \tag{4.49}$$

这里 $\beta_{N\ell}$ 是 ℓ 阶球贝塞尔函数的第 N 个零点. 这样，能量允许值为

---

[11] Abramowitz 和 Stegun，*Handbook of Mathematical Functions*，Dover，纽约（1965），第 10 章，提供了一个列表.

表 4.4　前几个球贝塞尔和球诺伊曼函数，$j_n(x)$ 和 $n_\ell(x)$；x 很小时的渐近形式

$\mathrm{j}_0=\frac{\sin x}{x}$	$\mathrm{n}_0=-\frac{\cos x}{x}$
$\mathrm{j}_1=\frac{\sin x}{x^2}-\frac{\cos x}{x}$	$\mathrm{n}_1=-\frac{\cos x}{x^2}-\frac{\sin x}{x}$
$\mathrm{j}_2=\left(\frac{3}{x^3}-\frac{1}{x}\right)\sin x-\frac{3}{x^2}\cos x$	$\mathrm{n}_2=-\left(\frac{3}{x^3}-\frac{1}{x}\right)\cos x-\frac{3}{x^2}\sin x$
$\mathrm{j}_\ell\to\frac{2^\ell\ell!}{(2\ell+1)!}x^\ell$,	$\mathrm{n}_\ell\to-\frac{(2\ell)!}{2^\ell\ell!}\frac{1}{x^{\ell+1}}, x\ll1.$

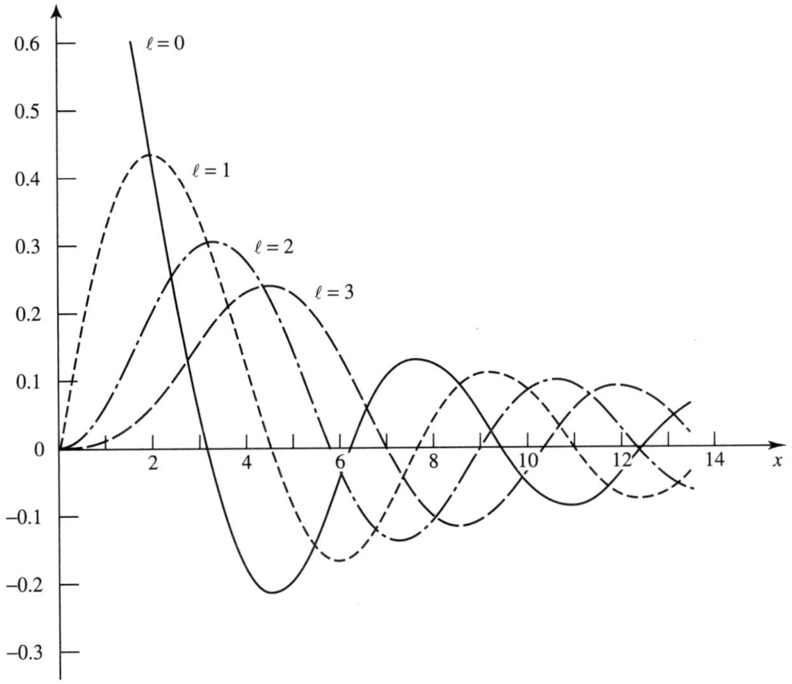

图 4.2　前 4 个球贝塞尔函数的图形.

$$E_{N\ell}=\frac{\hbar^2}{2ma^2}\beta_{N\ell}^2, \tag{4.50}$$

通常引入**主量子数（principal quantum number）** n 比较方便，它只是对能量允许值进行排序，从基态 1 开始（见图 4.3）．波函数是

$$\psi_{n\ell m}(r,\theta,\phi)=A_{n\ell}\mathrm{j}_\ell\left(\beta_{N\ell}\frac{r}{a}\right)Y_\ell^m(\theta,\phi), \tag{4.51}$$

式中，常数 $A_{n\ell}$ 由归一化条件确定．与前面一样，波函数有 $N-1$ 个径向节点.[12]

---

[12] 对所有的中心势，我们都用这个符号来表示（$N-1$ 表示径向节点的数目，N 表示能量的顺序）．n 和 N 本质上都是整数（1，2，3，…）；n 由 N 和 ℓ 决定（反之，N 由 n 和 ℓ 决定），但实际的关系可能很复杂（就像这里）；正如我们将要看到的，对库仑势这一特殊情况，是由一个非常简单的公式将两者联系起来.

注意：由于每个 ℓ 的值都有（$2\ell+1$）个不同的 m 值（见式（4.29）），所以能级是（$2\ell+1$）重简并的. 这是球对称势的简并度，因为 m 并不出现在径向方程（决定能量的大小）中. 但在某些情况下（最著名的是氢原子），由于能级上的巧合而存在额外的简并，这不仅仅归因于球对称性. 正如我们将在第 6 章中所看到的，这种“偶然”简并的深层原因是耐人寻味的.

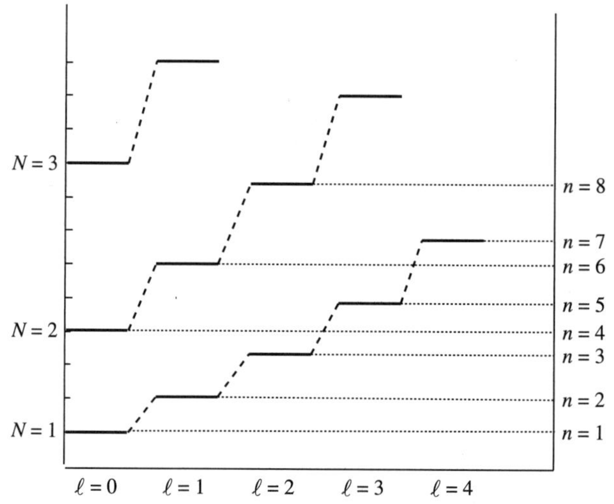

图 4.3 无限深球势阱中的能级（式（4.50））. 具有相同 N 值的状态通过虚线连接起来.

习题 4.9

（a）根据定义（式（4.46）），构造出 $n_1(x)$ 和 $n_2(x)$.

（b）当 $x \ll 1$ 时，通过正弦和余弦的展开给出 $n_1(x)$ 和 $n_2(x)$ 的近似公式. 验证它们在原点处趋于发散.

习题 4.10

（a）验证在 $V(r)=0$ 和 $\ell=1$ 的情况下，$Arj_1(kr)$ 满足径向方程.

（b）当 $\ell=1$ 时，用图解法确定无限深球势阱所允许的能级. 证明，对于较大的 N，有 $E_{N1} \approx (\hbar^2\pi^2/2ma^2)(N+1/2)^2$. **提示**：首先证明 $\mathrm{j}_1(x)=0 \quad \Rightarrow x=\tan x$. 在同一张图中画出 x 和 $\tan x$，找出其交点的位置.

****习题 4.11** 质量为 m 的粒子处在有限深球势阱中：

$$V(r)=\begin{cases}-V_0, & r \leqslant a; \\ 0, & r>a.\end{cases}$$

通过求解在 $\ell=0$ 条件下的径向方程给出基态能量. 证明：当 $V_0a^2<\hbar^2\pi^2/8m$ 时不存在束缚态.

4.2　氢原子

氢原子由一个质量大的、带电荷量为 e、基本上静止不动的质子（我们不妨把它放在原点）和一个质量轻得多的电子（质量 m_e，电荷量 $-e$）组成，电子通过电荷的相互吸引绕着质子运动（见图 4.4）．根据库仑定律，电子的势能（SI 单位制）是[13]

$$V(r)=-\frac{e^2}{4\pi\varepsilon_0}\frac{1}{r}, \tag{4.52}$$

径向方程为（式（4.37））

$$-\frac{\hbar^2}{2m_e}\frac{d^2u}{dr^2}+\left[-\frac{e^2}{4\pi\varepsilon_0}\frac{1}{r}+\frac{\hbar^2}{2m_e}\frac{\ell(\ell+1)}{r^2}\right]u=Eu, \tag{4.53}$$

（方括号中的有效势项如图 4.5 所示.）我们的问题是求解方程 $u(r)$，并求出能量允许值．氢原子是一个非常重要的例子，这次我不打算给你们答案——我们将用谐振子解析解中的方法，详细地讨论求解的过程（如果此过程中的任何一步你不清楚，你需要参阅第 2.3.2 节，以获得更为圆满的解释）．顺便提及，库仑势（式（4.52））在描述电子-质子散射时，允许有连续态（$E>0$）；在表示氢原子时则存在离散的束缚态．我们的重点在后者．[14]

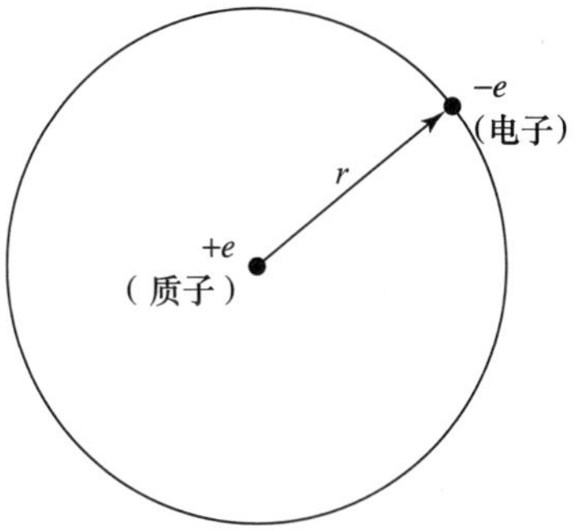

图 4.4　氢原子示意图.

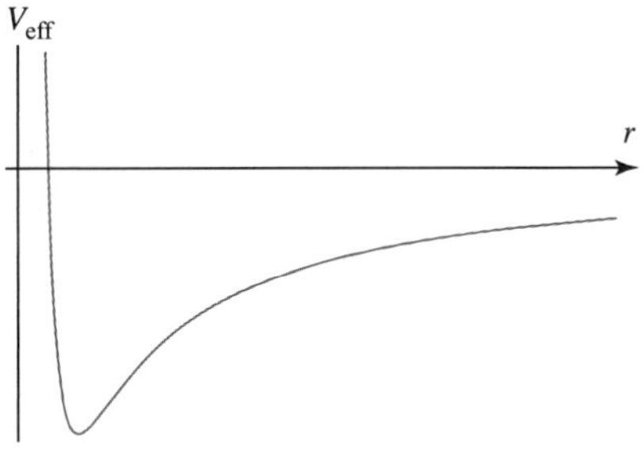

图 4.5　$\ell>0$ 时氢原子的有效势（式（4.53））.

4.2.1　径向波函数

第一项任务是整理记号．令

$$\kappa\equiv\frac{\sqrt{-2m_eE}}{\hbar}. \tag{4.54}$$

（对于束缚态，E 是负值，所以 κ 为实数.）式（4.53）除以 E，得到

$$\frac{1}{\kappa^2}\frac{d^2u}{dr^2}=\left[1-\frac{m_ee^2}{2\pi\varepsilon_0\hbar^2\kappa}\frac{1}{(\kappa r)}+\frac{\ell(\ell+1)}{(\kappa r)^2}\right]u.$$

我们令

$$\rho\equiv\kappa r,\ \rho_0\equiv\frac{m_ee^2}{2\pi\varepsilon_0\hbar^2\kappa}, \tag{4.55}$$

---

[13] 这就是薛定谔方程的内容——不是电势（$e/4\pi\varepsilon_0 r$）.

[14] 然而，请注意束缚态本身并不是完备的.

这样有

$$\frac{\mathrm{d}^2u}{\mathrm{d}\rho^2}=\left[1-\frac{\rho_0}{\rho}+\frac{\ell(\ell+1)}{\rho^2}\right]u. \tag{4.56}$$

接下来，考察解的渐近形式．当 $\rho\to\infty$ 时，方括号里的常数项是主要的，因此（近似地）有

$$\frac{\mathrm{d}^2u}{\mathrm{d}\rho^2}=u.$$

它的通解为

$$u(\rho)=A\mathrm{e}^{-\rho}+B\mathrm{e}^{\rho}, \tag{4.57}$$

但 e^{ρ} 发散（当 $\rho\to\infty$ 时），所以取 $B=0$．显然，对较大的 ρ，

$$u(\rho)\sim A\mathrm{e}^{-\rho}. \tag{4.58}$$

另一方面，当 $\rho\to0$ 时，离心项将起主要作用，[15] 则近似地有

$$\frac{\mathrm{d}^2u}{\mathrm{d}\rho^2}=\frac{\ell(\ell+1)}{\rho^2}u.$$

它的通解为（验证它！）

$$u(\rho)=C\rho^{\ell+1}+D\rho^{-\ell},$$

但 $\rho^{-\ell}$ 是发散的（当 $\rho\to0$ 时），所以应取 $D=0$．这样，当 ρ 很小时，

$$u(\rho)\sim C\rho^{\ell+1}, \tag{4.59}$$

下一步是剥离出渐近行为，引入新的函数 $v(\rho)$：

$$u(\rho)=\rho^{\ell+1}\mathrm{e}^{-\rho}v(\rho), \tag{4.60}$$

我们希望 $v(\rho)$ 的方程比 $u(\rho)$ 的更简洁．开头的迹象好像不太如意：

$$\frac{\mathrm{d}u}{\mathrm{d}\rho}=\rho^{\ell}\mathrm{e}^{-\rho}\left[(\ell+1-\rho)v+\rho\frac{\mathrm{d}v}{\mathrm{d}\rho}\right],$$

以及

$$\frac{\mathrm{d}^2u}{\mathrm{d}\rho^2}=\rho^{\ell}\mathrm{e}^{-\rho}\left\{\left[-2\ell-2+\rho+\frac{\ell(\ell+1)}{\rho}\right]v+2(\ell+1-\rho)\frac{\mathrm{d}v}{\mathrm{d}\rho}+\rho\frac{\mathrm{d}^2v}{\mathrm{d}\rho^2}\right\}.$$

用 $v(\rho)$，径向方程（式（4.56））变为

$$\rho\frac{\mathrm{d}^2v}{\mathrm{d}\rho^2}+2(\ell+1-\rho)\frac{\mathrm{d}v}{\mathrm{d}\rho}+[\rho_0-2(\ell+1)]v=0. \tag{4.61}$$

最后，假定解 $v(\rho)$ 可以表示成 ρ 的幂级数：

$$v(\rho)=\sum_{j=0}^{\infty}c_j\rho^j. \tag{4.62}$$

我们的问题是确定展开系数（c_0，c_1，c_2，…）．逐项求导：

$$\frac{\mathrm{d}v}{\mathrm{d}\rho}=\sum_{j=0}^{\infty}jc_j\rho^{j-1}=\sum_{j=0}^{\infty}(j+1)c_{j+1}\rho^j$$

（在第二个求和中，我重新命名了“哑指标”：$j\to j+1$．如果这让你感到困扰，请明确写出前几项，并进行检查．你可能会反对求和从 $j=-1$ 开始，但因子（$j+1$）会消除这个项，所以

[15] 当 $\ell=0$ 时，这个论点不适用（尽管式（4.59）的结论实际上也适用于这种情况）．但没有关系：在这里我只是提供一些变量变换（式（4.60））的动机．

我们不妨从零开始，再次求导，

$$\frac{\mathrm{d}^2 v}{\mathrm{d}\rho^2}=\sum_{j=0}^{\infty} j(j+1)c_{j+1}\rho^{j-1}.$$

把结果代入式（4.61）得

$$\sum_{j=0}^{\infty} j(j+1)c_{j+1}\rho^{j}+2(\ell+1)\sum_{j=0}^{\infty} j(j+1)c_{j+1}\rho^{j}-2\sum_{j=0}^{\infty} jc_j\rho^{j}+[\rho_0-2(\ell+1)]\sum_{j=0}^{\infty} c_j\rho^{j}=0.$$

令同幂次的系数相等得到

$$j(j+1)c_{j+1}+2(\ell+1)(j+1)c_{j+1}-2jc_j+[\rho_0-2(\ell+1)]c_j=0,$$

或者

$$c_{j+1}=\left\{\frac{2(j+\ell+1)-\rho_0}{(j+1)(j+2\ell+2)}\right\}c_j. \tag{4.63}$$

这个递推公式确定了展开系数，因此也决定了函数 $v(\rho)$：我们从 c_0 开始（这是一个常数，最终由归一化确定），式（4.63）给出 c_1；把它再代回又可以得到 c_2，依此类推.[16]

现在，我们分析在 j 较大时（这对应在 ρ 较大时的情况，此时高幂次项起主要作用）展开系数的形式．在该区域，递推公式为[17]

$$c_{j+1}\approx\frac{2j}{(j+1)j}c_j=\frac{2}{j+1}c_j.$$

因此

$$c_j\approx\frac{2^j}{j!}c_0. \tag{4.64}$$

假设这就是正确的结果，那么

$$v(\rho)=c_0\sum_{j=0}^{\infty}\frac{2^j}{j!}\rho^j=c_0\mathrm{e}^{2\rho},$$

因此

$$u(\rho)=c_0\rho^{\ell+1}\mathrm{e}^{\rho}, \tag{4.65}$$

这样，在 ρ 很大时 $u(\rho)$ 发散．正指数形式正是我们在式（4.57）中不想要的渐近行为．（它再次在这里出现并非偶然；毕竟，它确实代表了径向方程一些解的渐近形式，它们恰好不是我们感兴趣的，因为它们不可归一化.）

摆脱这一困境只有一种办法：**这个级数必须终止**．一定存在整数 N，满足

$$c_{N-1}\neq 0,\ 但\ c_N=0, \tag{4.66}$$

（在这之后的所有系数自动为零.）[18] 在这种情况下，式（4.63）告诉我们

$$2(N+\ell)-\rho_0=0.$$

定义

---

[16] 你可能置疑为什么不对 $u(\rho)$ 直接应用级数的方法——为什么在应用它时要先把渐进行为分离出去？剥离 $\rho^{\ell+1}$ 的理由主要是美学上的：如果不这样的话，级数中将有很多零系数项（第一个非零系数是 $c_{\ell+1}$）；分离出因子 $\rho^{\ell+1}$ 级数可以从 ρ^0 开始．因子 $\mathrm{e}^{-\rho}$ 更关键——如果不剥离的话，将会得到含有三项系数 c_{j+2}、c_{j+1} 和 c_j 的递推公式，导致下面的计算极其困难.

[17] 你可能会问为什么不略去 $j+1$ 中的 1——毕竟，我略去了分子中的 $2(\ell+1)-\rho_0$，分母中的 $2\ell+2$．在这种近似中去掉 1 也行，不过保留它会使论述更清楚．去掉 1 试一试，你就会明白我的意思.

[18] 这使得 $v(\rho)$ 是一个（$N-1$）阶多项式，因此具有（$N-1$）个根，则径向波函数有（$N-1$）个节点.

$$n \equiv N+\ell, \tag{4.67}$$

我们有

$$\rho_0 = 2n. \tag{4.68}$$

但 ρ_0 决定了能量 E（式（4.54）和式（4.55））：

$$E = -\frac{\hbar^2\kappa^2}{2m_e} = -\frac{m_e e^4}{8\pi^2\varepsilon_0^2\hbar^2\rho_0^2}, \tag{4.69}$$

所以能量允许值是

$$\boxed{E_n = -\left[\frac{m_e}{2\hbar^2}\left(\frac{e^2}{4\pi\varepsilon_0}\right)^2\right]\frac{1}{n^2} = \frac{E_1}{n^2}, \quad n=1,2,3,\cdots.} \tag{4.70}$$

这就是著名的**玻尔公式（Bohr formula）**——从任何标准来衡量，这都是量子力学中最重要的结果. 玻尔在1913年偶然地将不适用的经典物理学和不成熟的量子理论结合起来，获得了这一结果（薛定谔方程直到1926年才出现）.

结合式（4.55）和式（4.68）可得

$$\kappa = \left(\frac{m_e e^2}{4\pi\varepsilon_0\hbar^2}\right)\frac{1}{n} = \frac{1}{an}, \tag{4.71}$$

其中

$$\boxed{a \equiv \frac{4\pi\varepsilon_0\hbar^2}{m_e e^2} = 0.529\times10^{-10}\mathrm{m}} \tag{4.72}$$

是所谓的**玻尔半径（Bohr radius）**.[19] 这样有（同样由式（4.55））

$$\rho = \frac{r}{an}. \tag{4.73}$$

氢原子空间波函数用三个量子数 (n,ℓ,m)[20] 来标记：

$$\psi_{n\ell m}(r,\theta,\phi) = R_{n\ell}(r)\,Y_\ell^m(\theta,\phi), \tag{4.74}$$

其中（参考前面式（4.36）和式（4.60））

$$R_{n\ell}(r) = \frac{1}{r}\rho^{\ell+1}e^{-\rho}v(\rho), \tag{4.75}$$

$v(\rho)$ 是关于 ρ 的最高幂次为 $n-\ell-1$ 的多项式，其中它们的系数（连同归一化因子）由递推公式决定：

$$c_{j+1} = \frac{2(j+\ell+1-n)}{(j+1)(j+2\ell+2)}c_j. \tag{4.76}$$

基态（ground state，即能量最低状态）是 $n=1$ 的状态；把物理常数值代入有：[21]

$$\boxed{E_1 = -\left[\frac{m_e}{2\hbar^2}\left(\frac{e^2}{4\pi\varepsilon_0}\right)^2\right] = -13.6\mathrm{eV}.} \tag{4.77}$$

---

[19] 通常用下标 a_0 来表示玻尔半径. 但这是烦琐和不必要的，所以我宁愿去掉脚注.

[20] 同样，n 是主量子数，它给出电子的能量（式（4.70））. 由于令人遗憾的历史原因，ℓ 被称为角量子数，m 被称为磁量子数，我们将在第4.3节中看到，它们与电子的角动量有关.

[21] 电子伏特是电子加速运动通过1V的电势时获得的能量：$1\mathrm{eV}=1.6\times10^{-19}\mathrm{J}$.

换言之，氢的**结合能**（**binding energy**，为了使氢原子能够电离，你必须给予基态电子的能量大小）是 13.6 eV. 式（4.67）要求 $\ell=0$，因此也有 $m=0$（见式（4.29）），所以

$$\psi_{100}(r,\theta,\phi)=R_{10}(r)\,Y_0^0(\theta,\phi). \tag{4.78}$$

在第一项后递推公式即被截断（令式（4.76）中，$j=0$，得到 $c_1=0$），所以，$v(\rho)$ 是一个常数（c_0），这样

$$R_{10}(r)=\frac{c_0}{a}e^{-r/a}. \tag{4.79}$$

根据式（4.31）对其进行归一化：

$$\int_0^\infty |R_{10}|^2r^2\mathrm{d}r=\frac{|c_0|^2}{a^2}\int_0^\infty e^{-2r/a}r^2\mathrm{d}r=|c_0|^2\frac{a}{4}=1,$$

所以 $c_0=2/\sqrt{a}$. 同时 $Y_0^0=1/\sqrt{4\pi}$，因此氢原子基态为

$$\boxed{\psi_{100}(r,\theta,\phi)=\frac{1}{\sqrt{\pi a^3}}e^{-r/a}.} \tag{4.80}$$

如果 $n=2$，对应的能量是

$$E_2=\frac{-13.6\text{eV}}{4}=-3.4\text{eV}, \tag{4.81}$$

这就是第一激发态——或者更确切地说是一些态，因为在这种情况下，我们有 $\ell=0$（此时 $m=0$），或 $\ell=1$（此时 $m=-1,\ 0,\ +1$），显然有四个不同状态对应该能量. 如果 $\ell=0$，递推关系（式（4.76））给出

$$c_1=-c_0(令\ j=0),\quad c_2=0(令\ j=1),$$

所以 $v(\rho)=c_0(1-\rho)$，因此有

$$R_{20}(r)=\frac{c_0}{2a}\left(1-\frac{r}{2a}\right)e^{-r/2a}. \tag{4.82}$$

（注意，展开系数 $\{c_j\}$ 随量子数 n、ℓ 的不同而不同.）如果 $\ell=1$，递推公式在一项后即终止. $v(\rho)$ 是一个常数，我们有因此

$$R_{21}(r)=\frac{c_0}{4a^2}re^{-r/2a}. \tag{4.83}$$

（在任一情况下的常数 c_0 都由归一化来确定——参看习题 4.13.）

对任意的 n 值，（符合式（4.67））ℓ 的可能取值为

$$\ell=0,\ 1,\ 2,\cdots,\ n-1, \tag{4.84}$$

而对每个 ℓ 值，都有（$2\ell+1$）个可能的 m 值（式（4.29）），所以能级 E_n 总简并度是

$$d(n)=\sum_{l=0}^{n-1}(2\ell+1)=n^2. \tag{4.85}$$

在图 4.6 中，我画出了氢原子的能级. 请注意，与图 4.3 中的无限深球势阱情况明显不同，（对于给定的 n）不同的 ℓ 值具有相同的能量.（对于式（4.67），ℓ 在推导能量允许值时消失了，尽管它仍然影响波函数.）与你所期望仅仅是球对称势相比，这就是导致库仑势存在“额外”简并的原因（$n^2=1,\ 4,\ 9,\ 16,\ \cdots$，相对于（$2\ell+1$）$=1,\ 3,\ 5,\ 7,\ \cdots$）.

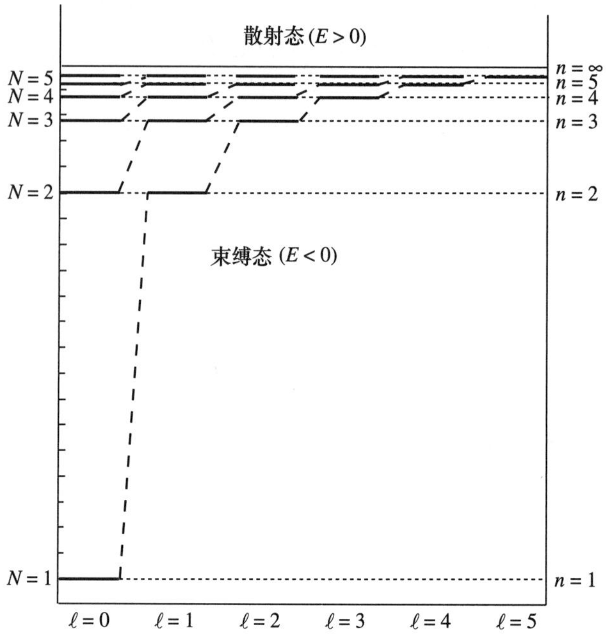

图 4.6 氢原子能级（式（4.70））；$n=1$ 是基态，$E_1=-13.6\ \mathrm{eV}$；存在无限多数量的态压缩在 $n=5$ 和 $n=\infty$ 之间；$E_\infty=0$ 将束缚态和散射态分开. 比较图 4.3，注意氢原子能级的额外（偶然的）简并度.

对应用数学家们来说，（由递推公式（4.76）所定义的）多项式 $v(\rho)$ 是一个非常熟悉的函数；除了归一化之外，它可以写成

$$v(\rho)=\mathrm{L}_{n-\ell-1}^{2\ell+1}(2\rho), \tag{4.86}$$

而

$$\mathrm{L}_q^p(x)\equiv(-1)^p\left(\frac{\mathrm{d}}{\mathrm{d}x}\right)^p\mathrm{L}_{p+q}(x) \tag{4.87}$$

是**缔合拉盖尔多项式（associated Laguerre polynomial）**，且

$$\mathrm{L}_q(x)\equiv\frac{e^x}{q!}\left(\frac{\mathrm{d}}{\mathrm{d}x}\right)^q(\mathrm{e}^{-x}x^q) \tag{4.88}$$

是 q 阶**拉盖尔多项式（Laguerre polynomial）**.[22] 表 4.5 列出前几个拉盖尔多项式；表 4.6 列出一些缔合拉盖尔多项式；表 4.7 给出前几个径向波函数，函数图像在图 4.7 中画出. 归一化氢原子波函数是[23]

---

[22] 像往常一样，文献中也有对立的规范化约定. 旧的物理书（包括这本书的早期版本）去掉了因子（$1/q!$）. 但我认为最好采用 Mathematica 的标准（令 $\mathrm{L}_q(0)=1$）. 顾名思义，$\mathrm{L}_q(x)$ 和 $\mathrm{L}_q^p(x)$ 是 x 的（q 阶）多项式. 顺便说一下，缔合拉盖尔多项式也可以写成下面形式：

$$\mathrm{L}_q^p(x)=\frac{x^{-p}e^x}{q!}\left(\frac{\mathrm{d}}{\mathrm{d}x}\right)^q(\mathrm{e}^{-x}x^{p+q}).$$

[23] 如果你想了解如何计算归一化因子，请阅读例如，Leonard I. Schiff，*Quantum Mechanics*，第 2 版，纽约，McGraw-Hill（1968），第 93 页. 在使用拉盖尔多项式旧的约定惯例中（见脚注 22），平方根下面的因子（$n+\ell$）！将是三次方.

表 4.5　前几个拉盖尔多项式

$L_0(x)=1$
$L_1(x)=-x+1$
$L_2(x)=\frac{1}{2}x^2-2x+1$
$L_3(x)=-\frac{1}{6}x^3+\frac{3}{2}x^2-3x+1$
$L_4(x)=\frac{1}{24}x^4-\frac{2}{3}x^3+3x^2-4x+1$
$L_5(x)=-\frac{1}{120}x^5+\frac{5}{24}x^4-\frac{5}{3}x^3+5x^2-5x+1$
$L_6(x)=\frac{1}{720}x^6-\frac{1}{20}x^5+\frac{5}{8}x^4-\frac{10}{3}x^3+\frac{15}{2}x^2-6x+1$

表 4.6　一些缔合拉盖尔多项式

$L_0^0(x)=1$	$L_0^2(x)=1$
$L_1^0(x)=-x+1$	$L_1^2(x)=-x+3$
$L_2^0(x)=\frac{1}{2}x^2-2x+1$	$L_2^2(x)=\frac{1}{2}x^2-4x+6$
$L_0^1(x)=1$	$L_0^3(x)=1$
$L_1^1(x)=-x+2$	$L_1^3(x)=-x+4$
$L_2^1(x)=\frac{1}{2}x^2-3x+3$	$L_2^3(x)=\frac{1}{2}x^2-5x+10$

表 4.7　氢原子的前几个径向波函数 $R_{nl}(r)$

$R_{10}=2a^{-3/2}/\exp(-r/a)$
$R_{20}=\frac{1}{\sqrt{2}}a^{-3/2}\left(1-\frac{1}{2}\frac{r}{a}\right)\exp(-r/2a)$
$R_{21}=\frac{1}{2\sqrt{6}}a^{-3/2}\left(\frac{r}{a}\right)\exp(-r/2a)$
$R_{30}=\frac{2}{3\sqrt{3}}a^{-3/2}\left(1-\frac{2}{3}\frac{r}{a}+\frac{2}{27}\left(\frac{r}{a}\right)^2\right)\exp(-r/3a)$
$R_{31}=\frac{8}{27\sqrt{6}}a^{-3/2}\left(1-\frac{1}{6}\frac{r}{a}\right)\left(\frac{r}{a}\right)\exp(-r/3a)$
$R_{32}=\frac{4}{81\sqrt{30}}a^{-3/2}\left(\frac{r}{a}\right)^2\exp(-r/3a)$
$R_{40}=\frac{1}{4}a^{-3/2}\left(1-\frac{3}{4}\frac{r}{a}+\frac{1}{8}\left(\frac{r}{a}\right)^2-\frac{1}{192}\left(\frac{r}{a}\right)^3\right)\exp(-r/4a)$
$R_{41}=\frac{5}{16\sqrt{15}}a^{-3/2}\left(1-\frac{1}{4}\frac{r}{a}+\frac{1}{80}\left(\frac{r}{a}\right)^2\right)\left(\frac{r}{a}\right)\exp(-r/4a)$
$R_{42}=\frac{1}{64\sqrt{5}}a^{-3/2}\left(1-\frac{1}{12}\frac{r}{a}\right)\left(\frac{r}{a}\right)^2\exp(-r/4a)$
$R_{43}=\frac{1}{768\sqrt{35}}a^{-3/2}\left(\frac{r}{a}\right)^3\exp(-r/4a)$

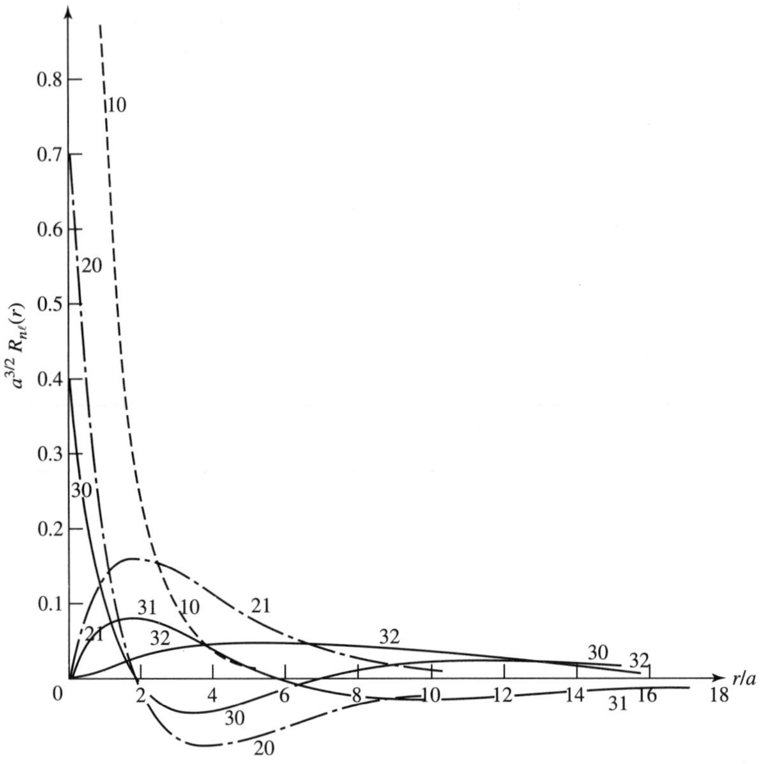

图 4.7　氢原子前几个径向波函数 $R_{n\ell}(r)$ 的图像.

$$\boxed{\psi_{n\ell m}=\sqrt{\left(\frac{2}{na}\right)^{3}\frac{(n-\ell-1)!}{2n(n+\ell)!}}\mathrm{e}^{-r/na}\left(\frac{2r}{na}\right)^{\ell}\left[\mathrm{L}_{n-\ell-1}^{2\ell+1}(2r/na)\right]\mathrm{Y}_{\ell}^{m}(\theta,\phi).} \tag{4.89}$$

结果不怎么好看，但也不要抱怨——这已是能够严格求解的少数几个实际体系之一．波函数相互正交：

$$\int\psi_{n\ell m}^{*}\psi_{n'\ell'm'}r^{2}\mathrm{d}r\mathrm{d}\Omega=\delta_{nn'}\delta_{\ell\ell'}\delta_{mm'}. \tag{4.90}$$

这点源于球谐函数的正交性（式（4.33）)，以及它们是属于 H 不同本征值（$n\neq n'$）的本征函数.

可视化氢原子的波函数并不是一件容易的事．化学家喜欢绘制**电荷密度图（density plots)**，其中电子云的亮度与 $|\psi|^2$ 成正比（见图 4.8）．更加定量的是等几率密度面（见图 4.9)（但可能更难理解)．量子数 n、ℓ 和 m 可以从波函数的节点中确定下来．径向节点的数目总是由 $N-1$ 给出（对于氢是 $n-\ell-1$)．如图 4.8 所示，对于每个径向节点，波函数在球面上为零．量子数 m 是波函数实部（或虚部）在 ϕ 方向上的节点数目．这些节点是包含 z 轴的平面，在 z 轴上波函数的实数或虚数为零.[24] 最后，$\ell-m$ 给出 θ 方向上的节点数目．这些是围绕 z 轴的圆锥体，波函数 ψ 在其上为零（注意，具有张角为 $\pi/2$ 的圆锥面就是 x-y 平面本身).

---

[24] 这些平面在图 4.8 或图 4.9 中没有显示出来，因为这些图所显示的是 ψ 的绝对值，波函数的实部和虚部在不同的平面上为零．然而，由于这两组都包含 z 轴，当在 $m\neq0$ 时，波函数本身在 z 轴上必须为零（见图 4.9).

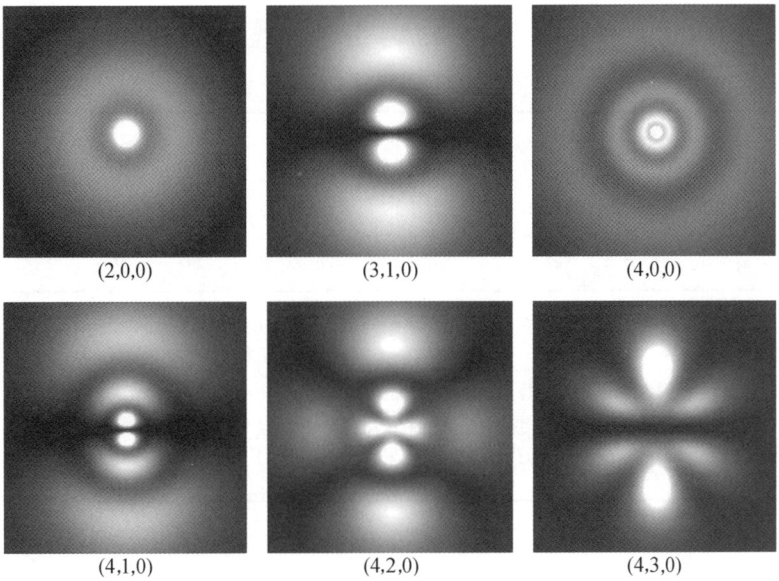

图 4.8 氢原子前几个波函数的密度图 以（n，ℓ，m）为标记，经许可后使用 Dauger Research 的“盒子里的原子”绘制，你也可以访问网站自己绘制图形：http：//dauger.com.

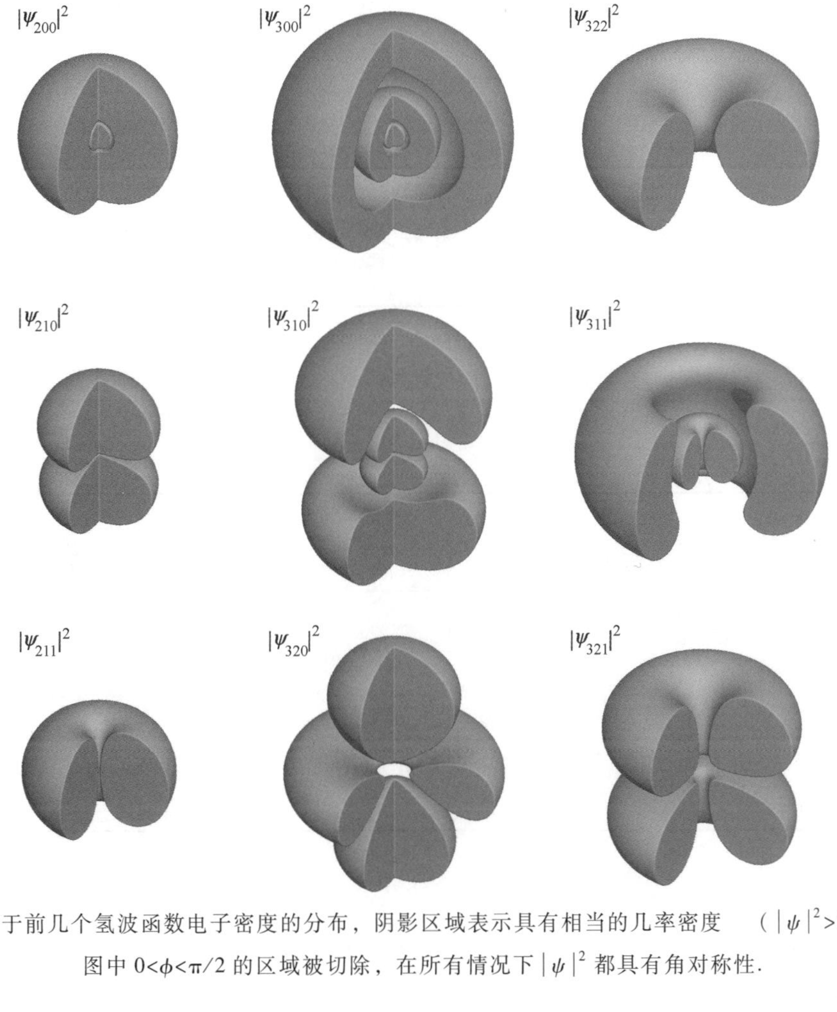

图 4.9 对于前几个氢波函数电子密度的分布，阴影区域表示具有相当的几率密度（$|\psi|^2>0.25/\mathrm{nm}^3$），图中 $0<\phi<\pi/2$ 的区域被切除，在所有情况下 $|\psi|^2$ 都具有角对称性.

* **习题 4.12** 利用递推公式（式（4.76）），求出径向波函数 R_{30}、R_{31} 和 R_{32}. 无须进行归一化.

* **习题 4.13**

（a）把 R_{20} 归一化（式（4.82）），并构造波函数 ψ_{200}.

（b）把 R_{21} 归一化（式（4.83）），并构造波函数 ψ_{211}、ψ_{210}、ψ_{21-1}.

* **习题 4.14**

（a）利用公式（4.88），求出前四个拉盖尔多项式.

（b）对 $n=5$，$\ell=2$ 的情况，利用式（4.86）、式（4.87）和式（4.88），求出 $v(\rho)$.

（c）对 $n=5$，$\ell=2$ 的情况，利用递推公式（式（4.76））重新求 $v(\rho)$.

* **习题 4.15**

（a）求基态氢原子中电子的 $\langle r\rangle$ 和 $\langle r^2\rangle$，将所得结果用玻尔半径表示.

（b）求氢原子基态中电子的 $\langle x\rangle$ 和 $\langle x^2\rangle$. **提示**：这不需要重新做积分，注意 $r^2=x^2+y^2+z^2$，并利用基态的对称性.

（c）对 $n=2$，$\ell=1$，$m=1$ 的状态，求 $\langle x^2\rangle$. **提示**：这个状态对 x、y、z 轴不是对称的. 利用 $x=r\sin\theta\cos\phi$ 计算.

习题 4.16 基态氢原子 r 的最概然值是多少？（答案不是零！）**提示**：首先你需要求出电子位于 r 到 $r+\mathrm{d}r$ 范围的几率大小.

习题 4.17 对氢原子基态计算 $\langle z\hat{H}z\rangle$. **提示**：这可能需要两页纸和计算六个积分，或者只写四行且不用积分，这取决于你对计算细节的安排. 快速求解可从 $[z,[H,z]]=2zHz-Hz^2-z^2H$ 开始.[25]

习题 4.18 氢原子初态为下列 $n=2$，$l=1$，$m=1$ 与 $n=2$，$l=1$，$m=-1$ 两个定态的线性组合：

$$\Psi(\boldsymbol{r},0)=\frac{1}{\sqrt{2}}(\psi_{211}+\psi_{21-1}).$$

（a）构造 $\Psi(\boldsymbol{r},t)$，并尽可能简化表示式.

（b）求出势能的期望值 $\langle V\rangle$.（它是否依赖时间 t?）给出其表达式和具体数值结果，单位用电子伏特表示.

---

[25] 我们的想法是对算符重新排序，使得 $\hat{H}$ 出现在左边或右边，因为我们知道（当然）$\hat{H}\psi_{100}$ 的结果.

4.2.2　氢原子光谱

原则上，如果你把一个氢原子放到某个定态 $\Psi_{n\ell m}$，它应该永远处于在这个状态上. 但是，如果你轻轻地扰动它（比如说，通过与另一个原子的碰撞，或者当光照在原子上时），原子就会经历一个向其他定态**跃迁（transition）**的过程——原子可能会通过吸收能量向上移动到一个更高能量的状态，或者通过释放能量（通常以电磁辐射的形式）向下移动.[26] 实际上，这种扰动总是存在的；跃迁（有时或称为**量子跃迁，quantum jumps**）不断发生，其结果是含氢原子的容器发出光（**光子，photos**），其能量对应于初态和终态之间的能量差：

$$E_{\gamma}=E_{\mathrm{i}}-E_{\mathrm{f}}=-13.6\mathrm{eV}\left(\frac{1}{n_{\mathrm{i}}^{2}}-\frac{1}{n_{\mathrm{f}}^{2}}\right). \tag{4.91}$$

现在，根据**普朗克公式（Planck formula）**[27]，光子的能量与其频率成正比：

$$E_{\gamma}=h\nu. \tag{4.92}$$

同时，波长由公式 $\lambda=c/\nu$ 给出，所以

$$\frac{1}{\lambda}=\mathcal{R}\left(\frac{1}{n_{\mathrm{f}}^{2}}-\frac{1}{n_{\mathrm{i}}^{2}}\right), \tag{4.93}$$

式中

$$\mathcal{R}\equiv\frac{m_{\mathrm{e}}}{4\pi c\hbar^{3}}\left(\frac{e^{2}}{4\pi\varepsilon_{0}}\right)^{2}=1.097\times10^{7}\mathrm{m}^{-1} \tag{4.94}$$

这就是**里德伯常数（Rydberg constant）**. 式（4.93）是氢原子光谱的**里德伯公式（Rydberg formula）**，它是在 19 世纪被发现的经验公式，玻尔理论的最大成功之处在于它能够解释这一结果，并根据自然界的基本常数计算 $\mathcal{R}$. 跃迁到基态（$n_{\mathrm{f}}=1$）的谱线处在紫外区，就是光谱学家们熟知的**莱曼系（Lyman series）**；跃迁到第一激发态（$n_{\mathrm{f}}=2$）的谱线处在可见光区，构成**巴耳末系（Balmer series）**；跃迁到 $n_{\mathrm{f}}=3$ 激发态的谱线处于红外区（**帕那系，Paschen series**）；以此类推（见图 4.10）.（在室温下，大多数氢原子处于基态；要获得发射光谱，必须首先获得各种各样的激发态；通常这一点是通过电火花通过气体来实现的.）

* **习题 4.19　类氢原子（hydrogenic atom）**是一个电子围绕有 Z 个质子的原子核运动.（$Z=1$ 是氢原子本身，$Z=2$ 是氦离子，$Z=3$ 是二价锂离子等.）求出类氢原子的玻尔能量 $E_n(Z)$、结合能 $E_1(Z)$、玻尔半径 $a(Z)$ 和里德伯常数 $\mathcal{R}(Z)$.（结果用氢原子值相应倍数表示.）对 $Z=2$ 和 $Z=3$ 的情况，莱曼系分别处在那个光谱区? **提示**：这里不需要太多计算——在势能中（式（4.52））做代换 $e^2\to Ze^2$，所以你所要做的就是在所有最终结果中进行相同的替换.

---

[26] 从本质上讲，这涉及一个含时的势，具体细节还要等到在第 11 章讨论；就我们目前的目的而言，所涉及的实际机制并不重要.

[27] 光子是电磁辐射的量子，它涉及相对论的内容，超出了非相对论量子力学的范围. 在一些地方谈论光子以及用普朗克公式计算其能量是有用的，但是要记住，这是超出我们正在发展的理论之外的.

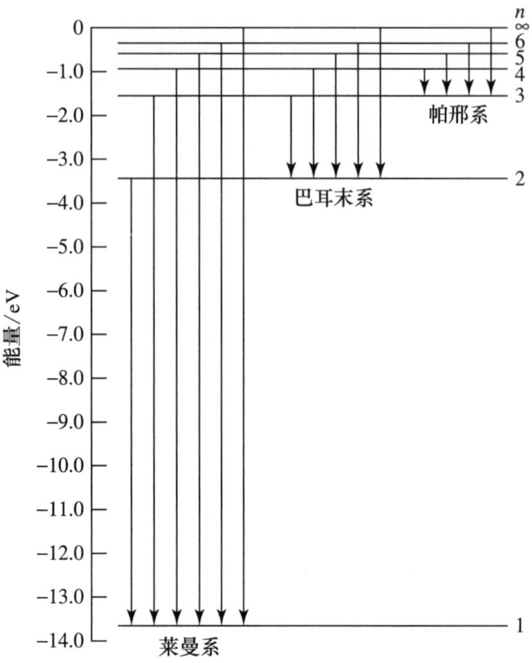

图 4.10 氢原子的能级和跃迁光谱.

习题 4.20 将地球-太阳引力系统类比为氢原子.

(a) 势函数是什么（替换式（4.52））？（设地球质量为 m_E，太阳质量为 M.）

(b) 该体系的"玻尔半径" a_g 是什么？给出具体数值.

(c) 写出重力的"玻尔公式"，把 E_n 等同于行星在半径为 r_0 的圆轨道上的经典能量，证明 $n=\sqrt{r_0/a_g}$. 并依此估算地球的量子数 n.

(d) 假设地球向下一个（$n-1$）能级跃迁. 将会释放多少能量（单位为焦耳）？辐射的光子波长（或者更可能是引力子）为多少？（结果用光年表示——这个惊人的答案[28]是巧合吗？）

4.3 角动量

正如前面我们所知，氢原子的定态由三个量子数 n、ℓ 和 m 来标记. 主量子数（n）决定状态的能量大小（式（4.70））；而 ℓ 和 m 与轨道角动量有关. 在经典中心力场理论中，能量和角动量都是基本守恒量，因此角动量在量子理论中起着重要的作用，这并不奇怪.

一般说来，粒子的角动量（相对于原点）可由下式给出：

$$\boldsymbol{L}=\boldsymbol{r}\times\boldsymbol{p}, \tag{4.95}$$

[28] 十分感谢 John Meyer 指出这一点.

也就是，[29]

$$L_x=yp_z-zp_y, L_y=zp_x-xp_z, L_z=xp_y-yp_x. \tag{4.96}$$

对应的量子算符[30]由标准公式 $p_x\to -i\hbar\partial/\partial x$，$p_y\to -i\hbar\partial/\partial y$，$p_z\to -i\hbar\partial/\partial z$ 得到．在本节中，我们将用纯代数方法得到角动量算符的本征值，这和在第 2 章中求解谐振子的能量允许值的方法类似．所有这一切都建立在巧妙利用对易关系的基础上．之后，将转向确定本征函数这一更加困难的问题．

4.3.1　本征值

算符 L_x 和 L_y 不对易．事实上

$$\begin{aligned}[L_x, L_y]&=[yp_z-zp_y, zp_x-xp_z]\\&=[yp_z, zp_x]-[yp_z, xp_z]-[zp_y, zp_x]+[zp_y, xp_z].\end{aligned} \tag{4.97}$$

由正则对易关系（式（4.10））知道，算符 x 与 p_x，y 与 p_y，z 与 p_z 之间是不对易的．所以中间两项为零，余下的为

$$[L_x, L_y]=yp_x[p_z, z]+xp_y[z, p_z]=i\hbar(xp_y-yp_x)=i\hbar L_z. \tag{4.98}$$

当然，我们也可以计算出 $[L_y, L_z]$ 或 $[L_z, L_x]$，但是没有必要再分别计算它们——可通过指标的循环替换（$x\to y$，$y\to z$，$z\to x$）立即得到它们：

$$\boxed{[L_x, L_y]=i\hbar L_z; [L_y, L_z]=i\hbar L_x; [L_z, L_x]=i\hbar L_y.} \tag{4.99}$$

这就是角动量的基本对易关系，一切都源于它们．

注意：L_x、L_y 和 L_z 是**不相容**的可观测量．由广义的不确定原理（式（3.62）），

$$\sigma_{L_x}^2\sigma_{L_y}^2\geqslant\left(\frac{1}{2i}\langle i\hbar L_z\rangle\right)^2=\frac{\hbar^2}{4}\langle L_z\rangle^2,$$

或

$$\sigma_{L_x}\sigma_{L_y}\geqslant\frac{\hbar}{2}|\langle L_z\rangle|. \tag{4.100}$$

因此，求解 L_x 和 L_y 的共同本征函数是徒劳的．另一方面，总角动量的平方

$$L^2\equiv L_x^2+L_y^2+L_z^2 \tag{4.101}$$

却和 L_x 对易：

$$\begin{aligned}[L^2, L_x]&=[L_x^2, L_x]+[L_y^2, L_x]+[L_z^2, L_x]\\&=L_y[L_y, L_x]+[L_y, L_x]L_y+L_z[L_z, L_x]+[L_z, L_x]L_z\\&=L_y(-i\hbar L_z)+(-i\hbar L_z)L_y+L_z(i\hbar L_y)+(i\hbar L_y)L_z\\&=0.\end{aligned}$$

（我用了式（3.65）来简化对易子；注意，任何算符都和它本身对易．）因此，L^2 也同 L_y 和 L_z 对易：

$$[L^2, L_x]=0,\quad [L^2, L_y]=0,\quad [L^2, L_z]=0, \tag{4.102}$$

或者，更紧凑些，

---

[29] 因为角动量是位置和动量的乘积，你可能会担心第 3 章（脚注 15）中的歧义会出现．幸运的是，这里只有 $\boldsymbol{r}$ 和 $\boldsymbol{p}$ 的不同分量相乘，且它们相互对易（式（4.10））．

[30] 为了避免混乱（并避免与单位矢量 $\hat{i}$，$\hat{j}$，$\hat{k}$；$\hat{r}$，$\hat{\theta}$，$\hat{\phi}$ 混淆），我将在本章的其余部分去掉算符上的“帽子”．

$$[L^2, \mathbf{L}] = 0. \tag{4.103}$$

所以 L^2 与 $\mathbf{L}$ 的各分量是相容的，可以期望找到 L^2 和（比如说）L_z 的共同本征态：

$$L^2 f = \lambda f \quad 和 \quad L_z f = \mu f. \tag{4.104}$$

非常类似于在第 2.3.1 节中讨论谐振子问题的方法，使用阶梯算符技术．令

$$L_{\pm} \equiv L_x \pm \mathrm{i} L_y, \tag{4.105}$$

它与 L_z 的对易关系为

$$[L_z, L_{\pm}] = [L_z, L_x] \pm \mathrm{i}[L_z, L_y] = \mathrm{i}\hbar L_y \pm \mathrm{i}(-\mathrm{i}\hbar L_x) = \pm\hbar(L_x \pm \mathrm{i}L_y),$$

所以

$$[L_z, L_{\pm}] = \pm\hbar L_{\pm}. \tag{4.106}$$

同时也有（见式（4.102）），

$$[L^2, L_{\pm}] = 0. \tag{4.107}$$

我断言如果 f 是 L^2 和 L_z 的本征函数，那么 $L_{\pm} f$ 也是 L^2 和 L_z 的本征函数：由式（4.107）得

$$L^2(L_{\pm} f) = L_{\pm}(L^2 f) = L_{\pm}(\lambda f) = \lambda(L_{\pm} f), \tag{4.108}$$

所以，$L_{\pm} f$ 是和 L^2 有相同的本征值 λ 的一个本征函数．由式（4.106）得

$$\begin{aligned} L_z(L_{\pm} f) &= (L_z L_{\pm} - L_{\pm} L_z) f + L_{\pm} L_z f = \pm\hbar L_{\pm} f + L_{\pm}(\mu f) \\ &= (\mu \pm \hbar)(L_{\pm} f), \end{aligned} \tag{4.109}$$

所以 $L_{\pm} f$ 是 L_z 的一个本征函数，具有新的本征值 $\mu \pm \hbar$．我们称 L_+ 为**升算符**（**rasing operator**），因为它使 L_z 的本征值增加一个 $\hbar$；L_- 为**降算符**（**lowering operator**），因为它使本征值减少一个 $\hbar$.

对于给定的 λ 值，我们得到一个状态“阶梯”，在 L_z 的特征值中每个“横档”与相邻“横档”间隔一个单位 $\hbar$（见图 4.11）．为了爬上梯子，我们使用升算符，而为了下降，我们使用降算符．但这个过程不可能永远持续下去：最终我们会达到一个 z 分量超过总量的态，这是不可能的．[31] 一定存在一个“顶横档” f_{t}，这样[32]

$$L_+ f_{\mathrm{t}} = 0. \tag{4.110}$$

设 $\hbar\ell$ 是 L_z 顶横档的本征值（用字母“ℓ”的恰当性马上就出现）：

$$L_z f_{\mathrm{t}} = \hbar\ell f_{\mathrm{t}}; \quad L^2 f_{\mathrm{t}} = \lambda f_{\mathrm{t}}. \tag{4.111}$$

现在，

$$\begin{aligned} L_{\pm} L_{\mp} &= (L_x \pm \mathrm{i}L_y)(L_x \mp \mathrm{i}L_y) = L_x^2 + L_y^2 \mp \mathrm{i}(L_x L_y - L_y L_x) \\ &= L^2 - L_z^2 \mp \mathrm{i}(\mathrm{i}\hbar L_z), \end{aligned}$$

或者，反过来说，

$$L^2 = L_{\pm} L_{\mp} + L_z^2 \mp \hbar L_z. \tag{4.112}$$

---

[31] 形式上，$\langle L^2 \rangle = \langle L_x^2 \rangle + \langle L_y^2 \rangle + \langle L_z^2 \rangle$，但是 $\langle L_x^2 \rangle = \langle f | L_x^2 f \rangle = \langle L_x f | L_x f \rangle \geqslant 0$（对 L_y 也同样），所以 $\lambda = \langle L_x^2 \rangle + \langle L_y^2 \rangle + \mu^2 \geqslant \mu^2$.

[32] 实际上，我们只能得出 $L_+ f_{\mathrm{t}}$ 是不可归一化的结论——它的模可以是无限大，而不是零．习题 4.21 探讨了这一备选方案．

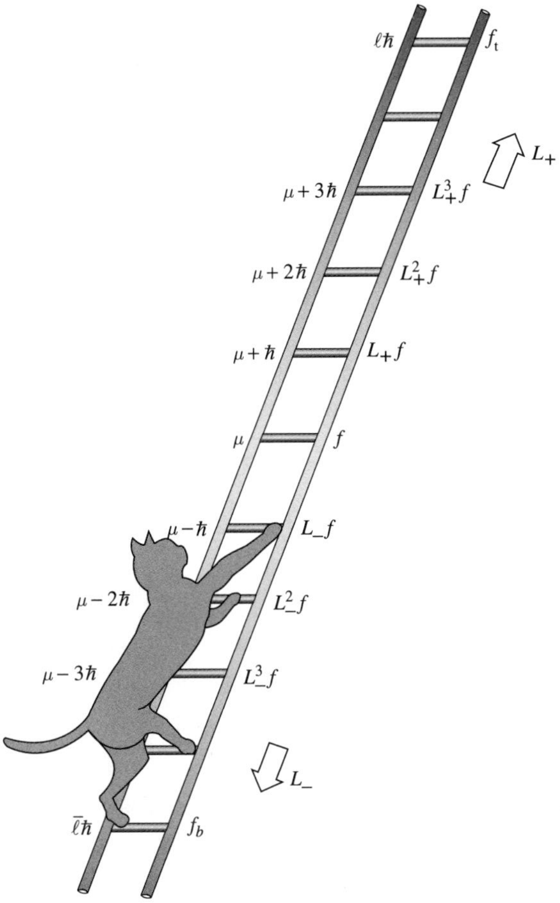

图 4.11 角动量状态的“阶梯”.

由此可知

$$L^2 f_t=(L_-L_++L_z^2+\hbar L_z)f_t=(0+\hbar^2\ell^2+\hbar^2\ell)f_t=\hbar^2\ell(\ell+1)f_t,$$

所以

$$\lambda=\hbar^2\ell(\ell+1). \tag{4.113}$$

这告诉我们 L^2 的本征值就是 L_z 的**最大本征值**.

同时，（基于同样的原因）也存在一个最低的横档 f_b，使得

$$L_-f_b=0. \tag{4.114}$$

设 $\hbar\bar{\ell}$ 是 L_z 最低横档的本征值：

$$L_z f_b=\hbar\bar{\ell}f_b,\quad L^2 f_b=\lambda f_b. \tag{4.115}$$

利用式（4.112）有

$$L^2 f_b=(L_+L_-+L_z^2-\hbar L_z)f_b=(0+\hbar^2\bar{\ell}^2-\hbar^2\bar{\ell})f_b=\hbar^2\bar{\ell}(\bar{\ell}-1)f_b,$$

因此

$$\lambda=\hbar^2\bar{\ell}(\bar{\ell}-1). \tag{4.116}$$

比较式（4.113）和式（4.116），我们看到 $\ell(\ell+1)=\bar{\ell}(\bar{\ell}-1)$，这样，要么 $\bar{\ell}=(\ell+1)$（这是

很荒谬的，这样一来，最低横档要比最高横档还要高!）要么就是

$$\bar{\ell}=-\ell. \tag{4.117}$$

因此，L_z 的本征值是 $m\hbar$，其中 m（用这个字母的适当性马上就会清楚）从 $-\ell$ 增加到 ℓ，每次增加 1，以 N 个整数步为单位．特别是，它遵循 $\ell=-\ell+N$，因此 $\ell=N/2$，由此 ℓ 必是一个**整数或半整数**．它们的本征函数由数值 ℓ 和 m 表征：

$$\boxed{L^2 f_\ell^m=\hbar^2\ell(\ell+1)f_\ell^m;\quad L_z f_\ell^m=\hbar m f_\ell^m,} \tag{4.118}$$

其中

$$\ell=0,1/2,1,3/2,\cdots;\quad m=-\ell,-\ell+1,\cdots,\ell-1,\ell. \tag{4.119}$$

对给定的值 ℓ，m 有 $2\ell+1$ 个不同的值（即“梯子”上的 $2\ell+1$ 个“横档”）．

有些人喜欢用图 4.12（$\ell=2$ 情况）来说明这一点．箭头应该表示可能的角动量（单位为 $\hbar$）——它们都具有相同的长度$\sqrt{\ell(\ell+1)}$（在这种情况下$\sqrt{6}=2.45$），它们的 z 分量则是 m 的允许值（−2，−1，0，1，2）．请注意，矢量的大小（球体的半径）大于最大的 z 分量!（一般情况下，除了“平庸”情况 $\ell=0$ 外，$\sqrt{\ell(\ell+1)}>\ell$.）显然，你不能让角动量完全沿着 z 方向．乍看起来，这有点荒谬．“可是，为什么我不能选择 z 的方向就是指向角动量的方向呢?”要做到这一点，你必须同时知道这三个分量，不确定性原理（式（4.100））告诉我们这是不可能的.“好吧，好吧，但偶尔，运气好的话，我会凑巧把 z 轴对准 $\boldsymbol{L}$ 的方向.”不，不！你没抓住重点．这不单单是因为你不知道 $\boldsymbol{L}$ 的所有三个分量，而是没有这三个分量——粒子根本不可能有一个确定的角动量矢量，就像它不能同时有确定的位置和确定的动量一样．如果 L_z 有确定的值，那么 L_x 和 L_y 就没有．即便你在图 4.12 中画出了矢量，这是一种误导——充其量它们应该在纬度线周围涂抹，以表明 L_x 和 L_y 是不确定的.

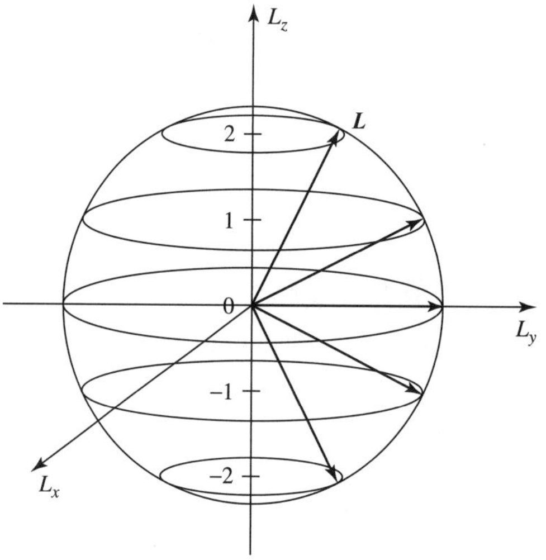

图 4.12　（对 $\ell=2$ 的情况）角动量状态.

我希望你对此印象深刻：我们利用纯代数的方法，从角动量的基本对易关系（式（4.99））出发，已经确定了 L^2 和 L_z 的本征值，而还从来没有看到本征函数本身！现在我们来讨论构造本征函数的问题，但我要提醒你，这是一个更复杂的问题．为了让你知道要做什

么，我给你讲一句画龙点睛的妙语：$f_\ell^m = Y_\ell^m$——L^2 和 L_z 的本征函数不是别的，它是我们在第 4.1.2 节中通过一种完全不同的方法得到的原来的球谐函数（当然，这是为什么我选择相同的字母 ℓ 和 m 的原因）. 现在我可以解释为什么球谐函数是正交的：它们是属于不同本征值的厄米算符（L^2 和 L_z）的本征函数（第 3.3.1 节，定理 2）.

* **习题 4.21**　升算符和降算符将 m 的值改变一个单位：

$$L_+ f_\ell^m = (A_\ell^m) f_\ell^{m+1}, \quad L_- f_\ell^m = (B_\ell^m) f_\ell^{m-1}, \tag{4.120}$$

其中 A_ℓ^m 和 B_ℓ^m 为常数. 问题：如果本征函数要归一化，它们是多少？**提示：**首先证明 $L_\mp$ 是 $L_\pm$ 的厄米共轭算符（因为 L_x 和 L_y 是可观测量，你可以假定它们是厄米算符……但如果你喜欢，就证明它）；再利用式（4.112）. **答案：**

$$A_\ell^m = \hbar\sqrt{\ell(\ell+1)-m(m+1)} = \hbar\sqrt{(\ell-m)(\ell+m+1)},$$

$$B_\ell^m = \hbar\sqrt{\ell(\ell+1)-m(m-1)} = \hbar\sqrt{(\ell+m)(\ell-m+1)}. \tag{4.121}$$

注意：对梯子顶部和梯子底部会发生什么情况（即，把 L_+ 作用在 f_ℓ^ℓ 上，或者把 L_- 作用在 $f_\ell^{-\ell}$ 上）.

* **习题 4.22**

（a）由位置和动量的正则对易关系（式（4.10）），求下列对易关系：

$$[L_z, x] = i\hbar y, \quad [L_z, y] = -i\hbar x, \quad [L_z, z] = 0,$$

$$[L_z, p_x] = i\hbar p_y, \quad [L_z, p_y] = -i\hbar p_x, \quad [L_z, p_z] = 0. \tag{4.122}$$

（b）利用这些结果直接从式（4.96）中得到 $[L_z, L_x] = i\hbar L_y$.

（c）计算对易子 $[L_z, r^2]$ 和 $[L_z, p^2]$（这里 $r^2 = x^2+y^2+z^2$，$p^2 = p_x^2+p_y^2+p_z^2$）.

（d）证明：假设在 V 仅依赖 r 的情况下，哈密顿量 $H = (p^2/2m)+V$ 与 $\boldsymbol{L}$ 的三个分量都对易.（这样，H、L^2、L_z 是相互相容的可观测量.）

** **习题 4.23**

（a）证明：对于位势 $V(\boldsymbol{r})$ 中的粒子，其轨道角动量 $\boldsymbol{L}$ 期望值的变化率等于力矩的期望值：

$$\frac{d}{dt}\langle \boldsymbol{L} \rangle = \langle \boldsymbol{N} \rangle,$$

其中

$$\boldsymbol{N} = \boldsymbol{r} \times (-\nabla V).$$

（在转动情况下，它类同埃伦菲斯特定理.）

（b）证明对任意的球对称势都有 $d\langle \boldsymbol{L} \rangle / dt = 0$.（这是**角动量守恒（conservation of angular momentum）**的一种量子表述形式.）

4.3.2 本征函数

我们需要在球坐标中重新写出 L_x、L_y 和 L_z. 在球坐标系中，$\boldsymbol{L}=-\mathrm{i}\hbar(\boldsymbol{r}\times\nabla)$ 和梯度算符的表示式是[33]

$$\nabla=\hat{r}\frac{\partial}{\partial r}+\hat{\theta}\frac{1}{r}\frac{\partial}{\partial\theta}+\hat{\phi}\frac{1}{r\sin\theta}\frac{\partial}{\partial\phi};\tag{4.123}$$

同时，$\boldsymbol{r}=r\hat{r}$，所以

$$\boldsymbol{L}=-\mathrm{i}\hbar\left[r(\hat{r}\times\hat{r})\frac{\partial}{\partial r}+(\hat{r}\times\hat{\theta})\frac{\partial}{\partial\theta}+(\hat{r}\times\hat{\phi})\frac{1}{\sin\theta}\frac{\partial}{\partial\phi}\right].$$

但是，$(\hat{r}\times\hat{r})=0$，$(\hat{r}\times\hat{\theta})=\hat{\phi}$，$(\hat{r}\times\hat{\phi})=-\hat{\theta}$（见图 4.1），因此

$$\boldsymbol{L}=-\mathrm{i}\hbar\left(\hat{\phi}\frac{\partial}{\partial\theta}-\hat{\theta}\frac{1}{\sin\theta}\frac{\partial}{\partial\phi}\right).\tag{4.124}$$

单位矢量 $\hat{\theta}$ 和 $\hat{\phi}$ 可以分解为它们在笛卡儿坐标中的分量：

$$\hat{\theta}=(\cos\theta\cos\phi)\hat{i}+(\cos\theta\sin\phi)\hat{j}-(\sin\theta)\hat{k};\tag{4.125}$$

$$\hat{\phi}=-(\sin\phi)\hat{i}+(\cos\phi)\hat{j}.\tag{4.126}$$

这样

$$\boldsymbol{L}=-\mathrm{i}\hbar\left[(-\sin\phi\hat{i}+\cos\phi\hat{j})\frac{\partial}{\partial\theta}-(\cos\theta\cos\phi\hat{i}+\cos\theta\sin\phi\hat{j}-\sin\theta\hat{k})\frac{1}{\sin\theta}\frac{\partial}{\partial\phi}\right].$$

显然有

$$L_x=-\mathrm{i}\hbar\left(-\sin\phi\frac{\partial}{\partial\theta}-\cos\phi\cot\theta\frac{\partial}{\partial\phi}\right),\tag{4.127}$$

$$L_y=-\mathrm{i}\hbar\left(+\cos\phi\frac{\partial}{\partial\theta}-\sin\phi\cot\theta\frac{\partial}{\partial\phi}\right),\tag{4.128}$$

以及

$$\boxed{L_z=-\mathrm{i}\hbar\frac{\partial}{\partial\phi}.}\tag{4.129}$$

我们还需要定义升算符和降算符：

$$L_\pm=L_x\pm\mathrm{i}L_y=-\mathrm{i}\hbar\left[(-\sin\phi\pm\mathrm{i}\cos\phi)\frac{\partial}{\partial\theta}-(\cos\phi\pm\mathrm{i}\sin\phi)\cot\theta\frac{\partial}{\partial\phi}\right].$$

但是 $\cos\phi\pm\mathrm{i}\sin\phi=\mathrm{e}^{\pm\mathrm{i}\phi}$，所以

$$L_\pm=\pm\hbar\mathrm{e}^{\pm\mathrm{i}\phi}\left(\frac{\partial}{\partial\theta}\pm\mathrm{i}\cot\theta\frac{\partial}{\partial\phi}\right).\tag{4.130}$$

特别有（习题 4.24（a））：

$$L_+L_-=-\hbar^2\left(\frac{\partial^2}{\partial\theta^2}+\cot\theta\frac{\partial}{\partial\theta}+\cot^2\theta\frac{\partial^2}{\partial\phi^2}+\mathrm{i}\frac{\partial}{\partial\phi}\right),\tag{4.131}$$

---

[33] George Arfken 和 Hans-Jurgen Weber，*Mathematical Methods for physicists*，第 7 版，Academic Press，奥兰多（2013），第 3.10 节.

因此（习题 4.24（b））：

$$\boxed{L^2=-\hbar^2\left[\frac{1}{\sin\theta}\frac{\partial}{\partial\theta}\left(\sin\theta\frac{\partial}{\partial\theta}\right)+\frac{1}{\sin^2\theta}\frac{\partial^2}{\partial\phi^2}\right].} \tag{4.132}$$

现在来确定 $f_\ell^m(\theta,\ \phi)$. 它是 L^2 的本征函数，本征值为 $\hbar^2\ell(\ell+1)$：

$$L^2f_\ell^m=-\hbar^2\left[\frac{1}{\sin\theta}\frac{\partial}{\partial\theta}\left(\sin\theta\frac{\partial}{\partial\theta}\right)+\frac{1}{\sin^2\theta}\frac{\partial^2}{\partial\phi^2}\right]f_\ell^m=\hbar^2\ell(\ell+1)f_\ell^m.$$

这正是“角向方程”（式（4.18））. 它也是 L_z 属于本征值 $m\hbar$ 的本征函数：

$$L_zf_\ell^m=-\mathrm{i}\hbar\frac{\partial}{\partial\phi}f_\ell^m=\hbar mf_\ell^m,$$

但是，这等同于方位角方程（式（4.21））. 这个方程我们已经求解出（适当归一化后）：结果是球谐函数 $\mathrm{Y}_\ell^m(\theta,\ \phi)$. **结论**：球谐函数是 L^2 和 L_z 的本征函数. 在 4.1 节中，通过分离变量求解薛定谔方程时，我们无意中构造了三个对易算符 H、L^2 和 L_z 的共同本征函数：

$$H\psi=E\psi,\quad L^2\psi=\hbar^2\ell(\ell+1)\psi,\quad L_z\psi=\hbar m\psi. \tag{4.133}$$

顺便提及，利用式（4.132）可以把薛定谔方程（式（4.14））重写成更简洁的形式：

$$\frac{1}{2mr^2}\left[-\hbar^2\frac{\partial}{\partial r}\left(r^2\frac{\partial}{\partial r}\right)+L^2\right]\psi+V\psi=E\psi.$$

最后，这个故事有一个奇怪的结局：角动量的代数理论允许 ℓ（因此也允许 m）取半整数值（式（4.119）），而分离变量只得到整数值的本征函数（式（4.29））.[34] 你可能会认为半整数解是站不住脚的，但正如我们将在下面的部分中看到的，事实证明它们具有深远的重要性.

*** 习题 4.24**

（a）由式（4.130）导出式（4.131）. **提示**：利用试探函数；否则你可能会丢掉某些项.

（b）由式（4.129）和式（4.131）导出式（4.132）. **提示**：利用式（4.112）.

*** 习题 4.25**

（a）$L_+\mathrm{Y}_\ell^\ell$ 是什么？（不允许做计算！）

（b）利用（a）的结果，连同式（4.130）和 $L_z\mathrm{Y}_\ell^\ell=\hbar\ell\mathrm{Y}_\ell^\ell$，确定 $\mathrm{Y}_\ell^\ell(\theta,\ \phi)$ 和归一化常数.

（c）通过直接积分确定归一化常数. 将最终答案与习题 4.7 中的答案进行比较.

习题 4.26　在习题 4.4 中，你证明了这一点

$$\mathrm{Y}_2^1(\theta,\phi)=-\sqrt{15/8\pi}\sin\theta\cos\theta\,\mathrm{e}^{\mathrm{i}\phi}.$$

应用升算符求出 $\mathrm{Y}_2^2(\theta,\ \phi)$. 利用式（4.121）对其归一化.

---

[34] 一个有趣的讨论，请参阅 I. R. Gatland, *Am. J. Phys.* **74**, 191（2006）.

****习题 4.27** 质量分别 m_1 和 m_2 的两个粒子固定在质量忽略不计、长度为 a 的刚性杆的两端．这个体系绕杆的质心在三维空间自由转动（转动中心是固定的）．

（a）证明：该**刚性转子（rigid rotor）**的能量允许值是

$$E_n=\frac{\hbar^2}{2I}n(n+1)\quad(n=0,1,2,\cdots),$$

其中 $I=\dfrac{m_1m_2}{m_1+m_2}a^2$ 为系统的转动惯量．**提示**：先把（经典）能量用总角动量表示出来．

（b）该体系的归一化波函数是什么？（用 θ 和 ϕ 定义转轴的方向）第 n 个能级的简并度是多少？

（c）你预期这个系统有什么样的频谱？（给出谱线频率的公式．）**答案**：$\nu_j=\hbar j/2\pi I$，$j=1,\ 2,\ 3,\ \cdots$.

（d）图 4.13 给出一氧化碳（CO）的一部分转动谱．相邻谱线的频率间隔（$\Delta\nu$）是多少？查阅 ^{12}C 和 ^{16}O 的质量，利用 m_1、m_2 和 $\Delta\nu$ 求出原子之间的距离．

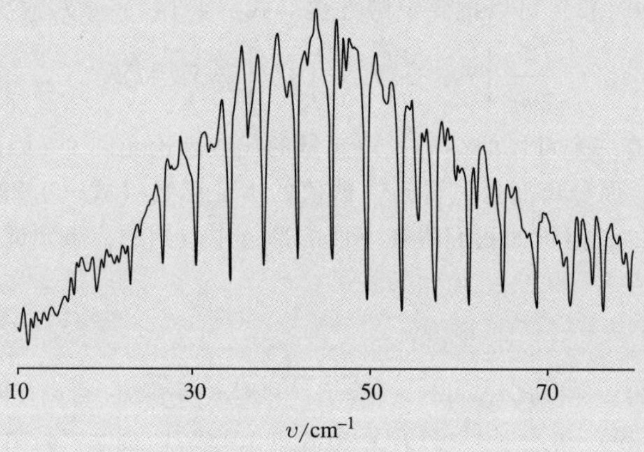

图 4.13　一氧化碳（CO）的转动谱．注意频率为光谱学单位：cm^{-1}．转换成以赫兹为单位需要乘以 $c=3.00\times10^{10}$ cm/s．承蒙许可此图取自 John M. Brown 和 Allan Carrington, *Rotational Spectroscopy of Diatomic Molecules*，剑桥大学出版社，2003．它也是源自于 E. V. Loewenstein, *Journal of the Optical Society of America* **50**, 1163（1960）.

4.4 自旋

在**经典**力学中，刚性物体具有两种角动量：**轨道角动量（orbital，$\boldsymbol{L}=\boldsymbol{r}\times\boldsymbol{p}$）**，它是物体质心的运动；**转动角动量（spin，$\boldsymbol{S}=I\boldsymbol{\omega}$）**，它是物体绕质心的转动．例如，地球的轨道角动量可归因于其围绕太阳的一年一周的公转，而自转角动量则来自其围绕南北轴的一天一周的自转．这种区别在经典力学中很大程度上是为了讨论问题的方便，因为当你仔细研究它的时候，$\boldsymbol{S}$ 不过是构成地球的所有岩石和土块绕地轴旋转时的“轨道”角动量的总和．在量子力学中也有类似的情况发生，但这里却有本质的区别．（在氢原子的情况下）除了轨道角动量与电子绕原子核的运动有关（由球谐函数描述），电子还携带另外一种形式的角动量，它与空间中的运动无关（因此，不能由坐标变量 r、θ、ϕ 描述）. 但这有点类似于经典自转（因此，我们使用同一个词）. 把这个比喻类推太远是不值得的：（据我们所知）电子是一个没有结构的点，它的自旋角动量不能分解为组成部分的轨道角动量（见习题 4.28）.[35] 可以说，基本粒子除了具有"非固有的（extrinsic）"角动量（$\boldsymbol{L}$）外，还具有**内禀（intrinsic）**角动量（$\boldsymbol{S}$）.

自旋代数理论是轨道角动量理论的翻版，从基本的对易关系出发：[36]

$$[S_x,S_y]=\mathrm{i}\hbar S_z,\quad [S_y,S_z]=\mathrm{i}\hbar S_x,\quad [S_z,S_x]=\mathrm{i}\hbar S_y. \tag{4.134}$$

与以前一样，S^2 和 S_z 的本征矢满足[37]

$$S^2|s\ m\rangle=\hbar^2 s(s+1)|s\ m\rangle;\quad S_z|s\ m\rangle=\hbar m|s\ m\rangle; \tag{4.135}$$

以及

$$S_\pm|s\ m\rangle=\hbar\sqrt{s(s+1)-m(m\pm1)}\,|s\ m\pm1\rangle, \tag{4.136}$$

式中，$S_\pm\equiv S_x\pm\mathrm{i}S_y$. 但现在的本征矢不再是球谐函数（它们根本不是 θ 和 ϕ 的函数），我们也没有任何理由把 s 和 m 的半整数值排除在外：

$$s=0,\frac{1}{2},1,\frac{3}{2},\cdots;\quad m=-s,-s+1,\cdots,s-1,s. \tag{4.137}$$

碰巧的是每个基本粒子都有一个**特定且不变**的 s 值，我们称之为特定粒子的**自旋（the spin）**：π 介子的自旋为 0，电子的自旋为 1/2，光子的自旋为 1，Δ 重子的自旋为 3/2，引力子的自旋为 2 等. 相比之下，轨道角动量量子数 l（比如说氢原子中的电子）可以取任意（整数）值，当系统受到扰动时，它们会从一个变化到另一个. 但对于任何给定的粒子而言，s 都是固定不变的，这使得自旋理论相对比较简单.[38]

习题 4.28　如果电子是一个经典的固体球，半径是

$$r_c=\frac{e^2}{4\pi\varepsilon_0 mc^2} \tag{4.138}$$

（即所谓的**经典电子半径（classical electron radius）**，假设电子的质量可归因于其电场中储存的能量，并由爱因斯坦公式 $E=mc^2$ 给出），其角动量为 $(1/2)\hbar$，那么"赤道"上的一点运动的速度（m/s）有多快？这个模型有意义吗？（实际上，实验上已知的电子半径要比 r_c 小很多，但这只会使情况变得更糟.）[39]

---

[35] 一个不同的解释，见 Hans C. Ohanian，"*What is Spin?*"，*Am. J. Phys.* **54**，500（1986）.

[36] 我们将把这些作为自旋理论假设；轨道角动量的类似公式（式（4.99））是从它已知的算符形式（式（4.96））导出的. 实际上，它们都遵循三维的旋转不变性，我们将在第 6 章中看到. 事实上，这些基本的对易关系适用于所有形式的角动量，无论是自旋、轨道，还是复合系统的耦合角动量，它们可以是部分自旋和部分轨道角动量.

[37] 因为自旋本征态不是函数，我现在将切换到狄拉克符号. 顺便说一下，我的字母已经用完了，所以我将使用 m 表示 S_z 的本征值，就像我对 L_z 所做的那样（有些作者用 m_l 和 m_s，只是为了更加清楚）.

[38] 实际上，在数学意义上，自旋 1/2 是最简单的非平庸量子系统，因为它只允许两个基态（回想一下例题 3.8）. 代替无限维希尔伯特空间及其所有的微妙和复杂之处，我们的研究是在一个平常的二维矢量空间中；面对的不是陌生的微分方程和奇异函数，而是 2×2 矩阵和两分量矢量. 因此，一些作者学习量子力学从自旋开始（一个著名的例子是 John S. Townsend，A *Modern Approach to Quantum Mechanics*，第 2 版，University Books，Sausalito，CA，2012）. 但数学简单化的代价是概念的抽象，我不喜欢这样做.

[39] 如果把电子想象成一个旋转的小球让你感到舒服，那就继续吧；我是这样想的，我认为这不会烦恼你，只要你不按字面理解.

4.4.1 自旋 1/2

到目前为止，最重要的情况是 $s=1/2$，因为这是组成基本物质的粒子（质子、中子和电子）以及所有夸克和轻子的自旋．此外，一旦你掌握了自旋 1/2 情况，就很容易地得到任何高自旋的情况．有两个本征态：$\left|\frac{1}{2}\ \frac{1}{2}\right\rangle$，我们称之为**自旋向上**（**spin up**，非正式的，↑）；$\left|\frac{1}{2}\left(-\frac{1}{2}\right)\right\rangle$，称为**自旋向下**（**spin down**，↓）．使用它们作为基矢，自旋 1/2 粒子的一般状态[40]可由二元的列矩阵（或**旋量**，**spinor**）表示：

$$\chi=\begin{pmatrix}a\\b\end{pmatrix}=a\chi_{+}+b\chi_{-},\tag{4.139}$$

其中

$$\chi_{+}=\begin{pmatrix}1\\0\end{pmatrix}\tag{4.140}$$

代表自旋向上，而

$$\chi_{-}=\begin{pmatrix}0\\1\end{pmatrix}\tag{4.141}$$

代表自旋向下．

在这个基组下，自旋算符变成一个 2×2 矩阵，[41]我们可以通过它们对 χ_+ 和 χ_- 的作用效果来计算．式（4.135）是

$$\mathsf{S}^2\chi_{+}=\frac{3}{4}\hbar^2\chi_{+},\quad \mathsf{S}^2\chi_{-}=\frac{3}{4}\hbar^2\chi_{-}.\tag{4.142}$$

（到现在为止）如果把 S^2 写为一个待定矩阵元的矩阵，

$$\mathsf{S}^2=\begin{pmatrix}c&d\\e&f\end{pmatrix},$$

则第一个方程给出

$$\begin{pmatrix}c&d\\e&f\end{pmatrix}\begin{pmatrix}1\\0\end{pmatrix}=\frac{3}{4}\hbar^2\begin{pmatrix}1\\0\end{pmatrix},\quad \text{或者}\quad \begin{pmatrix}c\\e\end{pmatrix}=\begin{pmatrix}\frac{3}{4}\hbar^2\\0\end{pmatrix},$$

所以 $c=(3/4)\hbar^2$，$e=0$．第二个方程给出

$$\begin{pmatrix}c&d\\e&f\end{pmatrix}\begin{pmatrix}0\\1\end{pmatrix}=\frac{3}{4}\hbar^2\begin{pmatrix}0\\1\end{pmatrix},\quad \text{或者}\quad \begin{pmatrix}d\\f\end{pmatrix}=\begin{pmatrix}0\\\frac{3}{4}\hbar^2\end{pmatrix},$$

---

[40] 我现在只讨论自旋态．如果粒子到处在运动，我们还需要涉及它的位置状态（Ψ），但现在我们先把它放在一边．

[41] 我讨厌对表示法过于挑剔，但也许我应该重申，右矢（如 $|sm\rangle$）是希尔伯特空间中的一个矢量（本例中是（$2s+1$）维矢量空间），而旋量 χ 是相对于特定基矢量的一组分量$\left(\text{在自旋为 1/2 的情况下，基矢是}\left|\frac{1}{2}\ \frac{1}{2}\right\rangle\text{和}\left|\frac{1}{2}-\frac{1}{2}\right\rangle\right)$，表示为一列．物理学家有时会写，例如，$\left|\frac{1}{2}\ \frac{1}{2}\right\rangle=\chi_+$，但严格来讲，这会混淆一个矢量（存在于希尔伯特空间中）及其分量（一串数字）．类似地，S_z（例如）是一个作用于右矢上的算符；它由一个矩阵 S_z 来表示（相对于所选的基矢），该矩阵乘以旋量．但是，$S_z=\mathsf{S}_z$ 虽然完全可以理解，但却是一种草率的语言．

所以 $d=0$，$f=(3/4)\hbar^2$. **结论**：

$$\mathsf{S}^2=\frac{3}{4}\hbar^2\begin{pmatrix}1 & 0\\0 & 1\end{pmatrix}. \tag{4.143}$$

类似有

$$\mathsf{S}_z\chi_+=\frac{1}{2}\hbar\chi_+,\quad \mathsf{S}_z\chi_-=-\frac{1}{2}\hbar\chi_-. \tag{4.144}$$

由此得出

$$\mathsf{S}_z=\frac{\hbar}{2}\begin{pmatrix}1 & 0\\0 & -1\end{pmatrix}. \tag{4.145}$$

另外，式（4.136）表明

$$\mathsf{S}_+\chi_-=\hbar\chi_+,\quad \mathsf{S}_-\chi_+=\hbar\chi_-,\quad \mathsf{S}_+\chi_+=\mathsf{S}_-\chi_-=0,$$

所以

$$\mathsf{S}_+=\hbar\begin{pmatrix}0 & 1\\0 & 0\end{pmatrix},\quad \mathsf{S}_-=\hbar\begin{pmatrix}0 & 0\\1 & 0\end{pmatrix}. \tag{4.146}$$

因为 $S_\pm=S_x\pm iS_y$，所以 $S_x=(1/2)(S_++S_-)$，$S_y=(1/2i)(S_+-S_-)$，因此得

$$\mathsf{S}_x=\frac{\hbar}{2}\begin{pmatrix}0 & 1\\1 & 0\end{pmatrix},\quad \mathsf{S}_y=\frac{\hbar}{2}\begin{pmatrix}0 & -i\\i & 0\end{pmatrix}. \tag{4.147}$$

由于 S_x、S_y 和 S_z 都含有因子 $\hbar/2$，S 可以更简洁地写为 $\mathsf{S}=(\hbar/2)\boldsymbol{\sigma}$，其中

$$\boxed{\sigma_x\equiv\begin{pmatrix}0 & 1\\1 & 0\end{pmatrix},\quad \sigma_y\equiv\begin{pmatrix}0 & -i\\i & 0\end{pmatrix},\quad \sigma_z\equiv\begin{pmatrix}1 & 0\\0 & -1\end{pmatrix}.} \tag{4.148}$$

这就是著名的**泡利自旋矩阵**（**Pauli spin matrices**）. 注意 S_x、S_y、S_z 和 S^2 都是厄米矩阵（因为它们都表示可观测量）. 另一方面，S_+ 和 S_- 不是厄米的——显然它们不是可观测量.

（当然）S_z 的本征旋量是

$$\chi_+=\begin{pmatrix}1\\0\end{pmatrix},\quad 本征值为\ +\frac{\hbar}{2};\quad \chi_-=\begin{pmatrix}0\\1\end{pmatrix},\quad 本征值为\ -\frac{\hbar}{2}. \tag{4.149}$$

如果对粒子状态 χ（式（4.139））的 S_z 值进行测量，只有这两种可能性：得到的结果是 $+\hbar/2$，几率为 $|a|^2$；或者是 $-\hbar/2$，几率为 $|b|^2$，则

$$|a|^2+|b|^2=1 \tag{4.150}$$

即旋量必须是归一化的.[42]

但是，如果测量 S_x，可能值是什么？相应的几率是多少？按照广义的统计诠释，我们需要知道 S_x 的本征值和本征旋量. 它的久期方程是

$$\begin{vmatrix}-\lambda & \hbar/2\\ \hbar/2 & -\lambda\end{vmatrix}=0\Rightarrow\lambda^2=\left(\frac{\hbar}{2}\right)^2\Rightarrow\lambda=\pm\frac{\hbar}{2}.$$

毫不奇怪（但看到它是如何工作的很高兴），S_x 的可能值与 S_z 的可能值相同. 本征旋量通常通过以下方法得到：

---

[42] 人们常说 $|a|^2$ 是“粒子处在自旋向上态的几率”，但是这是模糊的语言；他们的意思其实是如果你测量 S_z，$|a|^2$ 是得到可能值为 $\hbar/2$ 的几率. 见第 3 章脚注 18.

$$\frac{\hbar}{2}\begin{pmatrix}0&1\\1&0\end{pmatrix}\begin{pmatrix}\alpha\\\beta\end{pmatrix}=\pm\frac{\hbar}{2}\begin{pmatrix}\alpha\\\beta\end{pmatrix}\Rightarrow\begin{pmatrix}\beta\\\alpha\end{pmatrix}=\pm\begin{pmatrix}\alpha\\\beta\end{pmatrix},$$

所以 $\beta=\pm\alpha$. 显然，S_x(归一化的）本征旋量是

$$\chi_+^{(x)}=\begin{pmatrix}1/\sqrt{2}\\1/\sqrt{2}\end{pmatrix},\quad 本征值为+\frac{\hbar}{2};\quad \chi_-^{(x)}=\begin{pmatrix}1/\sqrt{2}\\-1/\sqrt{2}\end{pmatrix},\quad 本征值为-\frac{\hbar}{2}. \tag{4.151}$$

作为厄米矩阵的本征矢量，它们张成一个空间；一般旋量 χ（式（4.139））可以表示成它们的线性组合：

$$\chi=\left(\frac{a+b}{\sqrt{2}}\right)\chi_+^{(x)}+\left(\frac{a-b}{\sqrt{2}}\right)\chi_-^{(x)}. \tag{4.152}$$

如果测量 S_x，得到可能值为 $+\hbar/2$ 的几率是（1/2）$|a+b|^2$，得到 $-\hbar/2$ 的几率是（1/2）$|a-b|^2$.（请你自己检验一下几率之和为 1.）

例题 4.2　自旋为 1/2 的粒子位于状态

$$\chi=\frac{1}{\sqrt{6}}\begin{pmatrix}1+\mathrm{i}\\2\end{pmatrix}.$$

对 S_z 和 S_x 进行测量，得到 $+\hbar/2$ 和 $-\hbar/2$ 的几率是多少？

解：这里，$a=(1+\mathrm{i})/\sqrt{6}$，$b=2/\sqrt{6}$，所以对 S_z，得到 $+\hbar/2$ 的几率为 $|(1+\mathrm{i})/\sqrt{6}|^2=1/3$，得到 $-\hbar/2$ 的几率是 $|2/\sqrt{6}|^2=2/3$. 对 S_x，得到 $+\hbar/2$ 的几率为（1/2）$|(3+\mathrm{i})/\sqrt{6}|^2=5/6$，得到 $-\hbar/2$ 的几率是（1/2）$|(-1+\mathrm{i})/\sqrt{6}|^2=1/6$. 顺便提及，$S_x$ 的期望值是

$$\frac{5}{6}\left(\frac{\hbar}{2}\right)+\frac{1}{6}\left(-\frac{\hbar}{2}\right)=\frac{\hbar}{3},$$

也可以更直接地由下式得到：

$$\langle S_x\rangle=\chi^\dagger\ \mathsf{S}_x\chi=\begin{pmatrix}\frac{(1-i)}{\sqrt{6}} & \frac{2}{\sqrt{6}}\end{pmatrix}\begin{pmatrix}0&\hbar/2\\\hbar/2&0\end{pmatrix}\begin{pmatrix}(1+\mathrm{i})/\sqrt{6}\\2/\sqrt{6}\end{pmatrix}=\frac{\hbar}{3}.$$

现在，我给你们介绍一个涉及自旋 1/2 的虚拟测量场景，它可以用非常具体的术语来说明我们在第 1 章讨论过的一些抽象概念. 我们从处在 χ_+ 态的粒子开始. 如果有人问："该粒子自旋角动量的 z 轴分量是什么？"我们可以毫不含糊地回答：$+\hbar/2$. 对 S_z 测量肯定会得到这个结果. 如果提问者再问："该粒子自旋角动量的 x 轴分量是什么？"我们不得不含糊其辞：如果测量 S_x，得到 $+\hbar/2$ 或 $-\hbar/2$ 的可能性很大（各占一半）. 如果提问者是一名经典物理学家，或者一个"实在论者"（在 1.2 节讨论的意义上），他将会认为这是一个不恰当的（不是说不礼貌的）回答："你是在告诉我你不知道粒子的真实状态吗？"恰恰相反，我准确地知道该粒子的态是什么：χ_+. "好的，那么为什么你不能告诉我其自旋的 x 轴分量是多少？"因为它根本没有一个特定的自旋 x 轴分量. 确实，它不可能有. 因为如果 S_x 和 S_z 两者都有确定的值，那么将违反不确定原理.

正在这个时候，我们的挑战者抓住试管，开始测量粒子自旋的 x 轴分量；假设他得到的值是 $+\hbar/2$. "啊哈！"他胜利地喊道，"你撒谎了！这个粒子的 S_x 分量具有完全确定的值：$+\hbar/2$."嗯，现在当然有了，但在你测量之前，你并不能证明它有这个值. "你们显然是吹

毛求疵．不管怎样，你们的不确定原理如何成立？S_x 和 S_z 我现在都知道．”对不起，你并不知道：在测量过程中，你改变了粒子的状态；它现在处于 $\chi_+^{(x)}$ 状态，虽然你知道 S_x 的值，但你不再知道 S_z 的值是多少．“但是，当我测量 S_x 的时候，我非常小心，不去干扰粒子．”好吧，如果你不相信我的话，请检验一下：测量 S_z，看看你得到了什么．（当然，他可能会得到 $+\hbar/2$，这对我来说会很尴尬，但如果我们一遍又一遍地重复这个场景，有一半时间会得到 $-\hbar/2$．）

对于外行、哲学家或经典物理学家来说，“粒子没有明确的位置”（或者动量，或者自旋角动量的 x 轴分量，或者别的什么）这种说法听起来很模糊，不恰当，或者（最糟糕的是）故弄玄虚．其实并非如此，我认为，它的确切含义几乎不可能传达给任何没有深入研究过量子力学的人．如果你发现自己的理解力时不时地在下滑（如果你没有，你可能还没有理解这个问题），回到自旋 1/2 系统：它是思考量子力学概念悖论的最简单、最清晰的例子．

习题 4.29

（a）验证自旋矩阵（式（4.145）和式（4.147））满足式（4.134）的角动量基本对易关系．

（b）证明泡利自旋矩阵（式（4.148））满足乘积定则

$$\sigma_j\sigma_k = \delta_{jk} + \mathrm{i}\sum_l \varepsilon_{jkl}\sigma_l, \tag{4.153}$$

这里指标代表 x、y 或 z，ε_{jkl} 是**莱维-齐维塔（Levi-Civita）**符号：如果 $jkl=123$，231 或 312，ε_{ijk} 为+1；如果 $jkl=132$，213 或 321，ε_{ijk} 为−1；其余为零．

* **习题 4.30**　粒子处在自旋态

$$\chi = A\begin{pmatrix}3\mathrm{i}\\4\end{pmatrix}.$$

（a）求出归一化常数 A．

（b）求出 S_x、S_y 和 S_z 的期望值．

（c）求出 σ_{S_x}、σ_{S_y} 和 σ_{S_z} 的“不确定度”．注释：这里的 σ 是标准方差，不是泡利矩阵！

（d）确认你的结果符合所有三个不确定原理（当然，式（4.100）及其循环置换仅仅需要将用 S 代替 L）．

* **习题 4.31**　对普通的归一化旋量 χ（式（4.139）），计算 $\langle S_x\rangle$、$\langle S_y\rangle$、$\langle S_z\rangle$、$\langle S_x^2\rangle$、$\langle S_y^2\rangle$ 和 $\langle S_z^2\rangle$．并验证 $\langle S_x^2\rangle+\langle S_y^2\rangle+\langle S_z^2\rangle=\langle S^2\rangle$．

* **习题 4.32**

（a）求出 S_y 的本征值和本征旋量．

（b）对处在一般状态χ上的粒子（式（4.139））测量其S_y，得到的可能值有哪些，各自的几率大小是多少？验证几率之和为1. 注意：a和b不一定是实数！

（c）对S_y^2进行测量，得到的可能值有哪些，各自的几率大小是多少？

****习题 4.33** 构造表示沿任意方向$\hat{r}$的自旋角动量矩阵的分量S_r. 使用球坐标系

$$\hat{r}=\sin\theta\cos\phi\hat{i}+\sin\theta\sin\phi\hat{j}+\cos\theta\hat{k}. \tag{4.154}$$

求出S_r的本征值和（归一化的）本征旋量. **答案：**

$$\chi_+^r=\begin{pmatrix}\cos(\theta/2)\\ e^{i\phi}\sin(\theta/2)\end{pmatrix};\quad \chi_-^r=\begin{pmatrix}e^{-i\phi}\sin(\theta/2)\\ -\cos(\theta/2)\end{pmatrix}. \tag{4.155}$$

注释：你总可以在结果上乘以任意的相位因子——比如说，$e^{i\phi}$——所以你的答案与我的答案可能不完全一样.

习题 4.34 对自旋为1的粒子，构造其自旋矩阵（S_x、S_y和S_z）. 提示：在这种情况下，S_z有几个本征态？确定S_z、S_+和S_-作用在每个本征态的结果. 仿照书中对自旋1/2体系求解步骤.

4.4.2 磁场中的电子

一个带电旋转粒子构成一个磁偶极子. 它的**磁偶极矩**（**magnetic dipole moment**）μ正比于其自旋角动量$\boldsymbol{S}$：

$$\boldsymbol{\mu}=\gamma\boldsymbol{S}, \tag{4.156}$$

式中，比例常数γ称为**旋磁比**（**gyromagnetic ratio**）.[43] 当一个磁偶极子处在磁场$\boldsymbol{B}$中时，它受到力矩$\boldsymbol{\mu}\times\boldsymbol{B}$作用，使得磁偶极子趋于与磁场方向平行（像指南针一样）. 与力矩相关的能量为[44]

$$H=-\boldsymbol{\mu}\cdot\boldsymbol{B}, \tag{4.157}$$

所以静止在[45]磁场$\boldsymbol{B}$中带电自旋粒子的哈密顿是

$$H=-\gamma\boldsymbol{B}\cdot\boldsymbol{S}, \tag{4.158}$$

式中，$\boldsymbol{S}$是相应的自旋矩阵（在自旋1/2的情况下，式（4.145）和式（4.147））.

---

[43] 例如，可以参见，David J. Griffiths，*Introduction to Electrodynamics*，第4版（Pearson，波士顿，2013），习题5.58（也可见《电动力学导论（英文注释版·原书第4版）》，机械工业出版社，2021. ——编辑注）. 经典力学中，电荷和质量分布相同的物体的旋磁比是$q/2m$，其中q是电荷，m是质量. 由于只有在相对论量子理论中才能充分解释的原因，电子的旋磁比正好（几乎）是经典值的两倍：$\gamma=-e/m$.

[44] Griffiths（见脚注43），习题6.21.

[45] 如果允许粒子运动，也会有动能需要考虑，而且会受到洛伦兹力（$q\boldsymbol{v}\times\boldsymbol{B}$）的作用，而洛伦兹力不是由势能函数导出的，因此不满足到目前为止我们所建立的薛定谔方程. 稍后我将向你展示如何处理这个问题（习题4.42），但目前我们假设粒子可以自由旋转，在其他方面是静止的.

例题 4.3　拉莫尔进动（Larmor precession）：假定自旋为 1/2 的粒子静止在一均匀磁场中，磁场方向指向 z 方向：

$$\boldsymbol{B}=B_0\hat{k}. \tag{4.159}$$

哈密顿量（式（4.158））是

$$\boldsymbol{H}=-\gamma B_0\,\mathsf{S}_z=-\frac{\gamma B_0\hbar}{2}\begin{pmatrix}1&0\\0&-1\end{pmatrix}. \tag{4.160}$$

$\boldsymbol{H}$ 同 S_z 有同样的本征态

$$\begin{cases}\chi_+, & \text{能量 } E_+=-(\gamma B_0\hbar)/2,\\ \chi_-, & \text{能量 } E_-=+(\gamma B_0\hbar)/2.\end{cases} \tag{4.161}$$

当偶极矩平行于磁场时，能量是最低的，同经典情况是一样的.

由于哈密顿量不含时，含时薛定谔方程的一般解为

$$\mathrm{i}\hbar\frac{\partial\chi}{\partial t}=\boldsymbol{H}\chi \tag{4.162}$$

可以用定态来表示：

$$\chi(t)=a\chi_+\mathrm{e}^{-\mathrm{i}E_+t/\hbar}+b\chi_-\mathrm{e}^{-\mathrm{i}E_-t/\hbar}=\begin{pmatrix}a\mathrm{e}^{\mathrm{i}\gamma B_0t/2}\\ b\mathrm{e}^{-\mathrm{i}\gamma B_0t/2}\end{pmatrix}.$$

常数 a 和 b 由初始条件决定：

$$\chi(0)=\begin{pmatrix}a\\b\end{pmatrix},$$

（当然，$|a|^2+|b|^2=1$.）基本上来说不失一般性，[46] 我令 $a=\cos(\alpha/2)$，$b=\sin(\alpha/2)$，其中 α 是一个固定的角度，其物理意义马上就显示出来. 所以

$$\chi(t)=\begin{pmatrix}\cos(\alpha/2)\,\mathrm{e}^{\mathrm{i}\gamma B_0t/2}\\ \sin(\alpha/2)\,\mathrm{e}^{-\mathrm{i}\gamma B_0t/2}\end{pmatrix}. \tag{4.163}$$

为了对该问题有一个认识，计算 $\boldsymbol{S}$ 期望值随时间的变化关系：

$$\begin{aligned}\langle S_x\rangle&=\chi(t)^\dagger\,\mathsf{S}_x\chi(t)\\&=\left(\cos(\alpha/2)\,\mathrm{e}^{-\mathrm{i}\gamma B_0t/2}\;\sin(\alpha/2)\,\mathrm{e}^{\mathrm{i}\gamma B_0t/2}\right)\frac{\hbar}{2}\begin{pmatrix}0&1\\1&0\end{pmatrix}\begin{pmatrix}\cos(\alpha/2)\,\mathrm{e}^{\mathrm{i}\gamma B_0t/2}\\ \sin(\alpha/2)\,\mathrm{e}^{-\mathrm{i}\gamma B_0t/2}\end{pmatrix}\\&=\frac{\hbar}{2}\sin\alpha\cos(\gamma B_0t).\end{aligned} \tag{4.164}$$

类似有

$$\langle S_y\rangle=\chi(t)^\dagger\;\mathsf{S}_y\chi(t)=-\frac{\hbar}{2}\sin\alpha\sin(\gamma B_0t), \tag{4.165}$$

[46] 这里确实假设 a 和 b 是实数；如果你愿意，你可以探讨一般情况，但所能做的只是在 t 上加一个常数.

$$\langle S_z \rangle = \chi(t)^\dagger \mathsf{S}_z \chi(t) = \frac{\hbar}{2}\cos\alpha. \qquad (4.166)$$

显然，$\langle \boldsymbol{S} \rangle$以恒定的倾角 α 偏离 z 轴并绕磁场进动，进动频率为**拉莫尔频率（Larmor frequency）**

$$\omega = \gamma B_0, \qquad (4.167)$$

同在经典情况下一样[47]（见图 4.14）. 这并不意外，埃伦菲斯特定理（习题 4.23 中导出的形式）保证了$\langle \boldsymbol{S} \rangle$按照经典定律演化. 但很高兴看到它在特定的背景中是如何实现的.

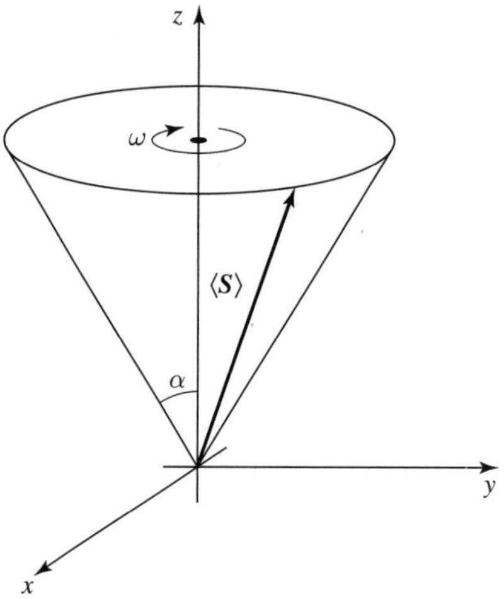

图 4.14 $\langle \boldsymbol{S} \rangle$在均匀磁场中的进动.

例题 4.4 理论分析施特恩-格拉赫实验（Stern-Gerlach experiment）：在非均匀磁场中，除力矩外，还有另外一个**力**作用在磁偶极子上：[48]

$$\boldsymbol{F} = \nabla(\boldsymbol{\mu} \cdot \boldsymbol{B}). \qquad (4.168)$$

该力可以将具有特定自旋取向的粒子分离开来. 想象沿着 y 方向运动的一束重的中性原子[49]，穿过一不均匀的静态磁场区域（见图 4.15）——比如说

$$\boldsymbol{B}(x,y,z) = -\alpha x\hat{i} + (B_0 + \alpha z)\hat{k}, \qquad (4.169)$$

式中，B_0 代表一均匀的强磁场，而 α 描述磁场相对 B_0 的一个小的偏离.（实际上，我们仅需要该场的 z 分量，但遗憾的是这不可能，这样将违反电磁定律 $\nabla \cdot \boldsymbol{B} = 0$；不管你喜欢与否，都有 x 分量存在.）作用在原子上的力为[50]

$$\boldsymbol{F} = \gamma\alpha(-S_x\hat{i} + S_z\hat{k}).$$

---

[47] 例如，参见 Richard Feynman，Robert B. Leighton，*The Feynman Lectures on Physics*（Addison-Wesley，Reading，1964），第 2 卷，34-3 节. 当然，在经典情况下这是角动量矢量本身绕磁场进动，而不是它的期望值.

[48] Griffiths（见脚注 43），6.1.2 节. 注意到 $\boldsymbol{F}$ 是能量梯度的负值（式（4.157））.

[49] 我们使它们为中性，以避免洛伦兹力引起的大范围反射，用重原子是为了使我们可以构造一个局域波包，以便用经典的粒子轨迹来处理粒子的运动. 在实际中，自由的电子束对施特恩-格拉赫实验不起作用，施特恩和格拉赫他们自己也使用了银原子. 关于他们的发现，参见 B. Friedrich 和 D. Herschbach，*Physics Today* **56**，53（2003）.

[50] 关于这个方程的量子力学证明，见习题 4.73.

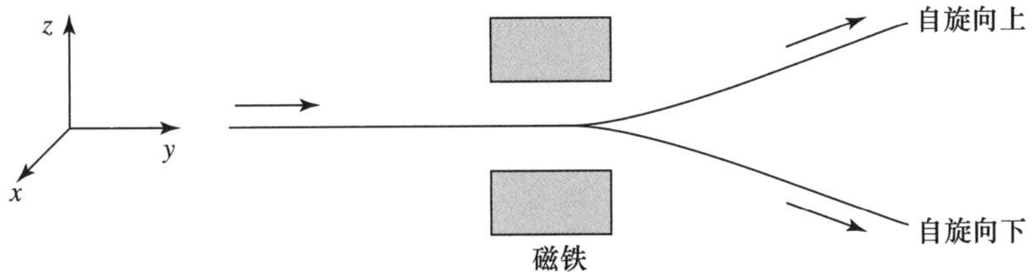

图 4.15　施特恩-格拉赫实验装置示意图.

由于原子绕 B_0 的拉莫尔进动，S_x 快速振荡，且平均值为零；所受净力沿 z 轴方向：

$$F_z = \gamma\alpha S_z, \tag{4.170}$$

原子束将向上或向下偏转，大小与自旋角动量的 z 分量成正比. 从经典的角度，（由于 S_z 不能被量子化）我们期望的是出现一个模糊的展宽；但在实际上，原子束分成了 $2s+1$ 个分立的流，这完美地展示了角动量的量子化.（如果你用银原子做实验，所有的内层电子都是成对的，这样电子的角动量就相互抵消. 净自旋是最外层未配对电子的自旋，因此在这种情况下，$s=1/2$，原子束将一分为二.）

施特恩-格拉赫实验在量子力学哲学中发挥了重要的作用，它既是量子态制备的原型，又是某些量子测量的成功典例. 我们倾向于假设系统的初态是已知的（薛定谔方程告诉我们它随后将是如何演化的），但我们很自然地会问，开始时你是如何让系统处于一个特定状态的. 如果你想获得给定自旋状态的一个原子束，你可以让非极化的一原子束通过施特恩-格拉赫磁场，然后从出射原子束流中选择你感兴趣那个就可以了（可以通过适当的挡板或者遮光器）. 反过来，如果你想测量原子自旋的 z 分量，你可以让它通过施特恩-格拉赫装置，并记录它落在哪一个接收器上就可以了. 我并不是说它永远是处理这类问题最实际的方法，但它在概念上却是非常清晰的，因此，这在探讨量子态制备和测量等问题上非常有用.

习题 4.35　在例题 4.3 中：

（a）在 t 时刻，对自旋角动量的 x 分量进行测量，求得到结果为 $+\hbar/2$ 的几率.

（b）同样的问题，如果是 y 方向结果是什么.

（c）同样的问题，改为 z 方向.

****习题 4.36**　电子静止在振荡磁场

$$\boldsymbol{B} = \boldsymbol{B}_0 \cos(\omega t)\hat{k}$$

中，其中 B_0 和 ω 为常数.

（a）构造该体系哈密顿量矩阵.

（b）相对于 x 轴，开始时（$t=0$）电子自旋向上（即：$\chi(0)=\chi_+^{(x)}$）. 求以后任意时刻的 $\chi(t)$. **注意：**这是一个含时的哈密顿量，所以你无法使用通常的从定态求解得到 $\chi(t)$ 的方法. 凑巧的是，本题可以直接求解含时薛定谔方程（式（4.162））.

（c）如果对 S_x 进行测量，求得到 $-\hbar/2$ 的几率．**答案：**

$$\sin^2\left(\frac{\gamma B_0}{2\omega}\sin\omega t\right).$$

（d）要使 S_x 完全翻转所需要的最小磁场（B_0）是多少？

4.4.3 角动量耦合

假设有两个粒子，自旋分别为 s_1 和 s_2．比如说，第一个处在 $|s_1m_1\rangle$ 态上，第二个处在 $|s_2m_2\rangle$ 态上．用 $|s_1s_2m_1m_2\rangle$ 表示复合态：

$$\begin{aligned}S^{(1)^2}|s_1s_2m_1m_2\rangle&=s_1(s_1+1)\hbar^2|s_1s_2m_1m_2\rangle,\\S^{(2)^2}|s_1s_2m_1m_2\rangle&=s_2(s_2+1)\hbar^2|s_1s_2m_1m_2\rangle,\\S_z^{(1)}|s_1s_2m_1m_2\rangle&=m_1\hbar|s_1s_2m_1m_2\rangle,\\S_z^{(2)}|s_1s_2m_1m_2\rangle&=m_2\hbar|s_1s_2m_1m_2\rangle.\end{aligned}\tag{4.171}$$

问题是：系统总角动量是多少？

$$\boldsymbol{S}=\boldsymbol{S}^{(1)}+\boldsymbol{S}^{(2)}.\tag{4.172}$$

也就是说：组合后的净自旋 s 是多少，z 分量的 m 是多少，z 分量很简单：

$$\begin{aligned}S_z|s_1s_2m_1m_2\rangle&=S_z^{(1)}|s_1s_2m_1m_2\rangle+S_z^{(2)}|s_1s_2m_1m_2\rangle\\&=\hbar(m_1+m_2)|s_1s_2m_1m_2\rangle=\hbar m|s_1s_2m_1m_2\rangle,\end{aligned}\tag{4.173}$$

因此

$$m=m_1+m_2;\tag{4.174}$$

仅仅是求和而已．但是 s 的情况要复杂很多，所以，让我们从一个最简单且非平庸的例子开始．

例题 4.5 考虑自旋为1/2的两个粒子——例如，处于氢原子基态的电子和质子．每个粒子状态均可自旋向上或自旋向下，所以共有四种可能性：[51]

$$|\uparrow\uparrow\rangle=\left|\frac{1}{2}\,\frac{1}{2}\,\frac{1}{2}\,\frac{1}{2}\right\rangle,\quad m=1,$$

$$|\uparrow\downarrow\rangle=\left|\frac{1}{2}\,\frac{1}{2}\,\frac{1}{2}\,\frac{-1}{2}\right\rangle,\quad m=0,$$

$$|\downarrow\uparrow\rangle=\left|\frac{1}{2}\,\frac{1}{2}\,\frac{-1}{2}\,\frac{1}{2}\right\rangle,\quad m=0,$$

$$|\downarrow\downarrow\rangle=\left|\frac{1}{2}\,\frac{1}{2}\,\frac{-1}{2}\,\frac{-1}{2}\right\rangle,\quad m=-1.$$

这乍看起来有点不对：m 应该从 $-s$ 到 $+s$ 以整数变化，所以有 $s=1$——但是这里出现一个“额外的” $m=0$ 的状态．

[51] 更准确地说，复合系统是所列四种状态的线性组合．对于自旋1/2，我发现箭头比四个指标右矢更能唤起人们的回忆，但如果担心的话，你总是可以回到正式的标记．

解决此问题的一种方法是，利用式（4.146），将降算符 $S_- = S_-^{(1)} + S_-^{(2)}$ 作用在状态 $|\uparrow\uparrow\rangle$ 上：

$$\begin{aligned} S_-|\uparrow\uparrow\rangle &= (S_-^{(1)}|\uparrow\rangle)|\uparrow\rangle + |\uparrow\rangle(S_-^{(2)}|\uparrow\rangle) \\ &= (\hbar|\downarrow\rangle)|\uparrow\rangle + |\uparrow\rangle\hbar|\downarrow\rangle) = \hbar(|\downarrow\uparrow\rangle + |\uparrow\downarrow\rangle). \end{aligned}$$

很显然，$s=1$ 的三个态为（用 $|sm\rangle$ 表示）：

$$\boxed{\left\{\begin{aligned} |1\,1\rangle &= |\uparrow\uparrow\rangle \\ |1\,0\rangle &= \frac{1}{\sqrt{2}}(|\uparrow\downarrow\rangle + |\downarrow\uparrow\rangle) \\ |1\,{-1}\rangle &= |\downarrow\downarrow\rangle \end{aligned}\right\} \quad s=1\ (\text{三重态}).} \tag{4.175}$$

（作为验证，将降算符作用在 $|10\rangle$ 上；**你应该得到什么**？参看习题 4.37（a））．因为显而易见的原因，这称为**三重态（triplet）**．另外，还有一个 $s=0$，$m=0$ 的与之正交的态：

$$\boxed{\left\{|0\,0\rangle = \frac{1}{\sqrt{2}}(|\uparrow\downarrow\rangle - |\downarrow\uparrow\rangle)\right\} \quad s=0(\text{单态}).} \tag{4.176}$$

（如果利用升算符或降算符作用这个态上，得到结果为零．参见习题 4.37（b）．）

因此，我认为自旋为 1/2 的两个粒子的组合可以具有 1 或 0 的总自旋，这取决于它们是占据三重态还是占据单态．为了证实这一点，我需要证明三重态是 S^2 的本征矢，本征值为 $2\hbar^2$；而单态也是 S^2 的本征矢，本征值为 0．由

$$S^2 = (\boldsymbol{S}^{(1)} + \boldsymbol{S}^{(2)}) \cdot (\boldsymbol{S}^{(1)} + \boldsymbol{S}^{(2)}) = (S^{(1)})^2 + (S^{(2)})^2 + 2\boldsymbol{S}^{(1)} \cdot \boldsymbol{S}^{(2)}. \tag{4.177}$$

利用式（4.145）和式（4.147）有

$$\begin{aligned} \boldsymbol{S}^{(1)} \cdot \boldsymbol{S}^{(2)}|\uparrow\downarrow\rangle &= (S_x^{(1)}|\uparrow\rangle)(S_x^{(2)}|\downarrow\rangle) + (S_y^{(1)}|\uparrow\rangle)(S_y^{(2)}|\downarrow\rangle) + (S_z^{(1)}|\uparrow\rangle)(S_z^{(2)}|\downarrow\rangle) \\ &= \left(\frac{\hbar}{2}|\downarrow\rangle\right)\left(\frac{\hbar}{2}|\uparrow\rangle\right) + \left(\frac{\mathrm{i}\hbar}{2}|\downarrow\rangle\right)\left(\frac{-\mathrm{i}\hbar}{2}|\uparrow\rangle\right) + \left(\frac{\hbar}{2}|\uparrow\rangle\right)\left(\frac{-\hbar}{2}|\downarrow\rangle\right) \\ &= \frac{\hbar^2}{4}(2|\downarrow\uparrow\rangle - |\uparrow\downarrow\rangle). \end{aligned}$$

同理，

$$\boldsymbol{S}^{(1)} \cdot \boldsymbol{S}^{(2)}(|\downarrow\uparrow\rangle) = \frac{\hbar^2}{4}(2|\uparrow\downarrow\rangle - |\downarrow\uparrow\rangle).$$

由此可知，

$$\boldsymbol{S}^{(1)} \cdot \boldsymbol{S}^{(2)}|1\,0\rangle = \frac{\hbar^2}{4}\frac{1}{\sqrt{2}}(2|\downarrow\uparrow\rangle - |\uparrow\downarrow\rangle + 2|\uparrow\downarrow\rangle - |\downarrow\uparrow\rangle) = \frac{\hbar^2}{4}|1\,0\rangle, \tag{4.178}$$

以及

$$\boldsymbol{S}^{(1)} \cdot \boldsymbol{S}^{(2)}|0\,0\rangle = \frac{\hbar^2}{4}\frac{1}{\sqrt{2}}(2|\downarrow\uparrow\rangle - |\uparrow\downarrow\rangle - 2|\uparrow\downarrow\rangle + |\downarrow\uparrow\rangle) = -\frac{3\hbar^2}{4}|0\,0\rangle. \tag{4.179}$$

回到式（4.177）（并利用式（4.142）），可以得出结论

$$S^2|1\ 0\rangle=\left(\frac{3\hbar^2}{4}+\frac{3\hbar^2}{4}+2\ \frac{\hbar^2}{4}\right)|1\ 0\rangle=2\hbar^2|1\ 0\rangle, \tag{4.180}$$

所以，$|1\ 0\rangle$确实是 S^2 的本征态，且本征值为 $2\hbar^2$；还有

$$S^2|0\ 0\rangle=\left(\frac{3\hbar^2}{4}+\frac{3\hbar^2}{4}-2\ \frac{3\hbar^2}{4}\right)|0\ 0\rangle=0, \tag{4.181}$$

所以，$|0\ 0\rangle$确实是 S^2 的本征态，且本征值为 0.（$|1\ 1\rangle$、$|1\ -1\rangle$也是 S^2 的取不同本征值的本征态，这点留给读者去证明，参见习题 4.37（c）.）

我们刚才所做的（自旋为 1/2 的两个粒子组合得到自旋为 1 或 0）是一个更大问题中最简单的例子．如果将自旋为 s_1 和 s_2 的两粒子组合，你可以得到总自旋 s 是多少呢?[52] 答案[53]是：你可以得到从 s_1+s_2 到 s_1-s_2 逐次减少整数 1 的每一个自旋值——或 s_2-s_1，如果 $s_2>s_1$ 的话：

$$\boxed{s=(s_1+s_2),(s_1+s_2-1),(s_1+s_2-2),\cdots,|s_1-s_2|.} \tag{4.182}$$

（粗略地说，最高的总自旋发生在各单自旋平行排列时，最低的总自旋发生在它们反平行排列时.）例如，如果将自旋为 3/2 的粒子与自旋为 2 的粒子组合在一起，根据自旋组态，你可以获得 7/2、5/2、3/2 或 1/2 的总自旋．另一个例子：如果一个氢原子处在 $\psi_{n\ell m}$ 态上，电子的总角动量（自旋加轨道角动量）为 $\ell+1/2$ 或 $\ell-1/2$；现在如果考虑加上质子的自旋，则氢原子的总角动量为 $\ell+1$、ℓ 或 $\ell-1$（取决于电子是在 $\ell+1/2$ 或是在 $\ell-1/2$ 的态上，ℓ 可以通过两种不同的方法得到）.

具有总自旋 s 和 z 分量为 m 的组态$|s\ m\rangle$可以表示复合态$|s_1\ s_2 m_1 m_2\rangle$的线性叠加：

$$|s\ m\rangle=\sum_{m_1+m_2=m}C^{s_1s_2s}_{m_1m_2m}|s_1s_2m_1m_2\rangle \tag{4.183}$$

（因为 z 分量是相加的，只有在 $m_1+m_2=m$ 时的复合态才有贡献.）式（4.175）和式（4.176）是一般形式在 $s_1=s_2=1/2$ 时的特例．常数 $C^{s_1s_2s}_{m_1m_2m}$ 称为 **CG 系数（Clebsch-Gordan coefficients）**．表 4.8 中列出了一些最简单的情况.[54] 例如：表中 2×1 一栏的阴影部分告诉我们：

$$|3\ 0\rangle=\frac{1}{\sqrt{5}}|2\ 1\ 1\ -1\rangle+\sqrt{\frac{3}{5}}|2\ 1\ 0\ 0\rangle+\frac{1}{\sqrt{5}}|2\ 1\ -1\ 1\rangle.$$

如果两个粒子（自旋 2 和自旋 1）静止在一个盒子中，总自旋为 3，其 z 分量为 0，那么，对 $S_z^{(1)}$ 进行测量将得到 $\hbar$（几率为 1/5），或 0（几率为 3/5），或 $-\hbar$（几率为 1/5）．注意这些几率加起来为 1（CG 系数表（表 4.8）中，任何一列的平方和都是 1）.

[52] 简单起见，我说的是自旋，但是其中一个也可以是（或者两个都可以是）轨道角动量（不过，我们用字母 ℓ 表示轨道角动量）.

[53] 它的证明你必须参考更高级的教科书，例如，Claude Cohen-Tannoudji，Bernard Diu，Granck Laloë，*Quantum Mechanics*，Wiley，纽约（1977），第 2 卷，第 10 章.

[54] 普遍的公式可以参见 Arno Bohm，*Quantum Mechanics: Foundations and Applications*，第 2 版，Springer（1986），第 172 页.

这些表格也可以反过来使用：

$$|s_1\ s_2\ m_1\ m_2\rangle=\sum_s C^{s_1s_2s}_{m_1m_2m}\,|s\ m\rangle\quad(m=m_1+m_2).\tag{4.184}$$

例如，在表中 3/2×1 栏中阴影部分告诉我们：

$$\left|\frac{3}{2}\ 1\ \frac{1}{2}\ 0\right\rangle=\sqrt{\frac{3}{5}}\left|\frac{5}{2}\ \frac{1}{2}\right\rangle+\sqrt{\frac{1}{15}}\left|\frac{3}{2}\ \frac{1}{2}\right\rangle-\sqrt{\frac{1}{3}}\left|\frac{1}{2}\ \frac{1}{2}\right\rangle.$$

如果在盒子里放入自旋分别为 3/2 和 1 的粒子，且你知道第一个粒子的 $m_1=1/2$，第二个粒子的 $m_2=0$（所以 m 必然是 1/2），你对总自旋 s 进行测量，得到 5/2（几率为 3/5），或者 3/2（几率为 1/15），或者 1/2（几率为 1/3）. 同样，几率之和是 1（在 CG 系数表（表 4.8）中，任意一行的平方和为 1）.

表 4.8　CG 系数（每个条目都有一个平方根符号；如果有减号，则在根号外面）

1/2×1/2

$m_1\ m_2$	1 +1
+1/2 +1/2	1

$m_1\ m_2$	1 0	0 0
+1/2 −1/2	1/2	1/2
−1/2 +1/2	1/2	−1/2

$m_1\ m_2$	1 −1
−1/2 −1/2	1

1×1/2

$m_1\ m_2$	3/2 +3/2
+1 +1/2	1

$m_1\ m_2$	3/2 +1/2	1/2 +1/2
+1 −1/2	1/3	2/3
0 +1/2	2/3	−1/3

$m_1\ m_2$	3/2 −1/2	1/2 −1/2
0 −1/2	2/3	1/3
−1 +1/2	1/3	−2/3

$m_1\ m_2$	3/2 −3/2
−1 −1/2	1

2×1/2

$m_1\ m_2$	5/2 +5/2
+2 1/2	1

$m_1\ m_2$	5/2 +3/2	3/2 +3/2
+2 −1/2	1/5	4/5
+1 +1/2	4/5	−1/5

$m_1\ m_2$	5/2 +1/2	3/2 +1/2
+1 −1/2	2/5	3/5
0 +1/2	3/5	−2/5

$m_1\ m_2$	5/2 −1/2	3/2 −1/2
0 −1/2	3/5	2/5
−1 +1/2	2/5	−3/5

$m_1\ m_2$	5/2 −3/2	3/2 −3/2
−1 −1/2	4/5	1/5
−2 +1/2	1/5	−4/5

$m_1\ m_2$	5/2 −5/2
−2 −1/2	1

3/2×1/2

$m_1\ m_2$	2 +2
+3/2 +1/2	1

$m_1\ m_2$	2 +1	1 +1
+3/2 −1/2	1/4	3/4
+1/2 +1/2	3/4	−1/4

$m_1\ m_2$	2 0	1 0
+1/2 −1/2	1/2	1/2
−1/2 +1/2	1/2	−1/2

$m_1\ m_2$	2 −1	1 −1
−1/2 −1/2	3/4	1/4
−3/2 +1/2	1/4	−3/4

$m_1\ m_2$	2 −2
−3/2 −1/2	1

2×1

$m_1\ m_2$	3 +3
+2 +1	1

$m_1\ m_2$	3 +2	2 +2
+2 0	1/3	2/3
+1 +1	2/3	−1/3

$m_1\ m_2$	3 +1	2 +1	1 +1
+2 −1	1/15	1/3	3/5
+1 0	8/15	1/6	−3/10
0 +1	6/15	−1/2	1/10

$m_1\ m_2$	3 0	2 0	1 0
+1 −1	1/5	1/2	3/10
0 0	3/5	0	−2/5
−1 +1	1/5	−1/2	3/10

$m_1\ m_2$	3 −1	2 −1	1 −1
0 −1	6/15	1/2	1/10
−1 0	8/15	−1/6	−3/10
−2 +1	1/15	−1/3	3/5

$m_1\ m_2$	3 −2	2 −2
−1 −1	2/3	1/3
−2 0	1/3	−2/3

$m_1\ m_2$	3 −3
−2 −1	1

3/2×1

$m_1\ m_2$	5/2 +5/2
+3/2 +1	1

$m_1\ m_2$	5/2 +3/2	3/2 +3/2
+3/2 0	2/5	3/5
+1/2 +1	3/5	−2/5

$m_1\ m_2$	5/2 +1/2	3/2 +1/2	1/2 +1/2
+3/2 −1	1/10	2/5	1/2
+1/2 0	3/5	1/15	−1/3
−1/2 +1	3/10	−8/15	1/6

$m_1\ m_2$	5/2 −1/2	3/2 −1/2	1/2 −1/2
+1/2 −1	3/10	8/15	1/6
−1/2 0	3/5	−1/15	−1/3
−3/2 +1	1/10	−2/5	1/2

$m_1\ m_2$	5/2 −3/2	3/2 −3/2
−1/2 −1	3/5	2/5
−3/2 0	2/5	−3/5

$m_1\ m_2$	5/2 −5/2
−3/2 −1	1

1×1

$m_1\ m_2$	2 +2
+1 +1	1

$m_1\ m_2$	2 +1	1 +1
+1 0	1/2	1/2
0 +1	1/2	−1/2

$m_1\ m_2$	2 0	1 0	0 0
+1 −1	1/6	1/2	1/3
0 0	2/3	0	−1/3
−1 +1	1/6	−1/2	1/3

$m_1\ m_2$	2 −1	1 −1
0 −1	1/2	1/2
−1 0	1/2	−1/2

$m_1\ m_2$	2 −2
−1 −1	1

如果你觉得这听起来像是神秘的命理学，我不怪你. 在本书以后的学习中，我们将很少使用 CG 系数表，但我想让你知道这件事情，以防以后遇到它们时清楚从哪里下手. 从数学意义上讲，这都是应用**群论**（**group theory**）的内容——我们讨论的是旋转群的两个不可约表示的直积分解成不可约表示的直和（你可以引用它，给你的朋友留下深刻印象）.

*** 习题 4.37**

（a）将 S_- 作用到 $|10\rangle$ 上（式（4.175）），并确认你得到 $\sqrt{2}\hbar|1-1\rangle$.

（b）将 $S_\pm$ 作用到 $|00\rangle$ 上（式（4.176）），并确认你得到零.

（c）证明 $|11\rangle$ 和 $|1-1\rangle$ 是 S^2 具有适当本征值的本征态（式（4.175））.

习题 4.38　夸克（**Quark**）的自旋为 1/2. 三个夸克结合在一起形成**重子**（**baryon**）（如质子或中子）；两个夸克（或更确切说是一个夸克和一个反夸克）结合在一起形成**介子**（**meson**）（比如 π 介子或 K 介子）. 假设夸克都处于基态（即轨道角动量为零）.

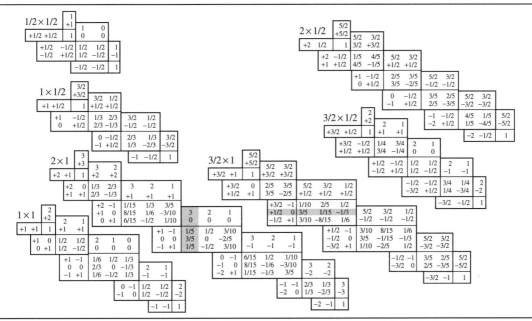

（a）重子可能的自旋为多少？

（b）介子可能的自旋为多少？

* **习题 4.39** 利用 CG 系数表验证式（4.175）和式（4.176）.

习题 4.40

（a）处在静止状态的自旋分别为 1 和 2 的粒子，其总自旋为 3，z 分量为 $\hbar$. 若对自旋为 2 的粒子角动量 z 分量进行测量，将会得到哪些值？每个值的几率各为多少？注释：使用 CG 表就像开始驾驶手动挡汽车一样，既可怕又令人沮丧，但一旦掌握了窍门就很容易了.

（b）自旋向下的电子处于氢原子的 ψ_{510} 态. 如果能单独测量电子总角动量的平方（不包括质子自旋），将会得到哪些值？几率各为多少？

习题 4.41 求出 S^2 和 $S_z^{(1)}$ 的对易式（$\boldsymbol{S}\equiv\boldsymbol{S}^{(1)}+\boldsymbol{S}^{(2)}$）. 推广你的结果来证明：

$$[S^2,\boldsymbol{S}^{(1)}]=2\mathrm{i}\hbar(\boldsymbol{S}^{(1)}\times\boldsymbol{S}^{(2)}). \tag{4.185}$$

评注： 因为 $S_z^{(1)}$ 与 S^2 不对易，不能找到它们共同的本征矢. 需要对 $S_z^{(1)}$ 本征态进行线性组合去构造 S^2 的本征态. 这就是 CG 系数（式（4.183））为我们所能做的. 另一方面，根据式（4.185）明显的推论，$\boldsymbol{S}^{(1)}+\boldsymbol{S}^{(2)}$ 与 S^2 对易，这仅仅验证了我们熟知的结果（见式（4.103））.

4.5 电磁作用

4.5.1 最小耦合

在经典电动力学中[55]，带电粒子 q 在电场 $\boldsymbol{E}$ 和磁场 $\boldsymbol{B}$ 中以速度 $\boldsymbol{v}$ 运动，它所受的力由**洛伦兹力定律**（**Lorentz force law**）给出：

$$\boldsymbol{F}=q(\boldsymbol{E}+\boldsymbol{v}\times\boldsymbol{B}) \tag{4.186}$$

这种力不能用标量势函数的梯度来表示，因此薛定谔方程的原始形式（式（1.1））不能满足. 但以更复杂的形式

$$\mathrm{i}\hbar\frac{\partial\Psi}{\partial t}=\hat{H}\Psi \tag{4.187}$$

是不存在问题的. 在电磁场中，粒子具有电荷量 q 和动量 $\boldsymbol{p}$ 的经典哈密顿量是[56]

$$H=\frac{1}{2m}(\boldsymbol{p}-q\boldsymbol{A})^2+q\varphi, \tag{4.188}$$

---

[55] 没有学习过电动力学的读者可以跳过第 4.5 节.

[56] 例如，见 Herbert Goldstein，Charles P. Poole 和 John Safko，*Classical Mechanics*，第 3 版，Prentice Hall，Upper Saddle River，NJ（2002），第 342 页.

这里 $\boldsymbol{A}$ 是矢势，φ 是标势：

$$\boldsymbol{E}=-\nabla\varphi-\partial\boldsymbol{A}/\partial t,\quad \boldsymbol{B}=\nabla\times\boldsymbol{A}. \tag{4.189}$$

通过标准代换 $\boldsymbol{p}\to-\mathrm{i}\hbar\nabla$，我们得到哈密顿算符[57]

$$\hat{H}=\frac{1}{2m}(-\mathrm{i}\hbar\nabla-q\boldsymbol{A})^2+q\varphi, \tag{4.190}$$

薛定谔方程变成

$$\boxed{\mathrm{i}\hbar\frac{\partial\Psi}{\partial t}=\left[\frac{1}{2m}(-\mathrm{i}\hbar\nabla-q\boldsymbol{A})^2+q\varphi\right]\Psi.} \tag{4.191}$$

这是洛伦兹力定律的量子形式；它有时被称为**最小耦合规则**（**minimal coupling rule**）.[58]

*****习题 4.42**

（a）利用式（4.190）和广义埃伦菲斯特定理（式（3.73）），证明

$$\frac{\mathrm{d}\langle\boldsymbol{r}\rangle}{\mathrm{d}t}=\frac{1}{m}\langle(\boldsymbol{p}-q\boldsymbol{A})\rangle. \tag{4.192}$$

提示：这代表三个方程——每一个对应一个分量. 即，求出 x 分量，并推广你的结论.

（b）如我们通常定义 $\langle\boldsymbol{v}\rangle$ 为 $\mathrm{d}\langle\boldsymbol{r}\rangle/\mathrm{d}t$（见式（1.32））. 证明[59]

$$m\frac{\mathrm{d}\langle\boldsymbol{v}\rangle}{\mathrm{d}t}=q\langle\boldsymbol{E}\rangle+\frac{q}{2m}\langle(\boldsymbol{p}\times\boldsymbol{B}-\boldsymbol{B}\times\boldsymbol{p})\rangle-\frac{q^2}{m}\langle(\boldsymbol{A}\times\boldsymbol{B})\rangle. \tag{4.193}$$

（c）特别是，若电场 $\boldsymbol{E}$ 和磁场 $\boldsymbol{B}$ 在整个波包体积中是均匀的，证明

$$m\frac{\mathrm{d}\langle\boldsymbol{v}\rangle}{\mathrm{d}t}=q(\boldsymbol{E}+\langle\boldsymbol{v}\rangle\times\boldsymbol{B}), \tag{4.194}$$

因此，正如从埃伦菲斯特定理中所期望的那样，速度 $\boldsymbol{v}$ 期望值的变化遵从洛伦兹定律.

*****习题 4.43**　假设：

$$\boldsymbol{A}=\frac{B_0}{2}(x\hat{j}-y\hat{i}),\quad \varphi=Kz^2,$$

式中，B_0 和 K 为常数.

（a）求电场 $\boldsymbol{E}$ 和磁感应强度 $\boldsymbol{B}$.

（b）对处在上述电磁场中质量为 m、电荷为 q 的粒子，计算出能量允许值.

答案：

$$E(n_1,n_2)=\left(n_1+\frac{1}{2}\right)\hbar\omega_1+\left(n_2+\frac{1}{2}\right)\hbar\omega_2\quad(n_1,n_2=0,1,2,\cdots), \tag{4.195}$$

---

[57] 在静电学情况下，我们可以选择 $\boldsymbol{A}=0$，$q\varphi$ 是势能 V.

[58] 注意，势是给定的，就像普通薛定谔方程中的势能 V 一样. 在量子电动力学（QED）中，场本身是量子化的，但这是一个完全不同的理论.

[59] 注意，$\boldsymbol{p}$ 与 $\boldsymbol{B}$ 不对易，所以 $(\boldsymbol{p}\times\boldsymbol{B})\neq-(\boldsymbol{B}\times\boldsymbol{p})$，但 $\boldsymbol{A}$ 与 $\boldsymbol{B}$ 对易，所以 $(\boldsymbol{A}\times\boldsymbol{B})=-(\boldsymbol{B}\times\boldsymbol{A})$.

其中 $\omega_1 \equiv qB_0/m$，$\omega_2 \equiv \sqrt{2qK/m}$. **注释**：在二维情况下（$x$ 和 y，$K=0$），这是**回旋运动（cyclotron motion）**的量子类比；ω_1 为经典的回旋频率，ω_2 为 0. 能量允许值是 $\left(n_1+\frac{1}{2}\right)\hbar\omega_1$，称为**朗道能级（Landau Levels）**.[60]

4.5.2 阿哈罗诺夫-玻姆效应

在经典电动力学中，电势 $\boldsymbol{A}$ 和 φ 是不唯一确定的；物理量是电场 $\boldsymbol{E}$ 和磁感应强度 $\boldsymbol{B}$.[61] 具体地说，势

$$\varphi' \equiv \varphi - \frac{\partial \Lambda}{\partial t}, \quad \boldsymbol{A}' \equiv \boldsymbol{A} + \nabla \Lambda \tag{4.196}$$

（其中 Λ 是位置和时间的任意实函数）与 φ 和 $\boldsymbol{A}$ 产生同样的电场（利用式（4.189），自己做验证）. 式（4.196）称为**规范变换（gauge transformation）**，这个理论是**规范不变的（gauge invariant）**.

在量子力学中，势起着更直接的作用（式（4.191）中出现的是势，而不是场），人们更为关心的是理论是否保持规范不变性. 很容易证明（习题 4.44）

$$\Psi' \equiv e^{iq\Lambda/\hbar}\Psi \tag{4.197}$$

在 φ 和 $\boldsymbol{A}$ 的规范变换条件下（式（4.196））满足式（4.191）. 由于 Ψ' 与 Ψ 只差一个相位因子，所以它表示相同的物理状态；[62] 从这个意义上说，这个理论是规范不变的. 长时间以来，人们普遍认为在 $\boldsymbol{E}$ 和 $\boldsymbol{B}$ 为零的区域不可能有电磁影响——和经典理论完全一样. 但在 1959 年，阿哈罗诺夫和玻姆[63] 证明了矢量势能够影响带电粒子的量子行为，**即使粒子被限制在场本身为零的区域内.**

例题 4.6 假设一粒子约束在半径为 b 的圆周上移动（如果你喜欢，可以是套在金属圆环上的珠子）. 沿着轴线方向放置一半径为 $a<b$ 的螺线管，通以稳定的电流 I（见图 4.16）. 如果螺线管足够长，则内部磁场是均匀的，外部磁场为零. 但螺线管外的矢势不是零；事实上（采用方便的规范条件 $\nabla \cdot \boldsymbol{A}=0$），[64]

$$\boldsymbol{A} = \frac{\Phi}{2\pi r}\hat{\phi} \quad (r>a), \tag{4.198}$$

式中，$\Phi = \pi a^2 B$ 是通过螺线管中的磁通量. 同时，螺线管本身不带电，所以标势 φ 为零. 在这种情况下，哈密顿算符为（式（4.190））

---

[60] 更多讨论请参见 Leslie E. Ballentine, *Quantum Mechanics: A Modern Development*, World Scientific, 新加坡（1998），第 11.3 节.

[61] 例如，见 Griffiths（脚注 43），第 10.1.2 节.

[62] 也就是说，$\langle \boldsymbol{r} \rangle$、$d\langle \boldsymbol{r} \rangle/dt$，等都是不变的. 因为 Λ 取决于位置，$\langle \boldsymbol{p} \rangle$（$\boldsymbol{p}$ 由算符 $-i\hbar\nabla$ 表示）确实发生了变化；但正如在式（4.192）中发现的，在这种情况下 $\boldsymbol{p}$ 并不表示机械动量（$m\boldsymbol{v}$）（在拉格朗日力学中，$\boldsymbol{p}=m\boldsymbol{v}+q\boldsymbol{A}$ 是所谓的**正则动量（canonical momentum）**）.

[63] Y. Aharonov 和 D. Bohm, *Phys. Rev.* **115**, 485（1959）. 一个著名的前期工作，参见 W. Ehrenberg 和 R. E. Siday, *Proc. Phys. Soc. London* **B62**, 8（1949）.

[64] 例如，参见 Griffiths（脚注 43），式（5.71）.

$$\hat{H}=\frac{1}{2m}[-\hbar^2\nabla^2+q^2A^2+2\mathrm{i}\hbar q\boldsymbol{A}\cdot\nabla]\tag{4.199}$$

（习题 4.45（a））．但波函数仅依赖于方位角 ϕ（$\theta=\pi/2$ 和 $r=b$），因此 $\nabla\to(\hat{\phi}/b)(\mathrm{d}/\mathrm{d}\phi)$，薛定谔方程可写为

$$\frac{1}{2m}\left[-\frac{\hbar^2}{b^2}\frac{\mathrm{d}^2}{\mathrm{d}\phi^2}+\left(\frac{q\Phi}{2\pi b}\right)^2+\mathrm{i}\frac{\hbar q\Phi}{\pi b^2}\frac{\mathrm{d}}{\mathrm{d}\phi}\right]\psi(\phi)=E\psi(\phi).\tag{4.200}$$

这是一个常系数的线性微分方程：

$$\frac{\mathrm{d}^2\psi}{\mathrm{d}\phi^2}-2\mathrm{i}\beta\frac{\mathrm{d}\psi}{\mathrm{d}\phi}+\varepsilon\psi=0,\tag{4.201}$$

其中

$$\beta\equiv\frac{q\Phi}{2\pi\hbar},\quad \varepsilon\equiv\frac{2mb^2E}{\hbar^2}-\beta^2.\tag{4.202}$$

方程的解有如下形式：

$$\psi=A\mathrm{e}^{\mathrm{i}\lambda\phi},\tag{4.203}$$

式中

$$\lambda=\beta\pm\sqrt{\beta^2+\varepsilon}=\beta\pm\frac{b}{\hbar}\sqrt{2mE}.\tag{4.204}$$

由于 $\psi(\varphi)$ 在 $\varphi=2\pi$ 处连续，要求 λ 一定是整数：

$$\beta\pm\frac{b}{\hbar}\sqrt{2mE}=n,\tag{4.205}$$

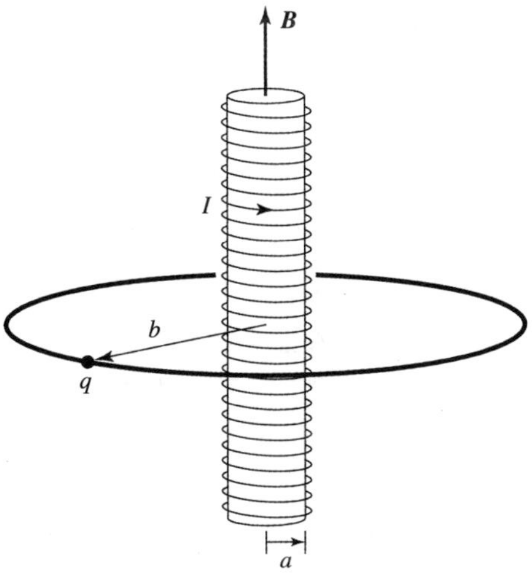

图 4.16　套有带电小珠的金属圆环，一个长的螺旋管穿过环面．

由此得到

$$E_n=\frac{\hbar^2}{2mb^2}\left(n-\frac{q\Phi}{2\pi\hbar}\right)^2\quad(n=0,\pm1,\pm2,\cdots).\tag{4.206}$$

螺线管使得环-珠体系的两重简并度分裂（习题 2.46）：正 n 表示粒子与螺线管中的电流沿同一方向运动，其能量（假设 q 为正）略低于负 n；负 n 表示粒子沿相反方向运动. 更重要的是，能量允许值明显地取决于螺线管内部的磁场，即使是粒子所处位置的场为零！[65]

更一般地讲，假设粒子通过一个 $\boldsymbol{B}$ 为零区域（所以 $\nabla\times\boldsymbol{A}=0$），而 $\boldsymbol{A}$ 本身不为零.（假设 $\boldsymbol{A}$ 不随时间变化，但这个方法可以推广到含时势的情况）薛定谔方程为

$$\left[\frac{1}{2m}(-\mathrm{i}\hbar\nabla-q\boldsymbol{A})^2\right]\Psi=\mathrm{i}\hbar\frac{\partial\Psi}{\partial t},\tag{4.207}$$

可以用下式来简化方程：

$$\Psi=\mathrm{e}^{\mathrm{i}g}\Psi',\tag{4.208}$$

其中

$$g(\boldsymbol{r})\equiv\frac{q}{\hbar}\int_{\mathcal{O}}^{\boldsymbol{r}}\boldsymbol{A}(\boldsymbol{r}')\cdot\mathrm{d}\boldsymbol{r}',\tag{4.209}$$

式中，$\mathcal{O}$是某一（任意选择的）参考点.（请注意：只有当所考虑的区域 $\nabla\times\boldsymbol{A}=0$ 时，此定义才有意义；否则线积分将取决于从$\mathcal{O}$到 $\boldsymbol{r}$ 的路径[66]，因而不能定义为 $\boldsymbol{r}$ 的函数）用 Ψ'来表示 Ψ 的梯度为

$$\nabla\Psi=\mathrm{e}^{\mathrm{i}g}(\mathrm{i}\nabla g)\Psi'+\mathrm{e}^{\mathrm{i}g}(\nabla\Psi');$$

但是，$\nabla g=(q/\hbar)\boldsymbol{A}$，所以

$$(-\mathrm{i}\hbar\nabla-q\boldsymbol{A})\Psi=-\mathrm{i}\hbar\mathrm{e}^{\mathrm{i}g}\nabla\Psi',\tag{4.210}$$

因此

$$(-\mathrm{i}\hbar\nabla-q\boldsymbol{A})^2\Psi=-\hbar^2\mathrm{e}^{\mathrm{i}g}\nabla^2\Psi'.\tag{4.211}$$

（习题 4.45（b））把此式代入式（4.207），消去公共因子 $\mathrm{e}^{\mathrm{i}g}$，剩下的是

$$-\frac{\hbar^2}{2m}\nabla^2\Psi'=\mathrm{i}\hbar\frac{\partial\Psi'}{\partial t}.\tag{4.212}$$

显然，Ψ'满足不包含 $\boldsymbol{A}$ 的薛定谔方程. 如果我们能够解出方程（4.212），修正（无旋度）矢势存在时方程的解将是非常简单的：只要加上相位因子 $\mathrm{e}^{\mathrm{i}g}$ 即可.

阿哈罗诺夫和玻姆提出了一个实验，在这个实验中，一束电子被一分为二，在重新汇聚之前，它们通过一个长螺线管的两侧（见图 4.17）. 电子束远离螺线管本身，因此电子束只

---

[65] 超导环的一个特征是封闭磁通量被量子化：$\Phi=(2\pi\hbar/q)n'$，其中 n'是一个整数. 在这种情况下，场的效应是无法检测到的，因为此时 $E_n=(\hbar^2/2mb^2)(n+n')^2$，$(n+n')$ 是另一个整数.（顺便说一下，这里的电荷 q 是电子电荷的两倍；超导电子成对地结合在一起.）然而，磁通量量子化是由超导体产生的（超导体感生出环电流去弥补差别），不是由螺线管或电磁场产生的，在这里考虑的（非超导）不会发生磁通量子化.

[66] 所讨论的区域也必须单连通（没有孔洞）. 这似乎是一个技术问题，但在本例中，我们需要切除螺线管本身，这将在空间中留下一个孔洞. 为了解决这个问题，我们将螺线管的每一侧视为单独的单连通区域. 如果这使你迷惑，你并不孤单，因为这似乎也困扰着阿哈罗诺夫和玻姆. 除了这个论点，他们还提供了另一种解决方案来证实他们的结果（Y. Aharonov 和 D. Bohm，*Phys. Rev.* **115**，485（1959））. 阿哈罗诺夫-玻姆效应也可以作为贝里相的一个例子，在这种情况下，这个问题不会出现（M. Berry，*Proc. Roy. Soc. Lond.* **A 392**，45（1984））.

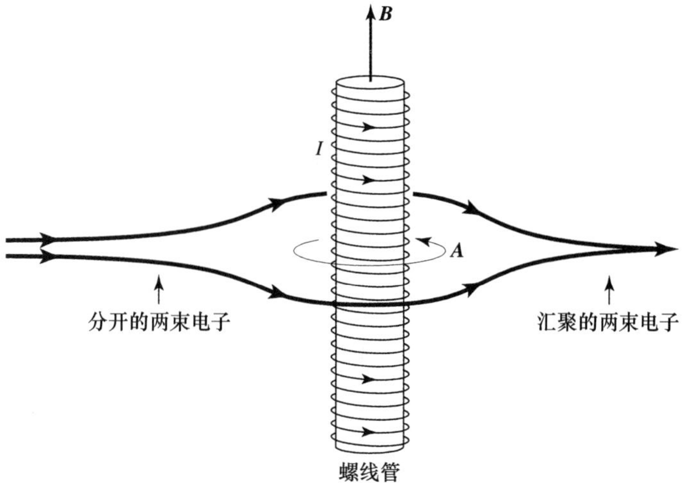

图 4.17　阿哈罗诺夫-玻姆效应：通过长螺旋管两侧的电子束分为两束.

在磁场 $\boldsymbol{B}=0$ 的区域运动. 但式（4.198）给出的矢势 $\boldsymbol{A}$ 并不为零，两电子束汇聚时相位不同[67]：

$$g=\frac{q}{\hbar}\int \boldsymbol{A}\cdot \mathrm{d}\boldsymbol{r}=\frac{q\Phi}{2\pi\hbar}\int\left(\frac{1}{r}\hat{\phi}\right)\cdot(r\hat{\phi}\mathrm{d}\phi)=\pm\frac{q\Phi}{2\hbar}. \tag{4.213}$$

正号对应于电子行进方向与 $\boldsymbol{A}$ 的方向一样，也就是说，和螺线管中电流方向一致. 电子束汇聚时的相差与其路径环绕的磁通量成正比：

$$\text{相差}=\frac{q\Phi}{\hbar}. \tag{4.214}$$

这种相移会导致可测量的干涉，这一点已由钱伯斯（Chambers）等人在实验上所证实.[68]

如何理解阿哈罗诺夫-玻姆效应？我们的先入为主的经典观念似乎是完全错误的：磁场为零的区域可能存在电磁效应. 然而，请注意，这并不意味着 A 本身是可测量的——只有闭合通量才是最终的答案，并且理论仍然是规范不变的.[69]

****习题 4.44**　证明 Ψ'（式（4.197））满足薛定谔方程（式（4.191）），其中 $\boldsymbol{A}'$ 为矢势，φ' 为标势（式（4.196））.

习题 4.45

（a）从式（4.190）导出式（4.199）.

（b）从式（4.210）出发，导出式（4.211）.

---

[67] 使用以螺线管轴线为中心的柱坐标；设入射电子束位于 $\mathcal{O}$ 点，保持 $r>a$ 的情况下，让 ϕ 一侧由 0 变到 π，另一侧由 0 变到 $-\pi$.

[68] R. G. Chambers，*Phys. Rev. Lett.* **5**，3（1960）.

[69] 阿哈罗诺夫和玻姆他们自己得出结论，矢势在量子力学中有着经典理论所没有的物理意义，今天大多数物理学家都同意这一观点. 关于阿哈罗诺夫-玻姆效应的早期历史，见 H. Ehrlickson，*Am. J. Phys.* **38**，162（1970）.

本章补充习题

* **习题 4.46** 考虑**三维谐振子**（**three-dimensional harmonic oscillator**），其势函数为

$$V(r)=\frac{1}{2}m\omega^2 r^2. \tag{4.215}$$

（a）证明：通过在笛卡儿坐标系中分离变量可以得到三个一维谐振子．并利用所学知识给出能量允许值．**答案：**

$$E_n=(n+3/2)\hbar\omega. \tag{4.216}$$

（b）确定 E_n 的简并度 $d(n)$

*** **习题 4.47** 由于三维谐振子势（式（4.215））是球对称的，薛定谔方程可以在球坐标系中通过分离变量求解．利用幂级数法求解径向方程（如同 2.3.2 节、4.2.1 节），得到系数项的递推公式，确定能量允许值．（并验证你的结果和式（4.216）一致）．在这种情况下，N 与 n 的关系如何？画出类似于图 4.3 和图 4.6 的草图，并确定第 n 个能级的简并度．[70]

** **习题 4.48**

（a）证明**三维位力定理**（**three-dimensional virial theorem**）：（对于定态）

$$2\langle T\rangle=\langle \boldsymbol{r}\cdot\nabla V\rangle. \tag{4.217}$$

提示：参考习题 3.37.

（b）将位力定理应用到氢原子情况，并证明

$$\langle T\rangle=-E_n;\quad \langle V\rangle=2E_n. \tag{4.218}$$

（c）将位力定理应到三维谐振子情况（习题 4.46），并证明在此情况下有

$$\langle T\rangle=\langle V\rangle=E_n/2. \tag{4.219}$$

*** **习题 4.49** 注意：只有在熟悉矢量运算的情况下才尝试此题．通过推广习题 1.14 来定义（三维）**几率流**（**probability current**）：

$$\boldsymbol{J}\equiv\frac{\mathrm{i}\hbar}{2m}(\psi\ \nabla\psi^*-\psi^*\ \nabla\psi). \tag{4.220}$$

（a）证明 $\boldsymbol{J}$ 满足**连续性方程**（**continuity equation**）：

$$\nabla\cdot\boldsymbol{J}=-\frac{\partial}{\partial t}|\psi|^2, \tag{4.221}$$

它表明局域**几率守恒**（**conservation of probability**）．由此得出（由散度定理）

$$\int_{\mathcal{S}}\boldsymbol{J}\cdot\mathrm{d}\boldsymbol{a}=-\frac{\mathrm{d}}{\mathrm{d}t}\int_{\mathcal{V}}|\psi|^2\mathrm{d}^3\boldsymbol{r}, \tag{4.222}$$

其中$\mathcal{V}$是（固定的）体积，$\mathcal{S}$是其边界面．换句话说：通过表面的几率流等于在体积中发现粒子的几率减少．

（b）求氢原子处于 $n=2$，$\ell=1$，$m=1$ 态时的几率流 $\boldsymbol{J}$．**答案：**

[70] 出于某些讨厌的原因，对于谐振子，能级通常从 $n=0$ 开始计算．这与我们的常理和惯例（脚注 12）冲突，但对于这个问题，请坚持这样做．

$$\frac{\hbar}{64\pi m a^5} r e^{-r/a} \sin\theta \hat{\phi}.$$

（c）如果我们把 $m\boldsymbol{J}$ 解释为质量流，角动量是

$$\boldsymbol{L} = m\int (\boldsymbol{r} \times \boldsymbol{J})\,\mathrm{d}^3\boldsymbol{r}.$$

利用该式计算位于 ψ_{211} 态的 L_z，并对结果进行讨论.[71]

*****习题 4.50**　三维不含时**动量空间波函数**（**momentum space wave function**）由式（3.54）的自然推广来定义：

$$\phi(\boldsymbol{p}) \equiv \frac{1}{(2\pi\hbar)^{3/2}}\int e^{-i(\boldsymbol{p}\cdot\boldsymbol{r})/\hbar}\psi(\boldsymbol{r})\,\mathrm{d}^3\boldsymbol{r}. \tag{4.223}$$

（a）求基态氢原子（式（4.80））的动量空间波函数. **提示：**使用球坐标，极轴沿动量 $\boldsymbol{p}$ 的方向. 先对 θ 积分. **答案：**

$$\phi(p) = \frac{1}{\pi}\left(\frac{2a}{\hbar}\right)^{3/2}\frac{1}{[1+(ap/\hbar)^2]^2}. \tag{4.224}$$

（b）验证 $\phi(\boldsymbol{p})$ 是归一化的.

（c）对氢原子基态，利用 $\phi(\boldsymbol{p})$ 来计算 $\langle p^2\rangle$.

（d）在此状态中，动能的期望值是什么？答案用 E_1 的倍数表示，验证它和位力定理得到的结果相一致（式（4.218））.

*****习题 4.51**　在 2.6 节中，我们注意到有限深方势阱（一维情况）无论是多浅或者多窄，都至少存在一个束缚态. 习题 4.11 中已经证明了，在（三维）有限深球势阱中，如果势场足够弱，则没有束缚态. **问题：**对于（二维）有限深圆势阱会怎样？（类似一维的情况）证明至少存在一个束缚态. **提示：**查找所需要的贝塞尔函数的信息，并用计算机画图.

习题 4.52

（a）构造氢原子处于 $n=3$，$\ell=2$，$m=1$ 状态的空间波函数（ψ），所得结果仅用 r，θ，ϕ 及 a（玻尔半径）表示——不允许用其他变量（如 ρ，z 等），或函数（如 Y，v 等），或常数（A，c_0 等），或导数，但 π，e，2 等允许使用.

（b）通过对 r，θ，ϕ 的积分验证波函数是归一化.

（c）对于这个状态，求 r^s 的期望值. s 在哪个范围内（正或者负）结果是有限的.

习题 4.53

（a）构造氢原子处于 $n=4$，$\ell=3$，$m=3$ 状态的空间波函数（ψ）. 结果用球坐标 r，θ，ϕ 表示.

（b）求此状态下 r 的期望值.（如果需要，像通常一样查寻积分手册.）

---

[71] 薛定谔（*Annalen der Physik* **81**，109（1926），第 7 节）将 $e\boldsymbol{J}$ 解释为电流密度（这是在玻恩发表他对波函数的统计解释之前），并指出它与时间无关（在定态状态下）：“从某种意义上说，我们可能会回到静电和静磁原子模型. 以这种方式，（在定态下）辐射的缺乏确实会找到一个惊人的简单解释.”（感谢柯克·麦克唐纳（Kirk McDonald）使我注意到这一点.）

（c）若你能够在这种状态的原子上对可观测量 $L_x^2+L_y^2$ 进行测量，可以得到哪些测量值？相应的几率是多少？

习题 4.54　基态氢原子中，发现电子出现在原子核内部的几率有多大？

（a）首先计算精确答案，设（式（4.80））波函数直到 $r=0$ 处都是正确，设 b 为原子核半径.

（b）将结果以小量 $\varepsilon=2b/a$ 展开为幂级数，证明最低阶是三次方项：几率 $P=(4/3)(b/a)^3$. 只要 $b\ll a$（确实如此），这个近似是恰当的.

（c）或者，我们可以假设 $\psi(r)$ 在原子核体积的范围内基本是一个常数，所以 $P\approx(4/3)\pi b^3|\psi(0)|^2$. 验证你是否可以用这种方法得到同样的答案.

（d）利用 $b\approx10^{-15}$m 和 $a\approx0.5\times10^{-10}$m 来估计 P 的数值. 粗略地讲，这代表了“电子在原子核内停留的时间的分数”.

习题 4.55

（a）用递推公式（式（4.76））证明当 $\ell=n-1$ 时，径向波函数的形式为

$$R_{n(n-1)}=N_n r^{n-1}\mathrm{e}^{-r/na},$$

并通过直接积分求出归一化常数 N_n.

（b）对于形如 $\psi_{n(n-1)m}$ 的状态，计算$\langle r\rangle$和$\langle r^2\rangle$的值.

（c）证明 r 的“不确定度”（σ_r）为$\langle r\rangle/\sqrt{2n+1}$. 注意到随着 n 的增加，r 的弥散减小（从这个意义上讲，对于大 n 而言，这个系统“开始看起来像经典的了”，具有可辨认的圆“轨道”）. 画出几个 n 值的径向波函数来说明这一点.

习题 4.56　重叠谱线（Coincident spectral lines）.[72] 根据里德伯公式（式（4.93）），氢光谱中谱线的波长由初态和末态的主量子数决定. 找出两对不同主量子数$\{n_i, n_f\}$却有相同的 λ. 例如，$\{6851, 6409\}$和$\{15283, 11687\}$就满足上述要求，但不允许再重复用这两对！

习题 4.57　考虑可观测量 $A=x^2$ 和 $B=L_z$。

（a）构造关于 $\sigma_A\sigma_B$ 的不确定原理。

（b）对于氢原子态 $\psi_{n\ell m}$，计算 σ_B。

（c）在这种状态下，你能对$\langle xy\rangle$得出什么结论？

习题 4.58　电子处在如下自旋态上：

$$\chi=A\begin{pmatrix}1-2\mathrm{i}\\2\end{pmatrix}.$$

（a）归一化 χ 确定常数 A.

（b）测量 S_z 分量，得到哪些可能的值，相应的几率是多少？S_z 的期望值是什么？

（c）测量 S_x 分量，得到哪些可能的值，相应的几率是多少？S_x 的期望值是什么？

（d）测量 S_y 分量，得到哪些可能的值，相应的几率是多少？S_y 的期望值是什么？

---

[72] Nicholas Wheeler，“重叠光谱线”（里德学院报告，2001，未发表）.

*** **习题 4.59**　假设两个自旋为 1/2 的粒子处在单态（式（4.176）），设 $S_a^{(1)}$ 为粒子 1 的自旋角动量在矢量 $\hat{a}$ 方向上的分量．同样，$S_b^{(2)}$ 为粒子 2 的自旋角动量在矢量 $\hat{b}$ 方向上的分量．证明：

$$\langle S_a^{(1)} S_b^{(2)} \rangle = -\frac{\hbar^2}{4}\cos\theta, \tag{4.225}$$

其中 θ 为矢量 $\hat{a}$ 与 $\hat{b}$ 之间的夹角．

*** **习题 4.60**

（a）当 $s_1=1/2$、s_2 为任意值时，求出 CG 系数．**提示：**这里需要求的是下式中的 A 和 B：

$$|s\ m\rangle = A\left|\frac{1}{2}\ s_2\frac{1}{2}\left(m-\frac{1}{2}\right)\right\rangle + B\left|\frac{1}{2}\ s_2\frac{-1}{2}\left(m+\frac{1}{2}\right)\right\rangle,$$

满足 $|s\ m\rangle$ 是 S^2 的一个本征态．使用式（4.177）至式（4.180）的方法．（例如）如果你不能计算出 $S_x^{(2)}$ 对 $|s_2 m_2\rangle$ 的作用，请参考式（4.136）和式（4.147）前面的一行．答案：

$$A=\sqrt{\frac{s_2\pm m+1/2}{2s_2+1}};\quad B=\pm\sqrt{\frac{s_2\mp m+1/2}{2s_2+1}},$$

其中正负号由 $s=s_2\pm 1/2$ 确定．

（b）对照表 4.8 中的三个或四个条目验证这一普遍结论．

习题 4.61　对自旋为 3/2 的粒子，求 S_x 的矩阵表示（用 S_z 的本征态为基）．通过求解特征值方程来确定 S_x 的本征值．

*** **习题 4.62**　推广自旋 1/2（式（4.145）和式（4.147））、自旋 1（习题 4.34）和自旋 3/2（习题 4.61）的情况，求任意自旋 s 的自旋矩阵．**答案：**

$$\mathsf{S}_z=\hbar\begin{pmatrix} s & 0 & 0 & \cdots & 0 \\ 0 & s-1 & 0 & \cdots & 0 \\ 0 & 0 & s-2 & \cdots & 0 \\ \vdots & \vdots & \vdots & \cdots & \vdots \\ 0 & 0 & 0 & \cdots & -s \end{pmatrix}$$

$$\mathsf{S}_x=\frac{\hbar}{2}\begin{pmatrix} 0 & b_s & 0 & 0 & \cdots & 0 & 0 \\ b_s & 0 & b_{s-1} & 0 & \cdots & 0 & 0 \\ 0 & b_{s-1} & 0 & b_{s-2} & \cdots & 0 & 0 \\ 0 & 0 & b_{s-2} & 0 & \cdots & 0 & 0 \\ \vdots & \vdots & \vdots & \vdots & \cdots & \vdots & \vdots \\ 0 & 0 & 0 & 0 & \cdots & 0 & b_{-s+1} \\ 0 & 0 & 0 & 0 & \cdots & b_{-s+1} & 0 \end{pmatrix}$$

$$S_y=\frac{\hbar}{2}\begin{pmatrix}0 & -\mathrm{i}b_s & 0 & 0 & \cdots & 0 & 0\\ \mathrm{i}b_s & 0 & -\mathrm{i}b_{s-1} & 0 & \cdots & 0 & 0\\ 0 & \mathrm{i}b_{s-1} & 0 & -\mathrm{i}b_{s-2} & \cdots & 0 & 0\\ 0 & 0 & \mathrm{i}b_{s-2} & 0 & \cdots & 0 & 0\\ \vdots & \vdots & \vdots & \vdots & \cdots & \vdots & \vdots\\ 0 & 0 & 0 & 0 & \cdots & 0 & -\mathrm{i}b_{-s+1}\\ 0 & 0 & 0 & 0 & \cdots & \mathrm{i}b_{-s+1} & 0\end{pmatrix}$$

其中，$b_j\equiv\sqrt{(s+j)(s+1-j)}$.

*****习题 4.63** 按如下方法计算球谐函数的归一化因子. 从 4.1.2 节知道：

$$\mathrm{Y}_\ell^m=K_\ell^m\mathrm{e}^{\mathrm{i}m\phi}\mathrm{P}_\ell^m(\cos\theta);$$

现在的问题是求出因子 K_ℓ^m（我已在式（4.32）中引用，但没有给出推导）. 用式（4.120）、式（4.121）和式（4.130）得到一个由 K_ℓ^m 表示 K_ℓ^{m+1} 的递推关系. 通过对 m 归纳确定 K_ℓ^m，使 K_ℓ^m 达到一个常数，$C(\ell)\equiv K_\ell^0$. 最后，利用习题 4.25 的结果来确定该常数大小. 关于缔合勒让德函数的导数，你可能会发现下面的公式很有用：

$$(1-x^2)\frac{\mathrm{dP}_\ell^m}{\mathrm{d}x}=-\sqrt{1-x^2}\,\mathrm{P}_\ell^{m}-mx\mathrm{P}_\ell^m. \tag{4.226}$$

习题 4.64 氢原子中的电子占据自旋和位置的组合状态，

$$R_{21}(\sqrt{1/3}\,\mathrm{Y}_1^0\chi_++\sqrt{2/3}\,\mathrm{Y}_1^1\chi_-).$$

（a）对轨道角动量的平方 L^2 进行测量，可能得到哪些值，相应的几率是多少？

（b）对轨道角动量的 z 分量（L_z）结果又是如何？

（c）对自旋角动量的平方（S^2）结果又是如何？

（d）对自旋角动量 z 分量（S_z）结果又是如何？

设总角动量为 $\boldsymbol{J}\equiv\boldsymbol{L}+\boldsymbol{S}$.

（e）对总角动量的平方 J^2 进行测量，可能得到哪些值，相应的几率是多少？

（f）对 J_z 结果又是如何？

（g）对原子的位置进行测量，在 r，θ，ϕ 处找到它的几率密度为多少？

（h）对自旋 z 分量和距原点的距离进行测量（注意：这些为相容的可观测量），发现粒子在半径 r 处且自旋向上的几率密度为多少？

****习题 4.65** 如果将三个自旋 1/2 的粒子进行组合，得到的总自旋为 3/2 或 1/2（后者可以通过两种不同的方式实现）. 利用式（4.175）和式（4.176）所表示的方法，构建四重态和两个双重态：

$$\left.\begin{cases}\left|\frac{3}{2}\quad\frac{3}{2}\right\rangle=?? \\ \left|\frac{3}{2}\quad\frac{1}{2}\right\rangle=?? \\ \left|\frac{3}{2}\quad\frac{-1}{2}\right\rangle=?? \\ \left|\frac{3}{2}\quad\frac{-3}{2}\right\rangle=??\end{cases}\right\}\ s=\frac{3}{2}(\text{四重态})$$

$$\left.\begin{cases}\left|\frac{1}{2}\quad\frac{1}{2}\right\rangle_1=?? \\ \left|\frac{1}{2}\quad\frac{-1}{2}\right\rangle_1=??\end{cases}\right\}\ s=\frac{1}{2}(\text{双重态 }1)$$

$$\left.\begin{cases}\left|\frac{1}{2}\quad\frac{1}{2}\right\rangle_2=?? \\ \left|\frac{1}{2}\quad\frac{-1}{2}\right\rangle_2=??\end{cases}\right\}\ s=\frac{1}{2}(\text{双重态 }2)$$

提示：第一个很容易：$\left|\frac{3}{2}\quad\frac{3}{2}\right\rangle=|\uparrow\uparrow\uparrow\rangle$；利用降算符得到四重态的其他态. 对于双重态，可以从前两个单重态开始，然后添加第三个：

$$\left|\frac{1}{2}\quad\frac{1}{2}\right\rangle_1=\frac{1}{\sqrt{2}}(|\uparrow\downarrow\rangle-|\downarrow\uparrow\rangle)|\uparrow\rangle.$$

然后再做剩下的事情（保证$\left|\frac{1}{2}\quad\frac{1}{2}\right\rangle_2$、$\left|\frac{1}{2}\quad\frac{1}{2}\right\rangle_1$和$\left|\frac{3}{2}\quad\frac{1}{2}\right\rangle$是相互正交的）. **注意：**这两个双重态不是唯一确定的——它们任意线性组合的自旋都为 1/2. 重点是构建两个独立的双重态.

习题 4.66　对一般情况下自旋为 1/2 粒子的状态（式（4.139）），推导出 S_x 和 S_y 满足最小不确定性的条件（即在 $\sigma_{S_y}\sigma_{S_x}\geqslant(\hbar/2)\,|\langle S_z\rangle|$中取等号）. **答案：**不失一般性，可以选择 a 为实数；那么最小不确定性条件是，b 要么是纯实数，要么是纯虚数.

****习题 4.67**　**磁阻挫（Magnetic frustration）**. 考虑自旋为 1/2 的三个粒子排列在三角形的顶点上，其相互作用由如下哈密顿量描述：

$$H=J(\boldsymbol{S}_1\cdot\boldsymbol{S}_2+\boldsymbol{S}_2\cdot\boldsymbol{S}_3+\boldsymbol{S}_3\cdot\boldsymbol{S}_1),\qquad(4.227)$$

其中，J 为正常数. 相互作用使得近邻自旋按照相反方向排列（即反铁磁，如果它们是磁偶极子），但是，三角形排列意味着这三对自旋并不能同时满足这个条件（见图 4.18）. 这就是几何“阻挫”.

（a）证明哈密顿量可以用总自旋的平方 S^2 表示，其中 $\boldsymbol{S}=\sum_i \boldsymbol{S}_i$.

（b）求基态能量和其简并度.

（c）考虑自旋为 1/2 的四个粒子排列在正方形的顶点上，最近邻相互作用的哈密顿量为

$$H=J(\boldsymbol{S}_1\cdot\boldsymbol{S}_2+\boldsymbol{S}_2\cdot\boldsymbol{S}_3+\boldsymbol{S}_3\cdot\boldsymbol{S}_4+\boldsymbol{S}_4\cdot\boldsymbol{S}_1). \tag{4.228}$$

这种情况下，基态是唯一的. 证明哈密顿量可以写为

$$H=\frac{1}{2}J(S^2-(\boldsymbol{S}_1+\boldsymbol{S}_3)^2-(\boldsymbol{S}_2+\boldsymbol{S}_4)^2). \tag{4.229}$$

基态的能量为多少?

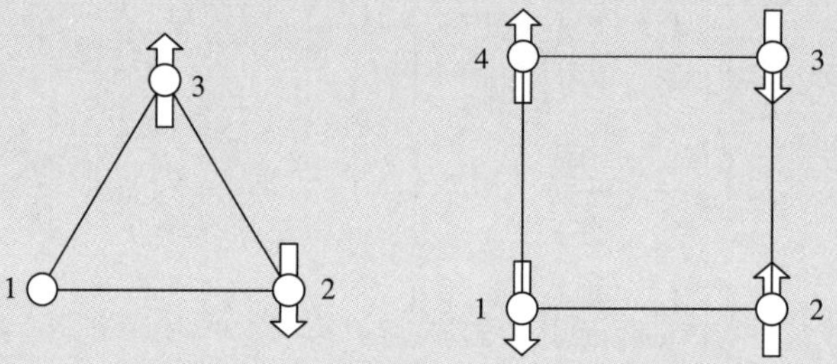

图 4.18 三个自旋排列在三角形的顶点，无法使每两个相邻的自旋都满足反平行条件. 相反，四个自旋排列在四边形的顶点不会出现磁阻挫.

****习题 4.68** 设想氢原子处在半径为 b 的无限深球势阱的中心. 取 b 远大于玻尔半径 a；因此，在 $r=b$ 处，较低的 n 个态受远处"墙"的影响不大. 但由于 $u(b)=0$，可以用习题 2.61 的方法来数值求解径向方程（式（4.53））.

（a）证明 v_j（习题 2.61）有如下形式：

$$v_j=-\frac{2\beta}{j}+\frac{\ell(\ell+1)}{j^2}, \quad 其中\ \beta\equiv\frac{b}{(N+1)a}.$$

（b）令 $\Delta r\ll a$（以便在势阱范围内选取合理数量的点）和 $a\ll b$（所以"墙"不会对原子造成太大的扭曲）. 因此

$$1\ll\beta^{-1}\ll N,$$

令 $\beta=1/50$，$N=1000$. 对于 $\ell=0$、$\ell=1$ 和 $\ell=2$ 求出 $\boldsymbol{H}$ 的三个能量最低的本征值，并画出对应的本征函数. 对比已知（玻尔）能量（式（4.70））. **注释：**除非波函数在 $r=b$ 之前降到零，否则这个系统的能量不能与自由氢的能量相一致，但它们作为"压缩"氢的允许能量本身都很有趣.[73]

** **习题 4.69** 从式（4.53）开始，或者更好地从式（4.56）开始，利用"摇摆狗"方法计算氢原子的一些玻尔能级（习题 2.55）；事实上，为什么不用式（4.68）来设置 $\rho_0=2n$，并调整 n？我们知道，当 n 为正整数时，会出现正确的解，因此你可以从 $n=0.9$，1.9，2.9，…开始，并以小的增量增加——当你通过 1，2，3，…时，

[73] 由于各种原因，文献里对这一系统已经有大量的研究. 例如，见 J. M. Ferreyra 和 C. R. Proetto，*Am. J. Phys.* **81**，860（2013）.

尾部应摆动. 求出三个能量最低的 n_s 值，首先是 $\ell=0$，然后是 $\ell=1$ 和 $\ell=2$. **提醒:** Mathematica 不能被零除，所以你可以将分母 ρ 改写为 $\rho+0.000001$. **注释:** $u(0)=0$ 总是成立的，但是 $u'(0)=0$ 仅在 $\ell\geqslant1$ 时成立（式（4.59））. 所以对于 $\ell=0$，你可以使用条件 $u(0)=0$ 和 $u'(0)=1$. 对于 $\ell>0$，你可能会采用条件 $u(0)=0$ 和 $u'(0)=0$，但是 Mathematica 非常懒惰，仅给出平庸解 $u(\rho)=0$. 因此，采用 $u(1)=1$ 和 $u'(0)=0$ 会更合适.

习题 4.70　相继自旋测量（Sequential Spin Measurements）

（a）在 $t=0$ 时，有一个较大的自旋为 1/2 系综，所有的粒子都是自旋向上状态（相对于 z 轴）.[74] 它们不受任何力或者力矩的影响. 在 $t_1>0$ 时刻，对每一个自旋进行测量——一些沿着 z 轴方向，其他的沿着 x 方向（但是我们并不知道这些结果）. 在 $t_2>t_1$ 时，再次对它们的自旋进行测量，这次沿 x 方向自旋向上（沿 x 轴）的被保存为一个子系综（自旋向下的被丢弃）. **问题:** 在剩下的这些粒子中（子系综中），第一次测量自旋向上的粒子（沿着 z 轴或 x 轴，依赖于你所测量的方向）所占据的比例为多少?

（b）一旦你看到（a）部分的结果，它的确是很简单的. 这里有一个更简洁的推广: 在 $t=0$ 时刻，有一个自旋为 1/2 的系综，所有自旋向上状态都沿着 $\boldsymbol{a}$ 方向. 在 $t_1>0$ 时刻，测量沿 $\boldsymbol{b}$ 方向的自旋（结果并未告知）. 在 $t_2>t_1$ 时刻，测量沿 $\boldsymbol{c}$ 方向的自旋. 沿 $\boldsymbol{c}$ 自旋向上的状态保存为一个子系综. 在这个子系综中的粒子，在第一次测量为沿着 $\boldsymbol{b}$ 自旋向上的粒子的比例为多少? **提示:** 利用式（4.155）证明在第一次测量中得到自旋向上（沿 $\boldsymbol{b}$）的几率为 $P_+=\cos^2(\theta_{ab}/2)$，（推广）在两次测量中得到自旋都向上的几率为 $P_{++}=\cos^2(\theta_{ab}/2)\cos^2(\theta_{bc}/2)$. 求其他三种情况的几率（$P_{+-}$、$P_{-+}$ 和 P_{--}）. **注意:** 如果第一次测量的结果是自旋向下，那么相关的角度现在是 θ_{bc} 的补角. **答案:** $[1+\tan^2(\theta_{ab}/2)\tan^2(\theta_{bc}/2)]^{-1}$.

习题 4.71　在分子和固体的应用中，通常采用笛卡儿坐标轴对齐表示的轨道作为基，而不是本章中采用的 $\psi_{n\ell m}$ 作为基. 例如，轨道

$$\psi_{2p_x}(r,\theta,\phi)=\frac{1}{\sqrt{32\pi a^3}}\,\frac{x}{a}\mathrm{e}^{-r/2a},$$

$$\psi_{2p_y}(r,\theta,\phi)=\frac{1}{\sqrt{32\pi a^3}}\,\frac{y}{a}\mathrm{e}^{-r/2a},$$

$$\psi_{2p_z}(r,\theta,\phi)=\frac{1}{\sqrt{32\pi a^3}}\,\frac{z}{a}\mathrm{e}^{-r/2a},$$

为氢原子 $n=2$ 且 $\ell=1$ 的基.

（a）证明每一个轨道都可以写为轨道 $\psi_{n\ell m}$ 的线性组合，其中 $n=2$，$\ell=1$ 和 $m=-1$，0，1.

（b）证明 ψ_{2p_i} 态是对应角动量分量 $\hat{L}_i$ 的本征态. 每个分量的本征值是多少?

[74] N. D. Mermin，*Physics Today*，2011 年 10 月，第 8 页.

（c）画出这三个轨道的等高图（类似图 4.9）. 使用 Mathematica 指令 ContourPlot3D.

习题 4.72　考虑质量为 m、电荷量为 q 和自旋为 s 的粒子处于均匀磁场 $\boldsymbol{B}_0$ 中. 磁矢势可以选择为

$$\boldsymbol{A}=-\frac{1}{2}\boldsymbol{r}\times\boldsymbol{B}_0.$$

（a）验证这个矢势产生一个均匀的磁场 $\boldsymbol{B}_0$.

（b）证明哈密顿量可以写为

$$H=\frac{p^2}{2m}+q\varphi-\boldsymbol{B}_0\cdot(\gamma_0\boldsymbol{L}+\gamma\boldsymbol{S})+\frac{q^2}{8m}[r^2B_0^2-(\boldsymbol{r}\cdot\boldsymbol{B}_0)^2],\tag{4.230}$$

其中 $\gamma_0=q/2m$ 是旋磁比. **注意：**$\boldsymbol{B}_0$ 中的线性项使得磁矩（轨道和自旋）在能量上有利于沿磁场方向排列. 这就是**顺磁性（paramagnetism）**的起源. $\boldsymbol{B}_0$ 的二次项会导致相反的效应：**抗磁性（diamagnetism）**.[75]

习题 4.73　用力的形式表述的例题 4.4 是施特恩-格拉赫效应的准经典解释. 从式（4.169）给出的中性自旋 1/2 粒子穿过磁场的哈密顿量开始，

$$H=\frac{p^2}{2m}-\gamma\boldsymbol{B}\cdot\boldsymbol{S},$$

用广义的埃伦菲斯特定理（式（3.73））证明

$$m\frac{\mathrm{d}^2}{\mathrm{d}t^2}\langle z\rangle=\gamma\alpha\langle S_z\rangle.$$

评注：式（4.170）是一个正确的量子力学陈述，这里把有关量理解为期望值.

习题 4.74　实际上，无论是例题 4.4，还是习题 4.73 都没有真正解施特恩-格拉赫实验的薛定谔方程. 在这个习题中，我们将看到如何建立这个计算. 自旋为 1/2 的中性粒子穿过施特恩-格拉赫实验装置的哈密顿量为

$$H=\frac{p^2}{2m}-\gamma\boldsymbol{B}\cdot\boldsymbol{S},$$

其中 $\boldsymbol{B}$ 由式（4.169）给出. 对于自旋为 1/2 粒子，包含空间和自旋两部分自由度的波函数最一般形式是[76]

$$\Psi(\boldsymbol{r},t)=\Psi_+(\boldsymbol{r},t)\chi_++\Psi_-(\boldsymbol{r},t)\chi_-.$$

（a）将 $\Psi(\boldsymbol{r},t)$ 代入薛定谔方程

$$H\Psi=\mathrm{i}\hbar\frac{\partial}{\partial t}\Psi$$

求 $\Psi_\pm$ 的一对耦合方程. **部分答案：**

$$-\frac{\hbar^2}{2m}\nabla^2\Psi_+-\frac{\hbar}{2}\gamma(B_0+\alpha z)\Psi_++\frac{\hbar}{2}\gamma\alpha x\Psi_-=\mathrm{i}\hbar\frac{\partial}{\partial t}\Psi_+.$$

---

[75] 这不明显，但我们会将在第 7 章中证明.

[76] 在这种表示法中，$|\Psi_+(\boldsymbol{r})|^2\mathrm{d}^3\boldsymbol{r}$ 给出了在自旋向上的情况下在 $\boldsymbol{r}$ 附近发现粒子的几率，进行类似的测量得到其沿 z 轴的自旋向上的几率；同样地，对于自旋向下的 $|\Psi_-(\boldsymbol{r})|^2\mathrm{d}^3\boldsymbol{r}$ 也是同样的解释.

（b）从例题 4.3 知道，自旋在均匀磁场 $B_0\hat{k}$ 中做进动．可以将这部分从解中提取出来作为系数因子，不失一般性，可以写为

$$\Psi_{\pm}(\boldsymbol{r},t)=\mathrm{e}^{\pm\mathrm{i}\gamma B_0 t/2}\,\widetilde{\Psi}_{\pm}(\boldsymbol{r},t).$$

求 $\Psi_{\pm}$ 的耦合方程．**部分答案**：

$$-\frac{\hbar^2}{2m}\nabla^2\widetilde{\Psi}_{+}-\frac{\hbar}{2}\gamma\alpha z\widetilde{\Psi}_{+}+\frac{\hbar}{2}\gamma\alpha x\mathrm{e}^{-\mathrm{i}\gamma B_0 t}\,\widetilde{\Psi}_{-}=\mathrm{i}\hbar\frac{\partial}{\partial t}\widetilde{\Psi}_{+}.$$

（c）如果忽略（b）中的振动项——由于其平均值为零的原因（见例题 4.4 的讨论）——可以获得非耦合方程的形式

$$-\frac{\hbar^2}{2m}\nabla^2\widetilde{\Psi}_{\pm}+V_{\pm}\widetilde{\Psi}_{\pm}=\mathrm{i}\hbar\frac{\partial}{\partial t}\widetilde{\Psi}_{\pm}.$$

基于以上粒子在“势” $V_{\pm}$ 中的运动，解释施特恩-格拉赫实验．

习题 4.75　考虑例题 4.6 中的系统，穿过螺线管随时间变化的通量 $\Phi(t)$．证明

$$\psi(t)=\frac{1}{\sqrt{2\pi}}\mathrm{e}^{\mathrm{i}n\phi}\mathrm{e}^{-\mathrm{i}f(t)},$$

其中

$$f(t)=\frac{1}{\hbar}\int_0^t\frac{\hbar^2}{2mb^2}\left(n-\frac{q\Phi(t')}{2\pi\hbar}\right)^2\mathrm{d}t'$$

是含时薛定谔方程的解．

习题 4.76　例题 4.6 中的能级移动可以从经典电动力学方面进行理解．考虑初始没有电流流进螺线管的情况．想象现在缓慢增加电流．

（a）（从经典电动力学）计算由变化磁通量产生的电动势，并证明限制在环上的电荷做功的速率可以写为

$$\frac{\mathrm{d}W}{\mathrm{d}\Phi}=-q\frac{\omega}{2\pi},$$

其中 ω 是粒子的角速度．

（b）对于在例题 4.6 中处在 ψ_n 态的粒子，计算机械角动量的 z 分量，[77]

$$\boldsymbol{L}_{\text{力学}}=\boldsymbol{r}\times m\boldsymbol{v}=\boldsymbol{r}\times(\boldsymbol{p}-q\boldsymbol{A}),\tag{4.231}$$

注意机械角动量不是以 $\hbar$ 的整数倍量子化的．[78]

（c）证明（a）部分得到的结果精确地等于随着磁通量增加时，定态能量改变的速率 $\mathrm{d}E_n/\mathrm{d}\Phi$．

---

[77] 关于正则动量和机械动量之间区别的讨论，见脚注 62.

[78] 然而，电磁场也携带角动量，总角动量（机械加电磁）是量子化的，且为 $\hbar$ 的整数倍．相关讨论，请参见 M. Peshkin, *Physics Reports* **80**, 375（1981）或 Frank Wilczek, *Fractional Statistics and Anyon Superconductivity*, 第 1 章, World Scientific, New Jersey（1990）.

第5章 全同粒子

5.1 双粒子体系

对单粒子而言，$\Psi(\boldsymbol{r},\ t)$ 是空间坐标 $\boldsymbol{r}$ 和时间 t 的函数（我们暂时忽略自旋）．而双粒子体系的状态则是粒子 1 的坐标（$\boldsymbol{r}_1$）、粒子 2 的坐标（$\boldsymbol{r}_2$）和时间的函数：

$$\Psi(\boldsymbol{r}_1,\boldsymbol{r}_2,t). \tag{5.1}$$

其随时间演化由薛定谔方程决定：

$$\mathrm{i}\hbar\frac{\partial\Psi}{\partial t}=\hat{H}\Psi, \tag{5.2}$$

其中 H 是整个体系的哈密顿量：

$$\hat{H}=-\frac{\hbar^2}{2m_1}\nabla_1^2-\frac{\hbar^2}{2m_2}\nabla_2^2+V(\boldsymbol{r}_1,\boldsymbol{r}_2,t) \tag{5.3}$$

（∇ 的下标表示对粒子 1 或粒子 2 坐标的微分，视情况而定）．此时统计诠释非常明确：

$$|\Psi(\boldsymbol{r}_1,\boldsymbol{r}_2,t)|^2\mathrm{d}^3\boldsymbol{r}_1\mathrm{d}^3\boldsymbol{r}_2 \tag{5.4}$$

是在体积元 $\mathrm{d}^3\boldsymbol{r}_1$ 中发现粒子 1 和在体积元 $\mathrm{d}^3\boldsymbol{r}_2$ 中发现粒子 2 的几率；如通常一样，Ψ 必须是归一化的：

$$\int|\Psi(\boldsymbol{r}_1,\boldsymbol{r}_2,t)|^2\mathrm{d}^3\boldsymbol{r}_1 d^3\boldsymbol{r}_2=1. \tag{5.5}$$

对不含时势，我们通过分离变量获得一组完备的解：

$$\Psi(\boldsymbol{r}_1,\boldsymbol{r}_2,t)=\psi(\boldsymbol{r}_1,\boldsymbol{r}_2)\mathrm{e}^{-\mathrm{i}Et/\hbar}, \tag{5.6}$$

这里，空间波函数 ψ 满足定态薛定谔方程：

$$-\frac{\hbar^2}{2m_1}\nabla_1^2\psi-\frac{\hbar^2}{2m_2}\nabla_2^2\psi+V\psi=E\psi, \tag{5.7}$$

E 为系统总能量．一般来说，求解方程（5.7）是很困难的，但有两种特殊情况可以把它变为单粒子问题：

1. 无相互作用粒子（Noninteracting particles）． 假设粒子之间没有相互作用，但每个粒子都受到某种外力的作用．例如，它们可能连接到两个不同的弹簧上．在这种情况下，总势能是两者势能之和：

$$V(\boldsymbol{r}_1,\boldsymbol{r}_2)=V_1(\boldsymbol{r}_1)+V_2(\boldsymbol{r}_2), \tag{5.8}$$

方程（5.7）可以通过分离变量求解：

$$\psi(\boldsymbol{r}_1,\boldsymbol{r}_2)=\psi_a(\boldsymbol{r}_1)\psi_b(\boldsymbol{r}_2). \tag{5.9}$$

将式（5.9）代入式（5.7），两边除以 $\psi(\boldsymbol{r}_1,\ \boldsymbol{r}_2)$，合并 $\boldsymbol{r}_1$ 和 $\boldsymbol{r}_2$ 中的各项，我们发现 $\psi_a(\boldsymbol{r}_1)$ 和 $\psi_b(\boldsymbol{r}_2)$ 分别满足单粒子薛定谔方程：

$$-\frac{\hbar^2}{2m_1}\nabla_1^2\psi_a(\boldsymbol{r}_1)+V_1(\boldsymbol{r}_1)\psi_a(\boldsymbol{r}_1)=E_a\psi_a(\boldsymbol{r}_1),$$

$$-\frac{\hbar^2}{2m_2}\nabla_2^2\psi_b(\boldsymbol{r}_2)+V_2(\boldsymbol{r}_2)\psi_b(\boldsymbol{r}_2)=E_b\psi_b(\boldsymbol{r}_2), \tag{5.10}$$

并且 $E=E_a+E_b$. 在这种情况下，双粒子波函数是两个单粒子波函数的简单乘积：

$$\begin{aligned}\Psi(\boldsymbol{r}_1,\boldsymbol{r}_2,t)&=\psi_a(\boldsymbol{r}_1)\psi_b(\boldsymbol{r}_2)\mathrm{e}^{-\mathrm{i}(E_a+E_b)t/\hbar}\\&=(\psi_a(\boldsymbol{r}_1)\mathrm{e}^{-\mathrm{i}E_at/\hbar})(\psi_b(\boldsymbol{r}_2)\mathrm{e}^{-\mathrm{i}E_bt/\hbar})=\Psi_a(\boldsymbol{r}_1,t)\Psi_b(\boldsymbol{r}_2,t),\end{aligned} \tag{5.11}$$

我们说粒子 1 处于 a 状态，粒子 2 处于 b 状态是有意义的. 但是，这些解的任何线性组合仍然满足（含时）薛定谔方程，例如，

$$\Psi(\boldsymbol{r}_1,\boldsymbol{r}_2,t)=\frac{3}{5}\Psi_a(\boldsymbol{r}_1,t)\Psi_b(\boldsymbol{r}_2,t)+\frac{4}{5}\Psi_c(\boldsymbol{r}_1,t)\Psi_d(\boldsymbol{r}_2,t), \tag{5.12}$$

在这种情况下，粒子 1 的状态依赖于粒子 2 的状态，反之亦然.

如果你测量粒子 1 的能量，你可能会得到 E_a（几率为 9/25），粒子 2 的能量是 E_b；或者你可能会得到 E_c（几率为 16/25），而粒子 2 的能量则是 E_d. 我们说这两个粒子是**纠缠**（**entangled**，薛定谔的可爱术语）在一起的. 纠缠态不能写成单粒子状态的乘积.[1]

2. 中心势场（Central potentials）. 假设两粒子之间的相互作用仅限于二者之间，且相互作用势由他们之间的距离确定：

$$V(\boldsymbol{r}_1,\boldsymbol{r}_2)\to V(|\boldsymbol{r}_1-\boldsymbol{r}_2|). \tag{5.13}$$

如果包括质子的运动，氢原子就是一个例子. 正如经典力学中所做的那样，在这种情况下，两体问题简化为等效的单体问题（见习题 5.1）.

不过，一般来说，两个粒子将同时受到外力作用和它们之间相互的影响，这使得对问题的分析变得更加复杂. 例如，设想氦原子中的两个电子：每个电子都受到原子核的库仑引力（电荷 $2e$），同时它们之间彼此排斥：

$$V(\boldsymbol{r}_1,\boldsymbol{r}_2)=\frac{1}{4\pi\varepsilon_0}\left(-\frac{2e^2}{|\boldsymbol{r}_1|}-\frac{2e^2}{|\boldsymbol{r}_2|}+\frac{e^2}{|\boldsymbol{r}_1-\boldsymbol{r}_2|}\right). \tag{5.14}$$

我们将在后面几节来讨论这个问题.

****习题 5.1**　通常情况下，相互作用势的大小仅依赖于两粒子间的相对位移 $\boldsymbol{r}\equiv\boldsymbol{r}_1-\boldsymbol{r}_2$：$V(\boldsymbol{r}_1,\ \boldsymbol{r}_2)\to V(\boldsymbol{r})$. 在这种情况下，将变量 $\boldsymbol{r}_1$、$\boldsymbol{r}_2$ 代换为 $\boldsymbol{r}$ 和 $\boldsymbol{R}\equiv(m_1\boldsymbol{r}_1+m_2\boldsymbol{r}_2)/(m_1+m_2)$（质心），对薛定谔方程就可以进行分离变量.

（a）证明 $\boldsymbol{r}_1=\boldsymbol{R}+(\mu/m_1)\boldsymbol{r}$，$\boldsymbol{r}_2=\boldsymbol{R}-(\mu/m_2)\boldsymbol{r}$，$\nabla_1=(\mu/m_2)\nabla_R+\nabla_r$，$\nabla_2=(\mu/m_1)\nabla_R-\nabla_r$，其中

$$\mu\equiv\frac{m_1m_2}{m_1+m_2} \tag{5.15}$$

为系统的**约化质量（reduced mass）**.

（b）证明（定态）薛定谔方程为

$$-\frac{\hbar^2}{2(m_1+m_2)}\nabla_R^2\psi-\frac{\hbar^2}{2\mu}\nabla_r^2\psi+V(\boldsymbol{r})\psi=E\psi.$$

---

[1] 纠缠态的典型例子是两个自旋为 1/2 的粒子处于单态（式（4.176））.

（c）分离变量，令 $\psi(\boldsymbol{R},\ \boldsymbol{r})=\psi_R(\boldsymbol{R})\psi_r(\boldsymbol{r})$. 注意到 ψ_R 满足总质量为（m_1+m_2）、势能为零、能量为 E_R 的单粒子薛定谔方程；$\psi_r(\boldsymbol{r})$ 满足质量为约化质量 m、势能为 $V(\boldsymbol{r})$、能量为 E_r 的单粒子薛定谔方程. 系统的总能量为两者之和：$E=E_R+E_r$. 这告诉我们质心的运动像一个自由粒子，而相对运动（即在粒子 1 相对于粒子 2 的运动）可以看作是以约化质量为质量，处于势场 $V(\boldsymbol{r})$ 的单粒子的运动. 在经典力学中存在完全类似的分解方法；[2] 用这种方法可以将两体问题简化为等价的单体问题.

习题 5.2 针对习题 5.1，我们可以简单地用约化质量代替电子质量来修正氢原子核的运动.

（a）求使用 m 而不是 μ 在计算氢原子结合能（式（4.77））时，产生的误差百分比（精确到两位有效数字）.

（b）求氢和氘（原子核既含有质子又含有中子）的红色巴耳末线（$n=3\to n=2$）之间的波长差.

（c）求**电子偶素（positronium）**的结合能（氢原子中质子被正电子取代，正电子与电子质量相同，但电荷相反）.

（d）假设你想证实 **μ 介子氢（muonic hydrogen）**的存在，其中电子被 μ 介子取代（电荷相同，但重量是电子的 206.77 倍）. 在哪里（即在什么波长下）寻找“莱曼-α”线（$n=2\to n=1$）?

习题 5.3 氯原子在自然界有两种同位素：Cl^{35} 和 Cl^{37}. 证明：HCl 的振动光谱应包含相距很近双线结构，其能级分裂由 $\Delta\nu=7.51\times10^{-4}\nu$ 给出，其中 ν 是出射光子的频率. **提示**：把它想象成一个谐振子，$\omega=\sqrt{k/\mu}$，其中 μ 为约化质量（式（5.15）），两种同位素的 k 可以认为是相同的.

5.1.1 玻色子和费米子

假设粒子 1 处于（单粒子）态 $\psi_a(\boldsymbol{r})$，粒子 2 处于态 $\psi_b(\boldsymbol{r})$.（记住：我暂时忽略了自旋.）在这种情况下，$\psi(\boldsymbol{r}_1,\ \boldsymbol{r}_2)$ 就是两者简单的乘积：

$$\psi(\boldsymbol{r}_1,\boldsymbol{r}_2)=\psi_a(\boldsymbol{r}_1)\psi_b(\boldsymbol{r}_2). \tag{5.16}$$

当然，这里假设我们能够把粒子区分开来——否则说粒子 1 处于态 $\psi_a(\boldsymbol{r})$，粒子 2 处于态 $\psi_b(\boldsymbol{r})$ 没有任何意义；而我们只能说一个粒子处于态 $\psi_a(\boldsymbol{r})$，另一个粒子处于态 $\psi_b(\boldsymbol{r})$，并不知道到底谁是谁. 如果我们讨论的是经典力学，这将是一个很愚蠢的话题：你可以随时区分粒子，原则上只需将其中一个涂成红色，另一个涂成蓝色，或者在粒子上贴上编码，或者雇佣私家侦探跟踪它们. 但在量子力学中，情况根本不同：你不能把一个电子涂成红色，也不能在上面贴上标签，侦探的观察将不可避免地、不可预测地改变电子的状态，这就增加了

[2] 例如，参见 Jerry B 和 Stephen T. Thornton，*Classical Dynamics of Particles and Systems*，第 4 版，Saunders，Fort Worth，TX（1995），8.2 节.

这两个粒子可能秘密交换位置的可能性．事实上，所有电子都是完全相同的，这种性质是任何两个经典物体都无法做到的．不仅仅是我们不知道哪个电子是哪个，连上帝也不知道的，因为根本不存在“这个”电子，或者“那个”电子的说法；唯一合理的说法只是“一个”电子．

量子力学巧妙地适应了原则上不可分辨粒子的存在：我们只是构造了一个波函数，该波函数对于哪个粒子处于哪个状态是不确定的．实际上有两种不同的构造方法：

$$\psi_{\pm}(\boldsymbol{r}_1,\boldsymbol{r}_2)=A[\psi_a(\boldsymbol{r}_1)\psi_b(\boldsymbol{r}_2)\pm\psi_b(\boldsymbol{r}_1)\psi_a(\boldsymbol{r}_2)]; \tag{5.17}$$

这个理论将允许两种完全相同的粒子：**玻色子（Bosons）**，上式取正号；**费米子（Fermions）**，上式取负号．玻色子是交换**对称的（symmetric）**，$\psi_+(\boldsymbol{r}_1,\ \boldsymbol{r}_2)=\psi_+(\boldsymbol{r}_2,\ \boldsymbol{r}_1)$；费米子是交换反对称的（**antisymmetric**），$\psi_-(\boldsymbol{r}_1,\ \boldsymbol{r}_2)=-\psi_-(\boldsymbol{r}_2,\ \boldsymbol{r}_1)$；碰巧的是，

$$\begin{cases}\text{所有自旋为整数的粒子为玻色子,}\\ \text{所有自旋为半整数的粒子为费米子.}\end{cases} \tag{5.18}$$

自旋和统计之间的这种联系（玻色子和费米子具有完全不同的统计性质）可以在相对论量子力学中得到证明；在非相对论理论中，只是简单地把它作为一个公理．[3]

因此，两个相同的费米子（例如，两个电子）不能占据相同的状态．因为如果 $\psi_a=\psi_b$，将有

$$\psi_-(\boldsymbol{r}_1,\boldsymbol{r}_2)=A[\psi_a(\boldsymbol{r}_1)\psi_a(\boldsymbol{r}_2)-\psi_a(\boldsymbol{r}_1)\psi_a(\boldsymbol{r}_2)]=0,$$

我们将得不到任何波函数．[4] 这就是著名的**泡利不相容原理（Pauli exclusion principle）**．这不是（正如你可能已经相信的那样）一个只适用于电子的奇怪的特定假设，而是构造两个粒子波函数规则的结果，适用于所有相同的费米子．

例题 5.1　假设有两个没有相互作用（它们彼此相处在一起运动……不要深究在现实中如何实现它们）的粒子，质量都为 m，处在无限深方势阱中（见 2.2 节）．单粒子状态为

$$\psi_n(x)=\sqrt{\frac{2}{a}}\sin\left(\frac{n\pi}{a}x\right),\quad E_n=n^2K$$

（方便起见，令 $K\equiv\pi^2\hbar^2/2ma^2$）．如果粒子是可分辨的，1 号粒子在态 n_1 上，2 号粒子在态 n_2 上，复合波函数为其简单乘积：

$$\psi_{n_1n_2}(x_1,x_2)=\psi_{n_1}(x_1)\psi_{n_2}(x_2),\quad E_{n_1n_2}=(n_1^2+n_2^2)K.$$

例如，基态为

$$\psi_{11}=\frac{2}{a}\sin(\pi x_1/a)\sin(\pi x_2/a),\quad E_{11}=2K;$$

第一激发态是双重简并的：

[3] 看起来有点不可思议是相对论竟然与之有关，而且对于是否有可能用其他方式证明自旋统计的联系，已经有很多讨论．例如，见 Robert C. Hilborn, *Am. J. Phys.* **63**, 298（1995）；Ian Duck 和 E. C. G. Sudarshan, *Pauli and the Spin-Statistics Theorem*, World Scientific, 新加坡（1997）．有关自旋和统计的详细参考资料，请参阅 C. Curceanu, J. D. Gillaspy 和 R. C. Hilborn, *Am. J. Phys.* **80**, 561（2010）．

[4] 记住，我仍然没有把自旋包括在内——如果你感到困惑（毕竟，无自旋的费米子在术语上就是矛盾的），假定它们都处在相同的自旋态，我马上会考虑自旋的．

$$\psi_{12}=\frac{2}{a}\sin(\pi x_1/a)\sin(2\pi x_2/a),\quad E_{12}=5K,$$

$$\psi_{21}=\frac{2}{a}\sin(2\pi x_1/a)\sin(\pi x_2/a),\quad E_{21}=5K;$$

以此类推. 如果两粒子为全同玻色子，基态保持不变，但第一激发态变成非简并的：

$$\frac{\sqrt{2}}{a}[\sin(\pi x_1/a)\sin(2\pi x_2/a)+\sin(2\pi x_1/a)\sin(\pi x_2/a)]$$

（能量仍然为 $5K$）. 如果两粒子为全同费米子，不存在能量为 $2K$ 的状态；基态为

$$\frac{\sqrt{2}}{a}[\sin(\pi x_1/a)\sin(2\pi x_2/a)-\sin(2\pi x_1/a)\sin(\pi x_2/a)],$$

其能量为 $5K$.

*** 习题 5.4**

（a）如果 ψ_a 和 ψ_b 是正交归一的，则式（5.17）中常数 A 为多少？

（b）如果 $\psi_a=\psi_b$（已归一化），则 A 为多少？（当然，只有玻色子才会发生这种情况.）

习题 5.5

（a）写出处于无限深势阱中两个无相互作用的全同粒子哈密顿量. 证明例题 5.1 给出的费米子基态是 $\hat{H}$ 的本征函数，具有适当本征值.

（b）除例题 5.1 中的两激发态外，再给出接下来的两个激发态，给出三种情况下的波函数和能量本征值（可分辨，全同玻色子，全同费米子）.

5.1.2 交换力

为了使你了解对称性要求的具体作用，我将给出一维情况中一个简单的例子. 假设一个粒子处于 $\psi_a(x)$ 态，另一个粒子处于 $\psi_b(x)$ 态，这两个态是正交的和归一化的. 如果两个粒子是可分辨的，且 1 号粒子处在状态 $\psi_a(x)$ 上，则总的波函数为

$$\psi(x_1,x_2)=\psi_a(x_1)\psi_b(x_2);\tag{5.19}$$

如果它们是全同玻色子，总的波函数为（对于归一化问题见习题 5.4）

$$\psi_+(x_1,x_2)=\frac{1}{\sqrt{2}}[\psi_a(x_1)\psi_b(x_2)+\psi_b(x_1)\psi_a(x_2)];\tag{5.20}$$

如果它们是全同费米子，则变为

$$\psi_-(x_1,x_2)=\frac{1}{\sqrt{2}}[\psi_a(x_1)\psi_b(x_2)-\psi_b(x_1)\psi_a(x_2)].\tag{5.21}$$

我们计算两个粒子之间距离平方的期望值，

$$\langle(x_1-x_2)^2\rangle=\langle x_1^2\rangle+\langle x_2^2\rangle-2\langle x_1x_2\rangle.\tag{5.22}$$

情况 1：可分辨粒子. 对式（5.19）的波函数有

$$\langle x_1^2\rangle=\int x_1^2|\psi_a(x_1)|^2\mathrm{d}x_1\int|\psi_b(x_2)|^2\mathrm{d}x_2=\langle x^2\rangle_a$$

（在单粒子态 ψ_a 下 x^2 的期望值），

$$\langle x_2^2\rangle=\int|\psi_a(x_1)|^2\mathrm{d}x_1\int x_2^2|\psi_b(x_2)|^2\mathrm{d}x_2=\langle x^2\rangle_b,$$

以及

$$\langle x_1x_2\rangle=\int x_1|\psi_a(x_1)|^2\mathrm{d}x_1\int x_2|\psi_b(x_2)|^2\mathrm{d}x_2=\langle x\rangle_a\langle x\rangle_b.$$

在此情况下，有

$$\langle(x_1-x_2)^2\rangle_d=\langle x^2\rangle_a+\langle x^2\rangle_b-2\langle x\rangle_a\langle x\rangle_b. \tag{5.23}$$

（顺便说一句，如果粒子 1 处在 $\psi_b(x)$ 态，粒子 2 处在 $\psi_a(x)$ 态，答案是一样的.）

情况 2：全同粒子. 对式（5.20）和式（5.21）中的波函数有

$$\begin{aligned}\langle x_1^2\rangle=\frac{1}{2}\Big[&\int x_1^2|\psi_a(x_1)|^2\mathrm{d}x_1\int|\psi_b(x_2)|^2\mathrm{d}x_2\\&+\int x_1^2|\psi_b(x_1)|^2\mathrm{d}x_1\int|\psi_a(x_2)|^2\mathrm{d}x_2\\&\pm\int x_1^2\psi_a(x_1)^*\psi_b(x_1)\mathrm{d}x_1\int\psi_b(x_2)^*\psi_a(x_2)\mathrm{d}x_2\\&\pm\int x_1^2\psi_b(x_1)^*\psi_a(x_1)\mathrm{d}x_1\int\psi_a(x_2)^*\psi_b(x_2)\mathrm{d}x_2\Big]\\=\frac{1}{2}&[\langle x^2\rangle_a+\langle x^2\rangle_b\pm0\pm0]=\frac{1}{2}(\langle x^2\rangle_a+\langle x^2\rangle_b).\end{aligned}$$

同样，

$$\langle x_2^2\rangle=\frac{1}{2}(\langle x^2\rangle_b+\langle x^2\rangle_a).$$

（很显然，$\langle x_2^2\rangle=\langle x_1^2\rangle$，因为我们无法区分这两个粒子.）但是，

$$\begin{aligned}\langle x_1x_2\rangle=\frac{1}{2}\Big[&\int x_1|\psi_a(x_1)|^2\mathrm{d}x_1\int x_2|\psi_b(x_2)|^2\mathrm{d}x_2\\&+\int x_1|\psi_b(x_1)|^2\mathrm{d}x_1\int x_2|\psi_a(x_2)|^2\mathrm{d}x_2\\&\pm\int x_1\psi_a(x_1)^*\psi_b(x_1)\mathrm{d}x_1\int x_2\psi_b(x_2)^*\psi_a(x_2)\mathrm{d}x_2\\&\pm\int x_1\psi_b(x_1)^*\psi_a(x_1)\mathrm{d}x_1\int x_2\psi_a(x_2)^*\psi_b(x_2)\mathrm{d}x_2\Big]\\=\frac{1}{2}&(\langle x\rangle_a\langle x\rangle_b+\langle x\rangle_b\langle x\rangle_a\pm\langle x\rangle_{ab}\langle x\rangle_{ba}\pm\langle x\rangle_{ba}\langle x\rangle_{ab})\\=\langle x&\rangle_a\langle x\rangle_b\pm|\langle x\rangle_{ab}|^2.\end{aligned}$$

其中

$$\langle x\rangle_{ab}\equiv\int x\psi_a(x)^*\psi_b(x)\mathrm{d}x. \tag{5.24}$$

因此

$$\langle(x_1-x_2)^2\rangle_\pm=\langle x^2\rangle_a+\langle x^2\rangle_b-2\langle x\rangle_a\langle x\rangle_b\mp2|\langle x\rangle_{ab}|^2. \tag{5.25}$$

比较式（5.23）和式（5.25），我们发现相差的是式（5.25）的最后一项，则有

$$\langle(\Delta x)^2\rangle_{\pm}=\langle(\Delta x)^2\rangle_d \mp 2|\langle x\rangle_{ab}|^2;\qquad(5.26)$$

和处在相同状态的可分辨粒子相比，全同玻色子（下标的“+”号项）将更趋向于相互靠近，而全同费米子（下标的“-”号项）趋向于相互远离. 注意到：除非两个波函数有重叠，否则$\langle x_{ab}\rangle$将会消失：如果$\psi_a(x)$为零，$\psi_b(x)$不为零，式（5.20）的积分将为零. 所以，如果ψ_a表示处在芝加哥的一个原子中的电子，ψ_b表示另一个待在西雅图的一个原子中的电子，那么波函数是否反对称也没有什么区别. 因此，作为一个实际问题，可以假设具有非重叠波函数的电子是可区分的.（事实上，这是唯一能够让化学家继续研究的东西，因为原则上宇宙中的每一个电子都是通过它们波函数的反对称性与其他电子相联系的；如果这件事真的很重要，除非你已经准备好同时处理所有的电子，否则你就不能谈论任何其中的一个！）

有趣的情况是重叠积分（式（5.24））不为零. 该系统就好像在相同的玻色子之间存在有一种“吸引力”，把它们拉得更近，而在相同的费米子之间存在有一种“斥力”，把它们推开（注意，我们在这里忽略了自旋）. 我们称之为**交换力（exchange force）**，虽然它实际上根本不是一种力[5]——没有任何实际力作用在粒子上；相反，它是对称性要求引起的纯几何结果. 这也是一个纯粹的量子力学现象，在经典力学中找不到对应.

* **习题 5.6** 想象处在无限深方势阱中的两个无相互作用的粒子，质量均为m. 如果一个粒子处于ψ_n态（式（2.31）），另一个粒子处于ψ_l（$l\neq n$）态，计算$\langle(x_1-x_2)^2\rangle$. 假定：(a) 粒子是可分辨的；(b) 粒子为全同玻色子；(c) 粒子为全同费米子.

** **习题 5.7** （质量相等的）两个无相互作用粒子处于同一谐振子势中，一个处于基态，另一个处于第一激发态.

(a) 构建波函数$\psi(x_1, x_2)$，当（ⅰ）它们是可分辨的；（ⅱ）它们是全同玻色子；（ⅲ）它们是全同费米子. 分别画出每种情况的$|\psi(x_1, x_2)|^2$（采用 Mathematica 的 **Plot3D** 指令）.

(b) 利用式（5.23）和式（5.25），求出每种情况下的$\langle(x_1-x_2)^2\rangle$.

(c) 利用相对坐标$r=x_1-x_2$和质心坐标$R=(x_1+x_2)/2$，求出每种情况下的$\psi(x_1, x_2)$；并对R进行积分，求两粒子之间距离为$|r|$时的几率：

$$P(|r|)=2\int|\psi(R,r)|^2\mathrm{d}R$$

（乘以2是因为r可以是正值也可是负值）. 画出三种情况下的$P(r)$图.

(d) 定义密度算符

$$n(x)=\sum_{i=1}^{2}\delta(x-x_i);$$

$\langle n(x)\rangle\mathrm{d}x$是处于$\mathrm{d}x$区间内粒子数目期望值. 计算三种情况下的$\langle n(x)\rangle$并画图.（结果可能会令你惊讶.）

---

[5] 关于这个术语的精辟评论，见 W. J. Mullin 和 G. Blaylock, *Am. J. Phys.* **71**, 1223 (2003).

习题 5.8　设想有三个粒子，一个处在 ψ_a 态，一个处在 ψ_b 态，一个处在 ψ_c 态. 假定 ψ_a、ψ_b、ψ_c 彼此正交，构造三个粒子体系的状态波函数（类比式（5.15），式（5.16）和式（5.17））用来代表：（a）可分辨粒子；（b）全同玻色子；（c）全同费米子. 记住（b）的情况为：在任意两个粒子交换下，必须是完全对称的；（c）的情况为在任意两个粒子交换下，必须是满足反对称性. **注释：**构造完全反对称波函数有一个巧妙的方法：构建斯莱特行列式（**Slater determinant**），其第一行为 $\psi_a(x_1)$，$\psi_b(x_1)$，$\psi_c(x_1)$，…，第二行为 $\psi_a(x_2)$，$\psi_b(x_2)$，$\psi_c(x_2)$，…；以此类推.[6]（这种方法适用于任意数量的粒子系统.）

5.1.3　自旋

现在是引入自旋的时候了. 电子完整的状态不仅包括它的位置波函数，还包括描述其自旋方向的旋量：[7]

$$\psi(\boldsymbol{r})\chi. \tag{5.27}$$

当把两个粒子的状态放在一起，[8]

$$\psi(\boldsymbol{r}_1,\boldsymbol{r}_2)\chi(1,2), \tag{5.28}$$

它是完整的波函数，不仅仅是空间部分，在交换下必须是反对称的：

$$\psi(\boldsymbol{r}_1,\boldsymbol{r}_2)\chi(1,2)=-\psi(\boldsymbol{r}_2,\boldsymbol{r}_1)\chi(2,1). \tag{5.29}$$

现在，回顾一下复合自旋态（式（4.175）和式（4.176））就会发现，单重态组合是反对称的（因此必须用对称的空间函数），而三重态都是对称的（需要用反对称的空间函数）. 因此，泡利原理实际上允许两个电子处于同一个给定的位置状态，只要它们的自旋处于单重态（但它们不可能同时处于相同的位置状态和相同的自旋状态，比如说，两个自旋都向上）.

****习题 5.9**　例题 5.1 和习题 5.5（b）中，我们忽略了自旋（如果你愿意，可以假设粒子处于相同的自旋状态）.

（a）对自旋为 1/2 的粒子. 构建 4 个能量最低的状态，指出它们的能量和简并度. **建议：**使用记号 $\psi_{n_1n_2}|s\ m\rangle$，其中 $\psi_{n_1n_2}$ 在例题 5.1 中有定义，$|s\ m\rangle$ 在 4.4.3 节中有定义.[9]

（b）对于自旋为 1 的粒子，重复（a）的问题. **提示：**首先，类似自旋 1/2 的单重

---

[6] 要构造一个完全对称的形式，请使用积和式（与行列式相同，但不带减号）.

[7] 在自旋和坐标之间没有耦合的情况下，我们可以自由地假设状态在其自旋和空间坐标中是可分离的. 这只是说，测量自旋向上的几率与其粒子的位置无关. 在存在耦合的情况下，一般状态将采用线性组合的形式：$\psi_+(\boldsymbol{r})\chi_++\psi_-(\boldsymbol{r})\chi_-$，如习题 4.64 所示.

[8] 我让 χ（1，2）代表组合自旋态；在狄拉克表示法中，它是状态 $|s_1s_2m_1m_2\rangle$ 的线性组合. 我再次假设这个态是一个位置状态和一个自旋状态的简单乘积；正如你在习题 5.10 中所看到的那样，即使在没有耦合的情况下，当有三个或更多的电子参与时，这并不总是正确的.

[9] 当然，自旋需要三维空间，而我们通常认为有限的方势阱存在于一维空间中. 但是它可以代表一个位于三维空间的粒子，被限定在一维的量子线内.

态和三重态状态波函数，利用 CG 系数计算出自旋 1 的波函数；注意它们中哪些是对称的，哪些是反对称的.[10]

5.1.4 广义对称性原理

简单起见，假设粒子之间没有相互作用，自旋和位置之间没有耦合（总态函数是位置函数和自旋函数的乘积），且势不显含时间. 但是，对于全同玻色子/费米子，基本的对称化/反对称化要求要普遍得多. 让我们定义**交换算符（exchange operator）**$\hat{P}$，它交换两个粒子：[11]

$$\hat{P}|(1,2)\rangle=|(2,1)\rangle \tag{5.30}$$

很明显，$\hat{P}^2=1$，而且 $\hat{P}$ 的本征值为±1（请自己证明）. 现在，如果两个粒子是全同粒子，其哈密顿量也是一样的：$m_1=m_2$，$V(\boldsymbol{r}_1,\ \boldsymbol{r}_2,\ t)=V(\boldsymbol{r}_2,\ \boldsymbol{r}_1,\ t)$. 因此，$\hat{P}$ 和 $\hat{H}$ 是相容的可观测量，

$$[\hat{P},\hat{H}]=0, \tag{5.31}$$

且有（式（3.73））

$$\frac{\mathrm{d}\langle\hat{P}\rangle}{\mathrm{d}t}=0. \tag{5.32}$$

如果系统以 $\hat{P}$ 的本征态开始——对称（$\langle\hat{P}\rangle=1$），或者反对称（$\langle\hat{P}\rangle=-1$）——那么它将会永远处在这个态上. **对称化公理（symmetrization axiom）**告诉我们，对于全同粒子，状态不但是允许的，而且必须满足[12]

$$|(1,2)\rangle=\pm|(2,1)\rangle \tag{5.33}$$

式中，正号为玻色子；负号对应费米子. 如果有 n 个全同粒子，当然，交换其中任意两个粒子，状态必须是对称或反对称的：

$$\boxed{|(1,2,\cdots,i,\cdots,j,\cdots,n)\rangle=\pm|(1,2,\cdots,j,\cdots,i,\cdots,n)\rangle,} \tag{5.34}$$

这是一般性描述，其中式（5.17）是一个特例.

****习题 5.10** 对于两个自旋为 1/2 的粒子，可以构建系统的对称和反对称自旋态（分别为自旋三重态和自旋单态）. 对于三个自旋为 1/2 的粒子，可以构建对称的组合态（习题 4.65 中的四重态），但不可能有完全反对称状态.

（a）证明它. **提示**：用“推土机”方法写下最普遍的线性组合：

$$\begin{aligned}\chi(1,2,3)=a|\uparrow\uparrow\uparrow\rangle+b|\uparrow\uparrow\downarrow\rangle+c|\uparrow\downarrow\uparrow\rangle+d|\uparrow\downarrow\downarrow\rangle+\\ e|\downarrow\uparrow\uparrow\rangle+f|\downarrow\uparrow\downarrow\rangle+g|\downarrow\downarrow\uparrow\rangle+h|\downarrow\downarrow\downarrow\rangle.\end{aligned}$$

---

[10] 这个问题是由 Greg Elliott 建议的.

[11] $\hat{P}$ 交换粒子（1↔2）这意味着交换它们的位置、自旋以及它们可能拥有的任何其他属性. 如果您愿意，它会交换标签 1 和 2.（在第 1 章）我断言我们所有的算符都涉及乘法或微分；那是个谎言. 交换算符是例外，投影算符也是例外（参见第 3.6.2 节）.

[12] 有时据称，对称性要求（式（5.33））是由 $\hat{P}$ 和 $\hat{H}$ 对易决定的. 这是错误的：我们完全可以想象一个由两个可分辨的粒子（例如，一个电子和一个正电子）组成的系统，哈密顿量是对称的，但不要求态是对称的（或反对称的）. 但是，全同粒子必须占据对称或反对称的状态，这是一个新的基本定律；在逻辑上，它与薛定谔方程和统计解释是平起平坐的. 当然，没有必要必须有全同粒子；可能是宇宙中的每一个粒子都能与其他粒子区分开来. 量子力学允许有全同粒子的可能性，大自然（懒惰）抓住了这个机会.（但不要抱怨，这会使事情变得非常简单！）

在 1↔2 反对称变换下，关于系数你可以得到什么样的信息？（注意，上式中的 8 项都是相互正交的.）现在进行 2↔3 反对称变换.

（b）假设将三个自旋为 1/2 的无相互作用的全同粒子放置在无限深方势阱中. 问：系统的基态是什么？能量和简并度各是多少？**注意：** 你不能将三个粒子都处在 ψ_1 态（为什么不行?)；你需要将其中的两个粒子处于 ψ_1 态，另一个处于 ψ_2 态. 但是对称性组态 $[\psi_1(x_1)\psi_1(x_2)\psi_2(x_3)+\psi_1(x_1)\psi_2(x_2)\psi_1(x_3)+\psi_2(x_1)\psi_1(x_2)\psi_1(x_3)]$ 并不好（因为并不存在与之对应的反对称自旋组态），你并不能对这三项构建一个完备的反对称自旋态组合……在这种情况下，你不能简单地构建一个空间态和自旋态的反对称乘积. 但是你可以构建一个这些乘积的线性组合. **提示：** 构建斯莱特行列式（习题 5.8），第一行为 $\psi_1(x_1)|\uparrow\rangle_1$，$\psi_1(x_1)|\downarrow\rangle_1$，$\psi_2(x_1)|\uparrow\rangle_1$.

（c）证明对于（b）中的答案，通过适当地归一化，可以写成这样的形式：

$$\Phi(1,2,3)=\frac{1}{\sqrt{3}}[\Phi(1,2)\phi(3)-\Phi(1,3)\phi(2)+\Phi(2,3)\phi(1)],$$

其中，$\Phi(i,\ j)$ 是 $n=1$ 态和自旋单态组合下两个粒子的波函数，

$$\Phi(i,j)=\psi_1(x_i)\psi_1(x_j)\frac{|\uparrow_i\downarrow_j\rangle-|\downarrow_i\uparrow_j\rangle}{\sqrt{2}},\tag{5.35}$$

其中，$\phi(i)$ 是第 i 个粒子处于 $n=2$ 且自旋向上的态：$\phi(i)=\psi_2(x_i)|\uparrow_i\rangle$. **注意：** $\Phi(i,\ j)$ 在 $i\leftrightarrow j$ 变换下是反对称的，检查 $\Phi(1,\ 2,\ 3)$ 在交换作用下（1↔2，2↔3，3↔1）是反对称的.

****习题 5.11**　在 5.1 节中我们发现，无相互作用粒子的能量本征态可以表示为单粒子态的乘积（式（5.9））——或者，对于全同粒子，则是这些态的对称化/反对称化的线性组合（式（5.20）和式（5.21））. 对于有相互作用存在的粒子，情况则不再是这样. 一个著名的例子是**劳夫林波函数（Laughlin wave function）**[13]，它近似为 N 个二维电子处于磁感应强度大小为 B 的垂直磁场中的基态（这是**分数量子霍尔效应（fractional quantum Hall effect）**的环境）. 劳夫林波函数为

$$\psi(z_1,z_2,\cdots,z_N)=A\Big[\prod_{j<k}^{N}(z_j-z_k)^q\Big]\exp\Big[-\frac{1}{2}\sum_{k}^{N}|z_k|^2\Big],$$

其中 q 是正奇数，且

$$z_j=\sqrt{\frac{eB}{2\hbar c}}(x_j+\mathrm{i}y_j).$$

（这里不讨论自旋问题；在基态，所有电子的自旋都相对于磁场 $\boldsymbol{B}$ 方向朝下，这是一个平庸的对称态.）

（a）证明对于费米子，ψ 具有适当的反对称性.

[13] "Robert B. Laughlin——诺贝尔演讲：分数量子化" Nobelprize. org. Nobel Media AB 2014.（http://www. nobelprize. org/nobel_ prizes/physics/laureates/1998/laughlin-lecture. html）.

（b）对于 $q=1$，ψ 描述无相互作用的粒子（这意味着它能写成一个斯莱特行列式——见习题5.8）. 这对于任意的 N 都成立；但是，请详细地验证 $N=3$ 的情况. 在这种情况下，被占据的单粒子态是什么样的？

（c）对于 q 大于1，ψ 不能写成一个斯莱特行列式的形式，它描述有相互作用的粒子（实际上是电子间的库仑排斥）. 然而，它可以写成一些斯莱特行列式和的形式. 证明：对于 $q=3$ 和 $N=2$，ψ 可以写成两个斯莱特行列式之和.

注释：在无相互作用（b）的情况下，可以将波函数描述为"三个粒子占据三个单粒子态 ψ_a、ψ_b 和 ψ_c"，但是在相互作用（c）存在的情况下，则不存在相应的说法；在这种情况下，组成 ψ 的不同斯莱特行列式对应于不同单粒子态集合的占据.

5.2 原子

原子序数为 Z 的中性原子由一个带电荷为 Ze 的重原子核组成，周围有 Z 个电子（质量 m 和电荷 $-e$）. 这个系统的哈密顿算符是：[14]

$$\hat{H}=\sum_{j=1}^{Z}\left\{-\frac{\hbar^2}{2m}\nabla_j^2-\left(\frac{1}{4\pi\varepsilon_0}\right)\frac{Ze^2}{r_j}\right\}+\frac{1}{2}\left(\frac{1}{4\pi\varepsilon_0}\right)\sum_{j\neq k}^{Z}\frac{e^2}{|\boldsymbol{r}_j-\boldsymbol{r}_k|}. \tag{5.36}$$

大括号内的项表示第 j 个电子的动能加上它位于原子核电场中的势能；第二项的求和表示（对除 $j=k$ 以外的所有 j、k 的值求和）不同电子间相互排斥作用势能（求和号前面的1/2因子修正是基于每一对的总和计算两次的事实）. 问题是如何求解薛定谔方程

$$\hat{H}\psi=E\psi \tag{5.37}$$

中的波函数 $\psi(\boldsymbol{r}_1, \boldsymbol{r}_2, \cdots, \boldsymbol{r}_z)$.[15]

遗憾的是，除了最简单的 $Z=1$（氢）情况，哈密顿量为式（5.36）形式的薛定谔方程是无法精确求解的（无论如何，至少至今尚未做到）. 在实际求解过程中，必须求助于复杂的近似方法. 其中的一些方法将在本书第Ⅱ部分中探讨；现在我只大致介绍方程解的一些定性特征，这些特征是通过完全忽略电子之间相互排斥项而得到的. 在第5.2.1节中，我们将研究氦的基态和激发态，在第5.2.2节中，我们将研究更高原子序数的原子的基态.

习题 5.12

（a）假设式（5.36）中的哈密顿量可以找到满足其薛定谔方程（式（5.37））的解 $\psi(\boldsymbol{r}_1, \boldsymbol{r}_2, \cdots, \boldsymbol{r}_z)$. 描述一下你如何用它来构造一个完全对称或反对称的波函数，且同时满足具有相同能量本征值的薛定谔方程. 如果对前两个变量进行交换操作（$\boldsymbol{r}_1\leftrightarrow\boldsymbol{r}_2$），$\psi(\boldsymbol{r}_1, \boldsymbol{r}_2, \cdots, \boldsymbol{r}_z)$ 是对称的，那么完全反对称波函数将会发生什么？

---

[14] 我假定原子核是静止的. 利用约化质量计及原子核运动的技巧仅对两体问题有效；幸运的是，原子核比电子重得多，即使在氢的情况下，修正值也非常小（参见习题5.2（a）），而对于其他原子，修正值会更小. 由于与电子自旋有关的磁相互作用、相对论修正和原子核的精细结构，还会有更为有趣的效应. 我们将在后面的章节中讨论这些，但所有这些都是对式（5.36）所描述的"纯库仑"原子的微小修正.

[15] 由于哈密顿量（式（5.36））不涉及自旋，乘积 $\psi(\boldsymbol{r}_1, \boldsymbol{r}_2, \cdots, \boldsymbol{r}_z)\chi(s_1, s_2, \cdots, s_z)$ 仍然满足薛定谔方程. 然而，对于 $Z>2$，这种状态乘积一般不能满足（反）对称化的要求，必须通过置换指标来构建其线性组合（见习题5.16）. 但这是故事的结尾，我们目前只关心空间波函数.

(b) 基于同样的逻辑，对于 Z 个电子且 $Z>2$，证明构建一个完全反对称的自旋态是不可能的.

5.2.1 氦原子

在氢原子之后，最简单的原子就是氦（$Z=2$）. 其哈密顿算符为

$$\hat{H}=\left\{-\frac{\hbar}{2m}\nabla_1^2-\frac{1}{4\pi\varepsilon_0}\frac{2e^2}{r_1}\right\}+\left\{-\frac{\hbar}{2m}\nabla_2^2-\frac{1}{4\pi\varepsilon_0}\frac{2e^2}{r_2}\right\}+\frac{1}{4\pi\varepsilon_0}\frac{e^2}{|\boldsymbol{r}_1-\boldsymbol{r}_2|},\tag{5.38}$$

它由两个类氢原子（核子电量为 $2e$）的哈密顿量组成；其中第一项描述电子 1，第二项描述电子 2，最后一项描述两个电子相互排斥作用. 所有的麻烦正是最后这一项引起的. 如果我们简单地忽略它，薛定谔方程就可以进行分离变量，解也就可以写成氢原子波函数的乘积形式：

$$\psi(\boldsymbol{r}_1,\boldsymbol{r}_2)=\psi_{n\ell m}(\boldsymbol{r}_1)\psi_{n'\ell'm'}(\boldsymbol{r}_2),\tag{5.39}$$

现在只需用玻尔半径（式（4.72））的一半代入，有 4 倍的玻尔能量（式（4.70））——如果你不明白其中的原因，参看习题 4.19. 系统总能量为

$$E=4(E_n+E_{n'}),\tag{5.40}$$

式中，$E_n=-13.6/n^2\text{eV}$. 特别地，基态为

$$\psi_0(\boldsymbol{r}_1,\boldsymbol{r}_2)=\psi_{100}(\boldsymbol{r}_1)\psi_{100}(\boldsymbol{r}_2)=\frac{8}{\pi a^3}\mathrm{e}^{-2(r_1+r_2)/a}\tag{5.41}$$

（参见式（4.80）），它的能量是

$$E_0=8(-13.6\text{eV})=-109\text{eV}.\tag{5.42}$$

因为 ψ_0 是对称波函数，自旋态必须是反对称态；所以，氦原子的基态应该是单重态，自旋“相反排列”. 氦原子的实际基态确实是单重态，但实验上测定的能量为-78.975eV，所以理论和实验符合得不是很好. 但这并不奇怪：我们忽略了电子-电子排斥作用，这当然也不是一个小贡献. 它显然是正值（见式（5.38））；这是令人欣慰的，因为它使总能量从-109eV 增加到-79eV（见习题 5.15）.

氦原子激发态是指一个电子处于类氢原子的基态，另外一个电子处于类氢原子的激发态：

$$\psi_{n\ell m}\psi_{100}.\tag{5.43}$$

（如果你尝试着把两个电子都置于激发态，其中一个电子会立即降到基态，释放出足够的能量把另一个电子激发进入连续态（$E>0$），留下一个氦离子（He^+）和一个自由电子. 这本身就是一个有趣的系统——见习题 5.13——但这不是我们目前关心的问题.）我们可以按照常规的方法构造对称和反对称的波函数组合（式（5.17））；前者与反对称的自旋组态（单态）相匹配——它被称为仲氦，而后者需要对称的自旋组态（三重态）——它被称为正氦. 基态必然是仲氦，激发态有正氦、仲氦两种形式.（如我们在 5.1.2 节中所讨论的）由于对称的空间波函数态将使电子相互靠近，我们预计仲氦会有更高的相互作用能. 事实上，实验也证实了仲氦状态的能量略高于正氦的能量（见图 5.1）.

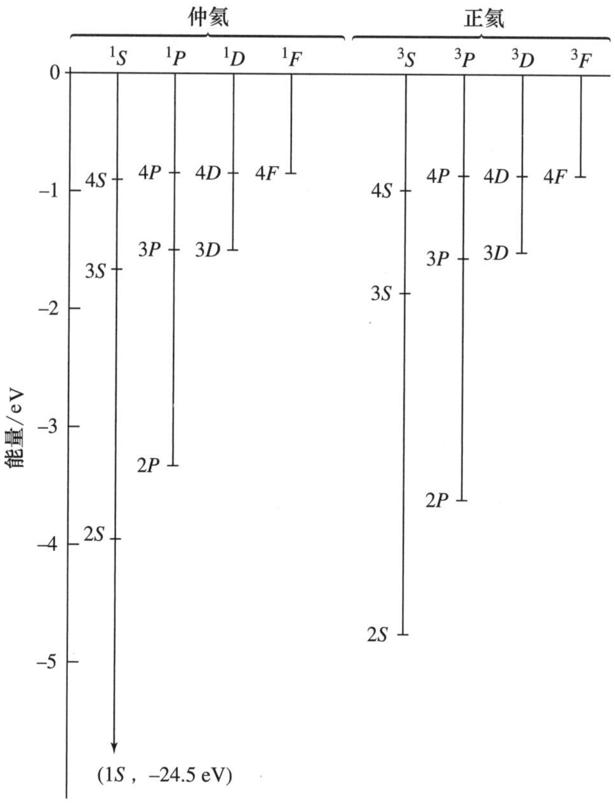

图 5.1　氦原子能级图（符号在 5.2.2 节解释）. 注意，仲氦能量高于正氦相应态的能量. 垂直轴的数值是相对于氦离子（He^+）基态的能量：$4\times(-13.6)$eV$=-54.4$eV；减去-54.4eV 得到状态的总能量.

习题 5.13

（a）假设你把氦原子中的两个电子都置于 $n=2$ 的状态上，发射电子的能量是多少？（假设此过程中没有光子发射.）

（b）定量地描述氦离子 He^+的光谱. 也就是说，说明发射波波长的“类里德伯”公式.

习题 5.14　如果（a）电子是全同玻色子；（b）如果电子是可分辨的粒子（但具有相同的质量和电荷），讨论（定性）氦的能级图. 假设这些“电子”自旋仍有 1/2，那么自旋组态是单重态和三重态.

****习题 5.15**

（a）对状态 ψ_0（式（5.41）），计算$\langle(1/|\boldsymbol{r}_1-\boldsymbol{r}_2|)\rangle$. **提示：**在极坐标下，首先做积分 $d^3\boldsymbol{r}_2$，再令极轴沿 $\boldsymbol{r}_1$ 方向，使得

$$|\boldsymbol{r}_1-\boldsymbol{r}_2|=\sqrt{r_1^2+r_2^2-2r_1r_2\cos\theta_2}.$$

对 θ_2 的积分很容易，但要注意根号下只能取正值. 你需要把 r_2 分为两部分，第一部分积分从 0 到 r_1，第二部分积分从 r_1 到∞. **答案：** 5/4a

(b) 利用 (a) 的结果估算氦原子基态的电子相互作用能. 结果用电子伏特表示，并将结果加到 E_0（式 (5.42)）上，得到修正后估算的氦原子基态能量. 和实验值相比较.（当然，我们使用的仍然是一个近似波函数，所以不要指望两个值完全吻合.）

习题 5.16　锂原子的基态（The ground state of lithium）. 忽略电子-电子之间的排斥作用，构造锂原子基态（$Z=3$）. 从空间波函数开始，类同于式 (5.41)，但是记住仅有两个电子可以占据类氢原子的基态；第三个电子在 ψ_{200} 态上.[16] 这个状态的能量是多少？现在把自旋和反对称性考虑进去（如果你不清楚，请参考习题 5.10）. 基态的简并度是多少？

5.2.2　元素周期表

重原子基态电子构型可以用大致相同的方式拼凑在一起. 在电荷为 Ze 的原子核的库仑势中，作为一级近似（完全忽略它们的相互排斥），单个电子占据单粒子的类氢态 (n, ℓ, m)，称为**轨道（orbitals）**. 如果电子是玻色子（或可分辨粒子），它们都将跌落到基态 (1, 0, 0) 上，从而化学也将变得很单调无味. 但电子实际上是全同费米子，受到泡利不相容原理的制约，任何一个轨道上只能有两个电子占据（一个自旋向上，一个自旋向下——或者更精确地说，处于自旋单态）. 对一个给定的数值 n，将有 n^2 个类氢波函数（能量均为 E_n），所以，$n=1$ **壳层（shell）**能够容纳两个电子，$n=2$ 壳层能够容纳 8 个，$n=3$ 容纳能够 18 个；一般情况是第 n 个壳层可以容纳 $2n^2$ 个电子. 定性地说，**元素周期表（Periodic Table）**上的每一行对应于每个填充的壳层（如果仅是出于这个原因，则每一行的长度应该分别是 2、8、18、32、50 等，而不是 2、8、8、18、18 等；接下来我们将看到电子-电子排斥作用是如何抛离这种计数的）.

氦原子 $n=1$ 壳层被填满，因此下面的锂原子（$Z=3$）必须在 $n=2$ 壳层中填入一个电子. 现在对于 $n=2$，我们有 $\ell=0$ 或 $\ell=1$，第三个电子会选择填充到哪一个？在电子不存在相互作用的情况下，它们具有相同的能量（记住，玻尔能量依赖于 n，但不依赖于 ℓ）. 但电子排斥力的作用有利于选择 ℓ 的最低值. 原因如下：角动量倾向于将电子向外抛出，而且电子越向外抛出，其内部电子对原子核的屏蔽作用就越显著（粗略地讲，最里面的电子"看到"了完整的核电荷 Ze，但最外面的电子看到的有效电荷量几乎不大于 e）. 因此，在给定的壳层中，能量最低的状态（即束缚最紧密的电子）为 $\ell=0$，能量随 ℓ 的增加而增加. 因此，锂的第三个电子占据轨道 (2, 0, 0).[17] 再下一个原子铍（$Z=4$）的第四个电子也将填入该态（取自旋相反），但对于接下来的硼原子 $Z=5$，它就不得不填入 $\ell=1$ 的能态.

继续下去到了氖（$Z=10$），此时 $n=2$ 壳层已被填满，我们进入到周期表的下一行，开始填充 $n=3$ 壳层. 首先，有两个原子（钠和镁）的 $\ell=0$，然后有六个原子的 $\ell=1$（从铝到氩）. 在氩原子的后面，本"应该"有 10 个 $n=3$，$\ell=2$ 的原子；然而，此时屏蔽效应非常

---

[16] 实际上，$\ell=1$ 也可以，但是电子-电子排斥有利于 $\ell=0$，正如我们将看到的.

[17] 这个论点是 W. Stacey 和 F. Marsiglio，(*EPL* **100**, 43002 (2012)) 提出的.

强，它与下一个壳层发生重叠；所以，钾（$Z=19$）和钙（$Z=20$）选择了 $n=4$，$\ell=0$，而不是 $n=3$，$\ell=2$. 接下来之后，我们返回去排列 $n=3$，$\ell=2$ 的那几个掉队的原子（从钪到锌），再接着是 $n=4$，$\ell=1$（从镓到氪）；从这个位置上，我们再次提前跳到下一行（$n=5$），稍后再回到 $n=4$ 壳层填充 $\ell=2$ 和 $\ell=3$ 轨道. 关于这个复杂的能级贯穿细节，我建议你查阅任何一本关于原子物理学方面的书籍.[18]

如果我不提原子态的古老命名法，那么我算是失职了，因为所有化学家和大多数物理学家都在使用它（特别是出研究生考试卷子的那群人，他们很喜欢这种东西）. 由于19世纪光谱学家最为熟知的原因，$\ell=0$ 称为 s（代表"sharp"），$\ell=1$ 是 p（代表"principal"），$\ell=2$ 叫作 d（代表"diffuse"），$\ell=3$ 叫作 f（代表"fundamental"）；此后，我猜他们已经没有想象力了，因为之后的命名按照字母顺序排列（g，h，i（但是跳过了 j——仅仅为了显得与众不同），k，ℓ 等）.[19] 一个特定电子的状态由一对 $n\ell$ 来表示，其中 n（数字）表示壳层，ℓ（字母）表示轨道角动量；磁量子数 m 未列出，用幂次表示占据该状态的电子数. 因此，电子组态：

$$(1s)^2(2s)^2(2p)^2 \tag{5.44}$$

告诉我们：有两个电子在轨道（1，0，0）上，两个电子处于轨道（2，0，0）上，两个电子处于（2，1，1）、（2，1，0）和（2，1，-1）的三个轨道的某种组合. 这正是碳原子的基态电子组态.

在这个例子中，有两个电子的轨道角动量量子数为1，所以，总轨道角动量量子数 L（用大写 L 表示——不要与表示 $n=2$ 的 L 混淆——而不是 ℓ，表示它属于总的，而不是任何一个粒子的）可以是2、1或0. 同时，两个（1s）电子禁锢在单态，总自旋为零，两个（2s）电子也禁锢在单态，但两个（2p）电子可能处于单重态或三重态. 所以，总自旋角量子数 S（同样是大写的，表示是总量）可以是1或0. 显然，总的角动量（轨道加自旋）J 可以是3、2、1或0（式（4.182））. 对于一个给定的原子，有一种被称为**洪德规则（Hund's Rules）**（见习题5.18）的方法来计算原子的这些总角动量数是多少. 结果可用下面形象的符号表示：

$$^{2S+1}L_J, \tag{5.45}$$

（其中 S 和 J 为数字，L 是大写字母——因为我们讨论的是总量.）碳原子基态为 $^3P_0$：总自旋为1（因而左上角为3），总轨道角动量为1（所以是 P），总角动量为0（因而右下角为0）. 表5.1列出了周期表前四个周期元素的电子组态和总角动量（用式（5.45）表示）.[20]

*** 习题 5.17**

（a）（按照式（5.44）表示方法）写出元素周期表前两行元素的电子组态（氖原子之前），并对照表5.1检查你结果是否正确.

---

[18] 例如，参见 U. Fano 和 L. Fano，*Basic Physics of Atoms and Molecules*，Wiley，纽约（1959），第18章；或者 G. Herzberg，*Atomic Spectra and Atomic Structure*，Dover，纽约（1944）.

[19] 主壳层的命名也是任意的，从 K 开始（不要问原因是什么），K 壳层是 $n=1$，L 壳层是 $n=2$，M 壳层是 $n=3$，依次类推（至少它们是按照字母顺序的）.

[20] 在36号氪元素之后，情况变得更加复杂（精细结构开始在状态排序中扮演重要角色），因此表终止于此并不是因为缺少空间.

（b）用公式（5.45）表示方法，算出前四个元素对应的总角动量. 给出硼、碳和氮的所有可能组态.

表 5.1　周期表前四行元素的基态电子组态

Z	元素	组态	
1	H	$(1s)$	$^2S_{1/2}$
2	He	$(1s)^2$	$^1S_0$
3	Li	$(\mathrm{He})(2s)$	$^2S_{1/2}$
4	Be	$(\mathrm{He})(2s)^2$	$^1S_0$
5	B	$(\mathrm{He})(2s)^2(2p)$	$^2P_{1/2}$
6	C	$(\mathrm{He})(2s)^2(2p)^2$	$^3P_0$
7	N	$(\mathrm{He})(2s)^2(2p)^3$	$^4S_{3/2}$
8	O	$(\mathrm{He})(2s)^2(2p)^4$	$^3P_2$
9	F	$(\mathrm{He})(2s)^2(2p)^5$	$^2P_{3/2}$
10	Ne	$(\mathrm{He})(2s)^2(2p)^6$	$^1S_0$
11	Na	$(\mathrm{Ne})(3s)$	$^2S_{1/2}$
12	Mg	$(\mathrm{Ne})(3s)^2$	$^1S_0$
13	Al	$(\mathrm{Ne})(3s)^2(3p)$	$^2P_{1/2}$
14	Si	$(\mathrm{Ne})(3s)^2(3p)^2$	$^3P_0$
15	P	$(\mathrm{Ne})(3s)^2(3p)^3$	$^4S_{3/2}$
16	S	$(\mathrm{Ne})(3s)^2(3p)^4$	$^3P_2$
17	Cl	$(\mathrm{Ne})(3s)^2(3p)^5$	$^2P_{3/2}$
18	Ar	$(\mathrm{Ne})(3s)^2(3p)^6$	$^1S_0$
19	K	$(\mathrm{Ar})(4s)$	$^2S_{1/2}$
20	Ca	$(\mathrm{Ar})(4s)^2$	$^1S_0$
21	Sc	$(\mathrm{Ar})(4s)^2(3d)$	$^2D_{3/2}$
22	Ti	$(\mathrm{Ar})(4s)^2(3d)^2$	$^3F_2$
23	V	$(\mathrm{Ar})(4s)^2(3d)^3$	$^4F_{3/2}$
24	Cr	$(\mathrm{Ar})(4s)(3d)^5$	$^7S_3$
25	Mn	$(\mathrm{Ar})(4s)^2(3d)^5$	$^6S_{5/2}$
26	Fe	$(\mathrm{Ar})(4s)^2(3d)^6$	$^5D_4$
27	Co	$(\mathrm{Ar})(4s)^2(3d)^7$	$^4F_{9/2}$
28	Ni	$(\mathrm{Ar})(4s)^2(3d)^8$	$^3F_4$
29	Cu	$(\mathrm{Ar})(4s)(3d)^{10}$	$^2S_{1/2}$
30	Zn	$(\mathrm{Ar})(4s)^2(3d)^{10}$	$^1S_0$
31	Ga	$(\mathrm{Ar})(4s)^2(3d)^{10}(4p)$	$^2P_{1/2}$
32	Ge	$(\mathrm{Ar})(4s)^2(3d)^{10}(4p)^2$	$^3P_0$
33	As	$(\mathrm{Ar})(4s)^2(3d)^{10}(4p)^3$	$^4S_{3/2}$
34	Se	$(\mathrm{Ar})(4s)^2(3d)^{10}(4p)^4$	$^3P_2$
35	Br	$(\mathrm{Ar})(4s)^2(3d)^{10}(4p)^5$	$^2P_{3/2}$
36	Kr	$(\mathrm{Ar})(4s)^2(3d)^{10}(4p)^6$	$^1S_0$

**习题 5.18

（a）**洪德第一定则**表述为：同泡利不相容原理一致，总自旋（S）最高的状态能量最低. 如果氦处在激发态的情况下，这将预测到什么？

（b）**洪德第二定则**表述为：当自旋给定时，总轨道角量子数（L）取最大值，且总波函数具有反对称性的态，具有最低能量. 为什么碳原子不可能有 $L=2$？**提示：**“梯子最顶端”（$M_L=L$）是对称的.

（c）**洪德第三定则**表述为：如果次壳层（n，ℓ）填充不到一半，则能量最低态满足：$J=|L-S|$；如果填充超过一半，则 $J=L+S$ 态能量最低. 应用这个定则解决硼的不确定性问题（即习题 5.17（b））.

（d）利用洪德定则，以及对称自旋态与反对称位置态（反之亦然）必须相结合的事实，来解决习题 5.17（b）中的碳和氮的不确定性问题. **提示：**总可以爬到“梯子的顶端”弄清楚一个态的对称性.

习题 5.19 镝原子（66 号元素，位于周期表中第六周期）的基态为 $^5I_8$. 求总自旋、总轨道和总角动量的量子数. 给出镝原子的一种可能电子组态.

5.3 固体

在固态物质的原子中，一些束缚较弱的最外层价电子脱离原子，将在整个固体中运动，它们不再只受特定“母体”原子核的库仑场的作用，而是受到整个晶格组成的势场作用. 在本节中，我们将研究两个极其原始的模型：第一，索末菲的“电子气”理论，它忽略了所有力的作用（除了约束边界），将流动的电子看作盒子中的自由粒子（类同三维无限深方势阱情况）；第二，布洛赫理论，它引入一个周期性的势场，代表规则性排列的带正电原子核的吸引力作用（但仍然忽略了电子-电子之间的排斥）. 这些模型不过是迈向固体量子理论的第一步，但它们已经揭示了泡利不相容原理在解释“固体”方面起到的关键作用，并对认识导体、半导体和绝缘体的电子结构特征提供了启发性的见解.

5.3.1 自由电子气

设所讨论的对象是一边长分别是 l_x、l_y、l_z 长方形固体. 固体内部电子除了在不可穿透的壁之外，不受任何力的作用：

$$V(x,y,z)=\begin{cases}0,\ 0<x<l_x,0<y<l_y,\ 0<z<l_z;\\ \infty\ ,\text{其他地方}.\end{cases} \tag{5.46}$$

薛定谔方程是

$$-\frac{\hbar^2}{2m}\nabla^2\psi=E\psi,$$

在直角坐标系下分离变量：$\psi(x,y,z)=X(x)Y(y)Z(z)$，其中

$$-\frac{\hbar^2}{2m}\frac{\mathrm{d}^2X}{\mathrm{d}x^2}=E_xX,\quad -\frac{\hbar^2}{2m}\frac{\mathrm{d}^2Y}{\mathrm{d}y^2}=E_yY,\quad -\frac{\hbar^2}{2m}\frac{\mathrm{d}^2Z}{\mathrm{d}z^2}=E_zZ,$$

并有 $E=E_x+E_y+E_z$. 令

$$k_x \equiv \frac{\sqrt{2mE_x}}{\hbar}, \quad k_y \equiv \frac{\sqrt{2mE_y}}{\hbar}, \quad k_z \equiv \frac{\sqrt{2mE_z}}{\hbar},$$

得到的通解为

$$X(x)=A_x\sin(k_x x)+B_x\cos(k_x x), \quad Y(y)=A_y\sin(k_y y)+B_y\cos(k_y y),$$
$$Z(z)=A_z\sin(k_z z)+B_z\cos(k_z z).$$

边界条件要求 $X(0)=Y(0)=Z(0)=0$，因而，$B_x=B_y=B_z=0$，$X(l_x)=Y(l_y)=Z(l_z)=0$，所以

$$k_x l_x = n_x\pi, \quad k_y l_y = n_y\pi, \quad k_z l_z = n_z\pi, \tag{5.47}$$

其中 n 都是正整数：

$$n_x=1,2,3,\cdots, \quad n_y=1,2,3,\cdots, \quad n_z=1,2,3,\cdots. \tag{5.48}$$

归一化波函数为

$$\psi_{n_x n_y n_z}=\sqrt{\frac{8}{l_x l_y l_z}}\sin\left(\frac{n_x\pi}{l_x}x\right)\sin\left(\frac{n_y\pi}{l_y}y\right)\sin\left(\frac{n_z\pi}{l_z}z\right), \tag{5.49}$$

能量允许值为

$$E_{n_x n_y n_z}=\frac{\hbar^2\pi^2}{2m}\left(\frac{n_x^2}{l_x^2}+\frac{n_y^2}{l_y^2}+\frac{n_z^2}{l_z^2}\right)=\frac{\hbar^2k^2}{2m}, \tag{5.50}$$

其中 k 为**波矢**（**wave vector**）的大小，$\mathbf{k}\equiv(k_x,\ k_y,\ k_z)$.

设想在三维空间中坐标轴分别为 k_x、k_y、k_z，在点 $k_x=(\pi/l_x)$，$(2\pi/l_x)$，$(3\pi/l_x)$，…，$k_y=(\pi/l_y)$，$(2\pi/l_y)$，$(3\pi/l_y)$，…和 $k_z=(\pi/l_z)$，$(2\pi/l_z)$，$(3\pi/l_z)$，…处分别画垂直坐标轴的平面，每一个交点表示（单粒子）一个不同的定态（见图 5.2）. 这个网格中的每个小方块，也就是每个状态，在这个“k 空间”中所占据的体积为

$$\frac{\pi^3}{l_x l_y l_z}=\frac{\pi^3}{V}, \tag{5.51}$$

其中，$V\equiv l_x l_y l_z$ 为物质本身的体积. 假设它含有 N 个原子，每个原子贡献 d 个自由电子.（事实上，N 将是一个相当大的数字——对于宏观尺寸的物体来说，这个数字将是阿伏伽德罗常数量级的，但 d 却是一个很小的数字——通常为 1、2 或者 3.）如果电子是玻色子（或者可分辨的粒子），它们都将处于基态 ψ_{111}.[21] 但实际上电子是全同费米子，它服从泡利不相容原理，所以任何一个状态只能容纳两个电子. 它们将在 k 空间中占据一个球体的 1/8,[22] 需要根据每对电子占据的体积为 π^3/V 的事实决定其球体半径 k_F（式（5.51））：

$$\frac{1}{8}\left(\frac{4}{3}\pi k_F^3\right)=\frac{Nd}{2}\left(\frac{\pi^3}{V}\right).$$

所以

$$k_F=(3\rho\pi^2)^{1/3}, \tag{5.52}$$

其中

---

[21] 我假设没有明显的热激发，或者其他扰动，使体系从基态激发. 如果你不介意，我说的是“冷”固体（正如你在习题 5.21（c）中看到的），从这个意义上讲，典型的远高于室温的固体仍然是“冷”的.

[22] 因为 N 是一个非常大的数字，所以我们无须担心实际网格的锯齿边缘和近似表示的光滑球面之间的区别.

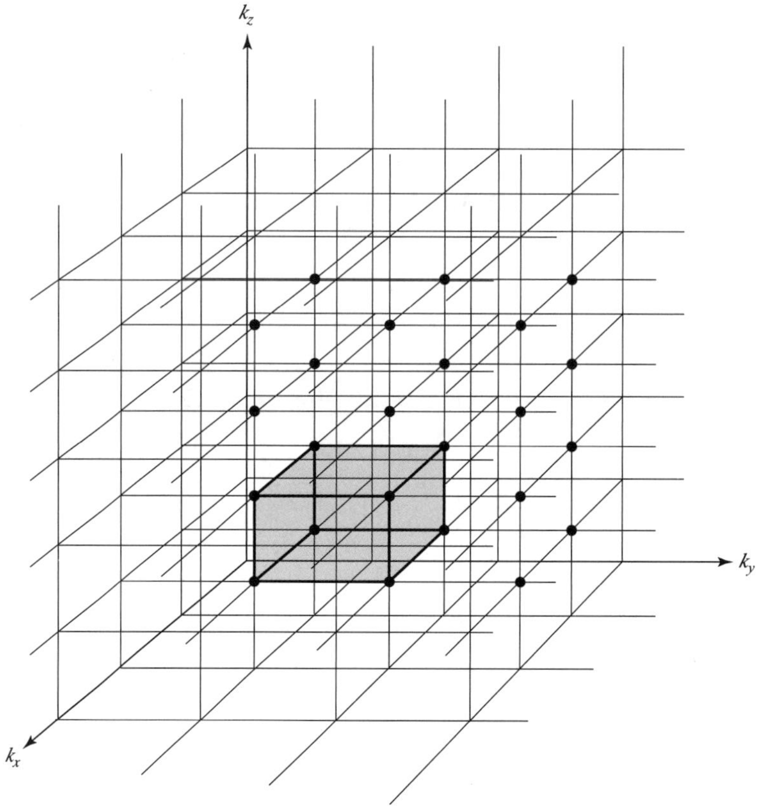

图 5.2 自由电子气．网格中的每个交点都代表一个定态．阴影部分是一个“方块”，每个方块为一个态（可能有两个电子）．

$$\rho \equiv \frac{Nd}{V} \tag{5.53}$$

称为自由电子密度（单位体积内自由电子的数目）．

k 空间中被占据和未被占据的分界面称为**费米面**（**Fermi surface**，下标用 F 表示）．相应的能量称为**费米能** E_F（**Fermi energy**）；对于自由电子气体有

$$E_F = \frac{\hbar^2}{2m}(3\rho\pi^2)^{2/3}. \tag{5.54}$$

自由电子气体的总能量可以通过如下的方法计算出来：一个厚度为 dk 的球壳（见图 5.3）的体积为

$$\frac{1}{8}(4\pi k^2)\,dk,$$

所以球壳中的电子态数目是

$$\frac{2[(1/2)\pi k^2 dk]}{(\pi^3/V)} = \frac{V}{\pi^2}k^2 dk.$$

每个状态的能量为 $\hbar^2k^2/2m$（式（5.50）），所以该球壳所具有的能量为

$$dE = \frac{\hbar^2k^2}{2m}\,\frac{V}{\pi^2}k^2 dk, \tag{5.55}$$

因此，所有填充状态的总能量为

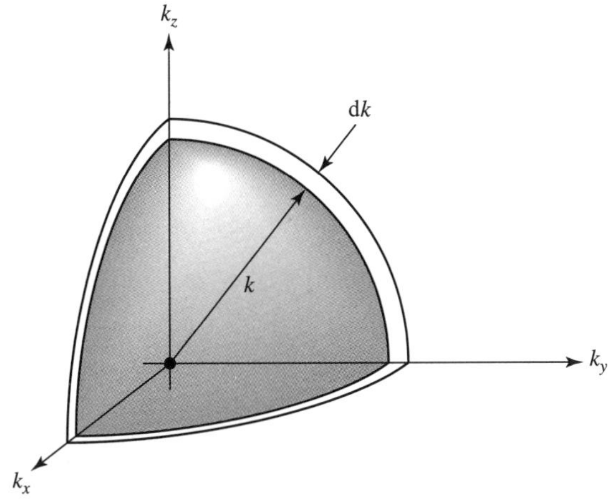

图 5.3　k 空间中一个球壳体积的 1/8.

$$E_{\mathrm{tot}}=\frac{\hbar^2 V}{2\pi^2 m}\int_0^{k_{\mathrm{F}}}k^4\mathrm{d}k=\frac{\hbar^2 k_{\mathrm{F}}^5 V}{10\pi^2 m}=\frac{\hbar^2(3\pi^2 Nd)^{5/3}}{10\pi^2 m}V^{-2/3}. \tag{5.56}$$

这种量子机械能的作用类似于普通气体的内能（U）. 特别地，它对“墙壁”施加一个压力，如果盒子膨胀了一定量 $\mathrm{d}V$，那么总能量就会减少：

$$\mathrm{d}E_{\mathrm{tot}}=-\frac{2}{3}\frac{\hbar^2(3\pi^2 Nd)^{5/3}}{10\pi^2 m}V^{-5/3}\mathrm{d}V=-\frac{2}{3}E_{\mathrm{tot}}\frac{\mathrm{d}V}{V},$$

这表现为盒子内部量子压力 P 对外部做的功（$\mathrm{d}W=P\mathrm{d}V$）. 显然有

$$P=\frac{2}{3}\frac{E_{\mathrm{tot}}}{V}=\frac{2}{3}\frac{\hbar^2 k_{\mathrm{F}}^5}{10\pi^2 m}=\frac{(3\pi^2)^{2/3}\hbar^2}{5m}\rho^{5/3}. \tag{5.57}$$

至此，我们可以从一个角度回答低温固体为什么不会简单地坍缩：固体内部受到一个稳定压力，这个压力和电子间的排斥力（我们忽略了它）无关，也和热运动无关（我们排除了它），它属于一种完全的量子效应，来源于全同费米子波函数的反对称要求. 我们把它称为**简并压（degeneracy pressure）**，尽管把它说成“排斥压力”可能会更贴切一些.[23]

习题 5.20　计算每个自由电子平均能量（E_{tot}/Nd）为费米能级的几分之几？**答案：**（3/5）E_{F}.

习题 5.21　铜的密度为 $8.96\mathrm{g/cm^3}$，原子量为 63.5g/mol.

（a）计算铜的费米能级（式（5.54））. 假定 $d=1$，答案用电子伏特为单位表示.

（b）相应的电子速度为多少？**提示：**取 $E_{\mathrm{F}}=(1/2)mv^2$. 假定铜中的电子为非相对论的情形是否合适？

（c）当温度为多少时，铜的特征热能（为 $k_{\mathrm{B}}T$，其中 k_{B} 为玻尔兹曼常量，T 为绝对温度）等于费米能量？注：这个温度称为**费米温度（Fermi temperature）**. 只要实际温度

---

[23] 在无限深方势阱的特殊情况下，我们推导出式（5.52）、式（5.54）、式（5.56）及式（5.57）；但是，只要粒子的数目足够大，它们对任何形状的容器都成立.

大大低于费米温度，则大多数电子会处于最低的能量状态，材料就可以被视为“冷的”. 因为铜的熔点为 1356K，所以固态铜总是可以看作是“冷”的.

(d) 用电子气体模型计算铜的简并压力（式（5.57））.

习题 5.22 氦-3 是自旋为 1/2 的费米子（不像更常见的同位素氦-4 为玻色子）. 在低温（$T\ll T_F$）下，氦-3 可以被视为费米气体（5.3.1 节）. 给定密度为 $82\mathrm{kg/m^3}$，计算氦-3 的 T_F（习题 5.21（c））.

习题 5.23 物质的**体模量（bulk modulus）**是压力的减小量和由此所导致的体积增量的比值：

$$B=-V\frac{\mathrm{d}P}{\mathrm{d}V}.$$

证明：在自由电子气体模型中，$B=(5/3)P$，应用你的结果计算习题 5.21（d）中铜的体模量. **注释：**实验值为 $13.4\times10^{10}\mathrm{N/m^2}$，但不要期待你的估算值和实验值完全吻合——毕竟我们忽略了所有电子-核子、电子-电子的相互作用力. 事实上，这一计算结果竟然如此令人惊讶地相近.

5.3.2 能带结构

现在我们要改进自由电子模型，考虑固体内规则排列、带正电和基本上固定不动的原子核对电子的作用力. 定性来看，在很大程度上固体的行为仅仅取决于势场的周期性，其实际形状仅与固体行为更细的细节有关. 为了说明这一点，我将讨论一个最简单的模型：一维**狄拉克梳（Dirac comb）**，它是由均匀分布的 δ 函数峰组成的（见图 5.4）.[24] 首先，我需要介绍一个非常有用的定理，它可以大大简化对周期性势场的分析.

周期势是一种经过一定距离 a 后重复自身的势场：

$$V(x+a)=V(x). \tag{5.58}$$

布洛赫定理（Bloch's theorem）告诉我们，对于含周期势的薛定谔方程，

$$-\frac{\hbar^2}{2m}\frac{\mathrm{d}^2\psi}{\mathrm{d}x^2}+V(x)\psi=E\psi, \tag{5.59}$$

其解满足条件

$$\psi(x+a)=\mathrm{e}^{iqa}\psi(x), \tag{5.60}$$

其中 q 为某些适当的常数（我所说的“常数”是指它不依赖于 x；它很可能依赖于 E）.[25] 但实际上我们很快会发现 q 是实数，所以尽管 $\psi(x)$ 本身不是周期性的，但 $|\psi(x)|^2$ 满足：

$$|\psi(x+a)|^2=|\psi(x)|^2 \tag{5.61}$$

[24] 让 δ 函数向下可能会更自然，以代表核对电子的吸引力. 但是这样将同时存在负能量解和正能量解，使计算变得非常麻烦（见习题 5.20）. 因为这里我们仅想探讨周期性产生的结果，采用这种形状更简单一些，或者你也可以认为原子核是处在 $\pm a/2$，$\pm 3a/2$，$\pm 5a/2$，….

[25] 布洛赫定理的证明见第 6 章（第 6.2.2 节）.

如同人们所料那样.[26]

当然，真正无限大的固体是不存在的，它的边界会破坏 $V(x)$ 的周期性，从而使得布洛赫定理不再适用. 然而，对于任何宏观的晶体，它都具有阿伏伽德罗常数量级的原子数目，很难想象边缘效应能显著影响内部深处的电子行为. 这启示我们用下面的方法来满足布洛赫定理：以 $N\approx 10^{23}$ 个原子为周期，把 x 轴绕成一个圆圈，然后首尾相接；在形式上，可以加上边界条件

$$\psi(x+Na)=\psi(x). \tag{5.62}$$

由此可以推导出（利用式（5.60））：

$$e^{iNqa}\psi(x)=\psi(x),$$

所以 $e^{iNqa}=1$，或者 $Nqa=2\pi n$，因此有

$$q=\frac{2\pi n}{Na}\quad (n=0,\pm1,\pm2,\cdots). \tag{5.63}$$

尤其是，q 一定是实数. 布洛赫定理的优点是仅需求解出一个原胞内的薛定谔方程（比如，在区间 $0\leqslant x<a$ 内）；利用递推方程（5.60）就可以得到整个固体各处的通解.

现在，假设势由一系列狄拉克函数峰构成（狄拉克梳）：

$$V(x)=\alpha\sum_{j=0}^{N-1}\delta(x-ja). \tag{5.64}$$

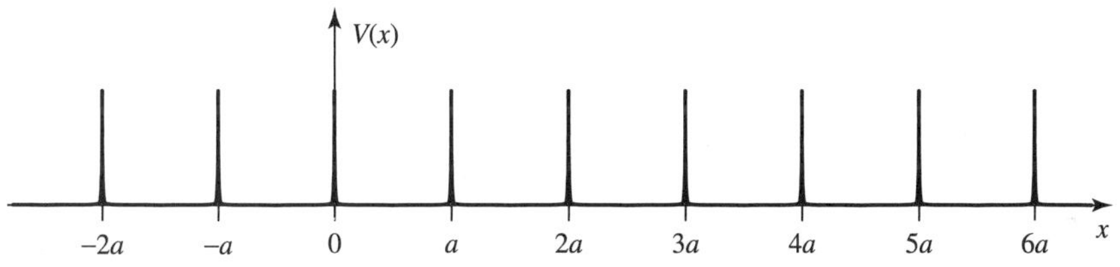

图 5.4　狄拉克梳，式（5.64）.

在图 5.4 中，你可以想象把 x 轴弯成了一个圆圈，所以第 N 个峰实际上将出现在 $x=-a$ 处. 没有人会认为这是一个现实的模型，但请记住，这里我们所关心的只是晶格周期性的影响；经典的克勒尼希-彭尼模型（**Kronig-Penney model**）使用了一种重复的矩形势,[27] 许多作者更喜欢这种模型.[28] 在 $0<x<a$ 的范围内势为零，所以

$$-\frac{\hbar^2}{2m}\frac{d^2\psi}{dx^2}=E\psi,$$

或者

$$\frac{d^2\psi}{dx^2}=-k^2\psi,$$

和前面一样，

---

[26] 确实，你可能会想倒过来论证，从式（5.61）开始，去证明布洛赫定理. 但它是行不通的，因为式（5.61）本身就允许式（5.60）中的相位因子是 x 的函数.

[27] 参见 R. de L. Kronig 和 W. G. Penney，*Proc. R. Soc. Lond.*，ser. A. **130**，499（1930）.

[28] 例如，参见 D. Park，*Introduction to Quantum Theory*，第 3 版，McGraw-Hill，纽约（1992）.

$$k \equiv \frac{\sqrt{2mE}}{\hbar}. \tag{5.65}$$

一般通解为

$$\psi(x) = A\sin(kx) + B\cos(kx) \quad (0<x<a). \tag{5.66}$$

由布洛赫定理，紧邻原点左侧晶胞的波函数为

$$\psi(x) = e^{-iqa}[A\sin k(x+a) + B\cos k(x+a)] \quad (-a<x<0). \tag{5.67}$$

在 $x=0$ 处，ψ 必须连续，所以

$$B = e^{-iqa}[A\sin(ka) + B\cos(ka)]; \tag{5.68}$$

波函数的微分不连续，其微分的不连续性程度与 δ 函数的强度成正比（参考式（2.128），但因为现在 δ 函数是峰，而不是势阱，故须将 α 变号）：

$$kA - e^{-iqa}k[A\cos(ka) - B\sin(ka)] = \frac{2m\alpha}{\hbar^2}B. \tag{5.69}$$

求解方程（5.68）中的 $A\sin(ka)$ 得到

$$A\sin(ka) = [e^{iqa} - \cos(ka)]B. \tag{5.70}$$

将式（5.70）代入式（5.69），消去 B 得

$$[e^{iqa} - \cos(ka)][1 - e^{-iqa}\cos(ka)] + e^{-iqa}\sin^2(ka) = \frac{2m\alpha}{\hbar^2 k}\sin(ka),$$

化简得

$$\cos(qa) = \cos(ka) + \frac{m\alpha}{\hbar^2 k}\sin(ka). \tag{5.71}$$

这是一个重要的结果，其他的一切都可以由此导出.[29]

式（5.71）决定了 k 可能的取值，也因此决定了能量的允许值. 为了简化符号，令

$$z \equiv ka, \quad \beta \equiv \frac{m\alpha a}{\hbar^2}, \tag{5.72}$$

因此，式（5.71）的右边可以写为

$$f(z) \equiv \cos(z) + \beta\frac{\sin(z)}{z}. \tag{5.73}$$

常数 β 是表征狄拉克函数“强度”的一个无量纲量. 在图 5.5 中画出了在 $\beta=10$ 情况下的 $f(z)$ 图像. 需要特别注意的是，$f(z)$ 的一些取值超出了（-1，1）的范围；由于 $|\cos(qa)|$ 不可能大于1，在这些超出的范围内方程（5.71）是无解的. 这些**间隙（gap）**表示能量被禁戒，称为能隙；它们被能量允许的**能带（band）**所隔开. 在给定的能带中，几乎所有能量都是允许的，因为根据式（5.63），$qa=2\pi n/N$，N 是一个很大的数，n 可以为任意整数. 你可以想象在图 5.5 中画 N 条水平线，$\cos(2\pi n/N)$ 取值从+1（$n=0$）到-1（$n=N/2$），之后再回到+1（$n=N-1$）——在这一点，布洛赫因子 e^{iqa} 循环一个周期，因此继续增加 n 也不会产生新的解. 这些线与 $f(z)$ 的每个交点表示一个允许的能量值. 显然，每

---

[29] 对于克勒尼希-彭尼势（见本章脚注27），公式会更为复杂，但它与我们将要探讨的定性特征是相同的.

个能带中有 N 个态. 由于这些能级间隔很近，所以在多数情况下，可以认为是一个连续带(见图 5.6).

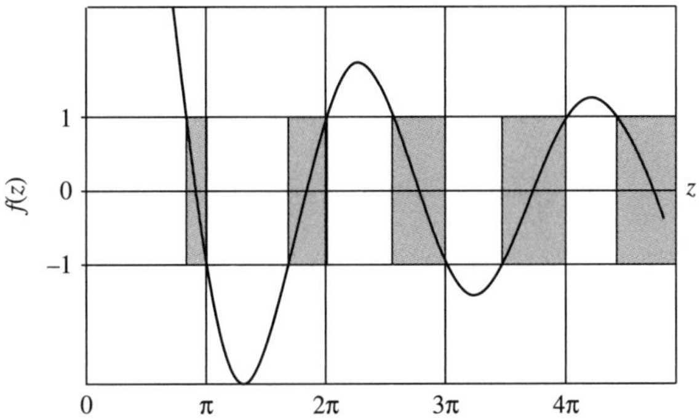

图 5.5　$\beta=10$ 情况下 $f(z)$ 的图像，可以看出允带被禁带（此处 $|f(z)>1|$）所分割.

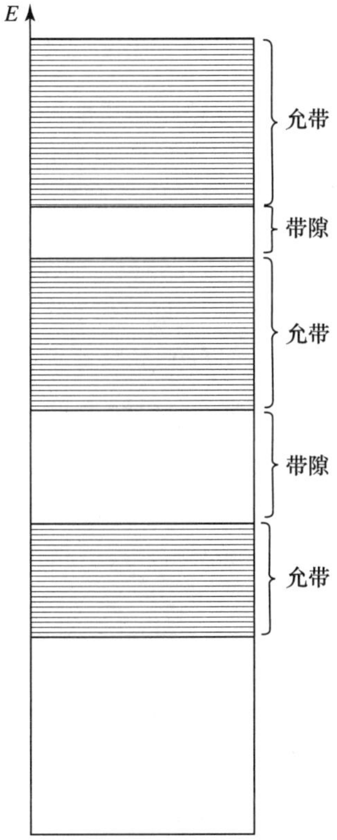

图 5.6　周期势所允许的能量基本上形成了连续能带.

到目前为止，我们仅在势场中放入了一个电子. 在实际中，这个值将是 Nd，其中 d 是每个原子的“自由”电子数目. 由于泡利不相容原理的要求，给定的一个空间状态只能有两个电子可以同时占据，因此如果 $d=1$，它们将填充第一个能带的一半，如果 $d=2$，它们将完全填满第一个能带，如果 $d=3$，它们将填充第二个能带的一半，依次类推. （在三维空间中，再加上具体真实势场，能带结构可能变得更复杂，但允许带的存在，并由禁带隔开是

不变的——能带结构是周期性势场的特征.[30])

现在，如果最上面的一个能带只被部分填充，激发一个电子到另一个允许的能级所需的能量非常小，这样的材料是**导体（conductor）**. 另一方面，如果顶带完全填满，则激发电子需要相对较大的能量，因为它必须跃过禁带，这类材料通常是**绝缘体（insulator）**，如果带隙相当窄，但温度足够高时，则随机热能就可以将电子激发到禁带上面的导带，则材料是**半导体（semiconductor）**（例如硅和锗）.[31] 在自由电子模型中，所有固体都应该是金属，因为在许可能级的光谱中没有太大的间隙. 只有用能带理论才能解释自然界中固体所表现出来的特殊导电特性.

习题 5.24

(a) 利用式（5.66）和式（5.70）证明，处于周期性δ势中的粒子的波函数为

$$\psi(x)=C\{\sin(kx)+e^{-iqa}\sin[k(a-x)]\},\quad 0\leqslant x\leqslant a.$$

（归一化常数 C 的具体值不需要费心求出.）

(b) 对于一个顶带，$z=j\pi$，(a) 中会导致 $\psi(x)=0/0$（不可确定）. 在这种情况下，求出正确的波函数. **注意：**ψ 在每个δ函数上的变化.

习题 5.25 求出 $\beta=10$ 时，第一允带底端能量的大小，精确到三位有效数字. 为便于讨论，令 $\alpha/a=1\text{eV}$.

****习题 5.26** 若使用的不是狄拉克函数势垒，而是势阱（即改变式（5.64）中 α 的符号）. 分析这种情况，给出类似于图 5.5 的图像. 对于正能量解，这不需要重新计算（除了 β 现在是负数，图中使用 $\beta=-1.5$）；但你需要重新计算出负能量的解（对于 $E<0$，令 $\kappa\equiv\sqrt{-2mE}/\hbar$ 和 $z\equiv-\kappa a$；现在图形将扩展到负 z 区域）. 第一允带将存在有多少个状态？

习题 5.27 证明：由式（5.71）确定的绝大部分能量都是二重简并的. 例外的情况是什么？**提示：**尝试一下 $N=1, 2, 3, 4, \cdots$，看看情况如何. 每种情况下 $\cos(qa)$ 可能的值是多少？

习题 5.28 画出 5.3.2 节中 E-q 的能带结构示意图. 用 $\alpha=1$（使用单位制：$m=\hbar=a=1$）. **提示：**在 Mathematica 中，**ContourPlot** 指令可以画出式（5.71）隐含定义的 E（q）. 在其他平台上，可以通过下述方式画图：

---

[30] 不管维度大小如何，如果 d 是一个奇数，就会保证有部分被填充的能带，将表现出金属行为. 如果 d 是偶数，则取决于特定的能带结构是否存在部分填充的能带. 有趣的是，有些材料，称为**莫特绝缘体（Mott insulator）**，即便 d 是奇数，也是非导体. 在这种情况下，电子之间的相互作用导致了材料绝缘行为，而不是单个粒子能谱中存在的能隙.

[31] 半导体的带隙通常小于等于 4eV，这样足以使室温下的热激发（$k_BT=0.025\text{eV}$）产生可测量到的导电性. 半导体的导电性可以通过**掺杂（doping）**来控制：包括掺入一些较大或较小数目 d 的原子；这会将一些“额外”的电子填充到下一个较高的能带，或者在先前填充的能带中产生一些**空穴（holes）**，从而在这两种情况下允许较弱的电流流动.

- 等间隔划分 $E=0$ 到 $E=30$ 的能量范围，选取的间隔数目极大（如 30,000）.
- 对每一个能量 E 的值，计算方程（5.71）右边．如果结果在 -1 到 1 之间，从方程（5.71）中解出 q，并记录一对 $\{q, E\}$ 和 $\{-q, E\}$（每个能量对应两个解）.

然后，你可以用一系列的数值对 $\{\{q_1, E_1\}, \{q_2, E_2\}, \cdots\}$ 作图.

本章补充习题

习题 5.29　假设有三个粒子和三个不同的单粒子态（$\psi_a(x)$、$\psi_b(x)$ 和 $\psi_c(x)$）．对于下列几种情况，可以组成多少种不同的三粒子态：(a) 它们是可分辨粒子；(b) 它们是全同玻色子；(c) 它们是全同费米子．（如果粒子是可分辨的，粒子不需要处于不同的状态——$\psi_a(x_1)\psi_a(x_2)\psi_a(x_3)$ 就是一种可能的状态.）

习题 5.30　计算处于二维无限深方势阱中电子的费米能．令 σ 为单位面积内的自由电子的数目.

习题 5.31　重复习题 2.58 的分析，在考虑自旋效应的情况下，估计三维金属的内聚能.

习题 5.32　考虑自由电子气（5.3.1 节），其中自旋向上和向下的电子数目不相等（分别为 N_+ 和 N_-）．这样的电子气的净**磁化强度**（**magnetization**，每单位体积的磁偶极矩）为

$$\boldsymbol{M}=-\frac{(N_+-N_-)}{V}\mu_B\hat{k}=M\hat{k}, \tag{5.74}$$

其中 $\mu_B=e\hbar/2m_e$ 是**玻尔磁子**（**Bohr magneton**）．（当然，负号是因为电子的电荷为负.）

(a) 假设电子占据的最低能级与每个自旋取向中的粒子数一致，求 E_{tot}．验证当 $N_+=N_-$ 时，你的结果变为式（5.56）.

(b) 证明 $M/\mu_B \ll \rho \equiv (N_++N_-)/V$（也就是 $|N_+-N_-| \ll (N_++N_-)$），能量密度是

$$\frac{1}{V}E_{tot}=\frac{\hbar^2(3\pi^2\rho)^{5/3}}{10\pi^2 m}\left[1+\frac{5}{9}\left(\frac{M}{\rho\mu_B}\right)^2\right].$$

在 $M=0$ 时能量最小，因此基态磁化强度为 0．然而，如果气体置于磁场中（或者粒子间存在相互作用），在能量上有利于气体磁化．这将在习题 5.33 和 5.34 中进行探讨.

习题 5.33　**泡利顺磁性**（**Pauli paramagnetism**）．如果自由电子气（5.3.1 节）置于均匀磁场 $\boldsymbol{B}=B\hat{k}$ 中，自旋向上和自旋向下状态的能量将会不同：[32]

$$E^{\pm}_{n_xn_yn_z}=\frac{\hbar^2\pi^2}{2m}\left(\frac{n_x^2}{l_x^2}+\frac{n_y^2}{l_y^2}+\frac{n_z^2}{l_z^2}\right)\pm\mu_B B.$$

自旋向下的占据态数目大于自旋向上的占据态的数目（因为它们的能量更低），因此系统将获得磁化强度（见习题 5.32）.

---

[32] 这里我们只考虑自旋和磁场的耦合，忽略与轨道运动的耦合.

（a）在 $M/\mu_B \ll \rho$ 近似下，求总能量最小的磁化强度．**提示**：利用习题 5.32（b）的结论．

（b）**磁化率（magnetic susceptibility）**[33] 为

$$\chi = \mu_0 \frac{\mathrm{d}M}{\mathrm{d}B}.$$

计算铝（$\rho = 18.1 \times 10^{22}\,\mathrm{cm}^{-3}$）的磁化率并和实验值的大小[34] 22×10^{-6} 进行对比．

习题 5.34　斯通纳判据（The Stoner criterion）．自由电子气模型（5.3.1 节）忽略了电子间的库仑排斥作用．相比两个自旋平行的电子（它们的空间波函数必须是交换反对称的），由于交换力的存在（5.1.2 节），库仑排斥对于两个自旋反平行的电子（它们的行为有点像可分辨粒子）有着更强的作用．作为考虑库仑排斥的一种粗略方法，假定每一对自旋相反的电子都携带额外的能量 U，而自旋相同的电子则没有；这使自由电子气的总能多出 $\Delta E = UN_+N_-$．正如你将要证明的，在 U 的临界值之上，气体发生自发磁化；材料变为铁磁．

（a）用密度 ρ 和磁化强度 M（式（5.74））重新写出 ΔE．

（b）假设 $M/\mu_B \ll \rho$，能量上有利于发生自发磁化的最小 U 值是多少？**提示**：利用习题 5.32（b）的结果．

*****习题 5.35**　有些冷星体（称为**白矮星，White dwarfs**）的稳定存在是因为电子气体的简并压（式（5.57））的存在抵抗了引力坍缩的发生．假设星体的密度为常数，星体的半径 R 可以用如下方法计算出来：

（a）用半径、核子（质子和中子）数目 N、每个核子的电子数目 d 和电子质量 m 来表示出电子的总能量（式（5.56））．**注意**：在该问题中，我们重新使用字母 N 和 d 的意义与教材中的略有不同．

（b）查阅或计算，给出密度均匀的球体的引力能．结果用 G（引力常数）、R、N 和 M（一个核子的质量）表示．注意引力能为负值．

（c）求半径为何值时总能量为最小，即（a）加（b）．**答案**：

$$R = \left(\frac{9\pi}{4}\right)^{2/3} \frac{\hbar^2 d^{5/3}}{GmM^2N^{1/3}}.$$

（注意，当总质量增大时半径将减小！）除了 N 之外都将真实数值代入，d 取 1/2（实际上，当原子量增加时，d 将略有减小，但这对我们来说已经足够了）．**答案**：$R = 7.6 \times 10^{25} N^{-1/3}\,\mathrm{m}$．

（d）计算与太阳质量相同的一个白矮星的半径，以千米为单位．

（e）计算出（d）中白矮星的费米能量，以电子伏特为单位，并将结果与电子的静止能量相比较．注意这个系统已经非常接近相对论框架（见习题 5.36）．

---

[33] 严格地讲，磁化率应为 $\mathrm{d}M/\mathrm{d}H$，但在 $\chi \ll 1$ 的情况下，两者定义的差别可以忽略．

[34] 对于某些金属（如铜），符合得也不是那么好，甚至符号都是错误的：铜是抗磁的（$\chi < 0$）；对这种差异的解释在于我们的模型中遗漏了一些东西．除了自旋磁矩和外加电场的顺磁耦合之外，还有轨道磁矩与外加磁场的耦合，而且它对顺磁和抗磁都有贡献（见习题 4.72）．此外，自由电子气模型忽略了紧密束缚在原子核的芯电子，这些电子也和磁场存在耦合．对于铜的情况，它正是核的芯电子的抗磁性耦合占主导作用．

*** **习题 5.36**　将经典动能 $E=p^2/2m$ 代换为相对论形式 $E=\sqrt{p^2c^2+m^2c^4}-mc^2$，我们就可以把自由电子气体理论（5.3.1 节）推广到相对论的理论框架下．动量还是通过 $\boldsymbol{p}=\hbar\boldsymbol{k}$ 和波矢联系起来．特别是，在相对论极限情况下 $E\approx pc=\hbar ck$.

（a）将式（5.55）中的 $\hbar^2k^2/2m$ 换成相对论极限情况下的 $\hbar ck$，计算此时的 E_{tot}.

（b）对于极端相对论下的电子气体，重复习题 5.35 中的（a）、（b）计算．注意，此时不管 R 为多少，都不存在稳定的极小值；如果总能量为正，简并压力将超过引力，星体将膨胀；如果总能量为负，引力占上风，星体将坍缩．找出临界核子数 N_c，当 $N>N_c$ 时星体将坍缩．它被称为**钱德拉塞卡极限（Chandrasekhar limit）**．**答案：**2.04×10^{57}．相应的星体质量为多少（将答案表示为太阳质量的倍数）？质量大于此的星体将不会形成白矮星，而是进一步的坍缩，形成（如果条件满足的话）**中子星（neutron star）**.

（c）当密度极高时，**逆 β 衰变（nverse beta decay）**：$e^-+p^+\to n+\nu$ 将把所有的质子和电子转变成中子（释放出中微子，并在这个过程中带走能量）．最终中子的简并压将使坍缩停止，就像电子简并对中子星的作用（见习题 5.35）．计算质量大小和太阳相同的一个中子星的半径．同样，计算出它的（中子）费米能量，并将结果与一个中子的静止能量相比较．将中子星视为非相对论的是否合理？

习题 5.37　在许多计算中，一个非常重要的物理量是**态密度（density of states）** $G(E)$：

$$G(E)\,\mathrm{d}E\equiv\text{能量 } E \text{ 到 } E+\mathrm{d}E \text{ 之间的状态数目}.$$

对一维能带结构，

$$G(E)\,\mathrm{d}E=2\left(\frac{\mathrm{d}q}{2\pi/Na}\right),$$

其中 $\mathrm{d}q/(2\pi/Na)$ 是 $\mathrm{d}q$ 范围内的状态数目（参见式（5.63）），因子 2 表示 q 和 $-q$ 对应的状态有着相同的能量．因此

$$\frac{1}{Na}G(E)=\frac{1}{\pi}\frac{1}{|\mathrm{d}E/\mathrm{d}q|}.$$

（a）证明对于 $\alpha=0$（自由粒子），态密度由下式给出：

$$\frac{1}{Na}G_{\text{free}}(E)=\frac{1}{\pi\hbar}\sqrt{\frac{m}{2E}}.$$

（b）求 $\alpha\neq0$ 的态密度，通过式（5.71）对 q 作微分来确定 $\mathrm{d}E/\mathrm{d}q$．**注意：**你的结果应该写成 E 的函数（当然，也包含 α、m、$\hbar$、a 和 N）且不能含有 q（如果你喜欢的话，可以用 k 来简写 $\sqrt{2mE}/\hbar$）.

（c）将 $\alpha=0$ 和 $\alpha=1$ 条件下的 $G(E)/Na$ 画到一幅图中（单位制中，$m=\hbar=a=1$）．**评注：**带边发散就是**范霍夫奇点（van Hove singularities）**的例子.[35]

*** **习题 5.38**　**谐振子链（harmonic chain）**是用相同的弹簧将 N 个质量相同的粒子彼此连接在一条线上：

[35] 这些一维范霍夫奇点已经在碳纳米管的光谱中被观察到，参见 J. W. G. Wildöer 等，*Nature* **391**，59（1998）.

$$\hat{H}=-\frac{\hbar^2}{2m}\sum_{j=1}^{N}\frac{\partial^2}{\partial x_j^2}+\sum_{j=1}^{N}\frac{1}{2}m\omega^2(x_{j+1}-x_j)^2,$$

其中 x_j 是第 j 个粒子偏离其平衡位置的距离．这个系统（其二维或者三维的推广——**简谐晶体，harmonic crystal**）可以被用于模拟固体的振动．为简单起见，我们将采用周期性边界条件：$x_{N+1}=x_1$，引入阶梯算符[36]

$$\hat{a}_{k\pm}\equiv\frac{1}{\sqrt{N}}\sum_{j=1}^{N}\mathrm{e}^{\pm\mathrm{i}2\pi jk/N}\left[\sqrt{\frac{m\omega_k}{2\hbar}}x_j\mp\sqrt{\frac{\hbar}{2m\omega_k}}\frac{\partial}{\partial x_j}\right],\tag{5.75}$$

其中 $k=1$，…，$N-1$，频率为

$$\omega_k=2\omega\sin\left(\frac{\pi k}{N}\right).$$

（a）证明对于处于 1 和 $N-1$ 之间的整数 k 和 k'，

$$\frac{1}{N}\sum_{j=1}^{N}\mathrm{e}^{\mathrm{i}2\pi j(k-k')/N}=\delta_{k',k},$$

$$\frac{1}{N}\sum_{j=1}^{N}\mathrm{e}^{\mathrm{i}2\pi j(k+k')/N}=\delta_{k',N-k}.$$

提示：对几何级数求和．

（b）推导阶梯算符的对易关系：

$$[\hat{a}_{k_-},\hat{a}_{k'_+}]=\delta_{k,k'},\ [\hat{a}_{k_-},\hat{a}_{k'_-}]=[\hat{a}_{k_+},\hat{a}_{k'_+}]=0.\tag{5.76}$$

（c）利用式（5.75），证明

$$x_j=R+\frac{1}{\sqrt{N}}\sum_{k=1}^{N-1}\sqrt{\frac{\hbar}{2m\omega_k}}(\hat{a}_{k_-}+\hat{a}_{N-k_+})\,\mathrm{e}^{\mathrm{i}2\pi jk/N},$$

$$\frac{\partial}{\partial x_j}=\frac{1}{N}\frac{\partial}{\partial R}+\frac{1}{\sqrt{N}}\sum_{k=1}^{N-1}\sqrt{\frac{m\omega_k}{2\hbar}}(\hat{a}_{k_-}-\hat{a}_{N-k_+})\,\mathrm{e}^{\mathrm{i}2\pi jk/N}.$$

其中 $R=\sum_j x_j/N$ 是质心坐标．

（d）最后，证明

$$\hat{H}=-\frac{\hbar^2}{2(Nm)}\frac{\partial^2}{\partial R^2}+\sum_{k=1}^{N-1}\hbar\omega_k\left(\hat{a}_{k_+}\hat{a}_{k_-}+\frac{1}{2}\right).$$

评注：上面形式哈密顿量描述了 $N-1$ 个频率为 ω_k 的独立谐振子（以及质心像一个质量为 Nm 的自由粒子一样运动）．马上可以写出允许的能量为

$$E=-\frac{\hbar^2K^2}{2(Nm)}+\sum_{k=1}^{N-1}\hbar\omega_k\left(n_k+\frac{1}{2}\right)$$

---

[36] 如果你熟悉经典的耦合振子问题，这些阶梯算符很容易构造．从经典问题中用来解耦的正则坐标开始，即

$$q_k=\frac{1}{\sqrt{N}}\sum_{j=1}^{N}\mathrm{e}^{-\mathrm{i}2\pi jk/N}x_j.$$

频率 ω_k 是经典的正则模式频率，类似于单粒子情况（式（2.48）），你需要为每个正则模式构造一对阶梯算符．

其中 $\hbar K$ 是质心的动量，$n_k=0$，1，…是第 k 个振动模式的能级．通常称 n_k 为第 k 振动模的**声子数**（**number of phonons**）．声子是声的量子（原子振动），就像光子是光的量子一样．阶梯算符 a_{k_+} 和 a_{k_-} 称为**声子的产生和湮灭算符**（**phonon creation and annihilation operators**），因为它们增加或减少了第 k 振动模中的声子数目．

习题 5.39　在 5.3.1 节中，将电子放置在一个不可贯穿的盒子中．用**周期性边界条件**（**periodic boundary conditions**）可以获得同样的结果．依然想象电子被限制在一个边长为 l_x、l_y 和 l_z 的盒子中，但是不让波函数在边界处消失，而是使波函数在盒子墙壁的两侧有相同的值：

$$\psi(x,y,z)=\psi(x+l_x,y,z)=\psi(x,y+l_y,z)=\psi(x,y,z+l_z).$$

这样可以将波函数表示为行波，

$$\psi=\frac{1}{\sqrt{l_xl_yl_z}}\mathrm{e}^{\mathrm{i}\boldsymbol{k}\cdot\boldsymbol{r}}=\frac{1}{\sqrt{l_xl_yl_z}}\mathrm{e}^{\mathrm{i}(k_xx+k_yy+k_zz)},$$

而不是一个驻波（式（5.49））．周期性的边界条件——当然不是物理的——通常更容易处理（描述电流之类的东西，行波的基矢要比驻波的基矢更自然），如果你在计算材料的体特性，那么使用哪一种材料并不重要．

（a）证明周期性边界条件的波矢满足

$$k_xl_x=2n_x\pi,k_yl_y=2n_y\pi,k_zl_z=2n_z\pi,$$

其中每个 n 都是整数（不必要是正数）．k 空间网格上每个小块占据的体积是多少（对应式（5.51））？

（b）在周期性边界条件下，计算自由电子气的 k_{F}、E_{F} 和 E_{tot}．是什么补偿了每个 k 空间小块（第（a）部分）占用的较大体积，使其与第 5.3.1 节中的结果相同？

第6章 对称性和守恒律

6.1 引言

在大学所学的第一门经典力学课程中，你对守恒定律（能量、动量和角动量）就已经熟悉了. 这些守恒定律同样适用于量子力学；在这两种情况下，它们都是对称性的结果. 在本章中，我们将解释什么是对称性，以及在量子力学中物理量守恒的含义，并说明二者之间的关系. 同时，还将讨论与量子系统相关两个性质——能级简并度以及区分允许跃迁和“禁戒”跃迁的选择定则.

什么是对称性？它是指经过某种变换后系统仍保持不变. 作为一个例子考虑旋转一张正方形白纸，如图 6.1 所示. 如果你绕通过中心的轴旋转 30°，旋转后纸张的方向和开始的方向就不会相同；但如果你旋转了 90°，纸张回到原来的方向，这时你甚至不知道它是否已经被旋转了，除非（比如）你把数字写在四角上（在这种情况下，它们将被置换变更）. 因此，正方形具有**离散的**旋转对称性：对于旋转 $n\pi/2$ 倍数的任何角度（n 是整数），它将保持不变.[1] 如果你用一张圆形的纸来重复这个实验，任何角度的旋转都会保持不变；圆具有**连续**旋转对称性. 下面我们将会发现离散对称性和连续对称性在量子力学中都很重要.

现在，假设图 6.1 中的形状不再是纸片，而是一个二维无限深方势阱的边界. 在这种情况下，势能将和纸张具有相同的旋转对称性，且哈密顿量不变（因为旋转不会改变动能）. 在量子力学中，我们说一个系统具有对称性时，是指哈密顿量通过某种形式的变换而保持不变，比如旋转或平移变换.

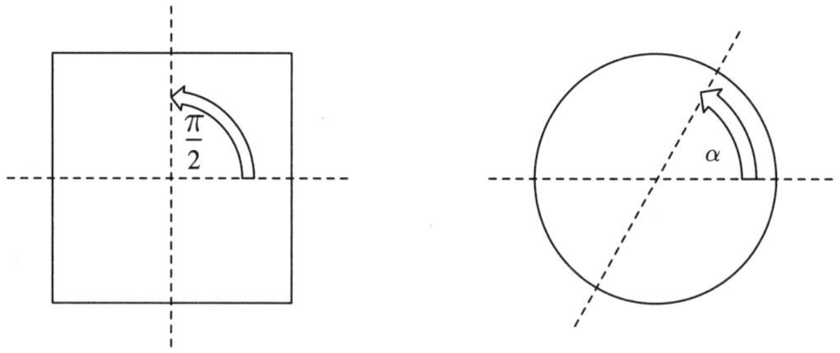

图 6.1 正方形具有离散的旋转对称性，当旋转 $\pi/2$ 或其倍数时保持不变；圆具有连续的旋转对称性，旋转任意角度 α 时都保持不变.

6.1.1 空间变换

在本节中，我们将介绍实现平移、反转和旋转操作的量子力学量算符. 我们通过这些算符对任意函数的作用来定义它们. **平移算符（translation operator）**作用一个函数上并将其

[1] 当然，正方形也有其他对称性，即沿对角线或沿平分轴的镜像对称性. 保持正方形不变的所有变换集合称为 D_4，即 4 度的“二面体群”.

移动一段距离 a. 完成此操作的算符由下式定义：

$$\hat{T}(a)\psi(x)=\psi'(x)=\psi(x-a). \tag{6.1}$$

这个符号起初可能会令人感到迷惑；这个方程表示平移函数 ψ'在 x 处的值等于未平移函数 ψ（见图 6.2）在 $x-a$ 处的值——函数本身已向右移动了 a.

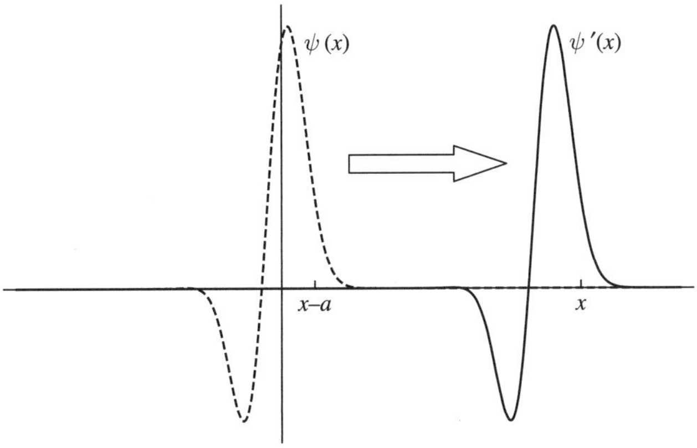

图 6.2　函数 $\psi(x)$ 与平移函数 $\psi'(x)=\hat{T}(a)\psi(x)$. 注意：$\psi'$在 x 处的值等于 ψ 在 $x-a$ 处的值.

函数通过原点反射对称的算符称一维**宇称算符（parity operator）**，定义如下：

$$\hat{\Pi}\psi(x)=\psi'(x)=\psi(-x).$$

宇称的效果如图 6.3 所示. 在三维坐标中，宇称改变所有 3 个坐标的符号：$\hat{\Pi}\psi(x, y, z)=\psi(-x,-y,-z)$.[2]

最后，在极坐标中，将函数绕 z 轴旋转 φ 角的算符自然而然地可表示为

$$\hat{R}_z(\varphi)\psi(r,\theta,\phi)=\psi'(r,\theta,\phi)=\psi(r,\theta,\phi-\varphi). \tag{6.2}$$

在第 6.5 节研究转动时，我们将介绍绕任意轴转动的算符表达式. **转动算符（rotation operator）**对函数 ψ 的作用如图 6.4 所示.

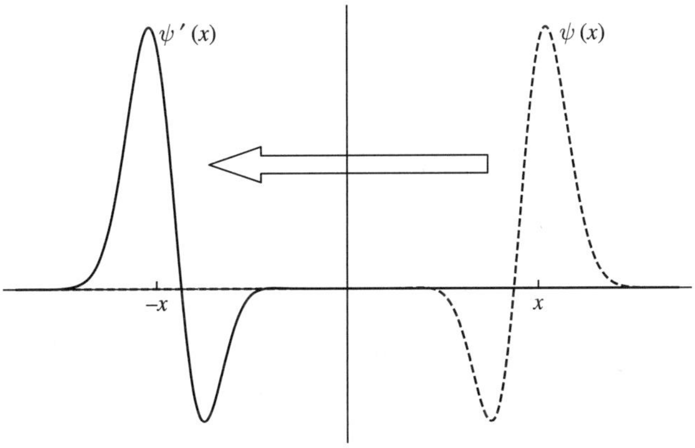

图 6.3　函数 $\psi(x)$ 与空间反演后的函数 $\psi'(x)=\hat{\Pi}\psi(x)=\psi(-x)$. ψ'在 x 处的值等于 ψ 在$-x$ 处的值.

---

[2] 三维宇称操作可以通过镜像反射和旋转来实现（见习题 6.1）. 在二维中，变换 $\psi'(x,y)=\psi(-x,-y)$ 与旋转 180°没有区别. 我们仅在一维或三维空间反演变换中使用宇称这一术语，$\hat{\Pi}\psi(\boldsymbol{r})=\psi(-\boldsymbol{r})$.

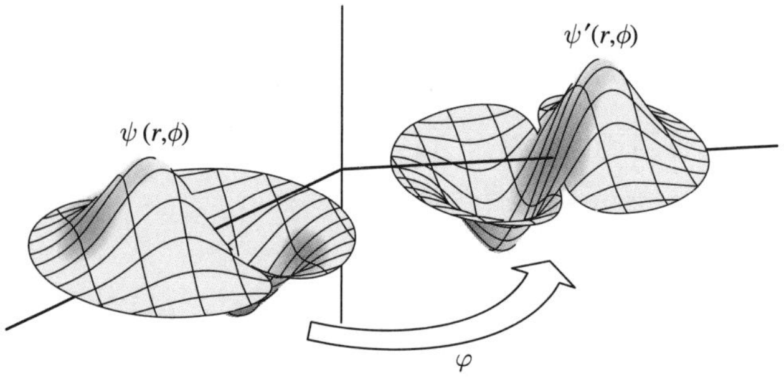

图 6.4 函数 $\psi(r,\ \phi)$ 和绕垂直轴逆时针旋转角度 φ 后的转动函数 $\psi'(r,\phi)=\psi(r,\phi-\varphi)$.

*** 习题 6.1** 在三维空间中考虑宇称算符.

（a）证明 $\hat{\Pi}\psi(\boldsymbol{r})=\psi'(\boldsymbol{r})=\psi(-\boldsymbol{r})$ 等同于镜面反射加旋转操作.

（b）证明在极坐标下，宇称算符对 ψ 的作用为

$$\hat{\Pi}\psi(r,\theta,\phi)=\psi(r,\pi-\theta,\phi+\pi).$$

（c）证明对于类氢原子轨道

$$\hat{\Pi}\psi_{n\ell m}(r,\theta,\phi)=(-1)^{\ell}\psi_{n\ell m}(r,\theta,\phi).$$

其中，$\psi_{n\ell m}$ 是宇称算符的本征态，本征值为 $(-1)^{\ell}$. **注释**：这个结论适用于所有中心势场 $V(\boldsymbol{r})=V(r)$ 的定态. 对于中心势场，本征态可写成 $R_{n\ell}(r)Y_{\ell}^{m}(\theta,\phi)$ 的分离形式，其中径向函数 $R_{n\ell}$ 仅依赖于势函数的 $V(r)$ 具体形式——它和状态的宇称无关.

6.2 平移算符

式 (6.1) 定义了平移算符. $\hat{T}(a)$ 与动量算符密切相关，可以用动量算符来表示它. 为此，我们用 $\psi(x-a)$ 的泰勒级数代替 $\psi(x-a)$[3]：

$$\hat{T}(a)\psi(x)=\psi(x-a)=\sum_{n=0}^{\infty}\frac{1}{n!}(-a)^{n}\frac{\mathrm{d}^{n}}{\mathrm{d}x^{n}}\psi(x)$$

$$=\sum_{n=0}^{\infty}\frac{1}{n!}\left(\frac{-\mathrm{i}a}{\hbar}\hat{p}\right)^{n}\psi(x).$$

方程的右边是指数函数,[4] 因此

$$\boxed{\hat{T}(a)=\exp\left[-\frac{\mathrm{i}a}{\hbar}\hat{p}\right]}. \tag{6.3}$$

我们说动量是**平移算符的“生成元”（“generator” of translations）**.[5]

---

[3] 我假设这里的函数是一个泰勒级数展开形式，但最终的结果更为普遍. 详见习题 6.31.

[4] 有关算符指数的定义，请参见第 3.6.2 节.

[5] 这个术语来源于对**李群（Lie group）**的研究（平移群就是一个例子）. 如果您感兴趣，可以在 George B. Arfken、Hans J. Weber 和 Frank E. Harris 编著的 *Mathematical Methods for Physicists* 中找到李群简介（为物理学家编写），第 7 版，Academic Press，纽约（2013），第 17.7 节.

注意到 $\hat{T}(a)$ 是幺正算符：[6]

$$\hat{T}(a)^{-1}=\hat{T}(-a)=\hat{T}(a)^{\dagger} \tag{6.4}$$

第一个等式的物理意义是显而易见（将某物向右移动的逆运算是将其向左移动同样的数量），第二个等式从式（6.3）的伴随式中得出（见习题 6.2）.

* **习题 6.2**　对于厄米算符 $\hat{Q}$，证明 $\hat{U}=\exp[\mathrm{i}\hat{Q}]$ 是幺正算符. **提示：** 你要首先证明其伴算符是由 $\hat{U}^{\dagger}=\exp[-\mathrm{i}\hat{Q}]$ 给出的；然后证明 $\hat{U}^{\dagger}\hat{U}=1$. 习题 3.5 可能对此会有帮助.

6.2.1　算符如何平移

至此，我给你介绍了如何平移一个函数，图 6.2 是一个清晰的图形解释. 思考一下平移一个算符的意义是什么. 平移后算符 $\hat{Q}'$ 定义为它在未平移状态 ψ 中的期望值与 $\hat{Q}$ 在平移状态 ψ' 中的期望值相同：

$$\langle\psi'|\hat{Q}|\psi'\rangle=\langle\psi|\hat{Q}'|\psi\rangle.$$

平移对期望值的影响有两种方法可以计算. 我们可以将波函数移动一段距离（这称为**主动变换，active transformation**）；或者将波函数留在原来的位置，把坐标系原点向相反方向移动等同的量（**被动变换，passive transformation**）. 算符 $\hat{Q}'$ 是这个移动坐标系中的算符.

利用式（6.1），

$$\langle\psi|\hat{T}^{\dagger}\hat{Q}\hat{T}|\psi\rangle=\langle\psi|\hat{Q}'|\psi\rangle. \tag{6.5}$$

这里，我利用伴算符的定义：即如果 $\hat{T}|f\rangle\equiv|Tf\rangle$，那么 $\langle Tf|=\langle f|\hat{T}^{\dagger}$（参见习题 3.5）. 由于式（6.5）对所有的 ψ 都成立，由此可见

$$\boxed{\hat{Q}'=\hat{T}^{\dagger}\hat{Q}\hat{T}.} \tag{6.6}$$

下面例题 6.1 计算了 $\hat{Q}=x$ 情况下的平移算符. 图 6.5 说明两种平移方法的等效性.

例题 6.1　求出对算符 $\hat{x}$ 平移一段距离为 a 的算符 $\hat{x}'$. 即，式（6.6）定义的 $\hat{x}'$ 对任意函数 $f(x)$ 的作用是什么？

解： 由 $\hat{x}'$ 的定义（式（6.6））和测试函数 $f(x)$ 有

$$\hat{x}'f(x)=\hat{T}^{\dagger}(a)\hat{x}\hat{T}(a)f(x),$$

由于 $\hat{T}^{\dagger}(a)=\hat{T}(-a)$（式（6.4）），

$$\hat{x}'f(x)=\hat{T}(-a)\hat{x}\hat{T}(a)f(x).$$

由式（6.1）

$$\hat{x}'f(x)=\hat{T}(-a)xf(x-a),$$

再次利用式（6.1），$\hat{T}(-a)[xf(x-a)]=(x+a)f(x)$，所以

$$\hat{x}'f(x)=(x+a)f(x).$$

最后，我们把算符读取出来

$$\hat{x}'=\hat{x}+a. \tag{6.7}$$

[6] 幺正算符在习题 A.30 中讨论. 幺正算符的伴随矩阵也是其逆算符：$\hat{U}\hat{U}^{\dagger}=\hat{U}^{\dagger}\hat{U}=1$.

正如所预期的那样，式（6.7）对应于将坐标原点向左移动距离 a，使得在变换坐标中的位置比在原坐标中的位置多 a.

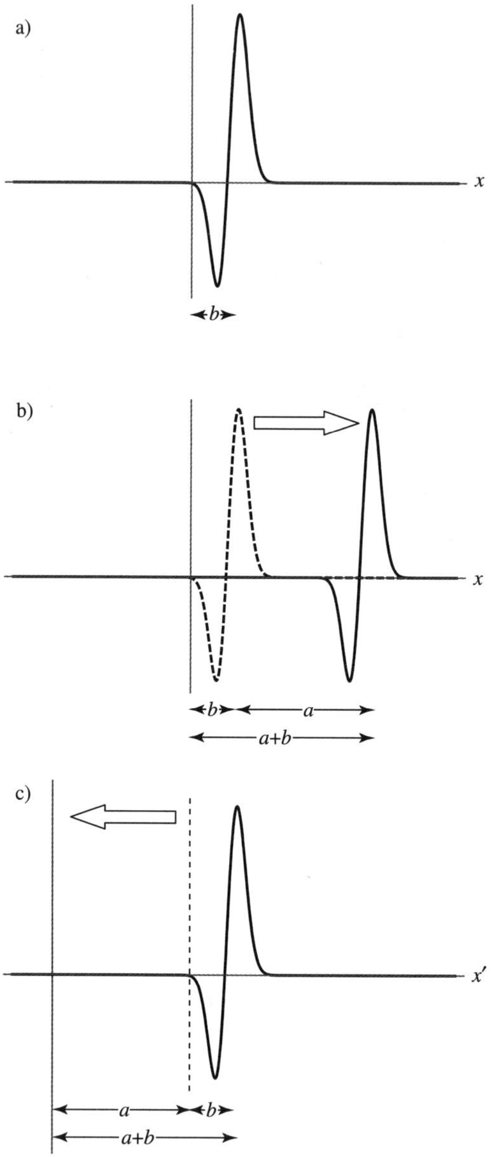

图 6.5 主动与被动变换：a）所描述的原函数；b）主动变换示意图，其中函数向右移动 a；c）被动变换示意图，其中坐标轴向左移动 a. 在 b）或 c）中，变换前波上距原点为 b 的一点在变换后距原点的距离为 $a+b$；这两个图像是等同的.

在习题 6.3 中，你将对动量算符进行平移，并证明 $\hat{p}'=\hat{T}^{\dagger}\hat{p}\hat{T}=\hat{p}$：动量算符保持平移不变. 从物理上讲，这是因为粒子的动量与坐标原点的位置无关，仅取决于位置的改变：$p=m\mathrm{d}x/\mathrm{d}t$. 一旦你清楚了位置算符和动量算符在平移变换下的作用，就知道了任一算符的作用，因为

$$\hat{Q}'(\hat{x},\hat{p})=\hat{T}^{\dagger}\hat{Q}(\hat{x},\hat{p})\hat{T}=\hat{Q}(\hat{x}',\hat{p}')=\hat{Q}(\hat{x}+a,\hat{p}). \tag{6.8}$$

下面的习题 6.4 将引导你完成这个证明.

习题 6.3　证明：算符 $\hat{p}'$可以通过对 $\hat{p}$ 做平移操作得到，即 $\hat{p}'=\hat{T}^{\dagger}\hat{p}\hat{T}=\hat{p}$.

习题 6.4　证明式（6.8）. 对某些常数 a_{mn}，假定算符 $Q(\hat{x},\ \hat{p})$ 可以写为幂级数形式

$$Q(\hat{x},\hat{p})=\sum_{m=0}^{\infty}\sum_{n=0}^{\infty}a_{mn}\hat{x}^{m}\hat{p}^{n}.$$

6.2.2　平移对称性

到目前为止，我们已经清楚了函数在平移下如何改变以及算符在平移下如何改变. 现在我来精确地解释在引言中提到的对称性概念. 如果系统哈密顿量在平移变换下保持不变，则系统是**平移不变（translationally invariant）**的（等同于说它具有平移对称性）：

$$\hat{H}'=\hat{T}^{\dagger}\hat{H}\hat{T}=\hat{H}.$$

由于 $\hat{T}$ 是幺正的（式（6.4）），方程两端同时乘上 $\hat{T}$ 得到

$$\hat{H}\hat{T}=\hat{T}\hat{H}.$$

因此，如果系统哈密顿量与平移算符对易，则系统具有平移对称性：

$$[\hat{H},\hat{T}]=0. \tag{6.9}$$

在一维势场中运动的质量为 m 的粒子的哈密顿算符为

$$\hat{H}=\frac{\hat{p}^2}{2m}+V(x).$$

根据式（6.8），变换后的哈密顿算符为

$$\hat{H}'=\frac{\hat{p}^2}{2m}+V(x+a).$$

因此，平移对称性是指

$$V(x+a)=V(x). \tag{6.10}$$

现在，式（6.10）可能出现两种截然不同的情况. 第一种情况是势为一恒定值，式（6.10）对任意的 a 都成立；这种系统具有**连续平移对称性（continuous translational symmetry）**. 第二种情况是势具有周期性，这时式（6.10）仅仅对一些离散的 a 值成立，例如晶体中电子就是这种情况；这种系统具有**离散平移对称性（discrete translational symmetry）**. 这两种情况如图 6.6 所示.

离散平移对称性与布洛赫定理

平移对称的含义是什么？对于具有离散平移对称性的系统，最重要的结论是布洛赫定理；该定理明确了系统定态函数应该具有的形式. 我们已经在第 5.3.2 节中使用了这个定理，现在来证明它.

在附录第 A.5 节中，如果两个算符对易，那么它们具有一组完备的共同本征态. 这意味着，如果哈密顿量是平移不变的（即，如果它与平移算符对易），那么哈密顿量的本征态 $\psi(x)$ 可以同时作为 $\hat{T}$ 的本征态：

$$\hat{H}\psi(x)=E\psi(x),\quad \hat{T}\psi(x)=\lambda\psi(x),$$

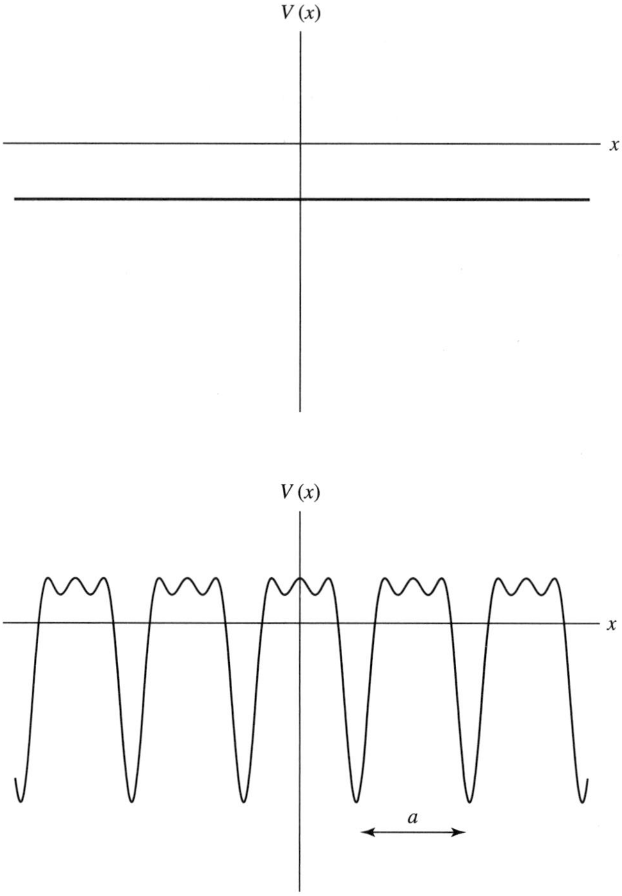

图 6.6 具有连续（上图）和离散（下图）平移对称系统的势. 在前一种情况下，当向右或向左移动任意数值时，电势都是相同的；在后一种情况下，只有当向右或向左移动位置为 a 的整数倍时，电势才是相同的.

其中 λ 是 $\hat{T}$ 的本征值. 由于 $\hat{T}$ 是幺正的，其本征值的大小为 1（见习题 A.30），这是指对于某些实数 ϕ，λ 可以写成 $\lambda=e^{i\phi}$. 按照惯例，我们把 ϕ 写成 $\phi=-qa$，$\hbar q$ 称为**晶格动量（crystal momentum）**. 因此，在周期势场中运动的质量为 m 的粒子的定态具有如下特性：

$$\psi(x-a)=e^{-iqa}\psi(x). \tag{6.11}$$

式（6.11）可以写成一种更具启发性形式：[7]

$$\boxed{\psi(x)=e^{iqx}u(x),} \tag{6.12}$$

其中 $u(x)$ 是 x 的周期函数：$u(x+a)=u(x)$ 和 e^{iqx} 为波长等于 $2\pi/q$ 的行波（回想一下，在第 2.4 节中讨论的行波本身描述的是自由粒子）. 式（6.12）是**布洛赫定理（Bloch's theorem）**，它是说周期势场中粒子的定态等于周期函数乘上行波. 需要注意的是，哈密顿量平移不变并不意味着**定态本身**是平移不变的，它只是意味着可以选择它们作为平移算符的本征态.

---

[7] 显然，式（6.12）满足式（6.11）. 在习题 6.5 中，你将证明它们实际上是等价的.

布洛赫定理非常重要．它告诉我们，除了周期性调制之外，周期势场中粒子（如晶体中的电子）的定态是行波．正因为如此，它们的速度不为零．[8] 这意味着电子可以在完美晶体中运动而不发生散射！这对固体中的电子传导有着巨大的影响．

连续平移对称性与动量守恒

如果系统具有连续平移对称性，那么对于选择任意的 a 值，系统哈密顿量与 $\hat{T}(a)$ 都对易．在这种情况下，考虑**无限小平移（infinitesimal translation）**非常有用

$$\hat{T}(\delta)=\mathrm{e}^{-\mathrm{i}\delta\hat{p}/\hbar}\approx 1-\mathrm{i}\frac{\delta}{\hbar}\hat{p},$$

其中 δ 是一个无限小的长度．[9]

如果系统哈密顿量具有连续平移对称性，那么它在包括无限小在内的任何平移下都必须保持不变；也就是说，它与平移算符对易，因此

$$[\hat{H},\hat{T}(\delta)]=\left[\hat{H},1-\mathrm{i}\frac{\delta}{\hbar}\hat{p}\right]=0\Rightarrow[\hat{H},\hat{p}]=0.$$

所以，如果系统哈密顿量具有连续平移对称性，它必须与动量对易．如果系统哈密顿量与动量对易，那么按照“广义埃伦菲斯特定理”（式（3.73））

$$\frac{\mathrm{d}}{\mathrm{d}t}\langle p\rangle=\frac{\mathrm{i}}{\hbar}\langle[\hat{H},\hat{p}]\rangle=0. \tag{6.13}$$

这就是**动量守恒（momentum conservation）**的表述，现在我们已经证明，连续平移对称性意味着系统动量守恒．这是得到的第一个非常重要的普遍原理的例子：**对称意味着存在守恒定律**．[10]

当然，如果讨论的是质量为 m 的单粒子在势场 $V(x)$ 中运动，那么唯一具有连续平移对称性的势就是恒定势，它等同于自由粒子．很明显，在这种情况下动量守恒．但上述分析很容易扩展到有相互作用的粒子系统（见习题 6.7）．在这种情况下动量也是守恒的（只要哈密顿量是平移不变的），这是一个非常重要的结果．无论如何，一定要记住**动量守恒是平移对称的结果**．

习题 6.5　证明式（6.12）来自式（6.11）．**提示：**首先写出 $\psi(x)=\mathrm{e}^{\mathrm{i}qx}u(x)$，这对于某些 $u(x)$ 来说确实成立，然后证明 $u(x)$ 必然是 x 的周期函数．

---

[8] 在完成习题 6.6 并学完第 7 章之后，有关使用微扰理论很好的证明，请参见 Neil Ashcroft 和 N. David Mermin，*Solid State Physics*，Cengage，Belmont（1976），第 765 页．

[9] 对于连续对称的情况，使用变换的无穷小形式通常容易得多；任何有限变换都可以认为是无穷小变换的乘积结果．特别地，有限 a 的平移看成是一连串 N 个无穷小 $\delta=\frac{a}{N}$ 的平移，在 $N\to\infty$ 极限的结果：

$$\lim_{N\to\infty}\left(1-\mathrm{i}\frac{a}{N}\frac{1}{\hbar}\hat{p}\right)^N=\exp\left[-\frac{\mathrm{i}a}{\hbar}\hat{p}\right].$$

有关证明，请参见 R. Shankar，*Basic Training in Mathematics: A Fitness Program for Science Students*，Plenum Press，纽约（1995），第 11 页．

[10] 在离散平移对称的情况下，动量不守恒，但有一个守恒量与离散平移对称性密切相关，即晶格动量．有关晶体动量的讨论，请参见 Steven H. Simon，*The Oxford Solid State Basics*，牛津（2013），第 84 页．

*** **习题 6.6** 考虑质量为 m 的粒子在周期为 a 的势场 $V(x)$ 中运动. 由布洛赫定理可知，波函数可以写成式（6.12）的形式. **注意**：通常用量子数 n 和 q 标记态 $\psi_{nq}(x)=\mathrm{e}^{\mathrm{i}qx}u_{nq}(x)$，其中 E_{nq} 是给定 q 值的第 n 个能级的能量.

（a）证明 u 满足方程

$$-\frac{\hbar^2}{2m}\frac{\mathrm{d}^2u_{nq}}{\mathrm{d}x^2}-\frac{\mathrm{i}\hbar^2q}{m}\frac{\mathrm{d}u_{nq}}{\mathrm{d}x}+V(x)u_{nq}=\left(E_{nq}-\frac{\hbar^2q^2}{2m}\right)u_{nq}. \tag{6.14}$$

（b）利用习题 2.61 中的方法求解微分方程 u_{nq}. 对一阶微分需要采用双侧差分的方法，这样可以将厄米矩阵对角化：$\frac{\mathrm{d}\psi}{\mathrm{d}x}\approx\frac{\psi_{j+1}-\psi_{j-1}}{2\Delta x}$. 对 0 到 a 之间的势，令

$$V(x)=\begin{cases}-V_0, a/4<x<3a/4;\\0,\text{其他地方}.\end{cases}$$

其中 $V_0=20\hbar^2/2ma^2$.（考虑函数到 u_{nq} 具有周期性这一事实，你需要稍微修改该方法.）对于晶格动量为 $qa=-\pi$，$-\pi/2$，0，$\pi/2$，π 的情况，求出两个最低的能量值. **注释**：q 和 $q+2\pi/a$ 描述同样的波函数（式（6.12）），因此没有必要考虑处于$-\pi$ 到 π 区间之外 qa 的值. 在固体物理学中，该范围内的 q 值构成**第一布里渊区（first Brillouin zone）**.

（c）绘出能量 E_{1q} 和 E_{2q} 的曲线，其中 q 值介于$-\pi/a$ 和 π/a 之间. 如果你已经完成了（b）部分中的计算代码，那么应该能够在此范围内画出大量 q 值. 如果没有，只需画出（b）中计算的值.

习题 6.7 考虑质量分别为 m_1 和 m_2 的两个粒子（处于一维坐标系中），它们之间的相互作用势 $V(|x_1-x_2|)$ 仅和粒子之间距离有关，因此哈密顿算符为

$$\hat{H}=-\frac{\hbar^2}{2m_1}\frac{\partial^2}{\partial x_1^2}-\frac{\hbar^2}{2m_2}\frac{\partial^2}{\partial x_2^2}+V(|x_1-x_2|).$$

作用在两粒子波函数的平移算符为

$$\hat{T}(a)\psi(x_1,x_2)=\psi(x_1-a,x_2-a).$$

（a）证明平移算符可以写成

$$\hat{T}(a)=\mathrm{e}^{-\frac{\mathrm{i}a}{\hbar}\hat{P}},$$

其中 $\hat{P}=\hat{p}_1+\hat{p}_2$ 是系统总动量.

（b）证明该系统的总动量守恒.

6.3 守恒律

在经典力学中，守恒律的含义很简单：所讨论的物理量在某个过程前后是相同的. 向下扔一块石头，石头的势能转化为动能，但总能量在它扔下时和落地前是一样的；两个台球发生碰撞，动量从一个台球传递给另一个，但总动量保持不变. 但在量子力学中，系统在开始之前（或之后）通常是没有确定的能量（或动量）的. 在这种情况下，我们称可观测量 Q 是守恒（或不守恒）的含义是什么？这里有两种可能性：

- **第一个定义（First definition）：期望值** $\langle Q\rangle$ 与时间无关.
- **第二个定义（Second definition）**：得到任何特定值的几率与时间无关.

在什么样的条件下这些守恒律成立？

让我们约定所讨论的可观测量不显含时间：$\partial Q/\partial t=0$. 在这种情况下，广义埃伦菲斯特定理（式（3.73））给出**如果算符 $\hat{Q}$ 与哈密顿量对易**，Q 的期望值与时间无关. 碰巧的是，同样的判据保证了第二个定义的守恒性.

现在我将证明这个结果. 回想一下，在 t 时刻对 Q 测量得到结果 q_n 的几率为（式（3.43））

$$P(q_n)=|\langle f_n||\Psi(t)\rangle|^2,\tag{6.15}$$

其中 f_n 是相应的本征矢：$\hat{Q}|f_n\rangle=q_n|f_n\rangle$.[11] 我们知道波函数随时间的演化是（式（2.17））

$$|\Psi(t)\rangle=\sum_m \mathrm{e}^{-\mathrm{i}E_m t/\hbar}c_m|\psi_m\rangle,$$

其中 $|\psi_m\rangle$ 是 $\hat{H}$ 的本征态，因此

$$P(q_n)=\left|\sum_m \mathrm{e}^{-\mathrm{i}E_m t/\hbar}c_m\langle f_n|\psi_m\rangle\right|^2.$$

现在关键点是：由于 $\hat{Q}$ 和 $\hat{H}$ 对易，我们可以求出一组它们共同的完备本征态（见附录第 A.5 节）；在不失一般性的情况下，取 $|f_n\rangle=|\psi_n\rangle$. 利用 $|\psi_n\rangle$ 的正交性，

$$P(q_n)=\left|\sum_m \mathrm{e}^{-\mathrm{i}E_m t/\hbar}c_m\langle\psi_n|\psi_m\rangle\right|^2=|c_n|^2,$$

这显然与时间无关.

6.4 宇称

6.4.1 一维宇称

空间反演通过宇称算符 $\hat{\Pi}$ 来实现. 在一维情况下

$$\hat{\Pi}\psi(x)=\psi'(x)=\psi(-x).$$

显然，宇称算符的逆算符是它自己本身：$\hat{\Pi}^{-1}=\hat{\Pi}$；在习题 6.8 中，你将证明它是厄米的：$\hat{\Pi}^\dagger=\hat{\Pi}$. 综上所述，宇称算符也是幺正的：

$$\hat{\Pi}^{-1}=\hat{\Pi}=\hat{\Pi}^\dagger.\tag{6.16}$$

在空间反演下，算符 $\hat{Q}$ 变换为

$$\hat{Q}'=\hat{\Pi}^\dagger\hat{Q}\hat{\Pi}.\tag{6.17}$$

我不再重复给出式（6.17）的理由，它与平移变换情况下得出式（6.6）的理由一样. 位置算符和动量算符是"奇宇称"（见习题 6.10）：

$$\hat{x}'=\hat{\Pi}^\dagger\hat{x}\hat{\Pi}=-\hat{x},\tag{6.18}$$

$$\hat{p}'=\hat{\Pi}^\dagger\hat{p}\hat{\Pi}=-\hat{p},\tag{6.19}$$

这告诉我们任意算符是如何变换的（参见习题 6.4）：

---

[11] 如果 $\hat{Q}$ 的谱是简并的（存在具有相同本征值 q_n 的不同本征矢量：$\hat{Q}|f_n^{(i)}\rangle=q_n|f_n^{(i)}\rangle, i=,1,2,3,\cdots$），那么需要对这些状态求和：

$$P(q_n)=\sum_i|\langle f_n^{(i)}|\Psi(t)\rangle|^2.$$

除了对 i 的求和，其证明过程一样.

$$\hat{Q}'(\hat{x},\hat{p})=\hat{\Pi}^{\dagger}\hat{Q}(\hat{x},\hat{p})\hat{\Pi}=\hat{Q}(-\hat{x},-\hat{p}).$$

如果系统哈密顿量在宇称变换下保持不变，则系统具有**反演对称性（inversion symmetry）**：

$$\hat{H}'=\hat{\Pi}^{\dagger}\hat{H}\hat{\Pi}=\hat{H},$$

或者，利用宇称算符的幺正性，

$$[\hat{H},\hat{\Pi}]=0. \tag{6.20}$$

若系统哈密顿量描述的是处在一维势场 $V(x)$ 中质量为 m 的粒子，那么，反演对称性表明势是位置的偶函数：

$$V(x)=V(-x).$$

反演对称性的含义有两个：首先，可以找到 $\hat{\Pi}$ 和 $\hat{H}$ 的一组完备的共同本征态. 把这样的本征态写成 ψ_n；则满足

$$\hat{\Pi}\psi_n(x)=\psi_n(-x)=\pm\psi_n(x),$$

由于宇称算符的本征值必须为±1（习题6.8）. 因此，若势函数是位置的偶函数，其定态本身就是偶函数或奇函数（或者，在简并的情况下，可以这样选择）. [12] 这个性质在谐振子、无限深方势阱（如果原点位于势阱的中心）和狄拉克δ函数势中很普遍，你已经在习题2.1中证明了这一点.

其次，根据埃伦菲斯特定理，如果哈密顿量具有反演对称性，有

$$\frac{\mathrm{d}}{\mathrm{d}t}\langle\hat{\Pi}\rangle=\frac{\mathrm{i}}{\hbar}\langle[\hat{H},\hat{\Pi}]\rangle=0.$$

所以对处于对称势场中的粒子，其宇称守恒；不仅是期望值，还包括测量中任何给定结果的几率都是守恒的，与第6.3节的定理一致. 宇称守恒是指若处在谐振子势中的粒子波函数在 $t=0$ 时刻为偶函数，那么，在以后的任何时刻 t 它都将是偶函数，如图6.7所示.

***习题6.8**

（a）证明宇称算符 $\hat{\Pi}$ 是厄米的.

（b）证明宇称算符的本征值是±1.

6.4.2 三维宇称

三维宇称算符的空间反演是

$$\hat{\Pi}\psi(\boldsymbol{r})=\psi'(\boldsymbol{r})=\psi(-\boldsymbol{r}).$$

算符 $\hat{\boldsymbol{r}}$ 和 $\hat{\boldsymbol{p}}$ 的变换是

$$\hat{\boldsymbol{r}}'=\hat{\Pi}^{\dagger}\hat{\boldsymbol{r}}\hat{\Pi}=-\hat{\boldsymbol{r}}, \tag{6.21}$$

$$\hat{\boldsymbol{p}}'=\hat{\Pi}^{\dagger}\hat{\boldsymbol{p}}\hat{\Pi}=-\hat{\boldsymbol{p}}. \tag{6.22}$$

任意算符变换为

$$\hat{Q}'(\hat{\boldsymbol{r}},\hat{\boldsymbol{p}})=\hat{\Pi}^{\dagger}\hat{Q}(\hat{\boldsymbol{r}},\hat{\boldsymbol{p}})\hat{\Pi}=\hat{Q}(-\hat{\boldsymbol{r}},-\hat{\boldsymbol{p}}). \tag{6.23}$$

---

[12] 对于（归一化的）一维束缚态，不存在简并性，对称势场中的每个束缚态都自然是宇称的本征态.（无论如何，见习题2.46.）对于散射态，确实会发生简并.

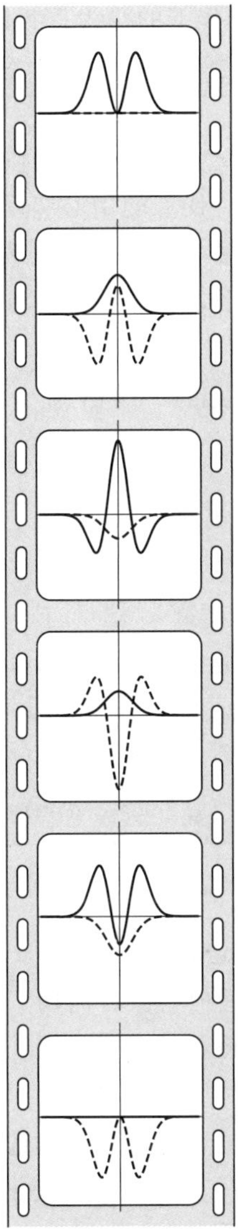

图 6.7　这条胶片从上到下演示了在谐振子势中粒子的特定波函数随时间演化. 实线和虚线分别是波函数的实部和虚部. 由于宇称守恒，开始位置的波函数是偶函数（就像这个函数一样），在以后的任何时刻波函数都是偶函数.

例题 6.2　用 $\hat{\boldsymbol{L}}$ 表示角动量，求角动量算符的宇称变换 $\hat{\boldsymbol{L}}'=\hat{\Pi}^{\dagger}\hat{\boldsymbol{L}}\hat{\Pi}$.

解：由 $\boldsymbol{L}=\boldsymbol{r}\times\boldsymbol{p}$，依式（6.23）得

$$\hat{\boldsymbol{L}}'=\hat{\Pi}^{\dagger}\hat{\boldsymbol{L}}\hat{\Pi}=\hat{\boldsymbol{r}}'\times\hat{\boldsymbol{p}}'=(-\hat{\boldsymbol{r}})\times(-\hat{\boldsymbol{p}})=\hat{\boldsymbol{r}}\times\hat{\boldsymbol{p}}=\hat{\boldsymbol{L}}. \tag{6.24}$$

对于像 $\hat{\boldsymbol{L}}$ 这样的矢量，在宇称变换下是偶函数；我们赋予它一个特殊的名字，叫作**赝矢量（pseudovectors）**. 因为它们不会像“真”矢量那样在宇称变换下改变符号，比如 $\hat{\boldsymbol{r}}$ 和 $\hat{\boldsymbol{p}}$. 类似地，宇称变换下为奇函数的标量称为**赝标量（pseudoscalars）**，因为它们在宇称变化下的性质与“真”标量（例如，在宇称变换下 $\hat{\boldsymbol{r}}\cdot\hat{\boldsymbol{r}}$ 是偶函数）的性质不同，参见习题 6.9.

标量和矢量符号描述了算符在旋转操作下的行为；我们将在下节中给出这些术语的具体定义．“真”矢量和**赝矢量**在旋转操作下的性质相同，它们都是矢量．

在三维空间中，如果势场满足 $V(\boldsymbol{r})=V(-\boldsymbol{r})$，则在 $V(\boldsymbol{r})$ 中运动的质量为 m 的粒子的哈密顿量具有反演对称性．重要的是，对任意的中心势场都满足这一条件．与一维情况一样，此类系统是宇称守恒的，并且哈密顿量的本征态可选为宇称的共同本征态．在习题 6.1 中，你已经证明了中心势中粒子的本征态，$\psi_{n\ell m}(r,\theta,\phi)=R_{n\ell}(r)Y_\ell^m(\theta,\phi)$，即是宇称的本征态：[13]

$$\hat{\Pi}\psi_{n\ell m}(r,\theta,\phi)=(-1)^\ell\psi_{n\ell m}(r,\theta,\phi).$$

***习题 6.9**

（a）“真”标量算符在宇称操作下是不变的：

$$\hat{\Pi}^\dagger\hat{f}\hat{\Pi}=\hat{f},$$

然而，赝标量改变符号．证明：对于“真”标量有 $[\hat{\Pi},\hat{f}]=0$，且对于赝标量 $\{\hat{\Pi},\hat{f}\}=0$．

注释：两个算符的**反对易（anti-commutator）**关系定义为 $\{\hat{A},\hat{B}\}=\hat{A}\hat{B}+\hat{B}\hat{A}$．

（b）类似地，“真”矢量在宇称操作下改变符号

$$\hat{\Pi}^\dagger\hat{\boldsymbol{V}}\hat{\Pi}=-\hat{\boldsymbol{V}},$$

而赝矢量则不改变符号．证明：对于“真”矢量有 $\{\hat{\Pi},\hat{\boldsymbol{V}}\}=\boldsymbol{0}$，且对于赝矢量有 $[\hat{\Pi},\hat{\boldsymbol{V}}]=\boldsymbol{0}$．

6.4.3 宇称选择定则

根据所讨论问题的对称性，**选择定则（selection rules）**会告诉你矩阵元何时为零．回想一下，矩阵元是形式为 $\langle b|\hat{Q}|a\rangle$ 的任何对象；而期望值是在 $a=b=\psi$ 的情况下的特殊矩阵元．在物理上，最重要的是电偶极矩算符的选择定则

$$\hat{\boldsymbol{p}}_e=q\hat{\boldsymbol{r}}.$$

这个算符本身是粒子的电荷乘以它的位置矢量，它的选择定则决定了哪些原子能级间跃迁是允许的，哪些是禁止的（参见第 11 章）．由于位置矢量 $\hat{\boldsymbol{r}}$ 为奇函数，因此电偶极矩算符具有奇宇称：

$$\hat{\Pi}^\dagger\hat{\boldsymbol{p}}_e\Pi=-\hat{\boldsymbol{p}}_e. \tag{6.25}$$

现在，考虑电偶极子算符在两个状态 $\psi_{n\ell m}$ 和 $\psi_{n'\ell'm'}$（相应的右矢标为 $|n\ell m\rangle$ 和 $|n'\ell'm'\rangle$）之间的矩阵元．利用式（6.25）有

$$\begin{aligned}\langle n'\ell'm'|\hat{\boldsymbol{p}}_e|n\ell m\rangle&=-\langle n'\ell'm'|\hat{\Pi}^\dagger\hat{\boldsymbol{p}}_e\Pi|n\ell m\rangle\\&=-\langle n'\ell'm'|(-1)^{\ell'}\hat{\boldsymbol{p}}_e(-1)^\ell|n\ell m\rangle\\&=(-1)^{\ell+\ell'+1}\langle n'\ell'm'|\hat{\boldsymbol{p}}_e|n\ell m\rangle.\end{aligned}$$

由此可以即刻得到，当 $\ell+\ell'$ 为偶数时

$$\langle n'\ell'm'|\hat{\boldsymbol{p}}_e|n\ell m\rangle=\boldsymbol{0}. \tag{6.26}$$

---

[13] 请注意，式（6.24）可以等效地写成 $[\hat{\Pi},\hat{\boldsymbol{L}}]=\boldsymbol{0}$．宇称与角动量的每一个分量相互对易（也包括 $\hat{L}^2$）的事实是可以得到 $\hat{L}^2$、$\hat{L}_z$ 和 $\hat{\Pi}$ 的共同本征态的原因．

这称之为**拉波特定则（Laporte's rule）**；它是指在具有相同宇称状态之间的电偶极矩算符的矩阵元为零．推导式（6.26）的方法可以推广到求任意算符的选择定则，前提是需要知道该算符宇称如何变换．特别是，拉波特定则对具有奇宇称的任何算符都成立．在习题 6.11 中，我们推导了偶宇称算符（如 $\hat{\boldsymbol{L}}$）的选择定则．

习题 6.10　证明位置和动量算符具有奇宇称．也就是证明式（6.18）和式（6.19），并将其扩展到三维情况下的式（6.21）和式（6.22）．

* **习题 6.11**　考虑 $\hat{\boldsymbol{L}}$ 处于两个确定宇称状态之间的矩阵元 $\langle n'l'm'|\hat{\boldsymbol{L}}|nlm\rangle$．在什么情况下矩阵元一定为零？**注意：**同样的选择定则可以用于赝矢量算符或者任意"真"标量算符．

习题 6.12　像轨道角动量 $\hat{\boldsymbol{L}}$ 一样，自旋角动量具有 $\hat{\boldsymbol{S}}$ 偶宇称：

$$\hat{\Pi}^{\dagger}\hat{\boldsymbol{S}}\hat{\Pi}=\hat{\boldsymbol{S}} \quad \text{或} \quad [\hat{\Pi},\hat{\boldsymbol{S}}]=\boldsymbol{0}. \tag{6.27}$$

宇称算符作用在标准基下的旋量上（式（4.139）），宇称算符变成一个 2×2 的矩阵．证明：根据式（6.27），该矩阵一定是单位矩阵乘上一个常数．这样一来，旋量的宇称就无意义，由于具有相同本征值的两个自旋态都是宇称的本征态．我们可以随意将宇称选择为 +1，因此宇称算符对波函数的自旋部分没有影响．[14]

* **习题 6.13**　考虑氢原子中的电子．

（a）如果电子处于基态，不做计算证明一定存在 $\langle \boldsymbol{p}_{\mathrm{e}}\rangle=0$．

（b）证明：如果电子处于 $n=2$ 状态，那么 $\langle \boldsymbol{p}_{\mathrm{e}}\rangle$ 不必为零．给出 $n=2$ 能级波函数的例子，使得在该状态下 $\langle \boldsymbol{p}_{\mathrm{e}}\rangle$ 不为零并计算出 $\langle \boldsymbol{p}_{\mathrm{e}}\rangle$．

6.5　旋转对称

6.5.1　绕 z 轴旋转

将函数绕 z 轴旋转一定角度 φ 的算符（式（6.2））

$$\hat{R}_z(\varphi)\psi(r,\theta,\phi)=\psi'(r,\theta,\phi)=\psi(r,\theta,\phi-\varphi) \tag{6.28}$$

与角动量的 z 分量密切相关（式（4.129））．根据导致式（6.3）的同样理由，

$$\hat{R}_z(\varphi)=\exp\left[-\frac{\mathrm{i}\varphi}{\hbar}\hat{L}_z\right], \tag{6.29}$$

我们说 $\hat{L}_z$ 是绕 z 轴转动的**转动生成元（generator of rotations）**（和式（6.3）比较）．

算符 $\hat{\boldsymbol{r}}$ 和 $\hat{\boldsymbol{p}}$ 在旋转下如何变换？为了回答这个问题，我们使用算符的无穷小形式：

$$\hat{R}_z(\varphi)\approx 1-\frac{\mathrm{i}\delta}{\hbar}\hat{L}_z.$$

[14] 然而，结果表明自旋为 1/2 的反粒子具有相反的宇称．因此，电子通常被赋予宇称+1，而正电子则具有宇称−1．

这样，算符 $\hat{x}$ 变换为

$$\hat{x}'=\hat{R}^{\dagger}\hat{x}\hat{R}\approx\left(1+\frac{\mathrm{i}\delta}{\hbar}\hat{L}_z\right)\hat{x}\left(1-\frac{\mathrm{i}\delta}{\hbar}\hat{L}_z\right)$$

$$\approx\hat{x}+\frac{\mathrm{i}\delta}{\hbar}[\hat{L}_z,\hat{x}]\approx\hat{x}-\delta\hat{y}$$

（对于对易式，我利用了式（4.122））．类似计算可以证明 $\hat{y}'=\hat{y}+\delta\hat{x}$ 和 $\hat{z}'=\hat{z}$．把这些结果组合一起构成一个矩阵方程：

$$\begin{pmatrix}\hat{x}'\\\hat{y}'\\\hat{z}'\end{pmatrix}=\begin{pmatrix}1&-\delta&0\\\delta&1&0\\0&0&1\end{pmatrix}\begin{pmatrix}\hat{x}\\\hat{y}\\\hat{z}\end{pmatrix}.\tag{6.30}$$

这看起来不太像是旋转变换．应该是这样的吗？

$$\begin{pmatrix}\hat{x}'\\\hat{y}'\\\hat{z}'\end{pmatrix}=\begin{pmatrix}\cos\varphi&-\sin\varphi&0\\\sin\varphi&\cos\varphi&0\\0&0&1\end{pmatrix}\begin{pmatrix}\hat{x}\\\hat{y}\\\hat{z}\end{pmatrix}?\tag{6.31}$$

是的，请记住这里我们假设 $\varphi\to\delta$ 是无穷小量，所以（舍弃 δ^2 和其他高阶项）$\cos\varphi\to1$ 和 $\sin\varphi\to\delta$.[15]

****习题 6.14**　本题中，你将建立式（6.30）和式（6.31）之间的联系.

（a）对角化矩阵[16]

$$M=\begin{pmatrix}1&-\varphi/N\\\varphi/N&1\end{pmatrix}$$

得到矩阵

$$M'=S^{-1}MS,$$

其中 S^{-1} 为幺正矩阵，它的列为 M（归一化）的本征矢.

（b）用二项式展开证明 $\lim\limits_{N\to\infty}(M')^N$ 是一个以 $e^{-i\varphi}$ 和 $e^{i\varphi}$ 为对角元素的对角矩阵.

（c）变换到初始的基矢，证明：

$$\lim_{N\to\infty}M^N=S^{-1}\left[\lim_{N\to\infty}(M')^N\right]S$$

与式（6.31）中的矩阵一致.

6.5.2　三维旋转

显而易见，式（6.29）可以推广到以单位矢量 $\boldsymbol{n}$ 为轴的旋转：

$$\boxed{\hat{R}_n(\varphi)=\exp\left[-\frac{\mathrm{i}\varphi}{\hbar}\boldsymbol{n}\cdot\hat{\boldsymbol{L}}\right].}\tag{6.32}$$

正如线动量是平移生成元一样，角动量也是**转动生成元（generator of rotations）**.

与位置算符转动变换方式相同的任何算符都称为**矢量算符（vector operator）**．“变换方式相同”是指 $\boldsymbol{V}'=D\boldsymbol{V}$，其中 D 与 $\boldsymbol{r}'=D\boldsymbol{r}$ 中的 D 是同一个矩阵．特别是，对于绕 z 轴旋转有

---

[15] 另一方面，从无穷小到有限，见习题 6.14.

[16] 参见第 A.5 节.

$$\begin{pmatrix}\hat{V}'_x\\\hat{V}'_y\\\hat{V}'_z\end{pmatrix}=\begin{pmatrix}\cos\varphi & -\sin\varphi & 0\\\sin\varphi & \cos\varphi & 0\\0 & 0 & 1\end{pmatrix}\begin{pmatrix}\hat{V}_x\\\hat{V}_y\\\hat{V}_z\end{pmatrix}.$$

这种变换规则源自于对易关系[17]

$$\boxed{[\hat{L}_i,\hat{V}_j]=\mathrm{i}\hbar\varepsilon_{ijk}\hat{V}_k} \tag{6.33}$$

（参见习题 6.16），我们可以把式（6.33）作为矢量算符的定义．到目前为止，我们已经遇到了 $\hat{\boldsymbol{r}}$、$\hat{\boldsymbol{p}}$ 和 $\hat{\boldsymbol{L}}$ 三个矢量算符：

$$[\hat{L}_i,\hat{r}_j]=\mathrm{i}\hbar\varepsilon_{ijk}\hat{r}_k,\qquad [\hat{L}_i,\hat{p}_j]=\mathrm{i}\hbar\varepsilon_{ijk}\hat{p}_k,\qquad [\hat{L}_i,\hat{L}_j]=\mathrm{i}\hbar\varepsilon_{ijk}\hat{L}_k$$

（参见式（4.99）和式（4.122））．

表 6.1　根据与 $\hat{\boldsymbol{L}}$ 的对易关系将算符分类为矢量或标量算符，并按其在转动下的变换进行编码；根据与 $\hat{\Pi}$ 的对易关系将算符分类为赝量或“真”量算符，并按其在空间反演下的变换进行编码．第 1 列中的大括号表示习题 6.9 中定义的反对易．为了将自旋 $\hat{\boldsymbol{S}}$ 也包含在此表中，只需将第 3 列中出现的每一个 $\hat{L}_i$ 替换为 $\hat{J}_i=\hat{L}_i+\hat{S}_i$（习题 6.12 和 6.32 分别讨论了宇称和转动对旋量的影响）．$\hat{\boldsymbol{S}}$ 和 $\hat{\boldsymbol{L}}$ 一样是赝矢量，而 $\hat{\boldsymbol{p}}\cdot\hat{\boldsymbol{S}}$ 是赝标量．

	宇称	转动	示例
真矢量 $\hat{\boldsymbol{V}}$	$[\hat{\Pi},\hat{V}_i]=0$	$[\hat{L}_i,\hat{V}_j]=\mathrm{i}\hbar\epsilon_{ijk}\hat{V}_k$	$\hat{\boldsymbol{r}},\hat{\boldsymbol{p}}$
赝矢量 $\hat{\boldsymbol{V}}$	$[\hat{\Pi},\hat{V}_i]=0$	$[\hat{L}_i,\hat{V}_j]=\mathrm{i}\hbar\epsilon_{ijk}\hat{V}_k$	$\hat{\boldsymbol{L}}$
真标量 $\hat{f}$	$[\hat{\Pi},\hat{f}]=0$	$[\hat{L}_i,\hat{f}]=0$	$\hat{\boldsymbol{r}}\cdot\hat{\boldsymbol{r}}$
赝标量 $\hat{f}$	$[\hat{\Pi},\hat{f}]=0$	$[\hat{L}_i,\hat{f}]=0$	

标量算符（scalar operator）是一个简单的量，它在转动变换下不变；这等同于说标量算符和角动量 $\hat{\boldsymbol{L}}$ 对易：

$$\boxed{[\hat{L}_i,\hat{f}]=0.} \tag{6.34}$$

现在我们可以根据算符与 $\hat{\boldsymbol{L}}$ 的对易关系（它们在转动操作下如何变换）将算符分为标量算符或矢量算符，也可以根据算符与 $\hat{\Pi}$ 的对易关系（它们在宇称操作下如何变换）将算符分为“真”或赝矢（标）量．这些结果总结在表 6.1 中．[18]

连续旋转对称

质量为 m 的粒子在势场 $V(\boldsymbol{r})$ 中运动，

$$\hat{H}=\frac{\hat{p}^2}{2m}+V(\boldsymbol{r}),$$

如果 $V(\boldsymbol{r})=V(r)$，则哈密顿量具有旋转不变性（在 4.1.1 节学习的中心势）．在这种情况下，哈密顿量与绕任意轴和任意角度的旋转算符都对易：

---

[17] 莱维-齐维塔符号 ε_{ijk} 的定义在习题 4.29 中给出．

[18] 当然，并不是每个算符都能归入其中的一类．标量算符和矢量算符只是张量算符阶次结构中的前两个实例．接下来是二阶张量（例如经典力学中的惯性张量或电动力学中的四极张量）、三阶张量等．

$$[\hat{H},\hat{R}_{\boldsymbol{n}}(\varphi)]=0. \tag{6.35}$$

特别是，对**无限小角度**的转动，

$$\hat{R}_{\boldsymbol{n}}(\varphi)\approx 1-\frac{\mathrm{i}\delta}{\hbar}\boldsymbol{n}\cdot\hat{\boldsymbol{L}},$$

式（6.35）必须成立．也就是说，哈密顿量与 $\boldsymbol{L}$ 的三个分量对易：

$$[\hat{H},\hat{\boldsymbol{L}}]=0. \tag{6.36}$$

那么，旋转不变性的结果是什么呢？

对于中心势，由式（6.36）和埃伦菲斯特定理得

$$\frac{\mathrm{d}}{\mathrm{d}t}\langle\boldsymbol{L}\rangle=\frac{\mathrm{i}}{\hbar}\langle[\hat{H},\hat{\boldsymbol{L}}]\rangle=0. \tag{6.37}$$

因此，**角动量守恒是旋转不变性的结果**．除了式（6.37）的表述之外，角动量守恒还意味着几率分布（角动量的每个分量）与时间无关，参见第6.3节．

由于中心势的哈密顿量与角动量的所有三个分量都对易，因此它也与 $\hat{L}^2$ 对易．算符 $\hat{H}$、$\hat{L}_z$ 和 $\hat{L}^2$ 构成中心势场中束缚态的一组相容**可观测量的完备集（complete set of compatible observables）**．相容是指它们彼此对易：

$$\begin{aligned}&[\hat{H},\hat{L}^2]=0,\\&[\hat{H},\hat{L}_z]=0,\\&[\hat{L}_z,\hat{L}^2]=0,\end{aligned} \tag{6.38}$$

因此，$\hat{L}^2$ 和 $\hat{L}_z$ 共同的本征态可选作为 $\hat{H}$ 的本征态．

$$\begin{aligned}\hat{H}\psi_{n\ell m}&=E_n\psi_{n\ell m},\\\hat{L}_z\psi_{n\ell m}&=m\hbar\psi_{n\ell m},\\\hat{L}^2\psi_{n\ell m}&=\ell(\ell+1)\hbar^2\psi_{n\ell m}.\end{aligned}$$

说它们是完备的是指量子数 n、ℓ 和 m 唯一地确定哈密顿量的一个束缚态．这在氢原子、无限深球势阱和三维谐振子的解中很常见，且对于任何中心势场都是如此．[19]

* **习题 6.15** 证明：式（6.34）是如何保证标量算符旋转保持不变的：

$$\hat{f}'=\hat{R}^{\dagger}\hat{f}\hat{R}=\hat{f}.$$

* **习题 6.16** 从式（6.33）出发，求出矢量算符 $\hat{\boldsymbol{V}}$ 绕 y 轴旋转一个无限小角度 δ 的变换．即求矩阵 D：

$$\hat{\boldsymbol{V}}'=D\,\hat{\boldsymbol{V}}.$$

习题 6.17 考虑以 $\boldsymbol{n}$ 为转轴的一个无限小旋转操作，作用在角动量本征态 $\psi_{n\ell m}$ 上．证明

$$\hat{R}_{\boldsymbol{n}}(\delta)\psi_{n\ell m}=\sum_{m'}D_{m'm}\psi_{n\ell m'},$$

[19] 这是因为径向薛定谔方程（式（4.35））仅有一个可归一化的解，因此，一旦给定 ℓ 和 m 值，状态就由 n 唯一地确定．主量子数 n 决定归一化解的能量值．

并求复数 $D_{m'm}$（它们依赖于 δ、$\boldsymbol{n}$ 和 ℓ 以及 m 和 m'）. 这个结果很合理：旋转操作并不改变角动量的大小（由 ℓ 决定），但改变其在 z 轴方向的投影（由 m 决定）.

6.6 简并

对称性是量子力学中大多数简并的根源.[20] 我们已经知道，对称性意味着存在有与哈密顿量对易的算符 $\hat{Q}$：

$$[\hat{H},\hat{Q}]=0. \tag{6.39}$$

那么，为什么对称性会导致能谱的简并呢？基本想法是：如果存在定态 $|\psi_n\rangle$，那么 $|\psi_n'\rangle=\hat{Q}|\psi_n\rangle$ 是一个和 $|\psi_n\rangle$ 具有相同能量的定态. 证明很简单：

$$\hat{H}|\psi_n'\rangle=\hat{H}(\hat{Q}|\psi_n\rangle)=\hat{Q}\hat{H}|\psi_n\rangle=\hat{Q}E_n|\psi_n\rangle=E_n(\hat{Q}|\psi_n\rangle)=E_n|\psi_n'\rangle.$$

例如，对具有球对称性哈密顿量的某一个本征态，如果绕着某个转轴旋转该态，得到一定是具有相同能量的另外一个状态.

你可能会认为对称总是导致简并，而连续对称性会导致无限多简并，但事实并非如此. 原因是两种状态的波函数 $|\psi_n\rangle$ 和 $|\psi_n'\rangle$ 可能是相同的.[21] 例如，考虑一维谐振子的哈密顿量，它和宇称对易. 它所有定态不是偶函数就是奇函数，所以当用宇称算符作用于其中一个时，就会得到一个和原来一样的状态（也许是乘以 -1，但实际上这是相同的状态）. 因此，在这种情况下，不存在与反演对称性相关的简并度.

事实上，如果只有一个对称算符 $\hat{Q}$（或者有多个对称算符，但所有对称算符都相互对易），那么，在光谱中就不会有简并出现. 原因就是我们多次提到的一个定理：由于 $\hat{Q}$ 和 $\hat{H}$ 相互对易，可以找到 $\hat{Q}$ 和 $\hat{H}$ 的共同本征态 $|\psi_n\rangle$，且这些状态在对称操作下变换成它们自身：$\hat{Q}|\psi_n\rangle=q_n|\psi_n\rangle$.

但是，如果有两个算符和哈密顿量都对易，两者却彼此不对易时又是一种什么样的情况呢？在这种情况下，能量谱中不可避免地存在简并. 为什么？

首先，考虑 $\hat{H}$ 和 $\hat{Q}$ 的一个共同本征态 $|\psi\rangle$，其本征值分别为 E_n 和 q_m. 由于 $\hat{H}$ 和 $\hat{\Lambda}$ 对易，状态 $|g\rangle=\hat{\Lambda}|\psi\rangle$ 也是 $\hat{H}$ 的本征态，且本征值为 E_n. 由于 $\hat{Q}$ 和 $\hat{\Lambda}$ 不对易，我们知道（见第 A.5 节）不可能同时存在三个算符 $\hat{Q}$、$\hat{\Lambda}$ 和 $\hat{H}$ 共同的一组完备本征态集. 因此，一定存在一些波函数 $|\psi\rangle$，使得 $\hat{\Lambda}|\psi\rangle$ 不同于 $|\psi\rangle$（具体来说，它不是 $\hat{\Lambda}$ 的一个的本征态），这意味着能级 E_n 至少是双重简并的. 多个非对易对称算符的存在使得能谱简并必然发生.

这就是我们在讨论中心势场时所遇到的情况. 哈密顿量和通过绕任意轴旋转的转动算符对易（如哈密顿量与 $\hat{L}_x$、$\hat{L}_y$ 和 $\hat{L}_z$ 对易），但这些转动算符（如 $\hat{L}_x$、$\hat{L}_y$、$\hat{L}_z$）彼此不对易.

---

[20] 当我们不能确定某个简并度的对称性时，我们称之为**偶然简并度**（**accidental degeneracy**）. 在大多数这样的情况下，简并不是偶然的，而是因为（比如说）对称性比旋转不变性更难识别. 典型的例子是氢原子有较大对称群（习题 6.34）.

[21] 这完全是非经典的. 在经典力学中，如果你选取一个开普勒轨道，总会存在一个轴，你可以绕着它旋转，得到一个不同的开普勒轨道（能量相同），事实上，有无数个这样方向不同的轨道. 在量子力学中，如果你旋转氢原子的基态，不管选择哪个轴，你都会得到完全相同的状态；如果你旋转其中一个态，如量子数 $n=2$ 和 $\ell=1$，你会得到三个具有这些量子数的正交态的线性组合.

所以我们知道在中心势中粒子的光谱会有简并发生. 下面的例子充分地说明了旋转不变性可以解释存在多少个简并度.

例题 6.3 考虑在中心势场中能量为 E_n 的本征态 $\psi_{n\ell m}$. 利用中心势场中哈密顿量与 $\hat{\boldsymbol{L}}$ 的任一分量对易，也与 $\hat{L}_+$和 $\hat{L}_+$分别对易的事实，证明 $\psi_{n\ell m\pm1}$ 一定是与 $\psi_{n\ell m}$ 具有相同能量的本征态.[22]

解：由于哈密顿量与 $\hat{L}_\pm$对易有

$$(\hat{H}\hat{L}_\pm-\hat{L}_\pm\hat{H})\psi_{n\ell m}=0,$$

所以

$$\hat{H}\hat{L}_\pm\psi_{n\ell m}=\hat{L}_\pm\hat{H}\psi_{n\ell m}=E_n\hat{L}_\pm\psi_{n\ell m},$$

或者

$$\hat{H}\psi_{n\ell m\pm1}=E_n\psi_{n\ell m\pm1}.$$

（上面表达式中我消掉了两侧的常数项 $\hbar\sqrt{\ell(\ell+1)-m(m\pm1)}$.）显然，可以重复上述论证证明 $\psi_{n\ell m\pm2}$ 与 $\psi_{n\ell m\pm1}$ 具有相同的能量，以此类推，直到遍历阶梯上所有状态. 因此，旋转不变性解释了为什么量子数 m 不同的状态具有相同的能量，并且由于 m 有 $2\ell+1$ 个不同的数值，在中心势中能量简并度就是 $2\ell+1$.

当然，氢原子的简并度（忽略自旋）为 $n^2(=1,4,9,\cdots)$（式（4.85）），大于 $2\ell+1(=1,3,5,\cdots)$.[23] 显然，氢原子的简并度比单独的旋转不变性所导致的简并度要大. 额外的简并度来源于 $1/r$ 势所特有的附加对称性；习题 6.34 对此进行了探讨.[24]

在本节中，我们重点讨论了连续旋转对称性；但离散旋转对称性也是非常有意义的，例如电子在固体晶格中的运动. 习题 6.33 中探讨了这样的一个系统.

习题 6.18 考虑一维自由粒子：$\hat{H}=\hat{p}^2/2m$. 该哈密顿量同时具有平移和反演对称性.

（a）证明平移对称性和反演对称性不对易.

（b）根据平移对称性，$\hat{H}$ 的本征态可以作为动量的共同本征态，即 $f_p(x)$（式（3.32））. 证明：如果宇称算符使得 $f_p(x)$ 变为 $f_{-p}(x)$，则这两个状态能量一定相同.

（c）或者，根据反演对称性，$\hat{H}$ 的本征态可以作为宇称的共同本征态，即

$$\frac{1}{\sqrt{\pi\hbar}}\cos\left(\frac{px}{\hbar}\right) \quad 和 \quad \frac{1}{\sqrt{\pi\hbar}}\sin\left(\frac{px}{\hbar}\right).$$

证明：平移算符将这两个状态混合在一起，因此它们必须是简并的.

---

[22] 当然，由于径向方程式（4.35）和 m 无关，我们知道能量是相等的. 这个例子说明了简并性的真正原因是转动不变性.

[23] 我并不是说它们一定是按这个顺序出现. 回顾无限深球势阱情况（见图 4.3）：从基态开始，简并度为 1,3,5,1,7,3,9,5,…. 这些正是我们期望的旋转不变性的简并度（整数为 ℓ，简并度为 $2\ell+1$），但从对称性考虑它并不能告诉我们每个简并度在光谱中的位置.

[24] 三维谐振子的简并度为 $n(n+1)/2=1,3,6,10,\cdots$（见习题 4.46），简并度再次大于 $2\ell+1$. 关于谐振子问题中额外对称性的讨论，参见 D. M. Fradkin，*Am. J. Phys.* **33**，207（1965）.

注释：宇称和平移不变性对于解释自由粒子能谱的简并性都是需要的．如果没有宇称，$f_p(x)$ 和 $f_{-p}(x)$ 具有相同的能量就不成立（我并不是说完全基于我们现在对对称性的讨论……很明显，可以把它们代入定态薛定谔方程证明它是正确的）．

习题 6.19　对于任意矢量算符 $\hat{\boldsymbol{V}}$，可以定义升降算符

$$\hat{V}_{\pm}=\hat{V}_x\pm\mathrm{i}\hat{V}_y.$$

（a）利用式（6.33），证明

$$[\hat{L}_z,\hat{V}_{\pm}]=\pm\hbar\hat{V}_{\pm}.$$

$$[\hat{L}^2,\hat{V}_{\pm}]=2\hbar^2\hat{V}_{\pm}\pm2\hbar\hat{V}_{\pm}\hat{L}_z\mp2\hbar\hat{V}_z\hat{L}_{\pm}.$$

（b）证明：如果 ψ 为 $\hat{L}^2$ 和 $\hat{L}_z$ 的本征态，对应的本征值分别为 $\ell(\ell+1)\hbar^2$ 和 $\ell\hbar$，则 $\hat{V}_+\psi$ 要么为零要么也是 $\hat{L}^2$ 和 $\hat{L}_z$ 的本征态，对应的本征值分别为 $(\ell+1)(\ell+2)\hbar^2$ 和 $(\ell+1)\hbar$．这意味着算符 $\hat{V}_+$ 作用在具有最大值 $m_\ell=\ell$ 的状态时，该状态的量子数 ℓ 和 m 要么同时提升 1，要么被破坏．

6.7　转动选择定则

转动选择定则最一般的表述是**维格纳-埃卡特定理（Wigner-Eckart Theorem）**；从实用的角度来看，可以说它是量子力学所有定理中最重要的一个．与其说去一般性地证明这个定理，倒不如给出最常遇到的两类算符的选择定则：标量算符（见第 6.7.1 节）和矢量算符（见第 6.7.2 节）．在推导这些选择定则时，我们只考虑算符在旋转操作下的情况；因此，本节的结论对“真”标量和赝标量同样适用，下一节的结论对“真”矢量和赝矢量都适用．这些选择定则与第 6.4.3 节介绍的宇称选择定则结合在一起，可以得到一系列更多算符的选择规则．

6.7.1　标量算符的选择定则

标量算符 $\hat{f}$ 和角动量三个分量的对易关系（式（6.34））利用升降算符可以改写为

$$[\hat{L}_z,\hat{f}]=0,\tag{6.40}$$

$$[\hat{L}_\pm,\hat{f}]=0,\tag{6.41}$$

$$[\hat{L}^2,\hat{f}]=0.\tag{6.42}$$

通过把这些对易关系插在具有确定角动量的两个状态 $|n\ell m\rangle$ 和 $|n'\ell'm'\rangle$ 之间，来推导 $\hat{f}$ 的选择定则．这些可能是类氢原子轨道，但也未必一定就是（事实上，它们甚至不一定是哈密顿量的本征态，但我还是把量子数 n 留在那里，这样看起来我们不感到陌生）；我们仅要求 $|n\ell m\rangle$ 是 $\hat{L}^2$ 和 $\hat{L}_z$ 的本征态，对应的量子数分别为 ℓ 和 m．[25]

将式（6.40）插在上面两个状态之间

$$\langle n'\ell'm'|[\hat{L}_z,\hat{f}]|n\ell m\rangle=0$$

[25] 重要的是，它们满足式（4.118）和式（4.120）．

或者

$$\langle n'\ell'm'|\hat{L}_z\hat{f}|n\ell m\rangle-\langle n'\ell'm'|\hat{f}\hat{L}_z|n\ell m\rangle=0,$$

因此

$$(m'-m)\langle n'\ell'm'|\hat{f}|n\ell m\rangle=0 \tag{6.43}$$

（利用 $\hat{L}_z$ 的厄米性）. 式（6.43）表明，除非在 $m'-m\equiv\Delta m=0$ 情况下，否则标量算符的矩阵元素都为零. 用式（6.42）重复这一过程，我们得到

$$\langle n'\ell'm'|[\hat{L}^2,\hat{f}]|n\ell m\rangle=0,$$
$$\langle n'\ell'm'|\hat{L}^2\hat{f}|n\ell m\rangle-\langle n'\ell'm'|\hat{f}\hat{L}^2|n\ell m\rangle=0,$$
$$[\ell'(\ell'+1)-\ell(\ell+1)]\langle n'\ell'm'|\hat{f}|n\ell m\rangle=0. \tag{6.44}$$

这告诉我们除非 $\ell'-\ell\equiv\Delta\ell=0$，否则标量算符的矩阵元素都为零.[26] 因此，这些就是标量算符的选择定则：$\Delta\ell=0$ 和 $\Delta m=0$.

然而，我们可以从剩下的对易关系中获得更多关于矩阵元的信息（我仅做“升算符”的情况，“降算符”留在习题 6.20）：

$$\langle n'\ell'm'|[\hat{L}_+,\hat{f}]|n\ell m\rangle=0,$$
$$\langle n'\ell'm'|\hat{L}_+\hat{f}|n\ell m\rangle-\langle n'\ell'm'|\hat{f}\hat{L}_+|n\ell m\rangle=0,$$
$$B_{\ell'}^{m'}\langle n'\ell'(m'-1)|\hat{f}|n\ell m\rangle-A_\ell^m\langle n'\ell'm'|\hat{f}|n\ell(m+1)\rangle=0, \tag{6.45}$$

其中（由习题 4.21）

$$A_\ell^m=\hbar\sqrt{\ell(\ell+1)-m(m+1)},\quad B_\ell^m=\hbar\sqrt{\ell(\ell+1)-m(m-1)}.$$

（我还利用了 $\hat{L}_\pm$ 是 $\hat{L}_\mp$ 的厄米共轭：$\langle\psi|\hat{L}_\pm=\langle\hat{L}_\mp\psi|$.[27]）正如在式（6.43）和式（6.44）中所证明的那样，除非在满足 $m'=m+1$ 和 $\ell'=\ell$ 条件的情况下，式（6.45）中的两项均为零. 当满足这两个条件时，两个系数相等（$B_\ell^{m+1}=A_\ell^m$）并且式（6.45）简化为

$$\langle n'\ell m|\hat{f}|n\ell m\rangle=\langle n'\ell(m+1)|\hat{f}|n\ell(m+1)\rangle. \tag{6.46}$$

很明显，标量算符的矩阵元和 m 无关.

本节的结果可以概括如下：

$$\boxed{\langle n'\ell'm'|\hat{f}|n\ell m\rangle=\delta_{\ell\ell'}\delta_{mm'}\langle n'\ell\|\hat{f}\|n\ell\rangle.} \tag{6.47}$$

右边用双竖线表示的矩阵元称为**约化矩阵元（reduced matrix element）**，它是“一个依赖于 n、ℓ 和 n'，但不依赖于 m 的常数”的简写.

例题 6.4

（a）对氢原子 $n=2$ 的所有四个简并态，求 $\langle r^2\rangle$.

解： 对 $\ell=1$ 的状态，由式（6.47）我们可以得到以下等式：

$$\langle 2\,1\,1|r^2|2\,1\,1\rangle=\langle 2\,1\,0|r^2|2\,1\,0\rangle=\langle 2\,1\,-1|r^2|2\,1\,-1\rangle\equiv\langle 2\,1\|r^2\|2\,1\rangle.$$

为了计算约化矩阵元，我们仅需求出以下任一期望值：

$$\langle 2\,1\|r^2\|2\,1\rangle=\langle 2\,1\,0|r^2|2\,1\,0\rangle$$

[26] 二次方程 $\ell'(\ell'+1)-\ell(\ell+1)=0$ 的另一个根是 $\ell'=-(\ell+1)$，由于 ℓ 和 ℓ' 是非负的正数，这显然是不可能的.

[27] 由于 $\hat{L}_x$ 和 $\hat{L}_y$ 是厄米的，

$$\hat{L}_\pm^\dagger=(\hat{L}_x\pm i\hat{L}_y)^\dagger=\hat{L}_x^\dagger\pm(-i)\hat{L}_y^\dagger=\hat{L}_x^\dagger\mp i\hat{L}_y^\dagger=\hat{L}_\mp^\dagger.$$

$$= \int r^2 |\psi_{210}(r)|^2 d^3\boldsymbol{r}$$

$$= \int_0^\infty r^4 |R_{21}(r)|^2 dr \int |Y_1^0(\theta,\phi)|^2 d\Omega.$$

球谐函数是归一化的（式（4.31）），所以角积分值为 1，径向函数 $R_{n\ell}$ 如表 4.7 所示，于是得到

$$\langle 2\ 1 \| r^2 \| 2\ 1 \rangle = \int_0^\infty r^4 \frac{1}{24a^3} \frac{r^2}{a^2} e^{-r/a} dr = 30a^2.$$

这决定了三个期望值. 最后一个期望值为

$$\begin{aligned}\langle 2\ 0 \| r^2 \| 2\ 0 \rangle &= \langle 2\ 0\ 0 | r^2 | 2\ 0\ 0 \rangle \\ &= \int_0^\infty r^2 |\psi_{200}(r)|^2 d^3\boldsymbol{r} \\ &= \int_0^\infty r^4 |R_{20}(r)|^2 dr \int |Y_0^0(\theta,\phi)|^2 d\Omega \\ &= \int_0^\infty r^4 \frac{1}{2a^3}\left(1 - \frac{1}{2}\frac{r}{a}\right) e^{-r/a} dr \\ &= 42a^2.\end{aligned}$$

总结：

$$\langle 2\ 0\ 0 | r^2 | 2\ 0\ 0 \rangle = 42a^2, \qquad \left.\begin{array}{r}\langle 2\ 1\ 1 | r^2 | 2\ 1\ 1 \rangle \\ \langle 2\ 1\ 0 | r^2 | 2\ 1\ 0 \rangle \\ \langle 2\ 1\ -1 | r^2 | 2\ 1\ -1 \rangle\end{array}\right\} = 30a^2. \tag{6.48}$$

（b）求电子处在叠加态 $|\psi\rangle = \frac{1}{\sqrt{2}}(|200\rangle - i|211\rangle)$ 下 r^2 的期望值.

解： 我们可以把期望值展开为

$$\begin{aligned}\langle \psi | r^2 | \psi \rangle &= \frac{1}{2}\ (\langle 200| + i\langle 211|)\ r^2\ (|200\rangle - i|211\rangle) \\ &= \frac{1}{2}\ (\langle 200|r^2|200\rangle + i\langle 211|r^2|200\rangle - i\langle 200|r^2|211\rangle + \langle 211|r^2|211\rangle).\end{aligned}$$

从式（6.47）中可以看到其中的两个矩阵元为零，并且

$$\langle \psi | r^2 | \psi \rangle = \frac{1}{2}(\langle 2\ 0 \| r^2 \| 2\ 0 \rangle +)\langle 2\ 1 \| r^2 \| 2\ 1 \rangle = 36a^2. \tag{6.49}$$

习题 6.20　证明对易关系 $[\hat{L}_-, \hat{f}] = 0$ 与 $[\hat{L}_+, \hat{f}] = 0$ 会导致形如式（6.46）的同样的选择定则.

* **习题 6.21**　电子处于氢原子状态

$$\psi=\frac{1}{\sqrt{2}}(\psi_{211}+\psi_{21-1}),$$

先用一个约化矩阵元来表示，然后再求$\langle r\rangle$.

6.7.2 矢量算符的选择定则

现在继续讨论矢量算符 $\hat{\boldsymbol{V}}$ 的选择定则．它的工作量要比在标量情况下大很多，但结果对于理解原子跃迁至关重要（第 11 章）．首先，类比角动量升降算符，我们定义算符[28]

$$\hat{V}_{\pm}\equiv\hat{V}_x\pm\mathrm{i}\hat{V}_y.$$

根据这些算符，式（6.33）变为

$$[\hat{L}_z,\hat{V}_z]=0, \tag{6.50}$$

$$[\hat{L}_z,\hat{V}_{\pm}]=\pm\hbar\hat{V}_{\pm}, \tag{6.51}$$

$$[\hat{L}_{\pm},\hat{V}_{\pm}]=0, \tag{6.52}$$

$$[\hat{L}_{\pm},\hat{V}_z]=\mp\hbar\hat{V}_{\pm}, \tag{6.53}$$

$$[\hat{L}_{\pm},\hat{V}_{\mp}]=\pm2\hbar\hat{V}_z. \tag{6.54}$$

如习题 6.22（a）所示．[29] 同第 6.7.1 节中讨论的标量算符一样，将每个对易关系式插在两个有确定角动量状态之间，以推导出（a）矩阵元为零的条件，以及（b）具有不同 m 或不同 $\hat{\boldsymbol{V}}$ 分量的矩阵元之间的关系．

由式（6.51），

$$\langle n'\ell'm'|\hat{L}_z\hat{V}_{\pm}|n\ell m\rangle-\langle n'\ell'm'|\hat{V}_{\pm}\hat{L}_z|n\ell m\rangle=\pm\hbar\langle n'\ell'm'|\hat{V}_{\pm}|n\ell m\rangle,$$

由于讨论的状态是 $\hat{L}_z$ 的本征态，简化为

$$[m'-(m\pm1)]\langle n'\ell'm'|\hat{V}_{\pm}|n\ell m\rangle=0. \tag{6.55}$$

式（6.55）表明，要么 $m'=m\pm1$，要么 $\hat{V}_{\pm}$的矩阵元为零．式（6.50）的计算结果与此类似（见习题 6.22），第一组对易关系给出了 m 的选择定则：

$$\langle n'\ell'm'|\hat{V}_{+}|n\ell m\rangle=0\qquad 除非\ m'=m+1, \tag{6.56}$$

$$\langle n'\ell'm'|\hat{V}_{z}|n\ell m\rangle=0\qquad 除非\ m'=m, \tag{6.57}$$

$$\langle n'\ell'm'|\hat{V}_{-}|n\ell m\rangle=0\qquad 除非\ m'=m-1. \tag{6.58}$$

请注意，必要时可以将这些表达式变换回到算符 $\hat{\boldsymbol{V}}$ 的 x 和 y 分量的选择定则，因为

$$\langle n'\ell'm'|\hat{V}_x|n\ell m\rangle=\frac{1}{2}[\langle n'\ell'm'|\hat{V}_-|n\ell m\rangle+\langle n'\ell'm'|\hat{V}_+|n\ell m\rangle],$$

$$\langle n'\ell'm'|\hat{V}_y|n\ell m\rangle=\frac{\mathrm{i}}{2}[\langle n'\ell'm'|\hat{V}_-|n\ell m\rangle-\langle n'\ell'm'|\hat{V}_+|n\ell m\rangle].$$

---

[28] 算符 $\hat{V}_{\pm}$是秩为 1 的**球张量（spherical tensor）**算符的分量，记为 $\hat{T}_q^{(k)}$，其中 k 是秩，q 是算符的分量：

$$\hat{T}_{\pm1}^{(1)}=\mp\frac{1}{\sqrt{2}}\hat{V}_{\pm}\quad \hat{T}_0^{(1)}=\hat{V}_z.$$

类似地，第 6.7.1 节中讨论的标量算符 f 是秩为 0 的球张量算符：

$$\hat{T}_0^{(0)}=\hat{f}.$$

[29] 式（6.51）~式（6.54）分别代表两个等式：一直使用上方符号或者下方符号．

其余的对易关系（式（6.52）~式（6.54））给出 ℓ 的选择定则和非零矩阵元之间的关系．如习题 6.24 所示，结果总结如下：[30]

$$\langle n'\ell'm'|\hat{V}_+|n\ell m\rangle=-\sqrt{2}\,C^{\ell 1\ell'}_{m1m'}\langle n\ell'\|V\|n\ell\rangle, \tag{6.59}$$

$$\langle n'\ell'm'|\hat{V}_-|n\ell m\rangle=\sqrt{2}\,C^{\ell 1\ell'}_{m-1m'}\langle n\ell'\|V\|n\ell\rangle, \tag{6.60}$$

$$\langle n'\ell'm'|\hat{V}_z|n\ell m\rangle=C^{\ell 1\ell'}_{m0m'}\langle n\ell'\|V\|n\ell\rangle. \tag{6.61}$$

这些表达式中的常数 $C^{j_1j_2J}_{m_1m_2M}$ 正是角动量加法中出现的 CG 系数（第 4.4.3 节）．除非 $M=m_1+m_2$（因为角动量的 z 分量相加）和 $J=j_1+j_2, j_1+j_2-1,\cdots,|j_1-j_2|$，否则 CG 系数为零（式（4.182））．特别是，矢量算符的任何分量矩阵元 $\langle n'\ell'm'|\hat{V}_i|n\ell m\rangle$ 只有在下列条件下才不为零：

$$\Delta\ell=0,\pm1,\quad \text{和}\quad \Delta m=0,\pm1. \tag{6.62}$$

例题 6.5　在 $n=2$、$\ell=1$ 和 $n'=3$、$\ell'=2$ 的两个状态之间，求出 $\hat{\boldsymbol{r}}$ 的所有矩阵元：

$$\langle 32m'|r_i|21m\rangle,$$

其中 $m=-1,0,1$；$m'=-2,-1,0,1,2$；$r_i=x,y,z$.

解：对于矢量算符 $\hat{\boldsymbol{V}}=\hat{\boldsymbol{r}}$，其分量是 $V_z=z$，$V_+=x+\mathrm{i}y$ 和 $V_-=x-\mathrm{i}y$．首先计算一个矩阵元，

$$\begin{aligned}\langle 320|z|210\rangle&=\int\psi_{320}(\boldsymbol{r})\,r\cos\theta\,\psi_{210}(\boldsymbol{r})\,\mathrm{d}^3\boldsymbol{r}\\&=\int R_{32}(r)^*\,rR_{21}(r)\,r^2\mathrm{d}r\int \mathrm{Y}_2^0(\theta,\phi)^*\cos\theta\,\mathrm{Y}_1^0(\theta,\phi)\,\mathrm{d}\Omega\\&=\frac{2^{12}3^3\sqrt{3}}{5^7}a.\end{aligned}$$

根据式（6.61），可以确定约化矩阵元

$$\langle 320|z|210\rangle=C^{112}_{000}\langle 32\|V\|21\rangle,$$

$$\frac{2^{12}3^3\sqrt{3}}{5^7}a=\sqrt{\frac{2}{3}}\langle 32\|V\|21\rangle.$$

因此

$$\langle 32\|V\|21\rangle=\frac{2^{12}3^4}{5^7\sqrt{2}}a. \tag{6.63}$$

现在，我们利用 CG 系数表，从式（6.59）和式（6.60）中可以求出所有剩下的矩阵元．相关系数如图 6.8 所示．非零矩阵元为

---

[30] 关于记号的一个提示：在标量运算符 r 的选择定则，

$$\langle n'\ell'm'|r|n\ell m\rangle=\delta_{\ell\ell'}\delta_{mm'}\langle n'\ell'\|r\|n\ell\rangle,$$

和矢量算符 $\boldsymbol{r}$ 的一个分量的（比如 z）的选择定则中

$$\langle n'\ell'm'|z|n\ell m\rangle=C^{\ell 1\ell'}_{m0m'}\langle n'\ell'\|\boldsymbol{r}\|n\ell\rangle,$$

这两个约化矩阵元是不一样的．一个是 r 的约化矩阵元，另一个是 $\boldsymbol{r}$ 的约化矩阵元，这些是具有相同名称的**不同**算符．为了便于分清它们，你可以加上一个下标来区分两者（$\langle n'\ell'\|r\|n\ell\rangle_s$ 标量和 $\langle n'\ell'\|r\|n\ell\rangle_v$ 矢量）．

$$\langle 322|\hat{V}_+|211\rangle = -\sqrt{2}\,C^{112}_{112}\langle 32\|V\|21\rangle = -\sqrt{2}\langle 32\|V\|21\rangle,$$

$$\langle 321|\hat{V}_+|210\rangle = -\sqrt{2}\,C^{112}_{011}\langle 32\|V\|21\rangle = -\langle 32\|V\|21\rangle,$$

$$\langle 320|\hat{V}_+|21-1\rangle = -\sqrt{2}\,C^{112}_{-110}\langle 32\|V\|21\rangle = -\frac{1}{\sqrt{3}}\langle 32\|V\|21\rangle,$$

$$\langle 320|\hat{V}_-|211\rangle = \sqrt{2}\,C^{112}_{1-10}\langle 32\|V\|21\rangle = \frac{1}{\sqrt{3}}\langle 32\|V\|21\rangle,$$

$$\langle 32-1|\hat{V}_-|210\rangle = \sqrt{2}\,C^{112}_{0-1-1}\langle 32\|V\|21\rangle = \langle 32\|V\|21\rangle,$$

$$\langle 32-2|\hat{V}_-|21-1\rangle = \sqrt{2}\,C^{112}_{-1-1-2}\langle 32\|V\|21\rangle = \sqrt{2}\langle 32\|V\|21\rangle,$$

$$\langle 321|\hat{V}_z|211\rangle = C^{112}_{101}\langle 32\|V\|21\rangle = \frac{1}{\sqrt{2}}\langle 32\|V\|21\rangle,$$

$$\langle 320|\hat{V}_z|210\rangle = C^{112}_{000}\langle 32\|V\|21\rangle = \sqrt{\frac{2}{3}}\langle 32\|V\|21\rangle,$$

$$\langle 32-1|\hat{V}_z|21-1\rangle = C^{112}_{-10-1}\langle 32\|V\|21\rangle = \frac{1}{\sqrt{2}}\langle 32\|V\|21\rangle,$$

约化矩阵元由式（6.63）给出．根据选择定则（式（6.56）~式（6.58）和式（6.62）），其他的 36 个矩阵元为零．只需要计算一个积分，就可以得到所有 45 个矩阵元的大小．我把用 V_+和 V_-来表示的矩阵元留给读者，但利用本书第 6.7.2 节的表达式，用 x 和 y 来求它们是非常简单的．

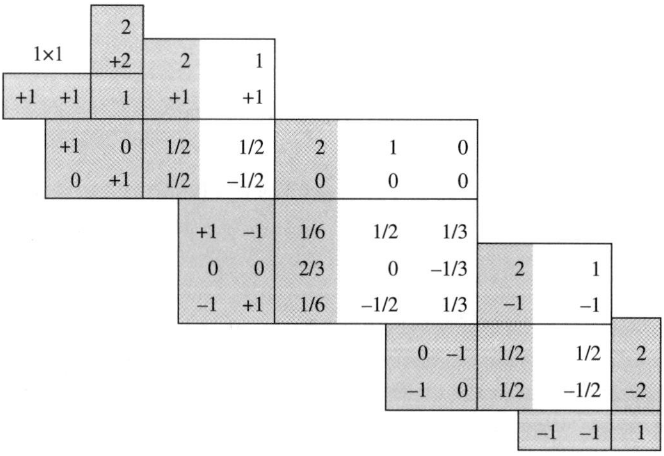

图 6.8　1⊗1 的 CG 系数．

在式（6.59）~式（6.61）中出现 CG 系数并非巧合．体系状态拥有角动量，但算符也携带角动量．标量算符（式（6.34））的 $\ell=0$——它在旋转下保持不变——就像角动量 $\ell=0$ 的状态保持不变一样．矢量算符（式（6.33））的 $\ell=1$；它的三个分量在旋转操作下相互转换，如同角动量 $\ell=1$ 的三重态之间相互转换一样.[31] 当我们将算符作用于一个状态时，将状态的角动量和算符的角动量相加，得到组合状态的角动量；这种角动量的相加是式（6.59）~式（6.61）中 CG 系数的来源.[32]

* **习题 6.22**

（a）证明：式（6.50）~式（6.54）的对易关系是根据矢量算符的定义式（式（6.33））得出的. 如果你做了习题 6.19，你已经得到了其中的一个.

（b）推导式（6.57）.

习题 6.23　式（4.183）定义了 CG 系数. 按照下式将两个角动量分别为 j_1 和 j_2 的态组合一个总角动量为 J 的态

$$|J\,M\rangle=\sum_{m_1,m_2}C^{j_1j_2J}_{m_1m_2M}\,|j_1j_2m_1m_2\rangle. \tag{6.64}$$

（a）从式（6.64），证明 CG 系数满足

$$C^{j_1j_2J}_{m_1m_2M}=\langle j_1j_2m_1m_2\,|\,J\,M\rangle. \tag{6.65}$$

（b）将 $\hat{J}_\pm=\hat{J}^{(1)}_\pm+\hat{J}^{(2)}_\pm$ 应用到式（6.64）中，推导 **CG 系数的递归关系（recursion relations for Clebsch-Gordan coefficients）**：

$$\begin{aligned}A^M_J C^{j_1j_2J}_{m_1m_2M+1}&=B^{m_1}_{j_1}C^{j_1j_2J}_{m_1-1m_2M}+B^{m_2}_{j_2}C^{j_1j_2J}_{m_1m_2-1M},\\ B^M_J C^{j_1j_2J}_{m_1m_2M-1}&=A^{m_1}_{j_1}C^{j_1j_2J}_{m+1m_2M}+A^{m_2}_{j_2}C^{j_1j_2J}_{m_1m_2+1M}.\end{aligned} \tag{6.66}$$

*** **习题 6.24**

（a）将式（6.52）~式（6.54）中的六个对易关系放在状态 $\langle n'\ell'm'|$ 和 $|n\ell m\rangle$ 中间，从而得到 $\hat{V}$ 的矩阵元之间的关系. 例如，式（6.52）可以取上标号给出

$$B^{m'}_{\ell'}\langle n'\ell'(m'-1)\,|V_+|\,n\ell m\rangle=A^m_\ell\langle n'\ell'm'\,|V_+|\,n\ell(m+1)\rangle.$$

（b）利用习题 6.23 中的结论，证明（a）部分的六个表达式满足式（6.59）~式（6.61）.

* **习题 6.25**　用单个约化矩阵元表示电子的偶极矩 $\boldsymbol{p}_e$ 在氢原子状态

$$\psi=\frac{1}{\sqrt{2}}(\psi_{211}+\psi_{200})$$

---

[31] 对于位置算符 $\boldsymbol{r}$，当我们借助表 4.3 重写它时，这种对应关系尤其明显：

$$x\pm iy=r\sin\theta e^{\pm i\phi}=\mp r\sqrt{\frac{8\pi}{3}}Y^{\pm1}_1(\theta,\phi)$$

$$z=r\cos\theta=r\sqrt{\frac{4\pi}{3}}Y^0_1(\theta,\phi).$$

[32] 由于 $C^{\ell0\ell'}_{m0m'}=\delta_{\ell\ell'}\delta_{mm'}$，可以将标量算符（式（6.47））的选择定则重写为

$$\langle n'\ell'm'\,|\hat{f}\,|n\ell m\rangle=C^{\ell0\ell'}_{m0m'}\langle n'\ell'\|\hat{f}\|n\ell\rangle.$$

上的期望值，并估算该值. **注意**：这是一个矢量的期望值，因此你需要计算三个分量. 不要忘记使用拉波特规则!

6.8 时间平移变换

在本节中，我们将研究时间平移不变性. 考虑含时薛定谔方程的解 $\Psi(x,t)$：

$$\hat{H}\Psi(x,t)=\mathrm{i}\hbar\frac{\partial}{\partial t}\Psi(x,t).$$

定义一个使波函数在时间上向前传播的算符 $\hat{U}(t)$，

$$\hat{U}(t)\Psi(x,0)=\Psi(x,t);\tag{6.67}$$

$\hat{U}(t)$ 可以用哈密顿量来表示，如果哈密顿量本身不是时间的函数，那么这样做起来非常简单. 在这种情况下，将式（6.67）的右侧展开为泰勒级数得到[33]

$$\hat{U}(t)\Psi(x,0)=\Psi(x,t)=\sum_{n=0}^{\infty}\frac{1}{n!}\left.\frac{\partial^n}{\partial t^n}\Psi(x,t)\right|_{t=0}t^n\tag{6.68}$$

$$=\sum_{n=0}^{\infty}\frac{1}{n!}\left(-\frac{\mathrm{i}}{\hbar}\hat{H}t\right)^n\Psi(x,0).\tag{6.69}$$

因此，不含时哈密顿量的时间演化算符是[34]

$$\boxed{\hat{U}(t)=\exp\left[-\frac{\mathrm{i}t}{\hbar}\hat{H}\right]}.\tag{6.71}$$

我们说哈密顿量是**时间平移的生成元（generator of translations in time）**. 注意，$\hat{U}(t)$ 是幺正算符（见习题 6.2）.

时间演化算符提供了一种简洁的方法来说明求解含时薛定谔方程的过程. 为了搞明白这一点，将 $t=0$ 时的波函数写成定态的叠加（$\hat{H}\psi_n=E_n\psi_n$）：

$$\Psi(x,0)=\sum_n c_n\psi_n(x).$$

那么

$$\Psi(x,t)=\hat{U}(t)\Psi(x,0)=\sum_n c_n\hat{U}(t)\psi_n(x)$$

$$=\sum_n c_n\mathrm{e}^{-\mathrm{i}\hat{H}t/\hbar}\psi_n(x)=\sum_n c_n\mathrm{e}^{-\mathrm{i}E_nt/\hbar}\psi_n(x).$$

---

[33] 为什么这种分析局限于 $\hat{H}$ 不含时的情况? 无论 $\hat{H}$ 是否含时，薛定谔方程都有 $\mathrm{i}\hbar\dot{\Psi}=\hat{H}\Psi$. 但是，如果 $\hat{H}$ 是含时的，则波函数 Ψ 的二阶微分由下式给出：

$$\frac{\partial^2}{\partial t^2}\Psi=\frac{\partial}{\partial t}\left(\frac{1}{\mathrm{i}\hbar}\hat{H}\Psi\right)=\frac{1}{\mathrm{i}\hbar}\frac{\partial\hat{H}}{\partial t}\Psi-\frac{1}{\hbar^2}\hat{H}^2\Psi,$$

且更高阶的微分将更加复杂. 因此，当 $\hat{H}$ 和时间无关时，式（6.69）仅仅遵循式（6.68）. 另参见习题 11.23.

[34] 该推导假定了薛定谔方程的真实解可以以 t 展开为泰勒级数，且无法保证. B. R. Holstein 和 A. R. Swift（*Am. J. Phys.* **40**，829（1989））给出了一个看似平常的例子，其实这种展开就不存在. 尽管如此，在这种情况下式（6.71）仍然适用，只要我们通过其谱分解定义指数函数（式（3.103））：

$$\hat{U}(t)\equiv\sum_n\mathrm{e}^{-\mathrm{i}E_nt/\hbar}\,|\Psi_n\rangle\langle\Psi_n|.\tag{6.70}$$

另参见 M. Amaku 等，*Am. J. Phys.* **85**，692（2017）.

从这个意义上讲，式（6.71）是以下过程的简称：即先将初始波函数用定态展开，然后附加上“摆动因子”，获得以后某一时刻的波函数（参见第 2.1 节）.

6.8.1 海森伯绘景

与本章中所研究的其他变换一样，我们可以研究将时间平移作用于算符以及波函数的效果. 变换后的算符称为**海森伯绘景（Heisenberg-picture）**算符. 按照惯例对其标注一个下标 H，而不是上标一撇：

$$\boxed{\hat{Q}_H(t)=\hat{U}^{\dagger}(t)\hat{Q}\hat{U}(t).} \tag{6.72}$$

例题 6.6 质量为 m 的粒子在势场 $V(x)$ 中做一维运动：

$$\hat{H}=\frac{\hat{p}^2}{2m}+V(x).$$

在海森伯绘景中，求出无穷小时间平移 δ 的位置算符.

解： 根据式（6.71），

$$\hat{U}(\delta)\approx 1-\mathrm{i}\frac{\delta}{\hbar}\hat{H}.$$

应用式（6.72），得到

$$\begin{aligned}\hat{x}_H(\delta)&\approx\left(1+\mathrm{i}\frac{\delta}{\hbar}\hat{H}^{\dagger}\right)\hat{x}\left(1-\mathrm{i}\frac{\delta}{\hbar}\hat{H}\right)\\&\approx\hat{x}-\mathrm{i}\frac{\delta}{\hbar}[\hat{x},\hat{H}]\approx\hat{x}-\mathrm{i}\frac{\delta}{\hbar}\mathrm{i}\hbar\frac{\hat{p}}{m}.\end{aligned}$$

所以

$$\hat{x}_H(\delta)\approx\hat{x}_H(0)+\frac{1}{m}\hat{p}_H(0)\delta$$

（利用在时间 $t=0$ 时，海森伯绘景算符就是未经变换的算符这一事实）. 这看起来很像经典力学：$x(\delta)\approx x(0)+v(0)\delta$. 海森伯绘景阐明了经典力学和量子力学之间的联系：量子力学算符遵循经典运动方程（见习题 6.29）.

例题 6.7 质量为 m 的粒子在谐振子势中做一维运动：

$$\hat{H}=\frac{\hat{p}^2}{2m}+\frac{1}{2}m\omega^2x^2.$$

在海森伯绘景中，求在时间 t 时刻的位置算符.

解： 考虑 $\hat{x}_H$ 作用在定态 ψ_n 上.（引入 ψ_n 可以使得我们用数值 $\mathrm{e}^{-\mathrm{i}E_nt/\hbar}$ 替换算符 $\mathrm{e}^{-\mathrm{i}\hat{H}t/\hbar}$，因为 $\mathrm{e}^{-\mathrm{i}\hat{H}t/\hbar}\psi_n=\mathrm{e}^{-\mathrm{i}E_nt/\hbar}\psi_n$.）将 $\hat{x}$ 写成升降算符的形式（利用式（2.62）、式（2.67）和式（2.70））

$$\begin{aligned}\hat{x}_H(t)\psi_n(x)&=\hat{U}^{\dagger}(t)\hat{x}\hat{U}(t)\psi_n(x)\\&=\mathrm{e}^{\mathrm{i}\hat{H}t/\hbar}\sqrt{\frac{\hbar}{2m\omega}}(\hat{a}_++\hat{a}_-)\mathrm{e}^{-\mathrm{i}\hat{H}t/\hbar}\psi_n(x)\end{aligned}$$

$$= \sqrt{\frac{\hbar}{2m\omega}} e^{-iE_n t/\hbar} e^{i\hat{H}t/\hbar} (\hat{a}_+ + \hat{a}_-) \psi_n(x)$$

$$= \sqrt{\frac{\hbar}{2m\omega}} e^{-iE_n t/\hbar} e^{i\hat{H}t/\hbar} \left[\sqrt{n+1}\, \psi_{n+1}(x) + \sqrt{n}\, \psi_{n-1}(x) \right]$$

$$= \sqrt{\frac{\hbar}{2m\omega}} e^{-iE_n t/\hbar} \left[\sqrt{n+1}\, e^{iE_{n+1}t/\hbar} \psi_{n+1}(x) + \sqrt{n}\, e^{iE_{n-1}t/\hbar} \psi_{n-1}(x) \right]$$

$$= \sqrt{\frac{\hbar}{2m\omega}} \left[\sqrt{n+1}\, e^{i\omega t} \psi_{n+1}(x) + \sqrt{n}\, e^{-i\omega t} \psi_{n-1}(x) \right]. \tag{6.73}$$

因此[35]

$$\hat{x}_H(t) = \sqrt{\frac{\hbar}{2m\omega}} \left[e^{i\omega t} \hat{a}_+ + e^{-i\omega t} \hat{a}_- \right].$$

或者，利用式（2.48）将 $\hat{a}_\pm$ 用 $\hat{x}$ 和 $\hat{p}$ 来表示，

$$\hat{x}_H(t) = \hat{x}_H(0) \cos(\omega t) + \frac{1}{m\omega} \hat{p}_H(0) \sin(\omega t). \tag{6.74}$$

如例题 6.6 所示，可以看出海森伯绘景算符满足谐振子系统的经典运动方程.

在本书中，我们一直是在**薛定谔绘景（Schrödinger picture）**中讨论问题，狄拉克之所以这样命名，是因为它是薛定谔本人心目中的绘景. 在薛定谔绘景中，波函数根据薛定谔方程随时间演化：

$$\hat{H}\Psi(x,t) = i\hbar \frac{\partial}{\partial t} \Psi(x,t).$$

算符 $\hat{x}=x$ 和 $\hat{p}=-i\hbar\partial_x$ 本身和时间无关，期望值（或者更一般地说，矩阵元）对时间依赖性来自波函数对时间依赖性：[36]

$$\langle \hat{Q} \rangle = \langle \Psi(t) | \hat{Q} | \Psi(t) \rangle.$$

在海森伯绘景中，波函数不随时间改变，$\Psi_H(x) = \Psi(x,0)$，算符遵从式（6.72）随时间演化. 在海森伯绘景中，期望值（或矩阵元）对时间依赖性由**算符**来体现.

$$\langle \hat{Q} \rangle = \langle \Psi_H | \hat{Q}_H(t) | \Psi_H \rangle.$$

当然，两个绘景是完全相同的，因为

$$\langle \Psi(t) | \hat{Q} | \Psi(t) \rangle = \langle \Psi(0) | \hat{U}^\dagger \hat{Q} \hat{U} | \Psi(0) \rangle = \langle \Psi_H | \hat{Q}_H(t) | \Psi_H \rangle.$$

下面对这两个绘景做一个很好的类比. 对普通的时钟，指针顺时针方向移动，而表盘数字固定不动. 但人们同样可以设计一个指针固定，表盘数字逆时针移动的时钟. 若让指针代表波函数和表盘数字代表算符，这两个时钟之间的对应关系大致相当于薛定谔绘景和海森伯绘景之间的对应关系. 还可以介绍其他的一些绘景，其中时钟指针和表盘上的数字都以中间速率运动，这样的时钟仍能显示正确的时间.[37]

---

[35] 由于式（6.73）适用于任何定态 Ψ_n，并且 Ψ_n 构成了一组状态的完备集，因此算符必须是相同的.

[36] 像 $\hat{x}$ 或 $\hat{p}$ 一样，我假定 $\hat{Q}$ 不明确显含时间.

[37] 在其他可能的绘景中，最重要的是**相互作用绘景（interaction picture）**或狄拉克绘景，它通常用于含时微扰理论.

* **习题 6.26** 求例题 6.7 中系统的 $\hat{p}_H(t)$，并讨论它与经典运动方程的对应关系.

** **习题 6.27** 考虑质量为 m 的自由粒子. 证明：位置和动量算符在海森伯绘景下为

$$\hat{x}_H(t)=\hat{x}_H(0)+\frac{1}{m}\hat{p}_H(0)t,$$

$$\hat{p}_H(t)=\hat{p}_H(0).$$

讨论这些方程和经典运动方程之间的关系. **提示**：你首先需要估算对易关系 $[\hat{x},\hat{H}^n]$；它可以让你估算出对易关系 $[\hat{x},\hat{U}]$.

6.8.2 时间平移不变性

如果哈密顿量是含时的，我们仍然可以利用时间平移算符 $\hat{U}$ 写出薛定谔方程的形式解，

$$\Psi(x,t)=\hat{U}(t,t_0)\Psi(x,t_0),\tag{6.75}$$

但 $\hat{U}$ 不再采用式（6.71）的简单形式.[38]（一般情况见习题 11.23.）对于无穷小的时间间隔 δ（见习题 6.28）

$$\hat{U}(t_0+\delta,t_0)\approx 1-\frac{\mathrm{i}}{\hbar}H(t_0)\delta.\tag{6.76}$$

平移不变性（time-translation invariance） 意味着时间演化与我们考虑的时间间隔无关. 换句话说，对于选择任意的 t_1 和 t_2，

$$\hat{U}(t_1+\delta,t_1)=\hat{U}(t_2+\delta,t_2),\tag{6.77}$$

这确保了如果体系在 t_1 时刻从状态 $|\alpha\rangle$ 出发，经过一段时间 δ 到达状态 $|\beta\rangle$，和体系在 t_2 时刻从状态 $|\alpha\rangle$ 出发，经过一段时间 δ 回到相同状态 $|\beta\rangle$ 是一样的. 比如，假设实验条件相同，周四的实验应该与周二的相同. 将式（6.76）代入式（6.77），可以看到这个结论成立的条件是 $\hat{H}(t_1)=\hat{H}(t_2)$，且既然这对所有的 t_1 和 t_2 都成立，所以哈密顿量必须是不含时的（时间平移不变性成立）：

$$\frac{\partial\hat{H}}{\partial t}=0.$$

这种情况下，广义埃伦菲斯特定理给出

$$\frac{\mathrm{d}}{\mathrm{d}t}\langle\hat{H}\rangle=\frac{\mathrm{i}}{\hbar}\langle[\hat{H},\hat{H}]\rangle+\left\langle\frac{\partial\hat{H}}{\partial t}\right\rangle=0.$$

因此，**能量守恒是时间平移不变性的结果.**

现在我们重温了所有经典守恒定律：动量守恒、能量守恒和角动量守恒定律，并且发现它们都和哈密顿量的连续对称性（分别是空间平移、时间平移和转动）有关. 在量子力学中，离散对称性（如宇称）也可以导致守恒定律.

习题 6.28 证明式（6.75）和式（6.76）是无穷小时间 δ 下薛定谔方程的解. 提示：对 $\psi(x,t)$ 做泰勒展开.

---

[38] 它是初始时间 t_0 和最终时间 t 的函数，而不仅仅是波函数演化的时间量.

[*] **习题 6.29** 对式（6.72）求微分得到**海森伯运动方程**（**Heisenberg equations of motion**）

$$i\hbar \frac{d}{dt}\hat{Q}_H(t)=[\hat{Q}_H(t),\hat{H}] \tag{6.78}$$

（$\hat{Q}$ 和 $\hat{H}$ 都和时间无关）.[39] 插入 $\hat{Q}=\hat{x}$ 和 $\hat{Q}=\hat{p}$，在海森伯绘景下，求出质量为 m 的单粒子在势场 $V(x)$ 中运动的 $\hat{x}_H$ 和 $\hat{p}_H$ 的微分方程.

[***] **习题 6.30** 考虑粒子做一维运动时的哈密顿量不含时，粒子处在能量为 E_n 的定态 $\psi_n(x)$.

（a）证明含时薛定谔方程的解可以写成

$$\Psi(x,t)=\hat{U}(t)\Psi(x,0)=\int K(x,x',t)\Psi(x',0)\mathrm{d}x',$$

其中，$K(x,x',t)$ 是熟知的**传播子**（**propagator**），即

$$K(x,x',t)=\sum_n \psi_n^*(x')\mathrm{e}^{-\mathrm{i}E_nt/\hbar}\psi_n(x). \tag{6.79}$$

$|K(x,x',t)|^2$ 是量子粒子在 t 时间内从 x' 位置传播到 x 位置的几率.

（b）对质量为 m 的粒子处在频率为 ω 的简谐势场中的情况，求 K 值. 利用这个恒等式

$$\frac{1}{\sqrt{1-z^2}}\exp\left[-\frac{\xi^2+\eta^2-2\xi\eta z}{1-z^2}\right]=\mathrm{e}^{-\xi^2}\mathrm{e}^{-\eta^2}\sum_{n=0}^{\infty}\frac{z^n}{2^n n!}\mathrm{H}_n(\xi)\mathrm{H}_n(\eta).$$

（c）如果（a）部分粒子的初态为[40]

$$\Psi(x,0)=\left(\frac{2a}{\pi}\right)^{1/4}\mathrm{e}^{-a(x-x_0)^2},$$

求 $\Psi(x,t)$. 将结果与习题 2.49 做比较. **注释：**习题 2.49 是 $a=m\omega/2\hbar$ 的一个特例.

（d）求质量为 m 的自由粒子的 K 值. 在这种情况下，定态不再是离散的，而是连续的，我们需要对式（6.79）做如下替换：

$$\sum_n \to \int_{-\infty}^{\infty}\mathrm{d}p.$$

（e）求自由粒子以初态

$$\Psi(x,0)=\left(\frac{2a}{\pi}\right)^{1/4}\mathrm{e}^{-ax^2}$$

出发的波函数 $\Psi(x,t)$. 将结果与习题 2.21 做比较.

[39] 对于含时的 $\hat{Q}$ 和 $\hat{H}$，推广的方程是

$$i\hbar\frac{d}{dt}\hat{Q}_H(t)=[\hat{Q}_H(t),\hat{H}_H(t)]+\hat{U}^\dagger\frac{\partial\hat{Q}}{\partial t}\hat{U}.$$

[40]（c）~（e）中的积分都可以利用在习题 2.21 中推导的下面一个恒等式完成：

$$\int_{-\infty}^{\infty}\mathrm{e}^{-ax^2+bx}\mathrm{d}x=\sqrt{\frac{\pi}{a}}\mathrm{e}^{b^2/4a}.$$

本章补充习题

习题 6.31 在推导式（6.3）时，我们假定函数具有泰勒级数形式. 如果通过谱分解

$$\hat{T}(a)=\int e^{-iap/\hbar}|p\rangle\langle p|dp \tag{6.80}$$

的形式来定义算符指数而不是幂级数形式，那么结果更具有普适性. 这里我给出狄拉克记号下的算符；作用在位置空间函数（参见第 3.6.3 节的讨论）意味着

$$\hat{T}(a)\psi(x)=\int_{-\infty}^{\infty} e^{-iap/\hbar}f_p(x)\Phi(p)\,dp, \tag{6.81}$$

其中 $\Phi(p)$ 是对应 $\psi(x)$ 的动量空间波函数，$f_p(x)$ 在式（3.32）中已给出定义. 证明：式（6.81）给出的算符 $\hat{T}(a)$ 作用到函数

$$\psi(x)=\sqrt{\lambda}\,e^{-\lambda|x|}$$

（其一阶导数在 $x=0$ 处未定义）上可以得到正确的结果.

** **习题 6.32** 自旋态的转动可由与式（6.32）相同的表达式给出，其中用自旋角动量代替轨道角动量：

$$R_n(\varphi)=\exp\left[-i\frac{\varphi}{\hbar}\boldsymbol{n}\cdot\boldsymbol{S}\right].$$

本题将考虑自旋为 1/2 的自旋态的转动.

（a）证明

$$(\boldsymbol{a}\cdot\boldsymbol{\sigma})(\boldsymbol{b}\cdot\boldsymbol{\sigma})=\boldsymbol{a}\cdot\boldsymbol{b}+i(\boldsymbol{a}\times\boldsymbol{b})\cdot\boldsymbol{\sigma},$$

其中 σ_i 是泡利自旋矩阵，$\boldsymbol{a}$ 和 $\boldsymbol{b}$ 为普通的矢量. 利用习题 4.29 的结果.

（b）利用（a）部分的结果证明：

$$\exp\left[-i\frac{\varphi}{\hbar}\boldsymbol{n}\cdot\boldsymbol{S}\right]=\cos\left(\frac{\varphi}{2}\right)-i\sin\left(\frac{\varphi}{2}\right)\boldsymbol{n}\cdot\boldsymbol{\sigma}.$$

回顾一下 $\boldsymbol{S}=(\hbar/2)\boldsymbol{\sigma}$.

（c）证明：在沿着 z 轴自旋向上和自旋向下的标准基下，（b）部分的结果变为如下矩阵：

$$\mathsf{R}_n=\cos\left(\frac{\varphi}{2}\right)\begin{pmatrix}1&0\\0&1\end{pmatrix}-i\sin\left(\frac{\varphi}{2}\right)\begin{pmatrix}\cos\theta & \sin\theta e^{-i\phi}\\ \sin\theta e^{i\phi} & -\cos\theta\end{pmatrix},$$

其中 θ 和 ϕ 是描述转轴的单位矢量 $\boldsymbol{n}$ 的极坐标.

（d）证明（c）部分的矩阵 R_n 是幺正的.

（e）直接计算矩阵 $\mathsf{S}'_x=\mathsf{R}^\dagger\mathsf{S}_x\mathsf{R}$，其中 R 表示绕 z 轴转角度 φ，并验证其是否回到预期的结果. 提示：用 S_x 和 S_y 重写 S'_x.

（f）构建一个绕 x 轴转角度为 π 的矩阵，证明它可以把自旋向上变为自旋向下.

（g）求出描述绕 z 轴转 2π 的矩阵. 为什么这个结果令人吃惊？[41]

---

[41] 有关如何实际测量符号变化的讨论，请参见 S. A. Werner 等，*Phys. Rev. Lett.* **35**，1053（1975）.

习题 6.33 考虑一边长为 L 的二维无限深势阱中质量为 m 的粒子. 原点作为势阱的中心，定态可以写为

$$\psi_{n_x n_y}(x,y)=\frac{2}{L}\sin\left[\frac{n_x\pi}{L}\left(x-\frac{L}{2}\right)\right]\sin\left[\frac{n_y\pi}{L}\left(y-\frac{L}{2}\right)\right],$$

能量为

$$E_{n_x n_y}=\frac{\pi^2\hbar^2}{2mL^2}(n_x^2+n_y^2),$$

式中，n_x 和 n_y 为正整数.

(a) $a\neq b$ 的两个态 ψ_{ab} 和 ψ_{ba} 明显简并. 证明围绕势阱中心逆时针旋转 90°可以使一个状态转变为另外一个，

$$\hat{R}\psi_{ab}\propto\psi_{ba},$$

并确定比例常数. **提示**：把 ψ_{ab} 写成极坐标形式.

(b) 假定用两个基矢 ψ_+ 和 ψ_- 作为简并态来替代 ψ_{ab} 和 ψ_{ba}，

$$\psi_\pm=\frac{\psi_{ab}\pm\psi_{ba}}{\sqrt{2}}.$$

证明：如果 a 和 b 都是偶数或都是奇数，ψ_+ 和 ψ_- 是转动算符的本征态.

(c) 对于 $a=5$ 和 $b=7$，绘制状态 ψ_- 的等高线图，并（目视）验证它是正方形的每个对称操作的本征态（旋转 $\pi/2$ 的整数倍、沿对角线上的反射或沿两边中线的反射）. 事实上，ψ_+ 和 ψ_- 并没有同正方形的任何对称性操作联系起来，这意味着必须存在额外的对称性来解释这两个态的简并.[42]

*****习题 6.34** 相比简单的旋转不变性，库仑势有**更高的对称性**. 这种额外的对称性表现为存在额外的守恒量，即**拉普拉斯-龙格-楞次矢量（Laplace-Runge-Lenz vector）**

$$\hat{\boldsymbol{M}}=\frac{\hat{\boldsymbol{p}}\times\hat{\boldsymbol{L}}-\hat{\boldsymbol{L}}\times\hat{\boldsymbol{p}}}{2m}+V(r)\hat{\boldsymbol{r}},$$

其中 $V(\boldsymbol{r})$ 是势能，$V(r)=-e^2/4\pi\varepsilon_0 r$.[43] 氢原子守恒量的对易式的完整集合是

(i) $[\hat{H},\hat{M}_i]=0.$

(ii) $[\hat{H},\hat{L}_i]=0.$

(iii) $[\hat{L}_i,\hat{L}_j]=\mathrm{i}\hbar\varepsilon_{ijk}\hat{L}_k.$

(iv) $[\hat{L}_i,\hat{M}_j]=\mathrm{i}\hbar\varepsilon_{ijk}\hat{M}_k.$

(v) $[\hat{M}_i,\hat{M}_j]=\frac{\hbar}{\mathrm{i}}\varepsilon_{ijk}L_k\frac{2}{m}\hat{H}.$

---

[42] 关于这种"偶然"简并的讨论，请参见 F. Leyvraz 等，*Am. J. Phys.* **65**，1087（1997）.

[43] 库仑哈密顿量的完全对称性不仅是公认的三维转动群（数学家称之为），而且是四维转动群（SO（4）），它有六个生成元（$\boldsymbol{L}$ 和 $\boldsymbol{M}$）.（如果四个轴为 w、x、y 和 z，则生成元对应于六个正交平面中的每个平面旋转，wx、wy、wz（即 $\boldsymbol{M}$）和 yz、zx、xy（即 $\boldsymbol{L}$）.）

这些量的物理含义为：（ⅰ）$\boldsymbol{M}$ 是守恒量；（ⅱ）$\boldsymbol{L}$ 是守恒量；（ⅲ）$\boldsymbol{L}$ 是矢量；（ⅳ）$\boldsymbol{M}$ 是矢量（（ⅴ）没有明确的解释）．矢量 $\hat{\boldsymbol{L}}$ 和 $\hat{\boldsymbol{M}}$ 和 $\hat{H}$ 还有两个附加关系．它们是

$$(\text{vi})\qquad \hat{M}^2=\left(\frac{e^2}{4\pi\varepsilon_0}\right)^2+\frac{2}{m}\hat{H}(\hat{L}^2+\hbar^2).$$

$$(\text{vii})\qquad \hat{\boldsymbol{M}}\cdot\hat{\boldsymbol{L}}=0.$$

(a)从习题 6.19 中的结果和 $\hat{\boldsymbol{M}}$ 是守恒量的事实，对于某些常数 $c_{n\ell}$，我们得到 $\hat{M}_+\psi_{n\ell\ell}=c_{n\ell}\psi_{n(\ell+1)(\ell+1)}$．将式(ⅶ)作用到态 $\psi_{n\ell\ell}$ 上，证明

$$\hat{M}_z\psi_{n\ell\ell}=-\frac{1}{\sqrt{2}}\frac{1}{\sqrt{l+1}}c_{n\ell}\psi_{n(\ell+1)\ell}.$$

(b) 利用（ⅵ）证明

$$\hat{M}_-\hat{M}_+\psi_{n\ell\ell}=\left(\frac{e^2}{4\pi\varepsilon_0}\right)^2\left[1-\left(\frac{\ell+1}{n}\right)^2\right]\psi_{n\ell\ell}-\hat{M}_z^2\psi_{n\ell\ell}.$$

(c) 从（a）和（b）部分的结果求出常数 $c_{n\ell}$．你会发现除非 $\ell=n-1$，否则 c_{nl} 不会等于零．**提示：**考虑 $\int|M_+\psi_{n\ell m}|^2\mathrm{d}^3\boldsymbol{r}$ 并结合 $M_\pm$ 互共轭这一事实．图 6.9 示意出 $\hat{\boldsymbol{L}}$ 和 $\hat{\boldsymbol{M}}$ 的生成元是如何关联氢原子简并态的．

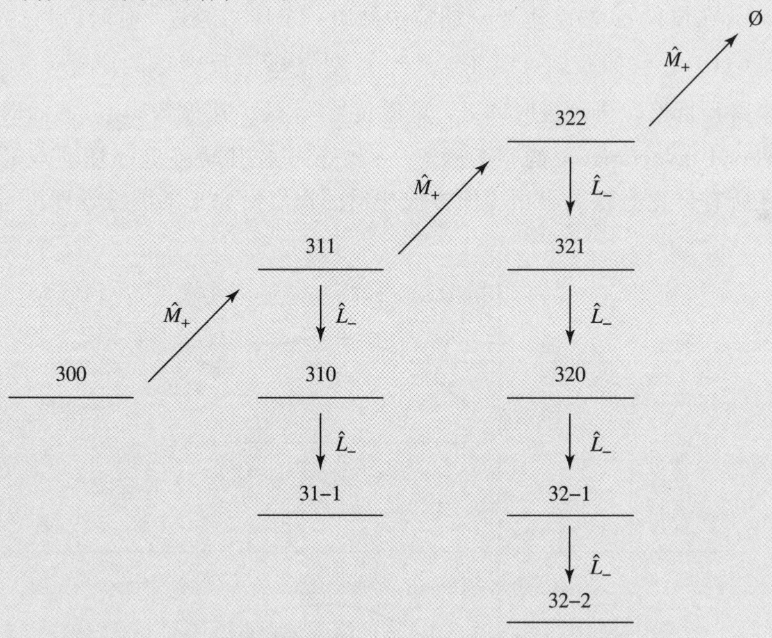

图 6.9　氢原子 $n=3$ 的简并态，以及和它们相联系的对称操作．

** **习题 6.35　伽利略变换（Galilean transformation）**是将参考系 $\mathcal{S}$ 变换到相对 $\mathcal{S}$ 以速度 $-v$ 运动的参考系 $\mathcal{S}'$ 的操作（两个参考系在 $t=0$ 时刻原点重合）．在 t 时刻伽利略变换的幺正算符为

$$\hat{\Gamma}(v,t)=\exp\left[-\frac{\mathrm{i}}{\hbar}v(t\hat{p}-m\hat{x})\right].$$

（a）求无穷小速度 δ 变换下 $\hat{x}'=\hat{\Gamma}^{\dagger}\hat{x}\hat{\Gamma}$ 和 $\hat{p}'=\hat{\Gamma}^{\dagger}\hat{p}\hat{\Gamma}$. 你所得到结果的物理意义是什么？

（b）证明

$$\hat{\Gamma}(v,t)=\exp\left[\frac{\mathrm{i}}{\hbar}(mxv-\frac{1}{2}mv^2t)\right]\hat{T}(vt)$$

$$=\hat{T}(vt)\exp\left[\frac{\mathrm{i}}{\hbar}\left(mxv+\frac{1}{2}mv^2t\right)\right].$$

其中 $\hat{T}$ 是空间平移算符（式（6.3））. 你将会用到**贝克-坎贝尔-豪斯多夫**公式（习题3.29）.

（c）证明：如果 Ψ 是哈密顿算符为

$$\hat{H}=\frac{\hat{p}^2}{2m}+V(x)$$

的含时薛定谔方程的解. 那么，伽利略变换下的波函数 $\Psi'=\hat{\Gamma}(v,t)\Psi$ 也是运动势 $V(x)$ 的含时薛定谔方程的解：

$$\hat{H}=\frac{\hat{p}^2}{2m}+V(x-vt).$$

注意：仅当 $[\hat{A},(\mathrm{d}\hat{A}/\mathrm{d}t)]=0$ 时，$(\mathrm{d}/\mathrm{d}t)\mathrm{e}^{\hat{A}}=\mathrm{e}^{\hat{A}}(\mathrm{d}\hat{A}/\mathrm{d}t)$.

（d）证明习题2.50（a）的结果就是本题结论的一个例子.

习题 6.36　在位置 $\boldsymbol{r}_0$ 处以速度 $\boldsymbol{v}_0$ 向空中抛出一个球，经过 t 时间后到达 $\boldsymbol{r}_1$ 处，且速度为 $\boldsymbol{v}_1$（见图6.10）. 假如我们可以在球到达 $\boldsymbol{r}_1$ 处的瞬时反转球的速度. 忽略空气阻力，球将沿着原来路径折返，再经过时间 t 后重返位置 $\boldsymbol{r}_0$ 处，速度为 $-\boldsymbol{v}_0$. 此为**时间反演不变性（time-reversal invariance）**的一个例子——使粒子在其轨迹上的任一点上的运动方向反向，它将在所有位置上以大小相等但方向相反的速度沿原来的路径返回.

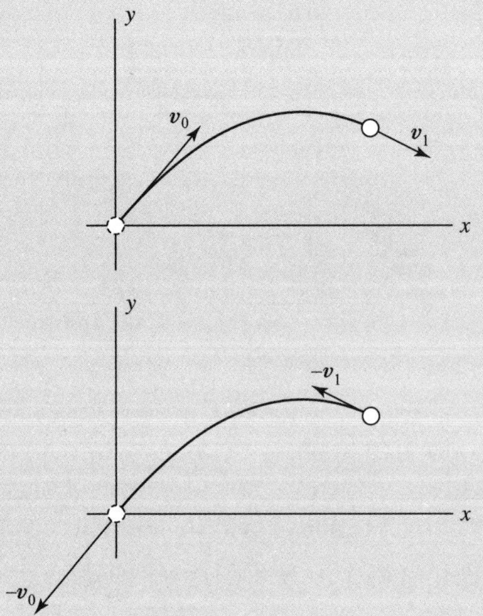

图 6.10　以扔球作为一个时间反演不变性的例子（忽略空气阻力）. 如果我们在轨迹的任一点反转粒子的速度，它将重复这条轨迹.

为什么它被称作时间反演？毕竟，反转的是速度，而不是时间．如果我们给你看球从 $\boldsymbol{r}_1$ 运行到 $\boldsymbol{r}_0$ 的电影，你就无法判断你是在观看反转后向前打球的电影还是反转前向后打球的电影．在时间反演不变的系统中，倒放电影代表着另外一种可能的运动．

带电粒子在外磁场中运动是系统没有时间反演对称性的一个常见例子．[44] 在这种情况下，当你反转粒子的速度时，洛伦兹力将会改变符号，粒子不再沿着以前的路径返回，如图 6.11 所示．

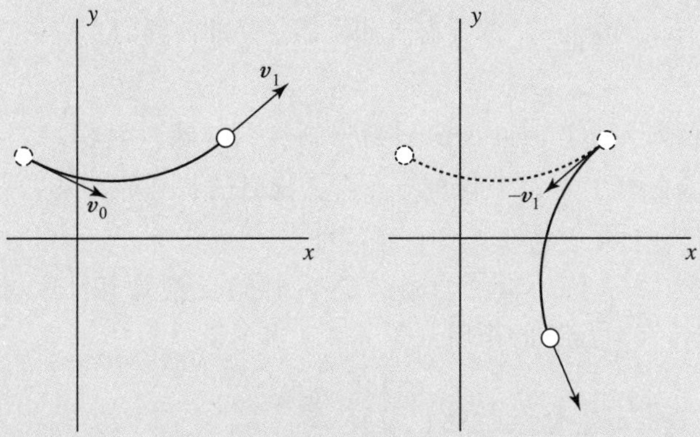

图 6.11　外磁场打破时间反演对称性．图为带电量为 $+q$ 的粒子在垂直纸面向里的均匀磁场中运动．如果在图示的位置使粒子的速度从 $\boldsymbol{v}_1$ 到 $-\boldsymbol{v}_1$ 发生反转，粒子不再沿以前的路径折返，而是重新进入一个新的圆形轨道．

时间反演算符（time-reversal operator）$\hat{\Theta}$ 是一个让粒子动量反转（$\boldsymbol{p}\to-\boldsymbol{p}$）且位置保持不变的算符．其实更好的名称应该是"运动方向反转"算符．[45] 对于无自旋粒子，时间反演算符 $\hat{\Theta}$ 是简单地把位置空间波函数复共轭[46]

$$\hat{\Theta}\Psi(x,t)=\Psi^*(x,t). \tag{6.82}$$

（a）证明：在时间反演操作下，算符 $\hat{x}$ 和 $\hat{p}$ 的变换是

$$\hat{x}'=\hat{\Theta}^{-1}\hat{x}\hat{\Theta}=\hat{x}$$

$$\hat{p}'=\hat{\Theta}^{-1}\hat{p}\hat{\Theta}=-\hat{p}.$$

提示：通过计算算符 $\hat{x}$ 和 $\hat{p}$ 作用在任意试探函数 $f(x)$ 上来实现这一点．

（b）可以从上面的讨论中写出时间反演不变性的数学形式．选取一个系统，让其演化一段时间 t，然后让其动量反转并再次演化一段时间 t．如果系统具有时间反演不变性，

---

[44] 所谓外磁场，我的意思是只反转电荷 q 的速度，而不是反转产生磁场的电荷的速度．如果我们反转这些速度，磁场方向也会改变，作用在电荷 q 上的洛伦兹力也会因为反转而不变，实际上系统是时间反演不变的．

[45] 参见 Eugene P. Wigner, *Group Theory and its Applications to Quantum Mechanics and Atomic Spectra*（Academic Press，纽约，1959），第 325 页．

[46] 时间反转是一个**反幺正算符（anti-unitary operator）**．反幺正算符满足

$$\langle\Theta f|\Theta g\rangle=\langle f|g\rangle^*,$$

$$\hat{\Theta}(a|\alpha\rangle+b|\beta\rangle)=a^*\hat{\Theta}|\alpha\rangle+b^*\hat{\Theta}|\beta\rangle.$$

而幺正算符满足同样的两个方程，但不是复共轭．这里我不去定义反幺正算符的共轭算符；相反，我使用 $\hat{\Theta}^{-1}$ 表示反幺正算符，而我们可以互换地使用 $\hat{U}^\dagger$ 或 $\hat{U}^{-1}$ 表示幺正算符．

尽管动量发生反转（见图 6.10），系统也将返回出发的地方．用算符来描述是

$$\hat{U}(t)\hat{\Theta}\hat{U}(t)=\hat{\Theta}.$$

如果它对任意时间间隔都成立，那么它必须对无穷小的时间间隔 δ 也成立．证明时间反演不变性要求

$$[\hat{\Theta},\hat{H}]=0. \tag{6.83}$$

（c）证明：对于时间反演不变的哈密顿量，如果 $\psi_n(x)$ 是能量为 E_n 的定态，则 $\psi_n^*(x)$ 也是一个具有相同能量 E_n 的定态．如果能量是非简并的，这意味着可以选择定态为实数．

（d）动量本征函数 $f_p(x)$ 时间反演后会得到什么（式（3.32））？波函数为氢原子波函数 $\psi_{n\ell m}(r,\theta,\phi)$ 会怎样？对每个状态与没有变换时的状态的关系进行评论；如（c）所确定的，验证变换状态和未变换状态具有相同能量．

习题 6.37 作为粒子角动量的自旋，它在时间反演作用下一定发生反转（习题 6.36）．实际上时间反演对旋量的作用（第 4.4.1 节）是

$$\hat{\Theta}\begin{pmatrix}a\\b\end{pmatrix}=\begin{pmatrix}-b^*\\a^*\end{pmatrix}, \tag{6.84}$$

因此，除了复共轭外，自旋向上和自旋向下分量是互换的．[47]

（a）证明：对于自旋为 1/2 的粒子有 $\hat{\Theta}^2=-1$．

（b）考虑能量为 E_n 的具有时间反演不变哈密顿量（式（6.83））的本征态 $|\psi_n\rangle$．我们知道，$|\psi_n'\rangle=\hat{\Theta}|\psi_n\rangle$ 也是 $\hat{H}$ 的一个本征态，且能量为 E_n．有两种可能性：要么 $|\psi_n\rangle$ 和 $|\psi_n'\rangle$ 是相同的态（这意味着 $|\psi_n'\rangle=c|\psi_n\rangle$，其中 c 为某个复常数），或者它们是不同的态．证明对于自旋为 1/2 的粒子，第一种情况会导致矛盾，也就是说能级必须（至少）是二重简并的．

评注：你所证明的是**克拉默斯简并性（Kramer′s degeneracy）**的一个特例：对于自旋为1/2 奇数倍的粒子（或任何半整数自旋），（时间反演不变哈密顿量的）每个能级至少是二重简并的．如同你所证明的那样，这是因为半整数自旋态和它的时间反演状态一定是不同的．[48]

---

[47] 对任意自旋

$$\hat{\Theta}=e^{-i\pi\hat{S}_y/\hbar}\hat{K}, \tag{6.85}$$

其中第一项是绕 y 轴旋转角度 π，而 $\hat{K}$ 是取复共轭的算符．

[48] 对于自旋为 0 的粒子，时间反演对称性能告诉我们一些有趣的东西吗？事实上答案是肯定的．一方面，定态可以选择为实数态；你在习题 2．2 中已经证明了这一点，但我们现在看到这是时间反演对称的结果．另一个例子是周期势场（第 5.3.2 节和习题 6.6）中具有晶格动量 q 和 $-q$ 两个状态的能级简并．如果势场是对称的，这可以归因于反演对称，但即使没有反演对称，简并仍然存在（试试吧！）；这是时间反演对称的结果．

第Ⅱ部分

应 用

第7章　定态微扰理论

7.1　非简并微扰理论

7.1.1　一般公式

对某些势（比如，一维无限深势阱），假设我们已经得到其定态薛定谔方程解：

$$H^0\psi_n^0=E_n^0\psi_n^0, \tag{7.1}$$

和一组正交归一完备集的本征函数 ψ_n^0，

$$\langle\psi_n^0|\psi_m^0\rangle=\delta_{nm}, \tag{7.2}$$

以及相应的能量本征值 E_n^0. 现在，在这个势上加一个微小的扰动（比如，如图 7.1 所示，在势阱底部加上一个小小的凸块）. 我们期望可以求出新的本征函数和本征值：

$$H\psi_n=E_n\psi_n, \tag{7.3}$$

但是，对于这样有些复杂的势场，除非我们非常幸运，否则是无法精确求解薛定谔方程的. **微扰理论（Perturbation theory）**是一套系统的理论，它是通过建立在已知精确解的基础上，获得有微扰存在时的近似解.

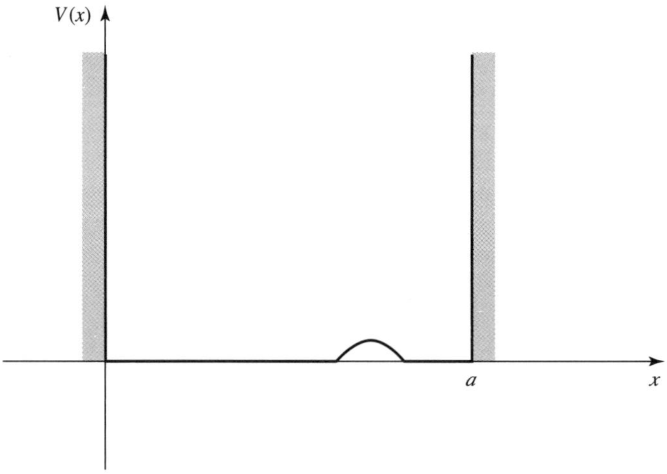

图 7.1　无限深势阱中受到一个小的微扰.

首先，把新的系统哈密顿量写成两项之和：

$$H=H^0+\lambda H', \tag{7.4}$$

式中，H'是微扰项（上标 0 总是表示未微扰的物理量）. 开始，将 λ 取为一个很小的数；稍后我们将它调大到 1，H 是真实系统的哈密顿量. 然后，把 ψ_n 和 E_n 展开为 λ 的幂级数形式：

$$\psi_n=\psi_n^0+\lambda\psi_n^1+\lambda^2\psi_n^2+\cdots; \tag{7.5}$$

$$E_n = E_n^0 + \lambda E_n^1 + \lambda^2 E_n^2 + \cdots. \tag{7.6}$$

这里，E_n^1 为第 n 个本征值的**一阶修正（first-order correction）**，ψ_n^1 为第 n 个本征函数的**一阶修正**；E_n^2 和 ψ_n^2 分别为相应的**二阶修正（second-order corrections）**，以此类推. 将式（7.5）和式（7.6）代入式（7.3），得到

$$(H^0+\lambda H')(\psi_n^0+\lambda\psi_n^1+\lambda^2\psi_n^2+\cdots) = (E_n^0+\lambda E_n^1+\lambda^2 E_n^2+\cdots)(\psi_n^0+\lambda\psi_n^1+\lambda^2\psi_n^2+\cdots)$$

或（将 λ 相同的幂次项合并）

$$\begin{aligned} &H^0\psi_n^0+\lambda(H^0\psi_n^1+H'\psi_n^0)+\lambda^2(H^0\psi_n^2+H'\psi_n^1)+\cdots \\ &= E_n^0\psi_n^0+\lambda(E_n^0\psi_n^1+E_n^1\psi_n^0)+\lambda^2(E_n^0\psi_n^2+E_n^1\psi_n^1+E_n^2\psi_n^0)+\cdots. \end{aligned}$$

对于零阶（λ^0）项[1] 有 $H^0\psi_n^0 = E_n^0\psi_n^0$，这没有新的内容（它就是式（7.1））. 对于一阶（λ^1）项有

$$H^0\psi_n^1 + H'\psi_n^0 = E_n^0\psi_n^1 + E_n^1\psi_n^0, \tag{7.7}$$

对于二阶（λ^2）项有

$$H^0\psi_n^2 + H'\psi_n^1 = E_n^0\psi_n^2 + E_n^1\psi_n^1 + E_n^2\psi_n^0, \tag{7.8}$$

以此类推.（现在我们可以不用 λ 了——它仅仅是用来记录不同量级的方法——所以把 λ 调大为 1.）

7.1.2　一阶理论

将 ψ_n^0 与式（7.7）进行内积运算（即乘以 $(\psi_n^0)^*$ 后积分），

$$\langle\psi_n^0|H^0\psi_n^1\rangle + \langle\psi_n^0|H'\psi_n^0\rangle = E_n^0\langle\psi_n^0|\psi_n^1\rangle + E_n^1\langle\psi_n^0|\psi_n^0\rangle.$$

但是，H^0 为厄米的，所以

$$\langle\psi_n^0|H^0\psi_n^1\rangle = \langle H^0\psi_n^0|\psi_n^1\rangle = \langle E_n^0\psi_n^0|\psi_n^1\rangle = E_n^0\langle\psi_n^0|\psi_n^1\rangle,$$

它和右边第一项相抵消. 又因 $\langle\psi_n^0|\psi_n^0\rangle = 1$，所以，[2]

$$\boxed{E_n^1 = \langle\Psi_n^0|H'|\Psi_n^0\rangle.} \tag{7.9}$$

这就是一阶微扰理论最基本的结论；实际上，它很可能是量子力学中最常用的方程. 它说明能量的一阶修正对应于在未微扰状态下微扰项的期望值.

例题 7.1　无限深方势阱中未微扰的波函数是（式（2.31））

$$\psi_n^0(x) = \sqrt{\frac{2}{a}}\sin\left(\frac{n\pi}{a}x\right).$$

假定对系统进行微扰是简单地将“阱底”抬高一个常数量 V_0（见图 7.2）. 计算能量的一阶修正.

解： 在这种情况下，$H' = V_0$，第 n 个状态能量的一阶修正为

$$E_n^1 = \langle\psi_n^0|V_0|\psi_n^0\rangle = V_0\langle\psi_n^0|\psi_n^0\rangle = V_0.$$

---

[1] 幂级数展开的唯一性（见第 2 章，脚注 36）保证了相同幂的系数相等.

[2] 在这种情况下，我们写 $\langle\Psi_n^0|H'\Psi_n^0\rangle$ 还是 $\langle\Psi_n^0|H'|\Psi_n^0\rangle$（多一个竖杠）是无关紧要的，因为我们是使用波函数本身来标记状态. 但后一种标记法更可取，因为它使我们摆脱了这个特定的习惯. 例如，如果我们用 $|n\rangle$ 表示谐振子的第 n 个状态（式（2.86）），$H'|n\rangle$ 是有意义的，但 $|H'n\rangle$ 是不可理解的（算符作用于矢量/函数上，而不是数字 n）.

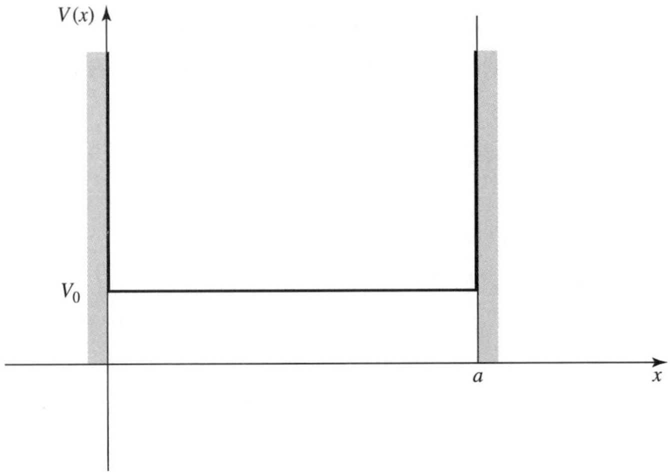

图 7.2　存在于整个势阱中的常数微扰.

因此，修正后的能级为 $E_n \approx E_n^0 + V_0$；它简单地被抬高了 V_0. 这是自然地！这里唯一的意外就是能量的一阶近似竟然得到了一个精确解. 很明显，对于常数微扰，所有更高级的修正都将为零.[3] 另一方面，如果这个常数微扰仅覆盖了整个势阱中的一半（见图 7.3），则有

$$E_n^1 = \frac{2V_0}{a}\int_0^{a/2} \sin^2\left(\frac{n\pi}{a}x\right)\,\mathrm{d}x = \frac{V_0}{2}.$$

在这种情况下，每个修正的能级都被抬高了 $V_0/2$. 大概这不是确切的结果，但是作为一阶近似，它似乎是合理的.

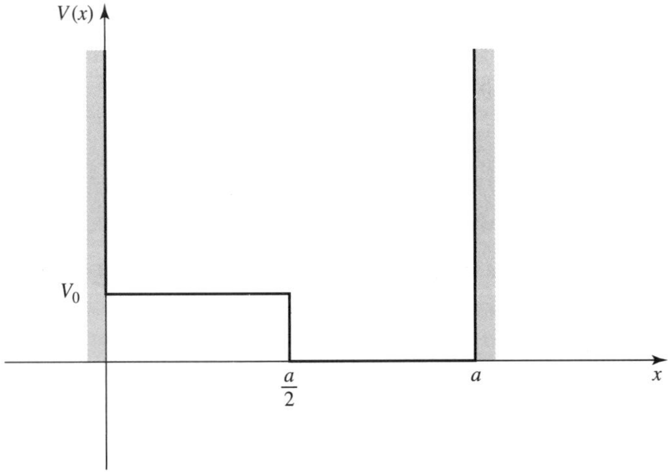

图 7.3　存在于半个势阱的常数微扰.

[3] 顺便说一句，这个结论和无限方阱的特殊性质无关，当微扰为常数时，对任何势结论都是一样的.

式（7.9）是能量的一阶修正；为了找到波函数的一阶修正，重新将式（7.7）写为

$$(H^0-E_n^0)\psi_n^1=-(H'-E_n^1)\psi_n^0. \tag{7.10}$$

上式右边为已知函数，所以式（7.10）是关于 ψ_n^1 的非齐次微分方程. 现在，未微扰的波函数构成一个完备集，所以 ψ_n^1（像其他函数一样）可以表示为它们的线性组合：

$$\psi_n^1=\sum_{m\neq n}c_m^{(n)}\psi_m^0. \tag{7.11}$$

（求和时没有必要包含 $m=n$ 项，因为如果 ψ_n^1 满足式（7.10），则对于任意 α，$(\psi_n^1+\alpha\psi_n^0)$ 亦满足. 可以利用这个结果将 ψ_n^0 项去掉.[4]）如果我们能够确定系数 $c_m^{(n)}$，问题也就得到了解决.

现在，将式（7.11）代入式（7.10），并利用 ψ_m^0 满足未微扰的薛定谔方程这一事实（式（7.1）），得到

$$\sum_{m\neq n}(E_m^0-E_n^0)c_m^{(n)}\psi_m^0=-(H'-E_n^1)\psi_n^0.$$

取 ψ_l^0 与上式的内积，

$$\sum_{m\neq n}(E_m^0-E_n^0)c_m^{(n)}\langle\psi_l^0|\psi_m^0\rangle=-\langle\psi_l^0|H'|\psi_n^0\rangle+E_n^1\langle\psi_l^0|\psi_n^0\rangle.$$

如果 $l=n$，左边为零，再次得到了式（7.9）；如果 $l\neq n$，得到

$$(E_l^0-E_n^0)c_l^{(n)}=-\langle\psi_l^0|H'|\psi_n^0\rangle,$$

或者

$$c_m^{(n)}=\frac{\langle\psi_m^0|H'|\psi_n^0\rangle}{E_n^0-E_m^0}, \tag{7.12}$$

所以

$$\boxed{\psi_n^1=\sum_{m\neq n}\frac{\langle\psi_m^0|H'|\psi_n^0\rangle}{(E_n^0-E_m^0)}\psi_m^0.} \tag{7.13}$$

注意到只要未微扰情况下能级是非简并的，上式的分母就不为零（因为不存在 $m=n$ 的系数）. 但如果两个未微扰状态具有相同的能量，我们将会遇到很大的麻烦（得到式（7.12）的分母 0）；在这种情况时，需要有一个**简并微扰理论**（**degenerate perturbation theory**），我将在 7.2 节中讨论.

这样我们就完成了一阶微扰理论：由式（7.9）给出的能量一阶修正 E_n^1；由式（7.13）给出的波函数一阶修正 ψ_n^1.

* **习题 7.1**　假设在一无限深方势阱的中心加入一个 δ 函数峰：

$$H'=\alpha\delta(x-a/2),$$

其中 α 为常数.

---

[4] 另外，观察式（7.5）可以发现，任何在 ψ_n^1 中的 ψ_n^0 分量都可以通过和第一项结合去除掉. 事实上，选择 $c_n^{(n)}=0$—加上式（7.5）中 ψ_n^0 的系数为 1—保证了 ψ_n 的归一化（精确到 λ 一阶）：$\langle\psi_n|\psi_n\rangle=\langle\psi_n^0|\psi_n^0\rangle+\lambda(\langle\psi_n^1|\psi_n^0\rangle+\langle\psi_n^0|\psi_n^1\rangle)+\lambda^2(\cdots)+\cdots$，由未微扰态的正交归一性，第一项为 1，只要 ψ_n^1 中没有 ψ_n^0 分量，$\langle\psi_n^1|\psi_n^0\rangle=\langle\psi_n^0|\psi_n^1\rangle=0$.

（a）给出允许能级的一阶修正．解释对于偶数 n，为何能量没有受到扰动．

（b）给出基态波函数一阶修正 ψ_1^1 展开式（式（7.13））中的前三个非零项．

***习题 7.2** 对于谐振子（$V(x)=(1/2)kx^2$），能量允许值为

$$E_n=(n+1/2)\hbar\omega \quad (n=0,1,2,\cdots),$$

其中 $\omega=\sqrt{k/m}$ 是经典频率．假设弹性常数稍微增大一点：$k\rightarrow(1+\varepsilon)k$．（也许这是弹簧冷却了，使它变得不那么有弹性了．）

（a）求能量的精确值（这种情况很平庸）．将你的结果展开为 ε 的幂级数，直到第二阶．

（b）利用式（7.9），计算能量的一阶修正．这里 H' 指的是什么？将你的结果和（a）中结果进行对比．**提示**：实际上，在求解本问题时，没有必要也不允许进行积分计算．

习题 7.3 无限深方势阱中放入两个自旋为零的全同玻色子（式（2.22））．两者之间通过下面的势场有微弱的相互作用（V_0 为有能量量纲的一个常数，a 为势阱宽度）：

$$V(x_1,x_2)=-aV_0\delta(x_1-x_2).$$

（a）首先，忽略粒子间的相互作用，求基态和第一激发态的波函数和对应的能量．

（b）利用一阶微扰理论，估算粒子间相互作用对基态、第一激发态能量的影响．

7.1.3　二阶能量修正

和前面一样，将 ψ_n^0 与二阶近似方程（式（7.8））求内积：

$$\langle\psi_n^0|H^0\psi_n^2\rangle+\langle\psi_n^0|H'\psi_n'\rangle=E_n^0\langle\psi_n^0|\psi_n^2\rangle+E_n^1\langle\psi_n^0|\psi_n^1\rangle+E_n^2\langle\psi_n^0|\psi_n^0\rangle.$$

再次利用 H^0 的厄米性：

$$\langle\psi_n^0|H^0\psi_n^2\rangle=\langle H^0\psi_n^0|\psi_n^2\rangle=E_n^0\langle\psi_n^0|\psi_n^2\rangle,$$

因此左边第一项和右边第一项相抵消．由 $\langle\psi_n^0|\psi_n^0\rangle=1$，得到一个关于 E_n^2 的方程：

$$E_n^2=\langle\psi_n^0|H'|\psi_n^1\rangle-E_n^1\langle\psi_n^0|\psi_n^1\rangle. \tag{7.14}$$

但是

$$\langle\psi_n^0|\psi_n^1\rangle=\sum_{m\neq n}c_m^{(n)}\langle\psi_n^0|\psi_m^0\rangle=0$$

（因为求和不包括 $m=n$ 项，其他项都是正交的），所以有

$$E_n^2=\langle\psi_n^0|H'|\psi_n^1\rangle=\sum_{m\neq n}c_m^{(n)}\langle\psi_n^0|H'|\psi_m^0\rangle=\sum_{m\neq n}\frac{\langle\psi_m^0|H'|\psi_n^0\rangle\langle\psi_n^0|H'|\psi_m^0\rangle}{E_n^0-E_m^0},$$

最后有

$$\boxed{E_n^2=\sum_{m\neq n}\frac{|\langle\psi_m^0|H'|\psi_n^0\rangle|^2}{E_n^0-E_m^0}.} \tag{7.15}$$

这就是二阶微扰理论的基本结论．

我们还可以继续计算波函数的二阶修正（ψ_n^2），能量的三阶修正等；但在实际中，该方

法通常计算到式（7.15）就足够了.[5]

** **习题 7.4**　将微扰理论应用于一般的二能级系统. 未微扰的哈密顿量为

$$\boldsymbol{H}^0=\begin{pmatrix}E_a^0 & 0\\ 0 & E_b^0\end{pmatrix},$$

微扰是

$$\boldsymbol{H}'=\lambda\begin{pmatrix}V_{aa} & V_{ab}\\ V_{ba} & V_{bb}\end{pmatrix},$$

这里 $V_{ba}=V_{ab}^*$，V_{aa} 和 V_{bb} 为实数，以保证 $\boldsymbol{H}$ 是厄米矩阵. 如第 7.1.1 节所述，λ 是一常量，稍后可调置为 1.

（a）求出这个二能级系统的精确能量.

（b）将（a）的结果展开到二阶修正 λ（然后设 λ 为 1）. 验证展开项中与第 7.1.2 节和第 7.1.3 节中微扰理论的结果一致. 假设 $E_b>E_a$.

（c）设 $V_{aa}=V_{bb}=0$，证明（b）中的级数仅在 $\left|\dfrac{V_{ab}}{E_b^0-E_a^0}\right|<\dfrac{1}{2}$ 的条件下收敛. **评注**：一般来说，只有当微扰矩阵元比能级之间间隔小得多时，微扰理论才成立. 否则，前几项（这全部是我们曾经计算过的）将会对我们所感兴趣的物理量给出很差的近似；如在这里所看到的那样，级数可能根本无法收敛；在这种情况下，前几项就没有意义.

* **习题 7.5**

（a）求出习题 7.1 中势的能量二阶修正（E_n^2）. **评注**：你可以直接对级数求和，对 n 为奇数时，结果是 $-2m(\alpha/\pi\hbar n)^2$.

（b）对习题 7.2 中的作用势，计算基态能量的二阶修正（E_0^2）. 检验所得结果和精确解一致.

** **习题 7.6**　考虑一维谐振子势场中的带电粒子. 若加上一个微弱的电场（E），从而使势能产生了 $H'=-qEx$ 的偏移.

（a）证明能量一阶修正为零，并求出能量的二阶修正. **提示**：参考习题 3.39.

（b）只需将变量变成：$x'\equiv x-(qE/m\omega^2)$，本题就可以直接求解薛定谔方程. 给出能量精确值，并证明它们和微扰理论结果是一致的.

[5] 用简洁标记 $V_{mn}\equiv\langle\psi_m^0\,|\,H'\,|\psi_n^0\rangle$，$\Delta_{mn}\equiv E_m^0-E_n^0$，对第 n 能级的前三项修正可写为

$$E_n^1=V_{nn},\quad E_n^2=\sum_{m\neq n}\frac{|V_{nm}|^2}{\Delta_{nm}},\quad E_n^3=\sum_{l,m\neq n}\frac{V_{nl}V_{lm}V_{mn}}{\Delta_{nl}\Delta_{nm}}-V_{nn}\sum_{m\neq n}\frac{|V_{mn}|^2}{\Delta_{nm}^2}.$$

三阶修正见 Landau 和 Lifschitz，*Quantum Mechanics: Non-Relativistic Theory*，第 3 版，Pergamon，Oxford（1977），第 136 页；四阶和五阶修正（同时给出推导更高级修正公式的一般方法）由 Nicholas Wheeler 所著 *Higher-Order Spectral Perturbation* 给出（未发表的《里德学院报告》，2000）. 阐明不含时微扰理论的其他方法，包括 Dalgarno-Lewis 方法和与其密切相关的"指数"微扰理论（例如，对于 LPT 方法，参见 T. Imbo 和 U. Sukhatme，*Am. J. Phys.* **52**，140（1984），对于 Dalgarno-Lewis 方法，参见 H. Mavromatis，*Am. J. Phys.* **59**，738（1991））.

** **习题 7.7**　考虑位于图 7.3 所示的势场中的粒子.

（a）求出基态波函数的一阶修正. 总和中有三个非零项就足够了.

（b）利用习题 2.61 中的方法，数值上求出基态波函数和基态能量，使用 $V_0=4\hbar^2/ma^2$ 和 $N=100$. 将得到的数值结果和一阶微扰理论的结果做比较（参见例题 7.1）.

（c）绘图示意：（ⅰ）未微扰基态波函数，（ⅱ）数值解基态波函数，以及（ⅱ）基态波函数的一阶近似值. **注意**：确保所求数值结果是归一化的，

$$1=\int|\psi(x)|^2\mathrm{d}x\approx\sum_{i=1}^{N}|\psi_i|^2\Delta x.$$

7.2　简并微扰理论

如果未微扰状态是简并的——也就是说，存在两个（或更多）不同状态（ψ_a^0 和 ψ_b^0）能量本征值相同. 这样一来，一般的微扰理论将不再适用：$c_a^{(b)}$（式（7.12））和 E_a^2（式（7.15））将发散（也许除非分子也为零，$\langle\psi_a^0|H'|\psi_b^0\rangle=0$——以后这对我们是一个很重要的漏洞）. 因此，在简并情况下，即使是能量的一阶近似（式（7.9））其结果也是不可靠的，我们必须寻求新的解决问题方法. 注意这可不是一个小问题，几乎微扰理论所有的应用都会涉及能级简并.

7.2.1　二重简并

假设：

$$H^0\psi_a^0=E^0\psi_a^0,\quad H^0\psi_b^0=E^0\psi_b^0,\quad \langle\psi_a^0|\psi_b^0\rangle=0,\tag{7.16}$$

式中，ψ_a^0 和 ψ_b^0 都是归一化的. 注意到这两个状态的任意线性组合：

$$\psi^0=\alpha\psi_a^0+\beta\psi_b^0\tag{7.17}$$

仍为 H^0 的本征态，且本征值为 E^0：

$$H^0\psi^0=E^0\psi^0.\tag{7.18}$$

通常，微扰（H'）将“打破”（或“消除”）简并：正如我们在前面增大 λ 的值时（从 0 到 1），未微扰时的能级 E^0 会分裂成两个能级（见图 7.4）. 相反，当我们撤去微扰时，“高

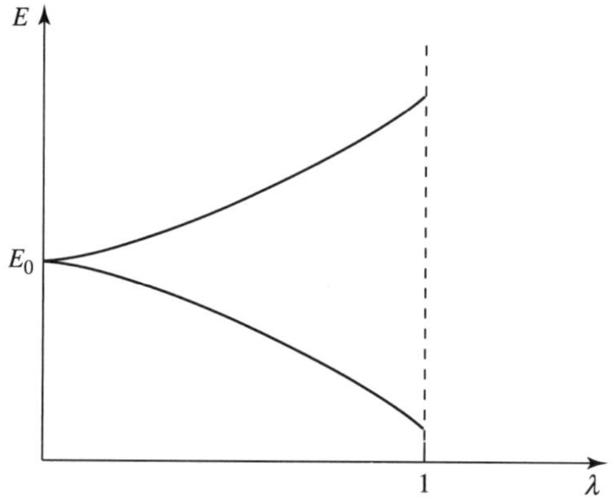

图 7.4　通过微扰“消除”简并.

的”能态降低为 ψ_a^0 和 ψ_b^0 的一个线性组合，“较低”的能态也将变为某种线性组合，且两者相互正交；但是，我们预先并不清楚这些“**好**”的线性组合是什么．鉴于这个原因，我们甚至无法计算能量的一阶修正（式（7.9））——我们并不知道用什么样的未微扰状态的波函数．

“好”态可以定义为撤去微扰时（$\lambda\to0$）真实本征态的极限，但在实际情况中单单靠这一点是无法来确定它们的（如果你知道确定的本征态，也就不需要微扰理论了）．在介绍如何计算它们的方法之前，我们来看一个例子，其中精确的本征态就是取（$\lambda\to0$）时的极限．

例题 7.2　考虑位于二维谐振子势场中质量为 m 的粒子，

$$H^0=\frac{p^2}{2m}+\frac{1}{2}m\omega^2(x^2+y^2),$$

加入微扰

$$H'=\varepsilon m\omega^2xy,$$

未微扰时的第一激发态（能量 $E^0=2\hbar\omega$）是二重简并的．其二重简并态的一种基矢是

$$\psi_a^0=\psi_0(x)\psi_1(y)=\sqrt{\frac{2}{\pi}}\frac{m\omega}{\hbar}y\mathrm{e}^{-\frac{m\omega}{2\hbar}(x^2+y^2)},$$

$$\psi_b^0=\psi_1(x)\psi_0(y)=\sqrt{\frac{2}{\pi}}\frac{m\omega}{\hbar}x\mathrm{e}^{-\frac{m\omega}{2\hbar}(x^2+y^2)},\tag{7.19}$$

这里，ψ_0 和 ψ_1 是指相应的一维谐振子状态（式（2.86））．为找出“好”的线性组合，求哈密顿量 $H=H^0+H'$ 精确的本征态，然后再取 $\varepsilon\to0$ 时的极限．提示：这个问题可以通过旋转坐标方法求解：

$$x'=\frac{x+y}{\sqrt{2}},\quad y'=\frac{x-y}{\sqrt{2}}.\tag{7.20}$$

解：利用旋转坐标，哈密顿量变为

$$H=-\frac{\hbar^2}{2m}\left(\frac{\partial^2}{\partial x'^2}+\frac{\partial^2}{\partial y'^2}\right)+\frac{1}{2}m(1+\varepsilon)\omega^2x'^2+\frac{1}{2}m(1-\varepsilon)\omega^2y'^2.$$

这等价于两个独立的一维谐振子．其精确的解是

$$\psi_{mn}=\psi_m^+(x')\psi_n^-(y'),$$

这里，$\psi_m^{\pm}$ 对应振动频率分别为 $\omega_{\pm}=\sqrt{1\pm\varepsilon}\,\omega$ 的一维谐振子态．如图 7.5 所示，前几个精确的能量为

$$E_{mn}=\left(m+\frac{1}{2}\right)\hbar\omega_++\left(n+\frac{1}{2}\right)\hbar\omega_-.\tag{7.21}$$

随着 ε 的增加，简并的第一激发态分裂成两个状态，分别为 $m=0$，$n=1$（能量较低态）和 $m=1$，$n=0$（能量较高态）．如果把这些状态追溯到 $\varepsilon=0$ 时（在这个极限下，$\omega_+=\omega_-=\omega$）我们得到

$$\lim_{\varepsilon\to0}\psi_{01}=\lim_{\varepsilon\to0}\psi_0^+(x')\psi_1^-(y')=\psi_0\left(\frac{x+y}{\sqrt{2}}\right)\psi_1\left(\frac{x-y}{\sqrt{2}}\right)$$

$$=\sqrt{\frac{2}{\pi}}\frac{m\omega}{\hbar}\frac{x-y}{\sqrt{2}}\mathrm{e}^{-\frac{m\omega}{2\hbar}(x^2+y^2)}=\frac{-\psi_a^0+\psi_b^0}{\sqrt{2}}.$$

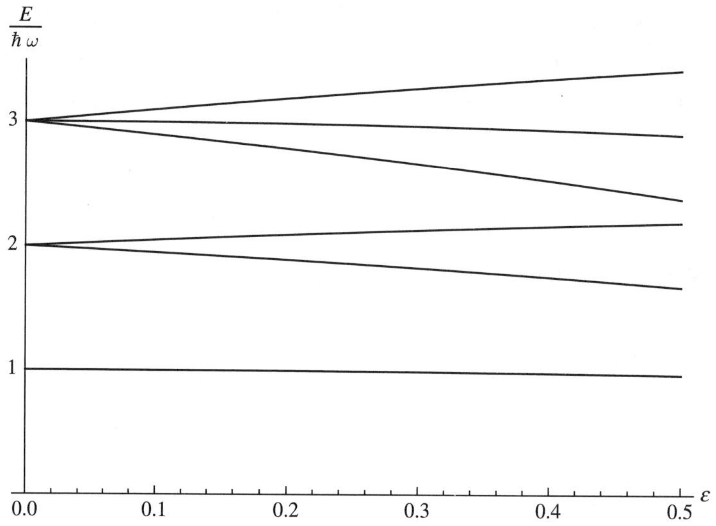

图 7.5 例题 7.2 中，以 ε 作为函数的精确能级解．第（1）级为 E_{00}，第（2）级为 E_{01} 和 E_{10}，第（3）级为 E_{20}、E_{11} 和 E_{02}．线条不是水平的（第一条除外）．

$$\lim_{\varepsilon\to 0}\psi_{10}=\frac{\psi_a^0+\psi_b^0}{\sqrt{2}}. \tag{7.22}$$

因此，所讨论问题的“好”态是

$$\boxed{\psi_{\pm}^0\equiv\frac{1}{\sqrt{2}}(\psi_b^0\pm\psi_a^0).} \tag{7.23}$$

在本例中，我们能够求解 H 的精确本征态．然后通过撤去微扰去看它们是从什么样的状态演变而来．但是，当我们无法精确求解系统状态时，又是如何能找到“好”态呢？

现在，让我们写出未微扰“好”态的一般形式（式（7.17）），保持 α 和 β 可调．我们希望求解薛定谔方程，

$$H\psi=E\psi, \tag{7.24}$$

其中 $H=H^0+\lambda H'$，且

$$E=E^0+\lambda E^1+\lambda^2E^2+\cdots,\psi=\psi^0+\lambda\psi^1+\lambda^2\psi^2+\cdots. \tag{7.25}$$

将上面的式（7.25）代入式（7.24），并合并 λ 幂次相同的项（和以前一样），得到

$$H^0\psi^0+\lambda(H'\psi^0+H^0\psi^1)+\cdots=E^0\psi^0+\lambda(E'\psi^0+E^0\psi^1)+\cdots.$$

由于 $H^0\psi^0=E^0\psi^0$（式（7.18）），所以第一项可以消去；对 λ^1 项，有

$$H^0\psi^1+H'\psi^0=E^0\psi^1+E^1\psi^0. \tag{7.26}$$

ψ_a^0 与上式取内积：

$$\langle\psi_a^0|H^0\psi^1\rangle+\langle\psi_a^0|H'\psi^0\rangle=E^0\langle\psi_a^0|\psi^1\rangle+E^1\langle\psi_a^0|\psi^0\rangle.$$

由于 H^0 是厄米的，左边第一项和右边第一项相抵消．将其代入式（7.17），并利用正交条件（式（7.16）），得到

$$\alpha\langle\psi_a^0|H'|\psi_a^0\rangle+\beta\langle\psi_a^0|H'|\psi_b^0\rangle=\alpha E^1,$$

或者，更紧凑地，

$$\alpha W_{aa}+\beta W_{ab}=\alpha E^1, \tag{7.27}$$

其中

$$W_{ij}\equiv\langle\psi_i^0|H'|\psi_j^0\rangle\quad(i,j=a,b). \tag{7.28}$$

同样地，与 ψ_b^0 的内积得到

$$\alpha W_{ba}+\beta W_{bb}=\beta E^1. \tag{7.29}$$

注意到诸 W_{ij}（理论上）是已知的——它们正是 H' 对应于未微扰的波函数 ψ_a^0 和 ψ_b^0 的"矩阵元". 式（7.27）和式（7.29）写成矩阵形式是

$$\underbrace{\begin{pmatrix} W_{aa} & W_{ab} \\ W_{ba} & W_{bb}\end{pmatrix}}_{\mathbf{W}}\begin{pmatrix}\alpha\\ \beta\end{pmatrix}=E^1\begin{pmatrix}\alpha\\ \beta\end{pmatrix}. \tag{7.30}$$

矩阵 $\mathbf{W}$ 的本征值给出能量 E^1 的一阶修正，相应的本征矢量给出系数 α 和 β 的值，它们用于确定"好"态.[6]

附录（第 A.5 节）给出了如何求解一个矩阵的特征值；这里我将重复一下这些步骤，说明如何求解得到 E^1 的通解. 首先，将式（7.30）中的所有项移到左侧，

$$\begin{pmatrix} W_{aa}-E^1 & W_{ab} \\ W_{ba} & W_{bb}-E^1\end{pmatrix}\begin{pmatrix}\alpha\\ \beta\end{pmatrix}=0, \tag{7.31}$$

如果左边的矩阵不存在逆，也就是说，如果它的行列式值为零，这个方程才有非平庸解：

$$\begin{vmatrix} W_{aa}-E^1 & W_{ab} \\ W_{ba} & W_{bb}-E^1\end{vmatrix}=(W_{aa}-E^1)(W_{bb}-E^1)-|W_{ab}|^2=0, \tag{7.32}$$

此处利用了 $W_{ba}=W_{ab}^*$，求解此二次方程得

$$\boxed{E_\pm^1=\frac{1}{2}\left[W_{aa}+W_{bb}\pm\sqrt{(W_{aa}-W_{bb})^2+4|W_{ab}|^2}\right].} \tag{7.33}$$

这就是简并微扰理论的基本结论；两个根对应于两个微扰能量.

例题 7.3　回到例题 7.2，说明对角化矩阵 $\mathbf{W}$ 得到的"好"状态与我们通过精确求解得到的状态一样.

解： 我们需要计算 $\mathbf{W}$ 的矩阵元. 首先

$$\mathrm{W}_{aa}=\iint\psi_a^0(x,y)H'\psi_a^0(x,y)\,\mathrm{d}x\mathrm{d}y$$

$$=\varepsilon m\omega^2\int|\psi_0(x)|^2x\mathrm{d}x\int|\psi_1(y)|^2y\mathrm{d}y=0$$

（被积函数都是奇函数）. 同样，$\mathrm{W}_{bb}=0$. 我们仅需计算

$$\mathrm{W}_{ab}=\iint\psi_a^0(x,y)H'\psi_b^0(x,y)\,\mathrm{d}x\mathrm{d}y$$

$$=\varepsilon m\omega^2\int\psi_0(x)x\psi_1(x)\,\mathrm{d}x\int\psi_1(y)y\psi_0(y)\,\mathrm{d}y.$$

---

[6] 这里假设 $\mathbf{W}$ 的本征值是不同的，因此一阶修正简并度被打破. 如果不是这样，选择的任何 α 和 β 都满足式（7.30）；你却仍然不知道什么是"好"态. 当这种情况发生时，式（7.33）准确地给出了一阶能量；在许多情况下，这就是你所需要的. 但是，如果你需要知道"好"态，例如计算高阶修正，你必须使用二阶简并微扰理论（见习题 7.39、7.40 和 7.41）或使用第 7.2.2 节的定理.

这两个积分是相等的，并且（式（2.70））

$$x=\sqrt{\frac{\hbar}{2m\omega}}(a_{+}+a_{-}),$$

得到

$$\begin{aligned}W_{ab}&=\varepsilon m\omega^{2}\left[\int\psi_{0}(x)\sqrt{\frac{\hbar}{2m\omega}}(a_{+}+a_{-})\psi_{1}(x)\mathrm{d}x\right]^{2}\\&=\varepsilon\frac{\hbar\omega}{2}\left[\int\psi_{0}(x)\psi_{0}(x)\mathrm{d}x\right]^{2}=\varepsilon\frac{\hbar\omega}{2}.\end{aligned}$$

因此，W 的矩阵元是

$$W=\varepsilon\frac{\hbar\omega}{2}\begin{pmatrix}0&1\\1&0\end{pmatrix}.$$

矩阵的归一化本征矢量是

$$\frac{1}{\sqrt{2}}\begin{pmatrix}1\\1\end{pmatrix}\quad\text{和}\quad\frac{1}{\sqrt{2}}\begin{pmatrix}-1\\1\end{pmatrix}.$$

这些本征矢告诉我们 ψ_a^0 和 ψ_b^0 的哪些线性组合是“好”态：

$$\boxed{\psi_{\pm}^{0}=\frac{1}{\sqrt{2}}(\psi_{b}^{0}\pm\psi_{a}^{0}),}$$

如同式（7.23）．W 的本征值是

$$E^{1}=\pm\varepsilon\frac{\hbar\omega}{2},\tag{7.34}$$

给出能量的一阶修正（和式（7.33）做比较）．

但是，如果式（7.30）中 $W_{ab}=0$ 那么，两个本征矢变为

$$\begin{pmatrix}1\\0\end{pmatrix}\quad\text{和}\quad\begin{pmatrix}0\\1\end{pmatrix},$$

此时的能量为

$$E_{+}^{1}=W_{aa}=\langle\psi_{a}^{0}|H'|\psi_{a}^{0}\rangle,\quad E_{-}^{1}=W_{bb}=\langle\psi_{b}^{0}|H'|\psi_{b}^{0}\rangle,\tag{7.35}$$

和利用非简并微扰理论（式（7.9））得出的结果完全一致．这里我们只是幸运而已：ψ_a^0 和 ψ_b^0 已经是“好的”线性组合．显然，如果我们从一开始就能猜出“好”态，那么就可以继续使用非简并微扰理论．事实上，我们通常可以利用下一节中的定理来做到这一点．

7.2.2 “好”态

定理：设一厄米算符 A 分别和 H^0、H'对易．如果 ψ_a^0 和 ψ_b^0（H^0 的简并本征函数）同样也是 A 的不同本征值的本征函数，

$$A\psi_{a}^{0}=\mu\psi_{a}^{0},\quad A\psi_{b}^{0}=\nu\psi_{b}^{0},\quad\text{且 }\mu\neq\nu,$$

因此，ψ_a^0 和 ψ_b^0 是微扰理论可以使用的“好”态．

证明： 由于 $H(\lambda)=H^0+\lambda H'$ 和 A 对易，则存在共同的本征态 $\psi_\gamma(\lambda)$：

$$H(\lambda)\psi_\gamma(\lambda)=E(\lambda)\psi_\gamma(\lambda) \quad 和 \quad A\psi_\gamma(\lambda)=\gamma\psi_\gamma(\lambda). \tag{7.36}$$

A 为厄米意味着

$$\langle\psi_a^0|A\psi_\gamma(\lambda)\rangle=\langle A\psi_a^0|\psi_\gamma(\lambda)\rangle,$$

$$\gamma\langle\psi_a^0|\psi_\gamma(\lambda)\rangle=\mu^*\langle\psi_a^0|\psi_\gamma(\lambda)\rangle, \tag{7.37}$$

$$(\gamma-\mu)\langle\psi_a^0|\psi_\gamma(\lambda)\rangle=0 \tag{7.38}$$

（利用 μ 是实数的事实）. 这对任意的 λ 值都成立，取 $\lambda\to0$ 时的极限，有

$$\langle\psi_a^0|\psi_\gamma(0)\rangle=0 \text{ 除非 } \gamma=\mu,$$

同样，

$$\langle\psi_b^0|\psi_\gamma(0)\rangle=0 \text{ 除非 } \gamma=\nu.$$

所以，"好"态是 ψ_a^0 和 ψ_b^0 的线性组合：$\psi_\gamma(0)=\alpha\psi_a^0+\beta\psi_b^0$. 从上面可以看出，要么 $\gamma=\mu$，在这种情况下，$\beta=\langle\psi_b^0|\psi_\gamma(0)\rangle=0$，"好"态就是 ψ_a^0；或者 $\gamma=\nu$，"好"态就是 ψ_b^0. 证毕.

一旦我们通过求解方程（7.30）或应用上面定理确定了"好"态，就可以利用这些"好"态作为未微扰态，并应用于一般的非简并微扰理论.[7] 在大多数情况下，算符 A 是由对称性表示的；正如我们在第 6 章中所看到的，对称性和与 H 相对易的算符有关，这也正是判别"好"态所需的条件.

例题 7.4　找到一个满足上述定理要求的算符 A，来构造例题 7.2 和 7.3 中的"好"态.

解： 微扰 H' 的对称性低于 H^0. H^0 具有连续旋转对称性，但 $H=H^0+H'$ 仅在旋转角度为 π 的整数倍时才保持不变. 对于算符 A，以算符 $R(\pi)$ 为例，它代表逆时针旋转角度 π 的函数. 把它作用在 ψ_a 和 ψ_b 上，有

$$R(\pi)\psi_a^0(x,y)=\psi_a^0(-x,-y)=-\psi_a^0(x,y),$$

$$R(\pi)\psi_b^0(x,y)=\psi_b^0(-x,-y)=-\psi_b^0(x,y).$$

这样也无济于事；我们需要一个具有不同本征值的算符. x 和 y 交换算符如何呢？它是关于势阱成 45°角的反射操作. 我们把它称作算符 D. D 和 H'、H^0 都对易，因为当你切换 x 和 y 时它们保持不变. 现在，

$$D\psi_a^0(x,y)=\psi_a^0(y,x)=\psi_b^0(x,y),$$

$$D\psi_b^0(x,y)=\psi_b^0(y,x)=\psi_a^0(x,y),$$

所以，两个简并的状态不属于 D 的本征态. 但我们可以构造其线性组合：

$$\psi_\pm^0\equiv\pm\psi_a^0+\psi_b^0. \tag{7.39}$$

那么，

[7] 注意，这个定理比式（7.30）更具一般性. 为了确定式（7.30）中的"好"态，能量 $E_\pm^1$ 必须不相等. 在某些情况下，它们却是相同的，并且在微扰理论中，简并态的能量在二阶、三阶或更高阶分裂. 但这个定理可以让你在每种情况下都能确定"好"态.

$$D(\pm\psi_a^0+\psi_b^0)=\pm D\psi_a^0+D\psi_b^0=\pm\psi_b^0+\psi_a^0=\pm(\pm\psi_a^0+\psi_b^0).$$

由于它们是算符 D 的本征态，具有不同的本征值（±1），且 D 与 H'、H^0 都对易，所以这些是“好”态.

寓意：如果你遇到简并态问题，寻找一些厄米算符 A，使它与 H^0 和 H'都对易；选择 H^0 和 A 的共同本征函数（具有不同的本征值）作为未微扰时的状态. 然后利用通常的一阶微扰理论. 如果找不到这样一个算符，你就必须求助于式（7.33），但事实上一般都没有这个必要.

习题 7.8 设两个“好的”未微扰态为

$$\psi_\pm^0=\alpha_\pm\psi_a^0+\beta_\pm\psi_b^0,$$

其中 $\alpha_\pm$和 $\beta_\pm$（满足归一化）由式（7.27）（或者式（7.29））确定. 证明：

（a）$\psi_\pm^0$是正交的（$\langle\psi_+^0|\psi_-^0\rangle=0$）.

（b）$\langle\psi_+^0|H'|\psi_-^0\rangle=0$.

（c）$\langle\psi_\pm^0|H'|\psi_\pm^0\rangle=E_\pm^1$，其中 $E_\pm^1$由式（7.33）确定.

习题 7.9 质量为 m 的粒子在长为 L 的闭合区域内自由运动（例如，小球沿长度为 L 的圆环线做无摩擦运动，参见习题 2.46）.

（a）证明定态可以表示为

$$\psi_n(x)=\frac{1}{\sqrt{L}}e^{2\pi inx/L},\quad -L/2<x<L/2,$$

其中 $n=0,\pm1,\pm2,\cdots$，能量的允许值为

$$E_n=\frac{2}{m}\left(\frac{n\pi\hbar}{L}\right)^2.$$

注意，除基态（$n=0$）外，所有能级都是二重简并的.

（b）假设引入微扰

$$H'=-V_0e^{-x^2/a^2},$$

其中 $a\ll L$.（这个微扰势可以看作是在 $x=0$ 处加上了一个小凹槽，如同将线圈弯了一下，形成了一个小“陷阱”.）利用式（7.33），求出 E_n 的一阶修正. **提示**：为了计算积分，需利用 $a\ll L$ 将上下限从$\pm L/2$ 扩展到$\pm\infty$；毕竟，H'在$-a<x<a$ 范围之外基本为零.

（c）本题中，ψ_n 和 ψ_{-n} 的“好的”线性组合是什么？（**提示**：利用式（7.27））证明，基于这些态和利用式（7.9），你可以求出一阶修正.

（d）找到一个满足定理要求的厄米算符 A，并证明 H^0 和 A 的共同本征态就是我们在（c）中使用过的.

7.2.3 多重简并

在上节中，我假设简并都是二重的，它易于你理解这个方法并推广到多重简并. 在 n 重简并的情况下，我们求 $n\times n$ 矩阵的本征值：

$$W_{ij}=\langle\psi_i^0|H'|\psi_j^0\rangle. \tag{7.40}$$

对于三重简并（简并态为 ψ_a^0、ψ_b^0 和 ψ_c^0），能量一阶修正 E^1 是**W** 的本征值，可通过求解下面的方程给出：

$$\begin{pmatrix} W_{aa} & W_{ab} & W_{ac} \\ W_{ba} & W_{bb} & W_{bc} \\ W_{ca} & W_{cb} & W_{cc} \end{pmatrix}\begin{pmatrix}\alpha\\ \beta\\ \gamma\end{pmatrix}=E^1\begin{pmatrix}\alpha\\ \beta\\ \gamma\end{pmatrix}. \tag{7.41}$$

且“好”态是对应的本征矢：[8]

$$\psi^0=\alpha\psi_a^0+\beta\psi_b^0+\gamma\psi_c^0. \tag{7.42}$$

再次强调，如果你能够想到一个与 H^0 和 H'对易的算符 A，并使用 A 和 H^0 的共同本征函数，那么，矩阵**W** 自动将是对角化的，你不必费心去计算**W** 的非对角矩阵元或求解其特征方程.[9]（如果你仍不清楚我将二重简并推广到 n 重简并的过程，请做习题 7.13.）

习题 7.10 证明在例题 7.3（式（7.34））中计算得到的一阶能量修正值与精确解按 ε 的一阶展开一致（式（7.21））.

习题 7.11 假设在无限深立方势阱（习题 4.2）内的一点（$(a/4,a/2,3a/4)$）加上一个狄拉克函数形状“凸起”的微扰：

$$H'=a^3V_0\delta(x-a/4)\delta(y-a/2)\delta(z-3a/4).$$

求出基态和第一激发态（三重简并）能量的一阶修正.

***习题 7.12** 一个量子系统有三个相互线性独立的状态. 假设其哈密顿量的矩阵形式为

$$\mathsf{H}=V_0\begin{pmatrix}1-\varepsilon & 0 & 0\\ 0 & 1 & \varepsilon\\ 0 & \varepsilon & 2\end{pmatrix},$$

其中 V_0 为常数，ε 为一小量（$\varepsilon\ll 1$）.

（a）求未微扰（$\varepsilon=0$）时，哈密顿量的本征态和本征值.

（b）严格求解**H** 的本征值. 将结果展开为 ε 的幂级数至二次项.

（c）利用一阶和二阶非简并微扰理论，求解 H^0的非简并本征态所产生状态的近似本征值. 并同（b）中精确结果做比较.

（d）利用简并微扰理论，求出两个初始简并态的本征值的一阶修正. 并同精确结果比较.

习题 7.13 在本书中，我断言 n 重能量简并的一阶修正是**W** 矩阵的本征值，并且我证明了这一说法是 $n=2$ 情形的“自然”推广. 通过重复第 7.2.1 节中的步骤证明之；从式

[8] 如果**W** 的本征值简并，见脚注 6.

[9] 简并微扰理论相当于哈密顿量**简并部分**的对角化；见习题 7.34 和 7.35.

$$\psi^0=\sum_{j=1}^{n}\alpha_j\psi_j^0$$

开始（式（7.17）的推广），最后证明，类同式（7.27）可以解释为矩阵W的本征值方程.

7.3 氢原子的精细结构

我们在对氢原子的研究（第 4.2 节）中，把哈密顿量称为玻尔哈密顿量，其形式为

$$H_{\text{Bohr}}=-\frac{\hbar^2}{2m}\nabla^2-\frac{e^2}{4\pi\varepsilon_0}\frac{1}{r} \tag{7.43}$$

（电子的动能加上库仑势能）. 但这并不是全部. 我们已经学会了如何修正原子核的运动：把 m 代换成约化质量（习题 5.1）. 更重要的是所谓的**精细结构（fine structure）**，这实际上是由于两种不同的物理机制：**相对论修正（relativistic correction）**和**自旋轨道耦合（spin-orbit coupling）**. 与玻尔能量（式（4.70））相比，精细结构是一个很小的微扰，它比玻尔能量要小一个 α^2 量级，这里

$$\alpha=\frac{e^2}{4\pi\varepsilon_0\hbar c}\approx\frac{1}{137.036} \tag{7.44}$$

这就是著名的**精细结构常数（fine structure constant）**. 更小的（再乘上一个因子 α）是**兰姆移位（Lamb shift）**，与电场的量子化有关；再小一个数量级的是**超精细结构（hyperfine structure）**，它与电子和质子磁偶极矩之间的相互作用有关. 表 7.1 总结出了这种作用层次大小. 在本节中，我们将分析氢原子的精细结构，作为不含时微扰理论的一个具体应用.

表 7.1 氢原子玻尔能量修正量级表

玻耳能量	数量级 α^2mc^2
精细结构	数量级 α^4mc^2
兰姆移位	数量级 α^5mc^2
超精细结构	数量级 $(m/m_p)\alpha^4mc^2$

习题 7.14

（a）用精细结构常数和电子的静止能量（mc^2）表示出玻尔能量.

（b）从第一性原理出发计算精细结构常数（即，不借助于 ε_0、e、$\hbar$、c 等值）. **评注：**精细结构常数无疑是所有物理学中最基本的纯（无量纲）数. 它涉及电磁学（电子电荷）、相对论（光速）和量子力学（普朗克常量）的基本常数. 如果你能解决（b）这一部分，你将是历史上最十拿九稳的诺贝尔奖获得者. 但我不建议现在花很多时间在这上面；许多聪明人都尝试过，但（到目前为止）都失败了.

7.3.1 相对论修正

哈密顿量的第一项代表动能：

$$T=\frac{1}{2}mv^2=\frac{p^2}{2m}, \tag{7.45}$$

由正则变换 $\boldsymbol{p}\to-i\hbar\nabla$，得到算符

$$\hat{T}=-\frac{\hbar^2}{2m}\nabla^2. \tag{7.46}$$

但式（7.45）是动能的经典表达式；相对论形式是

$$T=\frac{mc^2}{\sqrt{1-(v/c)^2}}-mc^2, \tag{7.47}$$

式中，第一项为总的相对论能量（不包含势能，我们目前暂不关注它）；第二项是静止能量. 两项之差为动能.

我们需要用（相对论）动量代替速度来表示 T：

$$\boldsymbol{p}=\frac{m\boldsymbol{v}}{\sqrt{1-(v/c)^2}}, \tag{7.48}$$

注意到

$$p^2c^2+m^2c^4=\frac{m^2v^2c^2+m^2c^4[1-(v/c)^2]}{1-(v/c)^2}=\frac{m^2c^4}{1-(v/c)^2}=(T+mc^2)^2,$$

所以

$$T=\sqrt{p^2c^2+m^2c^4}-mc^2. \tag{7.49}$$

在非相对论极限 $p\ll mc$ 条件下，动能的相对论方程简化为经典结果（式（7.45））；按小量 (p/mc) 做级数展开得到

$$\begin{aligned}T&=mc^2\left[\sqrt{1+\left(\frac{p}{mc}\right)^2}-1\right]=mc^2\left[1+\frac{1}{2}\left(\frac{p}{mc}\right)^2-\frac{1}{8}\left(\frac{p}{mc}\right)^4+\cdots-1\right]\\&=\frac{p^2}{2m}-\frac{p^4}{8m^3c^2}+\cdots.\end{aligned} \tag{7.50}$$

因此，哈密顿量的最低阶[10]相对论修正为

$$H_r'=-\frac{p^4}{8m^3c^2}. \tag{7.51}$$

在一阶微扰理论中，E_n 的修正由 H' 在未微扰状态中的期望值给出（式（7.9））：

$$E_r^1=\langle H_r'\rangle=-\frac{1}{8m^3c^2}\langle\psi|p^4\psi\rangle=-\frac{1}{8m^3c^2}\langle p^2\psi|p^2\psi\rangle. \tag{7.52}$$

（对未微扰态）薛定谔方程满足

$$p^2\psi=2m(E-V)\psi, \tag{7.53}$$

因此[11]

$$E_r^1=-\frac{1}{2mc^2}\langle(E-V)^2\rangle=-\frac{1}{2mc^2}[E^2-2E\langle V\rangle+\langle V^2\rangle]. \tag{7.54}$$

到目前为止，所讨论的都是一般情况；我们更关注是氢原子，它的势能为

---

[10] 氢原子中电子动能的量级为 10eV，与其静止能（511,000eV）相比极小，所以氢原子基本是非相对论的，可以仅取最低级的修正. 在式（7.50）中，$\boldsymbol{p}$ 是相对论的动量（式（7.48）），不是经典动量 mv. 式（7.51）中，我们现在把量子算符 $-i\hbar\nabla$ 与前者联系起来.

[11] 这本书的早期版本称 p^4 对于 $\ell=0$ 的状态不是厄米的（引起了对式（7.54）的质疑）. 这是不正确的，p^4 对所有的 l 值都是厄米的（见习题 7.18）.

$$V(r)=-(1/4\pi\varepsilon_0)e^2/r,$$

$$E_r^1=-\frac{1}{2mc^2}\left[E_n^2+2E_n\left(\frac{e^2}{4\pi\varepsilon_0}\right)\left\langle\frac{1}{r}\right\rangle+\left(\frac{e^2}{4\pi\varepsilon_0}\right)^2\left\langle\frac{1}{r^2}\right\rangle\right],\tag{7.55}$$

其中 E_n 是所讨论状态的玻尔能量.

为了求出这个值，我们需要求出处于（未微扰状态）$\psi_{n\ell m}$（式（4.89））下 $1/r$ 和 $1/r^2$ 的期望值. 第一个计算比较简单（见习题 7.15）：

$$\left\langle\frac{1}{r}\right\rangle=\frac{1}{n^2a},\tag{7.56}$$

其中 a 为玻尔半径（式（4.72））. 第二个不是那么容易地推导出来（见习题 7.42），其结果是[12]

$$\left\langle\frac{1}{r^2}\right\rangle=\frac{1}{(\ell+1/2)n^3a^2}.\tag{7.57}$$

由此可知

$$E_r^1=-\frac{1}{2mc^2}\left[E_n^2+2E_n\left(\frac{e^2}{4\pi\varepsilon_0}\right)\frac{1}{n^2a}+\left(\frac{e^2}{4\pi\varepsilon_0}\right)^2\frac{1}{(\ell+1/2)n^3a^2}\right],$$

或者，利用式（4.72）消去 a 并用 E_n 表示所有量（利用式（4.70））：

$$E_r^1=-\frac{(E_n)^2}{2mc^2}\left[\frac{4n}{\ell+1/2}-3\right].\tag{7.58}$$

显然，相对论修正比 E_n 小，约为 $E_n/mc^2=2\times10^{-5}$.

你可能已经注意到，尽管氢原子存在很高的简并度，在计算时我使用了非简并微扰理论（式（7.52））. 但是，微扰是满足球对称的，它和 L^2、L_z 对易. 此外，对于给定具体能量 E_n 的 n^2 个状态，这些算符的本征函数具有不同的本征值. 幸运的是，波函数 $\psi_{n\ell m}$ 刚好是这个问题的“好”态（或者说，n，ℓ，m 是**好量子数，good quantum numbers**）；因此，碰巧使用非简并微扰理论是可以的（见第 7.2.1 节的“寓意”）.

从式（7.58）可以看出，第 n 个能级的部分简并度已经消除. m 的（$2l+1$）重简并仍然保持着；正如在例题 6.3 中所看到的，这是由于旋转对称性所致，在这种微扰情况下该对称性保持不变. 另一方面，ℓ 的“偶然”简并消失，它源于 $1/r$ 势所特有的附加对称性（见习题 6.34），我们期望能级简并能被任何形式的微扰打破.

* **习题 7.15** 利用位力定理（习题 4.48）证明式（7.56）.

习题 7.16 在习题 4.52 中，计算 ψ_{321} 态中 r^s 的期望值. 验证在 $s=0$（平庸情况）、$s=-1$（式（7.56））、$s=-2$（式（7.57））和 $s=-3$（式（7.66））情况下结论的正确性. 讨论 $s=-7$ 时的情况.

** **习题 7.17** 计算一维谐振子能级的相对论（最低级的）修正. **提示**：应用习题 2.12 中的方法.

[12] r 任何幂次的期望值的一般公式参见 Hans A. Bethe 和 Edwin E. Salpeter，*Quantum Mechanics of One-and Two-Electron Atoms*，Plenum，纽约（1977），第 17 页.

*****习题 7.18**　证明氢原子处于 $l=0$ 的态，p^2 为厄米算符，p^4 是厄米的. **提示**：这里的状态 ψ 和 θ、ϕ 无关，所以

$$p^2=-\frac{\hbar^2}{r^2}\frac{\mathrm{d}}{\mathrm{d}r}\left(r^2\frac{\mathrm{d}}{\mathrm{d}r}\right)$$

（式（4.13））. 利用分部积分法证明

$$\langle f|p^2g\rangle=-4\pi\hbar^2\left(r^2f\frac{\mathrm{d}g}{\mathrm{d}r}-r^2g\frac{\mathrm{d}f}{\mathrm{d}r}\right)\Bigg|_0^{\infty}+\langle p^2f|g\rangle.$$

验证对于 ψ_{n00}，边界项为零；ψ_{n00} 在原点附近有如下形式：

$$\psi_{n00}\sim\frac{1}{\sqrt{\pi}(na)^{3/2}}\exp(-r/na).$$

p^4 的情况更微妙. $1/r$ 的拉普拉斯函数取 δ 函数（例如参见，D. J. 格里菲斯，《电动力学导论》，第 4 版，式（1.102））. 证明

$$\nabla^4\left[\mathrm{e}^{-kr}\right]=\left(-\frac{4k^3}{r}+k^4\right)\mathrm{e}^{-kr}+8\pi k\delta^3(\boldsymbol{r}),$$

并确认 p^4 是厄米的.[13]

7.3.2 自旋-轨道耦合

想象一下电子绕着原子核运动；从电子的角度来看，质子是绕着它旋转的（见图 7.6）. 在电子参考系中，轨道上的正电荷形成了一个磁场 $\boldsymbol{B}$，它对旋转的电子施加一个力矩，使它的磁矩（$\boldsymbol{\mu}$）趋于沿着磁场方向. 哈密顿量（式（4.157））为

$$H=-\boldsymbol{\mu}\cdot\boldsymbol{B}. \tag{7.59}$$

首先，我们需要计算质子产生的磁场（$\boldsymbol{B}$）和电子的偶极矩（$\boldsymbol{\mu}$）.

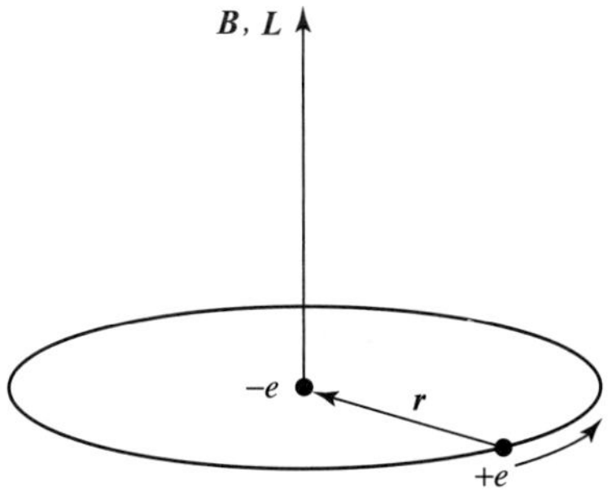

图 7.6　从电子的角度来看氢原子运动.

质子的磁场. 如果把质子（从电子的角度来看）描绘成一个连续的电流环（见图 7.6），磁场的大小可以从毕奥-萨伐尔定律计算出来：

$$B=\frac{\mu_0 I}{2r},$$

式中，等效电流 $I=e/T$；e 为质子的电荷量；T 为运动轨道的周期. 另一方面，（在核子静止参考系下）电子的轨道角动量为 $L=rmv=2\pi mr^2/T$. 并且 $\boldsymbol{B}$ 和 $\boldsymbol{L}$ 指向同一方向（在图 7.6 中

---

[13] 感谢爱德华·罗斯和李一丁解决了这个问题.

为向上)，所以

$$\boldsymbol{B}=\frac{1}{4\pi\varepsilon_0}\frac{e}{mc^2r^3}\boldsymbol{L}. \tag{7.60}$$

(我利用了 $c=1/\sqrt{\varepsilon_0\mu_0}$ 消去 μ_0，而用 ε_0 代替.)

电子的磁偶极矩. 自旋电荷的磁偶极矩与其（自旋）角动量有关；比例系数称为旋磁比（我们已在第 4.4.2 节中接触到它）. 我们现在用经典电动力学来推导它. 考虑半径为 r 的圆环上均匀涂抹 q 的电荷，该圆环绕周期为 T 的轴旋转（见图 7.7）. 圆环的磁偶极矩定义为电流（q/T）和圆环面积（πr^2）的乘积：

$$\mu=\frac{q\pi r^2}{T}.$$

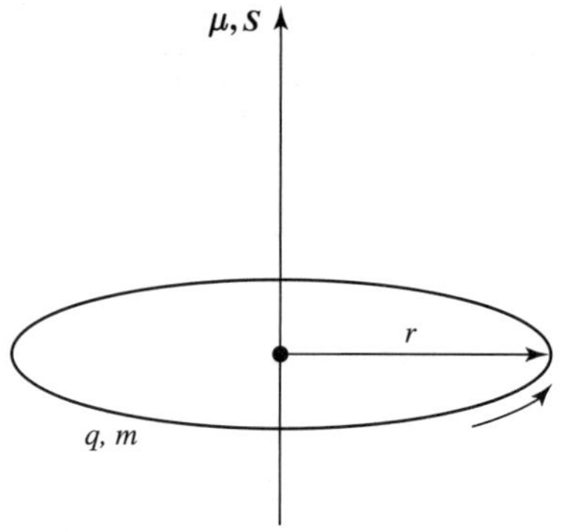

图 7.7 带电圆环绕其轴线旋转

若圆环的质量为 m，其角动量（S）为转动惯量（mr^2）与角速度（$2\pi/T$）的乘积：

$$S=\frac{2\pi mr^2}{T}.$$

对于这种带电圆环，旋磁比显然为 $\mu/S=q/2m$. 它和 r（及 T）无关. 如果有更复杂的体系：例如球体（我只要求它是一个旋转的物体，绕着它的轴旋转），可以通过把它分割为一系列小圆环，再将每个小圆环的贡献叠加起来就可以得到 $\boldsymbol{\mu}$ 和 $\boldsymbol{S}$ 的值. 只要质量和电荷的分布规律一样（也就是电荷-质量比是均匀的），每个圆环的旋磁比都相同，因此整个物体的旋磁比也一样. 于是，$\boldsymbol{\mu}$ 和 $\boldsymbol{S}$ 的方向也是相同的（或者相反，如果电荷为负值），所以

$$\boldsymbol{\mu}=\left(\frac{q}{2m}\right)\boldsymbol{S}. \tag{7.61}$$

然而，这是一个纯粹的经典理论计算；事实上，电子的磁矩是其经典值的两倍：

$$\boldsymbol{\mu}_{\mathrm{e}}=-\frac{e}{m}\boldsymbol{S}. \tag{7.62}$$

“额外”因子 2 可以从狄拉克的相对论电子理论中得到解释.[14]

综合上述结果，得到

---

[14] 我们已经注意到，把电子想象成一个旋转的球体是危险的（见习题 4.28），而天真的经典模型把旋磁比弄错也就不足为奇了. 与经典期望值的偏差称为 g 因子：$\boldsymbol{\mu}=g(q/2m)\boldsymbol{S}$. 因此，在狄拉克的理论中，电子的 g 因子正好是 2，但**量子电动力学（quantum electrodynamics）**对此给出了微小修正：g_e 实际上是 $2+(\alpha/\pi)+\cdots=2.002\cdots$，这个所谓电子反常磁矩的计算和测量（相当精确）是 20 世纪物理学最伟大的成就之一.

$$H=\left(\frac{e^2}{4\pi\varepsilon_0}\right)\frac{1}{m^2c^2r^3}\boldsymbol{S}\cdot\boldsymbol{L}.$$

但是，在这个计算中存在一个严重的错误：我是在电子静止坐标系中分析问题的，但它并不是一个惯性系，电子绕着原子核运动时存在有加速度. 如果进行适当的动力学修正，也就是所谓的**“托马斯进动”（Thomas precession）**.[15] 我们就可以解决这个问题. 在这种情况下，它将引入一个 1/2 因子：[16]

$$H'_{so}=\left(\frac{e^2}{8\pi\varepsilon_0}\right)\frac{1}{m^2c^2r^3}\boldsymbol{S}\cdot\boldsymbol{L}. \tag{7.63}$$

这就是**自旋-轨道相互作用（spin-orbit interaction）**；除了两个修正（修正后的电子旋磁比和托马斯进动因子，巧合的是，两者正好相互抵消）之外，这正是你所期望的经典模型的结果. 从物理上讲，它是在电子的瞬时静止系中，质子的磁场对自旋电子的磁偶极矩施加力矩作用所引起的.

回到量子力学. 由于存在自旋-轨道耦合作用，哈密顿量不再与 $\boldsymbol{L}$、$\boldsymbol{S}$ 对易，因此自旋和轨道角动量分别不再是守恒的物理量（见习题 7.19）. 然而，H'_{so} 和 L^2、S^2 以及总角动量

$$\boldsymbol{J}\equiv\boldsymbol{L}+\boldsymbol{S} \tag{7.64}$$

对易，因此这些量仍是守恒量（式（3.73））. 换句话说，L_z、S_z 的本征态在微扰理论中不是“好”态，而 L^2、S^2、J^2 和 J_z 的本征态却是“好”态. 现在

$$J^2=(\boldsymbol{L}+\boldsymbol{S})\cdot(\boldsymbol{L}+\boldsymbol{S})=L^2+S^2+2\boldsymbol{L}\cdot\boldsymbol{S},$$

因此

$$\boldsymbol{L}\cdot\boldsymbol{S}=\frac{1}{2}(J^2-L^2-S^2), \tag{7.65}$$

所以，$\boldsymbol{L}\cdot\boldsymbol{S}$ 的本征值为

$$\frac{\hbar^2}{2}[j(j+1)-\ell(\ell+1)-s(s+1)].$$

当然，在这种情况下 $s=1/2$. 同时，$1/r^3$ 的期望值（见习题 7.43）为[17]

$$\left\langle\frac{1}{r^3}\right\rangle=\frac{1}{\ell(\ell+1/2)(\ell+1)n^3a^3}, \tag{7.66}$$

结论是

$$E^1_{so}=\langle H'_{so}\rangle=\frac{e^2}{8\pi\varepsilon_0}\frac{1}{m^2c^2}\frac{(\hbar^2/2)[j(j+1)-\ell(\ell+1)-3/4]}{l(\ell+1/2)(\ell+1)n^3a^3},$$

---

[15] 一种思维方式是，电子不断地从一个惯性系进到另一个惯性系；托马斯进动相当于所有这些洛伦兹变换的累积效应. 当然，我们可以通过处在原子核静止的实验室坐标系来避免整个问题. 在这种情况下，质子场是纯电场的，你可能想知道为什么它会对电子施加任何力矩. 事实上，一个运动的磁偶极子获得了一个电偶极矩，在实验室里，自旋-轨道耦合是由于原子核的电场和电子的电偶极矩的相互作用. 因为这种分析需要更复杂的电动力学，所以最好采用电子的观点，即物理机制更加清晰易懂.

[16] 更精确说，托马斯进动是使得 g 因子中减去了 1（参见 R. R. Haar 和 L. J. Curtis，*Am. J. Phys.* **55**，1044（1987））.

[17] 在习题 7.43 中，使用氢原子的波函数 $\psi(n\ell m)$ 计算期望值；也就是说，L_z 的本征态，也是我们现在需要的 J_z 的本征态，是 $m=m_j+1/2$ 和 $m=m_j-1/2$ 的线性组合. 但是，因为 $\langle r^s\rangle$ 独立于 m，所以这点并不重要.

或者，以 E_n 来表示：[18]

$$E_{\mathrm{so}}^{1}=\frac{(E_n)^2}{mc^2}\left\{\frac{n[j(j+1)-\ell(\ell+1)-3/4]}{\ell(\ell+1/2)(\ell+1)}\right\}. \tag{7.67}$$

值得注意的是，完全不同物理机制的相对论修正和自旋-轨道耦合竟然具有同一数量级（E_n^2/mc^2）. 将它们合并在一起，得到完整的精细结构公式（见习题 7.20）：

$$E_{\mathrm{fs}}^{1}=\frac{(E_n)^2}{2mc^2}\left(3-\frac{4n}{j+1/2}\right). \tag{7.68}$$

将此式和玻尔公式结合起来，得到包含精细结构的氢原子能级：

$$\boxed{E_{nj}=-\frac{13.6\mathrm{eV}}{n^2}\left[1+\frac{\alpha^2}{n^2}\left(\frac{n}{j+1/2}-\frac{3}{4}\right)\right]}. \tag{7.69}$$

精细结构破坏了 ℓ 的简并度（即，对于给定的 n 值，不同的 ℓ 值不再具有相同能量），但它仍然保留了对 j 的简并度（见图 7.8）. 轨道角动量和自旋角动量 z 分量的本征值（m_ℓ 和 m_s）不再是“好”量子数——定态为这些量取不同值时对应状态的线性组合；“好”量子数是 n、ℓ、s、j 和 m_j.[19]

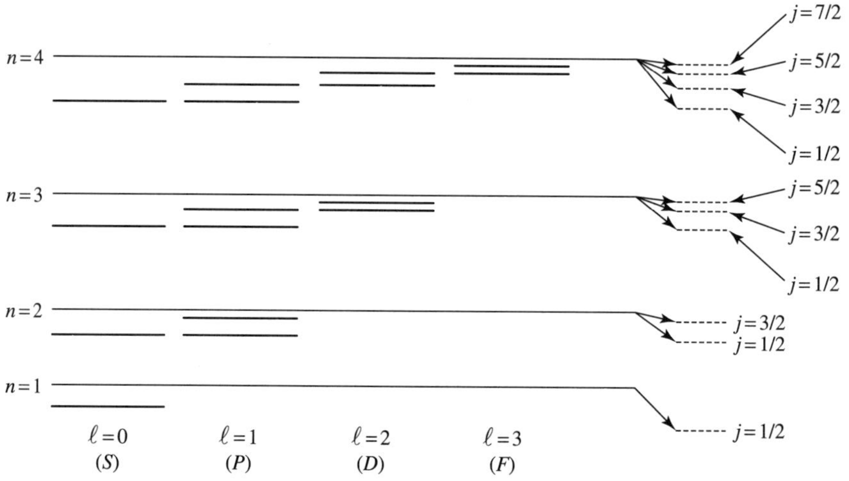

图 7.8 氢原子的精细结构能级图（未按比例大小给出）.

习题 7.19 计算下面的对易子：(a) $[\boldsymbol{L}\cdot\boldsymbol{S}, \boldsymbol{L}]$，(b) $[\boldsymbol{L}\cdot\boldsymbol{S}, \boldsymbol{S}]$，(c) $[\boldsymbol{L}\cdot\boldsymbol{S}, \boldsymbol{J}]$，(d) $[\boldsymbol{L}\cdot\boldsymbol{S}, L^2]$，(e) $[\boldsymbol{L}\cdot\boldsymbol{S}, S^2]$，(f) $[\boldsymbol{L}\cdot\boldsymbol{S}, J^2]$. **提示：** $\boldsymbol{L}$ 和 $\boldsymbol{S}$ 满足角动量的基本对易关系（式（4.99）和式（4.134）），但它们是相互对易的.

---

[18] $\ell=0$ 的情况看起来有问题，因为表面上看是被零除. 另一方面，分子也是零，因为在这种情况下 $j=s$；所以式（7.67）是不确定式. 在物理上，当 $\ell=0$ 时，不应该有任何自旋-轨道耦合存在. 在任何情况下，当自旋-轨道耦合加到相对论修正中时，问题就消失了，它们的和（式（7.68））对所有 ℓ 都是正确的. 如果你对整个计算感到不安，我不怪你；令人欣慰的是，可以通过使用（相对论）狄拉克方程代替（非相对论）薛定谔方程来获得精确解，这也证实了我们通过不太严格的方法获得的结果（见习题 7.22）.

[19] 把 $|jm_j\rangle$（对给定的 ℓ 和 s）写成 $|\ell s m_l m_s\rangle$ 的线性组合，我们需要利用适当的 CG 系数（式（4.183））.

* **习题 7.20**　从相对论修正（式（7.58））和自旋轨道耦合（式（7.67））推导出精细结构公式（式（7.68））. **提示**：注意到 $j=\ell\pm1/2$（除 $\ell=0$，只需要取正号）；分别处理取正号和负号两种情况，你将会发现不管是哪种情况，最终结果都相同.

** **习题 7.21**　氢原子可见光区域光谱最重要的谱线就是红色的巴耳末线，它源自于从 $n=3$ 到 $n=2$ 能级的跃迁. 首先，根据玻尔理论计算出该谱线的波长和频率. 精细结构的存在将使这条线分裂为几条相距很近的线. **问题**：这些分裂出来的线的数量和分布情况是什么样的？**提示**：首先确定 $n=2$ 能级能够分裂为几条，并找出每条子线的 E_{fs}^{1}，单位为 eV. 其次，对 $n=3$ 重复以上步骤. 画出能级图并表示出所有可能的从 $n=3$ 到 $n=2$ 的跃迁.（以光子形式）释放出的能量为 $(E_3-E_2)+\Delta E$，第一项是所有可能的跃迁都有的部分，（由精细结构导致的）ΔE 部分对于不同的跃迁方式大小是不同的. 找出每个跃迁的 ΔE（单位为 eV），最后转化为光子频率，并确定出相邻谱线的间距（单位为 Hz）——它不是每条谱线和无扰动时的谱线的频率间隔（它显然也是观察不到的），而是每条谱线和它相邻的谱线的频率间隔. 你最终的答案形式应该是："红色巴耳末线分裂为（???）条. 按照频率逐渐增加的顺序，跃迁分别为（1）从 $j=$(???) 到 $j=$(???)，（2）从 $j=$(???) 到 $j=$(???)，…. 线（1）和线（2）的频率差值为（???）Hz，线（2）和线（3）的频率差值为（???）Hz，…."

习题 7.22　精确的氢原子精细结构公式为（由狄拉克方程导出，没有借助微扰理论）：[20]

$$E_{nj}=mc^2\left\{\left[1+\left(\frac{\alpha}{n-(j+1/2)+\sqrt{(j+1/2)^2-\alpha^2}}\right)^2\right]^{-1/2}-1\right\}.$$

展开至 α^4 项（注意到有 $\alpha\ll1$），并证明你重新得到式（7.69）.

7.4　塞曼效应

当原子被放置在均匀的外磁场 $\boldsymbol{B}_{\mathrm{ext}}$ 中时，能级将发生移动. 这种现象称为**塞曼效应**（**Zeeman effect**）. 对于单个电子，微扰是[21]

$$H_Z'=-(\boldsymbol{\mu}_l+\boldsymbol{\mu}_s)\cdot\boldsymbol{B}_{\mathrm{ext}},\tag{7.70}$$

其中

$$\boldsymbol{\mu}_s=-\frac{e}{m}\boldsymbol{S}\tag{7.71}$$

是与电子自旋相关的磁偶极矩（式（7.62）），且

$$\boldsymbol{\mu}_l=-\frac{e}{2m}\boldsymbol{L}\tag{7.72}$$

[20] 见 Bethe 和 Salpeter（脚注 12），第 238 页.

[21] 这精确到 B 的一阶. 我们忽略了哈密顿量中的 B^2 量级项（精确结果在习题 4.72 中计算）. 此外，轨道磁矩（式（7.72））与机械角动量成比例，而不是正则角动量（见习题 7.49）. 这些被忽略的项给出了 B^2 级修正，与 H_Z' 的二阶修正相当. 因为我们要计算的是一阶修正，所以在这种情况下可以放心地忽略它们.

（式（7.61））是与轨道运动相关的偶极矩.[22] 所以

$$H'_Z=\frac{e}{2m}(\boldsymbol{L}+2\boldsymbol{S})\cdot\boldsymbol{B}_{\mathrm{ext}}. \tag{7.73}$$

同引起自旋-轨道耦合的内场（式（7.60））相比，塞曼分裂特性很大程度上取决于外电场强度大小. 如果 $B_{\mathrm{ext}} \ll B_{\mathrm{int}}$，则精细结构占主导地位，$H'_Z$可以看作一个小微扰；而当 $B_{\mathrm{ext}} \gg B_{\mathrm{int}}$ 时，塞曼效应占主导地位，精细结构成为微扰. 在中间区域，这两个场的大小可以比拟时，则必须应用简并微扰理论来讨论，并且有必要“手工”对哈密顿量的相关部分对角化. 在下面的章节中，我们将针对氢原子简要探讨每一个区域的情况.

习题 7.23 利用式（7.60）估算氢原子的内磁场大小，并定量说明它是一个“强”还是一个“弱”的塞曼场.

7.4.1 弱场塞曼效应

如果 $B_{\mathrm{ext}} \ll B_{\mathrm{int}}$，精细结构起主要作用；把 $H_{\mathrm{Bohr}}+H'_{\mathrm{fs}}$看作“未微扰”的哈密顿量，$H'_Z$为微扰. “未微扰”本征态则是那些适合精细结构的本征态：$|n\ell j\ m_j\rangle$，“未微扰”能量是 E_{nj}（式（7.69））. 尽管精细结构消除了玻尔模型中的一些简并度，由于能量不依赖于 m_j 或 ℓ，这些状态仍然是简并的. 幸好状态$|n\ell j\ m_j\rangle$是处理微扰 H'_Z的“好”态（这意味着我们不必写出 H'_Z的矩阵W，它已经是对角化的），因为 H'_Z与 J_Z（只要将 $\boldsymbol{B}_{\mathrm{ext}}$ 沿 z 轴方向）和 L^2 对易，并且每个简并态都由两个量子数 m_j 和 ℓ 唯一地标记.

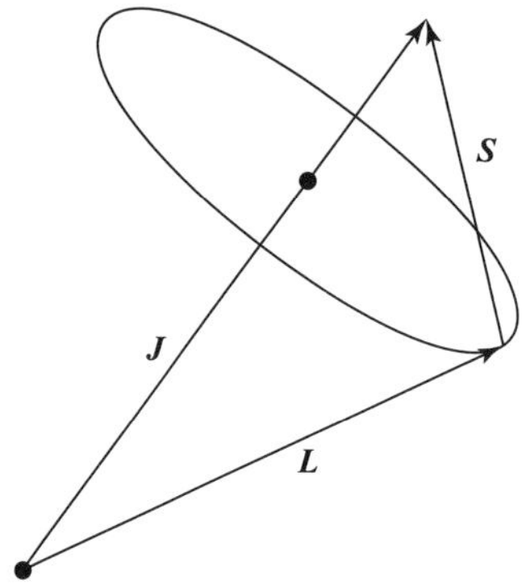

图 7.9 由于自旋-轨道耦合的存在，$\boldsymbol{L}$ 和 $\boldsymbol{S}$ 都不再是守恒量；它们绕固定的总角动量矢量 $\boldsymbol{J}$ 进动.

在一阶微扰理论下，塞曼效应的能量修正为

$$E_Z^1=\langle n\ell jm_j|H'_Z|n\ell jm_j\rangle=\frac{e}{2m}B_{\mathrm{ext}}\hat{k}\cdot\langle\boldsymbol{L}+2\boldsymbol{S}\rangle. \tag{7.74}$$

其中，如上所述，我们让 $\boldsymbol{B}_{\mathrm{ext}}$ 沿 z 轴方向，以消除W 的非对角项. 此时，$\boldsymbol{L}+2\boldsymbol{S}=\boldsymbol{J}+\boldsymbol{S}$. 遗憾的是，我们不能立刻知道 $\boldsymbol{S}$ 的期望值. 但是可以用下面的方法得到它：总的角动量 $\boldsymbol{J}=\boldsymbol{L}+\boldsymbol{S}$ 为定值（见图 7.9）；$\boldsymbol{L}$ 和 $\boldsymbol{S}$ 迅速绕该固定的矢量 $\boldsymbol{J}$ 做进动. 尤其是，$\boldsymbol{S}$ 的（时间）平均值恰好是它沿 $\boldsymbol{J}$ 的投影：

$$\boldsymbol{S}_{\mathrm{ave}}=\frac{(\boldsymbol{S}\cdot\boldsymbol{J})}{J^2}\boldsymbol{J}. \tag{7.75}$$

[22] 轨道运动的旋磁比率是经典值（$q/2m$）—仅对自旋才有额外的因子“2”.

但是，$\boldsymbol{L}=\boldsymbol{J}-\boldsymbol{S}$；所以，$L^2=J^2+S^2-2\boldsymbol{J}\cdot\boldsymbol{S}$，因此

$$\boldsymbol{S}\cdot\boldsymbol{J}=\frac{1}{2}(J^2+S^2-L^2)=\frac{\hbar^2}{2}[j(j+1)+s(s+1)-\ell(\ell+1)], \tag{7.76}$$

进而可以得到[23]

$$\langle\boldsymbol{L}+2\boldsymbol{S}\rangle=\left\langle\left(1+\frac{\boldsymbol{S}\cdot\boldsymbol{J}}{J^2}\right)\boldsymbol{J}\right\rangle=\left[1+\frac{j(j+1)-\ell(\ell+1)+S(S+1)}{2j(j+1)}\right]\langle\boldsymbol{J}\rangle. \tag{7.78}$$

方括号中的项称为**朗德 g 因子（Landé g-factor）**，用 g_J 表示.[24]

能量修正为

$$E_Z^1=\mu_B g_J B_{ext} m_j, \tag{7.79}$$

其中

$$\mu_B\equiv\frac{e\hbar}{2m}=5.788\times10^{-5}\text{eV}\cdot\text{T}^{-1} \tag{7.80}$$

称为**玻尔磁子（Bohr magneton）**. 回想一下（例题 6.3），量子数 m 的简并是旋转不变性的结果.[25] 微扰 H_Z'在空间中（$\boldsymbol{B}$ 方向）中选取一个特殊的方向，它打破了旋转对称性，并解除了 m 的简并度.

总能量就是精细结构部分（式（7.69））和塞曼效应贡献（式（7.79））之和. 例如，对基态（$n=1$，$\ell=0$，$j=1/2$，则 $g_J=2$）分裂为两个能级：

$$-13.6\text{eV}(1+\alpha^2/4)\pm\mu_B B_{ext}, \tag{7.81}$$

正号对应于 $m_j=1/2$；负号对应于 $m_j=-1/2$. 图 7.10 画出了这些能量作为 B_{ext} 的函数.

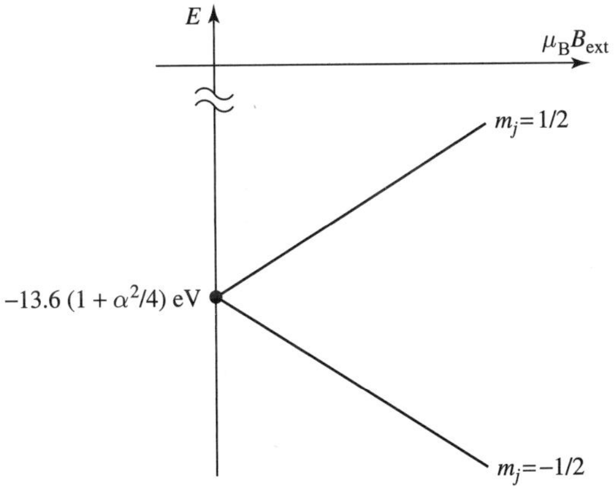

图 7.10　氢原子基态的弱场塞曼分裂；上面的一条线（$m_j=1/2$）斜率为 1；下面的一条线（$m_j=-1/2$）斜率为−1.

---

[23] 虽然式（7.78）是用 $\boldsymbol{S}$ 的平均值代替 $\boldsymbol{S}$ 导出的，但结果不是一个近似值；$\boldsymbol{L}+2\boldsymbol{S}$ 和 $\boldsymbol{J}$ 都是矢量算符，其态是角动量本征态. 因此，矩阵元可以通过维格纳-埃卡特定理（式（6.59）~式（6.61））求出. 因此（习题 7.25）下列矩阵元之间是成正比的：

$$\langle n\ell jm_j|\boldsymbol{L}+2\boldsymbol{S}|n\ell jm_j'\rangle=g_J\langle n\ell jm_j|\boldsymbol{J}|n\ell jm_j'\rangle, \tag{7.77}$$

比例常数 g_J 是约化矩阵元的比值. 剩下的就是计算 g_J：参见 Claude Cohen Tannoudji，Bernard Diu 和 Franck Laloë，*Quantum Mechanics*，Wiley，纽约（1977），第 2 卷，第 10 章.

[24] 对于单电子，其中 $j=\ell\pm\frac{1}{2}$，$g_J=(2j+1)/(2\ell+1)$.

[25] 这个例子的处理是针对轨道角动量的，但对于总角动量有同样的结论.

*习题 7.24 考虑（共 8 个）$n=2$ 的态，$|2\ell jm_j\rangle$．求出位于弱场塞曼分裂下的各个态的能量，并画出类似于图 7.10 的图像来表示能量随 B_{ext} 增大的变化．清晰地画出每条线，给出其相应的斜率．

习题 7.25 使用维格纳-埃卡特定理（式（6.59）~式（6.61））证明任意两个矢量算符 $\boldsymbol{V}$ 和 $\boldsymbol{W}$ 的矩阵元在以角动量本征态的基矢下是成比例的：

$$\langle n\ell'm'|\boldsymbol{V}|n\ell m\rangle=\alpha\langle n\ell'm'|\boldsymbol{W}|n\ell m\rangle. \tag{7.82}$$

评注：用 j 代替 ℓ（无论状态是轨道、自旋还是总角动量的本征态，定理都成立），取 $\boldsymbol{V}=\boldsymbol{L}+2\boldsymbol{S}$ 和 $\boldsymbol{W}=\boldsymbol{J}$，这证明了式（7.77）．

7.4.2 强场塞曼效应

如果 $\boldsymbol{B}_{\text{ext}}\gg\boldsymbol{B}_{\text{int}}$，则塞曼效应起主要作用，[26] 我们把 $H_{\text{Bohr}}+H'_Z$ 作为"未微扰"的哈密顿量，微扰为 H'_{fs}，塞曼哈密顿量为

$$H'_Z=\frac{e}{2m}B_{\text{ext}}(L_z+2S_z),$$

很简单计算出"未微扰"的能量

$$E_{nm_\ell m_s}=-\frac{13.6\text{eV}}{n^2}+\mu_{\text{B}}B_{\text{ext}}(m_\ell+2m_s). \tag{7.83}$$

这里使用的状态 $|n\ell m_\ell m_s\rangle$ 是简并的，因为能量不依赖于 ℓ；而且基于下列事实还存在一个额外的简并度，例如，$m_\ell=3$ 和 $m_s=-1/2$ 或者 $m_\ell=1$ 和 $m_s=1/2$ 具有相同能量．我们又是幸运的：$|n\ell m_\ell m_s\rangle$ 恰是处理微扰的"好"态．精细结构哈密顿量 H'_{fs} 与 L^2 和 J_z 对易（这两个算符在第 7.2.2 节的定理中表示为 A）；第一个算符消除了 ℓ 的简并，第二个算符消除了因 $m_\ell+2m_s=m_j+m_s$ 巧合导致能量相等而引起的简并．

在一阶微扰理论下，这些能级的精细结构修正为

$$E^1_{\text{fs}}=\langle n\ell m_\ell m_s|(H'_r+H'_{\text{so}})|n\ell m_\ell m_s\rangle. \tag{7.84}$$

相对论效应的贡献还和以前结果一样（式（7.58））；对于自旋-轨道项（式（7.63））需要

$$\langle \boldsymbol{S}\cdot\boldsymbol{L}\rangle=\langle S_x\rangle\langle L_x\rangle+\langle S_y\rangle\langle L_y\rangle+\langle S_z\rangle\langle L_z\rangle=\hbar^2 m_\ell m_s. \tag{7.85}$$

（注意到，对于 S_z 和 L_z 本征态，$\langle S_x\rangle=\langle S_y\rangle=\langle L_x\rangle=\langle L_y\rangle=0$.）综合上述各项（习题 7.26），得到

$$E^1_{\text{fs}}=\frac{13.6\text{ eV}}{n^3}\alpha^2\left\{\frac{3}{4n}-\left[\frac{\ell(\ell+1)-m_\ell m_s}{\ell(\ell+1/2)(\ell+1)}\right]\right\}. \tag{7.86}$$

（对于 $\ell=0$，方括号中的项无法确定；在这种情况下，其正确值为 1，参见习题 7.28.）总能量是塞曼效应部分（式（7.83））和精细结构部分的贡献（式（7.86））之和．

习题 7.26 从式（7.84）出发，利用式（7.58）、式（7.63）、式（7.66）和式（7.85）导出式（7.86）．

[26] 在这种情况下，塞曼效应也被称为帕邢-巴克效应．

** **习题 7.27**　考虑（共 8 个）$n=2$ 的状态，$|2\ell m_\ell m_s\rangle$．求出位于强场塞曼分裂下的各个状态的能量值．将结果表示成三项求和的形式：玻尔能级、精细结构（α^2 的倍数）和塞曼效应部分（正比于 $\mu_B B_{ext}$）．如果完全忽略了精细结构，有多少不同的能级，它们的简并度是多少？

习题 7.28　如果 $\ell=0$，则 $j=s$，$m_j=m_s$，对于强场和弱场"好"态一样的，都是 $|nm_s\rangle$．（由式（7.74））确定 E_Z^1 和精细结构能量（式（7.69）），并且写出 $\ell=0$ 时塞曼效应的一般结果，不管磁场强度如何．证明：当把强场公式（式（7.86））方括号中的不确定项取为 1 时，同样会得到这个结果．

7.4.3　中间场塞曼效应

在中间区域，H_Z' 和 H_{fs}' 都不占主导地位，必须平等地对待这两者，作为玻尔哈密顿量的微扰（式（7.43））：

$$H'=H_Z'+H_{fs}'. \tag{7.87}$$

我在这里集中讨论 $n=2$ 的情况（$n=3$ 放在习题 7.30 中，由你自己做）．由于不能明显地确定"好"态是什么，所以只能完全求助于简并微扰理论．我将选择量子数以 ℓ、j 和 m_j 为特征的基态．[27] 使用 CG 系数（习题 4.60 或表 4.8）将 $|jm_j\rangle$ 表示为 $|\ell sm_\ell m_s\rangle$ 的线性组合，[28] 有

$\underline{\ell=0}$：

$$\psi_1\equiv\left|\frac{1}{2}\ \frac{1}{2}\right\rangle=\left|0\ \frac{1}{2} 0\ \frac{1}{2}\right\rangle,$$

$$\psi_2\equiv\left|\frac{1}{2}\ \frac{-1}{2}\right\rangle=\left|0\ \frac{1}{2} 0\ \frac{-1}{2}\right\rangle,$$

$\underline{\ell=1}$：

$$\psi_3\left|\frac{3}{2}\ \frac{3}{2}\right\rangle=\left|1\ \frac{1}{2} 1\ \frac{1}{2}\right\rangle,$$

$$\psi_4\left|\frac{3}{2}\ \frac{-3}{2}\right\rangle=\left|1\ \frac{1}{2} -1\ \frac{-1}{2}\right\rangle,$$

$$\psi_5\left|\frac{3}{2}\ \frac{1}{2}\right\rangle=\sqrt{2/3}\left|1\ \frac{1}{2} 0\ \frac{1}{2}\right\rangle+\sqrt{1/3}\left|1\ \frac{1}{2} 1\ \frac{-1}{2}\right\rangle,$$

$$\psi_6\left|\frac{1}{2}\ \frac{1}{2}\right\rangle=-\sqrt{1/3}\left|1\ \frac{1}{2} 0\ \frac{1}{2}\right\rangle+\sqrt{2/3}\left|1\ \frac{1}{2} 1\ \frac{-1}{2}\right\rangle,$$

$$\psi_7\left|\frac{3}{2} -\frac{1}{2}\right\rangle=\sqrt{1/3}\left|1\ \frac{1}{2} -1\ \frac{1}{2}\right\rangle+\sqrt{2/3}\left|1\ \frac{1}{2} 0\ \frac{-1}{2}\right\rangle,$$

$$\psi_8\left|\frac{1}{2} -\frac{1}{2}\right\rangle=-\sqrt{2/3}\left|1\ \frac{1}{2} -1\ \frac{1}{2}\right\rangle+\sqrt{1/3}\left|1\ \frac{1}{2} 0\ \frac{-1}{2}\right\rangle.$$

---

[27] 如果您愿意，你可以使用 ℓ，m_ℓ，m_s 态，用它们计算矩阵元 H_Z' 比较容易，但是计算 H_{fs}' 就比较复杂；W 矩阵会更复杂，但它的本征值（与基无关）是相同的．

[28] 不要将 CG 表中的符号 $|\ell sm_\ell m_s\rangle$ 与 $|n\ell jm_j\rangle$（第 7.4.1 节）或 $|n\ell m_\ell m_s\rangle$（第 7.4.2 节）混淆；这里 n 总是 2，s（当然）总是 1/2．

在这组基矢下，H'_{fs}的非零矩阵元都是对角的，并可由式（7.68）给出；H'_Z有4个非对角元素，完整的矩阵$-\boldsymbol{W}$（见习题7.29）为

$$\begin{pmatrix} 5\gamma-\beta & 0 & 0 & 0 & 0 & 0 & 0 & 0 \\ 0 & 5\gamma+\beta & 0 & 0 & 0 & 0 & 0 & 0 \\ 0 & 0 & \gamma-2\beta & 0 & 0 & 0 & 0 & 0 \\ 0 & 0 & 0 & \gamma+2\beta & 0 & 0 & 0 & 0 \\ 0 & 0 & 0 & 0 & \gamma-\frac{2}{3}\beta & \frac{\sqrt{2}}{3}\beta & 0 & 0 \\ 0 & 0 & 0 & 0 & \frac{\sqrt{2}}{3}\beta & 5\gamma-\frac{1}{3}\beta & 0 & 0 \\ 0 & 0 & 0 & 0 & 0 & 0 & \gamma+\frac{2}{3}\beta & \frac{\sqrt{2}}{3}\beta \\ 0 & 0 & 0 & 0 & 0 & 0 & \frac{\sqrt{2}}{3}\beta & 5\gamma+\frac{1}{3}\beta \end{pmatrix}.$$

其中

$$\gamma\equiv(\alpha/8)^2 13.6\text{eV},\quad \beta\equiv\mu_B B_{ext}.$$

前4个本征值已经由对角元素给出；剩下的需要求出两个2×2分块矩阵的本征值．第一个分块矩阵的特征方程为

$$\lambda^2-\lambda(6\gamma-\beta)+\left(5\lambda^2-\frac{11}{3}\gamma\beta\right)=0,$$

解该二次方程得到本征值

$$\lambda_{\pm}=3\gamma-(\beta/2)\pm\sqrt{4\gamma^2+(2/3)\gamma\beta+(\beta^2/4)}. \tag{7.88}$$

第二个分块矩阵的特征值是相同的，但β符号换成负号．表7.2中列出了求出的8个能量值，并在图7.11中给出能量与B_{ext}关系图．在零场极限下（$\beta=0$），回到精细结构值；对在弱场情况下（$\beta\ll\gamma$），它就是习题7.24的结果；对强场（$\beta\gg\gamma$）又回到习题7.27的结果（注意，在非常高的场情况下，它收敛到5个不同的能级，如习题7.27所预测的那样）．

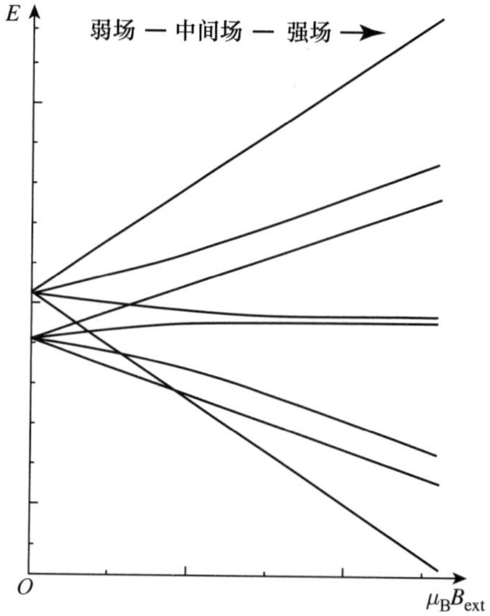

图7.11 弱场、中间场、强场下，氢原子$n=2$能态的塞曼能级分裂．

表 7.2　具有精细结构和塞曼分裂情况下氢原子 $n=2$ 状态的能级

$\varepsilon_1=E_2-5\gamma+\beta$
$\varepsilon_2=E_2-5\gamma-\beta$
$\varepsilon_3=E_2-\gamma+2\beta$
$\varepsilon_4=E_2-\gamma-2\beta$
$\varepsilon_5=E_2-3\gamma+\beta/2+\sqrt{4\gamma^2+(2/3)\gamma\beta+\beta^2/4}$
$\varepsilon_6=E_2-3\gamma+\beta/2-\sqrt{4\gamma^2+(2/3)\gamma\beta+\beta^2/4}$
$\varepsilon_7=E_2-3\gamma-\beta/2+\sqrt{4\gamma^2-(2/3)\gamma\beta+\beta^2/4}$
$\varepsilon_8=E_2-3\gamma+\beta/2-\sqrt{4\gamma^2-(2/3)\gamma\beta+\beta^2/4}$

习题 7.29　计算出 H'_Z 和 H'_{fs} 的矩阵元；对于 $n=2$ 时，构造出本节中给出的 $\boldsymbol{W}$ 矩阵.

*****习题 7.30**　对弱场、中间场、强场情况下，分析氢原子 $n=3$ 时的塞曼效应. 构建类似于表 7.2 的能级表，并作为外场函数画图（类似于图 7.11），并验证中间场情况的两个极限情况. **提示**：在这里维格纳-埃卡特定理很有用. 在第 6 章中，我们是用轨道角动量 ℓ 表示这个定理，但它也适用于总角动量 j 的状态. 特别地，对任意矢量算符 $\boldsymbol{V}$，

$$\langle j'm_j'|V^z|jm_j\rangle=C^{j\,1\,j}_{m_j0m_j'}\langle j'||V||j\rangle$$

都成立（并且 $\boldsymbol{L}+2\boldsymbol{S}$ 是个矢量算符）.

7.5　氢原子超精细分裂

质子本身构成了一个磁偶极子，但由于分母中的质量较大，它的偶极矩远小于电子的偶极矩（式（7.62））：

$$\boldsymbol{\mu}_{\mathrm{p}}=\frac{g_{\mathrm{p}}e}{2m_{\mathrm{p}}}\boldsymbol{S}_{\mathrm{p}},\quad \boldsymbol{\mu}_{\mathrm{e}}=-\frac{e}{m_{\mathrm{e}}}\boldsymbol{S}_{\mathrm{e}}. \tag{7.89}$$

（质子是一个复合结构，它由三个夸克组成，它的旋磁比比电子要复杂. 因此，和电子的朗德 g 因子为 2 相比，它的朗德 g 因子（g_{p}）的测量值为 5.59.）根据经典电动力学，磁偶极子 $\boldsymbol{\mu}$ 形成一个磁场[29]

$$\boldsymbol{B}=\frac{\mu_0}{4\pi r^3}[3(\boldsymbol{\mu}\cdot\hat{r})\hat{r}-\boldsymbol{\mu}]+\frac{2\mu_0}{3}\boldsymbol{\mu}\delta^3(\boldsymbol{r}). \tag{7.90}$$

所以，电子在质子磁偶极矩形成的磁场中的哈密顿量为（式（7.59））

$$H'_{\mathrm{hf}}=\frac{\mu_0 g_{\mathrm{p}}e^2}{8\pi m_{\mathrm{p}}m_{\mathrm{e}}}\frac{[3(\boldsymbol{S}_{\mathrm{p}}\cdot\hat{r})((\boldsymbol{S}_{\mathrm{e}}\cdot\hat{r})-\boldsymbol{S}_{\mathrm{p}}\cdot\boldsymbol{S}_{\mathrm{e}}]}{r^3}+\frac{\mu_0 g_{\mathrm{p}}e^2}{3m_{\mathrm{p}}m_{\mathrm{e}}}\boldsymbol{S}_{\mathrm{p}}\cdot\boldsymbol{S}_{\mathrm{e}}\delta^3(\boldsymbol{r}). \tag{7.91}$$

按照微扰理论，能量的一阶修正（式（7.9））就是微扰哈密顿量的期望值：

$$E^1_{\mathrm{hf}}=\frac{\mu_0 g_{\mathrm{p}}e^2}{8\pi m_{\mathrm{p}}m_{\mathrm{e}}}\left\langle\frac{3(\boldsymbol{S}_{\mathrm{p}}\cdot\hat{r})(\boldsymbol{S}_{\mathrm{e}}\cdot\hat{r})-\boldsymbol{S}_{\mathrm{p}}\cdot\boldsymbol{S}_{\mathrm{e}}}{r^3}\right\rangle+\frac{\mu_0 g_{\mathrm{p}}e^2}{3m_{\mathrm{p}}m_{\mathrm{e}}}\langle\boldsymbol{S}_{\mathrm{p}}\cdot\boldsymbol{S}_{\mathrm{e}}\rangle|\psi(0)|^2. \tag{7.92}$$

对于基态（或者 $\ell=0$ 的其他状态），波函数是球对称的，第一项的期望值为零（见习题 7.31）. 同时，从式（4.80）中，我们得出 $|\psi_{100}(0)|^2=1/(\pi a^3)$，所以，对于基态有

---

[29] 如果您不熟悉式（7.90）中的 δ 函数项，可以将偶极子视为旋转的带电球壳推导出它，令半径趋于零和电荷趋于无限大（使 $\boldsymbol{\mu}$ 保持不变）. 参见 D. J. Griffiths, *Am. J. Phys.* **50**, 698（1982）.

$$E_{\mathrm{hf}}^{1}=\frac{\mu_0 g_{\mathrm{p}} e^{2}}{3\pi m_{\mathrm{p}} m_{\mathrm{e}} a^{3}}\langle \boldsymbol{S}_{\mathrm{p}}\cdot \boldsymbol{S}_{\mathrm{e}}\rangle, \tag{7.93}$$

它称为**自旋-自旋耦合（spin-spin coupling）**，因为它涉及两个自旋的点积（对比于自旋-轨道耦合，它涉及 $\boldsymbol{S}\cdot\boldsymbol{L}$）.

存在自旋-自旋耦合的情况下，单个自旋的角动量不再守恒；“好”态是如下总自旋的本征矢，

$$\boldsymbol{S}\equiv \boldsymbol{S}_{\mathrm{e}}+\boldsymbol{S}_{\mathrm{p}}. \tag{7.94}$$

和前面一样，对上式平方得到

$$\boldsymbol{S}_{\mathrm{p}}\cdot\boldsymbol{S}_{\mathrm{e}}=\frac{1}{2}(S^{2}-S_{\mathrm{e}}^{2}-S_{\mathrm{p}}^{2}). \tag{7.95}$$

但电子和质子都具有 1/2 的自旋，所以 $S_{\mathrm{e}}^{2}=S_{\mathrm{p}}^{2}=(3/4)\hbar^{2}$. 对三重态（自旋“平行”），总自旋为 1，因此 $S^{2}=2\hbar^{2}$；对自旋单态，总自旋为 0，因此 $S^{2}=0$. 所以

$$E_{\mathrm{hf}}^{1}=\frac{4g_{\mathrm{p}}\hbar^{4}}{3m_{\mathrm{p}}m_{\mathrm{e}}^{2}c^{2}a^{4}}\begin{cases}+1/4, & \text{三重态}\\ -3/4, & \text{单态}\end{cases} \tag{7.96}$$

自旋-自旋耦合破坏了基态自旋的简并度，提升了三重态的能级，降低了单态的能级（见图 7.12）. 能量间隔为

$$\Delta E=\frac{4g_{\mathrm{p}}\hbar^{4}}{3m_{\mathrm{p}}m_{\mathrm{e}}^{2}c^{2}a^{4}}=5.88\times10^{-6}\,\mathrm{eV}. \tag{7.97}$$

伴随三重态跃迁到单态所释放光子的频率为

$$\nu=\frac{\Delta E}{h}=1420\,\mathrm{MHz}, \tag{7.98}$$

对应的波长为 $c/\nu=21\mathrm{cm}$，属于微波段. 这条著名的 **21cm 长的射线（21-centimeter line）** 是宇宙中最普遍的辐射形式之一.

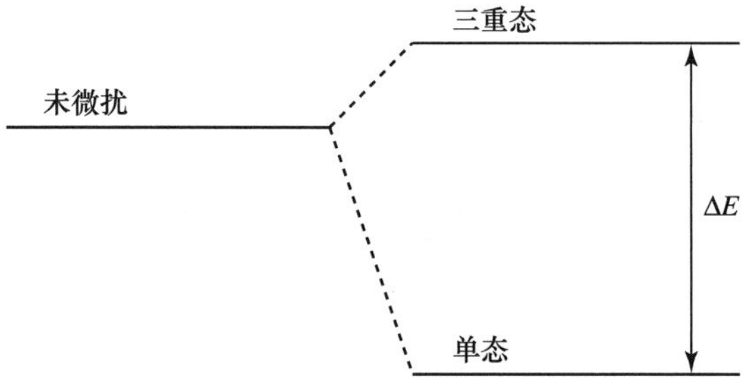

图 7.12　氢原子基态的超精细分裂.

习题 7.31　令 $\boldsymbol{a}$、$\boldsymbol{b}$ 为两个常矢量. 证明

$$\int(\boldsymbol{a}\cdot\hat{r})(\boldsymbol{b}\cdot\hat{r})\sin\theta\,\mathrm{d}\theta\,\mathrm{d}\phi=\frac{4\pi}{3}(\boldsymbol{a}\cdot\boldsymbol{b}) \tag{7.99}$$

（积分区域为通常的：$0<\theta<\pi$，$0<\phi<2\pi$.）对 $\ell=0$ 的状态，利用该结果证明

$$\left\langle\frac{3(\boldsymbol{S}_{\mathrm{p}}\cdot\hat{r})(\boldsymbol{S}_{\mathrm{e}}\cdot\hat{r})-\boldsymbol{S}_{\mathrm{p}}\cdot\boldsymbol{S}_{\mathrm{e}}}{r^{3}}\right\rangle=0.$$

提示： $\hat{r}=\sin\theta\cos\phi\,\hat{i}+\sin\theta\sin\phi\,\hat{j}+\cos\theta\,\hat{k}$. 先进行角积分.

习题 7.32 通过适当修正氢原子的公式，确定以下粒子基态的超精细分裂：(a) μ 氢（**muonic hydrogen**：电子被 μ 子代替形成的原子——与电子具有相同电荷和 g 因子，但质量为电子的 207 倍），(b) **电子偶素**（**positronium**：质子被正电子代替形成原子——与电子具有相同的质量和 g 因子，但电荷相反），(c) **μ 子素**（**muonium**：质子被反 μ 子代替形成的原子——与 μ 子具有相同质量和 g 系数，但电荷相反）. 提示：在计算这些奇异原子的“玻尔半径”时，不要忘记约化质量（见习题 5.1）. 顺便指出，对电子偶素你得到的答案（4.82×10^{-4}eV）和实验值（8.41×10^{-4}eV）会有很大差异；这个差异是由于正负电子对湮没（$e^{+}+e^{-}\to\gamma+\gamma$）导致的，它贡献了 $(3/4)\Delta E$ 的能量，不过这在一般的氢原子、μ 氢和 μ 子素中都不会发生.[30]

本章补充习题

习题 7.33 估算原子核的有限尺寸大小对氢原子基态能量的修正. 将质子视为半径为 b 的均匀带电球壳；因此，电子在壳内的势能是恒定的：$-e^2/(4\pi\varepsilon_0 b)$；这虽然不是太现实，但却是最简单的模型，而且够给出正确的数量级. 将结果展开为小参数 (b/a) 的幂级数，其中 a 是玻尔半径，只保留第一项，所以最终答案是

$$\frac{\Delta E}{E}=A(b/a)^n.$$

确定常数 A 和幂 n 的值. 最后，将 $b\approx10^{-15}$m（大约为质子的半径）代入计算出实际数字. 它与精细结构和超精细结构相比如何？

习题 7.34 在本题中，你将发展另外一种简并微扰理论方法. 考虑未微扰哈密顿量 H^0 具有两个简并态 ψ_a^0 和 ψ_b^0（能量 E_0），微扰为 H'. 定义投影[31] 到简并子空间的算符：

$$P_{\mathrm{D}}=|\psi_a^0\rangle\langle\psi_a^0|+|\psi_b^0\rangle\langle\psi_b^0|. \tag{7.100}$$

哈密顿量可以写成

$$H=H^0+H'=\widetilde{H}^0+\widetilde{H}', \tag{7.101}$$

这里

$$\widetilde{H}^0=H^0+P_{\mathrm{D}}H'P_{\mathrm{D}},\quad \widetilde{H}'=H'-P_{\mathrm{D}}H'P_{\mathrm{D}}. \tag{7.102}$$

我们的想法是 $\widetilde{H}^0$ 为“未微扰”哈密顿量，$\widetilde{H}'$为微扰；很快你可能就会发现，$\widetilde{H}^0$ 是非简并的，所以可以利用一般的非简并微扰理论.

(a) 首先需要求出 $\widetilde{H}^0$ 的本征态.

(i) 证明 H^0 的任何一个本征态 ψ_n^0（除 ψ_{a}^0 和 ψ_{b}^0 以外）也是 $\widetilde{H}^0$ 的本征态，且本征值相同.

(ii) 证明“好”态 $\psi^0=\alpha\psi_a^0+\beta\psi_b^0$ 是 $\widetilde{H}^0$ 的本征态（α 和 β 可由求式 (7.30) 确定），能量为 $E^0+E_{\pm}^1$.

---

[30] 详情见脚注 29.

[31] 有关投影运算符的讨论，请参见第 3.6.2 节.

(b) 假设 E^1_+ 和 E^1_- 不同，现在存在一个非简并的未微扰的哈密顿量 $\widetilde{H}^0$，你可以将 $\widetilde{H}'$ 作为微扰利用非简并微扰理论. 对在（ⅱ）中的态 $\psi^0_\pm$，求出能量二阶修正的表达式.

注释：这种方法的优点是，它还可以处理未微扰能量不完全相等，但非常接近的情况：[32] $E^0_a \approx E^0_b$. 在这种情况下，我们还必须使用简并微扰理论；一个重要的例子是在**近自由电子近似（nearly-free electron approximation）**中能带结构的计算.[33]

习题 7.35 下面是在习题 7.34 中发展的技巧的应用. 考虑哈密顿量

$$H^0=\begin{pmatrix}\varepsilon & 0 & 0\\ 0 & \varepsilon & 0\\ 0 & 0 & \varepsilon'\end{pmatrix},\quad H'=\begin{pmatrix}0 & a & b\\ a^* & 0 & c\\ b^* & c^* & 0\end{pmatrix}.$$

(a) 求出投影算符 $\boldsymbol{P}_{\mathrm{D}}$（它是 3×3 的矩阵）投影到由

$$|\psi^0_a\rangle=\begin{pmatrix}1\\0\\0\end{pmatrix}\quad 和 \quad |\psi^0_b\rangle=\begin{pmatrix}0\\1\\0\end{pmatrix}$$

张开的子空间. 然后构造矩阵 $\widetilde{H}^0$ 和 $\widetilde{H}'$.

(b) 求解 $\widetilde{H}^0$ 的本征态并验证，

(ⅰ) 它的能谱是非简并的，

(ⅱ) $\widetilde{H}^0$ 非简并的本征态

$$|\psi^0_c\rangle=\begin{pmatrix}0\\0\\1\end{pmatrix}$$

也是 $\widetilde{H}^0$ 的一个本征态，且具有相同的本征值.

(c) 什么是“好”态，它们能量的一阶微扰是多少？

习题 7.36 考虑各向同性三维谐振子（习题 4.46）. 微扰为

$$H'=\lambda x^2 yz,$$

讨论下面情况的（一阶）微扰效应（λ 为常数）：

(a) 基态.

(b) 第一激发态（三重简并）. 提示：利用习题 2.12 和 3.39 的结果.

*** **习题 7.37 范德瓦耳斯相互作用（Van der Waals interaction）**. 考虑两相距为 R 的原子. 因为它们都是电中性的，你可能认为它们之间没有力的作用，但如果它们是可极化的，则它们之间存在一个弱的相互作用. 为模拟这个系统，将每个原子都看作由一个电子（质量为 m，电荷为 $-e$）通过一个弹簧（弹性常数为 k）连接到原子核（电荷为 $+e$），如图 7.13 所示. 假设核很重，而且基本不运动. 无微扰系统的哈密顿量为

$$H^0=\frac{1}{2m}p_1^2+\frac{1}{2}kx_1^2+\frac{1}{2m}p_2^2+\frac{1}{2}kx_2^2, \tag{7.103}$$

---

[32] 关于“close”在这种情况下的含义的讨论，见习题 7.4.

[33] 例如，Steven H. Simon, *The Oxford Solid State Basics*（Oxford University Press, 2013），第 15.1 节.

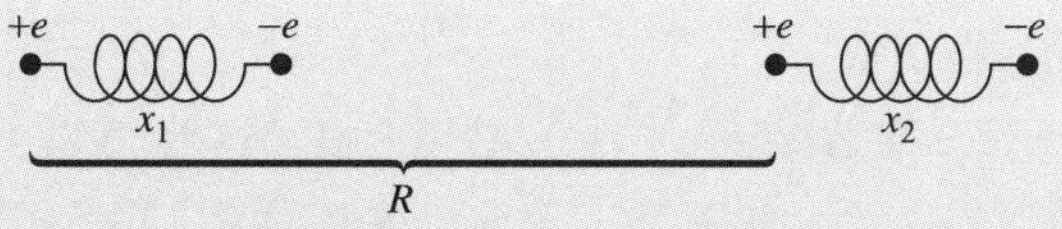

图 7.13 两个相邻的极化原子（习题 7.37）.

原子间的库仑相互作用为

$$H'=\frac{1}{4\pi\varepsilon_0}\left(\frac{e^2}{R}-\frac{e^2}{R-x_1}-\frac{e^2}{R+x_2}+\frac{e^2}{R-x_1+x_2}\right). \tag{7.104}$$

（a）解释式（7.104）. 假设$|x_1|$和$|x_2|$都远小于 R，证明

$$H'\approx-\frac{e^2x_1x_2}{2\pi\varepsilon_0R^3}. \tag{7.105}$$

（b）证明系统总哈密顿量（H^0 加上式（7.105））可分解为两个谐振子的哈密顿量：

$$H=\left[\frac{1}{2m}p_+^2+\frac{1}{2}\left(k-\frac{e^2}{2\pi\varepsilon_0R^3}\right)x_+^2\right]+\left[\frac{1}{2m}p_-^2+\frac{1}{2}\left(k+\frac{e^2}{2\pi\varepsilon_0R^3}\right)x_-^2\right], \tag{7.106}$$

其中变量变换为

$$x_\pm=\frac{1}{\sqrt{2}}(x_1\pm x_2),\quad \text{这意味着}\quad p_\pm=\frac{1}{\sqrt{2}}(p_1\pm p_2). \tag{7.107}$$

（c）显然，该哈密顿量基态能量为

$$E=\frac{1}{2}\hbar(\omega_++\omega_-),\quad \text{其中}\ \omega_\pm=\sqrt{\frac{k\mp(e^2/2\pi\varepsilon_0R^3)}{m}}. \tag{7.108}$$

若没有库仑相互作用，$E_0=\hbar\omega_0$，其中 $\omega_0=\sqrt{k/m}$. 假设 $k\gg(e^2/2\pi\varepsilon_0R^3)$，证明

$$\Delta V\equiv E-E_0\approx-\frac{\hbar}{8m^2\omega_0^3}\left(\frac{e^2}{2\pi\varepsilon_0}\right)^2\frac{1}{R^6}. \tag{7.109}$$

结论：原子之间存在一个相互吸引势，它的大小和原子间距的 6 次方成反比. 这就是两中性原子间**范德瓦耳斯相互作用（van der Waals interaction）**.

（d）现在利用二阶微扰理论做同样的计算. 提示：未微扰状态的形式是 $\psi_{n1}(x_1)\psi_{n2}(x_2)$，其中 $\psi_n(x)$ 是质量为 m、弹性常数为 k 的单粒子谐振子的波函数；ΔV 是对于式（7.105）中微扰对基态能量的二阶修正（注意到一阶能量修正为零）.[34]

****习题 7.38** 对一个特定的量子系统，设哈密顿量 H 是某个参数 λ 的函数；令 $E_n(\lambda)$ 和 $\psi_n(\lambda)$ 为 $H(\lambda)$ 的本征值和本征函数. 费曼-赫尔曼定理指出：[35]

$$\frac{\partial E_n}{\partial\lambda}=\left\langle\psi_n\left|\frac{\partial H}{\partial\lambda}\right|\psi_n\right\rangle \tag{7.110}$$

（假定 E_n 非简并，或（如果简并的话）ψ_n 为简并本征波函数“好的”的线性组合）.

---

[34] 在这个众所周知的问题中有一个有趣的骗局. 如果你把 H'展开到 $1/R^5$ 阶，多余项在基态 H^0 中有一个非零的期望值，所以存在一个非零的一阶微扰，主要贡献像 $1/R^5$，而不是 $1/R^6$. 该模型在三维情况下得到了“正确”的幂次（期望值为零），但在一维情况下不能. 参见 A. C. Ipsen and K. Splittorff, *Am. J. Phys.* **83**, 150（2015）.

[35] 式（7.110）是费曼在麻省理工学院做本科毕业论文时得到的（R. P. Feynman, *Phys. Rev.* **56**, 340(1939)）；在此四年前，赫尔曼的研究成果发表在一份名不见经传的俄罗斯期刊上.

（a）证明费曼-赫尔曼定理.

（b）将该定理应用于一维谐振子，（ⅰ）令 $\lambda=\omega$（这将得出关于 V 期望值的公式）；（ⅱ）令 $\lambda=\hbar$（这将得到 $\langle T\rangle$）；（ⅲ）令 $\lambda=m$（这将得到 $\langle T\rangle$ 和 $\langle V\rangle$ 的一个关系式）. 将你的答案与习题 2.12 及位力定理的结果做比较（习题 3.37）.

习题 7.39　考虑一个三能级系统，其未微扰哈密顿量为

$$H^0=\begin{pmatrix}\varepsilon_a & 0 & 0\\ 0 & \varepsilon_a & 0\\ 0 & 0 & \varepsilon_c\end{pmatrix}\tag{7.111}$$

（$\varepsilon_a>\varepsilon_c$），微扰哈密顿量

$$H'=\begin{pmatrix}0 & 0 & V\\ 0 & 0 & V\\ V^* & V^* & 0\end{pmatrix}.\tag{7.112}$$

由于（2×2）的 W 矩阵在态矢量（1,0,0）和（0,1,0）上是对角的（实际上全为零），你可以假定它们是“好”态，但其实不是. 为证明这一点：

（a）求微扰哈密顿量 $H=H^0+H'$ 的精确本征值.

（b）将（a）中的结果以 $|V|$ 为小量展开到二阶.

（c）通过非简并微扰理论求三个态的能量（到二阶），你能得到什么结果？如果上面关于“好”态的假设是正确的，这将是可行的.

寓意：理论上，如果 W 矩阵的任一本征值都相等，那么 W 矩阵对角化的状态不唯一，W 矩阵对角化并不能确定“好”态. 当这种情况发生时（这并不少见），你需要采用二阶简并微扰理论（见习题 7.40）.

习题 7.40　如果式（7.33）中平方根消失，即 $E_+^1=E_-^1$；则在一阶近似下简并无法消除. 在这种情况下，W 矩阵对角化对 α 和 β 没有限制，而且你依然不知道“好”态是什么. 如果你需要去确定“好”态——（例如，需要计算高阶修正）你需要利用**二阶简并微扰理论（second-order degenerate perturbation theory）**.

（a）证明对在 7.2.1 节中学习过的二重简并，在简并微扰理论中波函数的一阶修正是

$$\psi^1=\sum_{m\neq a,b}\frac{\alpha V_{ma}+\beta V_{mb}}{E^0-E_m^0}\psi_m^0.$$

（b）考虑 λ^2 项（对应非简并情况中的式（7.8）），证明 α 和 β 可以通过求 W^2（上标表示二阶符号而不是 W 的平方）矩阵的本征矢来确定，其中

$$[W^2]_{ij}=\sum_{m\neq a,b}\frac{\langle\psi_i^0|H'|\psi_m^0\rangle\langle\psi_m^0|H'|\psi_j^0\rangle}{E^0-E_m^0},$$

这个矩阵的本征值对应于二阶能量 E^2.

（c）证明在（b）中发展的二阶简并微扰理论可以对习题 7.39 中的三态哈密顿量给出正确的能量二阶修正.

****习题 7.41**　质量为 m 的自由粒子限制在周长为 L 的圆环上，满足 $\psi(x+L)=\psi(x)$. 未微扰哈密顿量为

$$H^0=-\frac{\hbar^2}{2m}\frac{\mathrm{d}^2}{\mathrm{d}x^2},$$

在此基础上加入一个微扰

$$H'=V_0\cos\left(2\pi\frac{x}{L}\right).$$

(a) 证明未微扰态可写成

$$\psi_n^0(x)=\frac{1}{\sqrt{L}}\mathrm{e}^{\mathrm{i}2\pi nx/L},$$

除了 $n=0$ 外，对于 $n=0$，±1，±2，…所有的状态都是两重简并的.

(b) 求微扰矩阵元的一般表达式

$$H'_{mn}=\langle\psi_m^0|H'|\psi_n^0\rangle.$$

(c) 考虑一对简并态 $n=\pm1$. 构建 W 矩阵并计算一阶能量修正 E^1. 注意到在一阶微扰下简并没有消除. 因此，对角化 W 矩阵并不能给出什么是"好"态.

(d) 对 $n=\pm1$ 的态，构建 W^2 矩阵（习题 7.40），并证明在二阶近似下简并消除. 对 $n=\pm1$ 态的"好"的线性组合是什么？

(e) 对于这些态，精确到二阶修正的能量是多少？[36]

****习题 7.42**　费曼-赫尔曼定理（习题 7.38）可以用来确定氢原子 $1/r$ 和 $1/r^2$ 的期望值.[37] 径向波函数（式（4.53））的有效哈密顿量为

$$H=-\frac{\hbar^2}{2m}\frac{\mathrm{d}^2}{\mathrm{d}r^2}+\frac{\hbar^2}{2m}\frac{\ell(\ell+1)}{r^2}-\frac{e^2}{4\pi\varepsilon_0}\frac{1}{r},$$

能量本征值（表示 ℓ 的函数）[38] 为（式（4.70））

$$E_n=-\frac{me^4}{32\pi^2\varepsilon_0^2\hbar^2(N+\ell)^2}.$$

(a) 令费曼-赫尔曼定理中的 $\lambda=e$ 可以得到 $\langle1/r\rangle$. 对比式（7.56）验证你的结果.

(b) 令费曼-赫尔曼定理中的 $\lambda=\ell$ 可以得到 $\langle1/r^2\rangle$. 对比式（7.57）验证你的结果.

*****习题 7.43　证明克拉默斯关系（Kramers relation）**：[39]

$$\frac{s+1}{n^2}\langle r^s\rangle-(2s+1)a\langle r^{s-1}\rangle+\frac{s}{4}[(2\ell+1)^2-s^2]a^2\langle r^{s-2}\rangle=0. \tag{7.113}$$

---

[36] 对这个问题的进一步讨论，参见 D. Kiang，*Am. J. Phys.* **46**（11），1188，1978 以及 L.-K. Chen，*Am. J. Phys.* **72**（7），968，2004. 结果表明，在微扰理论中，每个简并能级 $E_{\pm n}^0$ 在二阶修正发生分裂. 当 $H=H^0+H^1$ 不含时薛定谔方程简化为 Mathieu 方程时，也可得到问题的精确解.

[37] C. Sanchez del Rio，*Am. J. Phys.* **50**，556 页（1982）；H. S. Valk，*Am. J. Phys.* **54**，921 页（1986）.

[38] 在（b）部分，我们把 ℓ 看作一个连续变量；根据式（4.67），n 变为 ℓ 的函数，因 N 为必须是整数，因此 N 被固定. 为了避免混淆，我去掉了 n，以明确地揭示对 ℓ 的依赖.

[39] 这也被称为（第二个）Pasternack 关系. 参见 H. Beker，*Am. J. Phys.* **65**，1118 页（1997）. 对基于费曼-赫尔曼定理（习题 7.38）上的证明，参见 S. Balasubramanian，*Am. J. Phys.* **68**，959 页（2000）.

对氢原子 $\psi_{n\ell m}$ 态的电子，它将 r 的期望值与三个不同的幂（$s,s-1,s-2$）联系起来.

提示：将径向方程（式（4.53））重新写成如下形式：

$$u''=\left[\frac{\ell(\ell+1)}{r^2}-\frac{2}{ar}+\frac{1}{n^2a^2}\right]u,$$

并用它和$\langle r^s\rangle$、$\langle r^{s-1}\rangle$ 和$\langle r^{s-2}\rangle$表示出 $\int(ur^su'')\,\mathrm{d}r$．然后利用分部积分将二次导数降阶.

证明 $\int(ur^su')\,\mathrm{d}r=-(s/2)\langle r^{s-1}\rangle$ 和 $\int(u'r^su')\,\mathrm{d}r=-[2/(s+1)]\int(u''r^{s+1}u')\,\mathrm{d}r$．从这里你可以接着往下做.

习题 7.44

（a）分别将 $s=0$，$s=1$，$s=2$ 和 $s=3$ 代入克拉默斯关系（式（7.113））得到$\langle r^{-1}\rangle$、$\langle r\rangle$、$\langle r^2\rangle$和$\langle r^3\rangle$的公式．请注意你可以无限次重复这个过程，得到任意的正幂次项.

（b）然而，当你向另外一个方向重复这个过程时，将遇到麻烦．把 $s=-1$ 代入，证明你得到的只有$\langle r^{-2}\rangle$和$\langle r^{-3}\rangle$的关系式.

（c）但若你通过其他方法能够得到$\langle r^{-2}\rangle$，你仍然可以利用克拉默斯关系得到其他负幂次项．利用式（7.57）（在习题 7.42 中导出）确定$\langle r^{-3}\rangle$的大小，把你的结果和式（7.66）核验一下.

*****习题 7.45** 原子置于恒定外电场 E_{ext} 中，其电子能级将发生分裂——该现象被称为**斯塔克效应（Stark effect）**（它是塞曼效应电学对应）．本题研究氢原子 $n=1$ 和 $n=2$ 能级的斯塔克效应．令电场沿 z 轴方向，电子的势能为

$$H'_S=eE_{\text{ext}}z=eE_{\text{ext}}r\cos\theta.$$

将其看成是加在玻尔哈密顿量（式（7.43））上的微扰．（因为自旋和该问题无关，所以将其忽略，且不考虑精细结构的影响.）

（a）证明在一阶修正下，基态能量和微扰无关.

（b）第一激发态是四重简并的：ψ_{200}，ψ_{211}，ψ_{210}，ψ_{21-1}．利用简并微扰理论确定能量的一阶修正．E_2 将分裂为几条能级？

（c）问题（b）的"好"波函数是什么？求出在这些"好"态中电偶极矩（$\boldsymbol{p}_\text{e}=-e\boldsymbol{r}$）的期望值．注意到得到的结果和电场大小无关——显然，处在第一激发态的氢原子可以具有恒定的电偶极矩.

提示：本习题中涉及有很多积分需要计算，但几乎所有的积分都为零．所以在你计算每一个积分前，需要仔细分析：如果 ϕ 积分为零，则无须计算 r 和 θ 的积分！若使用第6.4.3节和第6.7.2节的选择定则，则可以完全避免这些积分．**部分答案**：$W_{13}=W_{31}=-3eaE_{\text{ext}}$；其他所有矩阵元都为零.

*****习题 7.46** 考虑氢原子 $n=3$ 时的斯塔克效应（习题 7.45）．开始时有九个简并态，$\psi_{3\ell m}$（和以前一样，忽略自旋），然后在沿 z 轴方向加一电场.

（a）构造 9×9 的矩阵来表示微扰哈密顿．**部分答案**：$\langle 300|z|310\rangle=-3\sqrt{6}\,a$，$\langle 310|z|320\rangle=-3\sqrt{3}\,a$，$\langle 31\pm1|z|32\pm1\rangle=-(9/2)a$.

（b）确定其本征值和简并度．

习题 7.47　计算基态（$n=1$）**氘原子（deuterium）**的超精细跃迁所释放出的光子波长，单位为 cm．氘原子是“重的”氢原子，它的核中多一个中子；质子和中子结合在一起形成了**氘核（deuteron）**，它的自旋为 1，磁矩为

$$\mu_d = \frac{g_d e}{2m_d}\mathbf{S}_d;$$

它的 g 因子为 1.71．

*** **习题 7.48**　晶体中某个原子相邻离子产生的电场将对它的能级形成微扰．作为粗略模型，假设一氢原子被三对点电荷包围，如图 7.14 所示．（自旋和本题无关，故将其忽略．）

（a）设 $r \ll d_1$，$r \ll d_2$，$r \ll d_3$，证明

$$H' = V_0 + 3(\beta_1 x^2 + \beta_2 y^2 + \beta_3 z^2) - (\beta_1 + \beta_2 + \beta_3) r^2,$$

其中

$$\beta_i \equiv -\frac{e}{4\pi\varepsilon_0}\frac{q_i}{d_i^3}, \quad V_0 = 2(\beta_1 d_1^2 + \beta_2 d_2^2 + \beta_3 d_3^2).$$

（b）求出基态能量的一阶修正．

（c）分别计算下列情况下第一激发态（$n=2$）的能量一阶修正．求出该四重简并体系将分裂为几个能级：（ⅰ）**立方对称（cubic symmetry）**情况，$\beta_1=\beta_2=\beta_3$；（ⅱ）**四方对称（tetragonal symmetry）**情况，$\beta_1=\beta_2\neq\beta_3$；（ⅲ）一般的**正交对称（orthorhombic symmetry）**情况（三个都不相同）．**注意**：你可能从习题 4.71 中得到“好”态．

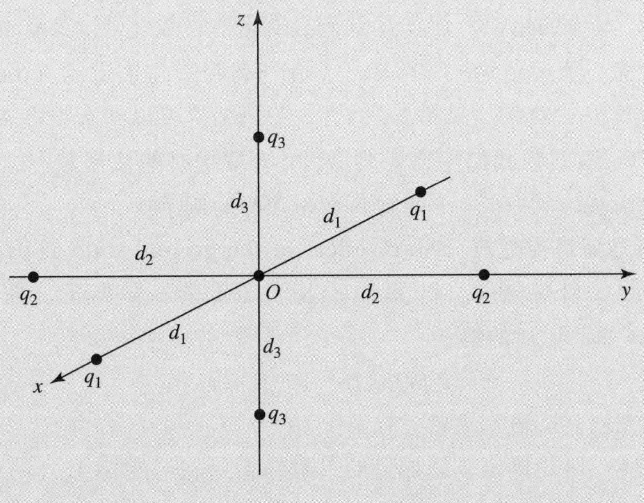

图 7.14　习题 7.48 图，氢原子被六个点电荷包围（晶格的粗略模型）．

习题 7.49　将氢原子置于 $\mathbf{B}_0 = B_0\hat{z}$ 的均匀磁场中（哈密顿量可以写成式（4.230））．用费曼-赫尔曼定理（习题 7.38）证明

$$\frac{\partial E_n}{\partial B_0} = -\langle \psi_n | \mu_z | \psi_n \rangle, \tag{7.114}$$

其中电子的磁偶极矩[40]（轨道加上自旋）为

$$\boldsymbol{\mu} = \gamma_0 \boldsymbol{L}_{机械} + \gamma \boldsymbol{S}.$$

在式（4.231）中给出了机械角动量的定义.

注释：从式（7.114）可以得出，在体积 V 中和在 0K（当它们都处于基态时）下 N 个原子的磁化率为[41]

$$\chi = \mu_0 \frac{\partial M}{\partial B_0} = -\frac{N}{V}\mu_0 \frac{\partial^2 E_0}{\partial {B_0}^2}, \tag{7.115}$$

其中 E_0 是基态能量. 尽管我们推导了氢原子的方程（7.114），但该表达式同样适用于多电子原子，即使包括电子-电子相互作用.

习题 7.50 处于均匀磁场 $\boldsymbol{B}_0 = B_0 \hat{z}$ 中的原子，方程（4.230）给出

$$H = H_{原子} - B_0(\gamma_0 L_z + \gamma S_z) + \frac{e^2}{8m} B_0^2 \sum_{i=1}^{Z} (x_i^2 + y_i^2),$$

其中，L_z 和 S_z 是所有电子总的轨道和自旋角动量.

（a）将含有 B_0 的项作为微扰，计算氦原子基态能级的移动，精确到 B_0 的二阶修正. 假定氦原子基态由下式给出：

$$\psi_0 = \psi_{100}(r_1)\psi_{100}(r_2)\frac{|\uparrow\downarrow\rangle - |\downarrow\uparrow\rangle}{\sqrt{2}},$$

其中，ψ_{100} 指的是类氢原子基态（$Z=2$）.

（b）用习题 7.49 中的结论，计算氦原子的磁化率. 假设密度为 0.166kg/m³，求磁化率的具体数值. **注意**：实验值为 -1.0×10^{-9}（负号表明氦是**抗磁的（diamagnet）**）. 通过增加轨道半径来考虑屏蔽效应（见第 8.2 节），数值结果可以和实验更加接近.

*****习题 7.51** 有时候我们不需要将 ψ_n^1 用未微扰时的波函数（式（7.11））展开，而是能够直接求解方程（7.10）. 下面有两个非常好的例子：

（a）**氢原子基态斯塔克效应（Stark effect in the ground state of hydrogen）**

（ⅰ）求处于恒定外电场 E_{ext} 中氢原子基态能量的一阶修正（斯塔克效应见习题 7.45）. **提示**：尝试如下形式的解：

$$(A+Br+Cr^2)\mathrm{e}^{-r/a}\cos\theta;$$

你的问题是找出常数 A、B 和 C 来解方程（7.10）.

（ⅱ）利用式（7.14）确定基态能量的二阶修正（在习题 7.45（a）中已经知道它的

---

[40] 在大多数情况下，我们也可以把它当作原子的磁矩. 质子较大的质量意味着它对偶极矩的贡献比电子的贡献小几个数量级.

[41] 磁化率的定义见习题 5.33. 当基态简并时，这个公式不适用（参见 W. Ashcroft 和 N. David Mermin，Solid State Physics，Belmont，Cengage，1976，第 655 页.）；具有非简并基态的原子 $J=0$（见表 5.1）.

一阶修正为零）．**答案：**$-m(3a^2eE_{\text{ext}}/2\hbar)^2$.

（b）如果质子电偶极矩为 p，氢原子中电子将受到如下大小量的扰动：

$$H'=-\frac{ep\cos\theta}{4\pi\varepsilon_0 r^2}.$$

（ⅰ）求解方程（7.10），给出基态波函数一阶修正．

（ⅱ）证明氢原子总的电偶极矩在一阶近似下（令人吃惊的）为零．

（ⅲ）利用式（7.14）确定基态能量的二阶修正．一阶修正是多少呢？

习题 7.52　质量为 m、带电荷为 q 的无自旋粒子在二维谐振子势的作用下在 xy 平面内运动：

$$V(x,y)=\frac{1}{2}m\omega^2(x^2+y^2).$$

（a）构建基态波函数 $\psi_0(x,y)$，写出其能量．同样地，求（简并）第一激发态的波函数和能量．

（b）假设在 z 方向加一个微弱的外磁场 B_0，因此（对于一阶的 B_0）哈密顿量含有一个额外的项

$$H'=-\boldsymbol{\mu}\cdot\boldsymbol{B}=-\frac{q}{2m}(\boldsymbol{L}\cdot\boldsymbol{B})=-\frac{qB_0}{2m}(xp_y-yp_x).$$

将此作为微扰，求基态和第一激发态能量的一阶修正．

习题 7.53　设在无限深方势阱（式（2.22））中引入一个 δ 函数势垒微扰，

$$H'(x)=\lambda\delta(x-x_0),$$

其中 λ 是一正常数，且 $0<x_0<a$（简化起见，令 $x_0=pa$，其中 $0<p<1$）．[42]

（a）设 λ 很小，求第 n 个能量允许值（式（2.30））的一阶修正．（在这种情况下，“小”的含义是什么？）

（b）求能量允许值的二阶修正．（将结果表示为求和形式．）

（c）分别考虑 $0\leqslant x<x_0$ 和 $x_0<x<a$ 区间，并在 x_0 处施加边界条件，精确求解薛定谔方程．导出能量的超越方程：

$$u_n\sin(u_n)+\Lambda\sin(pu_n)\sin[(1-p)u_n]=0\quad(E>0).\tag{7.116}$$

这里 $\Lambda\equiv 2ma\lambda/\hbar^2$，$u_n\equiv k_n a$，$k_n\equiv\sqrt{2mE_n}/\hbar$．在适当条件的限制下，验证式（7.116）给出（a）中部分的结果．

（d）如果 λ 为负，所有这些都成立；但在这种情况下，可能会出现一个负能量的额外解．推导负能态的超越方程：

$$\nu\sinh(\nu)+\Lambda\sinh(p\nu)\sinh[(1-p)\nu]=0\quad(E<0),\tag{7.117}$$

其中 $\nu\equiv\kappa a$，$\kappa\equiv\sqrt{-2mE}/\hbar$．对于 $p=1/2$ 的对称情况，证明在适当区域你可以得到 δ 函数势阱的能量（式（2.132））．

---

[42] 我们采用 Y. N. Joglekar 的符号（参见 *Am. J. Phys.* **77**，第 734 页（2009）），从中引出这个问题．

（e）事实上，如果$|\Lambda|>1/[p(1-p)]$，存在一个负能量解．首先，对$p=1/2$时的情况（图像法）证明．（低于这个临界值，负能量解不存在．）下一步，对于$\Lambda=-4.1$、-5和-10，用计算机画出以p为函数的解ν．验证该解仅存在于p的预测范围内．

（f）对于$p=1/2$，画出$\Lambda=0$、-2、-3、-3.5、-4.5、-5和-10情况下的基态波函数，演示随着δ势阱函数的深度变化，波函数（见图2.2）是怎样由正弦形状演化为指数形状的（见图2.13）．[43]

*****习题7.54** 系统受到H'微扰，在某系统中第n个能量本征态下，假如你想计算可观测量Ω的期望值：

$$\langle\Omega\rangle=\langle\psi_n|\hat{\Omega}|\psi_n\rangle.$$

ψ_n用本征态来做微扰展开（式（7.5）），[44]

$$\langle\Omega\rangle=\langle\psi_n^0|\hat{\Omega}|\psi_n^0\rangle+\lambda[\langle\psi_n^1|\hat{\Omega}|\psi_n^0\rangle+\langle\psi_n^0|\hat{\Omega}|\psi_n^1\rangle]+\lambda^2(\cdots)+\cdots.$$

因此，$\langle\Omega\rangle$的一阶修正为

$$\langle\Omega\rangle^1=2\mathrm{Re}[\langle\psi_n^0|\hat{\Omega}|\psi_n^1\rangle],$$

或者，用式（7.13）

$$\langle\Omega\rangle^1=2\mathrm{Re}\sum_{m\neq n}\frac{\langle\psi_n^0|\hat{\Omega}|\psi_m^0\rangle\langle\psi_m^0|H'|\psi_n^0\rangle}{E_n^0-E_m^0}\tag{7.118}$$

（假定未微扰的能量是非简并的，或者我们选取了“好”的基态）．

（a）如果$\Omega=H'$（微扰本身），在这种情况下，式（7.118）告诉我们什么？（小心地）解释为什么这与式（7.15）相符合．

（b）考虑带电量q的粒子（可能是氢原子中的一个电子，或者一个与弹簧相连接的本髓球），置于沿x方向的弱电场E_{ext}中，因此

$$H'=-qE_{\mathrm{ext}}x.$$

电场将在“原子”中诱导一个偶极矩，$p_{\mathrm{e}}=qx$．p_{e}的期望值正比于施加电场，比例因子被称为**极化率（polarizability）**α．证明

$$\alpha=-2q^2\sum_{m\neq n}\frac{|\langle\psi_n^0|x|\psi_m^0\rangle|^2}{E_n^0-E_m^0}.\tag{7.119}$$

求一维谐振子基态极化率．并与经典结果做对比．

（c）处于一维谐振子势场中质量为m粒子，假设有一个很小的非谐微扰[45]

$$H'=-\frac{1}{6}\kappa x^3.\tag{7.120}$$

求在第n个能量本征态下的（一阶）修正$\langle x\rangle$．**答案：**$\left(n+\frac{1}{2}\right)\hbar\kappa/(2m^2\omega^3)$．

---

[43] 对于δ函数势垒的相应分析（正λ）见习题11.34．

[44] 一般来说，式（7.5）不保证是归一化波函数，但式（7.11）中的选择$c_n^{(n)}=0$保证了归一化到一阶λ，这就是我们在这里所需要的（见本章脚注4）．

[45] 这只是对简谐振子势$\frac{1}{2}\kappa x^2$的一个一般的调整；κ是一个常数，$-1/6$是为了方便．

评注：随着温度升高，高能量状态被占据，粒子（平均）运动距离远离平衡位置；这就是固体随着温度升高而膨胀的原因.

习题 7.55　克兰德尔之谜（Crandall's Puzzle）.[46] 定态薛定谔方程通常遵循三个基本法则：(1) 能量非简并，(2) 基态无节点，第一激发态有一个节点，第二激发态有两个节点等，(3) 如果势场是 x 的偶函数，基态是偶函数，第一激发态是奇函数，第二激发态是偶函数等. 我们已经看到"环上的一个珠子"（习题 2.46）违反了第一条规则；现在我们假设在原点处引入了一个"刻痕"：

$$H'=-\alpha\delta(x).$$

(如果你不喜欢 δ 函数，你就把它变成高斯函数，如习题 7.9.) 这消除了简并，但是奇偶波函数的次序是什么，节点数的次序是什么？**提示**：你不需要做任何计算，这里你可以认为 α 足够小，但如果你愿意，你可以精确求解薛定谔方程.

*****习题 7.56**　在本题中，将电子-电子的排斥项作为氦原子哈密顿量（式 (5.38) 中的微扰，

$$H'=\frac{1}{4\pi\varepsilon_0}\frac{e^2}{|\boldsymbol{r}_1-\boldsymbol{r}_2|}.$$

(这是不精确的，因为微扰对比于电子与核之间的库仑作用而言并不是一个小量……但这是一个开始.)

(a) 求基态的一阶修正

$$\psi_0(\boldsymbol{r}_1,\boldsymbol{r}_2)=\psi_{100}(\boldsymbol{r}_1)\psi_{100}(\boldsymbol{r}_2).$$

(如果你做了习题 5.15，你已经完成了此计算，不过在那时我们并没有称它为微扰理论.)

(b) 现在处理第一激发态，一个电子处于类氢原子的基态 ψ_{100}，另一个处于态 ψ_{200}. 事实上，存在两个这样的状态，它依赖于电子自旋是单态（仲氦）还是三重态（正氦）：[47]

$$\psi_{\pm}(\boldsymbol{r}_1,\boldsymbol{r}_2)=\frac{1}{\sqrt{2}}[\psi_{100}(\boldsymbol{r}_1)\psi_{200}(\boldsymbol{r}_2)\pm\psi_{200}(\boldsymbol{r}_1)\psi_{100}(\boldsymbol{r}_2)].$$

证明

$$E_{\pm}^1=\frac{1}{2}(K\pm J),$$

其中

$$K\equiv 2\int\psi_{100}(\boldsymbol{r}_1)\psi_{200}(\boldsymbol{r}_2)H'\psi_{100}(\boldsymbol{r}_1)\psi_{200}(\boldsymbol{r}_2)\,\mathrm{d}^3\boldsymbol{r}_1\mathrm{d}^3\boldsymbol{r}_2,$$

$$J\equiv 2\int\psi_{100}(\boldsymbol{r}_1)\psi_{200}(\boldsymbol{r}_2)H'\psi_{200}(\boldsymbol{r}_1)\psi_{100}(\boldsymbol{r}_2)\,\mathrm{d}^3\boldsymbol{r}_1\mathrm{d}^3\boldsymbol{r}_2.$$

估计这两个积分，输入具体的数值，将结果与图 5.2 进行对比（测量值为-59.2eV 和-58.4eV).[48]

---

[46] 理查德 · 克兰德尔向我推荐了这个问题.

[47] 乍看起来，这似乎很奇怪，自旋和它有关，因为微扰本身并不涉及自旋（我甚至懒得明确地包含自旋状态）. 当然，关键是反对称自旋态会产生对称波函数，反之亦然，这确实会影响结果.

[48] 如果你想进一步研究这个问题，请参阅 R. C. Massé 和 T. G. Walker, *Am. J. Phys.* **83**, 730 (2015).

习题 7.57 通过定义 H^0 和 H'，使得布洛赫函数（式（6.12））的哈密顿量可以用微扰理论来分析，

$$H^0 u_{n0}=E_{n0}u_{n0},$$

$$(H^0+H')u_{nq}=E_{nq}u_{nq}.$$

在本题中，不要假设任何形式的 $V(x)$.

（a）确定算符 H^0 和 H'（用 $\hat{p}$ 项表出）.

（b）将 E_{nq} 精确到 q 的二阶. 即求 A_n、B_n 和 C_n 的表达式（用 E_{n0} 和 $\hat{p}$ 在未微扰态 u_{n0} 中的矩阵元表示）

$$E_{nq}\approx A_n+B_n q+C_n q^2.$$

（c）证明所有的常数 B_n 都为零. **提示：** 求解时参见习题 2.1（b）. 记住 $u_{n0}(x)$ 是周期性的.

评注： 习惯上写 $C_n=\hbar^2/2m_n^*$，其中 m_n^* 是粒子在第 n 个带中的有效质量，正如刚才所证明的那样，

$$E_{nq}\approx 常数+\frac{\hbar^2 q^2}{2m_n^*},$$

当 $k\to q$ 时，它像自由粒子一样（式（2.92））.

第8章　变分原理

8.1　理论

假设你想计算由哈密顿量 H 描述的系统的基态能量 E_{gs}，但你又无法直接求解（不含时）薛定谔方程. 变分原理将给出一个 E_{gs} 的上限，有时候这是你所需要的；而且如果你足够熟练的话，这个上限通常会非常接近精确值. 它的原理是：任意选择归一化函数 ψ，有

$$\boxed{E_{gs} \leqslant \langle \psi | H | \psi \rangle \equiv \langle H \rangle.} \tag{8.1}$$

也就是说，处于（可能是不正确的）状态 ψ 下 H 的期望值一定会高估基态能量. 当然，如果 ψ 恰好是其中的一个激发态，那么显然 $\langle H \rangle$ 高于 E_{gs}；关键是对无论选取任何的波函数 ψ，这一点都适用.

证明： 因为 H 的本征函数（未知）构成一个完备集，所以可以将 ψ 表示成它们的线性组合：[1]

$$\psi = \sum_n c_n \psi_n, \qquad H\psi_n = E_n \psi_n.$$

因为 ψ 是归一化的，所以

$$1 = \langle \psi | \psi \rangle = \left\langle \sum_m c_m \psi_m \,\middle|\, \sum_n c_n \psi_n \right\rangle = \sum_m \sum_n c_m^* c_n \langle \psi_m | \psi_n \rangle = \sum_n |c_n|^2$$

（假定本征函数本身也是正交归一的：$\langle \psi_m | \psi_n \rangle = \delta_{mn}$）. 与此同时，

$$\langle H \rangle = \left\langle \sum_m c_m \psi_m \,\middle|\, H \sum_n c_n \psi_n \right\rangle = \sum_m \sum_n c_m^* E_n c_n \langle \psi_m | \psi_n \rangle = \sum_n E_n |c_n|^2.$$

而由定义可知，基态能量是**最小的**本征值，所以 $E_{gs} \leqslant E_n$，因此

$$\langle H \rangle \geqslant E_{gs} \sum_n |c_n|^2 = E_{gs},$$

这就是我们要证明的.

这并不奇怪. 毕竟，ψ 有可能是系统实际的波函数（比如 $t=0$）. 如果你对粒子的能量进行测量，你肯定会得到 H 的一个本征值，最小的是 E_{gs}；所以多次测量的平均值（$\langle H \rangle$）不会低于 E_{gs}.

例题 8.1　求解一维谐振子的基态能量：

$$\hat{H} = -\frac{\hbar^2}{2m}\frac{d^2}{dx^2} + \frac{1}{2}m\omega^2 x^2.$$

[1] 如果哈密顿量同时允许有散射态和束缚态，那么不仅需要做积分同时也需要求和，但是结论不变.

当然，我们已经知道这个例子的确切答案（式（2.62））：$E_{gs}=(1/2)\hbar\omega$；但这使它成为该方法的一个很好的测试. 我们可以选择高斯函数作为“试探”波函数，

$$\psi(x)=Ae^{-bx^2},\tag{8.2}$$

式中，b 为常数；A 通过波函数的归一化确定：

$$1=|A|^2\int_{-\infty}^{\infty}e^{-2bx^2}dx=|A|^2\sqrt{\frac{\pi}{2b}}\Rightarrow A=\left(\frac{2b}{\pi}\right)^{1/4}.\tag{8.3}$$

现在

$$\langle H\rangle=\langle T\rangle+\langle V\rangle,\tag{8.4}$$

在这种情况下，

$$\langle T\rangle=-\frac{\hbar^2}{2m}|A|^2\int_{-\infty}^{\infty}e^{-bx^2}\frac{d^2}{dx^2}(e^{-bx^2})dx=\frac{\hbar^2 b}{2m}.\tag{8.5}$$

以及

$$\langle V\rangle=\frac{1}{2}m\omega^2|A|^2\int_{-\infty}^{\infty}e^{-2bx^2}x^2dx=\frac{m\omega^2}{8b},$$

所以

$$\langle H\rangle=\frac{\hbar^2 b}{2m}+\frac{m\omega^2}{8b}.\tag{8.6}$$

根据式（8.1），对任意 b，$\langle H\rangle$ 必然大于或等于 E_{gs}. 为了得到**最佳**上限，我们求 $\langle H\rangle$ 的**最小值**：

$$\frac{d}{db}\langle H\rangle=\frac{\hbar^2}{2m}-\frac{m\omega^2}{8b^2}=0\quad\Rightarrow b=\frac{m\omega}{2\hbar}.$$

将此结果代回到 $\langle H\rangle$，得到

$$\langle H\rangle_{\min}=\frac{1}{2}\hbar\omega.\tag{8.7}$$

在这个例子中，正好我们得到了精确的基态能量，（显然是）因为我“碰巧”选择了一个具有实际基态形式的尝试波函数（式（2.60））. 虽然高斯函数和真正的基态波函数几乎没有相似之处，但它非常容易处理，所以它是一个很常用的尝试波函数.

例题 8.2 求解处于 δ 函数势的粒子基态能量：

$$H=-\frac{\hbar^2}{2m}\frac{d^2}{dx^2}-\alpha\delta(x).$$

同样，我们已经知道了确切的答案（式（2.132））：$E_{gs}=-m\alpha^2/2\hbar^2$. 和前面一样，采用高斯尝试波函数（式（8.2））. 这里进行了归一化并且计算出了 $\langle T\rangle$；故仅需要计算：

$$\langle V\rangle=-\alpha|A|^2\int_{-\infty}^{\infty}e^{-2bx^2}\delta(x)dx=-\alpha\sqrt{\frac{2b}{\pi}}.$$

显然

$$\langle H\rangle=\frac{\hbar^2 b}{2m}-\alpha\sqrt{\frac{2b}{\pi}},\tag{8.8}$$

而且我们知道，对所有的 b，$\langle H\rangle$ 大于 E_{gs}. 求它的最小值：

$$\frac{d}{db}\langle H\rangle=\frac{\hbar^2}{2m}-\frac{\alpha}{\sqrt{2\pi b}}=0\quad\Rightarrow b=\frac{2m^2\alpha^2}{\pi\hbar^4}.$$

所以

$$\langle H\rangle_{\min}=-\frac{m\alpha^2}{\pi\hbar^2},\tag{8.9}$$

这的确大于 E_{gs}，因为 $\pi>2$.

我说过你可以使用任何（归一化的）试探波函数 ψ，这在某种意义上都是正确的. 然而，对于不连续函数，它就需要一些技巧，这样才能使二阶导数赋予切合实际的意义（你需要它来计算 $\langle T\rangle$）. 但是带有扭折线的连续函数常常是这种情况，你需要小心地处理才行. 下一个例子告诉你如何处理这种问题.[2]

例题 8.3　取三角形函数为尝试波函数（见图 8.1）[3]，求一维无限方势阱基态能量的上限.

$$\psi(x)=\begin{cases}Ax, & 0\leqslant x\leqslant a/2;\\ A(a-x), & a/2\leqslant x\leqslant a;\\ 0, & \text{其他地方},\end{cases}\tag{8.10}$$

其中 A 由归一化确定：

$$1=|A|^2\left[\int_0^{a/2}x^2dx+\int_{a/2}^{a}(a-x)^2dx\right]=|A|^2\frac{a^3}{12}\Rightarrow A=\frac{2}{a}\sqrt{\frac{3}{a}}.\tag{8.11}$$

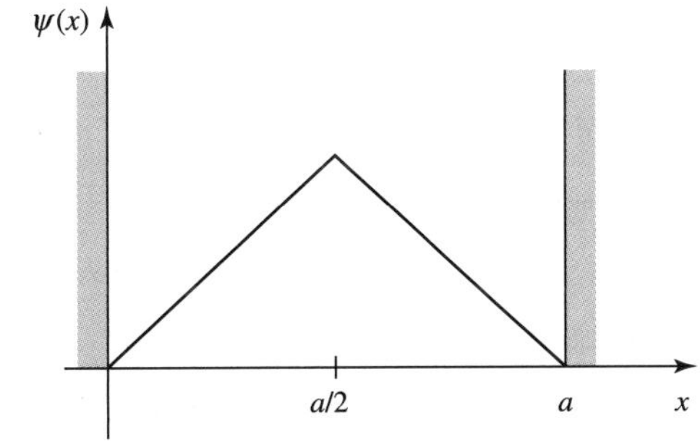

图 8.1　无限深方势阱中的三角形尝试波函数（式（8.10））.

在此情况下，

$$\frac{d\psi}{dx}=\begin{cases}A, & 0\leqslant x\leqslant a/2;\\ -A, & a/2\leqslant x\leqslant a;\\ 0, & \text{其他地方},\end{cases}$$

如图 8.2 所示. 现在，阶跃函数的导数是一个 δ 函数（参见习题 2.23（b））：

$$\frac{d^2\psi}{dx^2}=A\delta(x)-2A\delta(x-a/2)+A\delta(x-a),\tag{8.12}$$

---

[2] 一些有趣的例子参见 W. N. Mei, *Int. J. Educ. Sci. Tech.* **30**, 513（1999）.

[3] 波函数扩展到势阱之外是没有意义的（如高斯势），因为那里你将得到 $\langle V\rangle=\infty$，式（8.1）将给不出任何结果.

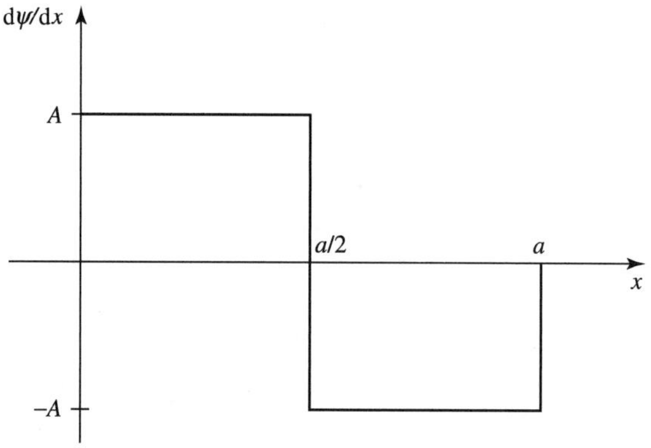

图 8.2 图 8.1 中的波函数的微分.

因此

$$\begin{aligned}\langle H\rangle &= -\frac{\hbar^2 A}{2m}\int[\delta(x)-2\delta(x-a/2)+\delta(x-a)]\psi(x)\,\mathrm{d}x \\ &= -\frac{\hbar^2 A}{2m}[\psi(0)-2\psi(a/2)+\psi(a)]=\frac{\hbar^2A^2a}{2m}=\frac{12\hbar^2}{2ma^2}.\end{aligned} \tag{8.13}$$

精确的基态能量值为 $E_{gs}=\pi^2\hbar^2/2ma^2$（式（2.30）），所以变分原理有效（$12>\pi^2$）.

或者，你可以利用 $\hat{p}$ 的厄米性：

$$\begin{aligned}\langle H\rangle &= \frac{1}{2m}\langle\hat{p}^2\rangle=\frac{1}{2m}\langle\hat{p}\psi\mid\hat{p}\psi\rangle=\frac{1}{2m}\int_0^a\left(-\mathrm{i}\hbar\frac{\mathrm{d}\psi}{\mathrm{d}x}\right)^*\left(-\mathrm{i}\hbar\frac{\mathrm{d}\psi}{\mathrm{d}x}\right)\mathrm{d}x \\ &= \frac{\hbar^2}{2m}\left[\int_0^{a/2}A^2\mathrm{d}x+\int_{a/2}^{a}(-A)^2\mathrm{d}x+\right]=\frac{\hbar^2}{2m}A^2a=\frac{12\hbar^2}{2ma^2}.\end{aligned} \tag{8.14}$$

变分原理非常有用，而且使用起来非常简单. 物理化学家们如果想要找到一些复杂分子的基态能量只需写下含有大量可调参数的尝试波函数，计算 $\langle H\rangle$，然后调整参数就可以得到能量可能的最小值. 即使 ψ 与真实的波函数几乎没有相似之处，通常你得到的 E_{gs} 值也可以达到不可思议的精确. 当然，如果你能猜出一个真实的 ψ，那样就更好了. 该方法存在的唯一问题是，你永远无法知道你离目标有多近，所能确定的就是你只能得到它的一个上限.[4] 此外，目前这种方法仅适用于基态问题[5]（请参见习题 8.4）.

* **习题 8.1** 利用高斯尝试波函数（式（8.2））求出下列情况中所能得到的基态能量的最低上限：(a) 线性势能：$V(x)=\alpha|x|$；(b) 四次方势能：$V(x)=\alpha x^4$.

[4] 在实际中，这并不是一个很大的限制. 有时也有一些方法来估计精确度. 氦原子的结合能可以用这种方法精确到许多位（例如，参见 G. W. Drake 等，*Phys. Rev.* A **65**，054501（2002）或 Vladimir I. Korobov，*Phys. Rev.* A **66**，024501（2002））.

[5] 关于将变分原理系统地推广到激发态能量的计算，参见 Linus Pauling 和 Bright Wilson，*Introduction to Quantum Mechanics: With Applications to Chemistry*，McGraw-Hill，纽约（1935，1985 简装版），第 26 节.

****习题 8.2**　取如下形式的尝试波函数：

$$\psi(x)=\frac{A}{x^2+b^2},$$

求一维谐振子的 E_{gs} 的最佳上限，其中 A 由归一化确定，b 为可调参数.

习题 8.3　取三角形函数为尝试波函数（式（8.10），中心在原点），α 为可调参数. 求 δ 函数势 $V(x)=-\alpha\delta(x)$ 的最佳上限 E_{gs}.

习题 8.4

（a）证明变分原理有如下推论：如果 $\langle\psi|\psi_{gs}\rangle=0$，则 $\langle H\rangle\geqslant E_{fe}$，其中 E_{fe} 是第一激发态的能量. **评注：** 如果可以找到一个尝试波函数和严格的基态正交的话，我们就能得到第一激发态的能量上限. 一般来说，很难保证 ψ 与 ψ_{gs} 是正交的，因为（假定地）我们并不知道后者. 然而，如果势能 $V(x)$ 是 x 的偶函数，则基态也同样是偶函数. 因此任意奇的尝试波函数都将自动满足推论的条件.[6]

（b）使用下面函数为尝试波函数：

$$\psi(x)=Axe^{-bx^2},$$

求一维谐振子第一激发态能量最佳上限.

习题 8.5　使用你自己设计的尝试波函数，求“弹跳球”势能的基态能量上限（式（2.185）），并将其与精确结果做比较（习题 2.59）：$E_{gs}=2.33811(mg^2\hbar^2/2)^{1/3}$.

习题 8.6

（a）利用变分原理证明一级非简并微扰理论总是高估（或者说至少从未低估过）基态能量.

（b）根据（a），你会期望基态的二级修正总是负的. 通过验证式（7.15），确认情况确实如此.

8.2　氦原子的基态

氦原子（见图 8.3）是由两个电子，以及它们围绕的含有两个质子的原子核（也有一些中子，与讨论问题无关）组成的. 该系统哈密顿算符为（忽略精细结构和较小的修正）

---

[6] 你可以将此技巧扩展到其他对称. 假设存在一个厄米算符 A，使得 $[A,H]=0$. 基态（假设它是非简并的）必须是 A 的本征态；本征值为 λ：$A\psi_{gs}=\lambda\psi_{gs}$. 如果选择一个变分函数 ψ，它是具有不同本征值的 A 的本征态：$A\psi=\nu\psi$，$\lambda\neq\nu$，则可以确定 ψ 和 ψ_{gs} 是正交的（见第 3.3 节）. 具体应用参见习题 8.20.

$$\hat{H}=-\frac{\hbar^2}{2m}(\nabla_1^2+\nabla_2^2)-\frac{e^2}{4\pi\varepsilon_0}\left(\frac{2}{r_1}+\frac{2}{r_2}-\frac{1}{|\boldsymbol{r}_1-\boldsymbol{r}_2|}\right). \tag{8.15}$$

我们的问题是求基态能量 E_{gs}. 从物理上讲，这表示剥离两个电子所需要的能量.（给定 E_{gs} 后就很容易算出移去一个电子所需要的“电离能”，见习题 8.7.）在实验室里氦的基态能量已经被非常精确地测量出来：

$$E_{gs}=-78.975\text{eV}(\text{实验值}) \tag{8.16}$$

这是我们希望从理论上能够重复的数字.

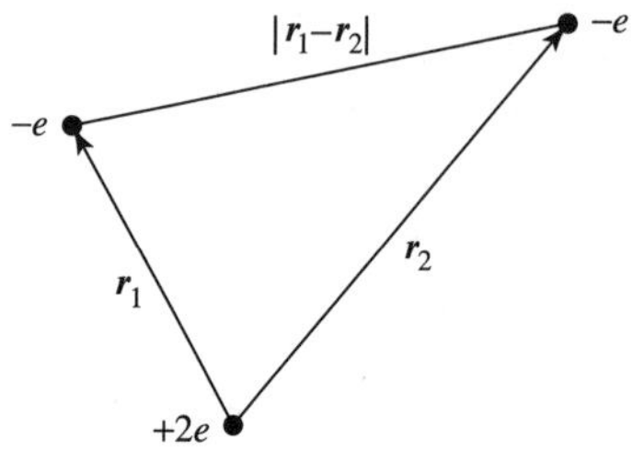

图 8.3 氦原子.

奇怪的是，这样一个简单而重要的问题至今没有明确的精确解.[7] 这里的困难来自电子-电子排斥作用，

$$V_{ee}=\frac{e^2}{4\pi\varepsilon_0}\frac{1}{|\boldsymbol{r}_1-\boldsymbol{r}_2|}. \tag{8.17}$$

如果我们完全忽略这一项，则 H 可分解成两个独立氢原子的哈密顿量（仅仅将原子核的电量由 e 换成 $2e$）；精确解就是氢原子波函数的乘积：

$$\psi_0(\boldsymbol{r}_1,\boldsymbol{r}_2)\equiv\psi_{100}(\boldsymbol{r}_1)\psi_{100}(\boldsymbol{r}_2)=\frac{8}{\pi a^3}e^{-2(r_1+r_2)/a}, \tag{8.18}$$

其能量为 $8E_1=-109\text{eV}$（式（5.42））.[8] 这与 -79eV 相差甚远，但这是个开始.

为得到 E_{gs} 更好的近似，我们将应用变分原理，用 ψ_0 作为尝试波函数. 这是一个特别方便的选择，因为它是哈密顿量中主要部分的本征函数：

$$H\psi_0=(8E_1+V_{ee})\psi_0. \tag{8.19}$$

所以

$$\langle H\rangle=8E_1+\langle V_{ee}\rangle, \tag{8.20}$$

其中[9]

$$\langle V_{ee}\rangle=\frac{e^2}{4\pi\varepsilon_0}\left(\frac{8}{\pi a^3}\right)^2\int\frac{e^{-4(r_1+r_2)/a}}{|\boldsymbol{r}_1-\boldsymbol{r}_2|}d^3\boldsymbol{r}_1d^3\boldsymbol{r}_2. \tag{8.21}$$

---

[7] 这里确实存在具有氦原子许多定性特征的完全可解的三体问题，但使用非库仑势（见习题 8.24）.

[8] 这里 a 是通常的玻尔半径，且 $E_n=-13.6/n^2\text{eV}$ 是第 n 个能级的玻尔能量；回想一下，对于原子序数为 Z 的原子核，$E_n\to Z^2E_n$ 及 $a\to a/Z$（习题 4.19）. 对应于式（8.18）相关的自旋态将是反对称的（单态）.

[9] 如果愿意，你可以将式（8.21）解释为一阶微扰理论，$H'=V_{ee}$（习题 7. 56（a））. 然而，我认为这是对该方法的误用，因为微扰势的大小与非微扰势相当. 因此，我更倾向于将其视为一种变分计算，在这种计算中，我们正在寻找 E_{gs} 的严格上限.

我将先对 $\boldsymbol{r}_2$ 积分；为此取 $\boldsymbol{r}_1$ 固定，我们选取 $\boldsymbol{r}_2$ 的坐标系，使其极轴与 $\boldsymbol{r}_1$ 重合（见图 8.4）.由余弦定理得

$$|\boldsymbol{r}_1-\boldsymbol{r}_2|=\sqrt{r_1^2+r_2^2-2r_1r_2\cos\theta_2}, \tag{8.22}$$

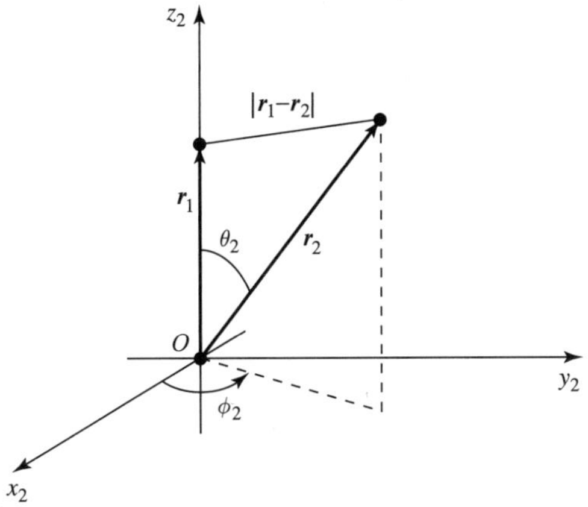

图 8.4　对 $\boldsymbol{r}_2$ 积分的坐标选择（式（8.21））.

因此

$$I_2\equiv\int\frac{e^{-4r_2/a}}{|\boldsymbol{r}_1-\boldsymbol{r}_2|}d^3\boldsymbol{r}_2=\int\frac{e^{-4r_2/a}}{\sqrt{r_1^2+r_2^2-2r_1r_2\cos\theta_2}}r_2^2\sin\theta_2 dr_2 d\theta_2 d\phi_2. \tag{8.23}$$

对 ϕ_2 的积分很简单（2π），对 θ_2 的积分是

$$\begin{aligned}\int_0^\pi\frac{\sin\theta_2}{\sqrt{r_1^2+r_2^2-2r_1r_2\cos\theta_2}}d\theta_2&=\left.\frac{\sqrt{r_1^2+r_2^2-2r_1r_2\cos\theta_2}}{r_1r_2}\right|_0^\pi\\&=\frac{1}{r_1r_2}\left(\sqrt{r_1^2+r_2^2+2r_1r_2}-\sqrt{r_1^2+r_2^2-2r_1r_2}\right)\\&=\frac{1}{r_1r_2}[(r_1+r_2)-|r_1-r_2|]=\begin{cases}2/r_1, & 如果\ r_2<r_1;\\2/r_2, & 如果\ r_2>r_1.\end{cases}\end{aligned} \tag{8.24}$$

这样

$$\begin{aligned}I_2&=4\pi\left(\frac{1}{r_1}\int_0^{r_1}e^{-4r_2/a}r_2^2dr_2+\int_{r_1}^\infty e^{-4r_2/a}r_2dr_2\right)\\&=\frac{\pi a^3}{8r_1}\left[1-\left(1+\frac{2r_1}{a}\right)e^{-4r_1/a}\right].\end{aligned} \tag{8.25}$$

$\langle V_{ee}\rangle$ 应等于

$$\frac{e^2}{4\pi\varepsilon_0}\frac{8}{\pi a^3}\int\left[1-\left(1+\frac{2r_1}{a}\right)e^{-4r_1/a}\right]e^{-4r_1/a}r_1\sin\theta_1 dr_1 d\theta_1 d\phi_1.$$

角积分很容易得到是 4π，对 r_1 的积分变为

$$\int_0^\infty\left[re^{-4r/a}-\left(r+\frac{2r^2}{a}\right)e^{-8r/a}\right]dr=\frac{5a^2}{128}.$$

最后得

$$\langle V_{ee}\rangle=\frac{5}{4a}\frac{e^2}{4\pi\varepsilon_0}=-\frac{5}{2}E_1=34\mathrm{eV},\tag{8.26}$$

所以

$$\langle H\rangle=-109\mathrm{eV}+34\mathrm{eV}=-75\mathrm{eV}.\tag{8.27}$$

这结果还不错（请记住，实验值是-79eV）. 但我们还可以做得更好.

我们需要想出一个比 ψ_0（它把两个电子当作完全没有相互作用）更加真实的尝试波函数. 与其完全忽略另一个电子的影响，不如说，平均而言，每个电子代表一个负电的电子云，它部分屏蔽了原子核；所以，另一个电子实际上感受到的有效核电荷应小于2（Z）. 这意味着我们可以用以下形式的尝试波函数：

$$\psi_1(\boldsymbol{r}_1,\boldsymbol{r}_2)\equiv\frac{Z^3}{\pi a^3}\mathrm{e}^{-Z(r_1+r_2)/a}.\tag{8.28}$$

我们将 Z 视为一个变分参数，选取值使 $\langle H\rangle$ 取最小.（请注意：在变分法中我们**从未涉及哈密顿量本身**——氦的哈密顿量还是保持式（8.15）的形式. 但是，将哈密顿量取近似作为选择尝试波函数的一种方法是很有必要的.）

这个波函数是“非微扰”哈密顿量的本征态（忽略电子的排斥作用），仅是在库仑项中用 Z 来代替2. 基于这种考虑，$\hat{H}$ 可重新写为

$$\hat{H}=-\frac{\hbar^2}{2m}(\nabla_1^2+\nabla_2^2)-\frac{e^2}{4\pi\varepsilon_0}\left(\frac{Z}{r_1}+\frac{Z}{r_2}\right)+\frac{e^2}{4\pi\varepsilon_0}\left(\frac{Z-2}{r_1}+\frac{Z-2}{r_2}+\frac{1}{|\boldsymbol{r}_1-\boldsymbol{r}_2|}\right).\tag{8.29}$$

很明显，H 期望值是

$$\langle H\rangle=2Z^2E_1+2(Z-2)\frac{e^2}{4\pi\varepsilon_0}\left\langle\frac{1}{r}\right\rangle+\langle V_{ee}\rangle,\tag{8.30}$$

式中，$\langle 1/r\rangle$ 是（单粒子）氢原子基态 ψ_{100}（原子核电荷为 Z）中 $1/r$ 的期望值. 根据式（7.56），

$$\left\langle\frac{1}{r}\right\rangle=\frac{Z}{a}.\tag{8.31}$$

V_{ee} 的期望值与以前相同（式（8.26）），不同的是现在我们讨论的是任意的 Z，而不是 $Z=2$，因此将 a 乘以 $2/Z$：

$$\langle V_{ee}\rangle=\frac{5Z}{8a}\frac{e^2}{4\pi\varepsilon_0}=-\frac{5Z}{4}E_1.\tag{8.32}$$

综合上述结果得

$$\langle H\rangle=[2Z^2-4Z(Z-2)-(5/4)Z]E_1=[-2Z^2+(27/4)Z]E_1.\tag{8.33}$$

按照变分原理，对于任意的 Z，上式的值都大于 E_{gs}，当 $\langle H\rangle$ 取值最小时得到最低上限：

$$\frac{\mathrm{d}}{\mathrm{d}Z}\langle H\rangle=[-4Z+(27/4)]E_1=0,$$

由此可以得到

$$Z=\frac{27}{16}=1.69.\tag{8.34}$$

这似乎是合理的；它告诉我们另一个电子部分屏蔽了原子核，使其有效电荷从2减少到1.69. 将此值作为 Z 值代入，得到

$$\langle H\rangle=\frac{1}{2}\left(\frac{3}{2}\right)^{6}E_{1}=-77.5\mathrm{eV}. \tag{8.35}$$

利用这种方法，采用更复杂的尝试波函数和更多的可调参数，氦的基态可以计算得非常精确.[10] 但我们离确切答案只有 2% 的差距，坦白地说，在这一点上，我已经没有太大的兴趣.[11]

习题 8.7　氦原子的基态能量取为 $E_{gs}=-79.0\mathrm{eV}$，计算电离能（移走一个电子所需要的能量）. **提示：** 先计算只有一个电子绕原子核 He^{+} 运动的氦离子的基态能量，然后两个能量相减.

***习题 8.8**　将本节的方法应用于 H^{-} 和 Li^{+} 离子（与氦原子类似，它们都包含两个电子，但核电荷分别是 $Z=1$ 和 $Z=3$），求有效（部分屏蔽）核电荷，并确定每种情况下的 E_{gs} 最佳上限. **注释：** 在 H^{-} 的情况中，你会发现 $\langle H\rangle>-13.6\mathrm{eV}$，这表明根本不存在束缚态. 因为从能量上看，这利于一个电子脱离原子核的束缚，留下中性的氢原子. 这并不令人惊讶，因为电子受 H^{-} 原子核的吸引要比在氦核中小得多，而且电子排斥倾向于使原子分裂. 然而，事实证明这是不正确的. 用更复杂的尝试波函数（见习题 8.25）可以证明 $E_{gs}<-13.6\mathrm{eV}$，因此确实存在束缚态. 不过，它**勉强有一个**束缚态，也没有束缚的激发态,[12] 所以 H^{-} 没有离散的光谱（所有的跃迁都是从连续谱到连续谱）. 因此，尽管它在太阳表面大量存在，但在实验室很难对它进行研究.[13]

8.3　氢分子离子

另一个变分原理的典型应用是处理氢分子离子 H_{2}^{+}，它由两个质子组成的库仑场和一个运动的电子构成（见图 8.5）. 我暂时假定两个质子间的距离 R 是固定的并取一特定值，尽管在计算中最有趣的事情是顺便得到了具体的 R 值. 哈密顿算符是

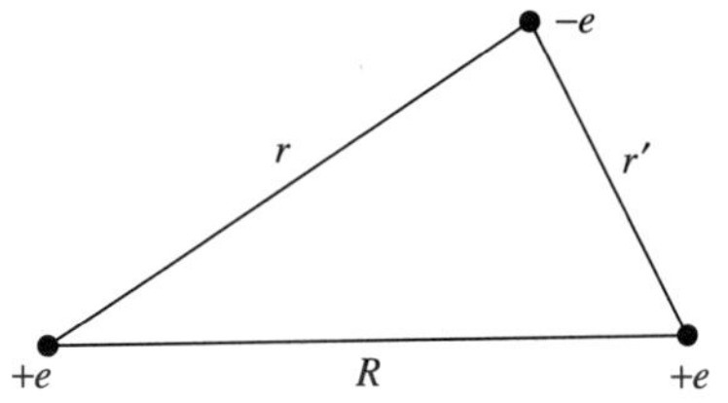

图 8.5　H_{2}^{+}：氢分子离子.

[10] 典型的研究可参见 E. A. Hylleraas, Z. *Phys.* **65**, 209（1930）和 C. L. Pekeris, *Phys. Rev.* **115**, 1216（1959）. 近期更多工作参见脚注 4.

[11] 采用与基态正交的尝试波函数，氦的第一激发态可以用大致相同的方法来计算. 见 Phillip J. EPeebles, *Quantum Mechanics*, 普林斯顿大学出版社，普林斯顿，新泽西（1992），第 40 节.

[12] 参见 Robert N. Hill, *J. Math. Phys.* **18**, 2316（1977）.

[13] 更进一步的讨论参见 Hans A. Bethe 和 Edwin E. Salpeter, *Quantum Mechanics of one-and two-Electron Atoms*, Plenum, 纽约（1977），第 34 节.

$$\hat{H}=-\frac{\hbar^2}{2m}\nabla^2-\frac{e^2}{4\pi\varepsilon_0}\left(\frac{1}{r}+\frac{1}{r'}\right), \tag{8.36}$$

式中，r 和 r' 分别是电子与相应两个质子之间的距离. 同前面一样，求解过程是首先猜测一个合理的尝试波函数，利用变分原理求出基态能量的上限.（实际上，我们感兴趣的主要是这个体系是否会发生键合，也就是说，它的能量是否小于一个中性氢原子加上一个自由质子的能量. 如果选择的尝试波函数表明存在束缚态，则更好的尝试波函数会使得键合更加牢固.）

为了构造尝试波函数，假设该离子是由基态氢原子形成的（式（4.80）），

$$\psi_0(\boldsymbol{r})=\frac{1}{\sqrt{\pi a^3}}e^{-r/a}, \tag{8.37}$$

把第二个质子从“无穷远”带进来，然后把它钉在相距为 R 的位置上. 如果 R 明显大于玻尔半径，电子的波函数可能不会有太大的变化. 但是我们想平等地对待这两个质子，这样电子与其中任何一个都有相同的几率. 这意味着考虑如下形式的尝试波函数：

$$\psi=A[\psi_0(r)+\psi_0(r')]. \tag{8.38}$$

（量子化学家称此为原子轨道线性组合法（**LCAO**），因为将**分子**的波函数表示为 **Linear Combination of Atomic Orbitals.**

第一个任务是归一化尝试波函数：

$$1=\int|\psi|^2d^3\boldsymbol{r}=|A|^2\Big[\int\psi_0(r)^2d^3\boldsymbol{r}+\int\psi_0(r')^2d^3\boldsymbol{r}+2\int\psi_0(r)\psi_0(r')d^3\boldsymbol{r}\Big]. \tag{8.39}$$

前两个积分都是1（因为 ψ_0 自身是归一化的）；第三个较难处理. 令

$$I\equiv\langle\psi_0(r)|\psi_0(r')\rangle=\frac{1}{\pi a^3}\int e^{-(r+r')/a}d^3\boldsymbol{r}. \tag{8.40}$$

选取坐标系，使质子1位于坐标原点，质子2在 z 轴上的 R 点处（见图8.6），有

$$r'=\sqrt{r^2+R^2-2rR\cos\theta}, \tag{8.41}$$

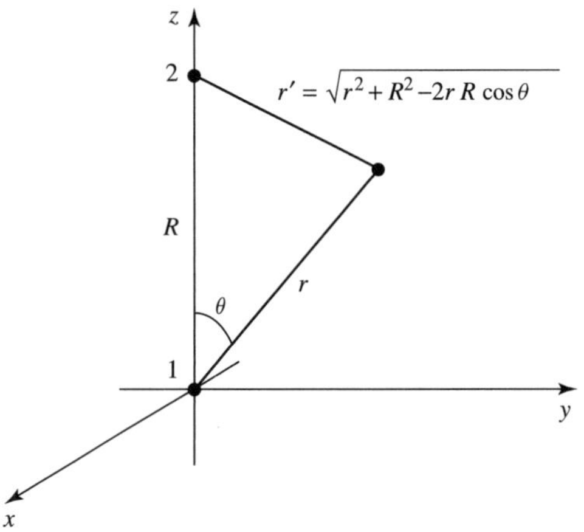

图8.6 计算 I 所选取坐标系（式（8.40））

因此

$$I=\frac{1}{\pi a^3}\int \mathrm{e}^{-r/a}\mathrm{e}^{-\sqrt{r^2+R^2-2rR\cos\theta}/a}r^2\sin\theta\mathrm{d}r\mathrm{d}\theta\mathrm{d}\phi. \tag{8.42}$$

对 ϕ 的积分是很简单的（2π）. 为了对 θ 进行积分，令 $y\equiv\sqrt{r^2+R^2-2rR\cos\theta}$；所以，$\mathrm{d}(y^2)=2y\mathrm{d}y=2rR\sin\theta\mathrm{d}\theta$.

那么

$$\int_0^{\pi}\mathrm{e}^{-\sqrt{r^2+R^2-2rR\cos\theta}/a}\sin\theta\mathrm{d}\theta=\frac{1}{rR}\int_{|r-R|}^{r+R}\mathrm{e}^{-y/a}y\mathrm{d}y$$

$$=-\frac{a}{rR}\left[\mathrm{e}^{-(r+R)/a}(r+R+a)-\mathrm{e}^{-|r-R|/a}(|r-R|+a)\right].$$

这样，对 r 的积分现在变得很简单：

$$I=\frac{2}{a^2R}\left[-\mathrm{e}^{-R/a}\int_0^{\infty}(r+R+a)\mathrm{e}^{-2r/a}r\mathrm{d}r+\mathrm{e}^{-R/a}\int_0^{R}(R-r+a)r\mathrm{d}r+\mathrm{e}^{R/a}\int_R^{\infty}(r-R+a)\mathrm{e}^{-2r/a}r\mathrm{d}r\right].$$

计算积分（经过一些代数化简）得到

$$I=\mathrm{e}^{-R/a}\left[1+\frac{R}{a}+\frac{1}{3}\left(\frac{R}{a}\right)^2\right]. \tag{8.43}$$

I 称为**重叠（overlap）**积分，它是衡量 $\psi_0(r)$ 与 $\psi_0(r')$ 重叠程度的物理量（注意到：当 $R\to0$ 时，它趋于 1；当 $R\to\infty$，它趋于 0）. 借助 I，归一化因子为（式（8.39））

$$|A|^2=\frac{1}{2(1+I)}. \tag{8.44}$$

接下来，我们必须计算在尝试态 ψ 中 H 的期望值. 注意到

$$\left(-\frac{\hbar^2}{2m}\nabla^2-\frac{\mathrm{e}^2}{4\pi\varepsilon_0}\frac{1}{r}\right)\psi_0(r)=E_1\psi_0(r),$$

（其中，$E_1=-13.6\mathrm{eV}$ 为氢原子基态能量.）由 r' 代替 r 结果一样，有

$$H\psi=A\left[-\frac{\hbar^2}{2m}\nabla^2-\frac{\mathrm{e}^2}{4\pi\varepsilon_0}\left(\frac{1}{r}+\frac{1}{r'}\right)\right][\psi_0(r)+\psi_0(r')]$$

$$=E_1\psi-A\frac{e^2}{4\pi\varepsilon_0}\left[\frac{1}{r'}\psi_0(r)+\frac{1}{r}\psi_0(r')\right].$$

由此得

$$\langle H\rangle=E_1-2|A|^2\frac{e^2}{4\pi\varepsilon_0}\left[\langle\psi_0(r)|\frac{1}{r'}|\psi_0(r)\rangle+\langle\psi_0(r)|\frac{1}{r}|\psi_0(r')\rangle\right]. \tag{8.45}$$

我把剩余的两个积分留给你自己计算，一个称为**直接积分（direct integral）**，

$$D\equiv a\left\langle\psi_0(r)\left|\frac{1}{r'}\right|\psi_0(r)\right\rangle, \tag{8.46}$$

另一个称为**交换积分（exchange integral）**，

$$X\equiv a\left\langle\psi_0(r)\left|\frac{1}{r}\right|\psi_0(r')\right\rangle. \tag{8.47}$$

结果是（见习题 8.9）

$$D=\frac{a}{R}-\left(1+\frac{a}{R}\right)\mathrm{e}^{-2R/a}, \tag{8.48}$$

和

$$X=\left(1+\frac{R}{a}\right)\mathrm{e}^{-R/a}. \tag{8.49}$$

将上述所有公式都代入，结合式（4.70）、式（4.72）和 $E_1=-(e^2/4\pi\varepsilon_0)(1/2a)$ 得到：

$$\langle H\rangle=\left(1+2\frac{D+X}{1+I}\right)E_1. \tag{8.50}$$

按照变分原理，基态能量要比 $\langle H\rangle$ 小. 当然，这仅仅是**电子**的能量——这里还有与质子-质子排斥作用有关的势能：

$$V_{\mathrm{pp}}=\frac{e^2}{4\pi\varepsilon_0}\frac{1}{R}=-\frac{2a}{R}E_1. \tag{8.51}$$

以 $-E_1$ 为单位，将系统的总能量表示为 $x\equiv R/a$ 的函数，则它应小于

$$F(x)=-1+\frac{2}{x}\left\{\frac{[1-(2/3)x^2]\mathrm{e}^{-x}+(1+x)\mathrm{e}^{-2x}}{1+[1+x+(1/3)x^2]\mathrm{e}^{-x}}\right\}. \tag{8.52}$$

在图 8.7 中画出了这个函数. 很明显，确实有成键发生，因为函数值存在小于-1 的区域，表明在这个区域能量小于一个中性原子加上一个质子的能量（-13.6eV）. 这是共价键，电子由两个质子均等地分享. 质子间平衡间距大概为 2.4 个玻尔半径，或者 1.3Å（实验值为 1.06Å）. 计算的结合能是 1.8eV，而实验值是 2.8eV（变分原理总是高估基态能量，从而低估了键的强度——但这没有关系：关键的是要看是否发生了键合；更好的变分函数能够使势阱更深）.

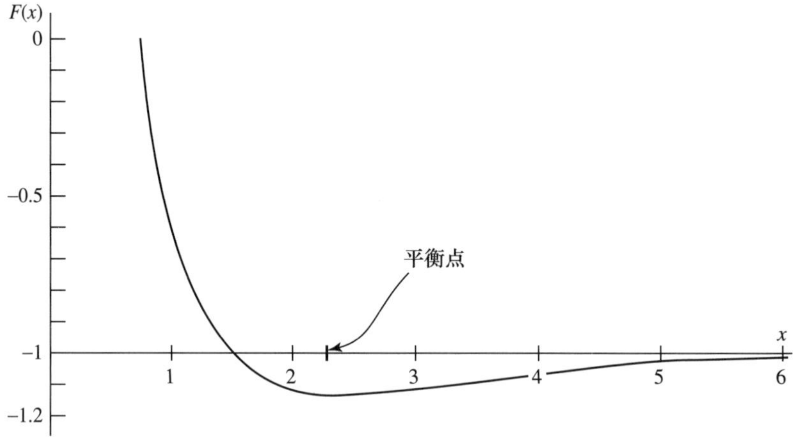

图 8.7 函数 $F(x)$ 的图像（式（8.52）），表明存在有束缚态.

* **习题 8.9** 计算 D 和 X（式（8.46）和式（8.47））. 用式（8.48）和式（8.49）验证你的结果.

****习题 8.10** 假设在尝试波函数（式（8.38））中使用负号：

$$\psi=A[\psi_0(r)-\psi_0(r')]. \tag{8.53}$$

对于这种情况，不需做任何新的积分，（类比式（8.52））求解 $F(x)$ 并作图．证明没有明显的结合态.[14]（由于变分原理只给出了一个上限，这并不能证明这种状态下键不能发生，但看起来它肯定不太有希望.）

*****习题 8.11** 由 $F(x)$ 在平衡点处的二阶导数可估算氢分子离子中两个质子振动的固有频率（ω）（见 2.3 节）．如果这个谐振子的基态能量（$\hbar\omega/2$）超过系统的束缚能，它将会分离．证明实际上振子能量足够小，不会发生这种情况，并估计有多少个束缚振动能级．**注意：** 你不可能得到最小值的位置，更不用说二阶导数的数值．在计算机上做数值运算.

8.4 氢分子

现在考虑氢分子本身，将第二个电子加到我们在第 8.3 节中所研究的氢分子离子中．令两个质子处于静止状态，哈密顿量是

$$\hat{H}=-\frac{\hbar^2}{2m}(\nabla_1^2+\nabla_2^2)+\frac{e^2}{4\pi\varepsilon_0}\left(\frac{1}{r_{12}}+\frac{1}{R}-\frac{1}{r_1}-\frac{1}{r_1'}-\frac{1}{r_2}-\frac{1}{r_2'}\right), \tag{8.54}$$

式中，r_1 和 r_1' 分别是电子 1 与每个质子的距离；r_2 和 r_2' 分别是电子 2 与每个质子的距离，如图 8.8 所示．势能中六个项分别描述了两个电子之间的排斥、两个质子之间的排斥，以及电子对质子的吸引力.

对于变分波函数，将一个电子与每个质子关联，并对称化：

$$\psi_+(\boldsymbol{r}_1,\boldsymbol{r}_2)=A_+[\psi_0(r_1)\psi_0(r_2')+\psi_0(r_1')\psi_0(r_2)]. \tag{8.55}$$

马上我们就计算归一化常数 A_+．由于这种空间波函数是交换对称的，电子必须占据反对称（单态）自旋态．当然，也可以选择尝试波函数

$$\psi_-(\boldsymbol{r}_1,\boldsymbol{r}_2)=A_-[\psi_0(r_1)\psi_0(r_2')-\psi_0(r_1')\psi_0(r_2)], \tag{8.56}$$

在这种情况下，电子将处于对称（三重态）自旋状态．这两个变分波函数构成了**海特勒-伦敦近似（Heitler-London approximation）**.[15] 式（8.55）或式（8.56）中的哪一个在能量上是合理的并不明显，所以现在我们计算它们中每一个的能量，并找出答案.[16]

---

[14] 带正号的波函数（式（8.38））称为**成键轨道（bonding orbital）**．成键与两个原子核之间电子几率的增加有关．奇数线性组合（式（8.53））的中心有一个节点，因此这种组合不会导致成键也就不奇怪了；它被称为**反键轨道（anti-bonding orbital）**.

[15] W. Heitler 和 F. London, *Z. Phys.* **44**, 455（1928)．有关英文翻译，请参见 Hinne Hettema, *Quantum Chemistry: Classic Scientific Papers*, World Scientific，新泽西州，2000.

[16] 在第 8.3 节的学习中，另一种当然的变分波函数是将两个电子置于成键轨道中：

$$\psi(\boldsymbol{r}_1,\boldsymbol{r}_2)=\left(\frac{\psi_0(r_1)+\psi_0(r_1')}{\sqrt{2(1+I)}}\right)\left(\frac{\psi_0(r_2)+\psi_0(r_2')}{\sqrt{2(1+I)}}\right), \tag{8.57}$$

还与自旋单态配对．如果你展开这个函数，会看到一半的项涉及将两个电子连接到同一个质子上，比如 $\psi_0(r_1)\psi_0(r_2)$——因为式（8.54）中的电子-电子排斥作用，这是相当费事的．海特勒-伦敦近似公式（式（8.55））等于从式（8.57）中删除了有问题的项.

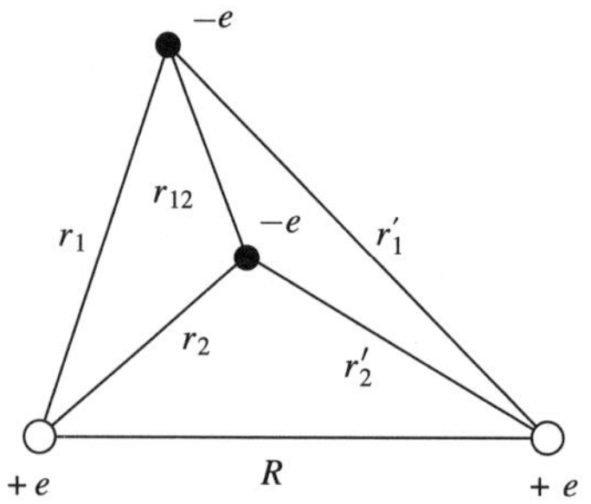

图 8.8 H_2 分子势能所依赖的相关距离示意图.

首先归一化波函数. 注意到,

$$|\psi_\pm(\boldsymbol{r}_1,\boldsymbol{r}_2)|^2=A_\pm^2[\psi_0(r_1)^2\psi_0(r_2')^2+\psi_0(r_1')^2\psi_0(r_2)^2\pm2\psi_0(r_1)\psi_0(r_2')\psi_0(r_1')\psi_0(r_2)]. \tag{8.58}$$

归一化要求

$$\begin{aligned}1&=\iint|\psi_\pm(\boldsymbol{r}_1,\boldsymbol{r}_2)|^2\mathrm{d}^3\boldsymbol{r}_1\mathrm{d}^3\boldsymbol{r}_2\\&=A_\pm^2\Big[\int\psi_0(r_1)^2\mathrm{d}^3\boldsymbol{r}_1\int\psi_0(r_2')^2\mathrm{d}^3\boldsymbol{r}_2+\int\psi_0(r_1')^2\mathrm{d}^3\boldsymbol{r}_1\int\psi_0(r_2)^2\mathrm{d}^3\boldsymbol{r}_2\pm\\&\quad 2\int\psi_0(r_1)\psi_0(r_1')\mathrm{d}^3\boldsymbol{r}_1\int\psi_0(r_2')\psi_0(r_2)\mathrm{d}^3\boldsymbol{r}_2\Big].\end{aligned} \tag{8.59}$$

每个轨道都是归一化的，重叠积分用符号 I 表示，并在式（8.43）中给出. 因此

$$A_\pm=\frac{1}{\sqrt{2(1\pm I^2)}}. \tag{8.60}$$

为了计算氢分子能量的期望值，我们将从粒子 1 的动能开始. 由于 ψ_0 是氢原子哈密顿量的基态，同样的方法代入式（8.45）有

$$\begin{aligned}-\frac{\hbar^2}{2m}\nabla_1^2\psi_\pm&=A_\pm\left[\left(-\frac{\hbar^2}{2m}\nabla_1^2\psi_0(r_1)\right)\psi_0(r_2')\pm\left(-\frac{\hbar^2}{2m}\nabla_1^2\psi_0(r_1')\right)\psi_0(r_2)\right]\\&=A_\pm\left[\left(E_1+\frac{e^2}{4\pi\varepsilon_0r_1}\right)\psi_0(r_1)\psi_0(r_2')\pm\left(E_1+\frac{e^2}{4\pi\varepsilon_0r_1'}\right)\psi_0(r_1')\psi_0(r_2)\right]\\&=E_1\psi_\pm+\frac{e^2}{4\pi\varepsilon_0a}A_\pm\left(\frac{a}{r_1}\psi_0(r_1)\psi_0(r_2')\pm\frac{a}{r_1'}\psi_0(r_1')\psi_0(r_2)\right).\end{aligned}$$

取 $\psi_\pm$ 的内积，则

$$\begin{aligned}\left\langle-\frac{\hbar^2}{2m}\nabla_1^2\right\rangle=E_1+\frac{e^2}{4\pi\varepsilon_0a}A_\pm^2\Big[&\langle\psi_0(r_1)|\frac{a}{r_1}|\psi_0(r_1)\rangle\langle\psi_0(r_2')|\psi_0(r_2')\rangle\pm\\&\langle\psi_0(r_1')|\frac{a}{r_1}|\psi_0(r_1)\rangle\langle\psi_0(r_2)|\psi_0(r_2')\rangle\pm\\&\langle\psi_0(r_1)|\frac{a}{r_1'}|\psi_0(r_1')\rangle\langle\psi_0(r_2')|\psi_0(r_2)\rangle+\\&\langle\psi_0(r_1')|\frac{a}{r_1'}|\psi_0(r_1')\rangle\langle\psi_0(r_2)|\psi_0(r_2)\rangle\Big].\end{aligned} \tag{8.61}$$

在第 8.3 节中已经计算了这些内积，粒子 1 的动能为

$$\left\langle -\frac{\hbar^2}{2m}\nabla_1^2\right\rangle = E_1 + \frac{e^2}{4\pi\varepsilon_0 a}\frac{1\pm IX}{1\pm I^2}. \tag{8.62}$$

当然，粒子 2 的动能也是这个结果，所以总动能是式（8.62）的两倍. 类似地也可以计算出电子-质子势能；习题 8.13 给出具体计算结果是

$$\left\langle -\frac{e^2}{4\pi\varepsilon_0 r_1}\right\rangle = -\frac{1}{2}\frac{e^2}{4\pi\varepsilon_0 a}\frac{1+D\pm 2IX}{1\pm I^2}. \tag{8.63}$$

总的电子-质子势能是该量的 4 倍.

电子-电子的势能由下式给出：

$$\begin{aligned}\langle V_{ee}\rangle &= \frac{e^2}{4\pi\varepsilon_0 a}\iint |\psi_\pm(\boldsymbol{r}_1,\boldsymbol{r}_2)|^2\frac{a}{r_{12}}\mathrm{d}^3\boldsymbol{r}_1\mathrm{d}^3\boldsymbol{r}_2\\ &= \frac{e^2}{4\pi\varepsilon_0 a}A_\pm^2\left[\iint\psi_0(r_1)^2\frac{a}{r_{12}}\psi_0(r_2')^2\mathrm{d}^3\boldsymbol{r}_1\mathrm{d}^3\boldsymbol{r}_2 + \right.\\ &\quad \iint\psi_0(r_1')^2\frac{a}{r_{12}}\psi_0(r_2)^2\mathrm{d}^3\boldsymbol{r}_1\mathrm{d}^3\boldsymbol{r}_2 \pm\\ &\quad \left. 2\iint\psi_0(r_1)\psi_0(r_1')\frac{a}{r_{12}}\psi_0(r_2)\psi_0(r_2')\mathrm{d}^3\boldsymbol{r}_1\mathrm{d}^3\boldsymbol{r}_2\right].\end{aligned} \tag{8.64}$$

通过交换指标 1 和 2 可以看出，式（8.64）中的前两个积分相等. 剩下的两个积分命名为

$$D_2 = \iint|\psi_0(r_1)|^2\frac{a}{r_{12}}|\psi_0(r_2')|^2\mathrm{d}^3\boldsymbol{r}_1\mathrm{d}^3\boldsymbol{r}_2, \tag{8.65}$$

$$X_2 = \iint\psi_0(r_1)\psi_0(r_1')\frac{a}{r_{12}}\psi_0(r_2)\psi_0(r_2')\mathrm{d}^3\boldsymbol{r}_1\mathrm{d}^3\boldsymbol{r}_2, \tag{8.66}$$

即

$$\langle V_{ee}\rangle = \frac{e^2}{4\pi\varepsilon_0 a}\frac{D_2\pm X_2}{1\pm I^2}. \tag{8.67}$$

在习题 8.14 中，我们讨论了这些积分的具体计算. 注意积分 D_2 是两个电荷分布 $\rho_1 = |\psi_0(r_1)|^2$ 和 $\rho_2 = |\psi_0(r_2)|^2$ 的静电势能. 交换项 X_2 则不存在这样的经典对应项.

把所有对能量的贡献——动能、电子-质子势能、电子-电子势能和质子-质子势能（是一个常数，$e^2/4\pi\varepsilon_0 R$）加起来，得到

$$\boxed{\langle H\rangle_\pm = 2E_1\left[1-\frac{a}{R}+\frac{2D-D_2\pm(2IX-X_2)}{1\pm I^2}\right]}. \tag{8.68}$$

$\langle H\rangle_+$ 和 $\langle H\rangle_-$ 的曲线如图 8.9 所示. 回顾一下，状态 ψ_+ 要求将两个电子置于自旋单态中，而 ψ_- 意味着将它们置于自旋三重态中. 根据图 8.9 的结果，只有当两个电子处于单态时才会发生键合——这是实验证实的. 同样，它也是共价键.

根据图 8.9 中的能量最小值，可以预测出键长大小为 1.64 玻尔半径（实验值为 1.40 玻尔半径），结合能为 3.15eV（而实验值为 4.75eV）. 这些趋势与氢分子离子的趋势一样：计算高估了键长，低估了结合能；但是，对于没有任何可调参数的变分计算，这种一致性出乎意料的好.

单态和三重态能量之间的差别称为**交换分裂能（exchange splitting）**，用 J 表示．在海特勒-伦敦近似中，

$$J=\langle H\rangle_{+}-\langle H\rangle_{-}=4E_1\left[\frac{(D_2-2D)I^2-(X_2-2IX)}{1-I^4}\right], \tag{8.69}$$

在平衡位置时的数值约为−10eV（负值表明单态能量比较低）．这意味着电子的自旋强烈倾向于取向相反．但是，在处理 H_2 分子时，我们完全忽略了电子之间的（磁）自旋相互作用——不要忘了质子和电子之间的自旋相互作用是导致超精细分裂的原因（参见第7.5节）．这里忽略它是对的吗？答案是绝对地正确：将式（7.92）应用于该系统中相距为 R 的两个电子，其自旋-自旋相互作用的能量大约为 10^{-4}eV，相比交换分裂能量要小5个数量级．

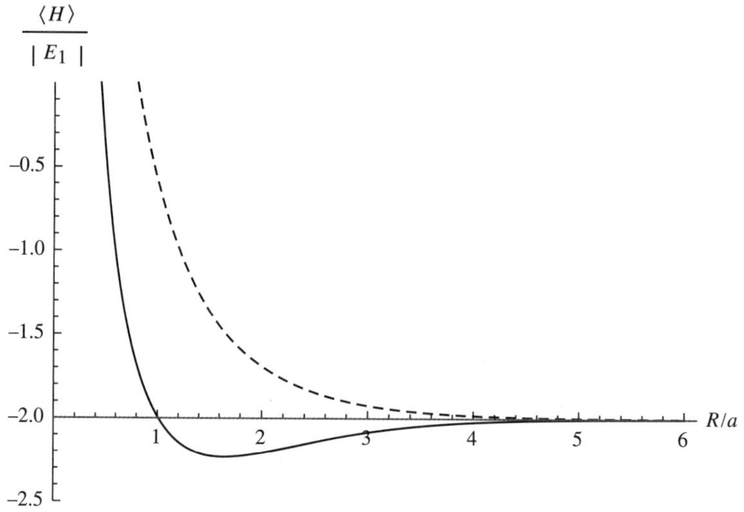

图 8.9 H_2 分子的单态（实线）和三重态（虚线）的总能量作为质子间距离 R 的函数．单态的最小值约为1.6玻尔半径，代表稳定成键．当 $R\to\infty$ 时能量最小，三重态是不稳定的，它将会解离．

计算表明，即使自旋之间的相互作用可以忽略不计，不同的自旋态构型也可以具有完全不同的能量．这点有助于我们理解铁磁性（材料中的自旋同向排列）和反铁磁性（自旋交替排列）．正如我们刚才看到的，自旋-自旋相互作用太弱以至于不能解释这个问题．但交换分裂却不是这样．与直觉相反，解释铁磁性的不是磁相互作用，而是静电相互作用！H_2 分子是一种早期的反铁磁体，其中和自旋无关的哈密顿量选择某个空间基态，自旋态随之出现以满足费米统计．

习题 8.12 证明反对称态（式（8.56））可以用第8.3节的分子轨道来表示，具体来说，其中一个电子置于成键轨道（式（8.38））和另一个电子置于反键轨道（式（8.53））．

习题 8.13 验证电子-质子势能的式（8.63）．

*****习题 8.14**　在式（8.65）和式（8.66）中，定义了两体积分 D_2 和 X_2. 为了计算 D_2，我们可以写成

$$D_2 = \int |\psi_0(r_2')|^2 \Phi(r_2)\,\mathrm{d}^3\boldsymbol{r}_2$$

$$= \iiint \frac{\mathrm{e}^{-2\sqrt{R^2+r_2^2-2Rr_2\cos\theta_2}/a}}{\pi a^3}\Phi(r_2)\,r_2^2\mathrm{d}r_2\sin\theta_2\mathrm{d}\theta_2\mathrm{d}\phi_2,$$

其中 θ_2 是 R 和 r_2 之间的夹角（见图 8.8），且

$$\Phi(r_2) \equiv \int |\psi_0(r_1)|^2 \frac{a}{|\boldsymbol{r}_1-\boldsymbol{r}_2|}\mathrm{d}^3\boldsymbol{r}_1.$$

（a）首先考虑 $\boldsymbol{r}_1$ 上的积分. 取 z 轴沿 $\boldsymbol{r}_2$ 方向（对于第一个积分而言，$\boldsymbol{r}_2$ 是一个常矢量）以便

$$\Phi(r_2) = \frac{1}{\pi a^3}\iiint \frac{a\mathrm{e}^{-2r_1/a}}{\sqrt{r_1^{\,2}+r_2^2-2r_1r_2\cos\theta_1}}r_1^2\mathrm{d}r_1\sin\theta_1\mathrm{d}\theta_1\mathrm{d}\phi_1.$$

先对角度积分，然后证明

$$\Phi(r_2) = \frac{a}{r_2} - \left(1+\frac{a}{r_2}\right)\mathrm{e}^{-2r_2/a}.$$

（b）将（a）中的结果代入 D_2 的关系中，并证明

$$D_2 = \frac{a}{R} - \mathrm{e}^{-2R/a}\left[\frac{1}{6}\left(\frac{R}{a}\right)^2 + \frac{3}{4}\frac{R}{a} + \frac{11}{8} + \frac{a}{R}\right]. \tag{8.70}$$

同样先对角度积分.

评注：积分 X_2 也可以用闭合形式计算，但过程相当复杂.[17] 我们只引用结果，

$$X_2 = \mathrm{e}^{-2R/a}\left[\frac{5}{8} - \frac{23}{20}\frac{R}{a} - \frac{3}{5}\left(\frac{R}{a}\right)^2 - \frac{1}{15}\left(\frac{R}{a}\right)^3\right] +$$
$$\frac{6}{5}\frac{a}{R}I^2\left[\gamma + \log\left(\frac{R}{a}\right) + \left(\frac{\tilde{I}}{I}\right)^2\mathrm{Ei}\left(-\frac{4R}{a}\right) - 2\frac{\tilde{I}}{I}\mathrm{Ei}\left(-\frac{2R}{a}\right)\right], \tag{8.71}$$

这里 $\gamma = 0.5772\cdots$ 是欧拉常数，$\mathrm{Ei}(x)$ 是指数积分

$$\mathrm{Ei}(x) = -\int_{-x}^{\infty}\frac{\mathrm{e}^{-t}}{t}\mathrm{d}t,$$

通过改变 R 的符号，可以从 I 中得到 $\tilde{I}$：

$$\tilde{I} = \mathrm{e}^{R/a}\left[1 - \frac{R}{a} + \frac{1}{3}\left(\frac{R}{a}\right)^2\right]. \tag{8.72}$$

习题 8.15　绘出 H_2 的单态和三重态的动能随 R/a 的变化曲线. 对电子-质子势能和电子-电子势能也做同样的事情. 你会发现，对于所有的 R 值，三重态的势能都比

[17] 该计算是由 Y. Sugiura 完成的，参见 Y. Sugiura，*Z. Phys.* **44**，455（1927）.

单态低. 然而，由于单态的动能要小很多，所以它的总能量要低. **注释**：在没有消耗大的动能来调整自旋的情况下，例如原子中部分填充轨道中的两个电子，三重态的能量可能会更低. 这就是洪德第一定则背后的物理原理.

本章补充习题

习题 8.16

(a) 使用函数 $\psi(x)=Ax(a-x)$（在 $0<x<a$ 范围内，其他地方为 0）求无限深方势阱中基态束缚能级上限.

(b) 对于某实数 p，推广到 $\psi(x)=A[x(a-x)]^p$ 形式的函数，p 的优化值是多少，基态能量的最佳上限是多少？并和精确值做比较. **答案**：$(5+2\sqrt{6})\hbar^2/2ma^2$.

习题 8.17

(a) 利用下面形式的尝试波函数：

$$\psi(x)=\begin{cases}A\cos(\pi x/a), & -a/2<x<a/2;\\ 0, & \text{其他地方},\end{cases}$$

求一维简谐振子的基态束缚能. a 的"最优"值是多少？将 $\langle H_{\min}\rangle$ 与精确值做比较. **注意**：该尝试波函数在 $\pm a/2$ 处有一个"扭折"（不连续导数）；你是否需要像我在例题 8.3 中所做的那样考虑这一点吗？

(b) 在区间 $(-a,a)$ 中，取 $\psi(x)=B\sin(\pi x/a)$，求第一激发态束缚能级上限，并与准确值做比较.

** **习题 8.18**

(a) 推广习题 8.2，对任意 n 值使用如下尝试波函数：[18]

$$\psi(x)=\frac{A}{(x^2+b^2)^n}$$

部分答案：b 的最优值为

$$b^2=\frac{\hbar}{m\omega}\left[\frac{n(4n-1)(4n-3)}{2(2n+1)}\right]^{1/2}.$$

(b) 利用尝试波函数

$$\psi(x)=\frac{Bx}{(x^2+b^2)^n}$$

求简谐振子第一激发态能量最小上限. **部分答案**：b 的最佳值由下式给出：

$$b^2=\frac{\hbar}{m\omega}\left[\frac{n(4n-5)(4n-3)}{2(2n+1)}\right]^{1/2}.$$

(c) 注意到当 $n\to\infty$ 时，上限值趋于能量精确值. 回答原因. **提示**：对 $n=2$、$n=3$ 和 $n=4$ 的尝试波函数分别作图，并将它们与真实波函数（式（2.60）和式（2.63））做比较. 要进行分析，从下面的等式开始：

[18] 参见，W. N. Mei, *Int. J. Educ. Sci. Tech.* **27**, 285 (1996).

$$e^z = \lim_{n\to\infty}\left(1+\frac{z}{n}\right)^n.$$

习题 8.19　利用下面高斯型尝试波函数：

$$\psi(\boldsymbol{r}) = A e^{-br^2}$$

求解氢原子基态能量的最低上限．其中 A 由归一化决定，b 是可调参数．**答案：** -11.5eV．

习题 8.20　求解氢原子第一激发态能量的上限．$\ell=1$ 的尝试波函数将自动与基态波函数正交（见脚注 6）；对于 ψ 的径向部分，可以使用与习题 8.19 相同的函数．

****习题 8.21**　若光子质量不等于零（$m_\gamma \neq 0$），则库仑势可由**汤川势（Yukawa potential）**代替，

$$V(\boldsymbol{r}) = -\frac{e^2}{4\pi\varepsilon_0}\frac{e^{-\mu r}}{r}. \tag{8.73}$$

其中 $\mu = m_\gamma c/\hbar$．利用你选择的尝试波函数，估算在这种作用势下的"氢"原子结合能．假设 $\mu a \ll 1$，给出你的结果，精确至 $(\mu a)^2$ 数量级．

习题 8.22　假设给定一个二能级量子系统，其哈密顿量 H^0（不含时）仅有两个本征态 ψ_a（具有能量 E_a）和 ψ_b（具有能量 E_b）．它们是正交归一化的和非简并的（假设 E_a 是两个能量中较小的一个）．现引入微扰 H'，它有以下矩阵元：

$$\langle\psi_a|H'|\psi_a\rangle = \langle\psi_b|H'|\psi_b\rangle = 0;\quad \langle\psi_a|H'|\psi_b\rangle = \langle\psi_b|H'|\psi_a\rangle = h, \tag{8.74}$$

其中 h 是某一给定常量．

（a）求微扰哈密顿量的严格本征值．

（b）用二阶微扰理论估算微扰系统的能量．

（c）用变分原理估算微扰系统的基态能量，尝试波函数的形式为

$$\psi = (\cos\phi)\psi_a + (\sin\phi)\psi_b, \tag{8.75}$$

其中 ϕ 为可调参数．**注意：**把它写成线性组合的形式是保证 ψ 归一化的一种简便方法．

（d）比较（a）、（b）和（c）各部分的答案．在这种情况下，为什么变分原理的结果会如此准确？

习题 8.23　作为在习题 8.22 中所发展方法的一个典型例子，考虑处在均匀磁场 $\boldsymbol{B} = B_z\hat{k}$ 中的电子，其哈密顿量是（式（4.158））

$$H^0 = \frac{eB_z}{m}S_z. \tag{8.76}$$

在式（4.161）中给出了本征旋量 χ_a 和 χ_b 以及相应的能量 E_a 和 E_b．现引入一沿 x 方向的均匀磁场作为微扰，其形式为

$$H' = \frac{eB_x}{m}S_x. \tag{8.77}$$

（a）求 H' 的矩阵元，并证明它和式（8.74）有相同的结构形式．h 表示什么？

（b）利用习题 8.22（b）的结果，用二阶微扰论求解新的基态能量．

（c）利用习题 8.22（c）的结果，用变分原理求解基态能量上限．

*****习题 8.24** 尽管氦原子本身的薛定谔方程无法精确求解，但存在可以精确求解的“类氦”体系．简单的例子[19]就是“橡皮筋氦”，其中由弹性力取代库仑力：

$$\hat{H}=-\frac{\hbar^2}{2m}(\nabla_1^2+\nabla_2^2)+\frac{1}{2}m\omega^2(r_1^2+r_2^2)-\frac{\lambda}{4}m\omega^2|\boldsymbol{r}_1-\boldsymbol{r}_2|^2. \tag{8.78}$$

（a）将可变量 $\boldsymbol{r}_1$、$\boldsymbol{r}_2$ 做如下代换：

$$\boldsymbol{u}\equiv\frac{1}{\sqrt{2}}(\boldsymbol{r}_1+\boldsymbol{r}_2),\quad \boldsymbol{v}\equiv\frac{1}{\sqrt{2}}(\boldsymbol{r}_1-\boldsymbol{r}_2), \tag{8.79}$$

则系统哈密顿量变换成 2 个独立的三维谐振子：

$$\hat{H}=\left[-\frac{\hbar^2}{2m}\nabla_u^2+\frac{1}{2}m\omega^2u^2\right]+\left[-\frac{\hbar^2}{2m}\nabla_v^2+\frac{1}{2}(1-\lambda)m\omega^2v^2\right]. \tag{8.80}$$

（b）系统基态能量的**精确值**是多少？

（c）如果我们不知道精确解，可能倾向于将第 8.2 节的方法应用于哈密顿量的原始形式（式（8.78））．请照此做一下（但是不考虑屏蔽）．你的结果与精确答案相比如何？**答案**：$\langle H\rangle=3\hbar\omega(1-\lambda/4)$．

*****习题 8.25** 在习题 8.8 中，我们发现对处理氦原子很有效的屏蔽尝试波函数（式（8.28））不足以确定负氢离子束缚态的存在．钱德拉塞卡[20]使用了如下形式的尝试波函数：

$$\psi(\boldsymbol{r}_1,\boldsymbol{r}_2)\equiv A[\psi_1(r_1)\psi_2(r_2)+\psi_2(r_1)\psi_1(r_2)], \tag{8.81}$$

其中

$$\psi_1(r)\equiv\sqrt{\frac{Z_1^3}{\pi a^3}}e^{-Z_1r/a},\qquad \psi_2(r)\equiv\sqrt{\frac{Z_2^3}{\pi a^3}}e^{-Z_2r/a}. \tag{8.82}$$

实际上，它允许了两个不同的屏蔽因子，这表明一个电子相对靠近原子核，另一个离原子核更远．（由于电子是全同粒子，空间波函数满足交换对称．与计算无关的自旋态明显是反对称的．）证明，通过巧妙地选择可调参数 Z_1 和 Z_2，可以得到 $\langle H\rangle$ 小于 -13.6eV．**答案**：

$$\langle H\rangle=\frac{E_1}{x^6+y^6}\left(-x^8+2x^7+\frac{1}{2}x^6y^2-\frac{1}{2}x^5y^2-\frac{1}{8}x^3y^4+\frac{11}{8}xy^6-\frac{1}{2}y^8\right),$$

其中 $x\equiv Z_1+Z_2$，$y\equiv2\sqrt{Z_1Z_2}$．钱德拉塞卡取 $Z_1=1.039$（因为该值大于 1，作为有效核电荷的解释就会出现问题，但没关系，这仍然是一个可以接受的尝试波函数）和 $Z_2=0.283$．

习题 8.26 核聚变的基本问题是使两个粒子靠得足够近（比如说两个氘核），以使得（短程的）核力的吸引力能够克服库仑斥力．“推土机”的方法是将粒子加热到极高的温度，让粒子随机碰撞将它们聚集在一起．一个更新奇的方案是 μ 子催化，在这个方案中，我们构造一个“氢分子离子”，用氘代替质子，用 μ 子代替电子．预测这种结构中氘核之间的平衡位置间距，并解释为什么 μ 子在这方面优于电子．[21]

---

[19] 更复杂的模型参见，R. Crandall，R. Whitnell 和 R. Bettega，*Am. J. Phy.* **52**，438（1984）．

[20] S. Chandrasekhar，*Astrophys. J.* **100**，176（1944）．

[21] μ 子催化聚变的经典论文见 J. D. Jackson，*Phys. Rev.* **106**，330（1957）；更多科普性评述参见 J. Rafelski 和 S. Jones，《科学美国人》，1987 年 11 月，第 84 页．

*****习题 8.27　量子点（Quantum dots）**. 如图 8.10 所示，粒子约束在二维十字架形区域中运动. 十字架的"手臂"延伸至无穷远. 十字架区域内的电势为零，外部阴影区的电势为无穷大. 令人惊奇的是，这种结构允许正能量束缚态存在.[22]

（a）证明能传播至无穷远处的最小能量为

$$E_{\text{阈值}}=\frac{\pi^2\hbar^2}{8ma^2}.$$

任何**低于该**能量值的解都是束缚态. **提示**：沿着一个臂（例如 $x \gg a$），用分离变量法求解薛定谔方程. 如果波函数可以传播至无穷远，依赖 x 的部分必须是以 $\exp(\mathrm{i}k_x x)$ 的形式出现，其中 $k_x>0$.

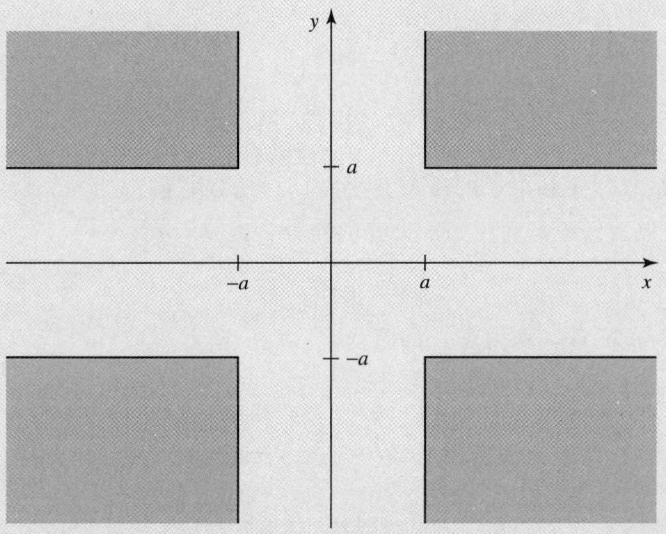

图 8.10　习题 8.27 中的十字交叉区域.

（b）用变分原理证明基态能量小于 $E_{\text{阈值}}$. 采用下面尝试波函数（由 Jim MaTavish 建议）：

$$\psi(x,y)=A\begin{cases}[\cos(\pi x/2a)+\cos(\pi y/2a)]\mathrm{e}^{-\alpha}, & |x|\leqslant a \text{ 且 } |y|\leqslant a;\\ \cos(\pi x/2a)\mathrm{e}^{-\alpha|y|/a}, & |x|\leqslant a \text{ 且 } |y|>a;\\ \cos(\pi y/2a)\mathrm{e}^{-\alpha|x|/a}, & |x|>a \text{ 且 } |y|\leqslant a;\\ 0, & \text{其他地方}.\end{cases}$$

归一化求 A 并计算 H 的期望值. **答案**：

$$\langle H\rangle=\frac{\hbar^2}{ma^2}\left[\frac{\pi^2}{8}\left(\frac{1-(\alpha/4)}{1+(8/\pi^2)+(1/2\alpha)}\right)\right].$$

---

[22] 这个模型取自 R. L. Schult 等，*Phys. Rev. B* **39**，5476（1989）. 进一步的讨论参见，J. T. Londergan 和 D. P. Murdock，*Am. J. Phys.* **80**，1085（2012）. 由于量子隧穿的存在，经典束缚态可以变成非束缚态；这里是相反的：经典非束缚态是量子力学束缚态.

现在通过 α 求能量最小值，并证明它小于 $E_{阈值}$. **提示：** 充分利用问题的对称性——你只需要对 1/8 的区域积分就可以了，因为其他 7 个区域的积分是相同的. 然而，请注意！尽管尝试波函数是连续的，但其导数却不连续——在连接处有“屋顶线”，你需要利用例题 8.3 中的技巧.[23]

习题 8.28 在汤川的原始理论（1934）中，质子和中子之间的“强”作用力是通过 π 介子交换传递的，这个理论目前在核物理中依然是一个有用的近似. 势能是

$$V(r)=-r_0V_0\frac{e^{-r/r_0}}{r},\tag{8.83}$$

其中 r 是核子之间的距离，r_0 的范围与介子的质量有关：$r_0=\hbar/m_\pi c$. **问题：** 这个理论能解释氘核（质子和中子的束缚态）的存在吗？

质子/中子系统的薛定谔方程为（见习题 5.1）：

$$-\frac{\hbar^2}{2\mu}\nabla^2\psi(\boldsymbol{r})+V(r)\psi(\boldsymbol{r})=E\psi(\boldsymbol{r}),\tag{8.84}$$

其中 μ 是约化质量（质子和中子的质量几乎相同，所以它们都为 m），$\boldsymbol{r}$ 是中子相对于质子的位置：$\boldsymbol{r}=\boldsymbol{r}_n-\boldsymbol{r}_p$. 任务是利用如下形式的变分尝试波函数：

$$\psi_\beta(\boldsymbol{r})=Ae^{-\beta r/r_0}.\tag{8.85}$$

证明存在一个具有负能量（束缚态）的解.

(a) 通过归一化 $\psi_\beta(\boldsymbol{r})$，确定 A 值.

(b) 求出 $\psi_\beta(\boldsymbol{r})$ 状态下哈密顿量（$\hat{H}=-\frac{\hbar^2}{2\mu}\nabla^2+V$）的期望值. **答案：**

$$E(\beta)=\frac{\hbar^2}{2\mu r_0^2}\beta^2\left[1-\frac{4\gamma\beta}{(1+2\beta)^2}\right]，这里\ \gamma\equiv\frac{2\mu r_0^2}{\hbar^2}V_0.\tag{8.86}$$

(c) 通过设 $dE(\beta)/d\beta=0$，优化尝试波函数. 这告诉你 β 是 γ 的函数（因此是 V_0 的函数，其他的都是常数），但是让我们用它来消除 γ，取而代之的是 β：

$$E_{\min}=\frac{\hbar^2}{2\mu r_0^2}\frac{\beta^2(1-2\beta)}{(3+2\beta)}.\tag{8.87}$$

(d) 设 $\hbar^2/2\mu r_0^2=1$，在 $0\leqslant\beta\leqslant1$ 范围内绘出 $E_{\min}$ 作为 β 的函数图像. 关于氘核的结合，这说明了什么？确定存在一个束缚态的 V_0 最小值是多少？（你可以查需要的质量.）实验值为 52MeV.

---

[23] W.-N. Mei 使用

$$\psi(x,y)=Ae^{-\alpha(x^2+y^2)/a^2}\begin{cases}(1-x^2y^2/a^4),\\(1-x^2/a^2),\\(1-y^2/a^2)\end{cases}$$

得到了一个更好的束缚态（并避免使用屋顶线），但是积分必须数值计算.

习题 8.29　束缚态的存在.（一维）势阱 $V(x)$ 为一个非正的函数（对所有的 x，$V(x) \leqslant 0$），且在无穷远处趋于零（当在 $x \to \pm\infty$ 时，$V(x) \to 0$）.[24]

（a）证明下列定理：如果势阱 $V_1(x)$ 至少存在一个束缚态，那么任何更深/更宽的势阱（对所有的 x，$V_2(x) \leqslant V_1(x)$ 成立）也至少存在一个束缚态. **提示：**用 V_1 的基态 $\psi_1(x)$ 作变分测试函数.

（b）证明如下推论：任何一个一维势阱都存在一个束缚态.[25] **提示：**对 V_1 使用有限深方势阱（第 2.6 节）.

（c）这个定理能推广到二维和三维吗？推论又是如何？**提示：**你可能需要复习一下习题 4.11 和 4.51.

** **习题 8.30**　把能量作为变分参量的函数，进行变分计算需要求出能量最小值. 总的来说，这是一个非常困难的问题. 然而，如果我们合理地选择尝试波函数的形式，可以发展出一种有效的算法. 特别是，假设我们使用函数 $\phi_n(x)$ 的线性组合：

$$\psi(x) = \sum_{n=1}^{N} c_n \phi_n(x), \tag{8.88}$$

其中 c_n 是变分参数. 如果全部 ϕ_n 是一个正交归一集（$\langle \phi_m | \phi_n \rangle = \delta_{mn}$），但 $\psi(x)$ 不一定是归一化的，则 $\langle H \rangle$ 是

$$\varepsilon = \frac{\langle \psi | H | \psi \rangle}{\langle \psi | \psi \rangle} = \frac{\sum_{mn} c_m^* H_{mn} c_n}{\sum_n |c_n|^2}, \tag{8.89}$$

这里 $H_{mn} = \langle \phi_m | H | \phi_n \rangle$. 对 c_j^* 求导数（并将结果设为 0）得出[26]

$$\sum_n H_{jn} c_n = \varepsilon c_j, \tag{8.90}$$

可以看作为第 j 行的本征值问题：

$$\begin{pmatrix} H_{11} & H_{12} & \cdots & H_{1N} \\ H_{21} & H_{22} & \cdots & H_{2N} \\ \vdots & \vdots & \ddots & \vdots \\ H_{N1} & H_{N2} & \cdots & H_{NN} \end{pmatrix} \begin{pmatrix} c_1 \\ c_2 \\ \vdots \\ c_N \end{pmatrix} = \varepsilon \begin{pmatrix} c_1 \\ c_2 \\ \vdots \\ c_N \end{pmatrix}. \tag{8.91}$$

---

[24] 为了排除不重要的情况，我们还假设它具有非零区域. 注意，就这个问题而言，无限深方势阱和谐振子都不是“势阱”，尽管它们都有束缚态.

[25] K. R. Brownstein, *Am. J. Phys.* **68**, 160（2000）证明了任何一维势满足 $\int_{-\infty}^{\infty} V(x)\,\mathrm{d}x \leqslant 0$ 就允许存在一个束缚态（只要 $V(x)$ 不等于零）——即使它在某些地方变为正值.

[26] 每个 c_j 都是复数，表示两个独立的参数（实部和虚部）. 可以对实部和虚部分别求导数，

$$\frac{\partial}{\partial \mathrm{Re}[c_j]} E = 0, \frac{\partial}{\partial \mathrm{Im}[c_j]} E = 0,$$

但将 c_j 和 c_j^* 作为独立参数也是合理的（而且更简单）：

$$\frac{\partial}{\partial c_j} E = 0, \frac{\partial}{\partial c_j^*} E = 0,$$

无论哪种方式，结果都是一样的.

矩阵 $\boldsymbol{H}$ 的最小特征值给出了基态能量的上限，相应的本征矢量决定了其具有式（8.88）形式的最佳变分波函数.

（a）验证式（8.90）.

（b）将式（8.89）对 c_j 求导数，证明你得到了一个和式（8.90）冗余的结果.

（c）考虑粒子在宽度为 a、底部为斜边的无限深方势阱中：

$$V(x)=\begin{cases}\infty, & x<0;\\ V_0 x/a, & 0\leqslant x\leqslant a;\\ \infty, & x>a.\end{cases}$$

使用无限深方势阱中前 10 个定态波函数的线性组合作为基函数，

$$\phi_n=\sqrt{\frac{2}{a}}\sin\left(\frac{n\pi x}{a}\right).$$

取 $V_0=100\hbar^2/ma^2$ 的情况下，确定基态能量的上限. 绘制优化后的变分波函数图.（**注意**：准确结果为 $39.9819\hbar^2/ma^2$.）

第9章 WKB近似

WKB（Wentzel，Kramers，Brillouin）[1] 方法是一种求一维定态薛定谔方程近似解的技术（其基本思想也可应用于求解其他的许多微分方程，以及三维薛定谔方程的径向部分）．它对计算束缚态能量和通过势垒的隧穿几率时特别有用．

WKB 方法的基本思想是：假设能量为 E 的粒子穿过势能 $V(x)$ 的区域，其中 $V(x)$ 为常量．当 $E>V$ 时，则波函数的形式为

$$\psi(x)=Ae^{\pm ikx},\text{且 } k\equiv\sqrt{2m(E-V)}/\hbar.$$

正号表示粒子向右运动，而负号表示它向左运动（当然，通解是这两项的线性组合）．波函数是振荡的，波长固定（$\lambda=2\pi/k$），振幅（A）不变．现在假设 $V(x)$ 不再是常数，但与 λ 相比变化相当缓慢，因此在包含许多波长的区域中，势可以认为**基本上**是不变的．这样，除了波长和振幅随 x 缓慢地变化外，可以合理地假设 ψ 实际上仍然保持正弦形式．这就是 WKB 近似灵感的来源．事实上，它将对 x 的依赖问题分为两种不同层次：快速振荡、由振幅和波长逐渐变化的调制．

同理，当 $E<V$（其中 V 为常量）时，ψ 为指数形式：

$$\psi(x)=Ae^{\pm\kappa x},\text{且 } \kappa\equiv\sqrt{2m(V-E)}/\hbar.$$

如果 $V(x)$**不是**常量，但 $V(x)$ 相比 $1/\kappa$ 变化十分缓慢，除了 A 和 κ 是随 x 缓慢变化的函数外，其解实际上仍然是指数形式．

现在，$V(x)$ 仍然有一处使整个方法不能适用的地方，这就是经典**转折点**（**turning point**）的附近，此处 $E\approx V$．这里 λ（或者 $1/\kappa$）趋于无穷大，相比之下 $V(x)$ 就很难说是“缓慢地”变化．正如我们将会看到，恰当地处理转折点问题将是 WKB 近似最困难的一个方面，尽管最终的结果很简洁且易于实现．

9.1 “经典”区域

薛定谔方程

$$-\frac{\hbar^2}{2m}\frac{d^2\psi}{dx^2}+V(x)\psi=E\psi$$

可以改写成下列形式：

$$\frac{d^2\psi}{dx^2}=-\frac{p^2}{\hbar^2}\psi, \tag{9.1}$$

其中

$$p(x)\equiv\sqrt{2m[E-V(x)]} \tag{9.2}$$

---

[1] 在荷兰称为 KWB，在法国为 BWK，在英国为 JWKB（J 指 Jeffreys）．

是具有总能量 E 和势能 $V(x)$ 的粒子动量的经典表示式. 目前，我先假设 $E>V(x)$，这样 $p(x)$ 为**实数**；我们将称其为“经典”区域，显而易见——经典上粒子被**限制**在 x 的这段范围内（见图9.1）. 一般来说，ψ 为复函数，可以用**振幅** $A(x)$ 和**相位** $\phi(x)$ 来表示，且两者都是**实数**：

$$\psi(x)=A(x)e^{i\phi(x)}. \tag{9.3}$$

用撇号表示对 x 的导数，得到

$$\frac{d\psi}{dx}=(A'+iA\phi')e^{i\phi},$$

以及

$$\frac{d^2\psi}{dx^2}=[A''+2iA'\phi'+iA\phi''-A(\phi')^2]e^{i\phi}. \tag{9.4}$$

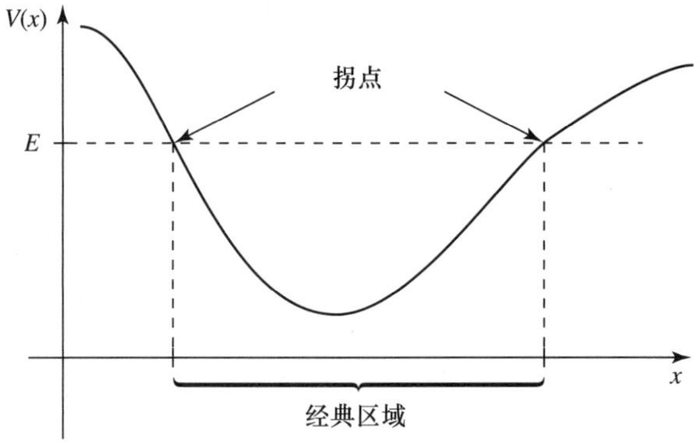

图9.1 经典粒子被束缚在 $E\geqslant V(x)$ 区域内.

代入式（9.1）得

$$A''+2iA'\phi'+iA\phi''-A(\phi')^2=-\frac{p^2}{\hbar^2}A. \tag{9.5}$$

这相当于两个实方程，一个用于实部，一个用于虚部：

$$A''-A(\phi')^2=-\frac{p^2}{\hbar^2}A,\quad 或者\quad A''=A\left[(\phi')^2-\frac{p^2}{\hbar^2}\right], \tag{9.6}$$

和

$$2A'\phi'+A\phi''=0,\quad 或者\quad (A^2\phi')'=0. \tag{9.7}$$

式（9.6）和式（9.7）完全等同于原始的薛定谔方程. 第二个方程很容易解出：

$$A^2\phi'=C^2,\quad 或者\quad A=\frac{C}{\sqrt{|\phi'|}}, \tag{9.8}$$

式中，C 为（实）常数. 第一个方程（方程式（9.6））通常无法求解，因此近似如下：**假定振幅 A 的变化非常缓慢**，所以可以忽略 A''项.（更准确地说，我们假定 A''/A 与 $(\phi')^2$ 和 $p^2/\hbar^2$ 这两项相比都很小.）在此情况下，可以舍掉方程式（9.6）的左边部分，只剩下

$$(\phi')^2=\frac{p^2}{\hbar^2},\quad 或者\quad \frac{d\phi}{dx}=\pm\frac{p}{\hbar},$$

因此

$$\phi(x)=\pm\frac{1}{\hbar}\int p(x)\,\mathrm{d}x. \tag{9.9}$$

（我把它表示为**不定**积分，因为现在任何常数都可以吸收进 C 中，所以 C 可能变为复数. 我还将吸收一个系数因子$\sqrt{\hbar}$. ）由此得出

$$\boxed{\psi(x)\approx\frac{C}{\sqrt{p(x)}}\mathrm{e}^{\pm\frac{\mathrm{i}}{\hbar}\int p(x)\,\mathrm{d}x}.} \tag{9.10}$$

注意到

$$|\psi(x)|^2\approx\frac{|C|^2}{p(x)}, \tag{9.11}$$

也就是说，在 x 点发现粒子的几率与其在该点的（经典）动量（及其速度）成反比. 这正是你所期望的，粒子不会在快速运动的地方停留的时间长，因此被捕获的几率很小. 事实上，WKB 近似有时是从这个“半经典”观测开始推导出来的，而不是在微分方程中去掉 A'' 项. 后一种方法在数学上更清晰，但前者提供了更具启发性的物理思想. 当然，一般（近似）解是方程（9.10）中两个解的线性组合，每个解对应有一个符号.

例题 9.1 具有两个垂直壁的势阱. 设有一底部凹凸不平的无限深方势阱（见图 9.2）：

$$V(x)=\begin{cases}\text{某些特定的函数}, & 0<x<a;\\ \infty, & \text{其他地方}.\end{cases} \tag{9.12}$$

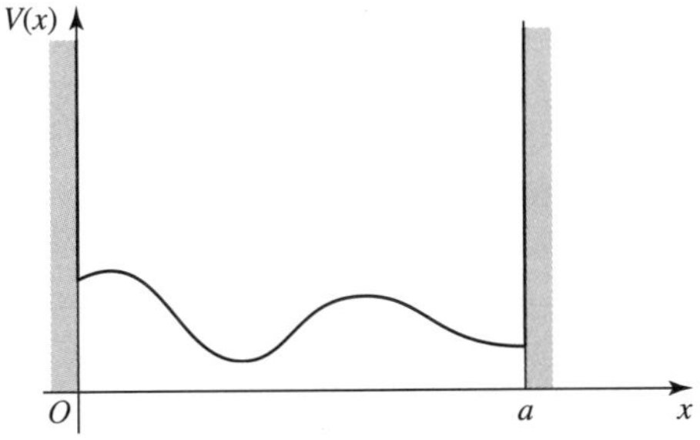

图 9.2 底部凹凸不平的无限深方势阱.

在势阱内部（假定处处 $E>V(x)$），有

$$\psi(x)\approx\frac{1}{\sqrt{p(x)}}\left[C_+\mathrm{e}^{\mathrm{i}\phi(x)}+C_-\mathrm{e}^{-\mathrm{i}\phi(x)}\right], \tag{9.13}$$

或更方便的形式：

$$\psi(x)\approx\frac{1}{\sqrt{p(x)}}\left[C_1\sin\phi(x)+C_2\cos\phi(x)\right], \tag{9.14}$$

其中（利用前面提到的自由度对积分施加一个下限）[2]

$$\phi(x)=\frac{1}{\hbar}\int_0^x p(x')\,\mathrm{d}x'. \tag{9.15}$$

现在，在 $x=0$ 处，$\psi(x)$ 必须为零，因此 $C_2=0$（因为 $\phi(x)=0$）. 同样，在 $x=a$ 处，$\psi(x)$ 也为零，所以

[2] 我们不妨采用正号，因为式（9.13）涵盖了两者.

$$\phi(a)=n\pi \qquad (n=1,2,3,\cdots). \tag{9.16}$$

结论：

$$\boxed{\int_0^a p(x)\,\mathrm{d}x = n\pi\hbar.} \tag{9.17}$$

这个量子化条件（近似地）决定了能量允许值.

例如，如果势阱底部是**平坦的**（$V(x)=0$），则 $p(x)=\sqrt{2mE}$（一个常数），由式(9.17)知 $pa=n\pi\hbar$，或

$$E_n=\frac{n^2\pi^2\hbar^2}{2ma^2},$$

这是无限深方势阱的能级表达式（式(2.30)）. 在这种情况下，WKB近似会得到精确的答案（真实波函数的振幅是常数，所以舍弃 A''项并没有任何影响）.

* **习题 9.1** 无限深方势阱中有一高度为 V_0 且延伸至势阱一半的“搁板”，使用WKB近似确定能量允许值（E_n）（见图7.3）：

$$V(x)=\begin{cases} V_0, & 0<x<a/2; \\ 0, & a/2<x<a; \\ \infty, & \text{其他地方}. \end{cases}$$

结果用 V_0 和 $E_n^0\equiv(n\pi\hbar)^2/2ma^2$（无搁板时无限深方势阱的第 n 个允许能级）表示. 假设 $E_1^0>V_0$，但是**不能**假设 $E_n\gg V_0$. 将你的结果与第7.1.2节中使用一阶微扰理论得到的结果做比较. 注意，当 V_0 非常小（微扰理论区域）或 n 非常大（WKB半经典区域）时，它们是一致的.

** **习题 9.2** 另一种推导WKB公式（式(9.10)）的方法是基于 $\hbar$ 做幂级数展开. 受自由粒子波函数 $\psi=A\exp(\pm ipx/\hbar)$ 的启发，写出

$$\psi(x)=\mathrm{e}^{if(x)/\hbar},$$

其中 $f(x)$ 为某个复函数.（注意：这里不失一般性——因为任何一非零函数都可以写成这种形式.）

（a）将此代入薛定谔方程（式(9.1)），并证明

$$i\hbar f''-(f')^2+p^2=0.$$

（b）将 $f(x)$ 按 $\hbar$ 的幂级数展开：

$$f(x)=f_0(x)+\hbar f_1(x)+\hbar^2 f_2(x)+\cdots,$$

然后比较 $\hbar$ 的同次幂项系数得

$$(f_0')^2=p^2,\quad if_0''=2f_0'f_1',\quad if_1''=2f_0'f_2'+(f_1')^2,\cdots$$

（c）解出 $f_0(x)$ 和 $f_1(x)$，并证明，取 $\hbar$ 的一次项近似时，可以重新得到式(9.10).

注意： 负数的对数定义为 $\ln(-z)=\ln(z)+in\pi$，其中 n 为奇数. 如果这个公式对你来说是新的话，尝试在两边同时求幂，你立刻就明白它的出处了.

9.2　隧道效应

目前为止，我是假定 $E>V$，因此 $p(x)$ 为实数. 但可以很容易地写出相应的非经典区域（$E<V$）的结果——它和前面的结果（式（9.10））一样，只是现在 $p(x)$ 变为虚数：[3]

$$\boxed{\psi(x) \approx \frac{C}{\sqrt{|p(x)|}} e^{\pm\frac{1}{\hbar}\int |p(x)| dx}.} \tag{9.18}$$

例如，考虑粒子被一顶部凸凹不平的方势垒散射（见图 9.3）. 在势垒左边（$x<0$），

$$\psi(x) = Ae^{ikx} + Be^{-ikx}, \tag{9.19}$$

式中，A 为**入射振幅（incident amplitude）**；B 为**反射振幅（reflected amplitude）**；$k \equiv \sqrt{2mE}/\hbar$（见第 2.5 节）. 在势垒右边（$x>a$），

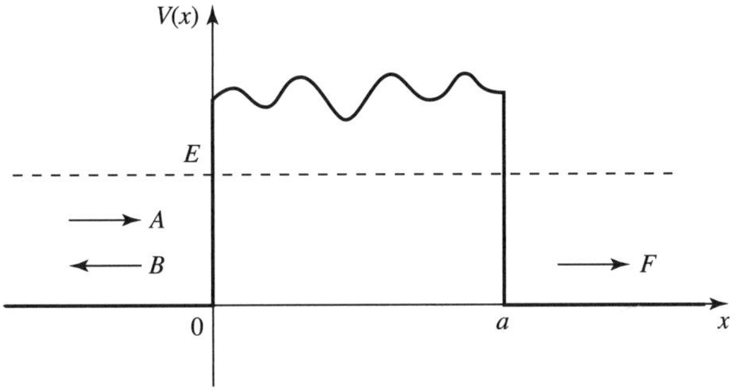

图 9.3　顶部凸凹不平的方势垒散射问题.

$$\psi(x) = Fe^{ikx}, \tag{9.20}$$

式中，F 为**透射振幅（transmitted amplitude）**，透射几率为

$$T = \frac{|F|^2}{|A|^2}. \tag{9.21}$$

在隧穿区域（$0 \leqslant x \leqslant a$），WKB 近似给出

$$\psi(x) \approx \frac{C}{\sqrt{|p(x)|}} e^{\frac{1}{\hbar}\int_0^x |p(x')| dx'} + \frac{D}{\sqrt{|p(x)|}} e^{-\frac{1}{\hbar}\int_0^x |p(x')| dx'}. \tag{9.22}$$

如果势垒非常高且非常宽（也就是说，如果隧穿几率很小），则**指数增长项**（C）的系数必须很小（事实上，如果势垒非常宽，则应为零），波函数与图 9.4 类似[4]. 入射波和透射波的相对振幅基本上由非经典区域内总的指数衰减决定：

$$\frac{|F|}{|A|} \sim e^{-\frac{1}{\hbar}\int_0^a |p(x')| dx'},$$

因此

$$\boxed{T \sim e^{-2\gamma}, \text{其中 } \gamma \equiv \frac{1}{\hbar}\int_0^a |p(x)| dx.} \tag{9.23}$$

---

[3] 在这种情况下，波函数是实数，类似式（9.6）和式（9.7）不一定遵循式（9.5），尽管它们仍然正确. 如果这让你感到困扰，请研究一下习题 9.2 中的推导过程.

[4] 这个启发式的讨论可以做得更严密一些——见习题 9.11.

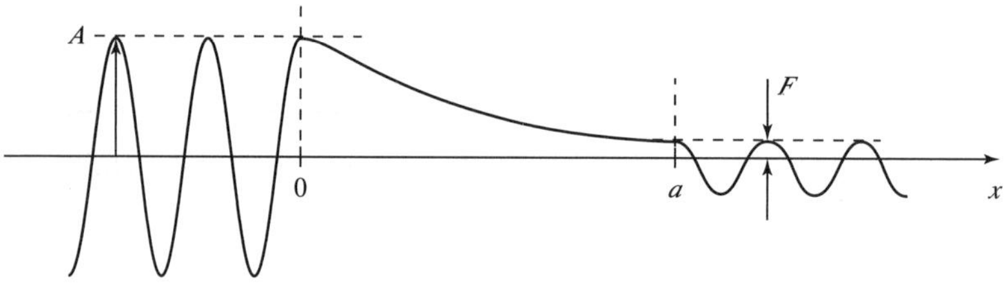

图 9.4 经过一个高而宽的势垒散射时，其波函数定性的形状.

例题 9.2 伽莫夫的 α 衰变理论.[5]1928 年，乔治·伽莫夫（George Gamow）（他与 Condon、Gurney 三人分别独立地）使用式（9.23）第一次成功地解释了 α 衰变（α 粒子的自发辐射——由某些放射性核发射两个质子和两个中子）.[6] 由于 α 粒子带正电荷（$2e$），它就会被剩下的原子核（电荷 Ze）所排斥，直到它运动到足够远的地方以摆脱核子束缚力. 但是，它首先必须克服一个已知的势垒（在铀的情况下），该势垒的大小是发射 α 粒子能量的两倍以上. 伽莫夫通过一个有限深方势阱来近似地表示势能（代表核力的吸引），并延伸到 r_1（即原子核半径）处，然后将其同库仑排斥势尾部连接（见图 9.5），并将逃逸机制确定为量子隧穿（顺便说一下，这是量子力学首次应用于核物理领域）.

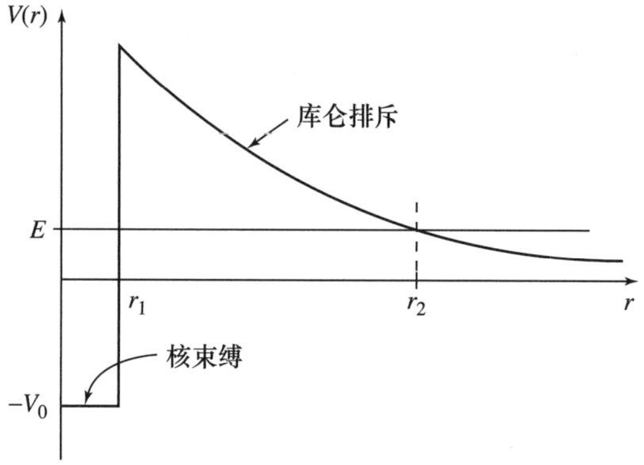

图 9.5 一个 α 粒子处于放射性核中的伽莫夫模型势.

如果发射的 α 粒子的能量为 E，则外部的转折点 r_2 由下式确定：

$$\frac{1}{4\pi\varepsilon_0}\frac{2Ze^2}{r_2}=E. \tag{9.24}$$

显然，式（9.23）中的指数 γ 为[7]

$$\gamma=\frac{1}{\hbar}\int_{r_1}^{r_2}\sqrt{2m\left(\frac{1}{4\pi\varepsilon_0}\frac{2Ze^2}{r}-E\right)}\,\mathrm{d}r=\frac{\sqrt{2mE}}{\hbar}\int_{r_1}^{r_2}\sqrt{\frac{r_2}{r}-1}\,\mathrm{d}r.$$

这个积分可由变量代换给出（令 $r\equiv r_2\sin^2u$），其结果为

[5] 有关更完整的讨论和另外的表述形式，参见 Barry R. Holstein, *Am. J. Phys.* **64**, 1061（1996）.

[6] 有关有趣的简要历史，参见 E. Merzbacher，“The Early History of Quantum Tunneling”，*Physics Today*，2002 年 8 月，第 44 页.

[7] 在这种情况下，势垒左侧的势能不会降到零（此外，这实际上是一个三维问题），但式（9.23）中包含的基本思想才是我们真正需要的.

$$\gamma=\frac{\sqrt{2mE}}{\hbar}\left[r_2\left(\frac{\pi}{2}-\arcsin\sqrt{\frac{r_1}{r_2}}\right)-\sqrt{r_1(r_2-r_1)}\right]. \tag{9.25}$$

通常情况是 $r_1 \ll r_2$，可用小角度近似（$\sin\varepsilon \approx \varepsilon$）简化上式：

$$\gamma \approx \frac{\sqrt{2mE}}{\hbar}\left[\frac{\pi}{2}r_2-2\sqrt{r_1 r_2}\right]=K_1\frac{Z}{\sqrt{E}}-K_2\sqrt{Zr_1}, \tag{9.26}$$

其中

$$K_1 \equiv \frac{e^2}{4\pi\varepsilon_0}\frac{\pi\sqrt{2m}}{\hbar}=1.980(\mathrm{MeV})^{1/2}, \tag{9.27}$$

$$K_2 \equiv \left(\frac{e^2}{4\pi\varepsilon_0}\right)^{1/2}\frac{4\sqrt{m}}{\hbar}=1.485(\mathrm{fm})^{-1/2}, \tag{9.28}$$

（1fm（费米）等于 10^{-15}m，是典型原子核的尺寸大小.）

设想 α 粒子在原子核内以平均速度 v 旋转，与“壁”的“碰撞”平均时间约为 $2r_1/v$，则碰撞的频率为 $v/2r_1$. 每次碰撞的逃逸几率为 $\mathrm{e}^{-2\gamma}$，因此单位时间内发射几率为 $(v/2r_1)\mathrm{e}^{-2\gamma}$；因此母核的**寿命（lifetime）**约为

$$\tau=\frac{2r_1}{v}\mathrm{e}^{2\gamma}. \tag{9.29}$$

遗憾的是，我们不知道 v；但是这并不重要；因为当从一个放射性原子核到另一个放射性原子核时，指数因子会在很大的范围内（25 个数量级）发生变化，相比之下 v 的变化非常小. 特别是，如果将实验测得的寿命的对数与 $1/\sqrt{E}$ 作图，结果是一条漂亮的直线（见图 9.6），[8] 正如你从式（9.26）和式（9.29）中所期望的那样.

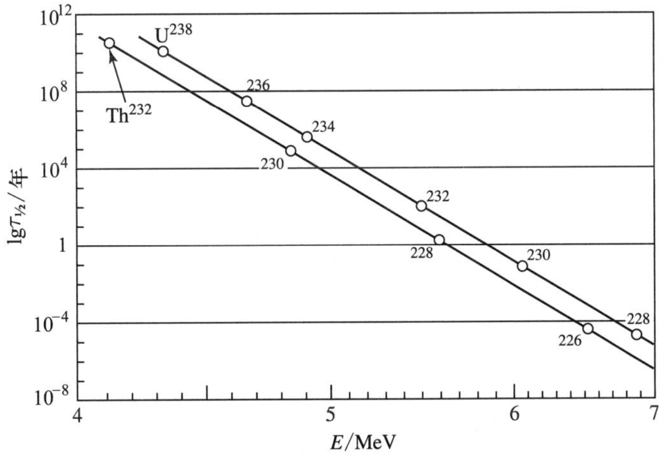

图 9.6 铀和钍同位素半衰期的（以 10 为底）对数（$\tau_{1/2}=\tau\ln 2$）与 $1/\sqrt{E}$ 关系的图像（其中 E 是发射的 α 粒子能量）.

[8] 本图经 David Park 许可复制，*Introduction to Quantum Theory*，第 3 版，Dover Publications，纽约（2005）；它是根据 I. Perlman 和 J. O. Rasmussen，“Alpha Radioactivity”，*Encyclopedia of Physics*，第 42 卷，Springer（1957）. 它在文献中被称为**盖革-努塔尔（Geiger-Nuttall）**图（注意：E 向右增加，所以 $1/\sqrt{E}$ 向左增加）.

* **习题 9.3** 使用式（9.23）近似计算能量为 E 的粒子通过高度为 $V_0>E$ 且宽度为 $2a$ 的有限方势垒时的透射几率. 将得到的答案与精确结果（习题 2.33）进行比较，由 WKB 方法得到的结果在 $T\ll 1$ 时，应简化到该结果.

** **习题 9.4** 利用式（9.26）和式（9.29），计算 U^{238} 和 Po^{212} 的寿命. **提示：**核物质的密度相对恒定（即所有核的密度相同），所以经验上$(r_1)^3$ 与 A(质子数加中子数)成比例. 根据经验，

$$r_1 \approx (1.25\mathrm{fm})A^{1/3}. \tag{9.30}$$

发射 α 粒子的能量可以用爱因斯坦公式($E=mc^2$)推导出来：

$$E=m_{\mathrm{p}}c^2-m_{\mathrm{d}}c^2-m_{\alpha}c^2, \tag{9.31}$$

其中 m_{p}、m_{d}、m_{α} 分别是母核、子核和 α 粒子(He^4 核)的质量. 为了弄清楚子核是什么，注意 α 粒子包含两个质子和两个中子，所以 Z 减少 2 而 A 减少 4. 查找相关的核质量. 对于 v 的估算，使用公式 $E=(1/2)m_{\alpha}v^2$；这忽略了原子核内部的势能（负值），当然**低估**了 v 值；但这是在目前这个阶段里我们所能做的最好的. 顺便提及，实验中两者的寿命分别为 6×10^9 年和 0.5μs.

习题 9.5 齐纳隧穿（Zener Tunneling）. 在半导体中，电场（如果足够大）可以在能带之间产生跃迁，这种现象称为齐纳隧穿. 如图 9.7 所示，一均匀电场 $\boldsymbol{E}=-E_0\hat{i}$，其中

$$H'=-eE_0x,$$

使能带和位置有关. 然后电子就有可能从价带（下）隧穿到导带（上）；这种现象是**齐纳二极管（Zener diode）**的基础. 将带隙看作电子通过的势垒大小，根据 E_{g} 和 E_0（以及 m、$\hbar$、e）求出隧穿几率.

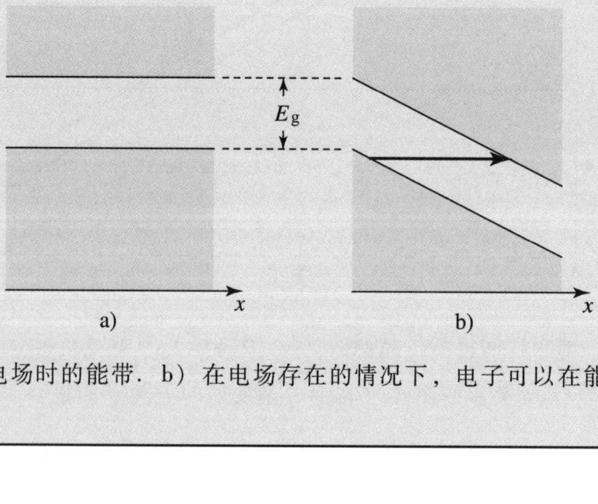

图 9.7 a）没有电场时的能带. b）在电场存在的情况下，电子可以在能带之间发生隧穿.

9.3 连接公式

在目前的讨论中，我都假设势阱（或势垒）的“墙壁”是**垂直**的，因此“外部”解很

简单，边界条件也很简单. 事实证明，即使是边缘不那么“陡峭”（事实上，在伽莫夫的理论中，它们仅适用于这种情况），主要结果（式（9.17）和式（9.23））是相当准确的. 然而，更仔细地研究波函数在转折点（$E=V$）发生了什么是有意义的；其中“经典”区域与“非经典”区域连接，WKB 近似本身也失效. 在本节中，我将讨论束缚态问题（见图 9.1）；散射问题留给你自己学习（习题 9.11）.[9]

简单起见，让我们移动坐标轴使右侧转折点出现在 $x=0$ 处（见图 9.8）. 在 WKB 近似下，有

$$\psi(x)\approx\begin{cases}\dfrac{1}{\sqrt{p(x)}}\left(Be^{\frac{i}{\hbar}\int_x^0 p(x')\,dx'}+Ce^{-\frac{i}{\hbar}\int_x^0 p(x')\,dx'}\right), & x<0;\\[2ex] \dfrac{1}{\sqrt{|p(x)|}}De^{-\frac{1}{\hbar}\int_0^x |p(x')|\,dx'}, & x>0.\end{cases}\tag{9.32}$$

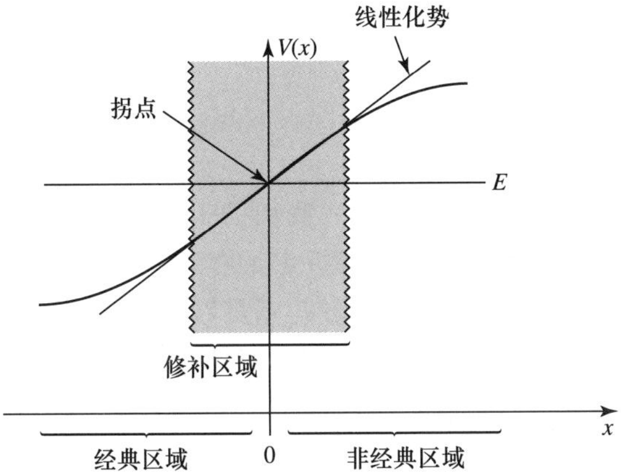

图 9.8　右侧转折点的放大示意图.

（假设在所有 $x>0$ 区域时，$V(x)$ 大于 E，由于该区域波函数在 $x\to\infty$ 时发散，可以去掉它的正指数.）我们的任务是在边界处把两个解连接起来. 但这里存在一个严重困难：在 WKB 近似中，ψ 在转折点（此处，$p(x)\to 0$）趋于**无限大**. 当然，如所预期那样，**实际的**波函数没有这种发散行为. 而 WKB 近似方法仅在转折点附近失效. 然而，正是转折点的边界条件决定了能量的允许值. 那么，我们需要做的是使用一个跨越转折点的“修补”波函数，将两个区域的 WKB 解拼接在一起.

由于只需原点附近的修补波函数（ψ_p），我们将此处的势能用一条直线来近似.

$$V(x)\approx E+V'(0)x,\tag{9.33}$$

对这个线性化势 V 的薛定谔方程求解：

$$-\frac{\hbar^2}{2m}\frac{d^2\psi_p}{dx^2}+[E+V'(0)x]\psi_p=E\psi_p,$$

或者

[9] 注意：下面的论点是相当有技巧的，你在第一次阅读时可以跳过它.

$$\frac{d^2\psi_p}{dx^2}=\alpha^3 x\psi_p, \tag{9.34}$$

其中

$$\alpha\equiv\left[\frac{2m}{\hbar^2}V'(0)\right]^{1/3}. \tag{9.35}$$

可通过下面的定义把 α 吸收到自变量中，

$$z\equiv\alpha x, \tag{9.36}$$

这样

$$\frac{d^2\psi_p}{dz^2}=z\psi_p. \tag{9.37}$$

这是**艾里方程（Airy equation）**，其解称为**艾里函数（Airy function）**.[10] 因为艾里方程是一个二阶微分方程，所以有两个线性独立的艾里函数，Ai(z) 和 Bi(z). 它们与1/3阶贝塞尔函数相关；在表9.1中给出它们的一些性质，并在图9.9中画出其图像. 显然，修补波函数应是 Ai(z) 和 Bi(z) 的线性组合：

$$\psi_p(x)=a\mathrm{Ai}(\alpha x)+b\mathrm{Bi}(\alpha x), \tag{9.38}$$

其中 a 和 b 是适当的常数.

现在 ψ_p 是原点附近的（近似）波函数；我们的工作是将其与两侧交叠区域中的WKB解匹配起来（见图9.10）. 这些交叠区离转折点足够近，因此线性势是相当精确的（因此 ψ_p 也是对真实波函数很好的近似），而且离转折点足够远处，WKB近似解是可靠的.[11] 在交叠区式（9.33）成立，因此（以式（9.35）中的记号）：

$$p(x)\approx\sqrt{2m(E-E-V'(0)x)}=\hbar\alpha^{3/2}\sqrt{-x}. \tag{9.39}$$

表9.1 艾里函数的一些性质

微分方程：$\frac{d^2y}{dz^2}=zy.$

解：艾里方程 Ai(z) 和 Bi(z) 线性组合.

积分表示：$\mathrm{Ai}(z)=\frac{1}{\pi}\int_0^\infty\cos\left(\frac{s^3}{3}+sz\right)ds,$

$$\mathrm{Bi}(z)=\frac{1}{\pi}\int_0^\infty\left[e^{-\frac{s^3}{3}+sz}+\sin\left(\frac{s^3}{3}+sz\right)\right]ds.$$

渐近形式：

$$\left.\begin{aligned}\mathrm{Ai}(z)&\sim\frac{1}{2\sqrt{\pi}z^{1/4}}e^{-\frac{2}{3}z^{3/2}}\\ \mathrm{Bi}(z)&\sim\frac{1}{\sqrt{\pi}z^{1/4}}e^{\frac{2}{3}z^{3/2}}\end{aligned}\right\}z\gg0;\quad \left.\begin{aligned}\mathrm{Ai}(z)&\sim\frac{1}{\sqrt{\pi}(-z)^{1/4}}\sin\left[\frac{2}{3}(-z)^{3/2}+\frac{\pi}{4}\right]\\ \mathrm{Bi}(z)&\sim\frac{1}{\sqrt{\pi}(-z)^{1/4}}\cos\left[\frac{2}{3}(-z)^{3/2}+\frac{\pi}{4}\right]\end{aligned}\right\}z\ll0.$$

---

[10] 经典来讲，线性势意味着恒定的力，因此有恒定的加速度——这是最简单非平庸运动，也是初等力学的起点. 具有讽刺意味的是，在量子力学中同样的势却得到了陌生的超越函数的定态，并且在理论中只起到了次要作用. 尽管如此，波包还是相当简单，见习题2.51，尤其是第2章脚注64.

[11] 这是一个微妙的双重约束，并且可以调制出不合理的势，以至不存在交叠区. 然而，在实际应用中，这种情况很少发生. 参见习题9.9.

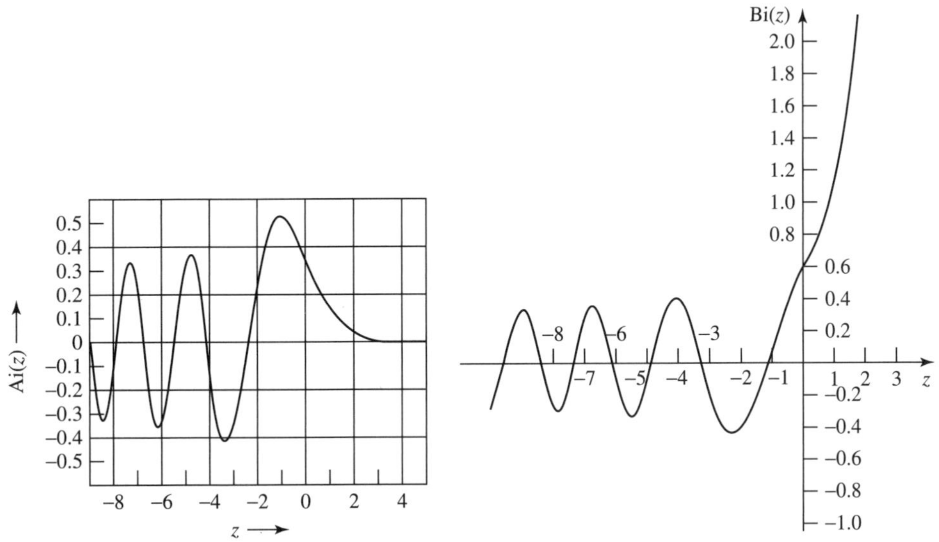

图 9.9　艾里函数图像.

特别地，在交叠区 2：

$$\int_0^x |p(x')|\mathrm{d}x' \approx \hbar\alpha^{3/2}\int_0^x \sqrt{x'}\,\mathrm{d}x' = \frac{2}{3}\hbar(\alpha x)^{3/2},$$

因此，WKB 波函数（式（9.32））可写为

$$\psi(x) \approx \frac{D}{\sqrt{\hbar}\,\alpha^{3/4}x^{1/4}}\mathrm{e}^{-\frac{2}{3}(\alpha x)^{3/2}}. \tag{9.40}$$

同时，利用艾里函数在 z 很大时的渐近形式[12]（见表 9.1），第 2 个交叠区的修补波函数（式（9.38））变为

$$\psi_p(x) \approx \frac{a}{2\sqrt{\pi}(\alpha x)^{1/4}}\mathrm{e}^{-\frac{2}{3}(\alpha x)^{3/2}} + \frac{b}{\sqrt{\pi}(\alpha x)^{1/4}}\mathrm{e}^{\frac{2}{3}(\alpha x)^{3/2}}. \tag{9.41}$$

比较这两个解，得到

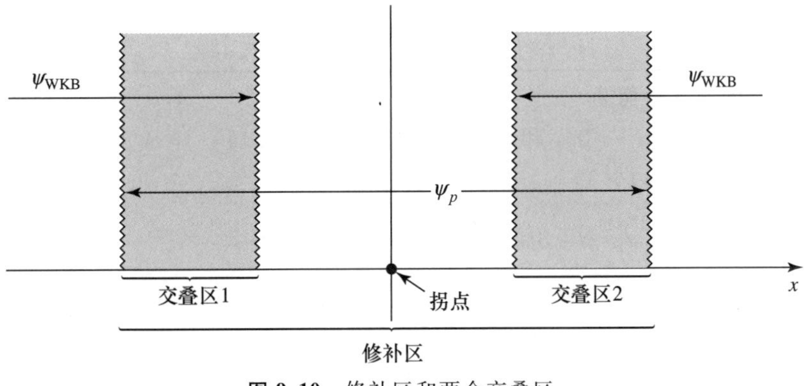

图 9.10　修补区和两个交叠区.

[12] 粗略地看，在这一区域使用大 z 近似值似乎很荒谬，毕竟它很接近 $z=0$ 时的转折点（因此，势做线性近似是有效的）. 但请注意，这里讨论的变量是 αx，如果仔细研究（见习题 9.9），你会发现（通常）确实有一个 αx 大的区域，但同时用直线来近似 $V(x)$ 是合理的. 事实上，艾里函数的渐近形式正是艾里方程的 WKB 解，而且由于我们已经在重叠区域使用 ψ_{WKB}（见图 9.10），因此对 ψ_p 也不是一种新的近似.

$$a=\sqrt{\frac{4\pi}{\alpha\hbar}}D,\quad b=0. \tag{9.42}$$

现在回过来对第1个交叠区重复以上步骤. 再次，$p(x)$ 仍由式（9.39）给出，但现在 x 为负，所以

$$\int_x^0 p(x')\,\mathrm{d}x' \approx \frac{2}{3}\hbar(-\alpha x)^{3/2}, \tag{9.43}$$

WKB 波函数（式（9.32））是

$$\psi(x)\approx\frac{1}{\sqrt{\hbar}\alpha^{3/4}(-x)^{1/4}}\left[B\mathrm{e}^{\mathrm{i}\frac{2}{3}(-\alpha x)^{3/2}}+C\mathrm{e}^{-\mathrm{i}\frac{2}{3}(-\alpha x)^{3/2}}\right]. \tag{9.44}$$

同时，利用艾里函数在负 z 值很大时的渐近形式（见表9.1），修补波函数（式（9.38），其中 $b=0$）为

$$\begin{aligned}\psi_p(x)&\approx\frac{a}{\sqrt{\pi}(-\alpha x)^{1/4}}\sin\left[\frac{2}{3}(-\alpha x)^{3/2}+\frac{\pi}{4}\right]\\&=\frac{a}{\sqrt{\pi}(-\alpha x)^{1/4}}\frac{1}{2\mathrm{i}}\left[\mathrm{e}^{\mathrm{i}\pi/4}\mathrm{e}^{\mathrm{i}\frac{2}{3}(-\alpha x)^{3/2}}-\mathrm{e}^{-\mathrm{i}\pi/4}\mathrm{e}^{-\mathrm{i}\frac{2}{3}(-\alpha x)^{3/2}}\right].\end{aligned} \tag{9.45}$$

比较在第1个交叠区的 WKB 波函数和修补波函数，我们发现

$$\frac{a}{2\mathrm{i}\sqrt{\pi}}\mathrm{e}^{\mathrm{i}\pi/4}=\frac{B}{\sqrt{\hbar\alpha}},\quad \frac{-a}{2\mathrm{i}\sqrt{\pi}}\mathrm{e}^{-\mathrm{i}\pi/4}=\frac{C}{\sqrt{\hbar\alpha}},$$

将式（9.42）中的 a 值代入，有

$$B=-\mathrm{i}\mathrm{e}^{\mathrm{i}\pi/4}D,\quad C=\mathrm{i}\mathrm{e}^{-\mathrm{i}\pi/4}D. \tag{9.46}$$

这就是所谓的**连接公式（connection formulas）**，它们将转折点两边的 WKB 解连接起来. 我们现在已经完成了修补波函数，它唯一的目的是弥合两边中间的缺口. 用一个归一化常数 D 表示一切，并将转折点从原点移至任意点 x_2，WKB 波函数（式（9.32））变为

$$\psi(x)\approx\begin{cases}\dfrac{2D}{\sqrt{p(x)}}\sin\left[\dfrac{1}{\hbar}\displaystyle\int_x^{x_2}p(x')\,\mathrm{d}x'+\dfrac{\pi}{4}\right], & x<x_2;\\[2ex] \dfrac{D}{\sqrt{|p(x)|}}\exp\left[-\dfrac{1}{\hbar}\displaystyle\int_{x_2}^{x}|p(x')|\,\mathrm{d}x'\right], & x>x_2.\end{cases} \tag{9.47}$$

例题 9.3 单垂直壁势阱.

想象由一垂直阱壁（$x=0$）和一倾斜阱壁（见图9.11）构成的势阱，在这种情况下 $\psi(0)=0$，由式（9.47）得

$$\frac{1}{\hbar}\int_0^{x_2}p(x)\,\mathrm{d}x+\frac{\pi}{4}=n\pi\quad(n=1,2,3,\cdots),$$

或

$$\boxed{\int_0^{x_2}p(x)\,\mathrm{d}x=\left(n-\frac{1}{4}\right)\pi\hbar.} \tag{9.48}$$

例如，考虑“半谐振子”

$$V(x)=\begin{cases}\dfrac{1}{2}m\omega^2x^2, & x>0;\\ \infty, & \text{其他地方}.\end{cases} \tag{9.49}$$

在这种情况下

$$p(x)=\sqrt{2m[E-(1/2)m\omega^2x^2]}=m\omega\sqrt{x_2^2-x^2},$$

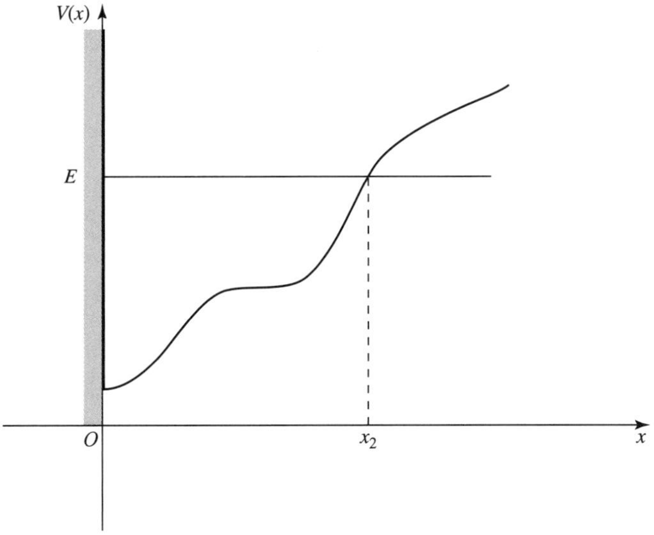

图 9.11 一边为垂直阱壁的势阱.

其中

$$x_2=\frac{1}{\omega}\sqrt{\frac{2E}{m}}$$

是转折点. 所以

$$\int_0^{x_2}p(x)\,\mathrm{d}x=m\omega\int_0^{x_2}\sqrt{x_2^2-x^2}\,\mathrm{d}x=\frac{\pi}{4}m\omega x_2^2=\frac{\pi E}{2\omega},$$

而量子化条件（式（9.48））给出：

$$E_n=\left(2n-\frac{1}{2}\right)\hbar\omega=\left(\frac{3}{2},\frac{7}{2},\frac{11}{2},\dots\right)\hbar\omega. \tag{9.50}$$

在这个特殊的例子中，WKB 近似确实给出了**准确的**允许能量（恰好是全谐振子的**奇数**能级——见习题 2.41）.

例题 9.4 无垂直壁势阱.

式（9.47）将转折点处势向上倾斜的两端 WKB 波函数连接起来（见图 9.12a），同样的推理，适用于**向下**倾斜转折点（见图 9.12b），有（见习题 9.10）

$$\psi(x)\approx\begin{cases}\dfrac{D'}{\sqrt{|p(x)|}}\exp\left[-\dfrac{1}{\hbar}\displaystyle\int_x^{x_1}|p(x')|\,\mathrm{d}x'\right], & x<x_1;\\[2ex] \dfrac{2D'}{\sqrt{p(x)}}\sin\left[\dfrac{1}{\hbar}\displaystyle\int_{x_1}^{x}p(x')\,\mathrm{d}x'+\dfrac{\pi}{4}\right], & x>x_1.\end{cases} \tag{9.51}$$

特别地，如果我们讨论的是势阱（图 9.12c），则“内部”区域（$x_1<x<x_2$）的波函数可以写成

$$\psi(x) \approx \frac{2D}{\sqrt{p(x)}}\sin\theta_2(x)，其中\ \theta_2(x) \equiv \frac{1}{\hbar}\int_x^{x_2} p(x')\,\mathrm{d}x' + \frac{\pi}{4}$$

（式（9.47）），或者

$$\psi(x) \approx \frac{-2D}{\sqrt{p(x)}}\sin\theta_1(x)，其中\ \theta_1(x) \equiv -\frac{1}{\hbar}\int_{x_1}^{x} p(x')\,\mathrm{d}x' - \frac{\pi}{4}$$

（式（9.51））. 显然，两个正弦函数的系数必须相等，也就是只能相差 π 的整数倍：[13] $\theta_2=\theta_1+n\pi$，由此得出

$$\boxed{\int_{x_1}^{x_2} p(x)\,\mathrm{d}x = \left(n-\frac{1}{2}\right)\pi\hbar,\quad n=1,2,3,\cdots.} \tag{9.52}$$

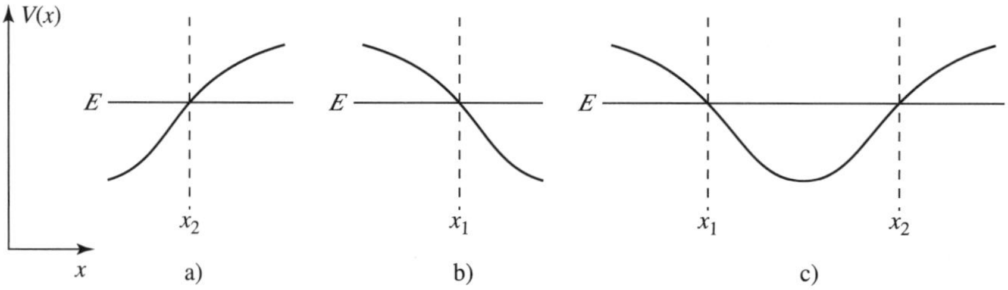

图 9.12 向上倾斜和向下倾斜的转折点.

这种量子化条件决定了“典型”的有两倾斜边势阱的能量允许值. 请注意，它与两个垂直壁（式（9.17））或一个垂直壁（式（9.48））允许的能量公式的差别仅在于从 n 中减去的数字（0、1/4 或 1/2）不同. 由于 WKB 近似是在半经典区域（n 值很大）中最为适用，因此这种区别更多地表现在外观而非实质上. 无论如何，这个结果都非常有用，因为它可以使我们在不进行求解薛定谔方程的情况下，仅需简单地计算一个积分就能够给出（近似）能量允许值. 且也不需要再去考虑波函数本身.

****习题 9.6 重新审视“弹跳球”（The “bouncing ball” revisited）.** 考虑球（质量为 m）在地板上弹性弹跳这一经典问题的量子力学模拟.[14]

（a）作为地面以上高度 x 的函数，势能是多少？（对于负 x 值，势是无限大，球根本无法到达.）

（b）求解该势的薛定谔方程，结果用适当的艾里函数表示（注意 $\mathrm{Bi}(z)$ 在 z 很大时发散，因此必须舍弃）. 不必归一化 $\psi(x)$.

（c）取 $g=9.80\mathrm{m/s^2}$，$m=0.100\mathrm{kg}$，以焦耳为单位求出前四个能量允许值，结果保留 3 位有效数字. **提示：** 参考 Milton Abramowitz 和 Irene A. Stegun，*Handbook of Mathematical Functions*，Dover，纽约（1970 年），第 478 页；符号定义在第 450 页.

[13] 不是 2π——产生的负号可以吸收在归一化因子 D 和 D' 中.

[14] 有关量子反弹球的更多信息，请参见习题 2.59，J. Gea-Banacloche，*Am. J. Phys.* **67**，776（1999）和 N. Wheeler，“Classical/quantum dynamics in a Uniform gravitational field”，里德学院报告（未出版，2002）. 这听起来可能是一个哗众取宠的问题，但相应实验实际上已用中子完成了（V. V. Nesvizhevsky 等，*Nature* **415**，297（2002））.

（d）在该引力场中，电子基态能量是多少？单位为 eV. 这个电子平均离地有多高？**提示**：使用位力定理求 $\langle x\rangle$.

* **习题 9.7**　使用 WKB 近似分析反弹球（习题 9.6）.

（a）用 m、g 和 $\hbar$ 表示能量允许值 E_n.

（b）将习题 9.6（c）中给出的特定值代入，并将 WKB 近似得到的前四个能量值与“精确”结果进行比较.

（c）量子数 n 必须有多大才能使球的平均高度达到离地 1m？

* **习题 9.8**　利用 WKB 近似求解谐振子的能量允许值.

* **习题 9.9**　质量为 m 的粒子处于谐振子的第 n 能级上.（角频率 ω）.

（a）求转折点 x_2.

（b）在线性势能误差（式（9.33），但转折点在 x_2 处）达到 1%之前，此时距转折点上方有多远距离（d）？即，如果

$$\frac{V(x_2+d)-V_{\text{lin}}(x_2+d)}{V(x_2)}=0.01,$$

那么，d 是多少？

（c）只要 $z\geqslant 5$，$\mathrm{Ai}(z)$ 的渐近形式的精度为 1%. 对于（b）中的 d 值，求满足 $\alpha d\geqslant 5$ 时的最小值 n.（对于任何大于该值的 n，存在一个重叠区域，其中线性势的精度可以达到 1%，而且大 z 艾里函数的形式也准确到 1%.）

** **习题 9.10**　推导倾斜向下的转折点处连接公式，并证明式（9.51）.

** **习题 9.11**　使用适当的连接公式分析倾斜壁势垒的散射问题（见图 9.13）. **提示**：先把 WKB 波函数写成以下形式：

$$\psi(x)\approx\begin{cases}\dfrac{1}{\sqrt{p(x)}}\left[A\mathrm{e}^{-\frac{\mathrm{i}}{\hbar}\int_x^{x_1}p(x')\mathrm{d}x'}+B\mathrm{e}^{\frac{\mathrm{i}}{\hbar}\int_x^{x_1}p(x')\mathrm{d}x'}\right], & x<x_1;\\ \dfrac{1}{\sqrt{|p(x)|}}\left[C\mathrm{e}^{\frac{1}{\hbar}\int_{x_1}^{x}|p(x')|\mathrm{d}x'}+D\mathrm{e}^{-\frac{1}{\hbar}\int_{x_1}^{x}|p(x')|\mathrm{d}x'}\right], & x_1<x<x_2;\\ \dfrac{1}{\sqrt{p(x)}}\left[F\mathrm{e}^{\frac{i}{\hbar}\int_{x_2}^{x}p(x')\mathrm{d}x'}\right], & x>x_2.\end{cases}\quad(9.53)$$

不要假设 $C=0$. 计算隧穿几率 $T=|F|^2/|A|^2$，并证明在较宽、高势垒的情况下，结果简化为式（9.23）.

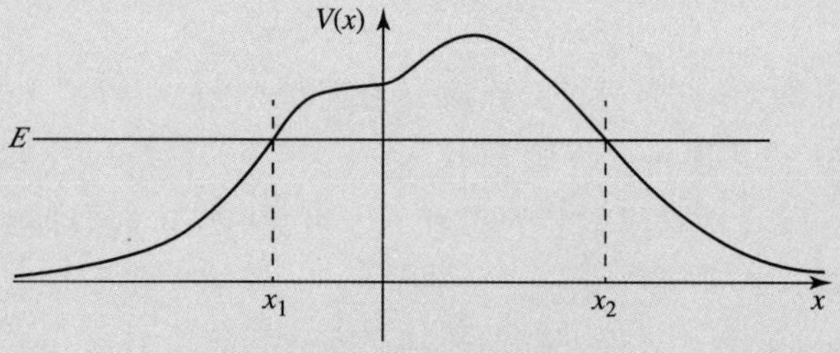

图 9.13 倾斜壁势垒.

* **习题 9.12** 对于“半谐振子”（例题 9.3），绘图将能级 $n=3$ 的归一化 WKB 波函数与精确解波函数做比较. 你必须通过尝试才能确定修补区域的宽度. **注意：** 你可以直接求 $p(x)$ 的积分，但也可以进行数值积分. 你需要对 $|\psi_{\mathrm{WKB}}|^2$ 做数值积分才能归一化波函数.

本章补充习题

** **习题 9.13** 利用 WKB 近似求一般幂律势的能量允许值. 设

$$V(x)=\alpha|x|^{\nu},$$

其中 ν 是正数. 对 $\nu=2$ 验证你的结果. **答案：**[15]

$$E_n=\alpha\left[(n-1/2)\hbar\sqrt{\frac{\pi}{2m\alpha}}\frac{\Gamma\left(\frac{1}{\nu}+\frac{3}{2}\right)}{\Gamma\left(\frac{1}{\nu}+1\right)}\right]^{\left(\frac{2\nu}{\nu+2}\right)}. \tag{9.54}$$

** **习题 9.14** 对习题 2.52 中的势，利用 WKB 近似求其束缚态能量. 并与精确结果比较：$-[(9/8)-(1/\sqrt{2})]\hbar^2a^2/m$.

习题 9.15 对于球对称势，我们可以将 WKB 近似应用于径向部分求解（式（4.37)）. 在 $l=0$ 的情况下，将式（9.48）表示为以下形式是合理的[16]：

$$\int_0^{r_0}p(r)\,\mathrm{d}r=(n-1/4)\pi\hbar, \tag{9.55}$$

---

[15] WKB 的结果在半经典领域（大 n）的情况下总是很准确的. 特别地，式（9.54）对基态（$n=1$）并不是很准确. 参见 W. N. Mei, *Am. J. Phys.* **66**, 541（1998）.

[16] 将 WKB 准经典近似应用于径向方程产生了很多精巧复杂的问题，这里我不再赘述. 关于该问题的经典论文参见 R. Langer, *Phys. Rev.* **51**, 669（1937）.

其中 r_0 是转折点（实际上，我们将 $r=0$ 视为一无限高阱垒壁）. 利用该公式估计如下对数势中粒子能量允许值：

$$V(r)=V_0\ln(r/a)$$

（V_0 和 a 为常数）. 仅对 $l=0$ 的情况进行讨论. 证明：能级间隔与质量无关. **部分答案：**

$$E_{n+1}-E_n=V_0\ln\left(\frac{n+3/4}{n-1/4}\right).$$

** **习题 9.16**　利用式（9.52）中的 WKB 近似形式，

$$\int_{r_1}^{r_2}p(r)\,\mathrm{d}r=(n'-1/2)\pi\hbar \tag{9.56}$$

估算氢原子的束缚态能量. 不要忘记有效势中的离心项（式（4.38））. 下列积分可能有用：

$$\int_a^b\frac{1}{x}\sqrt{(x-a)(b-x)}\,\mathrm{d}x=\frac{\pi}{2}(\sqrt{b}-\sqrt{a})^2. \tag{9.57}$$

答案：

$$E_{n'\ell}\approx\frac{-13.6\mathrm{eV}}{[n'-(1/2)+\sqrt{\ell(\ell+1)}]^2}. \tag{9.58}$$

我在 n 上加了一撇，是因为没有理由假设它就对应于玻尔公式中的 n. 相反，通过计算径向波函数中的节点数，它对给定 ℓ 的状态进行排序.[17] 在第 4 章给出的记号中，$n'=N=n-\ell$（式（4.67））. 将此代入，展开平方根式（$\sqrt{1+\varepsilon}=1+\frac{1}{2}\varepsilon-\frac{1}{8}\varepsilon^2+\cdots$），并将结果与玻尔公式做比较.

*** **习题 9.17**　如图 9.14 所示，考虑对称双势阱情况. 我们感兴趣的是 $E<V(0)$ 的束缚态.

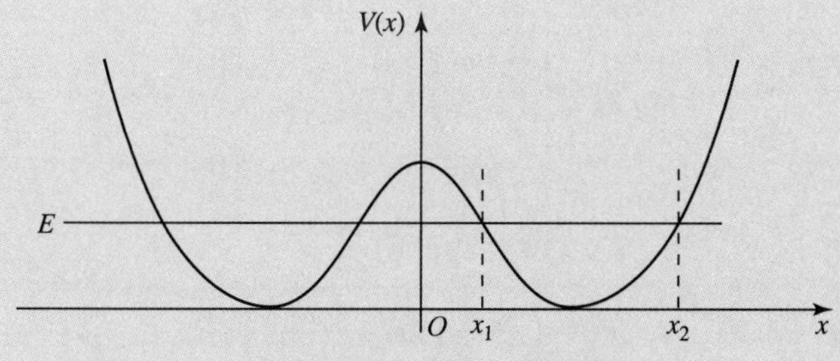

图 9.14　对称双势阱；习题 9.17 图.

（a）写出如下区域的 WKB 波函数（ⅰ）$x>x_2$；（ⅱ）$x_1<x<x_2$；（ⅲ）$0<x<x_1$. 在 x_1 和 x_2 处加上适当连接公式（对在 x_2 处的，已在式（9.47）给出；你需要自己求出 x_1 处的连接公式），证明：

[17] 我感谢 Ian Gatland 和 Owen Vajk 指出这一点.

$$\psi(x) \approx \begin{cases} \dfrac{D}{\sqrt{|p(x)|}}\exp\left[-\dfrac{1}{\hbar}\int_{x_2}^{x}|p(x')|\mathrm{d}x'\right]; & (\mathrm{i}) \\ \dfrac{2D}{\sqrt{p(x)}}\sin\left[\dfrac{1}{\hbar}\int_{x}^{x_2}p(x')\mathrm{d}x'+\dfrac{\pi}{4}\right]; & (\mathrm{ii}) \\ \dfrac{D}{\sqrt{|p(x)|}}\left[2\cos\theta \mathrm{e}^{\frac{1}{\hbar}\int_{x}^{x_1}|p(x')|\mathrm{d}x'}+\sin\theta \mathrm{e}^{-\frac{1}{\hbar}\int_{x}^{x_1}|p(x')|\mathrm{d}x'}\right], & (\mathrm{iii}) \end{cases}$$

其中

$$\theta \equiv \frac{1}{\hbar}\int_{x_1}^{x_2}p(x)\mathrm{d}x. \tag{9.59}$$

（b）由于 $V(x)$ 是对称的，所以只需考虑偶（+）和奇（-）波函数. 对前者有 $\psi'(0)=0$，对后者 $\psi(0)=0$. 证明：它们导致下列量子化条件：

$$\tan\theta=\pm 2\mathrm{e}^{\phi}, \tag{9.60}$$

其中

$$\phi \equiv \frac{1}{\hbar}\int_{-x_1}^{x_1}|p(x')|\mathrm{d}x'. \tag{9.61}$$

式（9.60）确定了（近似的）能量允许值（注意：E 含在 x_1 和 x_2 中，所以 θ 和 φ 均为 E 的函数）.

（c）我们对高而（或者）宽的中心势垒特别感兴趣，此时 ϕ 很大，所以 e^{ϕ} 十分巨大. 式（9.60）则告诉我们 θ 必须非常接近 π 的半奇数倍. 鉴于此，将 θ 记为 $\theta=(n+1/2)\pi+\varepsilon$，其中 $|\varepsilon|\ll 1$，证明量子化条件变为

$$\theta \approx \left(n+\frac{1}{2}\right)\pi \mp \frac{1}{2}\mathrm{e}^{-\phi}. \tag{9.62}$$

（d）假设每个势阱都是抛物线：[18]

$$V(x)=\begin{cases} \dfrac{1}{2}m\omega^2(x+a)^2, & x<0; \\ \dfrac{1}{2}m\omega^2(x-a)^2, & x>0. \end{cases} \tag{9.63}$$

画出此势示意图，求出 θ（式（9.59）），并证明：

$$E_n^{\pm} \approx \left(n+\frac{1}{2}\right)\hbar\omega \mp \frac{\hbar\omega}{2\pi}\mathrm{e}^{-\phi}. \tag{9.64}$$

评注： 如果中间势垒不可穿透（$\phi\to\infty$），得到的仅是两个分离的谐振子，能量 $E_n=(n+1/2)\hbar\omega$ 为双重简并，因为粒子可能在左边势阱中，也可能在右边势阱中. 当中间势垒变为有限时（将两个势阱“连通”起来），简并度被解除. 偶态 ψ_n^+ 的能量稍低，奇态 ψ_n^- 的能量稍高.

（e）设粒子从**右边**的势阱开始运动，或者更确切地说初态为

---

[18] 基于在第 2.3 节中的讨论，$\omega \equiv \sqrt{V''(x_0)/m}$，其中 x_0 是最小值的位置；所以在各个势阱中，即使 $V(x)$ 不是严格的抛物线，θ 的计算和由此得到的结果（式（9.64））都是**近似**正确的.

$$\Psi(x,0)=\frac{1}{\sqrt{2}}(\psi_n^{+}+\psi_n^{-}),$$

假设相位正常地选取一任意个值，则初始粒子将集中在左边的势阱中．证明它在两个势阱之间来回振荡，周期为

$$\tau=\frac{2\pi^2}{\omega}e^{\phi}. \tag{9.65}$$

（f）对（d）中所描述的势，计算 ϕ．并证明对 $V(0)\gg E$，$\phi\sim m\omega a^2/\hbar$.

习题 9.18　斯塔克效应中的隧穿： 把一个原子置于外电场中，原则上原子内的电子可隧穿，从而使原子电离．**问题：** 在通常的斯塔克效应实验中，这种情况可能发生吗？这种可能性发生的几率可以利用一个粗略的一维模型来估算．设想粒子处在一非常深的有限势阱中（见第 2.6 节）.

（a）从势阱底部向上测量，基态能量是多少？假设 $V_0\gg\hbar^2/ma^2$．**提示：** 这是无限深方势阱（宽度 $2a$）的基态能量.

（b）现在引入微扰 $H'=-\alpha x$（对于处在电场 $\boldsymbol{E}=-E_{\text{ext}}\hat{i}$ 的电子，有 $\alpha=eE_{\text{ext}}$）．假设它相对较弱（$\alpha a\ll\hbar^2/ma^2$）．画出总势能的图像，注意粒子可以沿 x 正方向隧穿.

（c）计算隧穿因子 γ（式（9.23）），并估算粒子逃逸所需的时间（式（9.29））．**答案：** $\gamma=\sqrt{8mV_0^3}/3\alpha\hbar$，$\tau=(8ma^2/\pi\hbar)e^{2\gamma}$.

（d）代入一些合理的数据：$V_0=20\text{eV}$（通常外层电子的结合能），$a=10^{-10}\text{m}$（通常原子半径的大小），$E_{\text{ext}}=7\times10^6\text{V/m}$（实验室强场），电子的电量 e 和质量 m．计算 τ 并将它与宇宙的年龄做比较.

习题 9.19　由于量子隧穿效应，在室温下一罐（装满的）啤酒自发倾倒需要多长时间？**提示：** 将其视为质量为 m、半径为 R、高度为 h 的均匀圆柱体．罐倾斜时，设 x 为其中心高出其平衡位置（$h/2$）的高度．势能为 mgx，当 x 达到临界值 $x_0=\sqrt{R^2+(h/2)^2}-h/2$ 时，啤酒罐将倾倒．计算 $E=0$ 时的隧穿几率（式（9.23））．使用式（9.29）和热能（$(1/2)mv^2=(1/2)k_BT$）估算其速度．代入合理的数据，并以年为单位给出最终答案.[19]

习题 9.20　对于 $E<V_{\max}$ 的经典禁戒过程，式（9.23）给出隧穿通过一势垒的（近似）穿透几率．在本题中，我们探讨其互补现象：当 $E>V_{\max}$ 时，势垒的反射（同样是一个经典禁戒的过程）．假设 $V(x)$ 是一个偶数解析函数，它随 $x\to\pm\infty$ 时而趋于零（见图 9.15）．**问题：** 类比于式（9.23）的式子是什么？

（a）用显而易见的方法尝试：假设 $|x|\geqslant a$ 时势为零，在散射区使用 WKB 近似（式（9.13））：

$$\psi(x)\begin{cases}=Ae^{ikx}+Be^{-ikx}, & x<a;\\ \approx\dfrac{1}{\sqrt{p(x)}}[C_+e^{i\phi(x)}+C_-e^{-i\phi(x)}], & -a<x<a;\\ =Ce^{ikx}, & x>a.\end{cases} \tag{9.66}$$

---

[19] R. E. Crandall, *Scientific American*, 1997 年第 2 期，第 74 页.

在 $\pm a$ 处加上边界条件，求反射几率 $R=|B|^2/|A|^2$.

遗憾的是，结果（$R=0$）没有给出任何信息．的确，R 是按指数减小的（就像 $E<V_{\max}$ 时的穿透系数一样），但在做近似时，我们却不分好坏地把需要保留的项也都取了近似．这个近似值太过激进．正确的公式是

$$R=\mathrm{e}^{-2\lambda},\quad 这里\ \lambda\equiv\frac{2}{\hbar}\int_0^{y_0}p(\mathrm{i}y)\,\mathrm{d}y, \tag{9.67}$$

y_0 由 $p(\mathrm{i}y)=0$ 确定．注意，λ（如式（9.23）中的 γ）的值和 $1/\hbar$ 类似；事实上，它是 λ 以 $\hbar$ 为幂展开的第一项：$\lambda=c_1/\hbar+c_2+c_3\hbar+c_4\hbar^2+\cdots$．正如所预期的那样，在经典极限下（$\hbar\to0$），$\lambda$ 和 γ 变为无穷大，所以 R 和 T 为零．推导式（9.67）[20] 并不容易，但让我们看看一些例子．

（b）对于某些正常数 V_0 和 a，假设 $V(x)=V_0\mathrm{sech}^2(x/a)$．画出 $V(x)$ 图像，在 $0\leqslant y\leqslant y_0$ 区间画出 $p(\mathrm{i}y)$ 图像，并证明 $\lambda=(\pi a/\hbar)(\sqrt{2mE}-\sqrt{2mV_0})$．对于给定的 V_0，画出 R 与 E 的函数关系图．

（c）假设 $V(x)=V_0/[1+(x/a)^2]$．画出 $V(x)$ 图像，将 λ 用椭圆积分表示，画出 R 与 E 的函数关系图．

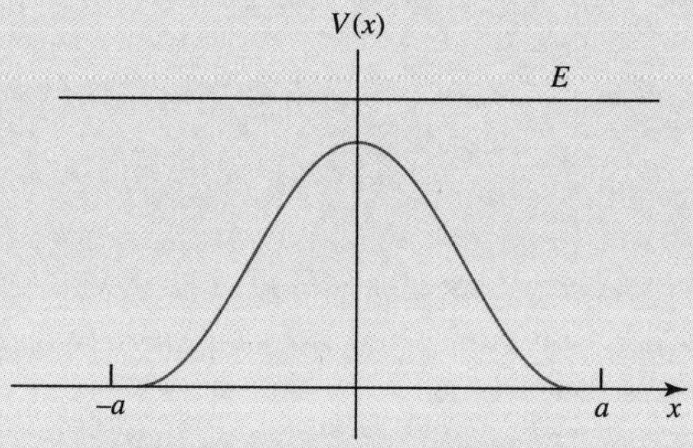

图 9.15 势垒反射（习题 9.20）.

[20] L. D. Landau 和 E. M. Lifshitz, *Quantum Mechanics: Non-Relativistic Theory*, Pergamon Press, 牛津（1958），第 190~191 页．文献 R. L. Jaffe, *Am. J. Phys.* **78**, 620（2010）证明反射（对于 $E>V_{\max}$）可视为动量空间中的隧穿，并通过和式（9.23）的巧妙的类比，得到式（9.67）.

第10章　散射

10.1　引言

10.1.1　经典散射理论

设想一粒子入射到某个散射中心（比如，一个弹珠从保龄球上反弹，或者一质子入射到一个重的原子核上）．如图 10.1 所示，它具有能量 E，**碰撞参量（impact parameter）**为 b，以**散射角（scattering angle）**θ 出射．（简单起见，我假设靶关于 z 轴对称，因此其运动轨迹保持在一个平面内，且靶也很重，其反冲可以忽略．）经典散射理论解决的基本问题是：**给定碰撞参量，计算散射角．**当然，在通常情况下，碰撞参量越小，散射角越大．

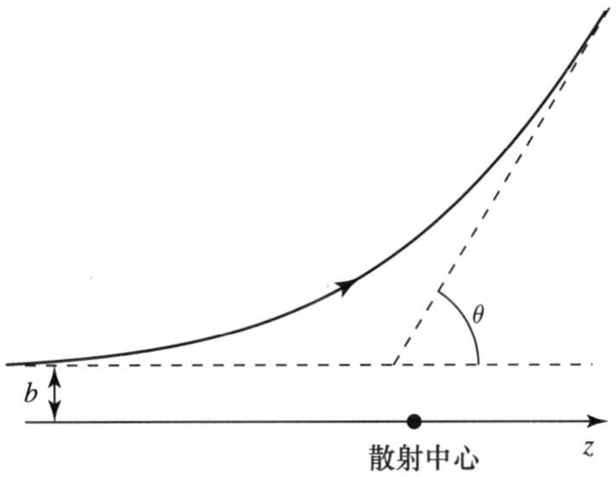

图 10.1　经典散射问题，碰撞参量为 b，散射角为 θ.

例题 10.1　硬球散射（Hard-sphere scattering）．设靶是半径为 R 的刚球，入射粒子是一个滚珠，它被弹性散射（见图 10.2）．用 α 表示，碰撞参量为 $b=R\sin\alpha$，散射角为 $\theta=\pi-2\alpha$，所以

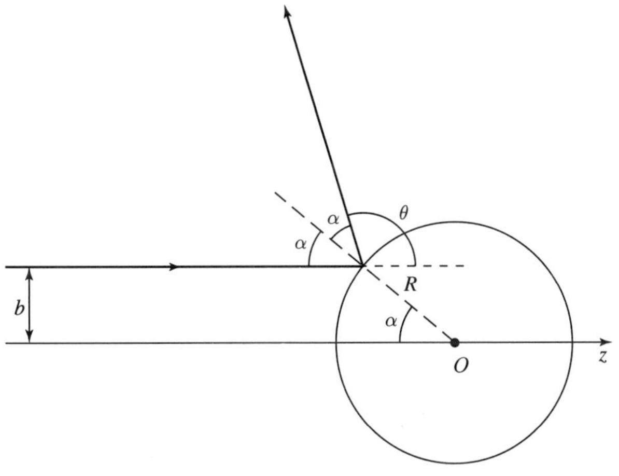

图 10.2　弹性硬球散射.

$$b=R\sin\left(\frac{\pi}{2}-\frac{\theta}{2}\right)=R\cos\left(\frac{\theta}{2}\right). \tag{10.1}$$

显然，

$$\theta=\begin{cases}2\arccos(b/R), & (b\leqslant R);\\ 0, & (b\geqslant R).\end{cases} \tag{10.2}$$

更一般地，入射到横截面面元 $d\sigma$ 内的粒子将被散射到相应的立体角 $d\Omega$ 内（见图 10.3）．若 $d\sigma$ 越大，则 $d\Omega$ 将越大；其比例系数 $D(\theta)\equiv d\sigma/d\Omega$ 称为**微分（散射）截面（differential（scattering）cross-section）**：[1]

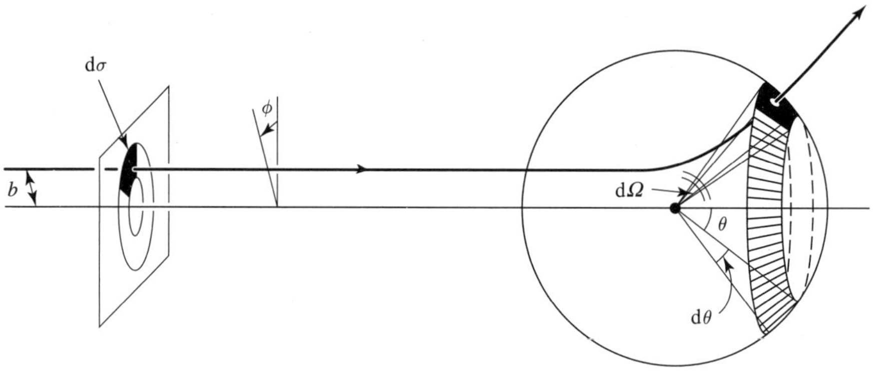

图 10.3　入射到 $d\sigma$ 面积内的粒子被散射到 $d\Omega$ 立体角内．

$$\boxed{d\sigma=D(\theta)\,d\Omega.} \tag{10.3}$$

利用碰撞参量和方位角 ϕ，$d\sigma=b\,db\,d\phi$，$d\Omega=\sin\theta\,d\theta\,d\phi$，所以

$$D(\theta)=\frac{b}{\sin\theta}\left|\frac{db}{d\theta}\right|. \tag{10.4}$$

（由于 θ 通常是 b 的减函数，实际上导数是负值，所以加上了绝对值符号．）

例题 10.2　硬球散射（续上例）．对硬球散射（例 10.1），

$$\frac{db}{d\theta}=-\frac{1}{2}R\sin\left(\frac{\theta}{2}\right), \tag{10.5}$$

从而

$$D(\theta)=\frac{R\cos(\theta/2)}{\sin\theta}\left[\frac{R\sin(\theta/2)}{2}\right]=\frac{R^2}{4}. \tag{10.6}$$

这个情况比较特殊，微分截面不依赖 θ 的取值．

---

[1] 这是一种很不恰当的用语：D 不是微分，也不是横截面．在我看来，“微分截面”这个词会更自然地和 $d\sigma$ 联系在一起．但恐怕我们只能用这个术语了．我应该提醒你，符号 $D(\theta)$ 是不标准的，大多数人把它称为 $d\sigma/d\Omega$（这使式（10.3）看起来像一个同义词重复）．我认为，如果我们给微分截面加上它自己的符号，就不会那么混乱了．

总截面（total cross-section）是对 $D(\theta)$ 的积分：

$$\boxed{\sigma \equiv \int D(\theta)\,\mathrm{d}\Omega.} \tag{10.7}$$

粗略地说，它是被靶散射的入射束的总面积．例如，在硬球散射情况下，

$$\sigma = (R^2/4)\int \mathrm{d}\Omega = \pi R^2, \tag{10.8}$$

这正是我们所期望的：它是球体的横截面积；滚珠入射在该区域内将击中靶，而在此面之外则不能击中．但这里所给公式的优点是，它同样适用于“软”靶（如原子核的库仑场），而不是简单的“命中或未命中”．

最后，假设有一束入射粒子，具有均匀的强度（或粒子物理学家称之为**亮度，luminosity**）

$$\mathcal{L} \equiv \text{单位时间、单位面积的入射粒子数目}. \tag{10.9}$$

单位时间内通过面积 $\mathrm{d}\sigma$（散射到立体角 $\mathrm{d}\Omega$ 内）的粒子数是 $\mathrm{d}N = \mathcal{L}\mathrm{d}\sigma = \mathcal{L}D(\theta)\mathrm{d}\Omega$，于是

$$D(\theta) = \frac{1}{\mathcal{L}}\frac{\mathrm{d}N}{\mathrm{d}\Omega}. \tag{10.10}$$

由于它仅涉及实验室中很容易测量的物理量，通常被视为微分截面的定义．如果探测器接收的立体角为 $\mathrm{d}\Omega$，只需计算单位时间内记录的粒子数目（事件发生率，$\mathrm{d}N$），除以 $\mathrm{d}\Omega$，然后归一化为入射束的亮度．

*****习题 10.1　卢瑟福散射（Rutherford scattering）**．电荷量为 q_1、动能为 E 的入射粒子被另一电荷量为 q_2 静止的重粒子散射．

（a）给出碰撞参量和散射角的关系．[2]**答案：**$b = (q_1q_2/8\pi\varepsilon_0E)\cot(\theta/2)$．

（b）求微分散射截面．**答案：**

$$D(\theta) = \left[\frac{q_1q_2}{16\pi\varepsilon_0E\sin^2(\theta/2)}\right]^2. \tag{10.11}$$

（c）证明卢瑟福散射的总截面是**无穷大**．

10.1.2　量子散射理论

在量子散射理论中，设想一列沿 z 方向传播的入射平面波 $\psi(z) = A\mathrm{e}^{\mathrm{i}kz}$，它同一散射势相遇，并产生一列出射球面波（图 10.4）．[3] 也就是说，我们寻求一般形式的薛定谔方程的解

$$\boxed{\psi(r,\theta) \approx A\left\{\mathrm{e}^{\mathrm{i}kz} + f(\theta)\frac{\mathrm{e}^{\mathrm{i}kr}}{r}\right\}, \quad \text{对 } r \text{ 大时}.} \tag{10.12}$$

（球面波的系数为 $1/r$，因为 $|\psi|^2$ 这部分必须类似于 $1/r^2$ 变化，以保持几率守恒．）**波数（wave number）**k 与入射粒子的能量有关，通常是

---

[2] 这并不容易，你可参考有关经典力学的书，例如：Jerry B. Marion 和 Stephen T. Thornton，*Classical Dynamics of Particles and Systems*，第 4 版，Saunders，Fort Worth，TX（1995），第 9.10 节．

[3] 就目前来说，这里没有牵涉很多量子力学方面的知识；我们在讨论的是波（相对于经典粒子）的散射，甚至可以把图 10.4 看作一幅描述水波遇到一块岩石的画面，或者（更好地，我们对三维散射的角度感兴趣）一幅表示声波从一个篮球上反弹的图画．

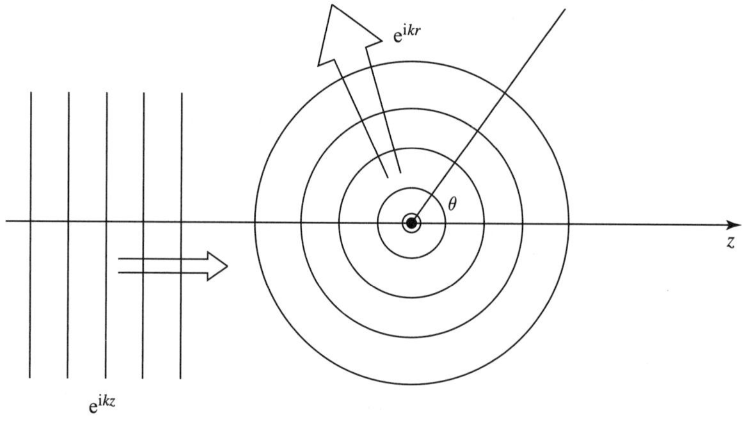

图 10.4　波的散射；一入射平面波产生一出射球面波.

$$k \equiv \frac{\sqrt{2mE}}{\hbar}. \tag{10.13}$$

（同以前一样，我假定靶沿方位角是对称的；更一般的情况下，f 依赖于 ϕ 和 θ.）

所有问题归结为求出**散射振幅（scattering amplitude）**$f(\theta)$；**由它可得到在给定 θ 方向上的散射几率**，因此与微分截面有关. 事实上，以速度 v 运动的入射粒子在时间 $\mathrm{d}t$ 内通过微元面积 $\mathrm{d}\sigma$ 的几率为（见图 10.5）

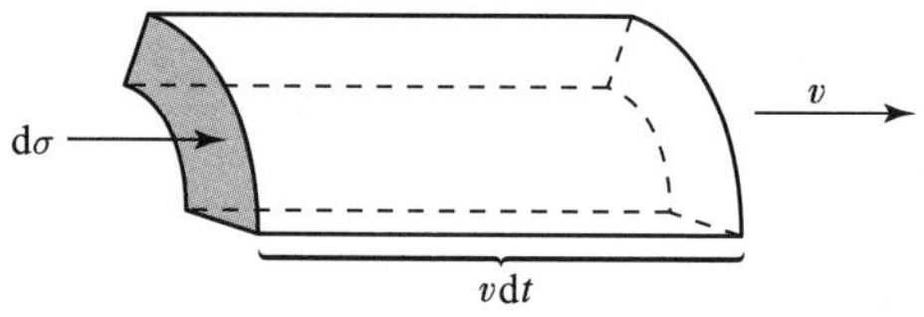

图 10.5　在 $\mathrm{d}t$ 时间内通过面积 $\mathrm{d}\sigma$ 的入射束的体积 $\mathrm{d}V$.

$$\mathrm{d}P = |\psi_{入射}|^2 \mathrm{d}V = |A|^2 (v\mathrm{d}t)\mathrm{d}\sigma.$$

它等于粒子被散射到相应立体角 $\mathrm{d}\Omega$ 内的几率：

$$\mathrm{d}P = |\psi_{散射}|^2 \mathrm{d}V = \frac{|A|^2|f|^2}{r^2}(v\mathrm{d}t)r^2\mathrm{d}\Omega,$$

由此得出 $\mathrm{d}\sigma = |f|^2\mathrm{d}\Omega$，从而

$$\boxed{D(\theta) = \frac{\mathrm{d}\sigma}{\mathrm{d}\Omega} = |f(\theta)|^2.} \tag{10.14}$$

显然微分截面（这是实验者感兴趣的物理量）等于散射振幅（可通过求解薛定谔方程得到）绝对值的平方. 在以下章节中，我们将学习计算散射振幅的两种方法：**分波法（partial wave analysis）**和**玻恩近似（Born approximation）**.

* **习题 10.2**　针对一维和二维散射，构造与式（10.12）相对应的表达式.

10.2　分波法

10.2.1　理论形式

正如在第 4 章中所述那样，球对称势 $V(r)$ 的薛定谔方程有分离变量解

$$\psi(r,\theta,\phi)=R(r)Y_{\ell}^{m}(\theta,\phi), \tag{10.15}$$

式中，Y_{ℓ}^{m} 是球谐函数（式（4.32）），$u(r)=rR(r)$ 满足径向方程（式（4.37））：

$$-\frac{\hbar^2}{2m}\frac{d^2u}{dr^2}+\left[V(r)+\frac{\hbar^2}{2m}\frac{\ell(\ell+1)}{r^2}\right]u=Eu. \tag{10.16}$$

当 r 很大时，势趋于零，且可以忽略离心势的贡献，有

$$\frac{d^2u}{dr^2}\approx -k^2u.$$

其通解为

$$u(r)=Ce^{ikr}+De^{-ikr};$$

第一项代表出射球面波，第二项代表入射球面波．对于散射波的解，我们希望 $D=0$．因此，当 r 很大时有

$$R(r)\sim\frac{e^{ikr}}{r},$$

在上一节中，这点（从物理角度）已经推导过（式（10.12））．

上述讨论是针对 r **很大**的情况（更准确地说是 $kr\gg1$ 的情况；在光学中被称为**辐射区**（**radiation zone**））．如同在一维散射理论中，我们假设势是“局域的”，即在某个有限散射区域外势基本上为零（见图 10.6）．在中间区域（V 可以忽略，但需保留离心项），[4] 径向方程变为

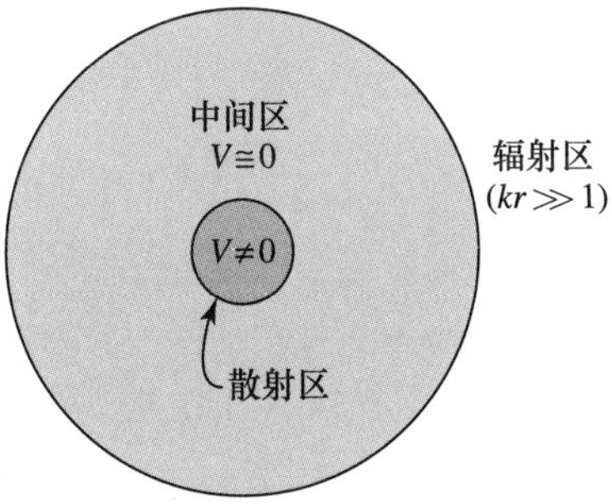

图 10.6　局域势的散射：散射区（较暗的阴影），中间区，（这里 $V=0$，较亮的阴影）和辐射区（此区域内 $kr\gg1$）．

$$\frac{d^2u}{dr^2}-\frac{\ell(\ell+1)}{r^2}u=-k^2u, \tag{10.17}$$

通解（式（4.45））是球贝塞尔函数的线性组合：

---

[4] 这后面的论证不适用于库仑势，因为当 $r\to\infty$ 时，$1/r$ 比 $1/r^2$ 更慢地趋于零，在此区域内离心项不占主导地位．从这个意义上讲，库仑势不是局域的，分波法不再适用．

$$u(r)=Arj_\ell(kr)+Brn_\ell(kr). \qquad (10.18)$$

然而，无论 j_ℓ（有点像正弦函数）还是 n_ℓ（像一种广义的余弦函数）都不能表示出射波（或入射波）. 我们需要的是类似于 e^{ikr} 和 e^{-ikr} 的线性组合；因此选择**球汉克尔函数（spherical Hankel functions）**：

$$h_\ell^{(1)}(x)\equiv j_\ell(x)+in_\ell(x);\quad h_\ell^{(2)}(x)\equiv j_\ell(x)-in_\ell(x). \qquad (10.19)$$

表 10.1 中列出了前几个球汉克尔函数. 在 r 很大时，$h_\ell^{(1)}(kr)$（第一类汉克尔函数，**Hankel function of the frst kind**）趋于 e^{ikr}/r，而 $h_\ell^{(2)}(kr)$（第二类汉克尔函数，**Hankel function of the second kind**）趋于 e^{-ikr}/r；对于出射波，我们需要第一类球汉克尔函数：

$$R(r)\sim h_\ell^{(1)}(kr). \qquad (10.20)$$

表 10.1 球汉克尔函数：$h_\ell^{(1)}(x)$ 和 $h_\ell^{(2)}(x)$

$h_0^{(1)}=-i\dfrac{e^{ix}}{x}$	$h_0^{(2)}=i\dfrac{e^{-ix}}{x}$
$h_1^{(1)}=\left(-\dfrac{i}{x^2}-\dfrac{1}{x}\right)e^{ix}$	$h_1^{(2)}=\left(\dfrac{i}{x^2}-\dfrac{1}{x}\right)e^{-ix}$
$h_2^{(1)}=\left(-\dfrac{3i}{x^3}-\dfrac{3}{x^2}+\dfrac{i}{x}\right)e^{ix}$	$h_2^{(2)}=\left(\dfrac{3i}{x^3}-\dfrac{3}{x^2}-\dfrac{i}{x}\right)e^{-ix}$

$$\left.\begin{aligned}h_\ell^{(1)}&\to\frac{1}{x}(-i)^{\ell+1}e^{ix}\\ h_\ell^{(2)}&\to\frac{1}{x}(i)^{\ell+1}e^{-ix}\end{aligned}\right\}\text{对 } x\gg1$$

在外部区域（$V(r)=0$）中，精确波函数为

$$\psi(r,\theta,\phi)=A\left\{e^{ikz}+\sum_{\ell,m}C_{\ell,m}h_\ell^{(1)}(kr)Y_\ell^m(\theta,\phi)\right\}. \qquad (10.21)$$

第一项是入射平面波，求和项（展开系数 $C_{\ell,m}$）是散射波. 但由于我们假设势是球对称的，波函数不能依赖于 ϕ，[5] 所以，仅有 $m=0$ 的项存在（注意，$Y_\ell^m\sim e^{im\phi}$）. 由式（4.27）和式（4.32）得

$$Y_\ell^0(\theta,\phi)=\sqrt{\frac{2\ell+1}{4\pi}}P_\ell(\cos\theta), \qquad (10.22)$$

式中，P_ℓ 为 ℓ 阶勒让德多项式. 通常会重新定义展开系数（$C_{\ell,0}\equiv i^{\ell+1}k\sqrt{4\pi(2\ell+1)}a_\ell$）：

$$\boxed{\psi(r,\theta)=A\left\{e^{ikz}+k\sum_{\ell=0}^{\infty}i^{\ell+1}(2\ell+1)a_\ell h_\ell^{(1)}(kr)P_\ell(\cos\theta)\right\}.} \qquad (10.23)$$

你马上就会明白为什么这种特殊的记号很方便；a_ℓ 称为第 ℓ 个**分波振幅（partial wave amplitude）**.

当 r **很大**时，球汉克尔函数趋近于$(-i)^{\ell+1}e^{ikr}/kr$（见表 10.1），因此

$$\psi(r,\theta)\approx A\left\{e^{ikz}+f(\theta)\frac{e^{ikr}}{r}\right\}, \qquad (10.24)$$

其中

---

[5] 当然，因为入射平面波定义沿 z 方向，破坏了球对称性，θ 依赖性没有问题. 但方位对称性仍然存在；入射平面波和 ϕ 无关，且在散射过程中没有任何东西可以导致出射波与 ϕ 有关.

$$f(\theta)=\sum_{\ell=0}^{\infty}(2\ell+1)a_{\ell}\mathrm{P}_{\ell}(\cos\theta). \tag{10.25}$$

这更严格地证实了式（10.12）所假设的一般通式，且告诉我们如何由分波振幅（a_ℓ）计算散射振幅 $f(\theta)$. 微分截面是

$$D(\theta)=|f(\theta)|^2=\sum_{\ell}\sum_{\ell'}(2\ell+1)(2\ell'+1)a_{\ell}^{*}a_{\ell'}\mathrm{P}_{\ell}(\cos\theta)\mathrm{P}_{\ell'}(\cos\theta), \tag{10.26}$$

总截面是

$$\sigma=4\pi\sum_{\ell=0}^{\infty}(2\ell+1)|a_{\ell}|^2. \tag{10.27}$$

（这里，在对角度的积分时我利用了勒让德多项式的正交性和式（4.34）.）

10.2.2　计算策略

剩下的事情就是确定所讨论的具体势的分波振幅 a_ℓ. 这可以通过求解内部区域（其中 $V(r)\neq 0$）薛定谔方程，并使用适当的边界条件将其与外部解（式（10.23））匹配就可以实现. 唯一的问题是目前我使用的记号是混用的：我用球坐标表示散射波，若用笛卡儿坐标表示入射波，需要用统一的记号来重写波函数.

显然，e^{ikz} 满足 $V=0$ 时的薛定谔方程. 另一方面，我认为 $V=0$ 的薛定谔方程的通解可以写成如下形式：

$$\sum_{\ell,m}[A_{\ell,m}\mathrm{j}_{\ell}(kr)+B_{\ell,m}\mathrm{n}_{\ell}(kr)]\mathrm{Y}_{\ell}^{m}(\theta,\phi).$$

那么，特别是以这种形式表示 e^{ikz} 一定是可能的. 但在原点处 e^{ikz} 有限，在上面求和中不允许出现诺埃曼函数（$\mathrm{n}_\ell(kr)$ 在 $r=0$ 处发散）；并且由于 $z=r\cos\theta$ 不依赖 ϕ，只有 $m=0$ 的项出现. 平面波用球面波的具体展开式是著名的**瑞利公式**：[6]

$$\mathrm{e}^{ikz}=\sum_{\ell=0}^{\infty}\mathrm{i}^{\ell}(2\ell+1)\mathrm{j}_{\ell}(kr)\mathrm{P}_{\ell}(\cos\theta). \tag{10.28}$$

使用该公式，外部区域的波函数（式（10.23））可以完全用 r 和 θ 表示：

$$\psi(r,\theta)=A\sum_{\ell=0}^{\infty}\mathrm{i}^{\ell}(2\ell+1)[\mathrm{j}_{\ell}(kr)+\mathrm{i}ka_{\ell}\mathrm{h}_{\ell}^{(1)}(kr)]\mathrm{P}_{\ell}(\cos\theta). \tag{10.29}$$

例题 10.3　量子硬球散射. 假定

$$V(r)=\begin{cases}\infty, & r\leqslant a;\\ 0, & r>a.\end{cases} \tag{10.30}$$

那么，边界条件为

$$\psi(a,\theta)=0, \tag{10.31}$$

所以

$$\sum_{\ell=0}^{\infty}\mathrm{i}^{\ell}(2\ell+1)[\mathrm{j}_{\ell}(ka)+\mathrm{i}ka_{\ell}\mathrm{h}_{\ell}^{(1)}(ka)]\mathrm{P}_{\ell}(\cos\theta)=0 \tag{10.32}$$

对所有的 θ 都成立，由上式可以得出（习题 10.3）

---

[6] 其证明可参考：George Arfken 和 Hans-Jurgen Weber，*Mathematical Methods for Physicists*，第 7 版，Academic Press，Orlando（2013），习题 15.2.24 和 15.2.25 节.

$$a_\ell = \mathrm{i}\frac{\mathrm{j}_\ell(ka)}{k\mathrm{h}_\ell^{(1)}(ka)}. \tag{10.33}$$

特别是，总截面（式（10.27））为

$$\sigma = \frac{4\pi}{k^2}\sum_{\ell=0}^{\infty}(2\ell+1)\left|\frac{\mathrm{j}_\ell(ka)}{\mathrm{h}_\ell^{(1)}(ka)}\right|^2. \tag{10.34}$$

这是精确解，但它并不具有启发性；所以我们考虑低能散射的极限情况：$ka\ll 1$（由于 $k=2\pi/\lambda$，也就是说其波长远大于球半径）. 结合查阅表4.4，当 z 较小时，$\mathrm{n}_\ell(z)$ 远大于 $\mathrm{j}_\ell(z)$，所以

$$\begin{aligned}\frac{\mathrm{j}_\ell(z)}{\mathrm{h}_\ell^{(1)}(z)} &= \frac{\mathrm{j}_\ell(z)}{\mathrm{j}_\ell(z)+\mathrm{i}\mathrm{n}_\ell(z)} \approx -\mathrm{i}\frac{\mathrm{j}_\ell(z)}{\mathrm{n}_\ell(z)} \\ &\approx -\mathrm{i}\frac{2^\ell \ell!\ z^\ell/(2\ell+1)!}{-(2\ell)!\ z^{-\ell-1}/2^\ell \ell!} = \frac{\mathrm{i}}{2\ell+1}\left[\frac{2^\ell \ell!}{(2\ell)!}\right]^2 z^{2\ell+1}.\end{aligned} \tag{10.35}$$

因此

$$\sigma \approx \frac{4\pi}{k^2}\sum_{\ell=0}^{\infty}\frac{1}{2\ell+1}\left[\frac{2^\ell \ell!}{(2\ell)!}\right]^4 (ka)^{4\ell+2}.$$

由于我们假定了 $ka\ll 1$，较高次幂项的可以忽略——在低能近似下，$\ell=0$ 项在散射中起主要作用（这意味着就像经典情况一样，微分截面与 θ 无关）. 显而易见，对于低能硬球散射有

$$\sigma \approx 4\pi a^2, \tag{10.36}$$

令人惊讶的是，散射截面是几何截面的4倍——事实上，σ 是球的总表面面积. 这种“较大的有效尺寸”是长波散射的特征（在光学上也是如此）；从某种意义上说，这些波可以“感受”整个球的周围，而经典粒子“只看到”迎面的横截面（式（10.8））.

习题 10.3 从式（10.32）开始，证明式（10.33）. 提示：利用勒让德多项式的正交性，证明具有不同 ℓ 值的系数必须分别等于零.

** **习题 10.4** 考虑球面δ函数壳低能散射：

$$V(r)=\alpha\delta(r-a),$$

其中 α 和 a 是正常数. 计算散射振幅 $f(\theta)$、微分截面 $D(\theta)$ 以及总截面 σ. 假定 $ka\ll 1$，从而仅有 $\ell=0$ 项起显著作用（为简化问题，从一开始就舍去所有的 $\ell\neq 0$ 项）. 当然，主要问题是确定 C_0. 答案用无量纲量 $\beta\equiv 2ma\alpha/\hbar^2$ 来表示. **答案：** $\sigma=4\pi a^2\beta^2/(1+\beta)^2$.

10.3 相移

对在半轴 $x<0$（见图10.7）区域内的局域势 $V(x)$，考虑一维散射问题. 我将在 $x=0$ 处放置一堵“砖墙”，从左边入射的波，

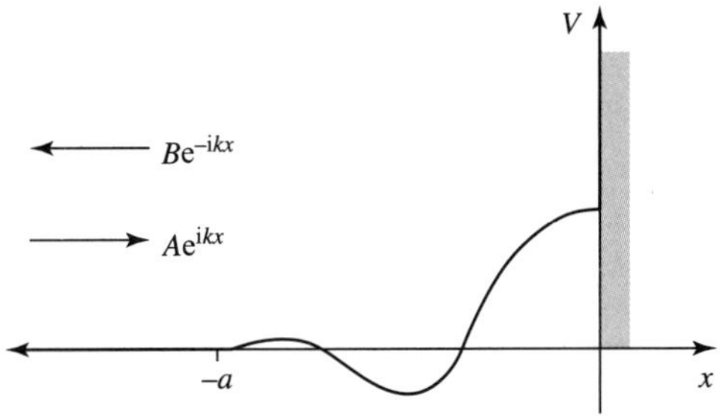

图 10.7　局域势的一维散射，该势位于一无限高墙的左侧.

$$\psi_i(x)=Ae^{ikx} \quad (x<-a) \tag{10.37}$$

被完全反射

$$\psi_r(x)=Be^{-ikx} \quad (x<-a). \tag{10.38}$$

无论在相互作用区域（$-a<x<0$）发生什么，由于几率守恒，反射波的振幅一定等于入射波的振幅（$|B|=|A|$）. 但它们的相位未必相同. 假如根本没有势的存在（只有在 $x=0$ 处的砖墙），由于总波函数（入射波加反射波）必须在原点处为零，那么 $B=-A$：

$$\psi(x)=A(e^{ikx}-e^{-ikx}) \quad (V(x)=0). \tag{10.39}$$

如果势不为零，波函数（对于 $x<-a$）取如下形式：

$$\psi(x)=A(e^{ikx}-e^{i(2\delta-kx)}) \quad (V(x)\neq 0). \tag{10.40}$$

整个散射理论简化为如何计算给定势的相移（**phase shift**）δ[7] 的问题（δ 作为 k 的函数，因此也是能量 $E=\hbar^2k^2/2m$ 的函数）. 当然，我们是通过加上适当的边界条件（见习题 10.5），在散射区域（$-a<x<0$）通过求解薛定谔方程来实现的. 使用相移（与复数振幅 B 相反）的优势在于它利用物理思想来简化数学表述（用一个实数替换一个用两个实数表示的复数）.

现在让我们回到三维情况. 入射平面波（Ae^{ikz}）在 z 方向上没有角动量（瑞利公式不包含 $m\neq 0$ 的项），但它包含总角动量的所有值（$\ell=0, 1, 2, \cdots$）. 因为角动量守恒（球对称势），所以每个分波（**partial wave**，用一个特定的 ℓ 标记）独立散射，振幅不变，[8] 只有相位的变化.

如果根本就不存在势，那么 $\psi=Ae^{ikz}$；并且第 ℓ 个分波是（式（10.28））

$$\psi^{(\ell)}=Ai^{\ell}(2\ell+1)j_{\ell}(kr)P_{\ell}(\cos\theta) \quad (V(r)=0). \tag{10.41}$$

但是（由式（10.19）和表 10.1 可知）

$$j_{\ell}(x)=\frac{1}{2}[h_{\ell}^{(1)}(x)+h_{\ell}^{(2)}(x)]\approx\frac{1}{2x}[(-i)^{\ell+1}e^{ix}+i^{\ell+1}e^{-ix}] \quad (x\gg 1). \tag{10.42}$$

所以，对于大的 r，

$$\psi^{(\ell)}\approx A\frac{2\ell+1}{2ikr}[e^{ikr}-(-1)^{\ell}e^{-ikr}]P_{\ell}(\cos\theta) \quad (V(r)=0). \tag{10.43}$$

---

[7] δ 前面的 2 是约定俗成的. 我们认为入射波在入射时会发生相移，在出射时又会发生相移；δ 是“单程”相移，总相移就是 2δ.

[8] 这个名词如此令人困惑的一个原因是，实际中几乎每个量都被称为“振幅”：$f(\theta)$ 是“散射振幅”，a_l 是“分波振幅”，但前者是 θ 的函数，两者都是复数. 我现在讨论的是最初意义上的“振幅”：正弦波的高度（当然是实数）.

其中方括号中的第二项代表一列入射球面波；它来自入射平面波，在引入散射势时它是不变的．第一项是出射波；（由于散射势的存在）它产生了相移 δ_ℓ：

$$\psi^{(\ell)} \approx A\frac{2\ell+1}{2ikr}[e^{i(kr+2\delta_\ell)}-(-1)^\ell e^{-ikr}]P_\ell(\cos\theta) \qquad (V(r)\neq 0). \tag{10.44}$$

把它想象成一个会聚的球面波（e^{-ikr} 项，e^{ikz} 中的 $h_\ell^{(2)}$ 部分），在入射过程中有相移 δ_ℓ，出射时也有相移 δ_ℓ（移相 $2\delta_l$）；表现为出射球面波形式（e^{ikr} 项，e^{ikz} 中的 $h_\ell^{(1)}$ 部分以及散射波）．

在第 10.2.1 节中，整个理论是用分波振幅 a_ℓ 来表示的；现在我们用相移 δ_ℓ 来表示它．两者之间必定存在有一定联系．实际上，将式（10.23）的渐近形式（r 很大时）

$$\psi^{(r)} \approx A\left\{\frac{2\ell+1}{2ikr}[e^{ikr}-(-1)^\ell e^{-ikr}]+\frac{(2\ell+1)}{r}a_\ell e^{ikr}\right\}P_\ell(\cos\theta) \tag{10.45}$$

和 δ_ℓ 的一般表达式（式（10.44））做比较，发现[9]

$$a_\ell=\frac{1}{2ik}(e^{2i\delta_\ell}-1)=\frac{1}{k}e^{i\delta_\ell}\sin(\delta_\ell). \tag{10.46}$$

因而有（式（10.25））

$$f(\theta)=\frac{1}{k}\sum_{\ell=0}^{\infty}(2\ell+1)e^{i\delta_\ell}\sin(\delta_\ell)P_\ell(\cos\theta) \tag{10.47}$$

和（式（10.27））

$$\sigma=\frac{4\pi}{k^2}\sum_{\ell=0}^{\infty}(2\ell+1)\sin^2(\delta_\ell). \tag{10.48}$$

同样，使用相移（和分波振幅法相反）的优点是，它们物理上更易于解释，并且在数学上更简单．相移形式利用角动量守恒将复数 a_ℓ（两个实数）减少为单个实数 δ_ℓ．

习题 10.5 质量为 m、能量为 E 的粒子从左边入射到如下势上：

$$V(x)=\begin{cases}0, & (x<-a);\\ -V_0, & (-a\leqslant x\leqslant 0);\\ \infty, & (x>0).\end{cases}$$

其中 V_0 是（正）常数．

（a）设入射波是 Ae^{ikx}（其中 $k=\sqrt{2mE}/\hbar$，且 $E<V_0$），求反射波．**答案：**

$Ae^{-2ika}\left[\dfrac{k-ik'\cot(k'a)}{k+ik'\cot(k'a)}\right]e^{-ikx}$，其中 $k'=\sqrt{2m(E+V_0)}/\hbar$．

（b）验证反射波振幅与入射波振幅相同．

（c）对于一个非常深的势阱（$E\ll V_0$），求相移 δ（式（10.40））．**答案：** $\delta=-ka$．

习题 10.6 硬球散射（例题 10.3）的分波相移（δ_ℓ）是多少？

---

[9] 虽然我用波函数的渐近形式来导出 a_ℓ 和 δ_ℓ 之间的关系，但所得结果是严格的（式（10.46））．两者都是常量（和 r 无关），δ_ℓ 代表渐近区域内的相移（在此区域内，汉克尔函数趋于 $e^{\pm ikr}/kr$）．

习题 10.7 求 δ 函数球壳势散射 s 波（$\ell=0$）的分波相移 $\delta_0(k)$（习题 10.4）. 假设当 $r\to 0$ 时，径向波函数 $u(r)$ 趋于 0. **答案：**

$$-\operatorname{arccot}\left[\cot(ka)+\frac{ka}{\beta\sin^2(ka)}\right],\text{ 其中 }\beta\equiv\frac{2m\alpha a}{\hbar^2}.$$

10.4 玻恩近似

10.4.1 薛定谔方程的积分形式

定态薛定谔方程

$$-\frac{\hbar^2}{2m}\nabla^2\psi+V\psi=E\psi, \tag{10.49}$$

更简洁地可以写为

$$(\nabla^2+k^2)\psi=Q, \tag{10.50}$$

其中

$$k\equiv\frac{\sqrt{2mE}}{\hbar},\quad Q\equiv\frac{2m}{\hbar^2}V\psi. \tag{10.51}$$

这在外观上同**亥姆霍兹方程（Helmholtz equation）**的形式相同；需要注意的是“非齐次”项（Q）**本身**与 ψ 有关. 假设可以用函数 $G(\mathbf{r})$ 来求解具有 δ 函数“源”的亥姆霍兹方程：

$$(\nabla^2+k^2)G(\mathbf{r})=\delta^3(\mathbf{r}). \tag{10.52}$$

然后可以将 ψ 表示为一个积分

$$\psi(\mathbf{r})=\int G(\mathbf{r}-\mathbf{r}_0)Q(\mathbf{r}_0)\,\mathrm{d}^3\mathbf{r}_0, \tag{10.53}$$

很容易证明它满足薛定谔方程，其形式为式（10.50）：

$$\begin{aligned}(\nabla^2+k^2)\psi(\mathbf{r})&=\int[(\nabla^2+k^2)G(\mathbf{r}-\mathbf{r}_0)]Q(\mathbf{r}_0)\,\mathrm{d}^3\mathbf{r}_0\\&=\int\delta^3(\mathbf{r}-\mathbf{r}_0)Q(\mathbf{r}_0)\,\mathrm{d}^3\mathbf{r}_0=Q(\mathbf{r}).\end{aligned}$$

$G(\mathbf{r})$ 称为亥姆霍兹方程的**格林函数（Green's function）**.（通常，线性微分方程的格林函数表示为对 δ 函数源的“响应”.）

我们的首要任务是求解方程（10.52）得到 $G(\mathbf{r})$[10]. 这一点可通过傅里叶变换最容易实现，傅里叶变换将微分方程转化为代数方程. 令

$$G(\mathbf{r})=\frac{1}{(2\pi)^{3/2}}\int \mathrm{e}^{\mathrm{i}\mathbf{s}\cdot\mathbf{r}}g(\mathbf{s})\,\mathrm{d}^3\mathbf{s}, \tag{10.54}$$

则

$$(\nabla^2+k^2)G(\mathbf{r})=\frac{1}{(2\pi)^{3/2}}\int[(\nabla^2+k^2)\mathrm{e}^{\mathrm{i}\mathbf{s}\cdot\mathbf{r}}]g(\mathbf{s})\,\mathrm{d}^3\mathbf{s}.$$

然而

---

[10] 注意：接下来的两页包含复杂的回路积分分析，读者可直接跳到结果，即式（10.65）.

$$\nabla^2 e^{is\cdot r} = -s^2 e^{is\cdot r}, \tag{10.55}$$

且（见式（2.147））

$$\delta^3(\boldsymbol{r}) = \frac{1}{(2\pi)^3}\int e^{is\cdot r} d^3\boldsymbol{s}, \tag{10.56}$$

式（10.52）可写为

$$\frac{1}{(2\pi)^{3/2}}\int(-s^2+k^2)e^{is\cdot r}g(\boldsymbol{s})d^3\boldsymbol{s} = \frac{1}{(2\pi)^3}\int e^{is\cdot r}d^3\boldsymbol{s}.$$

由此可得[11]

$$g(\boldsymbol{s}) = \frac{1}{(2\pi)^{3/2}(k^2-s^2)}. \tag{10.57}$$

将上式代入式（10.54），得到

$$G(\boldsymbol{r}) = \frac{1}{(2\pi)^3}\int e^{is\cdot r}\frac{1}{(k^2-s^2)}d^3\boldsymbol{s}. \tag{10.58}$$

就 **s** 积分而言，**r** 是固定的，因此我们可以选择极轴沿 **r** 的球坐标 (s,θ,ϕ)（见图10.8）. 那么，$\boldsymbol{s}\cdot\boldsymbol{r}=sr\cos\theta$，对 ϕ 的积分值为 2π，对 θ 的积分为

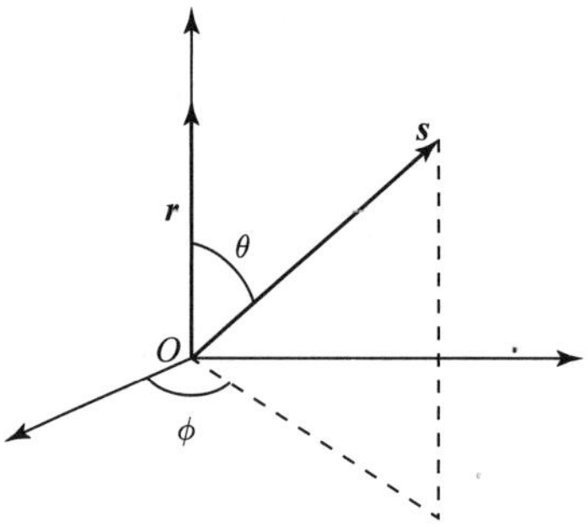

图 10.8 式（10.58）积分的实用坐标系.

$$\int_0^\pi e^{isr\cos\theta}\sin\theta d\theta = -\left.\frac{e^{isr\cos\theta}}{isr}\right|_0^\pi = \frac{2\sin(sr)}{sr}. \tag{10.59}$$

因此

$$G(\boldsymbol{r}) = \frac{1}{(2\pi)^2}\frac{2}{r}\int_0^\infty \frac{s\sin(sr)}{k^2-s^2}ds = \frac{1}{4\pi^2 r}\int_{-\infty}^\infty \frac{s\sin(sr)}{k^2-s^2}ds. \tag{10.60}$$

剩下的积分就没有那么简单了. 为此，将式（10.60）中积分项还原为指数表示形式并将分母因子化是很有用的：

$$\begin{aligned} G(\boldsymbol{r}) &= \frac{i}{8\pi^2 r}\left\{\int_{-\infty}^\infty \frac{se^{isr}}{(s-k)(s+k)}ds - \int_{-\infty}^\infty \frac{se^{-isr}}{(s-k)(s+k)}ds\right\} \\ &= \frac{i}{8\pi^2 r}(I_1 - I_2). \end{aligned} \tag{10.61}$$

如果 z_0 位于积分回路之内（否则积分为零），这两个积分可用**柯西积分公式（Cauchy's integral formula）**来计算：

---

[11] 这显然既是充分的，也是必要的；你可以很容易地将这两项组成一个积分，并使用普朗克尔定理，见式（2.103）.

$$\oint \frac{f(z)}{(z-z_0)}\mathrm{d}z = 2\pi\mathrm{i}f(z_0). \tag{10.62}$$

现在的积分是沿着实轴的，它正好通过极点的两个奇点$\pm k$. 我们必须考虑如何绕过这两个奇点，我选择从上面绕过点$-k$，从下面绕过点$+k$（见图 10.9）.（如果你喜欢的话，也可以选择其他方便的路径，你可以绕每个极点 7 圈，当然你将会得到不同的格林函数，但我稍后会告诉你，它们都同样适用.）[12]

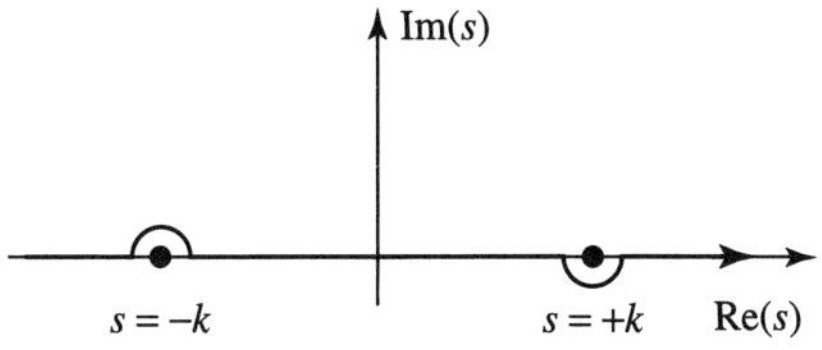

图 10.9　绕过奇点的积分路径（式（10.61））.

对于式（10.61）中的每个积分，我必须选择“闭合回路”，以使无穷远处的半圆路径上积分的贡献为零. 对被积函数 I_1 的情况，当 s 的虚部很大且为正时，因子 $\mathrm{e}^{\mathrm{i}sr}$ 趋于零；对这种情况，对 I_1 的积分我选择 s 上半部分组成闭合积分回路（见图 10.10a）. 此回路仅包围奇点 $s=+k$，所以

$$I_1 = \oint\left[\frac{s\mathrm{e}^{\mathrm{i}sr}}{s+k}\right]\frac{1}{s-k}\mathrm{d}s = 2\pi\mathrm{i}\left[\frac{s\mathrm{e}^{\mathrm{i}sr}}{s+k}\right]\bigg|_{s=k} = \mathrm{i}\pi\mathrm{e}^{\mathrm{i}kr}. \tag{10.63}$$

对于 I_2 的情况，当 s 的虚部很大且为负时，因子 $\mathrm{e}^{-\mathrm{i}sr}$ 趋于零，所以我们选择 s 复平面内下半部分组成闭合积分回路（见图 10.10b）；此回路仅包围奇点 $s=-k$（回路积分沿顺时针方向，所以取负号）：

$$I_2 = -\oint\left[\frac{s\mathrm{e}^{-\mathrm{i}sr}}{s-k}\right]\frac{1}{s+k}\mathrm{d}s = -2\pi\mathrm{i}\left[\frac{s\mathrm{e}^{-\mathrm{i}sr}}{s-k}\right]\bigg|_{s=-k} = -\mathrm{i}\pi\mathrm{e}^{\mathrm{i}kr}. \tag{10.64}$$

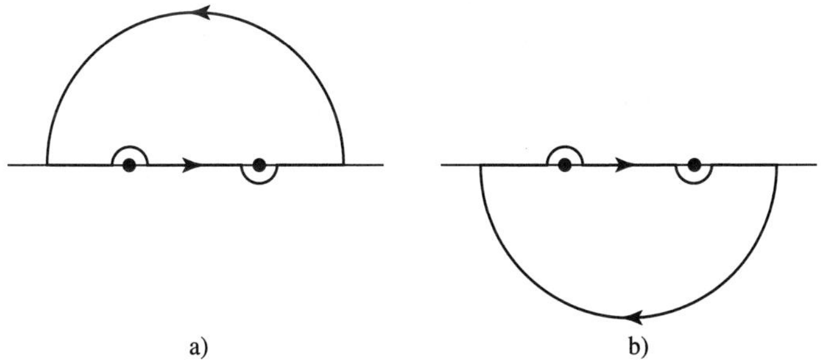

图 10.10　式（10.63）和式（10.64）中闭合积分回路.

结论：

$$G(\boldsymbol{r}) = \frac{\mathrm{i}}{8\pi^2 r}\left[(\mathrm{i}\pi\mathrm{e}^{\mathrm{i}kr})-(-\mathrm{i}\pi\mathrm{e}^{\mathrm{i}kr})\right] = -\frac{\mathrm{e}^{\mathrm{i}kr}}{4\pi r}. \tag{10.65}$$

这是亥姆霍兹方程的格林函数，它是方程（10.52）的解.（如果你对这些分析很迷惑，希

[12] 如果不熟悉这种技巧，你完全有理由怀疑. 事实上，式（10.60）中的积分定义是不明确的，它不收敛，我们能够赋予它意义是一个奇迹. 问题的根源在于 $G(\boldsymbol{r})$ 实际上没有一个合法的傅里叶变换；我们超速了，只是希望我们不会被抓住.

望你通过直接微分来**验证**这个结果，请参见习题 10.8.）确切地讲，正是因为我们可以把满足**齐次**亥姆霍兹方程的任一函数 $G_0(\boldsymbol{r})$ 加在 $G(\boldsymbol{r})$ 上，所以它才是亥姆霍兹方程的格林函数：

$$(\nabla^2+k^2)G_0(\boldsymbol{r})=0; \tag{10.66}$$

很清楚，结果 $(G+G_0)$ 仍满足式（10.52）. 这种不确定性恰好对应于绕过极点路径的不唯一性——不同的选择方式相当于选择不同的格林函数 $G_0(\boldsymbol{r})$.

回到式（10.53），薛定谔方程的通解采用以下形式：

$$\boxed{\psi(\boldsymbol{r})=\psi_0(\boldsymbol{r})-\frac{m}{2\pi\hbar^2}\int\frac{e^{ik|\boldsymbol{r}-\boldsymbol{r}_0|}}{|\boldsymbol{r}-\boldsymbol{r}_0|}V(\boldsymbol{r}_0)\psi(\boldsymbol{r}_0)\mathrm{d}^3\boldsymbol{r}_0,} \tag{10.67}$$

式中，ψ_0 满足自由粒子薛定谔方程，

$$(\nabla^2+k^2)\psi_0=0. \tag{10.68}$$

式（10.67）是**薛定谔方程的积分形式（integral form of the Schrödinger equation）**；它完全等同于所熟悉的微分形式. 乍一看，它像是薛定谔方程（对于任何势）的显式解——这好得令人难以置信！不要被欺骗：等式右边积分式中仍然含有一个 ψ，所以，除非你已经知道了方程的解，否则你不可能直接做积分！尽管如此，这一积分形式非常有用，特别是在处理散射问题方面，正如我们下一节所看到的.

习题 10.8 通过直接代入方法，验证式（10.65）满足式（10.52）. **提示：** $\nabla^2(1/r)=-4\pi\delta^3(\boldsymbol{r})$.[13]

****习题 10.9** 对于适当的 V 和 E，证明氢原子基态（式（4.80））满足积分形式的薛定谔方程（注意 E 为**负值**，所以 $k=i\kappa$，其中 $\kappa\equiv\sqrt{-2mE}/\hbar$）.

10.4.2 一阶玻恩近似

假设势 $V(\boldsymbol{r}_0)$ 在 $\boldsymbol{r}_0=0$ 附近是局域的——也就是说，在某个有限区域以外，势变为零（这是散射问题中很典型的情况），我们需要计算远离散射中心点处的 $\psi(r)$. 那么，在 $|\boldsymbol{r}|\gg|\boldsymbol{r}_0|$ 内的所有点对式（10.67）的积分都有贡献，所以

$$|\boldsymbol{r}-\boldsymbol{r}_0|^2=r^2+r_0^2-2\boldsymbol{r}\cdot\boldsymbol{r}_0\approx r^2\left(1-2\frac{\boldsymbol{r}\cdot\boldsymbol{r}_0}{r^2}\right), \tag{10.69}$$

因此

$$|\boldsymbol{r}-\boldsymbol{r}_0|\approx r-\hat{r}\cdot\boldsymbol{r}_0. \tag{10.70}$$

令

$$\boldsymbol{k}\equiv k\hat{r}, \tag{10.71}$$

从而

$$e^{ik|\boldsymbol{r}-\boldsymbol{r}_0|}\approx e^{ikr}e^{-i\boldsymbol{k}\cdot\boldsymbol{r}_0}, \tag{10.72}$$

---

[13] 参见 D. Griffiths, *Introduction to Electrodynamics*（剑桥大学出版社，英国剑桥，2017），第 1.5.3 节.（该书机械工业出版社有英文影印版. ——译者注）

因此

$$\frac{e^{ik|\boldsymbol{r}-\boldsymbol{r}_0|}}{|\boldsymbol{r}-\boldsymbol{r}_0|} \approx \frac{e^{ikr}}{r} e^{-i\boldsymbol{k}\cdot\boldsymbol{r}_0}. \tag{10.73}$$

（在分母中，我们可以做更极端的近似 $|\boldsymbol{r}-\boldsymbol{r}_0| \approx r$；在指数中，需要多保留一项．如果你对此感到困惑，尝试在分母的展开式中多加一项．我们现在做的是小量 r_0/r 的幂展开，仅保留最低阶，其他的都舍掉．）

在散射情况下，需要用

$$\psi_0(\boldsymbol{r}) = A e^{ikz} \tag{10.74}$$

来表示入射平面波．当 r 较大时有

$$\psi(\boldsymbol{r}) \approx A e^{ikz} - \frac{m}{2\pi\hbar^2} \frac{e^{ikr}}{r} \int e^{-i\boldsymbol{k}\cdot\boldsymbol{r}_0} V(\boldsymbol{r}_0) \psi(\boldsymbol{r}_0) \, d^3\boldsymbol{r}_0. \tag{10.75}$$

这是个标准形式（式（10.12）），由此可以读出散射振幅：

$$f(\theta,\phi) = -\frac{m}{2\pi\hbar^2 A} \int e^{-i\boldsymbol{k}\cdot\boldsymbol{r}_0} V(\boldsymbol{r}_0) \psi(\boldsymbol{r}_0) \, d^3\boldsymbol{r}_0. \tag{10.76}$$

这个结果是严格的.[14] 现在引入**玻恩近似（Born approximation）**：设入射平面波在散射区域没有发生实质性变化（其中 V 为非零）；则使用下式是合理的：

$$\psi(\boldsymbol{r}_0) \approx \psi_0(\boldsymbol{r}_0) = A e^{ikz_0} = A e^{i\boldsymbol{k}'\cdot\boldsymbol{r}_0}, \tag{10.77}$$

其中在积分式中

$$\boldsymbol{k}' \equiv k\hat{z}, \tag{10.78}$$

（如果 V 为零，这就是精确的波函数；这里实质上它是一个弱势场近似.[15]）在玻恩近似下有

$$\boxed{f(\theta,\phi) = -\frac{m}{2\pi\hbar^2} \int e^{i(\boldsymbol{k}'-\boldsymbol{k})\cdot\boldsymbol{r}_0} V(\boldsymbol{r}_0) \, d^3\boldsymbol{r}_0.} \tag{10.79}$$

$\boldsymbol{k}$ 和 $\boldsymbol{k}'$ 的大小都为 k，但前者指向入射束的方向，而后者指向探测器的方向，如图 10.11 所示；$\hbar(\boldsymbol{k}-\boldsymbol{k}')$ 是散射过程中的动量转移（**momentum transfer**）．）

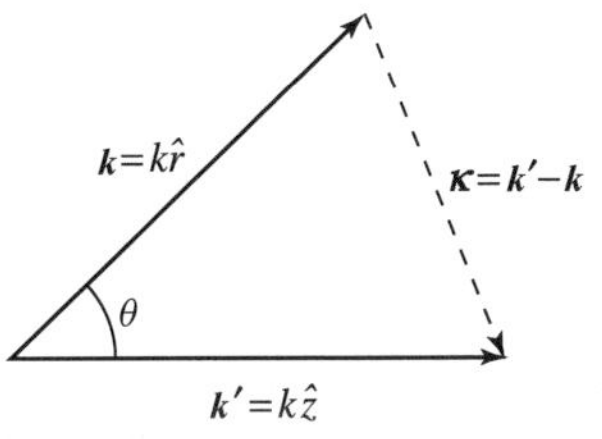

图 10.11　玻恩近似中的两个波矢量：$\boldsymbol{k}'$ 指向**入射**方向，$\boldsymbol{k}$ 指向**散射**方向.

特别地，对于**低能散射**（**low energy scattering**，长波），在整个散射区域指数因子基本不变，从而玻恩近似简化为

---

[14] 记住，$f(\theta,\phi)$ 定义为 r 很大时 Ae^{ikr}/r 的系数.

[15] 要么势本质上很弱，要么入射能量很高．通常，当入射粒子的能量较低时，分波分析法很有用，因为只有展开级数中的前几个项有显著的贡献；玻恩近似在高能量时更有用，此时散射角相对较小.

$$f(\theta,\phi)\approx-\frac{m}{2\pi\hbar^2}\int V(\boldsymbol{r})\,\mathrm{d}^3\boldsymbol{r}\quad(\text{低能情形}).\tag{10.80}$$

（因为此时不会出现混淆情况，我省略了 $\boldsymbol{r}$ 的下标.）

例题 10.4 低能软球散射（Low-energy soft-sphere scattering）. [16] 设

$$V(\boldsymbol{r})=\begin{cases}V_0, & r\leqslant a;\\ 0, & r>a.\end{cases}\tag{10.81}$$

在这种情况下，低能散射振幅为

$$f(\theta,\phi)\approx-\frac{m}{2\pi\hbar^2}V_0\left(\frac{4}{3}\pi a^3\right),\tag{10.82}$$

（结果与 θ、ϕ 无关.）微分截面为

$$\frac{\mathrm{d}\sigma}{\mathrm{d}\Omega}=|f|^2\approx\left(\frac{2mV_0a^3}{3\hbar^2}\right)^2,\tag{10.83}$$

总截面为

$$\sigma\approx4\pi\left(\frac{2mV_0a^3}{3\hbar^2}\right)^2.\tag{10.84}$$

对于**球对称势（spherically symmetrical potential）**，即 $V(\boldsymbol{r})=V(r)$，不必是低能情况，玻恩近似可以简化成更简洁形式. 定义

$$\boldsymbol{\kappa}\equiv\boldsymbol{k}'-\boldsymbol{k},\tag{10.85}$$

在对 $\boldsymbol{r}_0$ 的积分中，设球坐标的极轴沿着 κ 的方向，从而

$$(\boldsymbol{k}'-\boldsymbol{k})\cdot\boldsymbol{r}_0=\kappa r_0\cos\theta_0.\tag{10.86}$$

那么

$$f(\theta)\approx-\frac{m}{2\pi\hbar^2}\int\mathrm{e}^{\mathrm{i}\kappa r_0\cos\theta_0}V(r_0)r_0^2\sin\theta_0\,\mathrm{d}r_0\,\mathrm{d}\theta_0\,\mathrm{d}\phi_0.\tag{10.87}$$

ϕ_0 的积分为 2π；对 θ_0 积分是我们前面已经遇到过的（参照式（10.59））. 略去 r 的下标，上式变为

$$f(\theta)\approx-\frac{2m}{\hbar^2\kappa}\int_0^\infty rV(r)\sin(\kappa r)\,\mathrm{d}r\quad(\text{球对称情况}),\tag{10.88}$$

其中 f 对角度的依赖性包含在 κ 中. 由图 10.11 知

$$\kappa\equiv2k\sin(\theta/2).\tag{10.89}$$

例题 10.5 汤川散射（Yukawa scattering）. 汤川势（原子核内部结合力的一个粗略模型）具有以下形式：

$$V(r)=\beta\frac{\mathrm{e}^{-\mu r}}{r},\tag{10.90}$$

[16] 不能将玻恩近似应用于硬球散射（$V_0=\infty$）——积分发散. 关键是我们假设势很弱，在散射区域波函数变化不大. 但是，对于硬性球散射从根本上将它由 $A\mathrm{e}^{ikz}$ 变为零.

其中 β 和 μ 是常数. 玻恩近似给出

$$f(\theta) \approx -\frac{2m\beta}{\hbar^2\kappa}\int_0^\infty e^{-\mu r}\sin(\kappa r)\,dr = -\frac{2m\beta}{\hbar^2(\mu^2+\kappa^2)}. \tag{10.91}$$

(在习题 10.11 中, 你可以自己计算出该积分.)

例题 10.6 卢瑟福散射 (Rutherford scattering). 若令 $\beta = q_1q_2/4\pi\varepsilon_0$ 和 $\mu=0$, 那么汤川势就演变成描述两个点电荷之间相互作用的库仑势. 显然, 散射振幅为

$$f(\theta) \approx -\frac{2mq_1q_2}{4\pi\varepsilon_0\hbar^2\kappa^2}, \tag{10.92}$$

或 (根据式 (10.89) 和式 (10.51))

$$f(\theta) \approx -\frac{q_1q_2}{16\pi\varepsilon_0 E\sin^2(\theta/2)}. \tag{10.93}$$

微分截面是上式的平方:

$$\frac{d\sigma}{d\Omega} = \left[\frac{q_1q_2}{16\pi\varepsilon_0 E\sin^2(\theta/2)}\right]^2, \tag{10.94}$$

这正是卢瑟福公式 (式 (10.11)). 碰巧的是: 对于库仑势而言, 经典力学、玻恩近似和量子场论给出同样的结果. 用计算机专业的行话说, 卢瑟福公式是惊人地 "鲁棒".

* **习题 10.10** 在玻恩近似下, 求任意能量的软球散射的散射振幅. 并证明所得结果在低能极限情况下变为式 (10.82).

习题 10.11 计算式 (10.91) 中的积分, 确定右边的表达式.

** **习题 10.12** 在玻恩近似下, 计算汤川势散射的总截面, 结果用能量 E 的函数来表示.

* **习题 10.13** 对于习题 10.4 中的势,

(a) 在低能玻恩近似下, 计算 $f(\theta)$、$D(\theta)$ 和 σ;

(b) 在玻恩近似下, 计算任意能量情况下的 $f(\theta)$;

(c) 在适当的范围内, 证明你的结果与习题 10.4 的答案一致.

10.4.3 玻恩级数

在本质上, 玻恩近似与经典散射理论中的**冲激近似 (impulse approximation)** 相似. 在冲激近似中, 首先假设粒子保持直线运动 (见图 10.12), 然后在这种情况下, 计算传递给它的横向冲量:

$$I = \int F_\perp\, dt. \tag{10.95}$$

如果偏转相对较小, 则横向冲量可以近似作为粒子所受横向动量, 因此散射角为

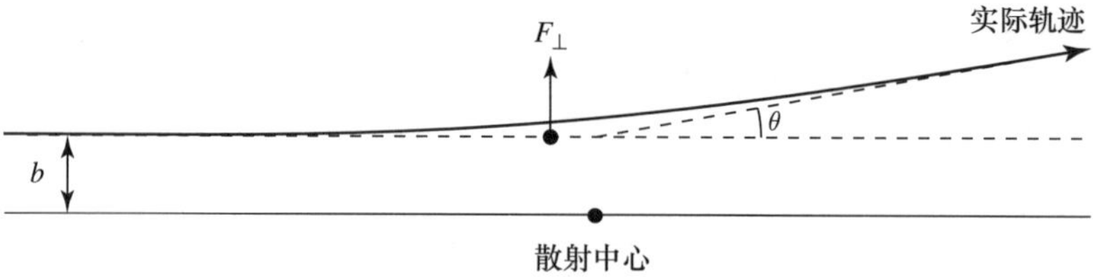

图 10.12 冲激近似中先假定粒子不被偏转，然后计算传递的横向动量.

$$\theta \approx \arctan(I/p), \tag{10.96}$$

其中 p 是粒子的入射动量. 如果你愿意的话，这就是“一阶”冲激近似（零阶是我们开始讨论的：完全没有反射）. 同样，在零阶玻恩近似下，入射平面波通过时应没有任何变化，我们在上一节中探讨的实际上是对此的一阶修正. 但同样的想法可以迭代得到一系列高阶修正，这些修正可能会收敛到精确结果.

薛定谔方程的积分形式是

$$\psi(\boldsymbol{r}) = \psi_0(\boldsymbol{r}) + \int g(\boldsymbol{r}-\boldsymbol{r}_0)V(\boldsymbol{r}_0)\psi(\boldsymbol{r}_0)\,\mathrm{d}^3\boldsymbol{r}_0, \tag{10.97}$$

其中 ψ_0 为入射波，

$$g(\boldsymbol{r}) \equiv -\frac{m}{2\pi\hbar^2}\frac{\mathrm{e}^{\mathrm{i}kr}}{r} \tag{10.98}$$

是格林函数（方便起见，我这里合并了因子 $2m/\hbar^2$），V 是散射势. 简略地表示为

$$\psi = \psi_0 + \int gV\psi. \tag{10.99}$$

取此式为 ψ 的表达式，并将其代入积分符号中：

$$\psi = \psi_0 + \int gV\psi_0 + \iint gVgV\psi. \tag{10.100}$$

重复迭代该过程，可得到 ψ 的级数是

$$\psi = \psi_0 + \int gV\psi_0 + \iint gVgV\psi_0 + \iiint gVgVgV\psi_0 + \cdots. \tag{10.101}$$

在每个被积函数中，只出现入射波函数（ψ_0）和越来越多的 gV 幂次项. 一阶玻恩近似就是该级数在第二项后截断；除此之外，现在我们十分清楚如何生成高阶修正了.

玻恩级数可以用图 10.13 所示的图形表示. 零阶波函数 ψ 不受散射势的影响；一阶波函数是被势“踢”一次，然后向某个新的方向“传播”出去；二阶波函数则是先被势“踢”一次后，传播到某个位置，再次被势“踢”一次，然后沿着某个新方向传播出去；以此类推. 从这个角度来说，格林函数有时被称为**传播子（propagator）**，它告诉你微扰是如何在相邻两次相互作用之间传播的. 玻恩级数是相对论量子力学费曼表述形式的灵感来源——它完全用由**顶点因子（vertex factors**，V）和传播子（g）连接在一起的**费曼图（Feynman diagrams）**表示.

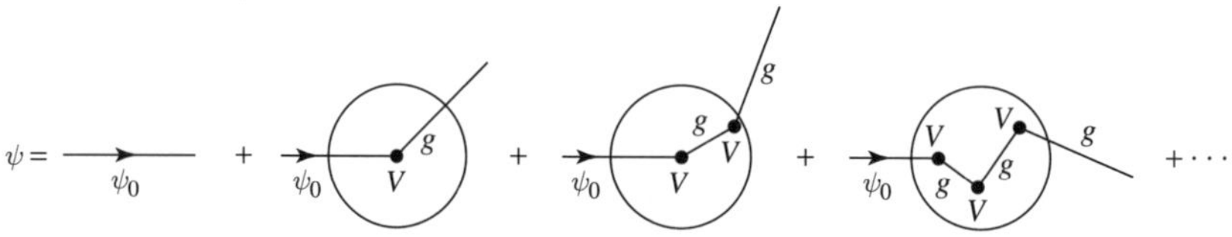

图 10.13 玻恩级数的图形示意图（式（10.101））.

习题 10.14 在冲激近似下，计算卢瑟福散射角 θ（作为碰撞参数的函数）. 并证明在适当的极限下所得结果与精确表达式（习题 10.1（a））一致.

*** **习题 10.15** 在二阶玻恩近似下，计算低能软球散射的散射振幅. **答案：** $-(2mV_0a^3/3\hbar^2)[1-(4mV_0a^2/5\hbar^2)]$.

本章补充习题

*** **习题 10.16** 求解一维薛定谔方程的格林函数，并利用它构造其积分形式（类似于方程 10.66 式）. **答案：**

$$\psi(x)=\psi_0(x)-\frac{\mathrm{i}m}{\hbar^2k}\int_{-\infty}^{\infty}\mathrm{e}^{\mathrm{i}k|x-x_0|}V(x_0)\psi(x_0)\,\mathrm{d}x_0. \tag{10.102}$$

** **习题 10.17** 利用习题 10.16 的结果推导一维散射的玻恩近似（在区间 $-\infty<x<\infty$ 内，原点处无“砖墙”）. 也就是，选择 $\psi_0(x)=A\mathrm{e}^{\mathrm{i}kx}$，且假定 $\psi(x_0)\approx\psi_0(x_0)$ 来计算积分. 证明反射系数具有如下形式：

$$R\approx\left(\frac{m}{\hbar^2k}\right)^2\left|\int_{-\infty}^{\infty}\mathrm{e}^{2\mathrm{i}kx}V(x)\,\mathrm{d}x\right|^2. \tag{10.103}$$

习题 10.18 利用一维玻恩近似（习题 10.17），分别计算 δ 函数（式（2.117））和有限方势阱（式（2.148））势散射的透射系数（$T=1-R$），并将所得结果与精确解（式（2.144）和式（2.172））做比较.

习题 10.19 证明**光学定理（optical theorem）**，它将总截面和向前散射振幅的虚部联系起来：

$$\sigma=\frac{4\pi}{k}\mathrm{Im}[f(0)]. \tag{10.104}$$

提示： 利用式（10.47）和式（10.48）.

习题 10.20 使用玻恩近似确定高斯势散射的总截面：

$$V(\boldsymbol{r})=A\mathrm{e}^{-\mu r^2}.$$

用常数 A、μ、m（入射粒子质量）和 $k\equiv\sqrt{2mE}/\hbar$ 表示你的结果，E 是入射能量.

习题 10.21 **中子衍射（Neutron diffraction）**. 考虑在晶体中散射的中子束（见图 10.14）. 中子与晶体中原子核之间的相互作用是短程的，可以近似为

$$V(\boldsymbol{r})=\frac{2\pi\hbar^2b}{m}\sum_i\delta^3(\boldsymbol{r}-\boldsymbol{r}_i),$$

式中，$\boldsymbol{r}_i$ 是原子核的位置，势的强度用**原子核散射长度（nuclear scattering length）**[17] b 表示.

---

[17] 三维的 δ 势函数是有问题的［K. Huang, Int. J. Mod. Phys. A4, 1037 (1989)］，正如你可以从玻恩级数的下面一项出现发散的事实中所看到的。在中子散射情况下，它被称为费米赝势；当用一级玻恩近似处理时，它给出期望的结果，但仅限在有限的意义上，参阅 Gordon squires, *Introduction to the theory of thermal Neutron Scattering*, Cambridge University Press, Cambridge（1978），第 2 章.

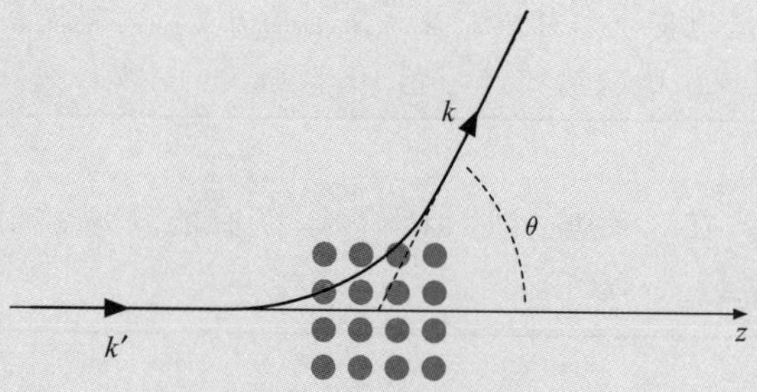

图 10.14 晶体的中子散射.

（a）在一阶玻恩近似下，证明：

$$\frac{d\sigma}{d\Omega}=b^2\left|\sum_i e^{-i\boldsymbol{q}\cdot\boldsymbol{r}_i}\right|^2,$$

这里 $\boldsymbol{q}\equiv\boldsymbol{k}-\boldsymbol{k}'$.

（b）考虑原子核排列在间距为 a 的立方晶格上的情况. 格点位置为

$$\boldsymbol{r}_i=la\hat{i}+ma\hat{j}+na\hat{k},$$

其中，l、m 和 n 的值都在 0 到 $N-1$ 之间，所以总共有 N^3 个原子核.[18] 证明

$$\frac{d\sigma}{d\Omega}=b^2\frac{\sin^2(Nq_xa/2)\sin^2(Nq_ya/2)\sin^2(Nq_za/2)}{\sin^2(q_xa/2)\ \sin^2(q_ya/2)\ \sin^2(q_za/2)}.$$

（c）对于几个确定的 N 值（$N=1$，5，10），绘制 $\frac{1}{N}\frac{\sin^2(Nq_xa/2)}{\sin^2(q_xa/2)}$ 作为 q_xa 的函数. 并展示随着 N 的增加，该函数描述的一系列峰会逐渐变得尖锐起来.

（d）根据（c），对 N 值很大的极限情况，除了其中一个峰值外，其他微分散射截面很小可以忽略. 对整数 l、m 和 n，

$$\boldsymbol{q}=\boldsymbol{G}_{lmn}=\frac{2\pi}{a}(l\hat{i}+m\hat{j}+n\hat{k}).$$

矢量 $\boldsymbol{G}_{lmn}$ 称为**倒格矢**（**reciprocal lattice vectors**）. 求出出现峰值的散射角（θ）. 如果中子的波长等于晶格间距 a，则三个最小的（非零）散射角是多少？

评注：中子衍射是确定晶体结构的一种方法（也可以使用电子和 X 射线，峰值位置的表达式同样适用）. 在该问题中，我们研究了晶体的原子立方排列，但是不同的排列（例如六边形）会在不同的角度产生峰值. 因此，从散射数据可以推断出晶体结构.

*** **习题 10.22　二维散射理论（Two-dimensional scattering theory）** 参照第 10.2 节，发展二维分波分析理论.

（a）在极坐标（r,θ）中，拉普拉斯函数是

$$\nabla^2=\frac{\partial^2}{\partial x^2}+\frac{\partial^2}{\partial y^2}=\frac{\partial^2}{\partial r^2}+\frac{1}{r}\frac{\partial}{\partial r}+\frac{1}{r^2}\frac{\partial^2}{\partial\theta^2}. \tag{10.105}$$

[18] 晶体位置不“居中”在原点也没有区别：将晶体平移 $\boldsymbol{R}$ 等于将 $\boldsymbol{R}$ 加到每个 $\boldsymbol{r}_1$ 上，这不会影响 $\frac{d\sigma}{d\Omega}$ 的大小. 毕竟，我们假设一个入射平面波，它在 x 和 y 方向延伸到 $\pm\infty$.

对具有方位角对称的势（$V(r,\theta)\to V(r)$），求定态薛定谔方程分离变量解．**答案**：

$$\psi(r,\theta)=R(r)\mathrm{e}^{\mathrm{i}j\theta}, \tag{10.106}$$

这里 j 是整数，$u\equiv\sqrt{r}R$ 满足如下径向方程：

$$-\frac{\hbar^2}{2m}\frac{\mathrm{d}^2u}{\mathrm{d}r^2}+\left[V(r)+\frac{\hbar^2}{2m}\frac{(j^2-1/4)}{r^2}\right]u=Eu. \tag{10.107}$$

（b）通过求解对 r 非常大时的（其中 $V(r)$ 和离心项均为零）径向方程，证明出射的径向波函数具有如下渐近形式：

$$R(r)\sim\frac{\mathrm{e}^{ikr}}{\sqrt{r}}, \tag{10.108}$$

这里 $k\equiv\sqrt{2mE}/\hbar$．验证 $A\mathrm{e}^{ikx}$ 形式的入射波是否满足势 $V(r)=0$ 的薛定谔方程（如果使用笛卡儿坐标系，这很简单）．写出类似式（10.12）的二维形式，并将结果同习题 10.2 做比较．**答案**：

$$\psi(\theta,r)\approx A\left[\mathrm{e}^{ikx}+f(\theta)\frac{\mathrm{e}^{ikr}}{\sqrt{r}}\right],\ \text{对于大的}\ r. \tag{10.109}$$

（c）构造类似方程式（10.21）的方程（$V(r)=0$，但离心项不能忽略的区域中的波函数）．**答案**：

$$\psi(\theta,r)=A\left\{\mathrm{e}^{ikx}+\sum_{j=-\infty}^{\infty}c_j\mathrm{H}_j^{(1)}(kr)\mathrm{e}^{\mathrm{i}j\theta}\right\}, \tag{10.110}$$

这里 $\mathrm{H}_j^{(1)}$ 是 j 阶汉克尔函数（不是球汉克尔函数）．[19]

（d）对于大的 z，

$$\mathrm{H}_j^{(1)}(z)\sim\sqrt{2/\pi}\,\mathrm{e}^{-\mathrm{i}\pi/4}(-\mathrm{i})^j\frac{\mathrm{e}^{\mathrm{i}z}}{\sqrt{z}}. \tag{10.111}$$

利用上式证明

$$f(\theta)=\sqrt{2/\pi k}\,\mathrm{e}^{-\mathrm{i}\pi/4}\sum_{j=-\infty}^{\infty}(-\mathrm{i})^jc_j\mathrm{e}^{\mathrm{i}j\theta}. \tag{10.112}$$

（e）将第 10.1.2 节中的结论应用到二维散射问题．用长度 $\mathrm{d}b$ 代替面积 $\mathrm{d}\sigma$，散射角的增量 $\mathrm{d}\theta$ 代替立体角 $\mathrm{d}\Omega$；微分横截面的作用由下式来扮演：

$$D(\theta)\equiv\left|\frac{\mathrm{d}b}{\mathrm{d}\theta}\right|, \tag{10.113}$$

且靶的“有效”宽度（类似总截面）是

$$B\equiv\int_0^{2\pi}D(\theta)\,\mathrm{d}\theta. \tag{10.114}$$

证明

$$D(\theta)=|f(\theta)|^2,\quad B=\frac{4}{k}\sum_{j=-\infty}^{\infty}|c_j|^2. \tag{10.115}$$

---

[19] 参见 Mary Boas，*Mathematical Methods in the Physical Sciences*，第 3 版（Wiley，纽约，2006），第 12.17 节．（中译本：《自然科学及工程中的数学方法》，机械工业出版社．——编辑注）

（f）考虑在半径为 a 的硬盘（或者一个三维圆柱形圆柱体[20]）中的散射情况：

$$V(r)=\begin{cases}\infty, & (r\leqslant a);\\ 0, & (r>a).\end{cases} \tag{10.116}$$

通过在 $r=a$ 处加上适当的边界条件，确定 B. 你需要和瑞利公式做类比：

$$\mathrm{e}^{ikx}=\sum_{j=-\infty}^{\infty}(\mathrm{i})^{j}\mathrm{J}_{j}(kr)\,\mathrm{e}^{ij\theta}, \tag{10.117}$$

这里 J_j 是 j 阶贝塞尔函数. 在 $0<ka<2$ 范围内，以 B 作为变量 ka 的函数进行绘图.

习题 10.23 全同粒子的散射（Scattering of identical particles）. 单粒子从固定靶上散射的结果也适用于质心系中两个粒子的散射. 由 $\psi(\boldsymbol{R},\boldsymbol{r})=\psi_R(\boldsymbol{R})\psi_r(\boldsymbol{r})$，$\psi_r(\boldsymbol{r})$ 满足

$$-\frac{\hbar}{2\mu}\nabla^2\psi_r+V(r)\psi_r=E_r\psi_r, \tag{10.118}$$

（参见习题 5.1）这里 $V(r)$ 是粒子之间的相互作用（假设仅取决于它们之间的距离）. 这是一个单粒子薛定谔方程（用约化质量 μ 代替 m）.

（a）证明如果两个粒子是全同（无自旋）玻色子，则 $\psi_r(r)$ 必须是 r 的偶函数（见图 10.15）.

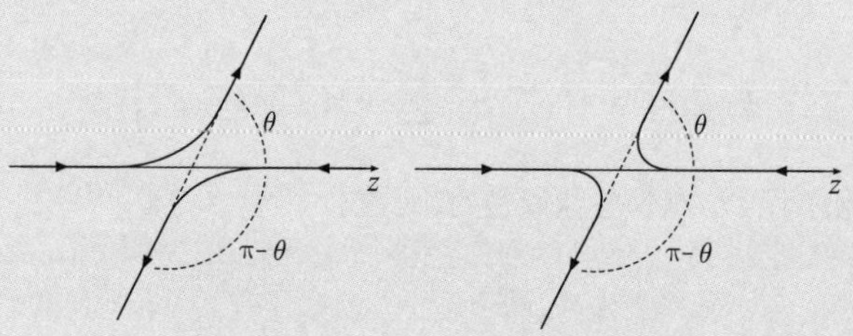

图 10.15 全同粒子的散射.

（b）通过对称化式（10.12）（为什么这是允许的?），在这种情况下，证明散射振幅为

$$f_{\mathrm{B}}(\theta)=f(\theta)+f(\pi-\theta)$$

式中，$f(\theta)$ 是固定靶 $V(r)$ 对质量为 μ 的单个粒子的散射振幅.

（c）证明，对于 ℓ 的所有奇次幂，f_{B} 的分波振幅均为零.

（d）如果粒子是全同费米子（处于三重态），那么（a）~（c）的结果会有什么不同.

（e）证明全同费米子的散射振幅在 $\pi/2$ 处为零.

（f）画出卢瑟福散射中费米子和玻色子微分散射截面的对数（式（10.93））.[21]

习题 10.24 重做习题 10.5，但是这次用势阱代替势垒（$V_0\to -V_0$）. 在（c）部分的位置，取 $\sqrt{2mV_0}\,a/\hbar=10$，绘制作为 ka（从 0 到 20）的函数的相移函数图.

---

[20] S. McAlinden and J. Shertzer, *Am. J. Phys.* 84, 764 (2016).

[21] 式（10.93）是通过取汤川散射的极限（例 10.5）得到的，$f(\theta)$ 的结果中少了一个相位因子（参见 Albert Messiah, *Quantum Mechanics*, Dover，纽约，（1999），第 XI. 7 节）. 该因子在固定势散射的横截面中为零——给出例题 10.6 中的正确答案，但会在全同粒子散射的横截面中出现.

第11章 量子动力学

目前为止，我们所研究的所有问题几乎都属于**量子静力学（quantum statics）**，也就是**势能函数不显含时间**：$V(\boldsymbol{r},t)=V(\boldsymbol{r})$. 在这种情况下，（含时）薛定谔方程

$$\mathrm{i}\hbar\frac{\partial\Psi}{\partial t}=\hat{H}\Psi \tag{11.1}$$

可通过分离变量法求解：

$$\Psi(\boldsymbol{r},t)=\psi(\boldsymbol{r})\mathrm{e}^{-\mathrm{i}Et/\hbar}, \tag{11.2}$$

其中 $\psi(\boldsymbol{r})$ 满足定态薛定谔方程

$$\hat{H}\psi=E\psi. \tag{11.3}$$

由于可分离变量解的时间依赖性是由指数因子（$\mathrm{e}^{-\mathrm{i}Et/\hbar}$）来表示，当我们构造和 $|\Psi|^2$ 相关的物理量时，指数因子会抵消掉，（对于这种状态的）所有几率和期望值都不随时间变化. 通过这些定态的线性组合，可得到更为有趣的含时波函数：

$$\Psi(\boldsymbol{r},t)=\sum c_n\psi_n(\boldsymbol{r})\mathrm{e}^{-\mathrm{i}E_nt/\hbar}, \tag{11.4}$$

但即便如此，能量（E_n）的可能值以及它们各自的几率 $|c_n|^2$ 也是常数.

如果允许在一个能级和另一个能级之间发生**跃迁（transitions）**（有时被称为**量子跳跃，quantum jumps**），则必须引入一个含时势（**量子动力学，quantum dynamics**）. 在量子动力学中，问题存在有精确解的情况很少见. 但是，与哈密顿量中不含时部分相比，如果含时部分很小，则可以将其视为微扰. 本章的主要目的是发展**含时微扰理论（time-dependent perturbation theory）**，并研究其最重要的应用：原子辐射的发射或吸收.

习题 11.1 为什么求解依赖于时间 t 的含时薛定谔方程（式（11.1））不是件小事？毕竟，这是一个一阶微分方程.

（a）如果 k 是常数，你如何求解下面方程（得到 $f(t)$）？

$$\frac{\mathrm{d}f}{\mathrm{d}t}=kf.$$

（b）如果 k 本身是 t 的函数，又是如何？这里，$k(t)$ 和 $f(t)$ 可能还依赖于其他变量，比如 $\boldsymbol{r}$——这无关紧要.

（c）为什么不对薛定谔方程（具有含时哈密顿量）做同样的事情呢？注意到这不起作用，考虑简单的情况，

$$\hat{H}(t)=\begin{cases}\hat{H}_1, & 0<t<\tau;\\ \hat{H}_2, & t>\tau.\end{cases}$$

其中 $\hat{H}_1$ 和 $\hat{H}_2$ 本身与时间无关. 如果（b）部分中的解满足薛定谔方程，则 $t>\tau$ 时刻的波函数为

$$\Psi(t)=\mathrm{e}^{-\mathrm{i}[\hat{H}_1\tau+\hat{H}_2(t-\tau)]/\hbar}\Psi(0),$$

当然，也可以写成

$$\Psi(t)=\mathrm{e}^{-\mathrm{i}\hat{H}_2(t-\tau)/\hbar}\Psi(\tau)=\mathrm{e}^{-\mathrm{i}\hat{H}_2(t-\tau)/\hbar}\mathrm{e}^{-\mathrm{i}\hat{H}_1\tau/\hbar}\Psi(0).$$

这些通常为什么是不一样的呢？（这是个微妙的事情；如果你乐意进一步研究，请参阅习题 11.23.）

11.1 二能级系统

首先，假设系统（未微扰）只有 ψ_a 和 ψ_b 两个态. 它们是未微扰哈密顿量 H^0 的本征态：

$$\hat{H}^0\psi_a=E_a\psi_a \quad 和 \quad \hat{H}^0\psi_b=E_b\psi_b, \tag{11.5}$$

它们是正交归一的：

$$\langle\psi_a \mid \psi_b\rangle=\delta_{ij} \quad (i,j=a,b). \tag{11.6}$$

任何状态都可以表示为它们的线性组合；特别地，

$$\Psi(0)=c_a\psi_a+c_b\psi_b. \tag{11.7}$$

状态 ψ_a 和 ψ_b 可能是空间位置波函数，或旋量，或更奇异的东西——这无关紧要. 这里我们关心的是系统对时间的依赖性，所以当我写 $\Psi(t)$ 时，指的只是系统在时间 t 时的状态. 在没有任何微扰的情况下，每个分量都随其特征摆动因子而演化：

$$\Psi(t)=c_a\psi_a\mathrm{e}^{-\mathrm{i}E_at/\hbar}+c_b\psi_b\mathrm{e}^{-\mathrm{i}E_bt/\hbar}. \tag{11.8}$$

通俗地讲，我们说 $|c_a|^2$ 是粒子处于 ψ_a 状态的“几率”——其真正含义是对能量进行测量得到值为 E_a 的几率. 当然，Ψ 的归一性要求

$$|c_a|^2+|c_b|^2=1. \tag{11.9}$$

11.1.1 微扰系统

假设现在引入一个含时微扰 $\hat{H}'(t)$. 由于 ψ_a 和 ψ_b 构成一个完备集，波函数 $\Psi(t)$ 仍可以表示为它们的线性组合. 唯一的区别是现在 c_a 和 c_b 是 t 的**函数**：

$$\Psi(t)=c_a(t)\psi_a\mathrm{e}^{-\mathrm{i}E_at/\hbar}+c_b(t)\psi_b\mathrm{e}^{-\mathrm{i}E_bt/\hbar}. \tag{11.10}$$

（我可以将指数因子吸收到波函数中，有些人更喜欢这样做，但我认为更好的办法是上式中保留含时部分，即便是**没有**微扰时的情况.）整个问题则变为确定作为时间函数的 c_a 和 c_b. 例如，如果开始时粒子处在 ψ_a($c_a(0)=1$，$c_b(0)=0$) 态；经过一段时间 t_1 之后，发现 $c_a(t_1)=0$，$c_b(t_1)=1$，我们说系统经历了一个从 ψ_a 态到 ψ_b 态的跃变.

我们通过 $\Psi(t)$ 满足含时薛定谔方程来求解 $c_a(t)$ 和 $c_b(t)$，

$$\hat{H}\Psi=\mathrm{i}\hbar\frac{\partial\Psi}{\partial t}, \quad 这里\ \hat{H}=\hat{H}^0+\hat{H}'(t). \tag{11.11}$$

由式（11.10）和式（11.11）得

$$c_a(\hat{H}^0\psi_a)\mathrm{e}^{-\mathrm{i}E_at/\hbar}+c_b(\hat{H}^0\psi_b)\mathrm{e}^{-\mathrm{i}E_bt/\hbar}+c_a(\hat{H}'\psi_a)\mathrm{e}^{-\mathrm{i}E_at/\hbar}+c_b(\hat{H}'\psi_b)\mathrm{e}^{-\mathrm{i}E_bt/\hbar}$$
$$=\mathrm{i}\hbar\left[\dot{c}_a\psi_a\mathrm{e}^{-\mathrm{i}E_at/\hbar}+\dot{c}_b\psi_b\mathrm{e}^{-\mathrm{i}E_bt/\hbar}+c_a\psi_a\left(-\frac{\mathrm{i}E_a}{\hbar}\right)\mathrm{e}^{-\mathrm{i}E_at/\hbar}+c_b\psi_b\left(-\frac{\mathrm{i}E_b}{\hbar}\right)\mathrm{e}^{-\mathrm{i}E_bt/\hbar}\right].$$

根据式（11.5），左边前两项和右边最后两项相抵消，因此

$$c_a(\hat{H}'\psi_a)\mathrm{e}^{-\mathrm{i}E_at/\hbar}+c_b(\hat{H}'\psi_b)\mathrm{e}^{-\mathrm{i}E_bt/\hbar}=\mathrm{i}\hbar(\dot{c}_a\psi_a\mathrm{e}^{-\mathrm{i}E_at/\hbar}+\dot{c}_b\psi_b\mathrm{e}^{-\mathrm{i}E_bt/\hbar}). \tag{11.12}$$

为分离出 $\dot{c}_a$，我们使用标准方法：取与 ψ_a 的内积，并利用 ψ_a 和 ψ_b 的正交归一性（式(11.6)）：

$$c_a\langle\psi_a|\hat{H}'|\psi_a\rangle\mathrm{e}^{-\mathrm{i}E_at/\hbar}+c_b\langle\psi_a|\hat{H}'|\psi_b\rangle\mathrm{e}^{-\mathrm{i}E_bt/\hbar}=\mathrm{i}\hbar\dot{c}_a\mathrm{e}^{-\mathrm{i}E_at/\hbar}$$

作为缩写，定义

$$H'_{ij}\equiv\langle\psi_i|\hat{H}'|\psi_j\rangle; \tag{11.13}$$

注意 $\hat{H}'$是厄米算符，必需满足 $\hat{H}'_{ji}=(\hat{H}'_{ij})^*$. 两边同时乘$-(\mathrm{i}/\hbar)\mathrm{e}^{\mathrm{i}E_at/\hbar}$，得到

$$\dot{c}_a=-\frac{\mathrm{i}}{\hbar}[c_aH'_{aa}+c_bH'_{ab}\mathrm{e}^{-\mathrm{i}(E_b-E_a)t/\hbar}]. \tag{11.14}$$

同样，取与 ψ_b 作内积得到 $\dot{c}_b$：

$$c_a\langle\psi_b|\hat{H}'|\psi_a\rangle\mathrm{e}^{-\mathrm{i}E_at/\hbar}+c_b\langle\psi_b|\hat{H}'|\psi_b\rangle\mathrm{e}^{-\mathrm{i}E_bt/\hbar}=\mathrm{i}\hbar\dot{c}_b\mathrm{e}^{-\mathrm{i}E_bt/\hbar},$$

因此

$$\dot{c}_b=-\frac{\mathrm{i}}{\hbar}[c_bH'_{bb}+c_aH'_{ba}\mathrm{e}^{\mathrm{i}(E_b-E_a)t/\hbar}]. \tag{11.15}$$

式（11.14）和式（11.15）确定 $c_a(t)$ 和 $c_b(t)$；综上所述，对于两能级系统，它们完全等价于（含时）薛定谔方程. 通常，H'的对角矩阵元为零（一般性情况见习题 11.5）：

$$H'_{aa}=H'_{bb}=0. \tag{11.16}$$

如此方程简化为

$$\boxed{\dot{c}_a=-\frac{\mathrm{i}}{\hbar}H'_{ab}\mathrm{e}^{-\mathrm{i}\omega_0t}c_b,\quad \dot{c}_b=-\frac{\mathrm{i}}{\hbar}H'_{ba}\mathrm{e}^{\mathrm{i}\omega_0t}c_a,} \tag{11.17}$$

式中

$$\omega_0\equiv\frac{E_b-E_a}{\hbar}. \tag{11.18}$$

（我假定 $E_b\geqslant E_a$，所以 $\omega_0\geqslant0$.）

* **习题 11.2**　将氢原子置于（含时）电场 $\boldsymbol{E}=E(t)\hat{k}$ 中. 计算微扰 $\hat{H}'=eEz$ 在基态（$n=1$）与（四重简并）第一激发态（$n=2$）的所有四个矩阵元 H'_{ij}. 并证明对于所有的五个状态，$H'_{ii}=0$. **注释：**如果考虑到状态对 z 是奇函数，只需做一个积分；在这种形式的微扰下，电子只能从基态跃迁到（$n=2$）中的一个状态；因此，若忽略更高激发态跃迁，体系通过两个状态的组合起作用.

* **习题 11.3**　设 $c_a(0)=1$ 和 $c_b(0)=0$，在不含时微扰情况下求解方程(11.17). 验证 $|c_a|^2+|c_b|^2=1$. **注释：**表面上，这个系统在"纯 ψ_a"和"某些 ψ_b"之间振荡. 这是否与我的一般结论相矛盾，即不含时微扰不会发生跃迁？答案是"不"，但其中原因相当微妙：在这种情况下，ψ_a 和 ψ_b 不是，从来也不是哈密顿量的本征态——即对能量的测量永远不可能得到 E_a 或 E_b. 在含时微扰理论中，通常考虑的是先加上一段时间微扰，然后再关闭它，以便检验系统是否发生跃迁. 在开始和结束时，ψ_a 和 ψ_b 都是同一个哈密顿量的本征态；只有在这种情况下，说这个系统经历了从一个状态到另一个状态

的转变才有意义．那么，本题中假设微扰在 $t=0$ 时加上，在时间 T 时关闭——这不会影响计算，但它可以对结果进行更合理的解释．

****习题 11.4** 设微扰采用（含时）δ 函数形式

$$\hat{H}'=\hat{U}\delta(t).$$

假设 $U_{aa}=U_{bb}=0$，取 $U_{ab}=U_{ba}^{*}\equiv\alpha$．如果 $c_a(-\infty)=1$ 和 $c_b(-\infty)=0$，求 $c_a(t)$和 $c_b(t)$，并验证 $|c_a(t)|^2+|c_b(t)|^2=1$．发生跃迁（当 $t\to\infty$ 的 $P_{a\to b}$）的净几率为多少？**提示：**可以把 δ 函看作一系列矩形的极限情况来处理．**答案：**$P_{a\to b}=\sin^2(|\alpha|/\hbar)$．

11.1.2 含时微扰理论

目前为止，所讨论的每一步都是严格的：我们对微扰的大小没有做任何假定．但是如果 $\hat{H}'$很小，可以利用如下逐次近似法求解方程（11.17）．设开始时粒子处于能量较低状态

$$c_a(0)=1,\quad c_b(0)=0. \tag{11.19}$$

如果**微扰根本不存在**，那么它们将永远处在这种状态：

零阶：

$$c_a^{(0)}(t)=1,\quad c_b^{(0)}(t)=0. \tag{11.20}$$

（我将在括号中使用上标来表示近似的阶次．）

为了计算一阶近似，在式（11.17）的右边代入零阶近似值：

一阶：

$$\frac{\mathrm{d}c_a^{(1)}}{\mathrm{d}t}=0\Rightarrow c_a^{(1)}(t)=1;$$

$$\frac{\mathrm{d}c_b^{(1)}}{\mathrm{d}t}=-\frac{\mathrm{i}}{\hbar}H'_{ba}\mathrm{e}^{\mathrm{i}\omega_0 t}\Rightarrow c_b^{(1)}(t)=-\frac{\mathrm{i}}{\hbar}\int_0^t H'_{ba}(t')\mathrm{e}^{\mathrm{i}\omega_0 t'}\mathrm{d}t'. \tag{11.21}$$

现在，我们将这些表达式代回式（11.17）的右边，则得到二阶近似：

二阶：

$$\frac{\mathrm{d}c_a^{(2)}}{\mathrm{d}t}=-\frac{\mathrm{i}}{\hbar}H'_{ab}\mathrm{e}^{-\mathrm{i}\omega_0 t}\left(-\frac{\mathrm{i}}{\hbar}\right)\int_0^t H'_{ba}(t')\mathrm{e}^{\mathrm{i}\omega_0 t'}\mathrm{d}t'\Rightarrow$$

$$c_a^{(2)}(t)=1-\frac{1}{\hbar^2}\int_0^t H'_{ab}(t')\mathrm{e}^{-\mathrm{i}\omega_0 t'}\left[\int_0^{t'}H'_{ba}(t'')\mathrm{e}^{\mathrm{i}\omega_0 t''}\mathrm{d}t''\right]\mathrm{d}t', \tag{11.22}$$

c_b 是不变的($c_b^{(2)}(t)=c_b^{(1)}(t)$)．（注意：$c_a^{(2)}(t)$ 包括零阶项；二阶修正仅是积分的部分．）

原则上，可以无限地重复这种做法，把 n 阶近似代入式（11.17）的右边，然后求解（$n+1$）阶．零阶不含 $\hat{H}'$因子，一阶修正含一个 $\hat{H}'$因子，二阶修正含两个 $\hat{H}'$因子，依次类推．[1] $|c_a^{(1)}(t)|^2+|c_b^{(1)}(t)|^2\neq 1$ 表明一阶近似明显存在误差（严格解的系数必须满足式

[1] 请注意，c_a 在每个偶数级中都进行了修正，c_b 在每个奇数级中都进行了修正；如果微扰包含对角项，或者系统初态为两个状态的线性组合，那么，将不会出现这种情况．

(11.9)). 但对 $\hat{H}'$的一阶近似, $|c_a^{(1)}(t)|^2+|c_b^{(1)}(t)|^2$ 是等于 1 的, 这就是我们在一阶近似中所期望的. 更高阶的情况也是如此.

式 (11.21) 可写成以下形式:

$$c_b^{(1)}(t)e^{-iE_bt/\hbar}=-\frac{i}{\hbar}\int_0^t e^{-iE_b(t-t')/\hbar}H'_{ba}(t')e^{-iE_at'/\hbar}dt'. \tag{11.23}$$

(我还原了在式 (11.10) 中分离出的指数.) 这个过程可以用一个示意图来解释: 如图 11.1 所示, 从右向左看, 从 0 到 t'系统处在状态 a 上 (加上"摆动因子" $e^{-iE_at'/\hbar}$), 在 t'时刻从状态 a 跃迁到状态 b, 然后直到时间 t 都保持在状态 b 上 (加上"摆动因子" $e^{-iE_b(t-t')/\hbar}$). (对这个图不要望文生义: 这些状态之间没有急剧的跃迁; 事实上, 跃迁发生在所有时间 t'上, 你需要对所有时间 t'做积分.)

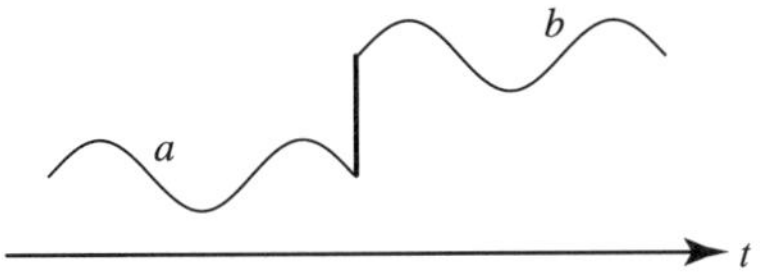

图 11.1　式 (11.23) 的图示.

在高阶和多能级系统中, 表达式会变得更复杂, 微扰阶数的这种解释就显得特别有启发性. 考虑式 (11.22), 可以写成

$$c_a^{(2)}(t)e^{-iE_at/\hbar}=e^{-iE_at/\hbar}+\left(-\frac{i}{\hbar}\right)^2\int_0^t\int_0^{t'}e^{-iE_a(t-t')/\hbar}\times$$
$$H'_{ab}(t')e^{-iE_b(t'-t'')/\hbar}H'_{ba}(t'')e^{-iE_at''/\hbar}dt''dt'. \tag{11.24}$$

式中, 第一项是描述系统在整个时间内都处于 a 状态的第一个过程; 第二项是系统在时间 t''从 a 跃迁到 b, 然后在时间 t'回到 a 的第二个过程. 从图形上看, 如图 11.2 所示.

图 11.2　式 (11.24) 的图示.

基于对这些示意图的认识, 很容易写出多能级系统的一般性结果:[2]

$$c_n^{(2)}(t)e^{-iE_nt/\hbar}=\delta_{ni}e^{-iE_it/\hbar}+\left(\frac{-i}{\hbar}\right)\int_0^t e^{-iE_n(t-t')/\hbar}H'_{ni}(t')e^{-iE_it'/\hbar}dt'+$$
$$\sum_m\left(-\frac{i}{\hbar}\right)^2\int_0^t\int_0^{t'}e^{-iE_n(t-t')/\hbar}H'_{nm}(t')e^{-iE_m(t'-t'')/\hbar}H'_{mi}(t'')e^{-iE_it''/\hbar}dt''dt'. \tag{11.25}$$

对于 $n\neq i$, 如图 11.3 所示. 一阶项描述从 i 到 n 的直接跃迁, 二阶项描述通过中间 (或"虚拟") 状态 m 发生跃迁的过程.

---

[2] 习题 11.24 讨论了多能级系统的微扰理论.

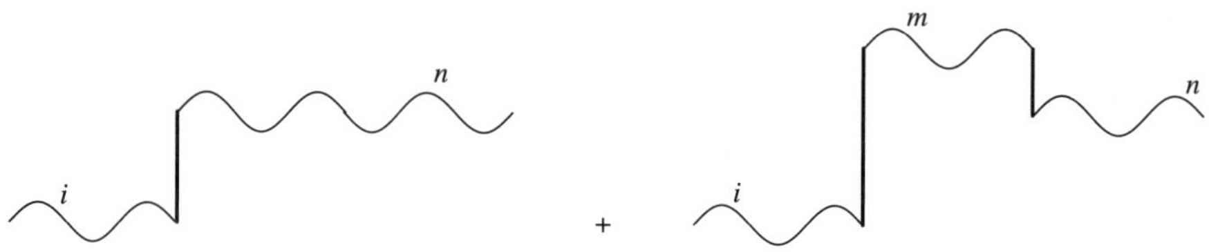

图 11.3 对于 $n \neq i$，式（11.25）的图示.

*** 习题 11.5** 若你不假设 $H'_{aa}=H'_{bb}=0$.

（a）在 $c_a(0)=1$，$c_b(0)=0$ 的情况下，利用一阶微扰理论求 $c_a(t)$ 和 $c_b(t)$. 取 H'的一阶近似，验证 $|c_a^{(1)}(t)|^2+|c_b^{(1)}(t)|^2=1$.

（b）有一个更好的方法处理这个问题. 令

$$d_a \equiv e^{\frac{i}{\hbar}\int_0^t H'_{aa}(t')\,dt'} c_a, \quad d_b \equiv e^{\frac{i}{\hbar}\int_0^t H'_{bb}(t')\,dt'} c_b. \tag{11.26}$$

证明

$$\dot{d}_a=-\frac{i}{\hbar}e^{i\phi}H'_{ab}e^{-i\omega_0 t}d_b; \quad \dot{d}_b=-\frac{i}{\hbar}e^{-i\phi}H'_{ba}e^{i\omega_0 t}d_a, \tag{11.27}$$

其中

$$\phi(t) \equiv \frac{1}{\hbar}\int_0^t [H'_{aa}(t') - H'_{bb}(t')]\,dt'. \tag{11.28}$$

所以，关于 d_a 和 d_b 的方程与式（11.17）在结构上是一样的（除在 H'加了一个附加因子 $e^{i\phi}$）.

（c）在一阶微扰理论中，采用（b）中的方法求出 $c_a(t)$ 和 $c_b(t)$；然后和（a）中得到的结果做比较，讨论其区别.

*** 习题 11.6** 对 $c_a(0)=a$，$c_b(0)=b$ 的一般性情况，用微扰理论求解方程（11.17）至二阶近似.

**** 习题 11.7** 计算习题 11.3 中 $c_a(t)$ 和 $c_b(t)$ 至二阶近似. 并将你的结果同精确解做比较.

*** 习题 11.8** 考虑二能级系统的微扰矩阵元是如下形式：

$$H'_{ab}=H'_{ba}=\frac{\alpha}{\sqrt{\pi}\,\tau}e^{-(t/\tau)^2}, \quad H'_{aa}=H'_{bb}=0.$$

其中 τ 和 α 是具有适当单位的正常数.

（a）按照一阶微扰理论，如果系统在 $t=-\infty$ 时初态 $c_a=1$，$c_b=0$；则在 $t=\infty$ 时，发现状态 b 的几率是多少？

（b）在 $\tau\to 0$ 的极限下，$H'_{ab}=\alpha\delta(t)$. 计算 $\tau\to 0$ 时第（a）部分中极限表达式，并同习题 11.4 的结果做比较.

（c）考虑相反的极端情况：$\omega_0\tau\gg1$.（a）部分中表达式的极限是什么？**评注**：这是绝热定理的一个例子（见第 11.5.2 节）.

11.1.3　正弦微扰

设微扰对时间的依赖关系为

$$H'(\boldsymbol{r},t)=V(\boldsymbol{r})\cos(\omega t), \tag{11.29}$$

则有

$$H'_{ab}=V_{ab}\cos(\omega t), \tag{11.30}$$

其中

$$V_{ab}\equiv\langle\psi_a|V|\psi_b\rangle. \tag{11.31}$$

(同前面一样，我假设对角矩阵元为零，在实际中也几乎总是这种情况.）对一阶近似（从现在起，我们仅讨论一阶近似，我将省去上标）有（式（11.21））

$$\begin{aligned}c_b(t)&\approx-\frac{\mathrm{i}}{\hbar}V_{ba}\int_0^t\cos(\omega t')\mathrm{e}^{\mathrm{i}\omega_0t'}\mathrm{d}t'=-\frac{\mathrm{i}V_{ba}}{2\hbar}\int_0^t[\mathrm{e}^{\mathrm{i}(\omega_0+\omega)t'}+\mathrm{e}^{\mathrm{i}(\omega_0-\omega)t'}]\mathrm{d}t'\\&=-\frac{V_{ba}}{2\hbar}\left[\frac{\mathrm{e}^{\mathrm{i}(\omega_0+\omega)t}-1}{\omega_0+\omega}+\frac{\mathrm{e}^{\mathrm{i}(\omega_0-\omega)t}-1}{\omega_0-\omega}\right].\end{aligned} \tag{11.32}$$

这就是答案，但使用起来有点烦琐. 如果仅考虑驱动频率（ω）和跃迁频率（ω_0）非常接近的情况，问题将会大大简化，此时方括号中的第二项起主要作用；具体来讲，设

$$\omega_0+\omega\gg|\omega_0-\omega|. \tag{11.33}$$

这并不是一个很大的限制，因为其他频率的微扰所能导致跃迁的几率都可以忽略. 舍弃第一项，有

$$\begin{aligned}c_b(t)&\approx-\frac{V_{ba}\mathrm{e}^{\mathrm{i}(\omega_0-\omega)t/2}}{2\hbar\quad\omega_0-\omega}\left[\mathrm{e}^{\mathrm{i}(\omega_0-\omega)t/2}-\mathrm{e}^{-\mathrm{i}(\omega_0-\omega)t/2}\right]\\&=-\mathrm{i}\frac{V_{ba}}{\hbar}\frac{\sin[(\omega_0-\omega)t/2]}{\omega_0-\omega}\mathrm{e}^{\mathrm{i}(\omega_0-\omega)t/2}.\end{aligned} \tag{11.34}$$

跃迁几率（transition probability）——初始时处在 ψ_a 态的粒子，经时间 t 后发现它处在 ψ_b 态的几率是

$$\boxed{P_{a\to b}(t)=|c_b(t)|^2\approx\frac{|V_{ab}|^2}{\hbar^2}\frac{\sin^2[(\omega_0-\omega)t/2]}{(\omega_0-\omega)^2}} \tag{11.35}$$

该结果最显著的特点是，作为时间的函数，跃迁几率随时间以正弦函数形式振荡（见图 11.4）. 达到最大值 $|V_{ab}|^2/\hbar^2(\omega_0-\omega)^2$ 后（其值必须小于 1，否则微扰是一个小量的假设就不再成立）它又回到零！—— 在时间 $t_n=2n\pi/|\omega_0-\omega|$，其中 $n=1, 2, 3, \cdots$，粒子必将回到能量较低的状态 ψ_a. 如果你想让激发跃迁的机会最大，那么就不应该长时间地加上微扰；最好经过时间 $\pi/|\omega_0-\omega|$ 后去掉微扰，以期使体系能够“抓住”能量较高的状态 ψ_b. 在习题 11.9 中，它表明这种“跳跃”不是微扰理论的结果——在精确解中也会也发生，尽管“跳跃”频率有所改变.

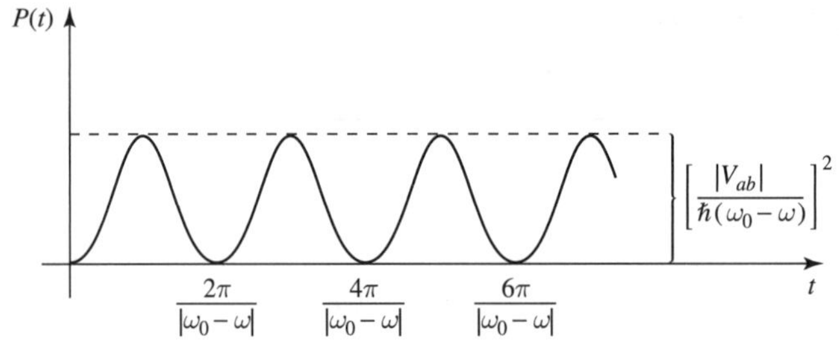

图 11.4 在正弦微扰下跃迁几率随时间的函数关系（式（11.35））.

如前所述，当驱动频率接近“固有”频率 ω_0 时，发生跃迁的几率最大.[3] 图 11.5 画出 $P_{a\to b}$ 以 ω 为函数的图像. 其峰值为（$|V_{ab}|t/2\hbar)^2$，宽度为 $4\pi/t$；显然，随着时间的改变，峰值变得越来越高，且越来越窄.（表面上看，峰的最大值可无限变大. 然而，当峰值接近 1 之前，微扰假设已经不再成立，因此只有在时间 t 相对较小的情况下结果才可靠. 在习题 11.9 中，你将看到严格解的结果是从来不会超过 1 的.）

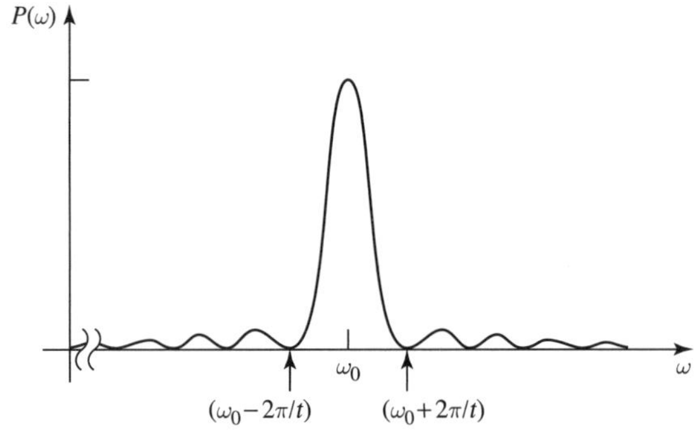

图 11.5 跃迁几率随驱动频率的函数关系（式（11.35））.

****习题 11.9** 式（11.32）中的第 1 项来自 $\cos(\omega t)$ 的 $e^{i\omega t}/2$ 部分，第 2 项来自 $e^{-i\omega t}/2$. 因此，在形式上舍去第 1 项等同于把 $\hat{H}'$写成 $\hat{H}'=(V/2)e^{-i\omega t}$，即

$$H'_{ba}=\frac{V_{ba}}{2}e^{-i\omega t},\quad H'_{ab}=\frac{V_{ab}}{2}e^{i\omega t}. \tag{11.36}$$

（后者是因为哈密顿矩阵必须是厄米矩阵——或者，如果你愿意，类似于式（11.32）中的 $c_a(t)$，你可以选择公式中起主导作用的项.）**拉比（Rabi）**注意到，如果在计算开始时采用所谓的**旋波近似（rotating wave approximation）**，则方程（11.17）可以精确求解，无须微扰理论，也无须关于磁场强度的假设.

（a）用旋波近似（式（11.36））求解方程（11.17），通常的初始条件为：$c_a(0)=1$，$c_b(0)=0$. 用**拉比振荡频率（Rabi flopping frequency）**，

$$\omega_r\equiv\frac{1}{2}\sqrt{(\omega-\omega_0)^2+(|V_{ab}|/\hbar)^2}. \tag{11.37}$$

---

[3] 对于很小的 t，$P_{a\to b}(t)$ 与 ω 无关；系统需要几个周期才能“感受到”微扰是周期性的.

表示 $c_a(t)$ 和 $c_b(t)$.

（b）确定跃迁几率 $P_{a\to b}(t)$，并证明它不大于 1. 验证 $|c_a(t)|^2+|c_b(t)|^2=1$.

（c）验证当微扰很小时，$P_{a\to b}(t)$ 简化为微扰理论的结果（式（11.35）），作为对 V 的限制，并解释微扰**很小**在这里的精确含义.

（d）经过多长的时间系统第一次回到它的初始状态？

11.2　辐射的发射与吸收

11.2.1　电磁波

电磁波（我把它称为“光”，虽然它可以是红外线、紫外线、微波、X 射线等；这些仅是在频率上有所不同）由（相互垂直）横向振荡的电场和磁场组成（见图 11.6）. 处在光波中的原子主要与电场发生作用.（与原子大小相比）如果波长很长，场中的空间变化可以忽略；[4] 则原子处在正弦振荡的电场中

$$\boldsymbol{E}=E_0\cos(\omega t)\hat{k}, \tag{11.38}$$

（现在我假设光是单色的，沿 z 轴方向偏振.）微扰哈密顿量为[5]

$$H'=-qE_0z\cos(\omega t), \tag{11.39}$$

式中，q 是电子的电荷.[6] 明显有[7]

$$H'_{ba}=-\wp E_0\cos(\omega t)，其中\wp\equiv q\langle\psi_b|z|\psi_a\rangle. \tag{11.40}$$

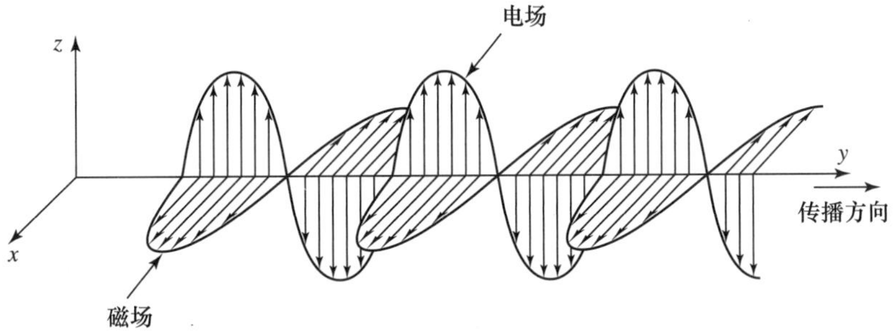

图 11.6　电磁波.

通常，ψ 是 z 的偶函数或奇函数；两种情况下 $z|\psi|^2$ 都是奇函数，其积分为零（这是拉波特规则，见第 6.4.3 节；相关一些示例请参见习题 11.2）. 这印证了我们通常的假设，即矩阵

---

[4] 对于可见光 $\lambda\sim5000$Å，而原子直径大约在 1Å，因此这种近似是合理的；但对于 X 射线是不合理的，习题 11.31 探讨了空间场变化的影响.

[5] 一个带电为 q 的电荷在静电场 $\boldsymbol{E}$ 中的能量是 $-q\int\boldsymbol{E}\cdot\mathrm{d}\boldsymbol{r}$. 对于一个明显依赖时间的场，你可能会不赞成使用静电公式. 但我已经暗含地假设，与电荷（在原子内）移动所需的时间相比，场的振荡周期要长很多.

[6] 像往常一样，我们假设原子核是重的，静止的；我们关心的是电子的波函数.

[7] 字母$\wp$使你回想起**电偶极矩（electric dipole moment）**（在电动力学中常用 p 表示，为了不与动量混淆，这里用了一个弯弯曲曲的$\wp$）. 实际上，$\wp$是偶极矩算符 $q\boldsymbol{r}$ 的 z 分量的非对角矩阵元. 由于它与电偶极矩有关，由式（11.40）表示的辐射称为**电偶极矩辐射（electric dipole radiation）**；至少在可见光区域，它占绝对优势. 关于总结和术语，参见习题 11.31.

$\hat{H}'$的对角元为零. 因此，光与物质的相互作用由我们在第11.1.3节中学习的振荡微扰所决定的，其中

$$V_{ba} = -\wp E_0. \tag{11.41}$$

11.2.2 吸收、受激发射和自发发射

开始时如果原子处于“较低”能量状态 ψ_a，且受到一束单色偏振光的照射，则跃迁到“较高”能态 ψ_b 的几率由式（11.35）给出，根据式（11.41），其形式为

$$P_{a\to b}(t) = \left(\frac{|\wp|E_0}{\hbar}\right)^2 \frac{\sin^2[(\omega_0-\omega)t/2]}{(\omega_0-\omega)^2}. \tag{11.42}$$

在此过程中，原子从电磁场中吸收能量 $E_b-E_a=\hbar\omega_0$，这叫作**吸收（absorption）**（通俗地讲，原子“吸收了一个光子”，见图11.7a）. 严格来讲，“光子”一词属于**量子电动力学（quantum electrodynamics）**——也就是电磁场的量子理论——而现在我们是用经典理论处理电场.（但是这种语言很方便，只要你别把它过分解读.）

当然，我可以回过头来对一个开始处在较高能量状态（$c_a(0)=0, c_b(0)=1$）的系统来进行整个推导过程. 如果愿意，你可以自己动手推导；结果一定完全一样，只不过是这次计算的是向低能态跃迁的几率，$P_{b\to a}=|c_a(t)|^2$：

$$P_{b\to a}(t) = \left(\frac{|\wp|E_0}{\hbar}\right)^2 \frac{\sin^2[(\omega_0-\omega)t/2]}{(\omega_0-\omega)^2}. \tag{11.43}$$

（结果必须是这样的——我们只需做 $a\leftrightarrow b$ 交换，用 $-\omega_0$ 替代 ω_0. 当我们得到式（11.32）后，现在保留分母为 $-\omega_0+\omega$ 的第一项，其余项与之前相同.）但当你停下来想一想，这绝对是一个令人吃惊的结果：如果粒子处于较高的能量状态，你用光照射它，它可以跃迁到较低的能量状态；实际上，这种跃迁的几率与从较低的能量状态向上跃迁的几率完全相同. 这一过程最早是由爱因斯坦所预言，被称为**受激发射（stimulated emission）**.

在受激发射的情况下，电磁场从原子中获得了能量 $\hbar\omega_0$；我们说一个光子进入，两个光子出来——即导致跃迁的原来的那个光子和跃迁本身产生的另一个光子（见图11.7b）. 这样就有了光放大的可能性，因为如果我有一瓶原子，它们都处于较高的能量状态，用一个入射光子激发它，就会发生链式反应，第一个光子产生2个，这2个光子产生4个，依此类推. 我们就会有大量的光子出来，所有的光子具有相同的频率并且是几乎同时产生. 这就是产生激光的原理（受激辐射所产生的光放大）. 请注意，由于吸收（消耗一个光子）与受激发射（产生一个光子）竞争，（对于激光作用）必须使大多数原子处于高能量状态（所谓的**粒子数反转，population inversion**）；如果从两种状态的均匀混合开始，你将不会得到任何光放大.

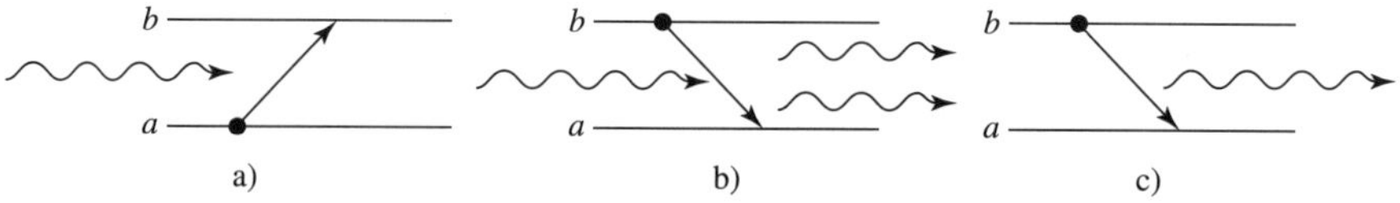

图 11.7 光与原子作用的三种方式

a）吸收 b）受激发射 c）自发发射.

除了吸收和受激发射之外，辐射与物质相互作用还有第三种机制；它被称为**自发发射**

(**spontaneous emission**). 处于激发态的原子向下跃迁，并释放光子，这个过程无须外加电磁场来激发（见图 11.7c）. 这是解释原子激发态正常衰变的机制. 乍看起来，自发发射为什么会发生还远远不清楚. 如果原子处于一个定态（即使是激发态），在不存在外部微扰时，它将永远处在此状态上. 所有的外部微扰如果确实不存在，那么它也应该如此. 然而，在量子电动力学中，即使是在基态，场也是非零的，（例如）正如谐振子基态仍具有非零能量（即：$\hbar\omega/2$）. 你可以关掉房间所有的灯，把房间冷却到绝对零度，但仍然有电磁辐射的存在，正是这种“零点”辐射催生了自发发射. 当你真正面对它的时候，实际上没有真正意义上的自发发射；所有的都是受激发射. 唯一需要区别的是，产生激发的这个场是你把它放在那里的，还是上帝把它放在那里的. 在这个意义上讲，它与经典辐射过程正好相反，在经典辐射过程中，它们都是自发的，不存在受激发射.

量子电动力学超出了本书的范围，[8] 但爱因斯坦提出了一个有趣的论点，[9] 它将三个过程（吸收、受激发射和自发发射）联系起来. 爱因斯坦没有阐明自发发射的机制（基态电磁场产生的微扰），但他的结果能够计算自发发射速率，并由此计算原子激发态的寿命.[10] 然而，在讨论这一点之前，我们需要考虑原子对所有方向入射的非单色、非偏振、非相干电磁波的响应. 这种情况常会遇到，比如处在热辐射场中的原子.

11.2.3　非相干微扰

电磁波的能量密度是[11]

$$u=\frac{\varepsilon_0}{2}E_0^2, \tag{11.44}$$

式中，E_0 是电场的振幅（如前）. 因此，跃迁几率（式（11.43））与场的能量密度成正比（这很自然）：

$$P_{b\to a}(t)=\frac{2u}{\varepsilon_0\hbar^2}|\wp|^2\frac{\sin^2[(\omega_0-\omega)t/2]}{(\omega_0-\omega)^2}. \tag{11.45}$$

但这针对的仅是单一频率 ω **单色波**（**monochromatic**）的情况. 在许多应用中，体系是处在电磁波场的整个频率范围之中；在这种情况下，$u\to\rho(\omega)\mathrm{d}\omega$，这里 $\rho(\omega)\mathrm{d}\omega$ 是频率在 $\mathrm{d}\omega$ 范围时的能量密度，净的跃迁几率具有如下积分形式：[12]

---

[8] 关于一种易于理解的处理方法，见 Rodney Loudon, *The Quantum Theory of Light*，第 3 版（Oxford University Press, 2000）.

[9] 爱因斯坦的论文发表于 1917 年，远远早于薛定谔方程. 量子电动力学是通过普朗克黑体公式（可追溯到 1900 年）提出的.

[10] 关于使用“凭直觉”的量子电动力学另一种推导，请参见习题 11.11.

[11] 见 David J. Griffiths, *Introduction to Electrodynamics*，第 4 版（Cambridge University Press, Cambridge, UK, 2017），第 9.2.3 节. 通常，电磁场中每单位体积的能量为

$$u=(\varepsilon_0/2)E^2+(1/2\mu_0)B^2.$$

对于电磁波，电场和磁场的贡献相等，因此

$$u=\varepsilon_0E^2=\varepsilon_0E_0^2\cos^2(\omega t).$$

在一个周期上的平均值是 $(\varepsilon_0/2)E_0^2$，因为 $\cos^2$ 或者 $\sin^2$ 的平均值是 1/2.

[12] 式（11.46）假设了不同频率的微扰是彼此独立的，因此总跃迁几率应为各个跃迁几率之和. 如果不同的分量是相干的（相位相关），我们应该对振幅（$c_b(t)$）求和，而不是对几率（$|c_b(t)|^2$）求和，这时将有交叉项出现. 对于实际应用，我们总是考虑非相干微扰.

$$P_{b\to a}(t)=\frac{2}{\varepsilon_0\hbar^2}|\wp|^2\int_0^\infty\rho(\omega)\left\{\frac{\sin^2[(\omega_0-\omega)t/2]}{(\omega_0-\omega)^2}\right\}\mathrm{d}\omega. \tag{11.46}$$

在上式中，大括号内项的数值在 ω_0 附近是一个尖峰（见图 11.5），而 $\rho(\omega)$ 的分布通常比较宽，所以可以用 $\rho(\omega_0)$ 代替 $\rho(\omega)$，并把它移到积分号外：

$$P_{b\to a}(t)\approx\frac{2|\wp|^2}{\varepsilon_0\hbar^2}\rho(\omega_0)\int_0^\infty\left\{\frac{\sin^2[(\omega_0-\omega)t/2]}{(\omega_0-\omega)^2}\right\}\mathrm{d}\omega. \tag{11.47}$$

作变量替换：$x\equiv(\omega_0-\omega)t/2$；并把积分上下限扩展为 $x=\pm\infty$（这并不影响积分数值，因为在扩展区的积分基本为零），由定积分公式

$$\int_{-\infty}^{\infty}\frac{\sin^2x}{x^2}\mathrm{d}x=\pi, \tag{11.48}$$

得到

$$P_{b\to a}(t)\approx\frac{\pi|\wp|^2}{\varepsilon_0\hbar^2}\rho(\omega_0)t. \tag{11.49}$$

这一次，跃迁几率与时间 t 成正比．当用非相干分布的频率照射到体系上时，单色微扰所特有的奇异的“振荡”现象被“洗掉”了．特别是，现在**跃迁速率**（**transition rate**，$R\equiv\mathrm{d}P/\mathrm{d}t$）是一个常量：

$$R_{b\to a}(t)=\frac{\pi}{\varepsilon_0\hbar^2}|\wp|^2\rho(\omega_0). \tag{11.50}$$

到目前为止，我们假设微扰波是沿 y 方向射入，且在 z 方向极化．但是，我们所感兴趣的是原子处在入射光来自所有方向，且具有所有可能极化的光场中的情况；在这些不同模式中，场的能量（$\rho(\omega)$）是相同的．我们需要做的就是用 $|\boldsymbol{\wp}\cdot\hat{n}|^2$ 的平均值来代替 $|\wp|^2$，其中

$$\boldsymbol{\wp}\equiv\boldsymbol{q}\langle\psi_b|\boldsymbol{r}|\psi_a\rangle \tag{11.51}$$

（这是式（11.40）的推广），平均值是对所有极化和所有入射方向求平均．

可按照如下方式求出上述平均值：选择球坐标系使波的传播方向（$\hat{k}$）沿 x 轴，极化方向（$\hat{n}$）沿 z 轴，矢量 $\boldsymbol{\wp}$ 定义球面角 θ 和 φ（见图 11.8）．[13]（实际上，$\boldsymbol{\wp}$ 是固定不动的，我们对满足 $\hat{k}\perp\hat{n}$ 的所有 $\hat{k}$ 和 $\hat{n}$ 求平均，也就是对所有的 θ 和 φ 求平均．但也可以保持 $\hat{k}$ 和 $\hat{n}$ 固定，对 $\boldsymbol{\wp}$ 的各个方向做积分，这是一回事情）．则有

$$\boldsymbol{\wp}\cdot\hat{n}=\wp\cos\theta, \tag{11.52}$$

以及

$$\begin{aligned}|\boldsymbol{\wp}\cdot\hat{n}|^2_{\mathrm{ave}}&=\frac{1}{4\pi}\int|\boldsymbol{\wp}|^2\cos^2\theta\sin\theta\mathrm{d}\theta\mathrm{d}\phi\\&=\frac{|\boldsymbol{\wp}|^2}{4\pi}\left(-\frac{\cos^3\theta}{3}\right)\Bigg|_0^\pi(2\pi)=\frac{1}{3}|\boldsymbol{\wp}|^2.\end{aligned} \tag{11.53}$$

---

[13] 一般来说，尽管 $\boldsymbol{\wp}$ 是复数，但这里我将它作为实数处理．因为

$$|\boldsymbol{\wp}\cdot\hat{n}|^2=|\mathrm{Re}(\boldsymbol{\wp})\cdot\hat{n}+\mathrm{i}\,\mathrm{Im}(\boldsymbol{\wp})\cdot\hat{n}|^2=|\mathrm{Re}(\boldsymbol{\wp})\cdot\hat{n}|^2+|\mathrm{Im}(\boldsymbol{\wp})\cdot\hat{n}|^2,$$

我们可以分别计算实部和虚部，然后把两者相加．式（11.54）中的绝对值符号有双重含义，表示矢量大小和复数的模：

$$|\boldsymbol{\wp}|^2=|\wp_x|^2+|\wp_y|^2+|\wp_z|^2.$$

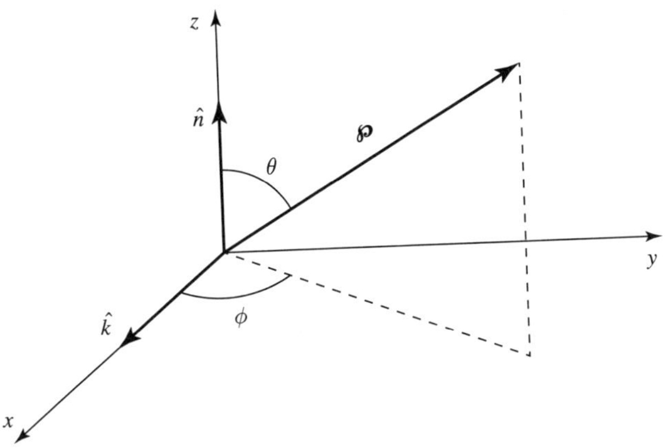

图 11.8　对 $|\wp\cdot\hat{n}|^2$ 做平均时所取的坐标轴.

结论：在从各个方向入射的非相干、非偏振光的作用下，从 b 状态到 a 状态受激发射的跃迁速率是

$$\boxed{R_{b\to a}(t)=\frac{\pi}{3\varepsilon_0\hbar^2}|\wp|^2\rho(\omega_0),}\tag{11.54}$$

这里℘是在两个状态之间的电偶极矩矩阵元（式（11.51）），$\rho(\omega_0)$ 是在 $\omega_0=(E_b-E_a)/\hbar$ 时单位频率间隔内场的能量密度.

11.3　自发发射

11.3.1　爱因斯坦 *A*、*B* 系数

想象在一个装有原子的容器内，处在低能态（ψ_a）的粒子数为 N_a；处在高能态（ψ_b）的粒子数为 N_b. 设 A 是自发发射速率,[14] 通过自发发射，单位时间内离开高能态的粒子数是 N_bA.[15] 如我们所知（式（11.54）），受激发射的跃迁速率与电磁场能量密度成正比：$B_{ba}\rho(\omega_0)$，其中 $B_{ba}=\pi|\wp|^2/3\varepsilon_0\hbar^2$；通过受激发射，单位时间内离开高能态的粒子数是 $N_bB_{ba}\rho(\omega_0)$. 吸收速率同样也与 $\rho(\omega_0)$ 正比，写为 $B_{ab}\rho(\omega_0)$；单位时间内**加入**到高能态的粒子数为 $N_aB_{ab}\rho(\omega_0)$. 总的来说有

$$\frac{dN_b}{dt}=-N_bA-N_bB_{ba}\rho(\omega_0)+N_aB_{ab}\rho(\omega_0).\tag{11.55}$$

假设这些原子与环境场处于热平衡状态，因此每个能级上的粒子数都是恒定的. 在这种情况下有 $dN_b/dt=0$，由此得出

$$\rho(\omega_0)=\frac{A}{(N_a/N_b)B_{ab}-B_{ba}}.\tag{11.56}$$

此外，我们从统计力学[16] 中知道，处于为温度 T 的热平衡状态时，能量为 E 的粒子数

[14] 通常我会用 R 来表示跃迁速率，但出于对那位老人 der Alte 的尊重，在这种情况下，每个人都遵循爱因斯坦的符号.

[15] 假设 N_a 和 N_b 都非常大，所以我们可以忽略统计涨落而把它们当作时间的连续函数.

[16] 例如，见 Daniel Schroeder, *An Introduction to Thermal physics* (Pearson, Upper Saddle River, NJ, 2000) 第 6.1 节.（机械工业出版社出版有该书翻译版《热物理学导论》. ——编辑注）

目与**玻尔兹曼因子**（**Boltzmann factor**，$\exp(-E/k_BT)$）成正比，所以

$$\frac{N_a}{N_b}=\frac{e^{-E_a/k_BT}}{e^{-E_b/k_BT}}=e^{\hbar\omega_0/k_BT},\tag{11.57}$$

因此

$$\rho(\omega_0)=\frac{A}{e^{\hbar\omega_0/k_BT}B_{ab}-B_{ba}}.\tag{11.58}$$

但普朗克黑体辐射公式[17]告诉我们热辐射的能量密度为

$$\rho(\omega)=\frac{\hbar}{\pi^2c^3}\frac{\omega^3}{e^{\hbar\omega/k_BT}-1}.\tag{11.59}$$

比较这两个表达式，结论是

$$B_{ab}=B_{ba}\tag{11.60}$$

和

$$A=\frac{\omega_0^3\hbar}{\pi^2c^3}B_{ba}.\tag{11.61}$$

式（11.60）证实了我们已经熟知的结果：受激发射的跃迁速率与吸收的跃迁速率相同.但在 1917 年，这确是一个惊人的结果．事实上，爱因斯坦为了得到普朗克公式被迫“发明”了受激发射．然而，目前的注意力集中在式（11.61）上，因为它告诉我们根据已知的受激发射速率（$B_{ba}\rho(\omega_0)$）可以求得所期望的自发发射速率（A）．从式（11.54）得出

$$B_{ba}=\frac{\pi}{3\varepsilon_0\hbar^2}|\wp|^2,\tag{11.62}$$

由此可知，自发发射速率为

$$\boxed{A=\frac{\omega_0^3|\wp|^2}{3\pi\varepsilon_0\hbar c^3}.}\tag{11.63}$$

习题 11.10 作为向下跃迁的一种机制，自发发射与热受激发射（黑体辐射作为源的受激发射）存在竞争．证明，在室温（$T=300\text{K}$）下，热受激发射在远低于 5×10^{12}Hz 的频率下占主导地位，而自发发射在远高于 5×10^{12}Hz 的频率下占主导地位．对于可见光，哪种机制占主导地位？

习题 11.11 若已知电磁场的基态能量密度 $\rho_0(\omega)$，不需要绕道爱因斯坦的 A 和 B 系数就可以推导出自发发射速率（式（11.63）），因为这只是受激发射的情况（式（11.54））．要真正做到这一点，需要用到量子电动力学，但如果你愿意相信基态在每个经典模式下都是由**一个光子**组成的，那么推导就相当简单：

（a）为求出经典模式，考虑边长为 l 的空立方体盒子，原点位于其一个角上．（真空中）电磁场满足经典波动方程[18]

---

[17] Schroeder，第 7.4 节，见脚注 16.

[18] 格里菲斯，第 9.2.1 节．见脚注 11.

$$\left(\frac{1}{c^2}\frac{\partial^2}{\partial t^2}-\nabla^2\right)f(x,y,z,t)=0,$$

式中，f 代表 $\boldsymbol{E}$ 或 $\boldsymbol{B}$ 的任意分量．证明：通过分离变量法，并在所有六个表面加上边界条件 $f=0$，可求得驻波模

$$f_{n_x,n_y,n_z}=A\cos(\omega t)\sin\left(\frac{n_x\pi}{l}x\right)\sin\left(\frac{n_y\pi}{l}y\right)\sin\left(\frac{n_z\pi}{l}z\right),$$

和

$$\omega=\frac{\pi c}{l}\sqrt{n_x^2+n_y^2+n_z^2}.$$

每个正整数对应的三重态都有两种模式（n_x，n_y，$n_z=1$，2，3，…），对应于两种偏振态．

（b）光子的能量 $E=h\nu=\hbar\omega$（式（4.92）），所以驻波模（n_x，n_y，n_z）的能量为

$$E_{n_x,n_y,n_z}=\frac{2\pi\hbar c}{l}\sqrt{n_x^2+n_y^2+n_z^2}.$$

若每个模式有一个光子，那么在 $\mathrm{d}\omega$ 的频率范围内单位体积的总能量是多少？用下面的形式表示你的结果：

$$\frac{1}{l^3}\mathrm{d}E=\rho_0(\omega)\,\mathrm{d}\omega,$$

并读取 $\rho_0(\omega)$．**提示**：参考图 5.3．

（c）利用得到的结果以及式（11.54）求自发发射速率，并同式（11.63）做比较．

11.3.2　激发态寿命

式（11.63）是我们得到的基本结论；它给出了自发发射的跃迁速率．现在，假设你能以某种方式使大量的原子处于激发态．由于自发发射，激发态上的原子数量将随着时间增加而减少；具体来说，在 $\mathrm{d}t$ 时间间隔内，减少的原子数为 $A\mathrm{d}t$：

$$\mathrm{d}N_b=-AN_b\,\mathrm{d}t \tag{11.64}$$

（假定不存在补充原子的途径）．[19] 求解 $N_b(t)$，得到

$$N_b(t)=N_b(0)\,\mathrm{e}^{-At}; \tag{11.65}$$

显然，在激发态剩余的原子数目呈指数减少，并且其时间常数

$$\tau=\frac{1}{A}. \tag{11.66}$$

我们称为状态的**寿命（lifetime）**——严格地讲，它是 $N_b(t)$ 减少至开始值的 $1/e\approx0.368$ 倍时所需要的时间．

前面我一直假设系统只有两种状态，但这只是为了书写的简单，自发发射公式（式（11.63））给出了 $\psi_b\rightarrow\psi_a$ 的跃迁速率，而没有考虑其他状态的跃迁情况（见习题 11.24）．

---

[19] 这种情况不应与在上一节中考虑的热平衡情况相混淆．在这里我们假设原子已经偏离了平衡，并且处在级联回到平衡状态的过程中．

通常，受激原子存在许多不同的**衰变模**（**decay modes**，即 ψ_b 可以衰变到许多不同的低能状态上，ψ_{a1}，ψ_{a2}，ψ_{a3}，…）. 在这种情况下，各跃迁速率相加，净寿命是

$$\tau=\frac{1}{A_1+A_2+A_3+\cdots}. \tag{11.67}$$

例题 11.1 假设一电荷 q 固定在弹簧上，并约束在沿 x 轴振动. 设开始时处在状态 $|n\rangle$（式（2.68）），然后通过自发发射衰变为状态 $|n'\rangle$. 由式（11.51）有

$$\wp=q\langle n|x|n'\rangle\hat{i}.$$

在习题 3.39 中，你计算过 x 的矩阵元：

$$\langle n|x|n'\rangle=\sqrt{\frac{\hbar}{2m\omega}}\left(\sqrt{n'}\,\delta_{n,n'-1}+\sqrt{n}\,\delta_{n',n-1}\right),$$

式中，ω 是谐振子的固有频率（我不再用这个字母来表示受激辐射的频率）. 但我们讨论的是发射，因此 n' 必须低于 n；那么，对于本问题有

$$\wp=q\sqrt{\frac{n\hbar}{2m\omega}}\,\delta_{n',n-1}\hat{i}. \tag{11.68}$$

显然，跃迁仅发生在“梯子”较低一级的一个状态，发射光子的频率为

$$\omega_0=\frac{E_n-E_{n'}}{\hbar}=\frac{(n+1/2)\hbar\omega-(n'+1/2)\hbar\omega}{\hbar}=(n-n')\omega=\omega. \tag{11.69}$$

不出所料，系统以经典振子的频率辐射. 跃迁速率（式（11.63））是

$$A=\frac{nq^2\omega^2}{6\pi\varepsilon_0 mc^3}. \tag{11.70}$$

第 n 个定态的寿命是

$$\tau_n=\frac{6\pi\varepsilon_0 mc^3}{nq^2\omega^2}. \tag{11.71}$$

同时，每一个辐射光子携带的能量是 $\hbar\omega$，因此，辐射功率是 $A\hbar\omega$，即

$$P=\frac{q^2\omega^2}{6\pi\varepsilon_0 mc^3}n\hbar\omega,$$

或者，由于处在第 n 个状态的振子能量为 $E=(n+1/2)\hbar\omega$，所以

$$P=\frac{q^2\omega^2}{6\pi\varepsilon_0 mc^3}\left(E-\frac{1}{2}\hbar\omega\right). \tag{11.72}$$

这是具有（初始）能量 E 的量子振子辐射的平均功率.

为了做比较，让我们求出相同能量的经典振子辐射的平均功率. 根据经典电动力学，加速运动的电荷 q 辐射的功率由**拉莫尔公式**（**Larmor formula**）[20] 给出：

$$P=\frac{q^2a^2}{6\pi\varepsilon_0 c^3}. \tag{11.73}$$

[20] 例如，参见 Griffiths（脚注 11），第 11.2.1 节.

对于振幅为 x_0 的谐振子，$x(t)=x_0\cos(\omega t)$，加速度为 $a=-x_0\omega^2\cos(\omega t)$. 整个周期的平均值为

$$P=\frac{q^2x_0^2\omega^4}{12\pi\varepsilon_0 c^3}.$$

但谐振子的能量为 $E=(1/2)m\omega^2x_0^2$，所以 $x_0^2=2E/m\omega^2$，因此

$$P=\frac{q^2\omega^2}{6\pi\varepsilon_0 mc^3}E. \tag{11.74}$$

这就是能量为 E 的经典谐振子的平均辐射功率. 在经典极限情况下（$\hbar\to 0$），经典公式和量子公式一致；[21]然而，量子公式（式（11.72））保护了基态：如果 $E=(1/2)\hbar\omega$，谐振子将不辐射.

习题 11.12　激发态的**半衰期**（**half-life**，($t_{1/2}$)）是指在较大样品中有半数原子发生跃迁所需要的时间. 求 $t_{1/2}$ 与 τ（状态的"寿命"）之间的关系.

* **习题 11.13**　计算氢原子 $n=2$ 时的 4 个状态寿命（以秒为单位）. **提示**：你需要计算以下形式的矩阵元，如 $\langle\psi_{100}|x|\psi_{200}\rangle$、$\langle\psi_{100}|y|\psi_{211}\rangle$ 等. 记住：$x=r\sin\theta\cos\phi$，$y=r\sin\theta\sin\phi$ 和 $z=r\cos\theta$. 这些积分大多数为零，因此在开始计算之前，仔细地检查一下. **答案**：1.60×10^{-9} s（除了 ψ_{200}，ψ_{200} 态的寿命是无限大）.

11.3.3　选择定则

自发发射速率的计算已简化为计算下列形式的矩阵元：

$$\langle\psi_b|\boldsymbol{r}|\psi_a\rangle.$$

如果你做了习题 11.13，会发现（如果你没有，现在就回去做!）这些矩阵元的值通常是零. 预先知道在什么情况下它们为零是很有帮助的，这样就不必浪费太多的时间来计算那些不必要的积分. 若我们对氢原子体系感兴趣，其哈密顿量是球对称的. 在这种情况下，状态可以用量子数 n，ℓ，m 来标记，矩阵元是

$$\langle n'\ell'm'|\boldsymbol{r}|n\ell m\rangle.$$

现在 $\boldsymbol{r}$ 是一个矢量算符，可以援引第 6 章的结果来获得**选择定则**（**selection rules**）[22]

$$\boxed{\Delta l\equiv\ell'-\ell=\pm1,\quad \Delta m=m'-m=0\text{ 或者}\pm1.} \tag{11.75}$$

这些条件仅仅是对称性的要求. 如果它们不满足，则矩阵元为零，称为**跃迁禁戒**（**forbidden**）. 此外，从式（6.56）~（6.58）可以得出：

---

[21] 这是玻尔**对应原理**（**Correspondence Principle**）的一个例子. 事实上，如果用基态以上的能量来表示 P，这两个公式是相同的.

[22] 参见式（6.62）（式（6.26）消除了 $\Delta\ell=0$），或者利用习题 11.14 和 11.15 从头推导.

$$\begin{cases}\text{如果 } m'=m, & \text{那么 } \langle n'\ell'm'|x|n\ell m\rangle=\langle n'\ell'm'|y|n\ell m\rangle=0, \\ \text{如果 } m'=m\pm1, & \text{那么 } \langle n'\ell'm'|x|n\ell m\rangle=\pm i\langle n'\ell'm'|y|n\ell m\rangle \\ & \text{和} \langle n'\ell'm'|z|n\ell m\rangle=0.\end{cases} \tag{11.76}$$

因此，不必同时计算 x 和 y 的矩阵元；你总是可以从其中的一个得到另一个.

显然，并非所有的向低能态跃迁都可以通过电偶极子辐射进行；大多数是被选择定则禁止的. 图 11.9 给出了氢原子前 4 个玻尔能级间的允许跃迁. 请注意，2S 态（ψ_{200}）被“卡住”了，它不能衰变；因为当 $\ell=1$ 时，不存在更低的能量状态. 它被称为**亚稳态**（**metastable**），它的寿命比 2P 态（例如 ψ_{211}、ψ_{210}、ψ_{21-1}）要长很多. 亚稳态最终也会因碰撞或“禁戒”跃迁（习题 11.31）或多光子发射而衰变.

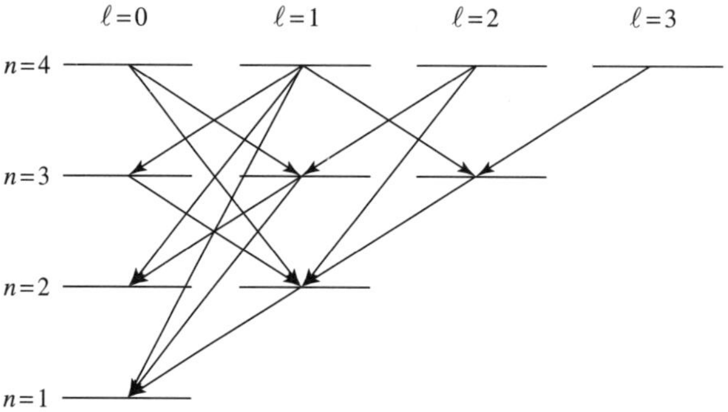

图 11.9 氢原子中前 4 个玻尔能级的允许跃迁.

习题 11.14 从 L_z 与 x、y 和 z 的对易关系（式（4.122））：

$$[L_z,x]=i\hbar y,\quad [L_z,y]=-i\hbar x,\quad [L_z,z]=0, \tag{11.77}$$

给出 Δm 的选择定则和式（11.76）. **提示**：把每个对易式夹在$\langle n'\ell'm'|$和$|n\ell m\rangle$之间.

****习题 11.15** 求下面情况下 $\Delta\ell$ 的选择定则：

（a）推导对易关系

$$[L^2,[L^2,\boldsymbol{r}]]=2\hbar^2(\boldsymbol{r}L^2+L^2\boldsymbol{r}). \tag{11.78}$$

提示：先证明

$$[L^2,z]=2i\hbar(xL_y-yL_x-i\hbar z).$$

利用这一点，以及（在最后一步）$\boldsymbol{r}\cdot\boldsymbol{L}=\boldsymbol{r}\cdot(\boldsymbol{r}\times\boldsymbol{p})=\boldsymbol{0}$ 这一事实来证明

$$[L^2,[L^2,z]]=2\hbar^2(zL^2+L^2z).$$

从 z 推广到 $\boldsymbol{r}$ 十分容易.

（b）把这个对易式夹在$\langle n'\ell'm'|$和$|n\ell m\rangle$之间，运算并指出其含义.

****习题 11.16** 处在 $n=3$，$\ell=0$，$m=0$ 状态的氢原子中的电子，经过一系列跃迁（电偶极矩）衰变至基态.

（a）有哪些衰变路径？按下列方式写出具体每条路径：

$$|300\rangle \to |n\ell m\rangle \to |n'\ell'm'\rangle \to \cdots \to |100\rangle.$$

(b) 如果有许多处在该态的原子，通过每条路径衰变的分支比是多少？

(c) 该状态的寿命是多少？提示：一旦开始第一次跃迁，它将不再处于 $|300\rangle$ 状态，因此在计算寿命时，仅每个跃迁路径的第一步是与寿命相关的.

11.4 费米黄金规则

在前面章节中，我们考虑了两个离散能态之间的跃迁，例如原子的两个束缚态. 我们发现，当末态能量满足共振条件时，这种跃迁最有可能发生：$E_f=E_i+\hbar\omega$，其中 ω 是与微扰相关的频率. 现在我考虑 E_f 位于一个连续本征谱的情况（见图 11.10）. 为了更贴合第 11.2 节中的例子，如果辐射能量足够大，则它可以电离原子，即**光电效应（photoelectric effect）**将电子从一个束缚态激发到连续本征谱的散射态.

在这个连续谱中，我们无法讨论到某一精确能级状态的跃迁（就像我们不能谈论一个年龄刚好 16 岁的人一样），但可以计算体系跃迁到能量为 E_f 附近 ΔE 有限范围内状态的几率. 这由式（11.35）通过对所有最终状态的积分给出：

$$P=\int_{E_f-\Delta E/2}^{E_f+\Delta E/2}\frac{|V_{in}|^2}{\hbar^2}\left\{\frac{\sin^2[(\omega_0-\omega)t/2]}{(\omega_0-\omega)^2}\right\}\rho(E_n)\,\mathrm{d}E_n, \tag{11.79}$$

式中，$\omega_0=(E_n-E_i)/\hbar$. 物理量 $\rho(E)\mathrm{d}E$ 是能量介于 E 和 $E+\mathrm{d}E$ 之间的状态数目；$\rho(E)$ 称为**态密度（density of states）**，我将在例题 11.2 中告诉你如何计算它.

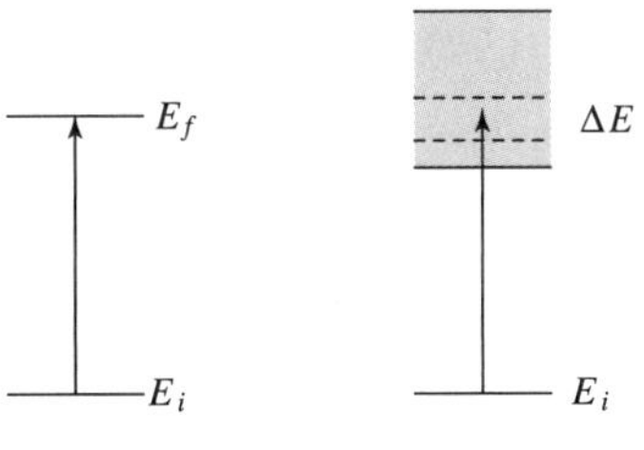

图 11.10　a）两个离散态之间的跃迁；b）一个离散态到一个连续态之间的跃迁.

当时间很短时，式（11.79）给出跃迁几率与 t^2 成正比，同离散态之间的跃迁一样. 另一方面，式（11.79）中大括号内的量经过较长时间达到峰值：作为能量 E_n 的函数，其最大值在 $E_f=E_i+\hbar\omega$ 处，中心峰值的宽度为 $4\pi\hbar/t$. 因此，在 t 足够大时，可以将式（11.79）近似为[23]

$$P=\frac{|V_{if}|^2}{\hbar^2}\rho(E_f)\int_{-\infty}^{\infty}\frac{\sin^2[(\omega_0-\omega)t/2]}{(\omega_0-\omega)^2}\mathrm{d}E_n.$$

剩余的积分已经在第 11.2.3 节中计算出来：

$$P=\frac{2\pi}{\hbar}\left|\frac{V_{if}}{2}\right|^2\rho(E_f)t. \tag{11.80}$$

[23] 这与在式（11.46）~式（11.48）中得出的近似值相同.

P 的振荡行为再次被“洗掉”，给出了一恒定的跃迁速率：[24]

$$\boxed{R=\frac{2\pi}{\hbar}\left|\frac{V_{if}}{2}\right|^2\rho(E_f).} \tag{11.81}$$

式（11.81）称为**费米黄金规则（Fermi's Golden Rule）**.[25] 除了因子 $2\pi/\hbar$ 之外，它表示跃迁速率是矩阵元平方（它概括了过程动力学的所有相关信息）乘以态密度（考虑微扰提供的能量不同，确定有多少末态可以跃迁——末态越多，跃迁越快）. 这是有道理的.

例题 11.2 质量为 m 的粒子以波矢 $\boldsymbol{k}'$ 入射，经势 $V(\boldsymbol{r})$ 散射（见图 11.11），利用费米黄金规则求其微分散射截面.

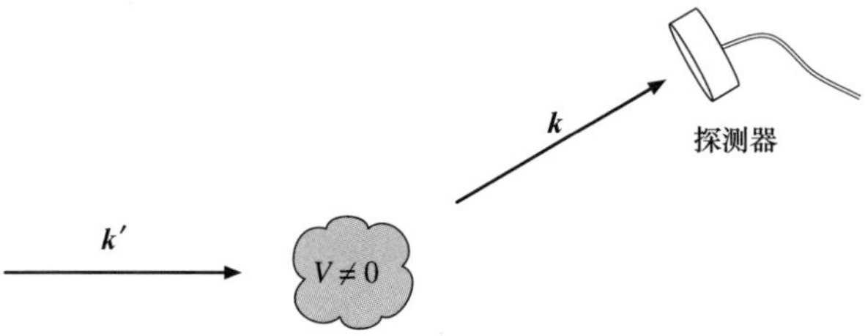

图 11.11 入射波矢为 $\boldsymbol{k}'$ 的粒子经散射成为波矢 $\boldsymbol{k}$ 的状态.

解： 将初态和末态视为平面波：

$$\psi_i=\frac{1}{\sqrt{l^3}}e^{i\boldsymbol{k}'\cdot\boldsymbol{r}},\quad \psi_f=\frac{1}{\sqrt{l^3}}e^{i\boldsymbol{k}\cdot\boldsymbol{r}}. \tag{11.82}$$

这里，我使用了一种称为**箱归一化（box normalization）**的技术；我把整个系统放在一个边长为 l 的盒子里. 这使得自由粒子状态可归一化且可数. 从形式上讲，我们希望 $l\to\infty$；实际上，在最终的表达式中并没有 l 的出现.

利用周期性边界条件，[26]对于整数 n_x、n_y 和 n_z，$\boldsymbol{k}$ 的允许值为

$$\boldsymbol{k}=\frac{2\pi}{l}(n_x\hat{i}+n_y\hat{j}+n_z\hat{k}). \tag{11.83}$$

散射势 $\hat{H}'=V(\boldsymbol{r})$ 为微扰，相关矩阵元是

[24] 在推导式（11.35）时，我们加的微扰为

$$\hat{H}'=V\cos(\omega t)\to\frac{V}{2}e^{-i\omega t},$$

因为去掉了另一个（非共振）指数. 这是式（11.81）中绝对值内 2 的来源. 费米黄金规则也适用于常数微扰，即 $\hat{H}'=\hat{V}$，如果设 $\omega=0$，去掉 2：

$$\boxed{R=\frac{2\pi}{\hbar}|V_{if}|^2\rho(E_f).}$$

[25] 这实际上归于狄拉克，但是费米给了它一个难忘的名字. 有关历史参见 T. Visser, *Am. J. Phys.* **77**, 487（2009）. 费米的黄金规则不仅仅适用于连续状态的转变. 例如，式（11.54）可被视为一个例子. 这种情况下，在微扰的频率连续范围内做积分，而不是终态的连续谱范围，但最终结果一样.

[26] 习题 5.39 讨论了周期性边界条件. 在目前的情况下，我们使用周期性边界条件，而不是不可穿透的墙，因为它们允许行波解.

$$V_{fi}=\int\psi_f^*(r)V(\boldsymbol{r})\psi_i(r)\,\mathrm{d}^3\boldsymbol{r}=\frac{1}{l^3}\int\mathrm{e}^{\mathrm{i}(\boldsymbol{k}'-\boldsymbol{k})\cdot\boldsymbol{r}}V(\boldsymbol{r})\,\mathrm{d}^3\boldsymbol{r}. \tag{11.84}$$

我们需要求出态密度. 在散射实验中，我们测量散射到立体角 $\mathrm{d}\Omega$ 内的粒子数. 要计算波矢 $\boldsymbol{k}$ 位于 $\mathrm{d}\Omega$ 内、能量在 E 和 $E+\mathrm{d}E$ 之间的状态数. 在 k 空间中，这些态占据半径为 k、厚度为 $\mathrm{d}k$ 的球壳的一部分，该部分张开的立体角为 $\mathrm{d}\Omega$；它占有体积

$$k^2\,\mathrm{d}k\,\mathrm{d}\Omega,$$

并包含的状态数[27]

$$\rho(E)\,\mathrm{d}E=\frac{k^2\,\mathrm{d}k\,\mathrm{d}\Omega}{(2\pi/l)^3}=\left(\frac{l}{2\pi}\right)^3k^2\frac{\mathrm{d}k}{\mathrm{d}E}\mathrm{d}E\,\mathrm{d}\Omega.$$

由于 $E=\hbar^2k^2/2m$，因此

$$\rho(E)=\left(\frac{l}{2\pi}\right)^3\frac{\sqrt{2m^3E}}{\hbar^3}\mathrm{d}\Omega. \tag{11.85}$$

根据费米黄金规则，粒子散射到立体角 $\mathrm{d}\Omega$ 内的速率为[28]

$$R_{i\to\mathrm{d}\Omega}=\frac{2\pi}{\hbar}\frac{1}{l^6}\left|\int\mathrm{e}^{\mathrm{i}(\boldsymbol{k}'-\boldsymbol{k})\cdot\boldsymbol{r}}V(\boldsymbol{r})\,\mathrm{d}^3\boldsymbol{r}\right|^2\left(\frac{l}{2\pi}\right)^3\frac{\sqrt{2m^3E_f}}{\hbar^3}\mathrm{d}\Omega.$$

这与微分散射截面密切相关：

$$\frac{\mathrm{d}\sigma}{\mathrm{d}\Omega}=\frac{R_{i\to\mathrm{d}\Omega}}{J_i\,\mathrm{d}\Omega}. \tag{11.86}$$

其中，J_i 为入射粒子通量（几率流）. 对形式为 $\psi_i=A\mathrm{e}^{\mathrm{i}\boldsymbol{k}'\cdot\boldsymbol{r}}$ 的入射波，几率流为（式(4.220)）

$$J_i=|A|^2v=\frac{1}{l^3}\frac{\hbar k'}{m}, \tag{11.87}$$

且

$$\frac{\mathrm{d}\sigma}{\mathrm{d}\Omega}=\left|-\frac{m}{2\pi\hbar^2}\int\mathrm{e}^{\mathrm{i}(\boldsymbol{k}'-\boldsymbol{k})\cdot\boldsymbol{r}}V(\boldsymbol{r})\,\mathrm{d}^3\boldsymbol{r}\right|^2. \tag{11.88}$$

这正是我们从玻恩一阶近似（式（10.79））得到的结果.

*** **习题 11.17** 在光电效应中，如果光子的能量（$\hbar\omega$）大于电子的结合能，光就可以使原子电离. 考虑氢原子基态的光电效应，其中电子以动量 $\hbar\boldsymbol{k}$ 逸出. 取电子的初态为 $\psi_0(r)$（式（4.80）），其终态为[29]

---

[27] 如习题 5.39 所示，k 空间中的每个状态“占据”了 $(2\pi/l)^3$ 的体积.

[28] 参见脚注 24.

[29] 这是一个近似；我们应该使用氢原子的散射态. 有关光电效应的拓展性讨论，包括与实验的比较和该近似的有效性，请参见 W. Heitler, *Quantum Theory of Radiation*, 第 3 版, Oxford University Press, 伦敦（1954），第 21 节.

$$\psi_f=\frac{1}{\sqrt{l^3}}e^{i\boldsymbol{k}\cdot\boldsymbol{r}},$$

如例题 11.2 所示.

（a）对沿 z 轴方向的偏振光，使用费米黄金规则计算在偶极子近似下电子射入立体角 $d\Omega$ 的速率.[30]

答案：
$$\left[R_{i\to d\Omega}=256\frac{\varepsilon_0E_0^2a^3}{2\hbar\omega}\frac{(ka)^3}{[1+(ka)^2]^6}\cos^2\theta d\Omega.\right]$$

提示：使用如下技巧来计算矩阵元：

$$ze^{i\boldsymbol{k}\cdot\boldsymbol{r}}=-i\frac{d}{dk_z}e^{i\boldsymbol{k}\cdot\boldsymbol{r}}.$$

把 d/dk_z 移出积分符号之外，剩下的就可以直接计算.

（b）**光电截面（photoelectric cross section）**定义为

$$\sigma(k)=\frac{R_{i\to\text{all}}\hbar\omega}{\frac{1}{2}\varepsilon_0E_0^2c},$$

其中，分子中的量是能量被吸收的速率（每光电子为 $\hbar\omega=\frac{\hbar^2k^2}{2m}-E_1$），分母中的量是入射光的强度. 将（a）中的结果对全部角度进行积分，求出 $R_{i\to\text{all}}$；并计算光电截面.

（c）求出紫外光波长为 220Å 时光电截面的具体数值.（请注意：这是入射光波长，而不是散射电子波长.）将你的答案以单位 Mb 表示出来（$1\text{Mb}=10^{-22}\text{m}^2$）.

11.5 绝热近似

11.5.1 绝热过程

想象一个完美的钟摆，不受摩擦或空气阻力，在垂直平面内来回摆动. 如果你抓住单摆的支架，剧烈摇晃它，单摆的摆动就会变得乱七八糟. 但是，如果你轻轻地移动支架（见图 11.12），摆锤将继续在同一平面（或与之平行的平面）平稳地摆动，且摆动振幅不变. **外部条件的这种逐渐变化**定义为**绝热（adiabatic）**过程. 请注意，这里涉及两个特征时间：T_i 表示系统自身运动的“内部”时间（在本例中为摆锤振荡的周期），以及 T_e 表示系统参量发生明显变化的“外部”时间（例如，如果摆锤安装在旋转平台上，则 T_e 将是**平台**运动的周期）. 绝热过程是 $T_e \gg T_i$ 的过程（在平台有明显移动之前，摆锤已经摆动多次）.[31]

---

[30] 这里得到的结果因子大了 4 倍；修正这一点需要更仔细地推导出辐射跃迁矩阵元（见习题 11.30）. 但是，结果仅是整体因子受到影响；其有趣的特征（对 k 和 θ 的依赖性）是正确的.

[31] 一个有关经典绝热过程的有趣讨论可参见 Frank S. Crawford，*Am. J. Phys.* **58**，337（1990）.

图 11.12　绝热运动：如果箱子移动得非常缓慢，里面的摆将在与原来平行的平面内振动，并且振幅保持不变.

如果我把钟摆带到北极，并让它朝着沿波特兰（美国港口城市）的方向摆动（见图 11.13）. 现在假设地球没有旋转. 我非常轻轻地（也就是绝热地）沿着穿过波特兰的经线把它带到赤道. 在赤道上的这一点，它沿南北方向摆动. 现在我带着它（仍在南北摆动）绕着赤道走了一段距离，最后，沿着另一条经线我把它带回到北极. 钟摆将不再像我出发时那样在同一平面上摆动. 事实上，新的摆动平面与旧平面之间成一个角度 Θ，其中 Θ 是南行和北行经线之间的角度. 总的来说，若你在地球表面绕着一个闭合环路移动钟摆，角度偏差（钟摆的初始平面和最终平面之间）等于经过的路径相对于地心所张开的立体角，如果感兴趣的话，你可以自己证明这一点.

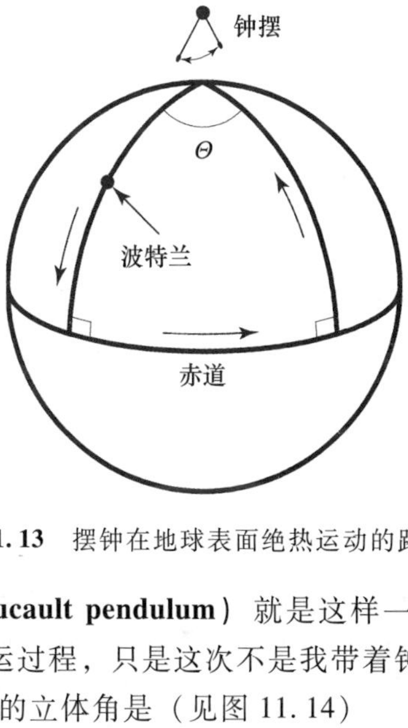

图 11.13　摆钟在地球表面绝热运动的路线.

顺便说一句，**傅科摆（Foucault pendulum）**就是这样一个例子，它是在地球表面上绕着一个闭合路径进行的绝热输运过程，只是这次不是我带着钟摆运动，而是让**地球自转来完成**这项工作. 一条 θ_0 纬线所张的立体角是（见图 11.14）

$$\Omega=\int\sin\theta\mathrm{d}\theta\mathrm{d}\phi=2\pi(-\cos\theta)\Big|_0^{\theta_0}=2\pi(1-\cos\theta_0). \tag{11.89}$$

相对于地球（地球同时转动了 2π 角），傅科摆的日进动是 $2\pi\cos\theta_0$——这一结果通常是在旋转参考系中借助科里奥利力获得的.[32]但本书所给出的是纯粹的几何解释.

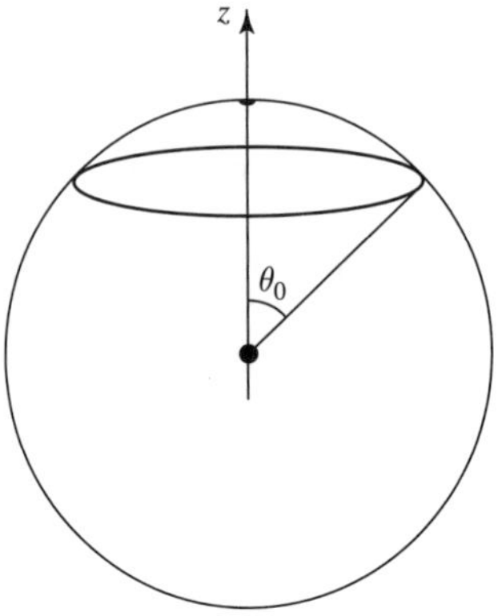

图 11.14 傅科摆在一天内的运动轨迹.

分析绝热过程的基本方法是首先把外部参数视为常量来求解问题，并且仅在计算结束后才允许这些参数随时间（缓慢地）变化. 例如，具有固定长度 L 的单摆的周期为 $2\pi\sqrt{L/g}$；现在令长度逐渐改变，周期将是 $2\pi\sqrt{L(t)/g}$. 我们前面讨论过的氢分子离子问题是一个更加微妙的例子（第 8.3 节），我们首先假定原子核间距 R 固定不动，然后求解电子的运动. 一旦得到了以 R 为函数表示的系统的基态能量，我们就可以确定其平衡位置并根据图线上的曲率得到原子核的振动频率（习题 8.11）. 在分子物理学中，这种方法（从固定的原子核开始，计算电子波函数，并利用这些来获得有关原子核位置和运动的信息（相对缓慢））被称之为**玻恩-奥本海默近似（Born-Oppenheimer approximation）**.

11.5.2 绝热定理

在量子力学中，**绝热近似（adiabatic approximation）**的基本内容可以用一个定理的形式来表达. 假设哈密顿量从某个初态形式 $\hat{H}(0)$ 逐渐变为某个末态形式 $\hat{H}(T)$. **绝热定理**[33]**（adiabatic theorem）**指出：如果粒子最初处于 $\hat{H}(0)$ 的第 n 个本征态，它将演化至（根据薛定谔方程）$\hat{H}(T)$ 的第 n 个本征态.（我假设在整个跃迁过程中能级是分立谱且无简并，这样不会混淆状态的次序；如果有适当的方法“跟踪”本征函数，这些条件可以放宽，但我不打算在这里涉及这个问题.）

例题 11.3

设让粒子处在无限深方势阱的基态（见图 11.15a）：

$$\psi^i(x)=\sqrt{\frac{2}{a}}\sin\left(\frac{\pi}{a}x\right). \tag{11.90}$$

---

[32] 例如，见 Jerry B. Marion 和 Stephen T. Thornton，*Classical Dynamics of Particles and Systems*，第 4 版，Saunders，Fort Worth，TX（1995），例题 10.5. 地理学家从赤道向上测量纬度（λ），而不是从极点向下测量，因此 $\cos\theta_0=\sin\lambda$.

[33] 绝热定理，通常被认为是埃伦菲斯特的贡献，叙述起来很简单，听起来也似乎有道理，但却不容易证明. 该论点在本书早期版本的第 10.1.2 节中可以找到.

现在若逐渐将右壁移动到 $2a$ 位置，绝热定理指出粒子将最终处于扩展势阱的基态（见图 11.15b）：

$$\psi^f(x)=\sqrt{\frac{1}{a}}\sin\left(\frac{\pi}{2a}x\right),\tag{11.91}$$

（我们稍后将讨论相位因子的差别.）请注意，这里讨论的不再是哈密顿量的一个微小变化（如微扰理论）——这个变化是巨大的. 所要求的仅是它变化非常缓慢.

这里能量不守恒吗，当然不是：无论谁移动墙壁，都从系统中吸取能量，就像气瓶上缓慢膨胀的活塞一样. 相反，如果势阱突然膨胀，最终的状态仍然是 $\psi^i(x)$（见图 11.15c），这是新哈密顿量本征态的复杂线性组合（习题 11.18）. 在这种情况下，能量守恒（至少能量期望值守恒）；当挡板突然移除时，气体（进入真空）自由膨胀，并没有做功.

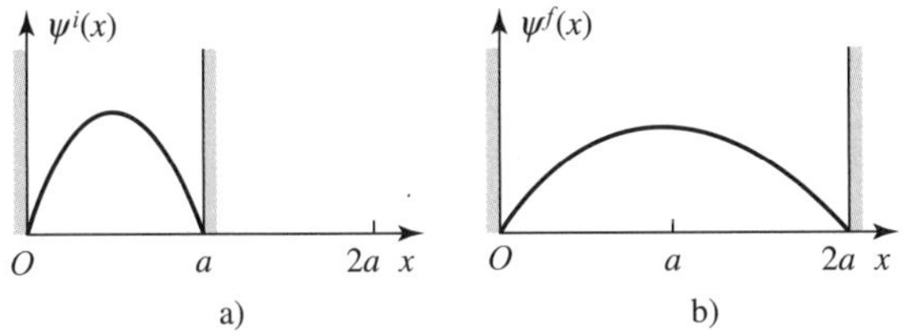

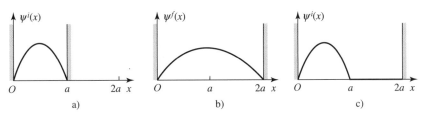

图 11.15　a）粒子开始处于无限深方势阱的基态；b）如果墙移动**缓慢**，粒子将保持基态；c）如果阱壁**快速**移动，粒子将（暂时）保持其初始状态.

根据绝热定理，当哈密顿量逐渐变化时，系统处在初始哈密顿量（$\hat{H}(0)$）的第 n 个本征态将演化为瞬时哈密顿量（$\hat{H}(t)$）的第 n 个本征态. 然而，这并没有给出波函数相位如何变化. 对于恒定的哈密顿量，它具有标准的"摆动因子"，

$$e^{-iE_nt/\hbar},$$

但是本征值 E_n 本身可能是时间的函数，因此"摆动因子"很自然地推广到

$$e^{i\theta_n(t)},\quad 其中\quad \theta_n(t)\equiv-\frac{1}{\hbar}\int_0^t E_n(t')\,dt',\tag{11.92}$$

这称为**动力学相（dynamic phase）**. 但问题就此还没有了结；据我们所知，还有一个额外的相位因子 $\gamma_n(t)$，即所谓的**几何相位（geometric phase）**. 在绝热极限下，t 时刻的波函数形式为[34]

$$\Psi_n(t)=e^{i\theta_n(t)}e^{i\gamma_n(t)}\psi_n(t),\tag{11.93}$$

其中 $\psi_n(t)$ 为瞬时哈密顿量的第 n 个本征态：

$$\hat{H}(t)\psi_n(t)=E_n(t)\psi_n(t).\tag{11.94}$$

式（11.93）是绝热定理的正式表述.

当然，$\psi_n(t)$ 本身的相位可以是任意的（无论你选择什么样的相位，它依然是本征函数，具有相同的本征值），因此几何相位本身没有物理意义. 但是，如果让系统绕一个闭合

[34] 这里我隐瞒了对其他变量的依赖，只讨论对时间的依赖性.

路径循环（比如把钟摆从北极移到赤道，绕赤道运动，然后再回到北极），那么最后的哈密顿量和初始的哈密顿量是一样的吗？净的相位变化是一个可测量量. 动力学相位取决于经过的时间，但绝热闭合路径的几何相位仅取决于所经过的路径.[35] 它被称为**贝里相（Berry's phase）**,[36]

$$\gamma_B \equiv \gamma(T)-\gamma(0). \tag{11.95}$$

例题 11.4

静止在原点的质量为 m、电荷量为 $-e$ 的电子处在磁场中，磁场大小（B_0）恒定，方向扫过一圆锥体，张角为 α，旋转角速度 ω 恒定（见图 11.16）：

$$\boldsymbol{B}(t)=B_0[\sin\alpha\cos(\omega t)\hat{i}+\sin\alpha\sin(\omega t)\hat{j}+\cos\alpha\hat{k}]. \tag{11.96}$$

哈密顿算符（式（4.158））是

$$\begin{aligned}\hat{H}(t)&=\frac{e}{m}\boldsymbol{B}\cdot\boldsymbol{S}=\frac{e\hbar B_0}{2m}[\sin\alpha\cos(\omega t)\sigma_x+\sin\alpha\cos(\omega t)\sigma_y+\cos\alpha\sigma_z]\\&=\frac{\hbar\omega_1}{2}\begin{pmatrix}\cos\alpha & e^{-i\omega t}\sin\alpha\\ e^{i\omega t}\sin\alpha & -\cos\alpha\end{pmatrix},\end{aligned} \tag{11.97}$$

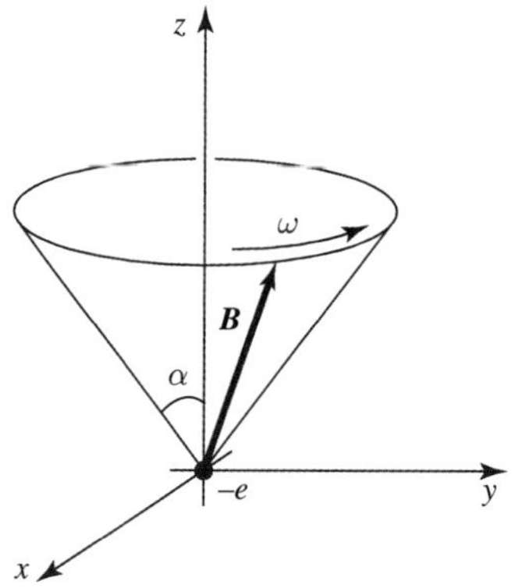

图 11.16 磁场以角速度 ω 绕圆锥体转动（式（11.96））.

其中

$$\omega_1 \equiv \frac{eB_0}{m}. \tag{11.98}$$

$\hat{H}(t)$ 归一化的本征旋量是

$$\chi_+(t)=\begin{pmatrix}\cos(\alpha/2)\\ e^{i\omega t}\sin(\alpha/2)\end{pmatrix}, \tag{11.99}$$

和

[35] 正如迈克尔·贝里所说，动力学相位回答了“你的旅行花了多长时间？”而几何相位告诉你“你去过哪里？”.

[36] 关于这一主题的更多信息，请参见 Alfred Shapere 和 Frank Wilczek，*Geometric Phasesin Physics* World Scientific，新加坡（1989）；Andrei Bernevig 和 Taylor Hughes，*Topological Insulators and Topological Superconductors*，Princeton University Press，新泽西州普林斯顿（2013），第 2 章.

$$\chi_-(t)=\begin{pmatrix}e^{-i\omega t}\sin(\alpha/2)\\-\cos(\alpha/2)\end{pmatrix};\tag{11.100}$$

分别代表沿磁场 $\boldsymbol{B}(t)$ 瞬时方向的自旋向上和自旋向下状态（参见习题 4.33）. 相应的本征值是

$$E_{\pm}=\pm\frac{\hbar\omega_1}{2}.\tag{11.101}$$

设开始时电子沿 $\boldsymbol{B}(0)$ 方向运动，自旋向上：

$$\chi(0)=\begin{pmatrix}\cos(\alpha/2)\\\sin(\alpha/2)\end{pmatrix}.\tag{11.102}$$

含时薛定谔方程的精确解（习题 11.20）是

$$\chi(t)=\begin{pmatrix}\left[\cos(\lambda t/2)-i\dfrac{\omega_1-\omega}{\lambda}\sin(\lambda t/2)\right]\cos(\alpha/2)e^{-i\omega t/2}\\\left[\cos(\lambda t/2)-i\dfrac{\omega_1+\omega}{\lambda}\sin(\lambda t/2)\right]\sin(\alpha/2)e^{i\omega t/2}\end{pmatrix},\tag{11.103}$$

其中

$$\lambda\equiv\sqrt{\omega^2+\omega_1^2-2\omega\omega_1\cos\alpha}.\tag{11.104}$$

或者，将其表示为 χ_+ 与 χ_- 的线性组合：

$$\chi(t)=\left[\cos\left(\frac{\lambda t}{2}\right)-i\frac{\omega_1-\omega\cos\alpha}{\lambda}\sin\left(\frac{\lambda t}{2}\right)\right]e^{-i\omega t/2}\chi_+(t)+$$
$$i\left[\frac{\omega}{\lambda}\sin\alpha\sin\left(\frac{\lambda t}{2}\right)\right]e^{i\omega t/2}\chi_-(t).\tag{11.105}$$

显然，(沿当前 $\boldsymbol{B}$ 的方向）向自旋向下跃迁的（精确）几率是

$$|\langle\chi(t)|\chi_-(t)\rangle|^2=\left[\frac{\omega}{\lambda}\sin\alpha\sin\left(\frac{\lambda t}{2}\right)\right]^2.\tag{11.106}$$

绝热定理表明，该跃迁几率应在 $T_e\gg T_i$ 的极限情况下为零，其中 T_e 是哈密顿量变化的特征时间（此处为 $1/\omega$），T_i 是波函数变化的特征时间（此处是 $\hbar/(E_+-E_-)=1/\omega_1$）. 因此绝热近似意味着 $\omega\ll\omega_1$：与（未微扰）波函数的相位变化相比，磁场旋转缓慢. 在绝热近似下 $\lambda\approx\omega_1$（式（11.104）)，因此，如上面所述那样

$$|\langle\chi(t)|\chi_-(t)\rangle|^2\approx\left[\frac{\omega}{\omega_1}\sin\alpha\sin\left(\frac{\lambda t}{2}\right)\right]^2\to 0,\tag{11.107}$$

磁场作用使电子绕着它旋转，自旋一直指向 $\boldsymbol{B}$ 的方向. 相反，如果 $\omega\gg\omega_1$，那么 $\lambda\approx\omega$，系统在自旋向上和自旋向下之间来回振荡（见图 11.17).

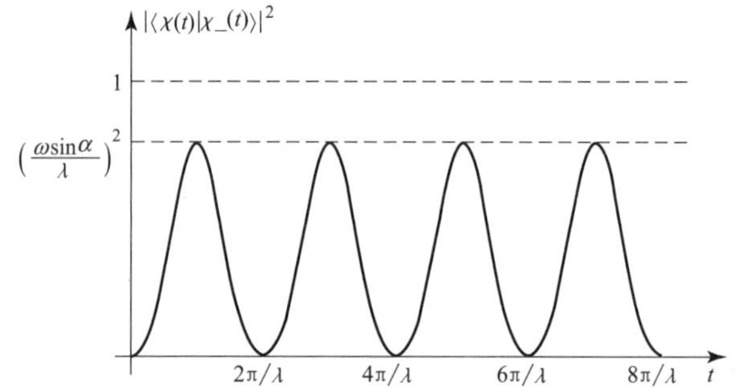

图 11.17 在非绝热区域（$\omega \gg \omega_1$）内的跃迁几率图，对应式（11.106）.

* **习题 11.18** 质量为 m 的粒子处于无限深方势阱的基态（式（2.22））. 势阱突然扩大到原来尺寸的 2 倍，即势阱右壁从 a 移动至 $2a$，使波函数（瞬间）不受干扰. 对粒子的能量进行测量.

（a）最可能的结果是什么？获得该结果的几率是多少？

（b）下一个最可能的结果是什么，其几率是多少？假设你的测量得到此值；关于能量守恒，你的结论是什么？

（c）能量的期望值是多少？**提示：** 如果你发现自己面对的是一个无穷级数，尝试另一种方法.

习题 11.19 粒子处于经典频率为 ω 的谐振子基态，此时弹性常数突然变为 4 倍，因此 $\omega'=2\omega$；开始时不改变其波函数（当然，由于哈密顿量已改变，Ψ 将以不同方式演化）. 对能量测量仍能得到 $\hbar\omega/2$ 值的几率是多少？得到 $\hbar\omega$ 的几率是多少？答案：0.943.

** **习题 11.20** 对式（11.97）中哈密顿量，验证式（11.103）是否满足含时薛定谔方程. 并验证式（11.105）同样满足，根据归一化要求，证明系数的平方和等于 1.

* **习题 11.21** 在例题 11.4 中，求出经过一个周期的贝里相位. **提示：** 使用式（11.105）求出总的相位改变，并减去动力学部分. 你需要把 λ（式（11.104））展开到 ω/ω_1 的一阶.

习题 11.22 δ 函数势阱（式（2.117））有唯一一个单束缚态（式（2.132））. 当 α 由 α_1 逐渐变化到 α_2 时，计算几何相的变化. 如果 α 以恒定的速率增加（$d\alpha/dt=c$），此过程中动力学相变化是多少？[37] **提示：** 将式（11.93）代入含时薛定谔方程，并求解 $\dot{\gamma}$；假设 $\dot{\alpha}$ 可以忽略不计.

---

[37] 如果 $\psi_n'(t)$ 为实数，则几何相位消失. 你可以尝试在本征函数上加一个不必要的（但完全合理的）相位因子：$\psi_n'(t)=e^{i\phi_n}\psi_n(t)$，其中 ϕ_n 是任意的（实）函数. 试试看，你们会得到一个非零的几何相位，但注意当你们把它代回式（11.93）时会发生什么. 对于一个闭合回路，其结果是零.

本章补充习题

*****习题 11.23** 在习题 11.1 中，你证明了

$$\frac{df}{dt}=k(t)f(t)$$

的解是（其中 $k(t)$ 是时间 t 的函数）

$$f(t)=e^{K(t)}f(0), \quad 其中\ K(t)\equiv\int_0^t k(t')\,dt'.$$

这表明薛定谔方程（式（11.1））的解可能是

$$\Psi(t)=e^{\hat{G}(t)}\Psi(0), \quad 其中 \quad \hat{G}(t)\equiv-\frac{i}{\hbar}\int_0^t \hat{H}(t')\,dt'. \tag{11.108}$$

但这并不成立．因为 $\hat{H}(t)$ 是一个算符，而不是函数；且一般情况下 $\hat{H}(t_1)$ 和 $\hat{H}(t_2)$ 不对易．

（a）利用式（11.108），计算 $i\hbar\partial\Psi/\partial t$. **注意**：与通常一样，指数运算符应表示为幂级数：

$$e^{\hat{G}}\equiv1+\hat{G}+\frac{1}{2}\hat{G}\hat{G}+\frac{1}{3!}\hat{G}\hat{G}\hat{G}+\cdots.$$

证明：如果 $[\hat{G},\hat{H}]=0$，那么 Ψ 满足薛定谔方程．

（b）验证一般情况下（$[\hat{G},\hat{H}]\neq0$）的修正解是

$$\Psi(t)=\left\{1+\left(-\frac{i}{\hbar}\right)\int_0^t\hat{H}(t_1)\,dt_1+\left(-\frac{i}{\hbar}\right)^2\int_0^t\hat{H}(t_1)\left[\int_0^{t_1}\hat{H}(t_2)\,dt_2\right]dt_1+\right.$$
$$\left.\left(-\frac{i}{\hbar}\right)^3\int_0^t\hat{H}(t_1)\left[\int_0^{t_1}\hat{H}(t_2)\left(\int_0^{t_2}\hat{H}(t_3)\,dt_3\right)dt_2\right]dt_1+\cdots\right\}\Psi_0. \tag{11.109}$$

这令人很不愉快！请注意，每项中的算符都是"按时间顺序"的，即最近的 $\hat{H}$ 出现在最左侧，然后是下一个最近的，依此类推（$t\geqslant t_1\geqslant t_2\geqslant t_3\cdots$）．戴森引入了两个算符的**时序积（time-ordered product）**：

$$\boldsymbol{T}[\hat{H}(t_i)\hat{H}(t_j)]\equiv\begin{cases}\hat{H}(t_i)\hat{H}(t_j), & t_i\geqslant t_j;\\ \hat{H}(t_j)\hat{H}(t_i), & t_j\geqslant t_i.\end{cases} \tag{11.110}$$

或者更为一般地，

$$\boldsymbol{T}[\hat{H}(t_1)\hat{H}(t_2)\cdots\hat{H}(t_n)]\equiv\hat{H}(t_{j1})\hat{H}(t_{j2})\cdots\hat{H}(t_{jn}), \tag{11.111}$$

其中 $t_{j1}\geqslant t_{j2}\geqslant\cdots\geqslant t_{jn}$.

（c）证明

$$\boldsymbol{T}[\hat{G}\hat{G}]=-\frac{2}{\hbar^2}\int_0^t\hat{H}(t_1)\left[\int_0^{t_1}\hat{H}(t_2)\,dt_2\right]dt_1,$$

并推广到 $\hat{G}$ 的高阶次幂．在式（11.108）中，我们需要 $\boldsymbol{T}[\hat{G}^n]$ 来代替 $\hat{G}^n$：

$$\Psi(t)=\boldsymbol{T}\left[\mathrm{e}^{-\frac{\mathrm{i}}{\hbar}\int_0^t \hat{H}(t')\,\mathrm{d}t'}\right]\Psi(0). \tag{11.112}$$

这就是**戴森公式（Dyson's formula）**；这是式（11.109）的一种简洁表示方法，是薛定谔方程的形式解．戴森公式在量子场论中起着基础性的作用．[38]

****习题 11.24** 在本题中，我们从式（11.5）和式（11.6）的推广开始，发展多能级系统的含时微扰理论：

$$\hat{H}_0\psi_n=E_n\psi_n,\quad \langle\psi_n|\psi_m\rangle=\delta_{nm}. \tag{11.113}$$

在 $t=0$ 时，加上微扰 $\hat{H}'(t)$ 后，总的哈密顿是

$$\hat{H}=\hat{H}_0+\hat{H}'(t). \tag{11.114}$$

（a）将式（11.10）概括为

$$\Psi(t)=\sum c_n(t)\psi_n\mathrm{e}^{-\mathrm{i}E_nt/\hbar}, \tag{11.115}$$

并证明

$$\dot{c}_m=-\frac{\mathrm{i}}{\hbar}\sum_n c_nH'_{mn}\mathrm{e}^{\mathrm{i}(E_m-E_n)t/\hbar}, \tag{11.116}$$

其中

$$H'_{mn}\equiv\langle\psi_m|\hat{H}'|\psi_n\rangle. \tag{11.117}$$

（b）如果系统初态为 ψ_N，（在一阶微扰理论中）证明

$$c_N(t)\approx 1-\frac{\mathrm{i}}{\hbar}\int_0^t H'_{NN}(t')\,\mathrm{d}t'. \tag{11.118}$$

以及

$$c_m(t)\approx-\frac{\mathrm{i}}{\hbar}\int_0^t H'_{mN}(t')\mathrm{e}^{\mathrm{i}(E_m-E_N)t'/\hbar}\,\mathrm{d}t'\quad(m\neq N). \tag{11.119}$$

（c）例如，假设 $\hat{H}'$ 是一个常量（只是在 $t=0$ 时加上，经过时间 T 后在去掉），作为时间 T 的函数，求从 N 态到 M 态的跃迁几率（$M\neq N$）．**答案：**

$$4|H'_{MN}|^2\frac{\sin^2[(E_N-E_M)T/2\hbar]}{(E_N-E_M)^2}. \tag{11.120}$$

（d）现在假设 $\hat{H}'$ 是时间的正弦函数：$\hat{H}'=V\cos(\omega t)$．按照假设，证明跃迁只发生在能量为 $E_M=E_N\pm\hbar\omega$ 的态上，跃迁几率是

---

[38] **相互作用绘景（interaction picture）**介于海森伯绘景和薛定谔绘景之间（见第 6.8.1 节）．在相互作用绘景中，波函数满足“薛定谔方程”

$$\mathrm{i}\hbar\frac{\mathrm{d}}{\mathrm{d}t}|\Psi_I(t)\rangle=\hat{H}'_I(t)|\Psi_I(t)\rangle,$$

其中，相互作用绘景和薛定谔绘景算符由下式关联起来：

$$\hat{H}'_I(t)=\mathrm{e}^{\mathrm{i}\hat{H}_0t/\hbar}\hat{H}'(t)\mathrm{e}^{-\mathrm{i}\hat{H}_0t/\hbar},$$

且波函数满足

$$|\Psi_I(t)\rangle=\mathrm{e}^{\mathrm{i}\hat{H}_0t/\hbar}|\Psi(t)\rangle.$$

如果将戴森级数应用于相互作用绘景中的薛定谔方程，则可精确地得到在第 11.1.2 节导出的微扰级数．更多详见 Ramamurti Shankar, *Principles of Quantum Mechanics*，第 2 版，Springer，纽约（1994），第 18.3 节．

$$P_{N\to M}=|V_{MN}|^2\frac{\sin^2[(E_N-E_M\pm\hbar\omega)T/2\hbar]}{(E_N-E_M\pm\hbar\omega)^2}. \tag{11.121}$$

(e) 假设多能级系统处在非相干电磁辐射中. 参考 11.2.3 节，证明受激发射的跃迁几率由与两能级系统相同的公式给出（式（11.54））.

习题 11.25 对习题 11.24 中的（c）和（d）问，计算 $c_m(t)$ 至一阶近似. 验证归一化条件：

$$\sum_m |c_m(t)|^2=1, \tag{11.122}$$

并讨论其差别. 若你要计算仍然留在初始状态 ψ_N 的几率，使用 $|c_N(t)|^2$ 和 $1-\sum_{m\neq N}|c_m(t)|^2$ 哪个会更好一些?

习题 11.26 粒子开始（$t=0$ 时刻）处在无限深方势阱的第 N 个状态. 现在势阱的底部暂时上升（可能是漏水，然后再次排水），因此内部的电势是均匀的，但与时间有关：$V_0(t)$，$V_0(0)=V_0(T)=0$.

(a) 利用式（11.116）严格求解 $c_m(t)$，并证明波函数的相位发生了改变，但无跃迁发生. 利用 $V_0(t)$ 将相位的变化 $\phi(T)$ 表示出来.

(b) 用一阶微扰理论分析同样的问题，并比较结果.

评注： 当微扰仅仅是向势中增加一个常数（常数是 x 中的函数，不是 t 中的）时，同样的结果成立；它与无限深方势阱本身无关. 与习题 1.8 的结果做对比.

* **习题 11.27** 开始时质量为 m 的粒子处于（一维）无限深方势阱的基态. $t=0$ 时，把一块"砖"放入势阱中，使势变为

$$V(x)=\begin{cases}V_0, & 0\leqslant x\leqslant a/2;\\ 0, & a/2<x\leqslant a;\\ \infty, & \text{其他地方}.\end{cases}$$

其中 $V_0\ll E_1$. 经过时间 T 后，砖被移走，对粒子的能量进行测量.（在一阶微扰理论中）求出能量为 E_2 时的几率大小.

习题 11.28 我们学习过受激发射、(受激) 吸收和自发发射，但是为什么没有自发吸收呢?

*** **习题 11.29 磁共振（Magnetic resonance）**. 静止在稳恒磁场 $B_0\hat{k}$ 中自旋为 1/2 的粒子，其旋磁比为 γ，以拉莫尔频率 $\omega_0=\gamma B_0$ 开始进动（例题 4.3）. 现施加一个小的横向射频（rf）场 $B_{\text{rf}}[\cos(\omega t)\hat{i}-\sin(\omega t)\hat{j}]$，总磁场是

$$\boldsymbol{B}=B_{\text{rf}}\cos(\omega t)\hat{i}-B_{\text{rf}}\sin(\omega t)\hat{j}+B_0\hat{k}. \tag{11.123}$$

(a) 写出该体系的（2×2）哈密顿矩阵（式（4.158））.

(b) 若 t 时刻的自旋态为 $\boldsymbol{\chi}(t)=\begin{pmatrix}a(t)\\b(t)\end{pmatrix}$，证明

$$\dot{a}=\frac{\mathrm{i}}{2}(\Omega\mathrm{e}^{\mathrm{i}\omega t}b+\omega_0 a);\quad \dot{b}=\frac{\mathrm{i}}{2}(\Omega\mathrm{e}^{-\mathrm{i}\omega t}a-\omega_0 b), \tag{11.124}$$

其中 $\Omega \equiv \gamma B_{\mathrm{rf}}$，它和射频场的强度有关.

（c）由它们的初始值 a_0 和 b_0，验证 $a(t)$ 和 $b(t)$ 的一般解为

$$a(t)=\left\{a_0\cos(\omega' t/2)+\frac{\mathrm{i}}{\omega'}[a_0(\omega_0-\omega)+b_0\Omega]\sin(\omega' t/2)\right\}\mathrm{e}^{\mathrm{i}\omega t/2},$$

$$b(t)=\left\{b_0\cos(\omega' t/2)+\frac{\mathrm{i}}{\omega'}[b_0(\omega-\omega_0)+a_0\Omega]\sin(\omega' t/2)\right\}\mathrm{e}^{-\mathrm{i}\omega t/2},$$

其中

$$\omega'\equiv\sqrt{(\omega-\omega_0)^2+\Omega^2}. \tag{11.125}$$

（d）开始时，若粒子的自旋向上，（即 $a_0=1$，$b_0=0$ ），求粒子向自旋向下状态跃迁几率随时间变化关系. **答案：** $P(t)=\{\Omega^2/[(\omega-\omega_0)^2+\Omega^2]\}\sin^2(\omega' t/2)$.

（e）固定 ω_0 和 Ω，以驱动频率 ω 作为函数的自变量，画出**共振曲线**（**resonance curve**）

$$P(\omega)=\frac{\Omega^2}{(\omega-\omega_0)^2+\Omega^2}. \tag{11.126}$$

注意：当 $\omega=\omega_0$ 时，函数有最大值；求“半峰宽” $\Delta\omega$.

（f）由于 $\omega_0=\gamma B_0$，可以利用实验观察到的共振现象确定粒子的磁偶极矩. 在**核磁共振**（**nuclear magnetic resonance**，nmr）实验中，使用10000G的静态磁场和振幅为0.01G的射频场测量质子的 g 因子. 共振频率是多少？（质子的磁矩可参考第7.5节）. 求出共振曲线的宽度.（答案用单位Hz表示.）

****习题11.30** 本题中，我们将直接从电场中带电粒子的哈密顿量重新获得第11.2.1节的结果（式（4.188））. 电磁波可以用下面势来描述：

$$\boldsymbol{A}=\frac{\boldsymbol{E}_0}{\omega}\sin(\boldsymbol{k}\cdot\boldsymbol{r}-\omega t),\quad \varphi=0,$$

其中，为满足麦克斯韦方程组波必须是横波（$\boldsymbol{E}_0\cdot\boldsymbol{k}=0$）；当然是以光速（$\omega=c|\boldsymbol{k}|$）运动.

（a）求该平面波的电场和磁场.

（b）哈密顿量可以写成 H^0+H'，其中 H^0 是无电磁波情况下的哈密顿量，H'是微扰. 证明，微扰由下式给出：

$$\hat{H}'(t)=\frac{e}{2\mathrm{i}m\omega}\mathrm{e}^{\mathrm{i}\boldsymbol{k}\cdot\boldsymbol{r}}\boldsymbol{E}_0\cdot\hat{\boldsymbol{p}}\mathrm{e}^{-\mathrm{i}\omega t}-\frac{e}{2\mathrm{i}m\omega}\mathrm{e}^{-\mathrm{i}\boldsymbol{k}\cdot\boldsymbol{r}}\boldsymbol{E}_0\cdot\hat{\boldsymbol{p}}\mathrm{e}^{\mathrm{i}\omega t}, \tag{11.127}$$

再加上一个与 E_0^2 成比例的项，我们将忽略它. **注释：**第一项对应于吸收，第二项对应于发射.

（c）在偶极子近似下，取 $\mathrm{e}^{\mathrm{i}\boldsymbol{k}\cdot\boldsymbol{r}}\approx 1$. 当电磁波的极化方向沿 z 轴时，证明吸收矩阵元为

$$V_{ba}=-\frac{\omega_0}{\omega}\wp E_0.$$

比较式（11.41）．它们并不完全相同；其差别是否会影响我们在第 11.2.3 节或第 11.3 节中的计算？为什么？**提示：**要将 $\boldsymbol{p}$ 的矩阵元转换为 $\boldsymbol{r}$ 的矩阵元，需要证明以下恒等式：$im[\hat{H}_0, \hat{\boldsymbol{r}}]=\hbar\hat{\boldsymbol{p}}$.

事实上，可以证明两种微扰形式相应于不同的规范选择．参阅 Claude Cohen Tannoudji，et al.，*Quantum Mechanics*，Wiley，纽约（1977），第 2 卷，补充材料 A_{XIII}.

*****习题 11.31**　在式（11.38）中，我假设原子很小（和光波波长相比）以至于场的空间变化可以忽略．真实电场应该是

$$\boldsymbol{E}(\boldsymbol{r},t)=\boldsymbol{E}_0\cos(\boldsymbol{k}\cdot\boldsymbol{r}-\omega t). \tag{11.128}$$

如果原子位于原点，则在相关体积内 $\boldsymbol{k}\cdot\boldsymbol{r}\ll 1$（$|\boldsymbol{k}|=2\pi/\lambda$，因此，$\boldsymbol{k}\cdot\boldsymbol{r}\sim r/\lambda\ll 1$），这就是我们为什么能够舍弃该项的原因．假设保留一阶修正：

$$\boldsymbol{E}(\boldsymbol{r},t)=\boldsymbol{E}_0[\cos(\omega t)+(\boldsymbol{k}\cdot\boldsymbol{r})\sin(\omega t)]. \tag{11.129}$$

第一项给出文中考虑的**允许（电偶极矩，electric dipole）**跃迁；而第二项导致所谓的禁戒（**磁偶极和电四极矩，magnetic dipole and electric quadrupole**）跃迁（高阶 $\boldsymbol{k}\cdot\boldsymbol{r}$ 甚至会产生更多的"禁戒"跃迁，这种跃迁与高阶多极矩相联系）.[39]

（a）求禁戒跃迁的自发发射速率（不要被对极化和传播方向的做平均所烦扰，尽管这对完成计算是必需的）．**答案：**

$$R_{b\to a}=\frac{q^2\omega^5}{\pi\varepsilon_0\hbar c^5}|\langle a|(\hat{n}\cdot\boldsymbol{r})(\hat{k}\cdot\boldsymbol{r})|b\rangle|^2. \tag{11.130}$$

（b）对一维谐振子，证明 n 到 $n-2$ 能级的跃迁是禁戒的，跃迁速率（适当地对 $\hat{n}$ 和 $\hat{k}$ 求平均）是

$$R=\frac{\hbar q^2\omega^3 n(n-1)}{15\pi\varepsilon_0 m^2c^5}. \tag{11.131}$$

（**注意：**这里 ω 是光子的频率而不是谐振子频率．）求出"禁戒"跃迁速率与"允许"跃迁速率的比值，并对这两个术语发表看法．

（c）对于氢原子中 $2S\to 1S$ 的跃迁，证明即便是"禁戒"跃迁也是不可能的．（事实证明，所有高阶多极矩也是不可能的；实际上占支配地位的衰变是双光子发射，寿命约为 1/10s.[40]）

*****习题 11.32**　证明：氢原子从 n，ℓ 到 n'，ℓ'跃迁的自发发射速率（式（11.63））是

$$\frac{e^2\omega^3I^2}{3\pi\varepsilon_0\hbar c^3}\cdot\begin{cases}\dfrac{\ell+1}{2\ell+1}, & \ell'=\ell+1;\\[2ex] \dfrac{\ell}{2\ell+1}, & \ell'=\ell-1.\end{cases} \tag{11.132}$$

其中

$$I\equiv\int_0^\infty r^3R_{n\ell}(r)R_{n'\ell'}(r)\,\mathrm{d}r. \tag{11.133}$$

---

[39] 一个系统的处理方法（包括磁场的作用）可以参见 David Park，*Introduction to Quantum Theory*，第 3 版（McGraw-Hill，纽约，1992），第 11 章．

[40] 参见 Masataka Mizushima，*Quantum Mechanics of Atomic Spectra and Atomic Structure*，纽约（1970），第 5.6 节．

（原子从一个特定 m 值开始，可以到任意 m'态，只要满足选择定则：$m'=m+1$，m，$m-1$. 注意答案不依赖于 m.）**提示：**首先对 $\ell'=\ell+1$ 情况，计算在 $|n\ell m\rangle$ 和 $|n'\ell'm'\rangle$ 之间 x、y 和 z 的所有非零矩阵元. 根据这些，来确定

$$|\langle n',\ell+1,m+1|\boldsymbol{r}|n\ell m\rangle|^2+|\langle n',\ell+1,m|\boldsymbol{r}|n\ell m\rangle|^2+|\langle n',\ell+1,m-1|\boldsymbol{r}|n\ell m\rangle|^2$$

的值. 然后对 $\ell'=\ell-1$ 情况做同样的计算. 你会发现以下递归公式（适用于 $m\geqslant 0$）：[41]

$$(2\ell+1)x\mathrm{P}_\ell^m(x)=(\ell+m)\mathrm{P}_{\ell-1}^m(x)+(\ell-m+1)\mathrm{P}_{\ell+1}^m(x), \tag{11.134}$$

$$(2\ell+1)\sqrt{1-x^2}\,\mathrm{P}_\ell^m(x)=\mathrm{P}_{\ell+1}^{m+1}(x)-\mathrm{P}_{\ell-1}^{m+1}(x), \tag{11.135}$$

和正交关系式（4.33）很有用.

习题 11.33 氢原子中 21cm 超精细线的自发发射速率（第 7.5 节）可从式（11.63）中得到，但这是磁偶极跃迁，而不是电偶极跃迁：[42]

$$\wp\to\frac{1}{c}\boldsymbol{M}=\frac{1}{c}\langle 1|(\boldsymbol{\mu}_{\mathrm{e}}+\boldsymbol{\mu}_{\mathrm{p}})|0\rangle,$$

其中

$$\boldsymbol{\mu}_{\mathrm{e}}=-\frac{e}{m_{\mathrm{e}}}\boldsymbol{S}_{\mathrm{e}},\quad \boldsymbol{\mu}_{\mathrm{p}}=\frac{5.59e}{2m_{\mathrm{p}}}\boldsymbol{S}_{\mathrm{p}}$$

分别是电子和质子的磁矩（式（7.89）），而 $|0\rangle$ 和 $|1\rangle$ 分别是单态和三重组态（式（4.175）和式（4.176））. 由于 $m_{\mathrm{p}}\gg m_{\mathrm{e}}$，质子的贡献可以忽略不计，因此

$$A=\frac{\omega_0^3e^2}{3\pi\varepsilon_0\hbar c^5m_{\mathrm{e}}^2}|\langle 1|\boldsymbol{S}_{\mathrm{e}}|0\rangle|^2.$$

（使用你喜欢的三重态中任何一个）计算 $|\langle 1|\boldsymbol{S}_{\mathrm{e}}|0\rangle|^2$. 代入实际数据，确定三重态的跃迁速率和寿命. **答案：**1.1×10^7 年.

*** **习题 11.34** 粒子开始时处在无限深方势阱的基态（区间 $0\leqslant x\leqslant a$）. 现在一阱壁慢慢竖立起来，并稍微偏离中心：[43]

$$V(x)=f(t)\,\delta\left(x-\frac{a}{2}-\varepsilon\right),$$

其中，$f(t)$ 从 0 逐渐增加到∞. 按照绝热定理，粒子将仍处在演化哈密顿量的基态.

（a）求出（并画出）$t\to\infty$ 时的基态. **提示：**这应该是在 $a/2+\varepsilon$ 处有一个不可穿透势垒的无限深方势阱的基态. 请注意，粒子限域在势阱略大的左侧“一半”里.

（b）求出 t 时刻基态能量的（超越）方程. **答案：**

$$z\sin z=T[\cos z-\cos(z\delta)],$$

---

[41] 见 George B. Arfken 和 Hans J. Weber，*Mathematical Methods for Physicists*，第 7 版，Academic Press，圣地亚哥（2013），第 744 页.

[42] 电偶极矩和磁偶极矩有不同的单位，因此有系数 $1/c$（可以通过量纲分析进行验证）.

[43] Julio Gea-Banacloche，*Am. J. Phys.* **70**，307（2002）采用了一个矩形势垒；用 δ 函数势垒是由 M. Lakner 和 J. Peternelj 提出的，见 *Am. J. Phys.* **71**，519（2003）.

其中，$z\equiv ka$，$T\equiv maf(t)/\hbar^2$，$\delta\equiv 2\varepsilon/a$，$k\equiv\sqrt{2mE}/\hbar$.

(c) 设 $\delta=0$，图解求 z；并证明当 T 从 0 增加到 ∞ 时，z 从 π 变到 2π. 解释这一结果.

(d) 设 $\delta=0.01$，分别取 $T=0$、1、5、20、100、1000，数值求解 z.

(e) 作为 z 和 δ 的函数，求出粒子位于势阱右半部分的几率 P_r. **答案**：$P_r=1/[1+(I_+/I_-)]$，其中，$I_\pm\equiv[1\pm\delta-(1/z)\sin(z(1\pm\delta))]\sin^2[z(1\mp\delta)/2]$. 利用 (d) 中给出的 T 和 δ 的值计算几率的数值. 对你得到的结果加以评论.

(f) 绘制相同 T 和 δ 值的基态波函数. 留意波函数是如何随着势垒的增加而被挤压到势阱的左半部分的.[44]

*****习题 11.35** 右壁以恒定速度 (v) 膨胀的无限深方势阱可以精确求解.[45]一组完备解是

$$\Phi_n(x,t)\equiv\sqrt{\frac{2}{w}}\sin\left(\frac{n\pi}{w}x\right)e^{i(mvx^2-2E_n^i at)/2\hbar w},\tag{11.136}$$

其中，$w(t)=a+vt$ 是运动势阱的宽度，$E_n^i\equiv n^2\pi^2\hbar^2/2ma^2$ 是初始势阱（宽度 a）的第 n 个允许能级，其通解是诸 Φ 的线性组合：

$$\Psi(x,t)=\sum_{n=1}^{\infty}c_n\Phi_n(x,t),\tag{11.137}$$

其系数 c_n 和时间 t 无关.

(a) 验证式 (11.136) 是否满足具有适当边界条件的含时薛定谔方程.

(b) 假设开始时粒子处于初始势阱的基态 ($t=0$)：

$$\Psi(x,0)=\sqrt{\frac{2}{a}}\sin\left(\frac{\pi}{a}x\right).$$

证明其展开系数可以写成

$$c_n=\frac{2}{\pi}\int_0^{\pi}e^{-i\alpha z^2}\sin(nz)\sin(z)\,dz,\tag{11.138}$$

其中，$\alpha\equiv mva/2\pi^2\hbar$ 是量度势阱膨胀速度的一个无量纲量.（遗憾的是，这个积分不能用初等函数来计算.）

(c) 假设势阱的宽度膨胀为原来的 2 倍，因此"外部时间"由 $w(T_e)=2a$ 确定."内部时间"是（初始）基态含时指数因子的周期. 确定 T_e 和 T_i，并证明绝热区域对应 $\alpha\ll 1$，因此在整个积分区间 $\exp(-i\alpha z^2)\approx 1$. 由此确定展开系数 c_n，构造 $\Psi(x,t)$，并验证它与绝热定理一致.

(d) 证明 $\Psi(x,t)$ 中的相因子可以写成

$$\theta(t)=-\frac{1}{\hbar}\int_0^t E_1(t')\,dt',\tag{11.139}$$

---

[44] Gea-Banacloche（脚注 43）讨论了波函数的演化，但没有使用绝热定理.

[45] S. W. Doescher 和 M. H. Rice, *Am. J. Phys.* **37**, 1246 (1969).

其中，$E_n(t) \equiv n^2\pi^2\hbar^2/2mw^2$ 是在 t 时刻的第 n **瞬时**能量本征值. 讨论这个结果. 几何相位是多少？如果势阱收缩回到原来位置，这个周期内的贝里相是多少？

*****习题 11.36 受驱谐振子（The driven harmonic oscillator）**. 设质量为 m、频率为 ω 的一维谐振子受到的驱动力为 $F(t)=m\omega^2 f(t)$，其中 $f(t)$ 是某确定的函数（为标记方便，我提取出 $m\omega^2$ 因子；$f(t)$ 具有长度量纲）. 其哈密顿算符是

$$\hat{H}(t)=-\frac{\hbar^2}{2m}\frac{\partial^2}{\partial x^2}+\frac{1}{2}m\omega^2 x^2-m\omega^2 x f(t). \tag{11.140}$$

设在 $t=0$ 时第一次加上力的作用：即 $t\leqslant 0$ 时，$f(t)=0$. 在经典力学和量子力学中可以对该体系精确求解.[46]

(a) 设谐振子在原点由静止开始运动（$x_c(0)=\dot{x}_c(0)=0$），求出它的经典位置. **答案：**

$$x_c(t)=\omega\int_0^t f(t')\sin[\omega(t-t')]\,\mathrm{d}t'. \tag{11.141}$$

(b) 设开始谐振子处在没有驱动力时第 n 个本征态（$\Psi(x,0)=\psi_n(x)$，其中 $\psi_n(x)$ 由式（2.62）给出），证明该谐振子含时薛定谔方程的解可以写成

$$\Psi(x,t)=\psi_n(x-x_c)\,\mathrm{e}^{\frac{\mathrm{i}}{\hbar}\left[-\left(n+\frac{1}{2}\right)\hbar\omega t+m\dot{x}_c\left(x-\frac{x_c}{2}\right)+\frac{m\omega^2}{2}\int_0^t f(t')x_c(t')\mathrm{d}t'\right]}. \tag{11.142}$$

(c) 证明 $H(t)$ 的本征值和本征函数为

$$\psi_n(x,t)=\psi_n(x-f);\quad E_n(t)=\left(n+\frac{1}{2}\right)\hbar\omega-\frac{1}{2}m\omega^2 f^2. \tag{11.143}$$

(d) 在绝热近似下，证明经典位置（式（11.141））简化为 $x_c(t)\approx f(t)$. 对本题中，作为 f 对时间导数的约束条件，给出精确的绝热近似成立的判据. **提示：**把 $\sin[\omega(t-t')]$ 写成 $(1/\omega)(\mathrm{d}/\mathrm{d}t')\cos[\omega(t-t')]$，并利用分部积分.

(e) 通过利用（c）和（d）中的结果，证明本例子的绝热定理

$$\Psi(x,t)\approx\psi_n(x,t)\,\mathrm{e}^{\mathrm{i}\theta_n(t)}\,\mathrm{e}^{\mathrm{i}\gamma_n(t)}. \tag{11.144}$$

验证动力学相位的形式是否正确（式（11.92））. 几何相位是你所期望的吗？

习题 11.37 量子齐诺佯谬（Quantum Zeno Paradox）.[47] 假设系统开始处于激发态 ψ_b，其跃迁到基态 ψ_a 的寿命为 τ. 通常而言，对于远小于 τ 的时间 t，跃迁几率与 t 成正比（式（11.49））.

$$P_{b\to a}=\frac{t}{\tau}. \tag{11.145}$$

如果经过时间 t 之后进行测量，那么系统仍然处于能量较高状态的几率为

$$P_b(t)=1-\frac{t}{\tau}. \tag{11.146}$$

---

[46] 参见 Y. Nogami, *Am. J. Phys.* **59**, 64（1991）及其中的参考文献.

[47] 这一现象与齐诺没有太大关系，但它让人想起了古老的格言“心急水不开”，因此有时被称为**观壶效应**（**watched pot effect**）.

假设我们确实发现它处于较高能级状态．在这种情况下，波函数坍缩到 ψ_b，这个过程将重新开始．如果在 $2t$ 时刻进行第 2 次测量，系统仍处于较高能量状态的几率是

$$\left(1-\frac{t}{\tau}\right)^2 \approx 1-\frac{2t}{\tau}, \tag{11.147}$$

这与没有在 t 时刻进行过第 1 次测量（正如人们天真地期望的那样）的结果是一样的．然而，对于 t 非常小，跃迁的几率不是与 t 成正比，而是与 t^2 成正比（式（11.46））：[48]

$$P_{b\to a}=\alpha t^2 \tag{11.148}$$

（a）在这种情况下，系统在 2 次测量后仍处于较高能量状态的几率是多少？如果我们从未进行过第一次测量（经过相同的时间），结果又是如何？

（b）假设我们以均匀（极短）的时间间隔，从 $t=0$ 到 $t=T$ 时间内对系统进行 n 次测量（也就是说，在 T/n，$2T/n$，$3T/n$，…，T 处进行测量）．系统仍处于较高能量状态的几率是多少？当 $n\to\infty$ 时，其极限是多少？这个问题的**寓意**：由于每次测量时波函数都会坍缩，所以对于连续观测的系统将永远不会衰变！[49]

** **习题 11.38**　习题 2.61 中对定态薛定谔方程的数值求解可以扩展到求解含时薛定谔方程．当对 x 做离散变量时，得到了矩阵方程

$$\mathsf{H}\,\boldsymbol{\psi}=\mathrm{i}\hbar\frac{\mathrm{d}}{\mathrm{d}t}\boldsymbol{\psi}. \tag{11.149}$$

方程的解可以写为

$$\boldsymbol{\psi}(t+\Delta t)=\mathsf{U}(\Delta t)\boldsymbol{\psi}(t). \tag{11.150}$$

如果 H 不含时，则时间演化算符的精确表达式为[50]

$$\mathsf{U}(\Delta t)=\mathrm{e}^{-\mathrm{i}\mathsf{H}\Delta t/\hbar}, \tag{11.151}$$

当 Δt 足够小时，时间演化算符可以近似为

$$\mathsf{U}(\Delta t)\approx 1-\mathrm{i}\mathsf{H}\frac{\Delta t}{\hbar}. \tag{11.152}$$

虽然式（11.152）是最直接的对 $\boldsymbol{U}$ 近似处理的方法，但基于它的数值方法是不稳定的，最好使用**凯利形式（Cayley's form）**进行近似[51]

---

[48] 在导致线性时间依赖性的论证中，我们假设式（11.46）中的函数 $\sin^2(\Omega t/2)/\Omega^2$ 是一个尖峰．然而，“尖峰”的宽度为 $\Delta\omega=4\pi/t$ 量级；对于极短的 t，该假设失效，积分变成 $(t^2/4)\int\rho(\omega)\,\mathrm{d}\omega$.

[49] 这个论点是由 B. Misra 和 E. C. G. Sudarshan 提出的，见 *J. Math. Phys.* **18**，756（1977）．其主要结论已在实验室得到证实：见 W. M. Itano，D. J. Heinzen，J. J. Bollinger 和 D. J. Wineland，*Phys. Rev. A* **41**，2295（1990）．遗憾地是，这项实验并不像其设计者所希望的那样能令人信服地检验波函数的坍缩，因为观察到的效应也可以用其他方法来解释——见 L. E. Ballentine，*Found. Phys.* **20**，1329（1990）；T. Petrosky，S. Tasaki 和 I. Prigogine，*Phys. Lett. A* **151**，109（1990）.

[50] 如果选择的 Δt 足够小，实际上可以使用这个精确的形式．Mathematica 中 **MatrixExp** 之类的示例程序可用于得到（数值）矩阵的指数.

[51] 对于这些近似的进一步讨论可以参见 A. Goldberg 等，*Am. J. Phys.* **35**，177（1967）.

$$U(\Delta t) \approx \frac{1-\frac{1}{2}\mathrm{i}\frac{\Delta t}{\hbar}H}{1+\frac{1}{2}\mathrm{i}\frac{\Delta t}{\hbar}H}. \tag{11.153}$$

结合式（11.153）和式（11.150），得到

$$\left(1+\frac{1}{2}\mathrm{i}\frac{\Delta t}{\hbar}H\right)\boldsymbol{\psi}(t+\Delta t)=\left(1-\frac{1}{2}\mathrm{i}\frac{\Delta t}{\hbar}H\right)\boldsymbol{\psi}(t). \tag{11.154}$$

这是矩阵方程 $M\boldsymbol{x}=\boldsymbol{b}$ 的形式，它可以求解未知的 $\boldsymbol{x}=\boldsymbol{\psi}(t+\Delta t)$. 由于矩阵 M 是**三对角（tri-diagonal）**的,[52] 存在有效的算法对其求解.[53]

（a）证明式（11.153）中的近似值精确到二阶. 也就是说，式（11.151）和式（11.153）对 Δt 进行幂级数展开，直到 $(\Delta t)^2$ 阶项都一样. 验证方程式（11.153）中的矩阵是幺正矩阵. 作为例子，考虑质量为 m 的粒子在一维谐振子势中运动. 对于数值部分，设 $m=1$、$\omega=1$ 和 $\hbar=1$（这仅是定义了质量、时间和长度的单位）.

（b）对 $N+1=100$ 个空间网格点构造哈密顿矩阵 H. 设置无量纲长度为 $\xi=\pm 10$ 的空间边界（足够远，可以假定在那里低能状态波函数为零）. 用计算机求 H 的两个最低本征值，并和精确值做比较. 画出相应的本征函数. 它们归一化了吗？如果没有，做（c）部分之前将其归一化.

（c）取 $\Psi(0)=(\psi_0+\psi_1)/\sqrt{2}$（第（b）部分）并使用式（11.154），让波函数从时间 $t=0$ 演化到 $t=4\pi/\omega$. 制作一个视频（Mathematica 中的动画，**Animate**），展示 $\mathrm{Re}(\Psi(t))$、$\mathrm{Im}(\Psi(t))$ 和 $|\Psi(t)|$，以及精确结果. **提示：**你首先需要确定使用什么样的 Δt. 由时间步数 N_t，$N_t\Delta t=4\pi/\omega$. 为了使指数的近似值保持不变，需要满足 $E\Delta t/\hbar \ll 1$. 所讨论状态的能量为 $\hbar\omega$ 量级，因此 $N_t \gg 4\pi$. 所以，你至少需要（比如）100 个时间步数.

*** **习题 11.39** 当哈密顿量确实与时间有关时，只要选择足够小的 Δt，可以利用习题 11.38 的方法来研究系统随时间的演化. 在每个时间步长的中点计算 H，只需将式（11.154）替换为[54]

$$\left[1+\frac{1}{2}\mathrm{i}\frac{\Delta t}{\hbar}H\left(t+\frac{\Delta t}{2}\right)\right]\boldsymbol{\psi}(t+\Delta t)=\left[1-\frac{1}{2}\mathrm{i}\frac{\Delta t}{\hbar}H\left(t+\frac{\Delta t}{2}\right)\right]\boldsymbol{\psi}(t). \tag{11.155}$$

考虑习题 11.36 的受驱谐振子

$$f(t)=A\sin(\Omega t), \tag{11.156}$$

其中 A 是具有长度单位的常数，Ω 是驱动频率. 接下来设 $m=\Omega=\hbar=A=1$，并考虑 Ω 变化的影响. 使用和习题 11.38 中相同的空间离散化参数，设置 $N_t=1000$. 对初始时（$t=0$）

---

[52] 三对角矩阵是仅在主对角线上和邻近对角线的上下次对角线上有非零项.

[53] 使用你的计算机环境内置的线性方程求解器；在 Mathematica 中，这是 **x=Linear-Solve［M，b］**. 欲了解其实际的工作原理，参见 A. Goldberg 等，脚注 51.

[54] C. Lubich，《复杂多体系统的量子模拟：从理论到算法》，J. Grotendorst，D. Marx，A. Muramatsu 主编（约翰·冯·诺依曼计算研究所，于里希，2002 年），第 10 卷，第 459 页. 可从诺依曼计算研究所（NIC）网站下载.

处在基态的粒子，制作一个视频，展示其数值解和精确解，以及从 $t=0$ 到 $t=2\pi/\omega$ 时瞬时基态的变化；Ω 取

（a）$\Omega=\omega/5$. 根据绝热定理，可以看出数值解与瞬时基态非常接近（接近同一相位）.

（b）$\Omega=5\omega$. 根据你了解的关于突发微扰的知识，你会发现数值解几乎不受驱动力的影响.

（c）$\Omega=6\omega/5$.

第12章　跋

现在你对量子力学的内容已经有了一个很好的理解，我想我们再回到量子力学的意义上——继续我们从第 1.2 节开始讨论的话题．问题的根源是与波函数统计诠释有关的不确定性．对于 Ψ 来说（或者更一般地说，量子态——例如，它可以是旋量），它并不能唯一地确定测量结果；它所能告诉我们的仅是可能结果的统计分布．这里提出了一个深刻的问题：在测量之前，物理系统是否“真实拥有”了所讨论的属性（所谓的**现实主义（realist）**学派观点），或者测量行为本身是否“创造”了（仅受限于波函数施加的统计约束）这种属性（**正统学派（orthodox）**观点）——或者我们可以完全回避这个问题，因为它是“形而上学的”（**不可知论（agnostic）**的反应）？

根据现实主义者的说法，量子力学是一个**不完整**的理论，因为即使你知道**量子力学所给出的这个系统的一切信息**（也就是说：它的波函数），你仍然无法确定它所具有的全部特征．显然，除波函数以外，还有一些量子力学所不能给出的其他信息，这些信息加上 Ψ 是完整描述物理实在所必需的．

正统学派的立场引发了更加令人不安的问题，因为如果测量行为迫使系统“表明立场”，帮助创建一个以前不存在的属性，[1] 那么测量过程本身就存在有某种非常特殊的东西．此外，为了解释瞬时重复测量会产生相同结果这一事实，我们被迫假设测量行为会以一种与薛定谔方程所描述的正常演化难以调和的方式使波函数**坍缩（collapses）**．

有鉴于此，难怪几代物理学家都退回到不可知论的立场，并建议他们的学生不要在担心理论的基础概念上浪费时间．

12.1　EPR 佯谬

在 1935 年，爱因斯坦（Einstein）、波多尔斯基（Podolsky）和罗森（Rosen）[2] 发表了著名的 **EPR 佯谬（EPR paradox）**，目的是为了证明（纯理论上的）实在论是唯一站得住脚的．我这里将描述一个简化版的 EPR 佯谬，由大卫·玻姆（David Bohm）（称之为 EPRB）首先引入．考虑一个中性 π^0 介子衰变成电子和正电子：

$$\pi^0 \to e^- + e^+ .$$

假设 π^0 介子是静止的，电子和正电子的运动方向相反（见图 12.1）．由于 π^0 的自旋为零，

---

[1] 这一点可能很奇怪，但它并不像一些科普作家所说的那样神秘．尼尔斯·玻尔将所谓的**波粒二象性（wave-particle duality）**提升到宇宙原理（**互补性，complementarity**）的地位，使电子看起来像是不可预测的青少年，有时表现得像个成年人，有时在没有特殊原因的情况下又像个孩子．我试图避免这样的说法．当我说一个粒子在对它测量之前不具有一个特定的属性；例如，我是指一个电子处在自旋态 $\chi=\begin{pmatrix}1\\0\end{pmatrix}$；对其角动量 x 分量的测量可以得到 $\hbar/2$，或者（相等的几率）$-\hbar/2$；但在进行测量之前，S_x 根本没有确定的值．

[2] *Phys. Rev.* **47**, 777 (1935).

所以角动量守恒要求电子和正电子对处在自旋单态：

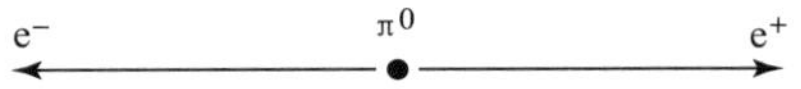

图 12.1　EPR 实验方案的玻姆版本：一静止 π^0 介子衰变为正负电子对.

$$\frac{1}{\sqrt{2}}(|\uparrow\downarrow\rangle-|\downarrow\uparrow\rangle).\tag{12.1}$$

如果电子自旋向上，正电子必定自旋向下，反之亦然. 在任何一个特定的 π^0 介子衰变中，量子力学无法告诉你将得到哪一种自旋组合，但它明确指出测量值会相互关联，平均说来你会得到每种组合的一半. 假设在实际测量中，让电子和正电子沿相反方向飞离 10m 远，或者，原则上也可以是 10 光年，然后测量电子的自旋. 这时你若得到自旋向上，如果有人测量正电子，你马上就会知道 20m（或 20 光年）以外的他的测量结果是自旋向下.

对实在论来说，这一点并不奇怪，电子从产生的那一刻起就具有自旋向上（正电子自旋向下）. 只是量子力学无法告知我们而已. 但“正统”观点认为，在测量行为介入之前，两个粒子自旋既不是向上也不是向下：你对电子的测量使波函数坍缩，并在 20m（或 20 光年）之外瞬间“产生”正电子的自旋. 爱因斯坦、波多尔斯基和罗森认为这种“鬼魅似的远距作用”（爱因斯坦令人愉快的术语）是荒谬的. 他们认为正统学派的观点是站不住脚的；不管量子力学能否预言出电子自旋，电子和正电子始终都有确定的自旋.

EPR 论证所依据的基本假设是任何作用的传播速度都不能超过光速. 我们称此为**定域性（locality）**原则. 你可能会提议波函数的坍缩不是瞬时的，而是以某种有限的速度“传播”. 然而，这将违反角动量守恒定律，因为如果我们在坍缩的消息到达正电子之前测量正电子的自旋，那么发现这两个粒子自旋都向上的几率将是 50∶50. 大体上，无论你如何看待这一理论，实验结果都是明确的：没有这种违例的出现——自旋的（反）关联性是完美的. 显然，无论其本体状态如何，波函数的坍缩是瞬时的.[3]

习题 12.1 纠缠态（Entangled states）. 纠缠态的一个经典例子是自旋单态（式(12.1)）——两个粒子体系的状态不能写成两个单粒子状态波函数的乘积，因此，我们也无法单独讨论这两个粒子的“状态”.[4] 你可能想知道这是不是一个人造的错误概念——也许单粒子状态的某些线性组合可以使体系退纠缠. 证明下列定理：

考虑两能级体系，$|\phi_a\rangle$、$|\phi_b\rangle$，且 $\langle\phi_i|\phi_j\rangle=\delta_{ij}$.　（例如，$|\phi_a\rangle$ 表示自旋向上，$|\phi_b\rangle$ 表示自旋向下.）对任意的单粒子状态 $|\psi_r\rangle$ 和 $|\psi_s\rangle$，两粒子体系状态

$$\alpha|\phi_a(1)\rangle|\phi_b(2)\rangle+\beta|\phi_b(1)\rangle|\phi_a(2)\rangle$$

（$\alpha\neq0$ 和 $\beta\neq0$）都不能表示为乘积形式

$$|\psi_r(1)\rangle|\psi_s(2)\rangle.$$

提示：把 $|\psi_r\rangle$ 和 $|\psi_s\rangle$ 分别写成 $|\phi_a\rangle$ 和 $|\phi_b\rangle$ 的线性组合.

---

[3] 玻尔写了一篇著名的反驳 EPR 佯谬的文章（*Phys. Rev.* **48**，696（1935））. 我怀疑很多人读过它，当然也很少有人能理解它（玻尔本人后来也承认，他也很难理解自己的论点）；但令人欣慰的是，这位伟人已经解决了这个问题，其他人可以各忙各的. 直到 20 世纪 60 年代中期，大多数物理学家才开始担心 EPR 佯谬.

[4] 虽然“纠缠”一词通常用于两个（或更多）粒子系统，但相同的基本概念可以扩展到单粒子态（习题 12.2 就是一个例子）. 有关有趣的讨论，请参见 D. V. Schroeder，*Am. J. Phys.* **85**，812（2017）.

习题 12.2 爱因斯坦盒子（Einstein's Boxes）. 在 EPR 佯谬提出之前，有一个有趣的前兆，爱因斯坦提出了下面的理想实验：[5] 想象一个粒子被限制在一个盒子里（换句话说，把它当作一维无限方势阱）. 它处于基态，当引入一个不可穿透的隔板时，它将盒子分成 B_1 和 B_2 两半，这样一来，粒子在其中任何一半中被发现的几率相同.[6] 现在，将两部分移开相距很远，对 B_1 进行测量查看粒子是否在 B_1 中. 如果答案是肯定的. 我们马上就知道，粒子不在（远处的）盒子 B_2 中.

(a) 爱因斯坦会怎么说呢？

(b) 哥本哈根学派是如何解释的？在对 B_1 测量之后，B_2 中的波函数是什么？

12.2 贝尔定理

在一定程度上，爱因斯坦、波多尔斯基和罗森并不怀疑量子力学是正确的；他们只是声称量子力学对物理实在的描述不够完整：波函数不是全部，除了 Ψ 之外，还需要一些其他的量 λ 来完整地描述系统状态. 我们称 λ 为“隐变量”，这是因为在现阶段，我们并不知道如何计算或者去测量它.[7] 多年来，人们提出了许多隐变量理论来完善量子力学；[8] 这些理论往往是非常繁杂和令人难以置信的，不过没关系，直到 1964 年似乎隐变量理论非常值得追求. 但就在这一年，贝尔证明了任何局域隐变量理论都与量子力学不兼容.[9]

贝尔提出了一个推广的 EPRB 实验：他不是让电子探测器和正电子探测器沿着同一个方向，而是让它们能够独立旋转. 第一个探测器测量的是电子沿单位矢量 $\boldsymbol{a}$ 方向上的自旋分量，第二个探测器测量正电子沿单位矢量 $\boldsymbol{b}$ 方向上的自旋分量（见图 12.2）. 简单起见，让我们以 $\hbar/2$ 为单位记录自旋；然后，每个检测器沿指定方向记录值+1（用于自旋向上）或 -1（自旋向下）. 对多个 π^0 衰变所记录的结果表示为：

电子	正电子	乘积
+1	−1	−1
+1	+1	+1
−1	+1	−1
+1	−1	−1
−1	−1	+1
⋮	⋮	⋮

[5] 参见 T. Norsen, *Am. J. Phys.* **73**, 164 (2005).

[6] 如习题 11.34 所示，快速插入隔板，如果以绝热方式进行，粒子可能会被迫进入其中较大的一个（尽管只是稍大一点）.

[7] 隐变量可以是简单的一个数字，也可以是整个数字的集合；也许 λ 将在未来的某个理论中可以计算出来，或者出于某种原理的限定而无法计算. 这无关紧要. 我所声明的是，在进行测量之前，如果仅列出与体系相关的每个实验可能的结果，那么一定会有什么猫腻.

[8] D. Bohm, *Phys. Rev.* **85**, 166, 180 (1952).

[9] 贝尔的原文（*Physics* **1**, 195 (1964)，重印本见 John S. Bell, *Speakable and Unspeakable in Quantum Mechanics*, 第 2 章, Cambridge University Press, 英国 (1987)）是一块瑰宝：简洁、易懂，文笔优美.

对于一组给定的探测器方向，贝尔建议计算其自旋乘积的平均值. 称为平均值 $P(\boldsymbol{a},\boldsymbol{b})$. 如果探测器平行（$\boldsymbol{a}=\boldsymbol{b}$），我们回到最初的 EPRB 方案；在这种情况下，一个是自旋向上，另一个是自旋向下，因此自旋乘积总是-1，平均值也是-1：

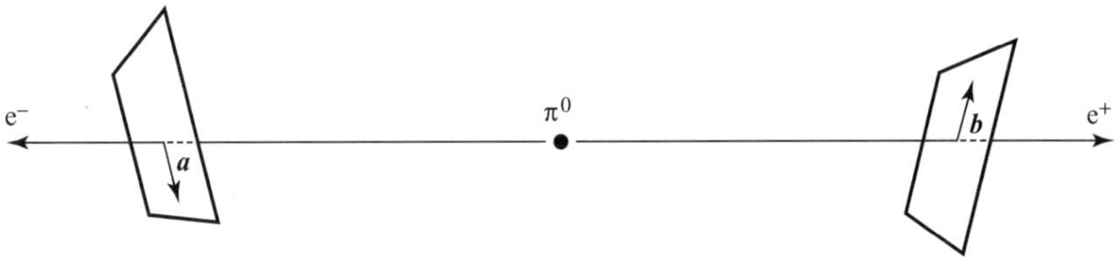

图 12.2　贝尔的 EPRB 实验方案：探测器独立指向 $\boldsymbol{a}$、$\boldsymbol{b}$ 方向.

$$P(\boldsymbol{a},\boldsymbol{a})=-1. \tag{12.2}$$

同样，如果它们是反平行的（$\boldsymbol{b}=-\boldsymbol{a}$），那么每次乘积都是+1，所以

$$P(\boldsymbol{a},-\boldsymbol{a})=+1. \tag{12.3}$$

对于任意的方向，量子力学给出

$$\boxed{P(\boldsymbol{a},\boldsymbol{b})=-\boldsymbol{a}\cdot\boldsymbol{b}} \tag{12.4}$$

（见习题 4.59）. 贝尔发现，该结果与**任何定域隐变量理论都是不相容的**.

论证这一点非常简单. 假设正负电子系统的“完整”状态以隐变量 λ 描述（从一个 π 衰变到下一个 π 衰变过程中，λ 以某种我们既不清楚也不能加以控制的方式变化着）. 进一步假设电子的测量结果是独立于正电子探测器方向（$\boldsymbol{b}$）——毕竟正电子一侧的实验者可能会在电子测量之前就选择好了 $\boldsymbol{b}$，因此，任何亚光速的信息返回电子探测器时都为时已晚.（这就是定域性假设.）那么，存在决定电子测量结果的函数 $A(\boldsymbol{a},\lambda)$，以及决定正电子测量结果的函数 $B(\boldsymbol{b},\lambda)$. 这些函数的值只能取±1：[10]

$$A(\boldsymbol{a},\lambda)=\pm1;\quad B(\boldsymbol{b},\lambda)=\pm1. \tag{12.5}$$

当探测器的指向一致时，无论 λ 取何值，结果完全（反）相关联：

$$A(\boldsymbol{a},\lambda)=-B(\boldsymbol{a},\lambda). \tag{12.6}$$

现在，测量结果的平均值为

$$P(\boldsymbol{a},\boldsymbol{b})=\int\rho(\lambda)A(\boldsymbol{a},\lambda)B(\boldsymbol{b},\lambda)\,\mathrm{d}\lambda, \tag{12.7}$$

式中，$\rho(\lambda)$ 是隐变量的几率密度.（同任何几率密度一样，它是非负的实数，并且满足归一化条件 $\int\rho(\lambda)\,\mathrm{d}\lambda=1$；但除此之外，我们对 $\rho(\lambda)$ 不做任何假定；不同的隐变量理论或许会给出不同的 $\rho(\lambda)$ 表达式.）由式（12.6），可以消去 B：

$$P(\boldsymbol{a},\boldsymbol{b})=-\int\rho(\lambda)A(\boldsymbol{a},\lambda)A(\boldsymbol{b},\lambda)\,\mathrm{d}\lambda. \tag{12.8}$$

如果 $\boldsymbol{c}$ 是任一其他的单位矢量，

---

[10] 因为它舍弃了粒子同时具有明确定义的角动量矢量和其确定的分量的概念，这已经远远超出了经典决定论者所能接受的范围. 贝尔论证的重点是证明量子力学与任何定域决定性理论都是不相容的，即便是它怎么设法以适应. 当然，如果你否认式（12.5），那么这个理论显然与量子力学不相容.

$$P(\boldsymbol{a},\boldsymbol{b})-P(\boldsymbol{a},\boldsymbol{c})=-\int\rho(\lambda)[A(\boldsymbol{a},\lambda)A(\boldsymbol{b},\lambda)-A(\boldsymbol{a},\lambda)A(\boldsymbol{c},\lambda)]\mathrm{d}\lambda. \tag{12.9}$$

或者，由于$[A(\boldsymbol{b},\lambda)]^2=1$：

$$P(\boldsymbol{a},\boldsymbol{b})-P(\boldsymbol{a},\boldsymbol{c})=-\int\rho(\lambda)[1-A(\boldsymbol{b},\lambda)A(\boldsymbol{c},\lambda)]A(\boldsymbol{a},\lambda)A(\boldsymbol{b},\lambda)\mathrm{d}\lambda. \tag{12.10}$$

由式（12.5）得$|A(\boldsymbol{a},\lambda)A(\boldsymbol{b},\lambda)|=1$；且$\rho(\lambda)[1-A(\boldsymbol{b},\lambda)A(\boldsymbol{c},\lambda)]\geqslant 0$，所以

$$|P(\boldsymbol{a},\boldsymbol{b})-P(\boldsymbol{a},\boldsymbol{c})|\leqslant\int\rho(\lambda)[1-A(\boldsymbol{b},\lambda)A(\boldsymbol{c},\lambda)]\mathrm{d}\lambda, \tag{12.11}$$

或者，更简洁的：

$$\boxed{|P(\boldsymbol{a},\boldsymbol{b})-P(\boldsymbol{a},\boldsymbol{c})|\leqslant 1+P(\boldsymbol{b},\boldsymbol{c}).} \tag{12.12}$$

这就是著名的**贝尔不等式（Bell inequality）**. 它对任何隐变量理论都成立（仅需要满足式（12.5）和式（12.6）），因为这里对隐变量的属性、数目和其分布ρ都没有做任何假设.

但是，很容易证明量子力学的预言（式（12.4））与贝尔不等式是不相容的. 比如，假设所有的三个矢量位于同一个平面内，$\boldsymbol{c}$分别与$\boldsymbol{a}$和$\boldsymbol{b}$成45°夹角（见图12.3）；在这种情况下，量子力学的结果是

$$P(\boldsymbol{a},\boldsymbol{b})=0,\quad P(\boldsymbol{a},\boldsymbol{c})=P(\boldsymbol{b},\boldsymbol{c})=-0.707,$$

这显然与贝尔不等式不符合：

$$0.707\nleqslant 1-0.707=0.293.$$

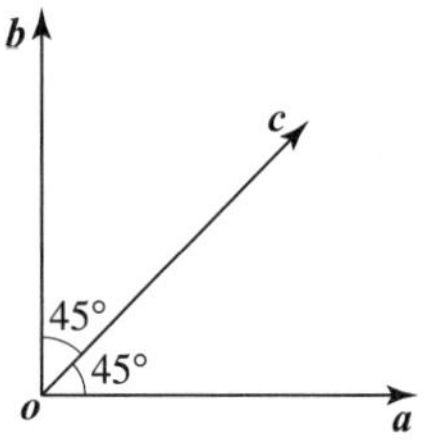

图 12.3 说明量子破坏贝尔不等式的探测器方向.

基于贝尔的修正，EPR 佯谬证明了比其作者所想象的更为激进的东西：如果爱因斯坦等人是对的，那么量子力学不仅是不完整的，而且是完全错误的. 另一方面，如果量子力学是正确的，那么没有任何隐变量理论能够把我们从爱因斯坦认为如此荒谬的非定域性中拯救出来. 此外，这还给我们提供了一个非常简单的实验来一劳永逸地解决这个问题.[11]

20 世纪 60 和 70 年代进行了许多实验来检验贝尔不等式，最后由阿斯佩克（Aspect）、格兰杰（Grangier）和罗杰（Roger）完成.[12] 这里我们不涉及实验具体细节（实际上他们是使用了双光子原子跃迁，而不是π衰变）. 为了排除正电子探测器可能以某种方式"感知"电子探测器方向的极小的可能性，这两个探测器的方向都是在光子已经飞行后准随机设置

[11] 一个令人尴尬的历史事实是，现在被公认为20世纪最伟大的发现之一的贝尔定理，除了作为一个灵感迸发的边缘元素外，在当时几乎没有被注意到. 对于一个迷人的说法，参见 David Kaiser, *How the Hippies Saved Physics*, W. W. Norton，纽约，2011.

[12] A. Aspect，P. Grangier 和 G. Roger，*Phys. Rev. Lett.* **49**，91（1982）. 在阿斯佩克的实验中可能存在有逻辑上的（如果不可信的话）漏洞，这些漏洞在随后的几年中逐渐被补上；参见 J. Handsteiner 等，*Phys. Rev. Lett.* **118**，060401（2017）. 现在可以在本科实验室验证贝尔不等式：参见 D. Dehlinger 和 M. W. Mitchell，*Am. J. Phys.* **70**，903（2002）.

的．实验结果与量子力学的预言非常一致，与贝尔不等式相差甚远．[13]

具有讽刺意味的是，量子力学的实验证实给科学界带来了某种冲击．但这并不是因为它意味着“现实主义”的消亡——大多数物理学家早就适应了这一点（对于那些不能适应的人来说，仍然存在**非定域**隐变量理论的可能性，贝尔定理并不适用这种理论[14]）．真正令人震惊的是，它阐明了自然本身**本质上就是非定域的**．非定域性，即波函数的瞬时坍缩（就此而言，同样适用于全同粒子的对称化要求）一直是正统观点诠释的一个特征；但在阿斯佩克的实验之前，我们期望量子非定域性在某种程度上是形式主义的非物理产物，只是并没有可测量的结果．这种期望已经无法维持，我们不得不重新审视我们对瞬时超距作用的异议．

为什么物理学家对超光速的影响如此谨慎？毕竟，有许多东西的传播速度比光速快．如果一只虫子飞过电影放映机的光束，其影子的速度与到屏幕的距离成正比；原则上，该距离可以任意长，因此影子可以以任意大的速度移动（见图 12.4）．然而，影子不携带任何能量，也不能将任何信息从屏幕上的一点传递到另一点．在 X 点的人无法通过任何操纵经过的影子使其在 Y 点**引起任何事件发生．**

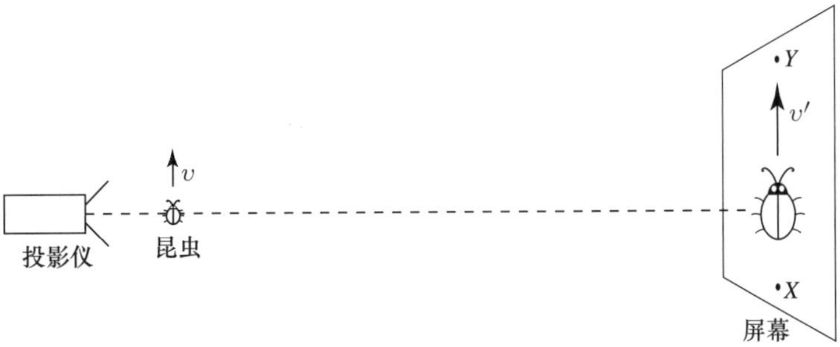

图 12.4　只要屏幕足够远，昆虫的影子以快于光速的速度 v' 横过屏幕．

另一方面，传播速度超过光速的**因果影响**将带来不可接受的推论．根据狭义相对论，可以存在这样一个惯性坐标系，在此坐标系中信号在时间上向后传播，其影响先于原因，这不可避免导致逻辑上的混乱．（例如，你可以安排杀死你的幼年祖父．想想看……这不是一个好主意．）问题在于，从这个意义上说，量子力学预言的超光速影响和阿斯佩克探测的超光速影响是符合**因果**关系，还是它们在某种程度上太缥缈（像虫子的影子）以逃避哲学上的异议？

现在，让我们考虑贝尔的实验．对电子测量是否影响正电子测量的结果？确实如此，否则我们无法解释数据中的相关性．但是，对电子的测量会导致正电子测量的一个特定结果吗？这不仅是一般意义上的．操纵电子探测器的人不可能用他的测量结果向正电子探测器处

[13] 贝尔定理涉及平均值，可以想象像阿斯佩克等人的仪器存在不可预见的偏差，这些偏差不具有样本的代表性，从而使平均值偏离．1989 年，贝尔定理的一个改进版本被提出，其中量子预测和任何局域隐变量理论之间的差异更加引人注目．参见 D. Greenberger，M. Horne，A. Shimony 和 A. Zeilinger，*Am. J. Phys.* **58**，1131（1990）；N. David Mermin，*Am. J. Phys.* **58**，731（1990）．Mark Beck 和他的学生完成了一项适合在本科生实验室做的实验：参见 *Am. J. Phys.* **74**，180（2006）．

[14] EPR 佯谬是一个造物弄人的命运安排，它假设了定域性以证明实在论，但最终是否定了定域性，并使实在论问题悬而未决，正如贝尔所说，它是爱因斯坦最不希望看到的结果．当今大多数物理学家认为，如果没有定域的实在论，那么实在论就没有什么价值，因此非定域隐变量理论处在一个相当边缘的位置．尽管如此，一些作者，特别是贝尔本人，在 *Speakable and Unspeakable in Quantum Mechanics*（本章脚注 9）中，认为这些理论为弥合被测量体系和测量仪器之间的概念鸿沟带来希望，并为波函数的坍缩提供了一种清晰的机制．

的人发送信号，因为他无法控制自己测量的结果（他不能使一个给定的电子自旋向上，就像在 X 位置的人不能够影响虫子经过的阴影一样）. 的确，他可以**决定是否进行一次测量**，但正电子监测器只能立即访问他这儿一端的数据，无法判断电子是否已被测量. 数据的采集是在两端分开进行的，完全是随机的. 仅当我们在测量以后，比较两端得到的结果才发现其显著的相关性. 在另外一个参考系中，对正电子测量发生在电子测量之前，但这并不会导致逻辑悖论——观察到的相关性对测量顺序是完全对称的，我们说对电子的测量影响正电子的测量，或者反过来说对正电子的观测影响电子的测量，这都是无关紧要的. 这是一种非常微妙的影响，其唯一表现就是两组随机数据之间的细微相关性.

然后，我们需要区分两种不同类型的影响：一种是"因果"变化，"因果"变化导致接收器的某些物理特性发生实际变化，仅通过对该子系统的测量即可检测到；另一种是"空灵"类型，它不传输能量或信息，唯一的证据是在两个独立的子系统上采集的数据中的相关性——这种相关性从本质上来说，无法通过单独测量其中一个数据列表所检测到. 因果效应不能传播得比光快，但没有令人信服的理由说明空灵效应不能传播. 与波函数坍缩相关的影响属于"空灵"类型，它们"传播"的速度超过光速这一事实可能会令人惊讶，但这毕竟不是灾难性的.[15]

习题 12.3 （局域）确定性（"隐变量"）理论的一个例子[16]是……经典力学！假设我们用宏观物体（比如棒球）代替电子和质子进行贝尔实验.（通过一种双向投球机）以相反方向发射它们，其旋转矢量大小相同但方向相反（角动量），$\boldsymbol{S}_a$ 和 $\boldsymbol{S}_b=-\boldsymbol{S}_a$. 这些都是经典物体——它们的角动量方向可以指向任何位置，且角动量的方向是在发射时已经设定好的（比如说随机的）. 现在，放置在发射点两侧 10m 左右的探测器开始测量各自棒球的旋转矢量. 然而，为了符合贝尔定理的条件，它们只记录沿 $\boldsymbol{a}$ 和 $\boldsymbol{b}$ 方向的 $\boldsymbol{S}$ 分量的符号：

$$A \equiv \operatorname{sign}(\boldsymbol{a}\cdot\boldsymbol{S}_a), \quad B \equiv \operatorname{sign}(\boldsymbol{b}\cdot\boldsymbol{S}_b).$$

因此，在任何给定的试验中，每个探测器仅记录+1 或-1.

在本题中，"隐变量"是 $\boldsymbol{S}_a$ 的实际方向，由极角 θ 和方位角 ϕ 指定：$\lambda=(\theta,\ \phi)$：

（a）选择如图 12.5 所示的坐标轴，$\boldsymbol{a}$ 和 $\boldsymbol{b}$ 位于 x-y 平面内，$\boldsymbol{a}$ 沿 x 轴方向，证明

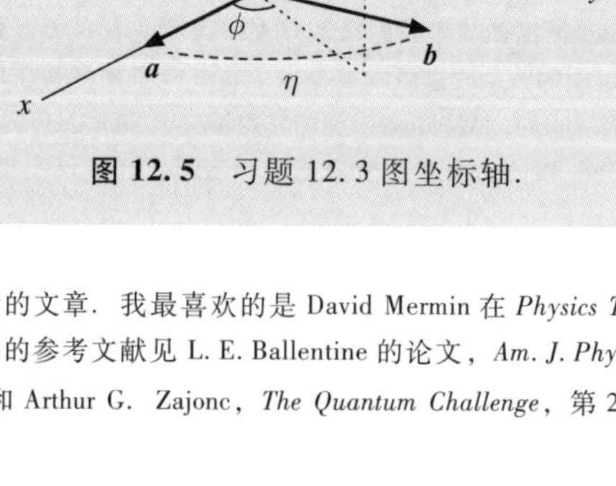

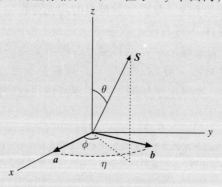

图 12.5 习题 12.3 图坐标轴.

[15] 关于贝尔定理已经发表了大量的文章. 我最喜欢的是 David Mermin 在 *Physics Today*（1985 年 4 月，第 38 页）上写的一篇很有启发的文章. 更多的参考文献见 L. E. Ballentine 的论文，*Am. J. Phys.* **55**，785（1987）.

[16] 该问题基于 George Greenstein 和 Arthur G. Zajonc，*The Quantum Challenge*，第 2 版，Jones and Bartlett，马萨诸塞州，萨德伯（2006），第 5.3 节.

$$A(\boldsymbol{a},\lambda)B(\boldsymbol{b},\lambda)=-\mathrm{sign}[\cos(\phi)\cos(\phi-\eta)],$$

其中 η 为 $\boldsymbol{a}$ 和 $\boldsymbol{b}$ 之间的夹角（取值范围 $-\pi$ 到 $+\pi$）.

（b）假设棒球发射（$\boldsymbol{S}_a$）指向任何一个方向的可能性一样，计算 $P(\boldsymbol{a},\boldsymbol{b})$.

答案： $(2|\eta|/\pi)-1$.

（c）在 $\eta=-\pi$ 到 $+\pi$ 范围内，作图 $P(\boldsymbol{a},\boldsymbol{b})$；并在同一图上绘出量子公式（式（12.4），取 $\theta\to\eta$）. η 取什么值，该隐变量理论与量子力学结果一致？

（d）验证你的结果满足式（12.12）所表示的贝尔不等式. **提示：** 矢量 $\boldsymbol{a}$、$\boldsymbol{b}$ 和 $\boldsymbol{c}$ 定义单位球体表面上的三个点；贝尔不等式可以用这些点之间的距离来表示.

12.3 混合态和密度矩阵

12.3.1 纯态

本书讨论了的粒子处于**纯态（pure states）**，例如，谐振子的第 n 个定态，或这些定态的特定线性组合，或高斯波包中的自由粒子等. 某一可观测量 A 的期望值是

$$\langle A\rangle=\langle\Psi|\hat{A}|\Psi\rangle; \tag{12.13}$$

它是在完全一样的系统构成的系综上进行测量的平均值，所有系统都处于相同的状态 $|\Psi\rangle$. 我们用 $|\Psi\rangle$（希尔伯特空间中的矢量，或者，取**位置基矢**中的波函数）发展了整个理论.

但还有其他方法来阐述该理论，一个特别有用的方法是从定义**密度算符（density operator）**开始，[17]

$$\hat{\rho}\equiv|\Psi\rangle\langle\Psi|. \tag{12.14}$$

对于一组正交归一基 $\{|e_j\rangle\}$，算符用一个矩阵表示；矩阵 A 用于表示算符 $\hat{A}$，其矩阵元 A_{ij} 是

$$A_{ij}=\langle e_i|\hat{A}|e_j\rangle. \tag{12.15}$$

特别地，**密度矩阵（density matrix）**的矩阵元 ρ_{ij} 为

$$\rho_{ij}=\langle e_i|\hat{\rho}|e_j\rangle=\langle e_i|\Psi\rangle\langle\Psi|e_j\rangle. \tag{12.16}$$

对于纯态，密度矩阵有几个有趣的性质：

$$\boldsymbol{\rho}^2=\boldsymbol{\rho},\ (\text{幂等性}) \tag{12.17}$$

$$\boldsymbol{\rho}^\dagger=\boldsymbol{\rho},\ (\text{厄米性}) \tag{12.18}$$

$$\mathrm{Tr}(\boldsymbol{\rho})=\sum\rho_{ii}=1,\ (\text{迹是 }1) \tag{12.19}$$

可观测量 A 的期望值为

$$\langle A\rangle=\mathrm{Tr}(\boldsymbol{\rho}\mathsf{A}). \tag{12.20}$$

我们可以用密度矩阵代替波函数来表示粒子的状态.

例题 12.1 在标准基矢中

$$\boldsymbol{e}_1=\begin{pmatrix}1\\0\end{pmatrix},\quad \boldsymbol{e}_2=\begin{pmatrix}0\\1\end{pmatrix}, \tag{12.21}$$

分别表示沿 z 方向的自旋向上和自旋向下（式（4.149）），构造沿 x 方向电子自旋向上的密度矩阵.

解： 在这种情况下，

[17] 它实际上是状态 $|\Psi\rangle$ 上的“投影算符”，参见式（3.91）.

$$|\Psi\rangle=\begin{pmatrix}1/\sqrt{2}\\1/\sqrt{2}\end{pmatrix} \tag{12.22}$$

由式（4.151），得

$$\rho_{11}=\left[(1\quad 0)\begin{pmatrix}1/\sqrt{2}\\1/\sqrt{2}\end{pmatrix}\right]\left[(1/\sqrt{2}\quad 1/\sqrt{2})\begin{pmatrix}1\\0\end{pmatrix}\right]=\frac{1}{\sqrt{2}}\frac{1}{\sqrt{2}}=\frac{1}{2},$$

$$\rho_{12}=\left[(1\quad 0)\begin{pmatrix}1/\sqrt{2}\\1/\sqrt{2}\end{pmatrix}\right]\left[(1/\sqrt{2}\quad 1/\sqrt{2})\begin{pmatrix}0\\1\end{pmatrix}\right]=\frac{1}{\sqrt{2}}\frac{1}{\sqrt{2}}=\frac{1}{2},$$

$$\rho_{21}=\left[(0\quad 1)\begin{pmatrix}1/\sqrt{2}\\1/\sqrt{2}\end{pmatrix}\right]\left[(1/\sqrt{2}\quad 1/\sqrt{2})\begin{pmatrix}1\\0\end{pmatrix}\right]=\frac{1}{\sqrt{2}}\frac{1}{\sqrt{2}}=\frac{1}{2},$$

$$\rho_{22}=\left[(0\quad 1)\begin{pmatrix}1/\sqrt{2}\\1/\sqrt{2}\end{pmatrix}\right]\left[(1/\sqrt{2}\quad 1/\sqrt{2})\begin{pmatrix}0\\1\end{pmatrix}\right]=\frac{1}{\sqrt{2}}\frac{1}{\sqrt{2}}=\frac{1}{2},$$

所以

$$\boldsymbol{\rho}=\begin{pmatrix}1/2&1/2\\1/2&1/2\end{pmatrix}. \tag{12.23}$$

或者，更有效的

$$\boldsymbol{\rho}=|\Psi\rangle\langle\Psi|=\begin{pmatrix}1/\sqrt{2}\\1/\sqrt{2}\end{pmatrix}(1/\sqrt{2}\quad 1/\sqrt{2})=\begin{pmatrix}1/2&1/2\\1/2&1/2\end{pmatrix}. \tag{12.24}$$

注意 $\boldsymbol{\rho}$ 是厄米的，它的迹为 1，且

$$\boldsymbol{\rho}^2=\begin{pmatrix}1/2&1/2\\1/2&1/2\end{pmatrix}\begin{pmatrix}1/2&1/2\\1/2&1/2\end{pmatrix}=\begin{pmatrix}1/2&1/2\\1/2&1/2\end{pmatrix}=\boldsymbol{\rho}. \tag{12.25}$$

习题 12.4

（a）证明式（12.17）~式（12.20）.

（b）证明密度算符随时间演化由下面方程确定：

$$\mathrm{i}\hbar\frac{\mathrm{d}\hat{\rho}}{\mathrm{d}t}=[\hat{H},\hat{\rho}]. \tag{12.26}$$

这是由 $\hat{\rho}$ 来表示的薛定谔方程.

习题 12.5 对沿 y 方向自旋向下的电子重复例题 12.1 的计算.

12.3.2 混合态

实际情况是我们常常不知道粒子的状态. 例如，假设我们对斯坦福直线加速器中出现的电子感兴趣. 它们可能有自旋向上（沿着某个给定的方向），也可能有自旋向下，或者可能

是两者的线性组合（混合）——只是我们不清楚而已.[18] 我们称粒子处于**混合态（mixed state）**.[19]

我们应该如何描述这样的粒子？我可以简单地列出粒子在每个可能状态 $|\Psi_k\rangle$ 下的几率 p_k. 一个可观测系统的期望值将是对一个体系的系综上进行测量的平均值，这些系综不是事先做好的完全相同的体系（它们并非都处于相同的状态）；相反，它们中的每一部分 p_k 处于各个（纯）态 $|\Psi_k\rangle$ 上：

$$\langle A\rangle = \sum_k p_k \langle \Psi_k|\hat{A}|\Psi_k\rangle. \tag{12.27}$$

通过推广密度算符，有一种巧妙的方法来表示这些信息：

$$\hat{\rho} \equiv \sum_k p_k |\Psi_k\rangle\langle\Psi_k|. \tag{12.28}$$

同样，对一特定基来说，它变成一个矩阵：

$$\rho_{ij} = \sum_k p_k \langle e_i|\Psi_k\rangle\langle\Psi_k|e_j\rangle. \tag{12.29}$$

密度矩阵包含了我们可以获取的有关系统的所有信息.

同任何几率一样

$$0\leqslant p_k \leqslant 1 \text{ 且 } \sum_k p_k = 1. \tag{12.30}$$

混合态的密度矩阵保留了前面讨论过的纯态密度矩阵的大多数特性：

$$\boldsymbol{\rho}^{\dagger} = \boldsymbol{\rho}, \tag{12.31}$$

$$\mathrm{Tr}(\boldsymbol{\rho}) = 1, \tag{12.32}$$

$$\langle A\rangle = \mathrm{Tr}(\boldsymbol{\rho}\boldsymbol{A}). \tag{12.33}$$

$$\mathrm{i}\hbar\frac{\mathrm{d}\hat{\rho}}{\mathrm{d}t} = [\hat{H},\hat{\rho}] \quad \left(\text{对所有的 } k, \text{有} \frac{\mathrm{d}p_k}{\mathrm{d}t} = 0\right), \tag{12.34}$$

但 $\boldsymbol{\rho}$ 只有在表示纯态时才是幂等的：

$$\boldsymbol{\rho}^2 \neq \boldsymbol{\rho}, \tag{12.35}$$

（事实上，这是一种快速检验体系状态是否为纯态的方法.）

例题 12.2　构造一个电子处于自旋向上或自旋向下（沿 z 轴方向）的密度矩阵，其自旋向上或自旋向下几率相等.

解： 在这种情况下，$p_1 = p_2 = 1/2$，所以

$$\boldsymbol{\rho} = \sum_k p_k|\Psi_k\rangle\langle\Psi_k| = \frac{1}{2}\begin{pmatrix}1\\0\end{pmatrix}(1\quad 0) + \frac{1}{2}\begin{pmatrix}0\\1\end{pmatrix}(0\quad 1)$$

$$= \begin{pmatrix}1/2 & 0\\ 0 & 0\end{pmatrix} + \begin{pmatrix}0 & 0\\ 0 & 1/2\end{pmatrix} = \begin{pmatrix}1/2 & 0\\ 0 & 1/2\end{pmatrix}. \tag{12.36}$$

注意： $\boldsymbol{\rho}$ 是厄米的，它的迹为 1，但

[18] 我不是在讲任何奇特的量子现象（海森伯不确定性或玻恩的不确定性，即使我们知道确切的状态也适用）；我在这里说的是迂腐的无知.

[19] 不要将两个纯态的线性组合（其本身仍然是个纯态）与混合态相混淆，混合态不能用希尔伯特空间中的任何一个（单个）矢量来表示（希尔伯特空间中两个矢量的和仍是希尔伯特空间中的一个矢量）.

$$\rho^2=\begin{pmatrix}1/2 & 0\\ 0 & 1/2\end{pmatrix}\begin{pmatrix}1/2 & 0\\ 0 & 1/2\end{pmatrix}=\begin{pmatrix}1/4 & 0\\ 0 & 1/4\end{pmatrix}\neq\rho; \tag{12.37}$$

这不是一个纯态.

习题 12.6

（a）证明式（12.31）~式（12.34）.

（b）证明 $\text{Tr}(\boldsymbol{\rho}^2)\leqslant 1$，且仅当 $\boldsymbol{\rho}$ 表示纯态时才等于 1.

（c）证明：当且仅当 $\boldsymbol{\rho}$ 表示纯态时，$\boldsymbol{\rho}^2=\boldsymbol{\rho}$.

习题 12.7

（a）构造电子状态处于沿 x 轴自旋向上（几率为 1/3）或沿 y 轴自旋向下（几率为 2/3）的密度矩阵.

（b）对（a）中的电子，计算 $\langle S_y\rangle$.

习题 12.8

（a）证明自旋 1/2 粒子的最常见的密度矩阵可以用 3 个实数（a_1，a_2，a_3）表示：

$$\boldsymbol{\rho}=\frac{1}{2}\begin{pmatrix}(1+a_3) & (a_1-\mathrm{i}a_2)\\ (a_1+\mathrm{i}a_2) & (1-a_3)\end{pmatrix}=\frac{1}{2}(1+\boldsymbol{a}\cdot\boldsymbol{\sigma}), \tag{12.38}$$

其中 σ_1、σ_2、σ_3 是 3 个泡利矩阵. **提示**：它必须是厄米的，且它的迹必须是 1.

（b）在文献中，$\boldsymbol{a}$ 称为**布洛赫矢量（Bloch vector）**. 证明：当且仅当 $|\boldsymbol{a}|=1$ 时，$\boldsymbol{\rho}$ 表示纯态；对于 $|\boldsymbol{a}|<1$，则表示混合态. **提示**：使用习题 12.6（c）结果. 这样，自旋 1/2 粒子的密度矩阵对应于半径为 1 的**布洛赫球（Bloch sphere）**中的一点. 表面上的点是纯态，内部的点是混合态.

（c）如果布洛赫矢量的尖端位于如下情况：（ⅰ）北极（$\boldsymbol{a}=(0, 0, 1)$），（ⅱ）球体的中心（$\boldsymbol{a}=(0, 0, 0)$）和（ⅲ）南极（$\boldsymbol{a}=(0, 0, -1)$），对 S_z 测量得到 $+\hbar/2$ 的几率是多少？

（d）如果纯态的布洛赫矢量位于赤道上，且方位角为 ϕ；求系统该纯态的旋量 χ.

12.3.3 子系统

在另外一种情况下，我们可以援用密度矩阵形式：即纠缠态，如电子/正电子对的自旋单态，

$$\frac{1}{\sqrt{2}}(|\uparrow\downarrow\rangle-|\downarrow\uparrow\rangle). \tag{12.39}$$

假设我们只对正电子感兴趣：它的状态是什么？我不能说——一次测量可以得到自旋向上（50/50 的几率）或自旋向下. 这不是无知；我准确地知道系统的状态. 但子系统（正电子）本身并不占据纯态. 如果我坚持仅谈论正电子，我只能告诉你它的密度矩阵：

$$\boldsymbol{\rho}=\begin{pmatrix}1/2 & 0\\ 0 & 1/2\end{pmatrix},\tag{12.40}$$

代表 50/50 的混合.

当然，这与特定的（但未知）正电子自旋态的密度矩阵相同（例题 12.2）. 我将其称为子**系统（subsystem）**密度矩阵，以区别于**无知（ignorance）**密度矩阵. EPRB 佯谬说明了这一差异. 在测量电子自旋之前，正电子（单独）由"子系统"密度矩阵表示（式(12.40)）；当测量电子时，正电子被推进一个确定的状态. 但我们（在远处的正电子探测器上）不知道是哪个. 现在正电子由"无知"密度矩阵来表示（式（12.36））. 但这两个密度矩阵是相同的！我们对正电子状态的描述并没有因为对电子的测量而改变——所有的改变就是我们使用了密度矩阵形式的原因.

12.4　不可克隆定理

就其改变被测系统的状态而言，量子测量通常是破坏性的. 这是不确定性原理在实验室中付诸实施的表现. 你可能想知道为什么我们不制备一堆同原始状态完全相同的拷贝（克隆），然后测量它们，让系统本身毫发无损. 但这是办不到的. 实际上，如果你能制造一个克隆设备（一个"量子复印机"），量子力学将不复存在.

例如，这样利用 EPRB 装置传输超光速信息将变得可能.[20] 假设从电子探测器操作员（通常称为"爱丽丝"）向正电子探测器操作员（"鲍勃"）传输的信号为"是"（"投下炸弹"）或"否". 如果信息是"是"，爱丽丝测量了（电子的）S_z. 不管她得到什么结果，重要的是她进行了测量，因为这意味着正电子现在处于纯态↑或↓（不管是哪一个）. 如果她想说"不"，她测量 S_x，这意味着正电子现在处于确定状态←或→（不管是哪一个）. 无论如何，鲍勃克隆了 100 万个正电子，对其中的一半测量 S_z，对另一半测量 S_x. 如果第一组全部处于相同状态（全部↑或全部↓），那么爱丽丝一定测量了 S_z，信号是"是"（S_x 的一组应该是 50/50 的混合态）. 如果所有的 S_x 测量结果都相同（全部←或全部→），那么爱丽丝一定测量了 S_x，并且信号是"否"（在这种情况下，对 S_z 的测量应该是 50/50 的混合态）.

这是行不通的，正如伍特斯（Wootters）、祖瑞（Zurek）和德克斯（Dieks）在 1982 年证明的那样，[21] 你无法制造出量子复印机. 大体上，我们希望给复印机输入一个状态为 $|\psi\rangle$ 的粒子（需要克隆的粒子）加上状态为 $|X\rangle$ 的第二个粒子（空白纸），然后输出两个状态为 $|\psi\rangle$ 的粒子（原始加克隆）：

$$|\psi\rangle\,|X\rangle\rightarrow|\psi\rangle\,|\psi\rangle.\tag{12.41}$$

假设我们制造了一个成功克隆状态 $|\psi_1\rangle$ 的机器：

$$|\psi_1\rangle\,|X\rangle\rightarrow|\psi_1\rangle\,|\psi_1\rangle,\tag{12.42}$$

同样也可以克隆 $|\psi_2\rangle$ 态：

---

[20] 从 1975 年左右开始，所谓的"基础物理小组（Fundamental Fysiks Group）"的成员提出了一系列越来越巧妙的超光速通信方案，进而引发了一连串的越来越复杂的驳斥，最终形成了不可克隆定理，从而阻止了整个误入歧途的计划. 一个引人入胜的描述可参阅 Kaiser, *How the Hippies Saved Physics*，第 11 章（脚注 11，第 451 页）.（基础物理小组：20 世纪 60 年代美国一个非正式的物理讨论小组，成员多是美国出身名校的年轻物理学家. ——译者注.）

[21] W. K. Wootters 和 W. H. Zurek，*Nature* **299**，802（1982）；D. Dieks，*Phys. Lett.* **A 92**，271（1982）.

$$|\psi_2\rangle|X\rangle \to |\psi_2\rangle|\psi_2\rangle. \tag{12.43}$$

（例如，若粒子是电子，状态$|\psi_1\rangle$、$|\psi_2\rangle$可以分别是自旋向上和自旋向下.）到目前为止，一切算是顺利. 但是，当我们克隆一个线性组合状态$|\psi\rangle=\alpha|\psi_1\rangle+\beta|\psi_2\rangle$时，将会发生些什么呢？显然，我们得到[22]

$$|\psi\rangle|X\rangle \to \alpha|\psi_1\rangle|\psi_1\rangle+\beta|\psi_2\rangle|\psi_2\rangle \tag{12.44}$$

这根本不是我们想要的——我们**想要**的是

$$\begin{aligned}|\psi\rangle|X\rangle \to |\psi\rangle|\psi\rangle &= (\alpha|\psi_1\rangle+\beta|\psi_2\rangle)(\alpha|\psi_1\rangle+\beta|\psi_2\rangle)\\ &= \alpha^2|\psi_1\rangle|\psi_1\rangle+\beta^2|\psi_2\rangle|\psi_2\rangle+\alpha\beta[|\psi_1\rangle|\psi_2\rangle+|\psi_2\rangle|\psi_1\rangle].\end{aligned} \tag{12.45}$$

你可以制造一个机器去克隆自旋向上和自旋向下的电子状态，但无法克隆任何非平庸的线性组合态（例如S_x的本征态）. 这就好像你买了一台复印机，它可以完美地复制垂直线和水平线，但复制对角线时却完全失真.

事实证明，不可克隆定理的重要性远远超出了“仅仅”保护量子力学不受超光速通信的影响（由此与狭义相对论存在不可避免的冲突）.[23] 特别是，它开辟了**量子密码学（quantum cryptography）**的领域，可利用该定理来检测窃听.[24] 这一次，爱丽丝和鲍勃希望就解码信息的密钥达成一致，而不必面对面地进行实际会晤. 爱丽丝将通过精心准备的光子流将密钥（一串数字）发送给鲍勃.[25] 但他们担心，他们的死敌夏娃（Eve）可能会在他们不知情的情况下试图截获这一通信，从而破解密码. 爱丽丝准备了四种不同状态的一串光子：线偏振（水平$|H\rangle$和垂直$|V\rangle$）和圆偏振（左$|L\rangle$和右$|R\rangle$），并将其发送给鲍勃. 夏娃希望在途中捕获并克隆光子，并将原始光子发送给鲍勃，而鲍勃对此一无所知.（她知道，爱丽丝和鲍勃稍后会比较光子样本的记录，以确保没有篡改；这就是为什么夏娃必须完整克隆光子，这样才不会被发现.）但是不可克隆定理确保夏娃的复印机无法成功；[26] 爱丽丝和鲍勃在比较样本时会发现她窃听的情况.（他们很可能会放弃这把钥匙.）

12.5 薛定谔猫

测量过程在量子力学中扮演着一个恶作剧的角色：就是在这里，不确定性、非局域性、波函数的坍缩以及所有随之而来的概念上的问题都出现了. 在没有测量的情况下，波函数遵循薛定谔方程以一种节奏简明而确定的方式演化着；而量子力学则看起来像是一种很普通的场论（例如，相比经典电动力学要简单得多，不像经典电动力学有两个场（$\boldsymbol{E}$和$\boldsymbol{B}$）；它仅有**一个**场（Ψ），并且是标量场）. 正是测量过程异乎寻常的作用才使得量子力学变得意想

---

[22] 由于含时薛定谔方程（可能控制该过程）是线性的，这里假定仪器对状态$|\psi\rangle$的作用也是线性的.

[23] 不可克隆定理是**量子信息论（quantum information theory）**、“**隐形传态（teleportation）**”和**量子计算（quantum computation）**的基础之一. 有关简要的历史和全面的参考文献，参见 F. W. Strauch, *Am. J. Phys.* **84**, 495（2016）.

[24] 有关简要概述，请参见 W. K. Wootters 和 W. H. Zurek, *Physics Today*, 2009年2月，第76页.

[25] 电子也可以，但这个事情是通常用光子来进行的. 顺便说一句，这里面没有纠缠态，他们也不用太着急——这与EPR或超光速信号无关.

[26] 如果爱丽丝和鲍勃愚蠢到仅使用两个正交的光子状态（例如，$|H\rangle$和$|V\rangle$），那么夏娃可能会非常幸运，并使用一台量子复印机准确地克隆这两个状态. 但是，一旦它们包含非平庸的线性组合（如$|R\rangle$和$|L\rangle$），克隆肯定会失败，且窃听就会被检测到.

不到的丰富和微妙. 但究竟什么是测量? 是什么使它与其他物理过程如此不同?[27] 我们如何判断什么时候发生了测量?

薛定谔在其著名的**猫佯谬**（**cat paradox**）中鲜明地提出了这个基本问题:[28]

> 一只猫和一个奇特的装置被放在一个钢制的房间里. 其中在盖革计数器中有微量的放射性物质, 非常微小, 在 1 小时内可能有一个原子衰变, 但同样也可能没有衰变. 如果一个原子衰变了, 计数器就会被触发, 并通过继电器激活一个小锤子, 打破一个盛有氰化物的容器. 假设一个人离开整个系统 1 小时, 如果没有发生原子衰变, 他就会说猫还活着. 第一次衰变就会把猫毒死. 整个系统的波函数将表示为包含活猫和死猫的两个相等部分.

那么, 在 1 小时结束时, 猫的波函数具有如下示意形式:

$$\psi=\frac{1}{\sqrt{2}}(\psi_{\text{活猫}}+\psi_{\text{死猫}}) \tag{12.46}$$

直到进行测量之前（比如说, 直到你窥视窗户去查看猫的状态）, 猫既不是死的也不是活的, 而是两者的线性组合. 在你窥视的那一刻, 你的观察迫使猫去"明确立场": 死或活. 如果你发现猫死了, 那是你通过窥视窗户把它杀死了.

薛定谔认为这完全是谬论, 我想大多数人都会认同他的观点. 宏观物体可以处于两种明显不同状态的线性组合的想法本身就有点荒谬. 电子可以处于自旋向上和自旋向下的线性组合中, 但猫不能处于活着和死去的线性组合的状态中. 然而, 我们如何将其与量子力学相协调呢?

薛定谔猫**佯谬**迫使我们面对这样一个问题, "什么才被算作是量子力学中的"测量"? 当我们窥视锁眼时, "测量" 真的发生了吗? 或者它发生得更早一些, 当原子衰变（或没有衰变）时? 或者是盖革计数器记录（或没有）衰变的时候, 还是锤子击中（或没有）氰化物瓶的时候? 历史上, 这个问题有很多答案. 维格纳认为测量需要人类意识的介入; 玻尔认为这意味着微观系统（服从量子力学定律）和宏观测量仪器（由经典定律描述）之间的相互作用; 海森伯则坚持认为, 一旦留下一个永久记录时, 测量就会发生; 其他人则指出测量的**不可逆性**. 令人尴尬的事实是, 这些描述都无法令人完全满意. 大多数物理学家都会说, 在我们窥看窗户之前, 测量就已经发生（猫要么活, 要么死）; 但对于时间和原因, 还没有真正的共识.

这里还有一个更深层次的问题, 即为什么宏观系统不能占据两个明显不同状态的线性组合, 比如说由位于西雅图和多伦多的两个棒球组成的线性组合. 假设能让一个棒球进入这样的状态, 它会发生什么? 从根本上来说, 宏观系统本身必须由量子力学定律来描述. 但波函数仅是表示单个基本粒子, 宏观物体的波函数将是一个极其复杂的复合结构, 由 10^{23} 个粒

---

[27] 有一个学派反对这种区分, 他们认为系统和测量仪器应该用一个巨大波函数来描述, 这个波函数本身按照薛定谔方程演化. 在这样的理论中, 不存在波函数坍缩; 但人们必须放弃对任何单个事件描述的情况,（在这种观点中）量子力学只适用于具有全同制备体系的系综. 例如, 参见 Philip Pearle, *Am. J. Phys.* **35**, 742（1967）, 或 Leslie E. Ballentine, *Quantum Mechanics: A Modern Development*, 第 2 版, World Scientific, 新加坡（1998）.

[28] E. 薛定谔, *Naturwiss* **48**, 52（1935）; Josef M. Jauch 翻译, *Foundations of Quantum Mechanics*, Addison-Wesley, 马萨诸塞州雷丁（1968）, 第 185 页.

子的波函数组成．并且它不断地受到环境的作用，[29] 也就是说，不断地经受“测量”和随之而来的坍缩．在这一过程中，“经典”状态在统计上可能更受青睐；而在实际中，线性组合状态几乎在瞬间演变为我们日常生活中经常遇到的一种状态．这一现象被称为**退相干**(**decoherence**)，尽管目前人们还没有完全理解它，但它似乎是微观量子力学过渡到宏观经典力学的基本机制．[30]

* *

在这本书中，我试图讲述一个自洽的故事：粒子（或系统）的状态由波函数（Ψ）来表示；在进行测量之前，粒子通常不具有确定的动力学性质（位置、动量、能量、角动量等）；在任何给定实验中得到特定值的几率由 Ψ 的统计诠释决定；测量导致波函数坍缩，因此立即重复测量肯定会产生相同的结果．还存在一些其他可能的解释——非定域隐变量理论、“多世界”图景、“一致性历史”诠释、系综模型等——但我相信这是概念上最简单，当然也是当今大多数物理学家所认可的一个．[31] 它已经受住了时间的检验和实验的挑战．但我不相信这就是故事的结尾；至少，关于测量的本质和坍缩的机制还有很多需要认识的地方．未来几代人完全有可能从一个更为复杂的理论的高度回顾过去，并对我们如此容易上当受骗感到诧异．

---

[29] 这是真的，即使你把它放在一个几乎完全的真空中，把它冷却到绝对零度，并以某种方式屏蔽宇宙背景辐射．可以想象一个电子在很长的一段时间内避免所有接触作用，但宏观物体不可以．

[30] 例如，参见 M. Schlosshauer, *Decoherence and the Quantum-to-Classical Transition*, Springer,（2007）；或 W. H. Zurek, *Physics Today*, 2014 年 10 月，第 44 页．

[31] 参见 Daniel Styer 等，*Am. J. Phys.* **70**, 288（2002）.

附录　线性代数

如同在一年级学物理遇到的那些一般矢量，线性代数概括和推广矢量的运算．这里推广到两个方面：(1) 允许标量是复数，(2) 不再局限于三维情况．

A.1　矢量

矢量空间（vector space）是由一组**矢量（vectors）**（$|\alpha\rangle$，$|\beta\rangle$，$|\gamma\rangle$，…）加上一组标量**（scalars）**（a，b，c，…）组成，[1] 它对矢量加法及标量乘法是封闭的．[2]

·矢量相加

任意两个矢量的"和"是另一个矢量：

$$|\alpha\rangle+|\beta\rangle=|\gamma\rangle. \tag{A.1}$$

矢量相加满足**交换律（commutative）**：

$$|\alpha\rangle+|\beta\rangle=|\beta\rangle+|\alpha\rangle, \tag{A.2}$$

还满足**结合律（associative）**：

$$|\alpha\rangle+(|\beta\rangle+|\gamma\rangle)=(|\alpha\rangle+|\beta\rangle)+|\gamma\rangle. \tag{A.3}$$

存在**零（zero 或 null）**矢量 $|0\rangle$，[3] 对任意矢量 $|\alpha\rangle$，有

$$|\alpha\rangle+|0\rangle=|\alpha\rangle, \tag{A.4}$$

并且对任意矢量 $|\alpha\rangle$，有**逆矢量（inverse vector）** $|-\alpha\rangle$[4] 存在，

$$|\alpha\rangle+|-\alpha\rangle=|0\rangle. \tag{A.5}$$

·标量相乘

任何一标量与任何一矢量的"积"是另一个矢量：

$$a|\alpha\rangle=|\gamma\rangle. \tag{A.6}$$

对于矢量相加，标量相乘满足**分配律（distributive）**：

$$a(|\alpha\rangle+|\beta\rangle)=a|\alpha\rangle+a|\beta\rangle. \tag{A.7}$$

对标量相加，也满足分配律：

$$(a+b)|\alpha\rangle=a|\alpha\rangle+b|\alpha\rangle. \tag{A.8}$$

---

[1] 基于我们的目的而言，标量将是普通复数．数学家们可以告诉你们更多奇特场上的矢量空间，但这些在量子力学中不起作用．注意 α，β，γ，…不是（普通的）数字；它们仅是名称（标签）——"Charlie"，例如，"F43A-9GL"，或者其他你想用来识别相关矢量的东西．

[2] 也就是说，这些操作有明确定义，并且永远不会将你带出矢量空间．

[3] 通常，在不产生混淆的情况下，零矢量可以写成不要括号的形式：$|0\rangle\to 0$．

[4] 这是一个有趣的符号，因为 α 不是一个数字．我只是采用了这个名字"——Charlie"来表示名称为"Charlie"的逆矢量，更合适的术语将在稍后出现．

一般标量积还满足**结合律**：

$$a(b|\alpha\rangle)=(ab)|\alpha\rangle. \tag{A.9}$$

可以想象，乘以标量0和1将会得到

$$0|\alpha\rangle=|0\rangle;\quad 1|\alpha\rangle=|\alpha\rangle. \tag{A.10}$$

很明显，$|-\alpha\rangle=(-1)|\alpha\rangle$（可简写为$-|\alpha\rangle$）.

这里相当简单——我所做的是用抽象语言写下熟悉的矢量运算法则. 这种概括的优点是可以把我们学到的关于一般矢量知识应用到其他具有相同特征的体系中.

矢量$|\alpha\rangle$，$|\beta\rangle$，$|\gamma\rangle$，…的**线性组合（linear combination）**可表示为如下形式：

$$a|\alpha\rangle+b|\beta\rangle+c|\gamma\rangle+\cdots, \tag{A.11}$$

如果一个矢量$|\lambda\rangle$不能够写成$|\alpha\rangle$，$|\beta\rangle$，$|\gamma\rangle$，…的**线性组合**，那么称为$|\lambda\rangle$和$|\alpha\rangle$，$|\beta\rangle$，$|\gamma\rangle$，…**线性无关（linearly independent）**.（例如，在三维空间中，单位矢量$\hat{k}$和$\hat{i}$、$\hat{j}$线性无关，但位于xy平面上的任意矢量都和$\hat{i}$、$\hat{j}$线性相关）. 通过扩展，如果一个矢量集合中任一矢量与所有其他矢量线性无关，则这组矢量是"线性无关"的. 如果任一矢量都可以写成该组矢量的线性组合，则称矢量集合**张开（span）**一个空间. 张开的空间中一组线性无关矢量集称为**基（basis）**[5]. 任何一组基矢中矢量的数目称为空间的**维数（dimension）**. 这里我们假设维数（n）是有限的.

对于一组给定的基矢

$$|e_1\rangle,|e_2\rangle,\cdots,|e_n\rangle, \tag{A.12}$$

任意给定矢量

$$|\alpha\rangle=a_1|e_1\rangle+a_2|e_2\rangle+\cdots+a_n|e_n\rangle \tag{A.13}$$

可由它的n个（有序的）**分量（components）**唯一表示：

$$|\alpha\rangle\leftrightarrow(a_1,a_2,\cdots,a_n). \tag{A.14}$$

通常使用分量比使用抽象矢量本身更容易处理问题. 矢量相加，只需把对应的分量相加：

$$|\alpha\rangle+|\beta\rangle\leftrightarrow(a_1+b_1,a_2+b_2,\cdots,a_n+b_n); \tag{A.15}$$

乘上一标量，只需把每个分量乘以标量值：

$$c|\alpha\rangle\leftrightarrow(ca_1,ca_2,\cdots,ca_n); \tag{A.16}$$

零矢量由一串零表示：

$$|0\rangle\leftrightarrow(0,0,\cdots,0); \tag{A.17}$$

逆矢量其各分量符号相反：

$$|-\alpha\rangle\leftrightarrow(-a_1,-a_2,\cdots,-a_n). \tag{A.18}$$

使用分量的唯一缺点是，你必须找到一组特定的基矢，并且相同操作因使用不同基矢的人看来会明显不一样.

习题 A.1 考虑具有复数分量的三维矢量$(a_x\hat{i}+a_y\hat{j}+a_z\hat{k})$.

(a) $a_z=0$的所有矢量的子集是否构成一个矢量空间？如果是，其维数是多少？如果不是，原因是什么？

---

[5] 张开空间的一组矢量也被称为**完备集（complete）**，虽然我个人倾向对无限维情况下保留这个词，但无限维会产生是否收敛这一敏感问题.

（b）那么 z 分量为 1 的所有矢量的子集呢？**提示：**两个这样的矢量之和会在子集中吗？零矢量呢？

（c）分量都相等的矢量子集呢？

* **习题 A.2**　考虑 x 中所有小于 N 阶（复系数）多项式的集合.

（a）（多项式作为“矢量”）该集合是否构成矢量空间？如果是，请给出一组合适的基矢，并给出空间的维数．如果不是，它缺少哪些定义属性？

（b）如果我们要求多项式是偶函数呢？

（c）如果我们要求首项系数（例如，乘以 x^{N-1} 的数）为 1 呢？

（d）如果我们要求多项式在 $x=1$ 时的值为 0 呢？

（e）如果我们要求多项式在 $x=0$ 时的值为 1 呢？

习题 A.3　证明：对于给定基矢来说，矢量的分量是唯一的.

A.2　内积

在三维空间中，我们常遇到两种矢量积：点积和叉积．后者不能顺理成章推广到 n 维矢量空间，但前者确实可以——在这种情况下，它通常被称为**内积（inner product）**．两个矢量 $|\alpha\rangle$、$|\beta\rangle$ 的内积是一个复数（我们记成 $\langle\alpha|\beta\rangle$），具有以下性质：

$$\langle\beta|\alpha\rangle=\langle\alpha|\beta\rangle^{*}, \tag{A.19}$$

$$\langle\alpha|\alpha\rangle\geqslant 0,\text{且}\langle\alpha|\alpha\rangle=0\Leftrightarrow|\alpha\rangle=0, \tag{A.20}$$

$$\langle\alpha|(b|\beta\rangle+c|\gamma\rangle)=b\langle\alpha|\beta\rangle+c\langle\alpha|\gamma\rangle. \tag{A.21}$$

除了推广为复数，这些公理还简单地归纳了所熟悉的点积运算形式．具有内积的矢量空间叫**内积空间（inner product space）**.

由于任何矢量与其自身的内积是一个非负值（式（A.20）），它的平方根是实数——我们称之为矢量的**模（norm）**：

$$\|\alpha\|\equiv\sqrt{\langle\alpha|\alpha\rangle}, \tag{A.22}$$

它推广了“长度”的概念．单位矢量（模为 1）通常称为归一化的．内积为零的两个矢量称为正交（推广了“垂直”的概念）．一组彼此正交的归一化矢量的集合，

$$\langle\alpha_i|\alpha_j\rangle=\delta_{ij} \tag{A.23}$$

称为**正交归一集（orthonormal set）**．选择**正交归一基（orthonormal basis）**总是可能的（见习题 A.4），而且几乎总是方便的；在这种情况下，两个矢量的内积可由它们的分量简洁地写为

$$\langle\alpha|\beta\rangle=a_1^{*}b_1+a_2^{*}b_2+\cdots+a_n^{*}b_n, \tag{A.24}$$

模平方变成

$$\langle\alpha|\alpha\rangle=|a_1|^2+|a_2|^2+\cdots+|a_n|^2, \tag{A.25}$$

且分量是

$$a_i=\langle e_i|\alpha\rangle. \tag{A.26}$$

（对三维正交归一基矢 $\hat{i}$、$\hat{j}$、$\hat{k}$，这些结果推广了常见的公式 $\boldsymbol{a}\cdot\boldsymbol{b}=a_xb_x+a_yb_y+a_zb_z$，$|\boldsymbol{a}|^2=a_x^2+a_y^2+a_z^2$，并且 $a_x=\hat{i}\cdot\boldsymbol{a}$，$a_y=\hat{j}\cdot\boldsymbol{a}$，$a_z=\hat{z}\cdot\boldsymbol{a}$）. 从现在起，除非在具体明确说明的情况下，否则我们都将采用正交归一基.

另一个我们希望推广的几何量是两个矢量之间的夹角. 通常的矢量分析中，$\cos\theta=(\boldsymbol{a}\cdot\boldsymbol{b})/|\boldsymbol{a}||\boldsymbol{b}|$. 但内积一般来讲是一个复数，类似的公式（在任意的内积空间）并不能定义（实的）角度 θ. 然而，这个量的绝对值小于1却是一个不争的事实，

$$|\langle\alpha|\beta\rangle|^2\leqslant\langle\alpha|\alpha\rangle\langle\beta|\beta\rangle. \tag{A.27}$$

这个重要的结论称为**施瓦茨不等式（Schwarz inequality）**；证明在习题A.5中. 因此，如果愿意，你可以通过下式定义 $|\alpha\rangle$ 和 $|\beta\rangle$ 之间的夹角：

$$\cos\theta=\sqrt{\frac{\langle\alpha|\beta\rangle\langle\beta|\alpha\rangle}{\langle\alpha|\alpha\rangle\langle\beta|\beta\rangle}}. \tag{A.28}$$

***习题 A.4** 假设你从一组非正交的基矢（$|e_1\rangle$，$|e_2\rangle$，…，$|e_n\rangle$）开始. **格拉姆-施密特程序（Gram-Schmidt procedure）**是一个产生标准正交归一基（$|e_1'\rangle$，$|e_2'\rangle$，…，$|e_n'\rangle$）的系统方法. 具体如下：

（i）先把第1个基矢归一化（除以它的模）：

$$|e_1'\rangle=\frac{|e_1\rangle}{\|e_1\|}.$$

（ii）求出第2个矢量在第1个矢量上的投影，并减去它：

$$|e_2\rangle-\langle e_1'|e_2\rangle|e_1'\rangle.$$

这个矢量和 $|e_1'\rangle$ 正交，归一化后可得 $|e_2'\rangle$.

（iii）$|e_3\rangle$ 减去其在 $|e_1'\rangle$ 和 $|e_2'\rangle$ 上投影：

$$|e_3\rangle-\langle e_1'|e_3\rangle|e_1'\rangle-\langle e_2'|e_3'\rangle|e_2'\rangle.$$

其和 $|e_1'\rangle$、$|e_2'\rangle$ 正交，归一化可得 $|e_3'\rangle$，如此下去.

利用格拉姆-施密特程序对下面三维空间基矢正交归一化：$|e_1\rangle=(1+i)\hat{i}+(1)\hat{j}+(i)\hat{k}$，$|e_2\rangle=(i)\hat{i}+(3)\hat{j}+(1)\hat{k}$，$|e_3\rangle=(0)\hat{i}+(28)\hat{j}+(0)\hat{k}$.

习题 A.5 证明施瓦茨不等式（式（A.27））. **提示**：令 $|\gamma\rangle=|\beta\rangle-(\langle\alpha|\beta\rangle/\langle\alpha|\alpha\rangle)|\alpha\rangle$，并且利用 $\langle\gamma|\gamma\rangle\geqslant0$.

习题 A.6 求矢量 $|\alpha\rangle=(1+i)\hat{i}+(1)\hat{j}+(i)\hat{k}$，$|\beta\rangle=(4-i)\hat{i}+(0)\hat{j}+(2-2i)\hat{k}$ 之间的夹角（基于式（A.28）的定义）.

习题 A.7 证明**三角不等式（triangle inequality）**：$\|(|\alpha\rangle+|\beta\rangle)\|\leqslant\|\alpha\|+\|\beta\|$.

A.3　矩阵

假设考虑（三维空间中）每一个矢量乘以 17，或者绕 z 轴转动 39°，或者在 xy 面内做反射——这些都是**线性变换（linear transformations）**的例子．一个线性变换[6]（$\hat{T}$）把矢量空间的每一个矢量变换为另一个矢量（$|\alpha\rangle \to |\alpha'\rangle = T|\alpha\rangle$，前提条件是操作是线性的．对任意矢量 $|\alpha\rangle$、$|\beta\rangle$ 和任意标量 a、b 有

$$\hat{T}(a|\alpha\rangle + b|\beta\rangle) = a(\hat{T}|\alpha\rangle) + b(\hat{T}|\beta\rangle). \tag{A.29}$$

如果知道一个特定的线性变换对一组基矢的作用，那么很容易地就知道它对任何矢量的作用．假设

$$\begin{aligned}
\hat{T}|e_1\rangle &= T_{11}|e_1\rangle + T_{21}|e_2\rangle + \cdots + T_{n1}|e_n\rangle,\\
\hat{T}|e_2\rangle &= T_{12}|e_1\rangle + T_{22}|e_2\rangle + \cdots + T_{n2}|e_n\rangle,\\
&\cdots\\
\hat{T}|e_n\rangle &= T_{1n}|e_1\rangle + T_{2n}|e_2\rangle + \cdots + T_{nn}|e_n\rangle,
\end{aligned}$$

或者更紧凑地

$$\hat{T}|e_j\rangle = \sum_{i=1}^{n} T_{ij}|e_i\rangle \quad (j = 1, 2, \cdots, n). \tag{A.30}$$

如果 $|\alpha\rangle$ 是一任意矢量，

$$|\alpha\rangle = a_1|e_1\rangle + a_2|e_2\rangle + \cdots + a_n|e_n\rangle = \sum_{j=1}^{n} a_j|e_j\rangle, \tag{A.31}$$

有

$$\hat{T}|\alpha\rangle = \sum_{i=1}^{n} a_j(\hat{T}|e_j\rangle) = \sum_{j=1}^{n}\sum_{i=1}^{n} a_j T_{ij}|e_i\rangle = \sum_{i=1}^{n}\Big(\sum_{j=1}^{n} T_{ij}a_j\Big)|e_i\rangle. \tag{A.32}$$

显然，$\hat{T}$ 将分量为 a_1，a_2，…，a_n 的一个矢量变换为具有下列分量的矢量：[7]

$$a'_i = \sum_{j=1}^{n} T_{ij}a_j, \tag{A.33}$$

因此具有 n^2 个**元素（elements）**的 T_{ij} 唯一地表征了线性变换 $\hat{T}$（对给定的基矢），就像 n 个分量 a_i 唯一地表征了 $|\alpha\rangle$ 一样（对同一基矢）：

$$\hat{T} \leftrightarrow (T_{11}, T_{12}, \cdots, T_{nn}). \tag{A.34}$$

如果基矢是正交归一的，由式（A.30）得出

$$T_{ij} = \langle e_i|\hat{T}|e_j\rangle. \tag{A.35}$$

用**矩阵（matrix）**[8] 的形式表示这些复数非常方便：

---

[6] 在本章中，我将用帽号（^）来表示线性变换；这与我在教材中的约定（给算符戴上帽号）并不矛盾，因为（我们将看到）量子算符是线性变换．

[7] 注意式（A.30）和式（A.33）中的角标次序相反．这不是印刷错误．另一种说法（对调式（A.30）中 $i \leftrightarrow j$）是，如果分量用 T_{ij} 变换，则基矢量用 T_{ji} 变换．

[8] 我将使用粗体大写 sans serif 字体来表示方阵．

$$\mathsf{T}=\begin{pmatrix} T_{11} & T_{12} & \cdots & T_{1n} \\ T_{21} & T_{22} & \cdots & T_{2n} \\ \vdots & \vdots & \vdots & \vdots \\ T_{n1} & T_{n2} & \cdots & T_{nn} \end{pmatrix}. \tag{A.36}$$

因此，对线性变换的研究简化为矩阵理论．两个线性变换之和 $(\hat{S}+\hat{T})$ 很自然地定义为

$$(\hat{S}+\hat{T})\,|\alpha\rangle=\hat{S}\,|\alpha\rangle+\hat{T}\,|\alpha\rangle; \tag{A.37}$$

这与通常的矩阵加法法则是一致的（对应的元素相加）：

$$\mathsf{U}=\mathsf{S}+\mathsf{T}\Leftrightarrow U_{ij}=S_{ij}+T_{ij}. \tag{A.38}$$

两个线性变换的积 $\hat{S}\hat{T}$ 是按照先运算 $\hat{T}$ 后运算 $\hat{S}$ 的次序得到的结果：

$$|\alpha'\rangle=\hat{T}\,|\alpha\rangle;\quad |\alpha''\rangle=\hat{S}\,|\alpha'\rangle=\hat{S}(\hat{T}\,|\alpha\rangle)=\hat{S}\hat{T}\,|\alpha\rangle. \tag{A.39}$$

什么样的矩阵 U 表示组合变换 $\hat{U}=\hat{S}\hat{T}$? 不难得到

$$a''_i=\sum_{j=1}^{n}S_{ij}a'_j=\sum_{j=1}^{n}S_{ij}\Big(\sum_{k=1}^{n}T_{jk}a_k\Big)=\sum_{k=1}^{n}\Big(\sum_{j=1}^{n}S_{ij}T_{jk}\Big)a_k=\sum_{k=1}^{n}U_{ik}a_k.$$

显然

$$\mathsf{U}=\mathsf{ST}\Leftrightarrow U_{ik}=\sum_{j=1}^{n}S_{ij}T_{jk}, \tag{A.40}$$

这是矩阵乘法的标准定则——把矩阵 S 的第 i 行与矩阵 T 的第 k 列对应元素依次相乘，然后各项相加，就得到 ST 积的第 ik 个元素．同样的运算法则可用于矩形矩阵相乘，只要第 1 个矩阵的列数和第 2 个矩阵的行数相等．特别地，如果把 $|\alpha\rangle$ 的 n 个分量写成 $n\times1$ **列矩阵**（**column matrix**，或者列矢）：[9]

$$\mathsf{a}\equiv\begin{pmatrix} a_1 \\ a_2 \\ \vdots \\ a_n \end{pmatrix}, \tag{A.41}$$

变换法则（式（A.33））可表示成矩阵的积：

$$\mathsf{a}'=\mathsf{Ta}, \tag{A.42}$$

下面介绍一些矩阵术语：

· **转置**（**transpose**）矩阵（上面加一个波浪号，$\tilde{\mathsf{T}}$）是同一组矩阵元，但行和列互换．特别是，列矩阵的转置是行矩阵：

$$\tilde{\mathsf{a}}=(a_1,a_2,\cdots,a_n). \tag{A.43}$$

对于方形矩阵，转置相当于沿**主对角线**（**main diagonal**）上的反射（左上至右下）：

$$\tilde{\mathsf{T}}=\begin{pmatrix} T_{11} & T_{21} & \cdots & T_{n1} \\ T_{12} & T_{22} & \cdots & T_{n2} \\ \vdots & \vdots & \vdots & \vdots \\ T_{1n} & T_{2n} & \cdots & T_{nn} \end{pmatrix}. \tag{A.44}$$

---

[9] 我将使用粗体小写 sans serif 字体表示行和列矩阵。

如果矩阵的转置等于它自身，则该矩阵称为**对称**（**symmetric**）矩阵；如果转置操作改变符号，则该矩阵是**反对称**（**antisymmetric**）的：

$$\text{对称：}\widetilde{T}=T\text{；反对称：}\widetilde{T}=-T. \tag{A.45}$$

· 矩阵的（复数）**共轭**（**conjugate**，我们通常用上标 * 表示）由每个元素的复共轭组成：

$$T^*=\begin{pmatrix} T_{11}^* & T_{12}^* & \cdots & T_{1n}^* \\ T_{21}^* & T_{22}^* & \cdots & T_{2n}^* \\ \vdots & \vdots & \vdots & \vdots \\ T_{n1}^* & T_{n2}^* & \cdots & T_{nn}^* \end{pmatrix};\quad a^*=\begin{pmatrix} a_1^* \\ a_2^* \\ \vdots \\ a_n^* \end{pmatrix}. \tag{A.46}$$

如果矩阵的所有元素都是实数，则矩阵是**实矩阵**（**real**）；如果矩阵的所有元素都是虚数，则矩阵是**虚矩阵**（**imaginary**）：

$$\text{实矩阵：}\widetilde{T}=T\text{；虚矩阵：}\widetilde{T}=-T. \tag{A.47}$$

· **厄米共轭矩阵**（**hermitian conjugate**，或称**伴随矩阵**（**adjoint**），用 $T^\dagger$ 表示）是转置共轭矩阵：

$$T^\dagger\equiv\widetilde{T}^*=\begin{pmatrix} T_{11}^* & T_{21}^* & \cdots & T_{n1}^* \\ T_{12}^* & T_{22}^* & \cdots & T_{n2}^* \\ \vdots & \vdots & \vdots & \vdots \\ T_{1n}^* & T_{2n}^* & \cdots & T_{nn}^* \end{pmatrix};\quad a^\dagger\equiv\widetilde{a}^*=(a_1^*,a_2^*,\cdots,a_n^*). \tag{A.48}$$

如果一个方矩阵等于它的厄米共轭，则它就是**厄米矩阵**（**hermitian**，或**自伴矩阵**（**self-adjoint**））；如果厄米共轭引入一个负号，则矩阵为**斜厄米**（**skew hermitian**）矩阵（或**反厄米**，**anti-hermitian**）：

$$\text{厄米矩阵：}T^\dagger=T\text{；斜厄米矩阵：}T^\dagger=-T. \tag{A.49}$$

在这种表示法中，（对式（A.24）中正交归一基矢）两个矢量的内积可以非常简洁地写成矩阵积：

$$\langle\alpha|\beta\rangle=a^\dagger b. \tag{A.50}$$

请注意，对在段落中定义的三个矩阵操作中的任何一个，如果重复两次，将回到原来矩阵.

一般来说，矩阵乘法不是可交换的（即 $ST\neq TS$），这两种次序之间所产生差别称为**对易子**（**commutator**）：[10]

$$[S,T]=ST-TS. \tag{A.51}$$

两个矩阵积的转置矩阵是两个矩阵分别转置按逆次序的乘积：

$$(\widetilde{ST})=\widetilde{T}\,\widetilde{S}. \tag{A.52}$$

（参见习题 A.11）厄米共轭矩阵同样也是这样的：

$$(ST)^\dagger=T^\dagger S^\dagger. \tag{A.53}$$

单位矩阵（**identity matrix**，表示将每个矢量变换为自身的线性变换）是由主对角线上矩阵元全为 1、其他位置的矩阵元全为 0 组成：

---

[10] 当然，对易子只对方矩阵有意义；对于矩形矩阵，这两个排序的大小甚至是不一样的.

$$I \equiv \begin{pmatrix} 1 & 0 & \cdots & 0 \\ 0 & 1 & \cdots & 0 \\ \vdots & \vdots & \vdots & \vdots \\ 0 & 0 & \cdots & 1 \end{pmatrix}. \tag{A.54}$$

换句话说，

$$I_{ij} = \delta_{ij}. \tag{A.55}$$

显然，方矩阵的**逆**（**inverse**）定义为[11]（以T^{-1}表示）

$$T^{-1}T = TT^{-1} = I. \tag{A.56}$$

矩阵存在逆的充分必要条件是其**行列式**[12]（**determinant**）不为零；事实上

$$T^{-1} = \frac{1}{\det T}\widetilde{C}. \tag{A.57}$$

其中C是由**代数余子式**（**cofactors**）组成的矩阵（元素T_{ij}的代数余子式是$(-1)^{i+j}$乘以子矩阵的行列式，子矩阵由T中划去第i行和第j列后得到）. 没有逆矩阵的矩阵称为**奇异矩阵**（**singular**）. 两个矩阵积的逆（假设存在）是各自逆矩阵按逆次序的乘积：

$$(ST)^{-1} = T^{-1}S^{-1}. \tag{A.58}$$

如果矩阵的逆等于它的厄米共轭，则该矩阵是**幺正**（**unitary**）矩阵：[13]

$$\text{幺正矩阵：} U^{\dagger} = U^{-1}. \tag{A.59}$$

假设基矢是正交归一的，幺正矩阵的列构成正交归一集，其行也构成正交集（见习题 A.12）. 幺正矩阵表示的线性变换保持内积不变（见式（A.50）），

$$\langle \alpha' \mid \beta' \rangle = \mathsf{a}'^{\dagger}\mathsf{b}' = (\mathsf{Ua})^{\dagger}(\mathsf{Ub}) = \mathsf{a}^{\dagger}\mathsf{U}^{\dagger}\mathsf{Ub} = \mathsf{a}^{\dagger}\mathsf{b} = \langle \alpha \mid \beta \rangle. \tag{A.60}$$

* **习题 A.8** 给定以下两个矩阵：

$$A = \begin{pmatrix} -1 & 1 & i \\ 2 & 0 & 3 \\ 2i & -2i & 2 \end{pmatrix}, \quad B = \begin{pmatrix} 2 & 0 & -i \\ 0 & 1 & 0 \\ i & 3 & 2 \end{pmatrix},$$

计算（a）$A+B$；（b）AB；（c）$[A, B]$；（d）$\widetilde{A}$；（e）A^*；（f）$A^{\dagger}$；（g）$\det(B)$ 和（h）B^{-1}. 验证$BB^{-1}=I$，A存在逆矩阵吗？

习题 A.9 利用习题 A.8 中的方矩阵和下面的列矩阵：

$$a = \begin{pmatrix} i \\ 2i \\ 2 \end{pmatrix}, \quad b = \begin{pmatrix} 2 \\ (1-i) \\ 0 \end{pmatrix},$$

求：（a）Aa；（b）$a^{\dagger}b$；（c）$\widetilde{a}Bb$；（d）$ab^{\dagger}$.

---

[11] 注意，左逆矩阵等于右逆矩阵，因为如果$AT=I$和$TB=I$，那么我们得到$B=A$（将左边的第二个乘以A并调用第一个）.

[12] 我假定你会计算行列式. 如果不会，请参阅 Mary L. Boas，*Mathematical Methods in the Physical Science*，第3版（John Wiley，纽约，2006），第3.3节.

[13] 在实矢量空间（即标量在此空间是实数），厄米共轭和转置矩阵一样，幺正矩阵是**正交**的：$\widetilde{O}=O^{-1}$. 例如，三维空间的转动由正交矩阵表示.

习题 A.10　构造具体问题中的矩阵，证明任意矩阵 T 可写成

(a) 对称矩阵 S 和反对称矩阵 A 的和.

(b) 实矩阵 R 和虚矩阵 M 的和.

(c) 厄米矩阵 H 和反厄米矩阵 K 的和.

习题 A.11　证明式（A.52）、式（A.53）和式（A.58）. 验证两个幺正矩阵的积仍是幺正矩阵. 在什么条件下两个厄米矩阵的积是厄米矩阵？两个幺正矩阵的和一定是幺正矩阵吗？两个厄米矩阵的和是厄米矩阵吗？

习题 A.12　证明幺正矩阵的行和列构成正交归一集.

习题 A.13　注意到 $\det(\tilde{\mathsf{T}})=\det(\mathsf{T})$，证明厄米矩阵的行列式是实数，幺正矩阵的行列式的模为 1（因此得名），正交矩阵的行列式等于+1 或-1.

A.4　基矢变换

当然，矢量的分量取决于（任意）基矢的选择，表示线性变换的矩阵元素也是如此. 当我们采用不同基矢时，我们想知道这些数是怎么变换的. 如同所有矢量一样，原基矢 $|e_i\rangle$ 是新基矢 $|f_i\rangle$ 的线性叠加：

$$
\begin{aligned}
|e_1\rangle &= S_{11}|f_1\rangle+S_{21}|f_2\rangle+\cdots+S_{n1}|f_n\rangle,\\
|e_2\rangle &= S_{12}|f_1\rangle+S_{22}|f_2\rangle+\cdots+S_{n2}|f_n\rangle,\\
&\cdots\\
|e_n\rangle &= S_{1n}|f_1\rangle+S_{2n}|f_2\rangle+\cdots+S_{nn}|f_n\rangle,
\end{aligned}
$$

（S_{ij} 是一些复数.）或者更简洁地，

$$|e_j\rangle=\sum_{i=1}^{n}S_{ij}|f_{ij}\rangle\quad(j=1,2,\cdots,n). \tag{A.61}$$

这本身就是一个线性变换（比较式（A.30)），[14] 我们马上就能知道分量是如何变换的：

$$a_i^f=\sum_{j=1}^{n}S_{ij}a_j^e \tag{A.62}$$

（这里的上标表示基矢）. 表示成矩阵形式

$$\mathsf{a}^f=\mathsf{S}\mathsf{a}^e. \tag{A.63}$$

那么表示线性变换 $\hat{T}$ 的矩阵是什么呢？——它是如何通过改变基矢来改变的？在原来基矢中，有（式（A.42））

[14] 但是请注意，它们有本质的不同：在这种情况下，我们讨论的是两个完全不同的基矢下相同的矢量，而以前我们是讨论同一组基矢下的两个完全不同的矢量.

$$a'^e = T^e a^e,$$

在式（A.63）两边同乘 S^{-1}，得到[15] $a^e = S^{-1} a^f$，因此

$$a'^f = Sa'^e = S(T^e a^e) = ST^e S^{-1} a^f,$$

很明显

$$T^f = ST^e S^{-1}. \tag{A.64}$$

一般来说，对于某个（非奇异）矩阵 S，如果两个矩阵 T_1 和 T_2 满足 $T_2 = ST_1S^{-1}$，那么称 T_2 和 T_1 **相似（similar）**. 我们得到的结论是，**对于不同的基矢，表示相同线性变换的矩阵是相似的.** 顺便提一下，如果第一组基是正交基，则当且仅当 S 是幺正矩阵时，第二组基也将是正交归一基（见习题 A.16）. 因为我们总是研究正交归一基，所以我们主要对幺正相似变换感兴趣.

虽然表示给定线性变换的矩阵元在新基中可能看起来很不一样，但与矩阵相关的两个特殊数值却保持不变：矩阵的行列式和**迹（trace）**. 乘积的行列式等于行列式的积，因此

$$\det(T^f) = \det(ST^eS^{-1}) = \det(S)\det(T^e)\det(S^{-1}) = \det(T^e). \tag{A.65}$$

迹是**对角线元素的代数和**：

$$\mathrm{Tr}(T) \equiv \sum_{i=1}^{m} T_{ii}, \tag{A.66}$$

具有如下性质（参考习题 A.17）：

$$\mathrm{Tr}(T_1T_2) = \mathrm{Tr}(T_2T_1) \tag{A.67}$$

（对任意两个矩阵 T_1 和 T_2），有

$$\mathrm{Tr}(T^f) = \mathrm{Tr}(ST^eS^{-1}) = \mathrm{Tr}(T^eS^{-1}S) = \mathrm{Tr}(T^e). \tag{A.68}$$

习题 A.14 用三维矢量空间中的标准基矢（$\hat{i}$，$\hat{j}$，$\hat{k}$）

（a）构造表示绕 z 轴旋转角度 θ（逆时针，向下看轴指向原点）的矩阵.

（b）构造表示绕穿过点（1，1，1）的轴旋转 120°角的矩阵（沿轴向下看，逆时针方向）.

（c）构造表示通过 xy 平面反射的矩阵.

（d）验证所有这些矩阵是否正交，并计算它们的行列式的值.

习题 A.15 利用基矢 $\hat{i}$、$\hat{j}$、$\hat{k}$，构造绕 x 轴旋转 θ 的矩阵 T_x，绕 y 轴旋转 θ 的矩阵 T_y. 假设我们把基矢变换成 $\hat{i}'=\hat{j}$，$\hat{j}'=-\hat{i}$，$\hat{k}'=\hat{k}$，构造代表基矢的变换矩阵 S，并验证 ST_xS^{-1} 和 ST_yS^{-1} 是你所期望得到的吗？

习题 A.16 证明矩阵乘法相似变换不变（也就是说如果 $A^eB^e = C^e$，那么 $A^fB^f = C^f$）. 一般来讲，对对称性、实数或厄米性相似变换并不保持；然而，如果 S 是幺正矩阵，且 H^e 是厄米的，则 H^f 也是厄米的. 证明：当且仅当 S 是幺正的时，S 将把一组正交归一基变换为另一组正交归一基.

---

[15] 请注意：S^{-1} 一定存在——如果 S 是奇异的，$|f_i\rangle$ 不能张满整个空间，因此它们不可能构成一组基矢.

*习题 A.17　证明 $\mathrm{Tr}(T_1T_2)=\mathrm{Tr}(T_2T_1)$. 进而有 $\mathrm{Tr}(T_1T_2T_3)=\mathrm{Tr}(T_2T_3T_1)$，但在多数情况下，$\mathrm{Tr}(T_1T_2T_3)=\mathrm{Tr}(T_2T_1T_3)$对吗？证明它，或者反驳它. **提示**：最好的反证方法是找到一个反例——越简单越好！

A.5　本征矢和本征值

考虑在三维空间中绕给定转轴旋转 θ 角的线性变换. 大多数矢量（尾部在原点）将以一种相当复杂的方式变化（它们围绕转轴在一个圆锥面上旋转），但恰好位于轴上的矢量具有非常简单的性质：它们不发生变化（$\hat{T}|\alpha\rangle=|\alpha\rangle$）. 如果 $\theta=180°$，这时位于“赤道”平面上的矢量反向（$\hat{T}|\alpha\rangle=-|\alpha\rangle$）. 在复矢量空间中[16]，每个线性变换都有这样的“特殊”矢量，这些矢量经变换后成为自身乘以标量倍数：

$$\hat{T}|\alpha\rangle=\lambda|\alpha\rangle. \tag{A.69}$$

它们被称为变换的**本征矢（eigenvectors）**，（复）数 λ 称**本征值（eigenvalue）**.（不考虑零矢量，因为对任意的 $\hat{T}$ 和 λ，零矢量都满足式（A.69）；严格来说，本征矢是满足式（A.69）的非零矢量.）请注意，任何（非零）倍数的本征矢仍然是具有相同本征值的本征矢.

对于特定的基矢，本征方程采用矩阵形式：

$$\mathsf{Ta}=\lambda\mathsf{a}\quad(\mathsf{a}\neq 0), \tag{A.70}$$

或者

$$(\mathsf{T}-\lambda\mathsf{I})\mathsf{a}=0. \tag{A.71}$$

（这里 0 是零矩阵，它的矩阵元全部为零.）如果矩阵（$\mathsf{T}-\lambda\mathsf{I}$）有逆，可以在式（A.71）两边同乘以（$\mathsf{T}-\lambda\mathsf{I}$）$^{-1}$，得出$\mathsf{a}=0$. 但我们假设了$\mathsf{a}\neq 0$，所以矩阵（$\mathsf{T}-\lambda\mathsf{I}$）一定是奇异的，也就意味着它的行列式等零：

$$\det(\mathsf{T}-\lambda\mathsf{I})=\begin{vmatrix} T_{11}-\lambda & T_{12} & \cdots & T_{1n} \\ T_{21} & T_{22}-\lambda & \cdots & T_{2n} \\ \vdots & \vdots & \vdots & \vdots \\ T_{n1} & T_{n2} & \vdots & T_{nn}-\lambda \end{vmatrix}=0. \tag{A.72}$$

对行列式展开得到一个关于 λ 的代数方程：

$$C_n\lambda^n+C_{n-1}\lambda^{n-1}+\cdots+C_1\lambda+C_0=0, \tag{A.73}$$

这里系数 C_i 依赖于T 的矩阵元（参考习题 A.20）. 该方程称为矩阵的**特征方程（characteristic equation）**；它的解决定了矩阵本征值. 注意到它是一个 n 阶方程，（根据**线性代数基本定理，fundamental theorem of algebra**）所以它有 n 个（复数）根.[17] 然而，其中一些可能是重根，所以我们可以肯定地说，一个 $n\times n$ 矩阵至少有一个且最多有 n 个不同的本征值. 矩阵所有本征值的集合称为它的**谱（spectrum）**；如果两个（或更多）线性无关的本征矢有相同的本征值，则称谱线是**简并的（degenerate）**.

---

[16] 在实矢量空间中并不总是正确的（标量限制为实数值）. 参见习题 A.18.

[17] 这里实矢量空间变得难以处理，因为特征方程可能根本就没有任何（实数）解. 参见习题 A.18.

为了构造本征矢，通常最简单的方法是将每个 λ 代回方程（A.70）中，并“手动”求解 $\boldsymbol{a}$ 的分量. 我将通过一个例子来说明它是如何求解的.

例题 A.1 求下面矩阵的本征值和本征矢：

$$\mathsf{M}=\begin{pmatrix} 2 & 0 & -2 \\ -2\mathrm{i} & \mathrm{i} & 2\mathrm{i} \\ 1 & 0 & -1 \end{pmatrix}. \tag{A.74}$$

解：特征方程是

$$\begin{vmatrix} (2-\lambda) & 0 & -2 \\ -2\mathrm{i} & (\mathrm{i}-\lambda) & 2\mathrm{i} \\ 1 & 0 & -1-\lambda \end{vmatrix}=-\lambda^3+(1+\mathrm{i})\lambda^2-\mathrm{i}\lambda=0, \tag{A.75}$$

它的根是0、1和i. 第一个本征矢的分量标记为（a_1，a_2，a_3），则

$$\begin{pmatrix} 2 & 0 & -2 \\ -2\mathrm{i} & \mathrm{i} & 2\mathrm{i} \\ 1 & 0 & -1 \end{pmatrix}\begin{pmatrix} a_1 \\ a_2 \\ a_3 \end{pmatrix}=0\begin{pmatrix} a_1 \\ a_2 \\ a_3 \end{pmatrix}=\begin{pmatrix} 0 \\ 0 \\ 0 \end{pmatrix},$$

它给出3个方程：

$$2a_1-2a_3=0,$$
$$-2\mathrm{i}a_1+\mathrm{i}a_2+2\mathrm{i}a_3=0,$$
$$a_1-a_3=0.$$

第一个确定了 a_3（由 a_1 表示）：$a_3=a_1$；第二个确定了 a_2，即 $a_2=0$；第三个是多余的. 我们可选 $a_1=1$（因为任意数乘以本征矢仍是本征矢）：

$$\boldsymbol{a}^{(1)}=\begin{pmatrix} 1 \\ 0 \\ 1 \end{pmatrix}，在\ \lambda_1=0\ 时. \tag{A.76}$$

对于第二个本征矢（用同样的分量标记），有

$$\begin{pmatrix} 2 & 0 & -2 \\ -2\mathrm{i} & \mathrm{i} & 2\mathrm{i} \\ 1 & 0 & -1 \end{pmatrix}\begin{pmatrix} a_1 \\ a_2 \\ a_3 \end{pmatrix}=1\begin{pmatrix} a_1 \\ a_2 \\ a_3 \end{pmatrix}=\begin{pmatrix} a_1 \\ a_2 \\ a_3 \end{pmatrix},$$

得到方程

$$2a_1-2a_3=a_1,$$
$$-2\mathrm{i}a_1+\mathrm{i}a_2+2\mathrm{i}a_3=a_2,$$
$$a_1-a_3=a_3.$$

解是 $a_3=(1/2)a_1$，$a_2=[(1-\mathrm{i})/2]a_1$；这次我选 $a_1=2$，所以

$$\boldsymbol{a}^{(2)}=\begin{pmatrix} 2 \\ 1-\mathrm{i} \\ 1 \end{pmatrix}，在\ \lambda_2=1\ 时. \tag{A.77}$$

最后，对于第3个本征矢

$$\begin{pmatrix} 2 & 0 & -2 \\ -2\mathrm{i} & \mathrm{i} & 2\mathrm{i} \\ 1 & 0 & -1 \end{pmatrix}\begin{pmatrix} a_1 \\ a_2 \\ a_3 \end{pmatrix} = \mathrm{i}\begin{pmatrix} a_1 \\ a_2 \\ a_3 \end{pmatrix} = \begin{pmatrix} \mathrm{i}a_1 \\ \mathrm{i}a_2 \\ \mathrm{i}a_3 \end{pmatrix},$$

得到方程

$$2a_1-2a_3=\mathrm{i}a_1,$$
$$-2\mathrm{i}a_1+\mathrm{i}a_2+2\mathrm{i}a_3=\mathrm{i}a_2,$$
$$a_1-a_3=\mathrm{i}a_3.$$

其解是 $a_3=a_1=0$，a_2 未定；取 $a_2=1$，得到

$$\mathsf{a}^{(3)}=\begin{pmatrix} 0 \\ 1 \\ 0 \end{pmatrix}, \text{在 } \lambda_3=\mathrm{i} \text{ 时.} \tag{A.78}$$

如果本征矢生成该空间（如上例所示），我们可以使用它们作为基矢：

$$\hat{T}|f_1\rangle=\lambda_1|f_1\rangle,$$
$$\hat{T}|f_2\rangle=\lambda_2|f_2\rangle,$$
$$\cdots$$
$$\hat{T}|f_n\rangle=\lambda_n|f_n\rangle.$$

在这组基矢下，矩阵 $\hat{T}$ 的表示非常简单，本征值沿着主对角线上排列，而其他位置的矩阵元为 0：

$$\mathsf{T}=\begin{pmatrix} \lambda_1 & 0 & \cdots & 0 \\ 0 & \lambda_2 & \cdots & 0 \\ \vdots & \vdots & \vdots & \vdots \\ 0 & 0 & \cdots & \lambda_n \end{pmatrix}, \tag{A.79}$$

归一化后的本征矢为

$$\begin{pmatrix} 1 \\ 0 \\ \vdots \\ 0 \end{pmatrix}, \begin{pmatrix} 0 \\ 1 \\ \vdots \\ 0 \end{pmatrix}, \cdots, \begin{pmatrix} 0 \\ 0 \\ \vdots \\ 1 \end{pmatrix}. \tag{A.80}$$

通过变换基矢可以把一个矩阵变为**对角形式（diagonal form）**（式（A.79）），这称为**对角化（diagonalizable）**（显然，当且仅当本征矢生成整个矢量空间时矩阵可对角化）. 导致矩阵对角化的相似变换矩阵可以通过使用本征矢（在原来基矢中）作为 S^{-1} 的列来构造：

$$(\mathsf{S}^{-1})_{ij}=(\mathsf{a}^{(j)})_i. \tag{A.81}$$

例题 A.2　在例题 A.1 中，

$$\mathsf{S}^{-1}=\begin{pmatrix} 1 & 2 & 0 \\ 0 & (1-\mathrm{i}) & 1 \\ 1 & 1 & 0 \end{pmatrix},$$

因此（利用式（A.57））

$$S=\begin{pmatrix} -1 & 0 & 2 \\ 1 & 0 & -1 \\ (\mathrm{i}-1) & 1 & (1-\mathrm{i}) \end{pmatrix};$$

你可以自己验证一下

$$Sa^{(1)}=\begin{pmatrix}1\\0\\0\end{pmatrix},\quad Sa^{(2)}=\begin{pmatrix}0\\1\\0\end{pmatrix},\quad Sa^{(3)}=\begin{pmatrix}0\\0\\1\end{pmatrix},$$

和

$$SMS^{-1}=\begin{pmatrix} 0 & 0 & 0 \\ 0 & 1 & 0 \\ 0 & 0 & \mathrm{i} \end{pmatrix}.$$

将矩阵转化为对角形式有一个明显的优势：很容易处理问题. 遗憾的是，并不是每一个矩阵都能对角化——本征矢量必须张开整个空间. 如果特征方程有 n 个不同的根，那么矩阵肯定是可对角化的，即使是有多个重根，矩阵也可能是可对角化的（有关矩阵不能对角化的例子，请参见习题 A.19）. 在计算出所有本征矢之前，事先知道给定的矩阵是否可对角化是很方便的. 一个有用的充分（尽管不是必要）条件是：如果矩阵与其厄米共轭对易，则称其为**正规（normal）**矩阵：

$$\text{正规矩阵：}[N^{\dagger},N]=0. \tag{A.82}$$

每个正规矩阵都是可对角化的（其本征矢张开整个空间）. 特别是，每个厄米矩阵都是对角化的，每个幺正矩阵也是对角化的.

假设有两个可对角化矩阵；在量子力学应用中经常会遇到以下问题：（利用同样的相似矩阵S）它们能**同时对角化（simultaneously diagonalized）**吗？也就是说，是否存在一组基矢，其所有分量都是两个矩阵的本征矢？在这种基矢下，两个矩阵都是对角的. 我们现在将证明，当且仅当两个矩阵对易时答案是肯定的.（顺便说一句，如果两个矩阵在一组基矢对易，那么它们相对于任何一组基矢都对易（见习题 A.23）.）

我们首先表明，如果存在共同的本征矢基，那么矩阵对易. 事实上，（同时的）对角形式是平庸的：

$$TV=\begin{pmatrix} \lambda_1 & 0 & \cdots & 0 \\ 0 & \lambda_2 & \cdots & 0 \\ \vdots & \vdots & \ddots & \vdots \\ 0 & 0 & \cdots & \lambda_n \end{pmatrix}\begin{pmatrix} \nu_1 & 0 & \cdots & 0 \\ 0 & \nu_2 & \cdots & 0 \\ \vdots & \vdots & \ddots & \vdots \\ 0 & 0 & \cdots & \nu_n \end{pmatrix}=\begin{pmatrix} \lambda_1\nu_1 & 0 & \cdots & 0 \\ 0 & \lambda_2\nu_2 & \cdots & 0 \\ \vdots & \vdots & \ddots & \vdots \\ 0 & 0 & \cdots & \lambda_n\nu_n \end{pmatrix}=VT. \tag{A.83}$$

反之则更为棘手. 我们从T 的谱是非简并的特例开始. 设T 的本征矢的基标记为$a^{(i)}$

$$Ta^{(i)}=\lambda_i a^{(i)}. \tag{A.84}$$

我们假定 $[T,V]=0$ 且想证明$a^{(i)}$也是V 的本征矢.

$$[T,V]a^{(i)}=0,\quad \text{或者} TVa^{(i)}-VTa^{(i)}=0. \tag{A.85}$$

由式（A.84）得出

$$T(Va^{(i)})=\lambda_i(Va^{(i)}). \tag{A.86}$$

式（A.86）说明矢量$b^{(i)}=Va^{(i)}$是本征值为λ_i的T的本征矢．但根据假设，T的谱是非简并的，这意味着$b^{(i)}$必须是（直到常数）$a^{(i)}$本身．如果把它称为常数ν_i，有

$$b^{(i)}=Va^{(i)}=\nu_i a^{(i)}, \tag{A.87}$$

所以$a^{(i)}$是V的本征矢．

剩下的就是放宽非简并假设．现在假设T至少有一个本征值简并，使得$a^{(1)}$和$a^{(2)}$都是T的本征矢，且具有相同本征值λ_0：

$$Ta^{(1)}=\lambda_0 a^{(1)},$$

$$Ta^{(2)}=\lambda_0 a^{(2)}.$$

再次假设矩阵T和V对易，所以

$$[T,V]a^{(1)}=0,$$

$$[T,V]a^{(2)}=0,$$

从而得出结论（如在非简并情况下）$b^{(1)}=Va^{(1)}$和$b^{(2)}=Va^{(2)}$都是T的本征矢，本征值为λ_0．但这次我们不能说$b^{(1)}$就是常数乘以$a^{(1)}$，因为$a^{(1)}$和$a^{(2)}$的任何线性组合都是T的本征值为λ_0的本征矢．对于某些常数c_{ij}，有

$$b^{(1)}=Va^{(1)}=c_{11}a^{(1)}+c_{21}a^{(2)},$$

$$b^{(2)}=Va^{(2)}=c_{12}a^{(1)}+c_{22}a^{(2)},$$

所以$a^{(1)}$和$a^{(2)}$不是V的本征矢（除非常数c_{12}和c_{21}恰好为零）．但是对于某些常数d_{ij}，假设我们选择本征矢$\tilde{a}$的不同基，

$$\tilde{a}^{(1)}=d_{11}a^{(1)}+d_{21}a^{(2)},$$

$$\tilde{a}^{(2)}=d_{12}a^{(1)}+d_{22}a^{(2)}, \tag{A.88}$$

使得$\tilde{a}^{(1)}$和$\tilde{a}^{(2)}$是V的本征矢：

$$V\tilde{a}^{(i)}=\nu_i\tilde{a}^{(i)}. \tag{A.89}$$

$\tilde{a}$仍然是T的本征矢，具有相同的本征值λ_0．$a^{(1)}$和$a^{(2)}$的任何线性组合都是．

但是，我们能够构造线性组合（式（A.88））作为V的本征矢吗？又如何得到适当的系数d_{ij}？**答案**：求解本征值问题[18]

$$\underbrace{\begin{pmatrix}c_{11} & c_{12}\\ c_{21} & c_{22}\end{pmatrix}}_{C}\begin{pmatrix}d_{1i}\\ d_{2i}\end{pmatrix}=\nu_i\begin{pmatrix}d_{1i}\\ d_{2i}\end{pmatrix}. \tag{A.90}$$

请你证明（习题A.24）：以这种方式构造的本征矢$\tilde{a}^{(i)}$满足式（A.88），完成证明．[19] 我们得到的结论是：当谱存在简并时，矩阵的本征矢不是其对易矩阵的本征矢，但我们总是可以

---

[18] 你可能担心矩阵C是不能对角化的，但没有这个必要．矩阵C是在$a^{(i)}$基中的变换矩阵V的一个2×2分块矩阵；因为V本身是可对角化的，所以它是可对角化的．

[19] 我只证明了它是二重简并的，这个论点显然扩展到了高阶简并；你只需要对角化一个更大的矩阵C．

选择它们的线性组合来构成共同的本征矢.

习题 A.18 表示 xy 平面转动的 2×2 矩阵为

$$T = \begin{pmatrix} \cos\theta & -\sin\theta \\ \sin\theta & \cos\theta \end{pmatrix}. \tag{A.91}$$

证明（除了某些特殊角度，它们是什么?）这个矩阵没有实本征值.（这反映了这样一个几何事实，对比三维转动不同，平面中这样一个转动下没有矢量变回自身.）然而，这个矩阵有复本征值和本征矢. 求出它们. 构造一个矩阵 S 使 T 对角化，做一个相似变换 STS^{-1}，证明它可以使 T 对角化.

习题 A.19 求解下面矩阵的本征值和本征矢：

$$M = \begin{pmatrix} 1 & 1 \\ 0 & 1 \end{pmatrix}.$$

这个矩阵能对角化吗?

习题 A.20 证明特征方程（式（A.73））的第一个、第二个和最后一个系数分别是

$$C_n = (-1)^n, \quad C_{n-1} = (-1)^{n-1}\mathrm{Tr}(T), \quad C_0 = \det(T). \tag{A.92}$$

对于矩阵元为 T_{ij} 的 3×3 矩阵，C_1 是多少?

习题 A.21 很明显，对角矩阵的迹是其本征值之和，其行列式是它们的乘积（参见式（A.79））. 因此（根据式（A.65）和式（A.68）），对于任何可对角化矩阵都成立. 证明：对任意矩阵有

$$\det(T) = \lambda_1\lambda_2\cdots\lambda_n, \quad \mathrm{Tr}(T) = \lambda_1+\lambda_2+\cdots+\lambda_n, \tag{A.93}$$

（λ 是特征方程的 n 个解. 在重根的情况下，线性独立的本征矢可能比解少，但我们仍然计算每个 λ 出现的次数.）**提示**：将特征方程写成如下形式：

$$(\lambda_1-\lambda)(\lambda_2-\lambda)\cdots(\lambda_n-\lambda) = 0,$$

并用习题 A.20 的结果.

习题 A.22 考虑矩阵

$$M = \begin{pmatrix} 1 & 1 \\ 1 & \mathrm{i} \end{pmatrix}.$$

（a）它是正规矩阵吗?

（b）它可以对角化吗?

习题 A.23 证明：若在一个基矢中两矩阵对易，那么它们在任何基矢中都对易：

$$[T_1^e, T_2^e] = 0 \Rightarrow [T_1^f, T_2^f] = 0. \tag{A.94}$$

提示：用式（A.64）.

习题 A. 24　证明根据式（A. 88）和式（A. 90）计算出的$\widetilde{a}$是V的本征矢.

* **习题 A. 25**　考虑下面矩阵：

$$A=\begin{pmatrix}1&4&1\\4&-2&4\\1&4&1\end{pmatrix},\quad B=\begin{pmatrix}1&-2&-1\\-2&2&-2\\-1&-2&1\end{pmatrix}.$$

（a）验证它们是可对角化的，并且相互对易.

（b）求A的本征值和本征矢，并验证其谱是非简并的.

（c）证明A的本征矢也是B的本征矢.

习题 A. 26　考虑下面矩阵：

$$A=\begin{pmatrix}2&2&-1\\2&-1&2\\-1&2&2\end{pmatrix},\quad B=\begin{pmatrix}2&-1&2\\-1&5&-1\\2&-1&2\end{pmatrix}.$$

（a）验证它们是可对角化的，并且相互对易.

（b）求A的本征值和本征矢，并验证其谱是简并的.

（c）你在（b）中得到的本征矢也是B的本征矢吗？如果不是，找出两个矩阵的共同本征矢.

A. 6　厄米变换

在式（A. 48）中，我将矩阵的厄米共轭（或“伴随”）定义为其转置共轭：$T^{\dagger}=\widetilde{T}^{*}$. 现在我想给你们一个更基本的关于线性变换的厄米共轭定义：当变换$\hat{T}$作用于内积的第一项时，它给出的结果与$\hat{T}$本身作用于第二项时的结果相同：

$$\langle\hat{T}^{\dagger}\alpha\mid\beta\rangle=\langle\alpha\mid\hat{T}\beta\rangle \tag{A.95}$$

（对任何矢量$|\alpha\rangle$和$|\beta\rangle$成立）.[20] 虽然每个人都使用它，但我必须警告你这是混淆的符号. 因为α、β不是矢量（矢量是$|\alpha\rangle$和$|\beta\rangle$），它们仅是名称. 特别地，它们不具有任何数学性质，且“$\hat{T}\beta$”在字面上没有任何意义：线性变换是作用到矢量上，而不是符号上. 但符号的含义是很清楚的：$\hat{T}\beta$是矢量$\hat{T}|\beta\rangle$的名称，并且$\langle\hat{T}^{\dagger}\alpha\mid\beta\rangle$是矢量$\hat{T}^{\dagger}|\alpha\rangle$和$|\beta\rangle$的内积. 特别注意：

$$\langle\alpha\mid c\beta\rangle=c\langle\alpha\mid\beta\rangle; \tag{A.96}$$

另一方面，对任意标量c，

---

[20] 如果你置疑这样的变换是否存在，这是一个好问题，答案是“存在”. 例如，参见 P. R. Halmos, *Finite Dimensional Vector Spaces*，第 2 版，van Nostrand，普林斯顿（1958），第 44 节.

$$\langle c\alpha \mid \beta\rangle = c^{*}\langle \alpha \mid \beta\rangle. \tag{A.97}$$

如果你（我们总是这样做）采用正交归一基，线性变换的厄米共轭由相应矩阵的厄米共轭表示；对（式（A.50）和式（A.53））

$$\langle \alpha \mid \hat{T}\beta\rangle = \mathsf{a}^{\dagger}\mathsf{Tb} = (\mathsf{T}^{\dagger}\mathsf{a})^{\dagger}\mathsf{b} = \langle \hat{T}^{\dagger}\alpha \mid \beta\rangle. \tag{A.98}$$

所以术语是一致的，我们可以交替地用变换或者用矩阵的语言.

在量子力学中，**厄米变换**（**hermitian transformations**，$\hat{T}^{\dagger}=\hat{T}$）起着基础作用. 厄米变换的本征值和本征矢有如下三个重要特性.

1. **厄米变换的本征值是实的**

   证明：设 λ 是 $\hat{T}$ 的本征值：$\hat{T}|\alpha\rangle=\lambda|\alpha\rangle$，且 $|\alpha\rangle\neq|0\rangle$. 则

   $$\langle \alpha \mid \hat{T}\alpha\rangle = \langle \alpha \mid \lambda\alpha\rangle = \lambda\langle \alpha \mid \alpha\rangle,$$

   同时，如果 $\hat{T}$ 是厄米算符，那么

   $$\langle \alpha \mid \hat{T}\alpha\rangle = \langle \hat{T}\alpha \mid \alpha\rangle = \langle \lambda\alpha \mid \alpha\rangle = \lambda^{*}\langle \alpha \mid \alpha\rangle,$$

   但是，$\langle\alpha|\alpha\rangle\neq 0$（式（A.20）），因此 $\lambda^{*}=\lambda$，所以 λ 是实的，证毕.

2. **厄米变换属于不同本征值的本征矢彼此正交**

   证明：假设 $\hat{T}|\alpha\rangle=\lambda|\alpha\rangle$，$\hat{T}|\beta\rangle=\mu|\beta\rangle$，$\lambda\neq\mu$. 则有

   $$\langle \alpha \mid \hat{T}\beta\rangle = \langle \alpha \mid \mu\beta\rangle = \mu\langle \alpha \mid \beta\rangle,$$

   如果 $\hat{T}$ 是厄米算符，

   $$\langle \alpha \mid \hat{T}\beta\rangle = \langle \hat{T}\alpha \mid \beta\rangle = \langle \lambda\alpha \mid \beta\rangle = \lambda^{*}\langle \alpha \mid \beta\rangle.$$

   但 $\lambda^{*}=\lambda$（从（1）得到），又 $\lambda\neq\mu$，所以有 $\langle\alpha|\beta\rangle=0$. 证毕.

3. **厄米变换的本征矢构成完备集**

   如前所述，这等价于如下陈述：任何厄米矩阵都可对角化（见式（A.82））. 从某种意义上说，这个相当技术性的事实是量子力学许多方面所依赖的数学基础. 事实上，这是一根比人们希望的更细的稻草，因为这种证明并没有推广到无限维矢量空间.

习题 A.27 对于所有 $|\alpha\rangle$ 和 $|\beta\rangle$，厄米线性变换必须满足 $\langle\alpha|\hat{T}\beta\rangle=\langle T\alpha|\beta\rangle$. 证明：对所有的矢量 $|\gamma\rangle$，$\langle\gamma|\hat{T}\gamma\rangle=\langle\hat{T}\gamma|\gamma\rangle$ 也是 $\hat{T}$ 为厄米变换的充分条件（这有点令人意外）. **提示**：先令 $|\gamma\rangle=|\alpha\rangle+|\beta\rangle$，再令 $|\gamma\rangle=|\alpha\rangle+\mathrm{i}|\beta\rangle$.

***习题 A.28** 令

$$\mathsf{T}=\begin{pmatrix}1 & 1-\mathrm{i}\\ 1+\mathrm{i} & 0\end{pmatrix}.$$

（a）验证 T 是厄米的.

（b）求它的本征值（注意它们是实的）.

（c）求归一化的本征矢（注意它们是正交的）.

（d）构造幺正矩阵 S，验证它能将 T 对角化.

（e）验证 T 的 $\det(\mathsf{T})$ 和 $\mathrm{Tr}(\mathsf{T})$ 与其对角形式的结果是一样的.

** **习题 A. 29**　考虑下面厄米矩阵：

$$T=\begin{pmatrix}2 & \mathrm{i} & 1\\ -\mathrm{i} & 2 & \mathrm{i}\\ 1 & -\mathrm{i} & 2\end{pmatrix}.$$

（a）计算 $\det(T)$ 和 $\mathrm{Tr}(T)$.

（b）求 T 的本征值；根据式（A. 93），验证其和与积与（a）一致. 写出 T 的对角形式.

（c）求 T 的本征矢. 在简并区内，构造两个线性无关的本征矢（这一步对于厄米矩阵总是可行的，但对于任意矩阵的就不成立——对比习题 A. 19）. 将它们正交化，并验证两者是否与第 3 个本征矢正交. 归一化所有 3 个本征矢.

（d）构造幺正矩阵 S 对角化 T，证明 S 的相似变换使 T 变换成适当的对角形式.

习题 A. 30　幺正变换（unitary transformation） 是 $\hat{U}^{\dagger}\hat{U}=1$ 的变换. 证明：

（a）对所有的矢量 $|\alpha\rangle$ 和 $|\beta\rangle$，幺正变换保持内积不变，即 $\langle\hat{U}\alpha|\hat{U}\beta\rangle=\langle\alpha|\beta\rangle$.

（b）幺正变换本征值的模为 1.

（c）不同本征值幺正变换的本征矢彼此正交.

*** **习题 A. 31**　矩阵的函数通常由它们的泰勒级数展开式定义. 例如，

$$\mathrm{e}^{M}\equiv I+M+\frac{1}{2}M^{2}+\frac{1}{3!}M^{3}+\cdots. \tag{A. 99}$$

（a）如果

$$(\mathrm{i})\ M=\begin{pmatrix}0 & 1 & 3\\ 0 & 0 & 4\\ 0 & 0 & 0\end{pmatrix},\qquad (\mathrm{ii})\ M=\begin{pmatrix}0 & \theta\\ -\theta & 0\end{pmatrix},$$

求 $\exp(M)$.

（b）证明：如果 M 是可对角化的，那么

$$\det(\mathrm{e}^{M})=\mathrm{e}^{\mathrm{Tr}(M)} \tag{A. 100}$$

注释：即使 M 不是可对角化的，这也成立，但在一般情况下的证明难度要大些.

（c）证明：如果矩阵 M 和 N 对易，则有

$$\mathrm{e}^{M+N}=\mathrm{e}^{M}\mathrm{e}^{N}. \tag{A. 101}$$

证明一般情况下（用你想象到的最简单的反例）式（A. 101）对非对易矩阵不成立.[21]

（d）如果 H 是厄米的，证明 $\mathrm{e}^{\mathrm{i}H}$ 是幺正的.

---

[21] 关于更一般的“贝克-坎贝尔-豪斯多夫”公式，请参见习题 3. 29.

索引

C

D

E

F

G

H

J

K

L

M

N

O

P

Q

R

S

T

W

X

Y

Z